시험 2주 작전 **PASS**

항공교통
안전
관리자
1200제

감수: **강현철**(前 한국교통안전공단/항공안전처장)
저자: 박사 **류영기** · **민수홍** 교수

KB184971

GoldenBell
www.gbbook.co.kr

2025 GUIDE

Air Traffic Safety Manager

항공교통
안전관리자

- 시험과목
- 제출서류
- 문제출제 방법
- 시험접수 및 시험일자
- CBT 응시요령 안내

항공교통안전관리자 자격증은 이렇게!

1. **자격증 명:** 항공교통안전관리자

2. **시험장소 :** 서울 본부 등 13개소(홈페이지 참조)

3. **응시 수수료 :** 20,000원

4. **시험과목**

필수과목	선택과목
■ **교통법규** 　• 교통안전법 　• 항공안전법 　• 항공보안법 ■ **교통안전관리론** ■ **항공기체**	■ 항공교통관제 ■ 항행안전시설 ■ 항공기상 중 택 1과목

- 교통법규는 법·시행령·시행규칙 모두 포함(법규과목의 시험범위는 시험 시행일 기준으로 시행되는 법령에서 출제 됨)
- 교통안전법은 총칙, 제3장 및 제5장 이하의 규정 중 교통수단운영자에게 적용되는 규정과 관련된 사항만을 말함

5. 시험 진행방법

교시	시험기간	시험과목
1	09 : 20 ~ 10 : 10(50분)	• 교통법규(50문제)
2	10 : 30 ~ 11 : 45(75분)	• 교통안전관리론(25문제) • 분야별 필수과목(25문제) • 분야별 선택과목(25문제)

6. 접수 대상 및 방법

인터넷접수

모든 응시자

• 자격증에 의한 일부 면제자인 경우 인터넷 접수 시 상세한 자격증 정보를 입력
• 현장 방문 접수 시에는 응시인원마감 등으로 시험접수가 불가할 수도 있사오니 가급적 인터넷으로 시험접수현황을 확인하시고 방문해주시기 바랍니다.

방문접수

• 방문 접수자는 응시하고자 하는 지역으로 방문
• 항만분야 「선박지원법」에 의한 자격증 취득자는 방문접수만 가능
• 자격증에 의한 일부 면제자인 경우 방문접수 시 반드시 해당 증빙서류(원본 또는 사본)지참
• 취득 자격증별로 제출 서류가 상이하므로 면제기준을 참고하여 제출

• 모든 제출 서류는 원서 접수일 기준 6개월 이내 발행분에 한함.

7. 제출 서류(공통) 및 일부 과목 면제자 증빙서류

■ 공동제출서류(전과목 응시자 및 일부 과목 면제자)
- 응시원서(사진 2매 부착): 최근 6개월 이내 촬영한 상반신(3.5×4.5cm)
- 인터넷 접수의 경우 사진을 10M이하의 jpg파일로 등록

■ 일부 과목 면제자 증빙서류(교통안전법 시행규칙 제25조 별표2)

구분		인터넷 접수	방문 · 우편 접수
국가기술자격법에 따른 자격증 소지자	제출방법	• 자격증 정보입력 • 파일 첨부(추가서류 제출자)	• 자격증 원본 지참 및 사본 제출 • 추가서류 원본 제출
	제출서류	• 자격증 • 자격취득사항확인서 1부 • 경력증명서(공단서식) 및 고용보험가입증명서 각 1부 • 자동차관리사업등록증 1부	
석사학위 이상 취득자	제출방법	• 파일첨부	• 원본 제출

	제출서류	• 해당 학위증명서 1부
		• 성적증명서 1부
		  − 석사학위 이상 소지자로서 대학 또는 대학원에서 면제 받고자 하는 시험과목과 같은 과목을 B학점 이상으로 이수한 자(교통법규는 제외)
		  − 시험과목과 이수한 과목의 명칭이 정확히 일치하지 않을 경우 해당 과목의 강의 계획서를 제출하여 검토 후 면제 가능	

일부면제자 교육 수료자 (도로분야만 해당)	제출방법	• 수료번호를 입력하여 수료여부 확인	• 원본 제출
	제출서류		• 교육 수료증

8. 시행방법

컴퓨터에 의한 시험 시행

[응시제한 및 부정행위 처리]
- 시험시작 시간 이후에 시험장에 도착한 사람은 응시 불가
- 시험 도중 무단으로 퇴장한 사람은 재입장 할 수 없으며 해당 시험 종료처리
- 부정행위 또는 주의사항이나 시험감독의 지시에 따르지 아니하는 사람은 즉각 퇴장조치 및 무효처리하며, 향후 2년간 공단에서 시행하는 자격시험의 응시자격 정지

9. 문제출제 방법 및 채점

■ **문제출제 방법: 문제 은행방식**

문제은행 방식이란?	시험문제 공개 여부(비공개)
다량의 문항분석카드를 체계적으로 분류 · 정리 보관해 놓은 뒤 랜덤하게 문제를 출제하는 방식	문제은행방식으로 운영되기 때문에 시험문제를 공개할 경우, 반복 출제되는 문제들을 선택하여 단순 암기 위주의 시험 준비로 변할 우려가 있으므로 공개하지 않음.

■ **응시및 채점 방법**

CBT방식 문제가 랜덤하게 개인별 컴퓨터로 전송되어 프로그램 상에서 정답을 체크하여 응시하고, 컴퓨터 프로그램에서 자동적으로 정확하게 채점하여 결과를 표출

10. 합격기준 및 발표

합격 판정 ┃ 응시과목마다 40% 이상을 얻고, 총점의 60% 이상을 얻은 자
합격자발표 ┃ 시험 종료 후 즉시 시험 컴퓨터에서 결과 확인
합격 취소 ┃ 결격사유 해당 또는 부정한 방법으로 시험에 합격한 경우 합격 취소

「교통안전관리자 자격시험 사무편람」 제27조(합격자 결정):
시험은 과목별 100점을 만점으로 하고 각 과목당 총점 40점 이상을 득점하고, 전 과목 총점 평균 60점 이상을 득점한 자

11. 시험 접수기간 및 시험일자

	인터넷 방문접수기간	시험일자(공휴일 · 토요일 제외)	CBT 필기시험 장소
상반기	'25. 1. 24(금) 16:00부터 ~ 시험 7일전 18:00까지 (선착순 접수)	시험시작일: 2월 24일(월) ~ 2월, 4월, 6월, 8월, 10월, 12월 마지막 월요일 ~ 금요일 (오전, 오후 각 1회) ※ 제주, 화성시험장은 화요일, 목요일 시행	서울구로, 수원, 대전, 대구, 부산, 광주, 인천, 춘천, 청주, 전주, 창원, 울산, 제주, 화성
하반기	7월 공고 예정 https://lic.kotsa.or.kr/		

* 정부 정책에 따라 공휴일 등이 발생하는 경우 시험 일정이 변경될 수 있음

* 시험일정은 제한환경에 따라 변경될 수 있음

본 문제집으로 공부하는 수험생만의 특혜!!

도서 구매 인증시

1. CBT 셀프테스팅 제공
   (시험장과 동일한 모의고사)
   ※ 인증한 날로부터 1년간 CBT 이용 가능

2. 시험문제 풀이 동영상 제공

※ 오른쪽 서명란에 이름을 기입하여
   골든벨 카페로 사진 찍어 도서 인증해주세요.
   (자세한 방법은 카페 참조)

카페바로가기

NAVER 카페 [도서출판 골든벨]
도서인증 게시판

서명란

도서 구매 인증서
무료 동영상 강의
CBT 체험 모의고사

CBT 응시요령 안내

① 수험자 정보 확인

② 유의사항 확인

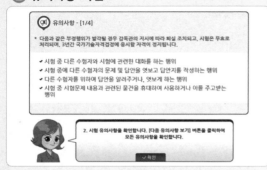

③ 문제풀이 메뉴 설명

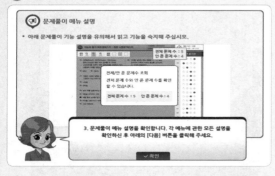

④ 문제풀이 연습

골든벨 CBT셀프 테스팅 바로가기

도서 구매 인증 시 시험장과 동일한
모의고사 1회를 CBT 셀프 테스트할 수
있습니다.

⑤ 시험 준비 완료

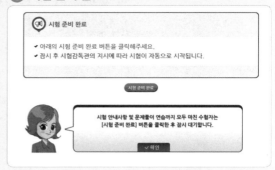

⑥ 문제 풀이

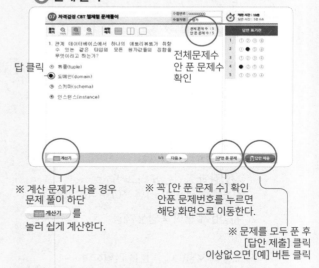

답 클릭

전체문제수
안 푼 문제수
확인

※ 계산 문제가 나올 경우
문제 풀이 하단
[계산기]를
눌러 쉽게 계산한다.

※ 꼭 [안 푼 문제 수] 확인
안푼 문제번호를 누르면
해당 화면으로 이동한다.

※ 문제를 모두 푼 후
[답안 제출] 클릭
이상없으면 [예] 버튼 클릭

⑦ 답안제출 및 확인

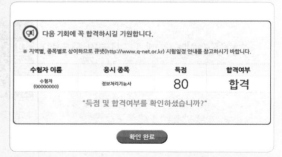

AI도 할 수 없는 직군이다!

"속보!
무안공항에서 제주항공 여객기가
착륙과 동시에 대형 참사가 발생하였습니다!"
이런 비보를 접한 것이 원고가 탈고될 즈음이라 묘한 감정이 들었다.

4차 산업혁명에 결연히 비상하고 있는 것이 항공 산업이며, 이곳에 종사자들은 각별한 직업군에 속한다. 공항에서 항공기의 이륙부터 착륙까지 교통통제, 안전규정 개발과 이행, 사고 대응 등의 업무를 수행하는 요원은 절대 필요하다.
최근에는 소형 항공사가 늘어남에 따라 본 자격 취득 희망자가 날로 증가 추세에 있다.

이 수험서의 집필 방향은 출제 경향을 면밀히 분석하고, 빈출 복원문제를 중심으로 예상문제까지 만듦으로써 단기간에 합격을 목표하였다.
필수과목인 교통법규(50문항)는 법학 전공자가 집필하였고, 교통안전관리론(25문항), 항공기체(25문항)/ 선택과목으로는 비교적 수월히 생각하는 항공기상(25문항)으로 편성하였다.
각 과목별 요정정리는 꼭 알아야 할 사항을 제시하고, 이를 바탕으로 기출 복원문제와 함께 정답을 페이지 하단에 제시하였으며, 특히 문제별 중요도에 따라 해설을 부연하였다.
특별히 이 수험서 구독자는 시험 전에 무료 동영상 특강을 듣고, 모의컴퓨터시험(CBT)을 풀수 있는 혜택도 드린다.

마지막으로 필자의 생각과 집필 방향을 꼼꼼하게 검토해 주신 강현철 선생, (주)골든벨 편집진과 대표께 감사와 응시생들의 합격을 축원한다.

2025년 1월
저자 일동

항공교통안전관리자는 항공운송업체에서 항공안전을 위한 전반적인 업무를 수행하며, 이러한 업무는 교통안전법에서 정하고 있다. 이들은 전문적이고 기술적인 업무를 주도적으로 수행하며, 항공 안전을 유지하는 데 핵심적인 역할을 맡고 있다.

이러한 업무를 효율적으로 수행하기 위해서는 교통안전법, 안전관리론, 항공안전법, 항공기체론, 항공보안 등에서 정하고 있는 국내외 기준과 관련 규정을 충분히 학습하고 체득하여 지식과 경험을 축적하는 것이 매우 중요하다. 이는 항공교통안전관리자로서의 역량을 강화하는 데 필수적인 요소다.

본 수험서는 항공교통안전관리자 업무에 필요한 핵심 내용을 요약하여 체계적으로 정리한 교재이다. 복잡하고 광범위한 내용을 이해하기 쉽게 설명하였으며, 관련 규정을 명확하게 정리하여 독자들이 보다 쉽게 접근할 수 있도록 구성되었다.
특히, 전문적이고 기술적인 내용을 실무와 연결하여 설명함으로써 학습자들이 실질적으로 활용할 수 있는 지식을 제공한다.

이 도서는 항공교통안전관리자 자격 취득에 필요한 핵심 자료로 충분한 가치를 가지고 있다. 학습자가 본 도서를 통해 자격을 취득한 후 항공업계에 종사하게 된다면, 업무 수행에 필요한 실무 지식과 경험을 쌓는 데 큰 도움이 될 것이다.

이를 통해 항공안전관리자는 우리나라 항공안전 체계를 강화하고, 항공기 사고를 사전에 예방하는 데 크게 기여할 수 있을 것으로 기대된다.

2025년 2월

강현철(前 한국교통안전공단/항공안전처장)

CONTENTS

CONTENTS

03 PART

교통법규

필수과목

04 PART

항공기상

선택과목

CONTENTS

04 PART
항공기상

선택과목

05 PART
모의고사

P·A·R·T 01

교통안전관리론

필수과목 ✈

01
CHAPTER

교통과 교통안전관리

01 교통

1. 교통(Traffic)과 운수

교통은 인간의 이동 및 화물의 수송, 전달과 관련된 모든 행위와 조직체계를 가리키는 용어이다. 주로 육상교통에서 시작하여 하천을 포함한 해상교통, 나아가 항공교통으로 그 영역을 넓혀 왔다. 따라서 교통은 '자동차 · 기차 · 배 · 비행기 등의 교통수단을 이용하여 사람이 오고 가거나, 짐을 실어 나르는 일'이라고 할 수 있다. 즉, 오고 가는 일, 왕래, 서로 떨어진 지역 간에 있어서의 사람의 왕복, 화물의 수송, 기차 또는 자동차 등이 수행하는 일의 총칭(국어 대사전)이라고 정의하고 있다.

운수(Transportation)란 운송이나 운반보다 큰 규모로 사람을 태워 나르거나 물건을 실어 나름이라고 한다.

2. 교통수단(교통안전 법 제1조 용어의 정의)

사람이 이동하거나 화물을 운송하는데 이용되는 것으로 『차량, 선박, 항공기』를 말하며 세부 내용은 다음과 같다. 차량은 차마 또는 노면전차, 철도차량 또는 궤도에 의하여 교통용으로 사용되는 용구 등 육상교통용으로 사용되는 모든 운송수단이다. 선박은 선박 등 수상 또는 수중의 항행에 사용되는 모든 운송수단을 말하며 항공기는 항공기 등 항공교통에 사용되는 모든 운송수단을 말한다.

3. 교통의 기능

교통의 발달은 지역 간의 이동을 용이하게 하고 생활권을 확대시키며 교통기관 결절점(Node)의 핵을 형성하는 동시에 지역을 고도로 발전시키는 기능을 가진다. 이러한 교통의 주요 기능은 다음과 같다.

- 운송기능

  사람과 물자를 한 장소에서 다른 장소로 이동시키는 기본적인 역할을 한다.

  개인의 이동, 화물의 운반 등 다양한 형태로 이루어진다.

- 경제적 기능

  생산자와 소비자를 연결하여 자원의 효율적 배분을 돕는다.

  물류 비용 절감, 시장 확장, 생산성 향상에 기여한다.

- 사회적 기능

  지역 간 교류를 활성화하고 사회적 통합을 촉진한다.

  도시와 농촌간의 균형 발전을 돕는다.

- 문화적 기능

  문화교류를 통해 다양한 문화를 확산시키고 상호 이해를 증진시킨다.

  관광산업을 활성화하여 문화적 가치를 널리 알린다.

- 정치적 기능

  국가 안보와 방위를 지원하는 전략적 역할을 한다.

  국경 지역의 교통망 확충을 통해 국가간 통합을 이룬다.

- 환경적 기능

  지속 가능한 교통수단을 통해 환경 보전에 기여한다.

  대중 교통, 전기차 등의 도입으로 탄소 배출을 줄이는데 도움을 준다.

4. 교통사고의 본질

(1) 교통사고의 정의

1) 일반적 측면

교통의 경로 상에서 각종의 교통수단이 운행 중에 다른 교통이나 사람 또는 기물 등과 충돌하거나 접촉 등의 위해를 발생케 함으로써 인명을 사상 또는 재산상의 손실을 입히는 것을 말한다.

2) 도로 교통법

차의 교통으로 인하여 사람을 사상하거나 물건을 손괴하는 것을 말한다. 즉, 「도로에서」, 「자동차에 의한 교통 활동 중」, 「사람을 사상하거나 물건을 손괴한 각종 손실을 유도한 것」을 말한다. 또한 도로상에서 발생한 사고라도 자동차가 아닌 자동차나 보행자에 의한 사고, 자동차에 의한 사고라도 불특정 다수인이 특별한 방해 없이 이용하는 도로가 아닌 개인 주택의 정원, 자동차 교습소, 역 구내, 경기장, 주차장, 차고 등에서 일어난 사람의 사상사고나 실질적으로 물체의 손실이 없는 단순한 위험발생의 가능한 상태는 교통사고 가 아니다.

3) 교통안전관리 측면

교통수단의 운행 또는 운항과정에서 인명의 사상 또는 기물이 손괴되지 않더라도 위험을 초래하는 잠재적 사고까지 포함한다.

참고로 운행 중이란 사용 중인 차량의 상태를 뜻하는데 특정차량이 운행 중인지 아닌지를 구별하는데 3가지 조건은 차도 내에서 움직이고 있는 상태, 움직이고 있는 차량이 아닌 경우 지정된 주차구역이나 길 어깨 이외의 장소에서 곧 움직이려고 하는 상태, 차량이 차 도 상에 있는 상태 등이다.

(2) 교통사고의 원인

1) 간접적 원인

기술적 원인, 교육적 원인, 정신적 원인, 신체적 원인, 관리적인 원인 등이다.

2) 직접적 원인

사람에 대한 요건, 자동차에 대한 요건, 도로에 관한 요건 등이다.

(3) 교통사고 연쇄 반응의 구성 요소

① **사회적 결함**: 사회적 환경과 유전의 요소
② **개인적 결함**: 개인적인 성격상의 결함
③ **불안전 행위**: 불안전한 해위와 불안전한 환경 및 조건
④ **사고**: 교통사고 사상의 발생
⑤ **상해**: 상해와 손실

(4) 교통사고의 3대 주요 원인

인적요인, 도로 요인, 자동차 요인 (최다발생: 인적요인에 의거)

(5) 교통사고 다발자의 특성

책임감 결여, 이기적이고 공격적인 태도, 자기통제 미약, 충동적인 태도, 신경 과민성, 우유 부단성 등이다.

5. 교통사고 요인분석

교통사고는 한 가지 요인에 의해서 발생되는 경우보다는 여러 가지 요인이 복합적으로 작용하여 발생하고 있다. 하지만 인적요인, 차량요인, 도로환경요인을 포함한 교통안전시설 그리고 주요 환경요인 등에서 발생하며 인적요인에 의한 교통사고가 가장 많은 비중을 차지하고 있다.

(1) 인적요인

운전자, 보행자, 사람의 안전 및 질서 의식
- 운전자: 운전자의 습관, 준법정신, 심리, 연령, 직업, 학력, 운전경력 및 운전 기술 등
  * 인지 판단에 영향을 주는 인적요소의 속성: 관찰습관, 감지능력, 정서적 안정, 집중력, 민감성 등

(2) 차량요인

차량의 구조와 차량정비, 검사 그리고 차량의 보안 기술 등
  * 안전에 직접관계 있는 조립용 부품은 브레이크, 타이어 조명장치 등과 정비 불량에 의한 사고, 검사제도와 검사상의 문제점도 내포하고 있다.

(3) 도로 환경요인

① 교통안전시설: 시설의 구조, 안전시설의 설치 그리고 기타 시설
② 환경요인: 기후 등의 자연환경과 사람이나 차량 등의 교통 수요 그리고 교통법규나 사회제도 등의 사회 환경 등

6. 교통사고 요인별 특성과 안전관리

(1) 시각특성

① **동체 시력**: 주행 중 운전자의 시력
② **야간시력**: 야간시력은 일몰 전에 비하여 약 50% 정도 저하된다.
③ **암순응과 명순응**
  ▷ 암순응: 밝은 장소에서 어두운 장소로 들어간 후에 눈이 익숙해져 시력을 회복하는 것
  ▷ 명순응: 어두운 장소에서 밝은 장소로 나온 후에 눈이 익숙해져 시력을 회복하는 것
④ **시야**: 정상적인 사람의 시야는 180~200도 정도 (한쪽 눈의 시야는 좌우 각각 160도)

(2) 인간행위의 가변적 요인

① **기능상**: 시력, 반사 신경의 저하 발생

② **작업능률**: 객관적으로 측정할 수 있는 효율의 저하

③ **생리적**: 긴장 수준의 저하

④ **심리적**: 심적 포화, 피로감에 의한 작업의욕의 저하

(3) 사고 다발자의 성향

① 행동이 즉흥적이며, 초조해한다.

② 폭발적으로 흥분하기 쉬우며, 자기 통제력이 약하고 충동적이다.

③ 협조성이 결여되어 있다.

④ 사소한 일에도 감정의 노출이 쉽고 정서가 불안전하다.

⑤ 주위가 산만하여 부주의에 빠지기 쉽다.

⑥ 주의가 소홀하고 지속력이 약하다.

(4) 고령자의 교통행동

① 운동능력이 떨어지고 시력, 청력 등 감지 기능의 약화로 위급 시 대응력이 둔하다.

② 움직이는 물체에 대한 판별 능력이 저하된다.

③ 어두운 조명 및 밝은 조명에 대한 적응능력이 떨어진다.

(5) 어린이의 교통행동

① 교통 상황에 대한 주의력이 부족하다.

② 판단력이 부족하고 모방의 행동이 많다.

③ 사고방식이 단순하다.

④ 추상적인 말은 잘 이해하지 못하는 경우가 많다.

⑤ 회기심이 많고 모험심이 강하다.

(6) 타코그래프의 사용목적

속도계와 시계를 조합한 것으로 운행시간, 순간속도, 운행거리 등 운행 중 운전자의 행태를 기록하는 장치로 안전운전 실태를 파악하는데 그 목적이 있다.

(7) 음주운전

1) 음주운전에 의한 교통사고의 특징

　㉠ 정지물체(안전지대나 전신주 등)에 충돌한다.

　㉡ 주차 중에 있는 다른 자동차 등에 충돌한다.

　㉢ 맞은편에서 오는 차로 인한 눈부심은 시력의 회복이 지연되기 때문에 맞은편에서 오는 차와 정면충돌을 한다.

　㉣ 도로를 잘못 보고 도로 밖으로 전도한다.

　㉤ 야간에 많은 사고를 유발한다. (오후 10시에서 다음날 오전 2시 경 사이에 많이 발생)

　㉥ 중대사고로 이어져 치사율이 높다.

　㉦ 음주 후 약 30분에서 60분 정도가 거의 60%를 차지하고 있다.

2) 음주운전 시의 장해

　㉠ 시력장해가 많음. 정체시력보다 동체 시력의 장해가 많다.

　㉡ 시야가 좁아져 범위가 한정된다.

　㉢ 하체 운동신경 저하로 브레이크 조작이 늦어지고 엑셀, 클러치의 급 조작을 한다.

　㉣ 호흡, 맥박은 증가하고 혈압은 저하된다. 발작이 생기고 얼굴은 붉어진다.

　㉤ 주의 집중력이 감소되고, 신체 평형감각이 저하되며 피로감이 크다.

(8) 피로관리

1) 피로

　㉠ 신체적, 정신적 활동 후에 나타나는 일시적인 에너지 감소나 기능 저하 상태

　㉡ 몸이나 마음이 지나치게 사용되거나 스트레스에 노출될 때 발생

　㉢ 충분한 휴식을 통해 회복 될 수 있다.

2) 피로의 증상 종류

　㉠ 신체적 피로: 과도한 신체활동이나 근육 사용으로 발생하며 근육 통증, 무기력, 운동 능력 저하 등의 증상이 있다.

　㉡ 정신적 피로: 과도한 정신적 작업, 스트레스, 수명 부족 등으로 발생하며 집중력 저하, 기억력 감퇴, 무기력함, 불안감 등의 증상이 있다.

　㉢ 만성피로: 충분히 휴식을 취했음에도 불구하고 피로가 지속되는 상태로 몇 주 이상 지속되면 만성 피로 증후군일 가능성이 있다.

3) 피로의 주요 원인

ㄱ 과도한 신체 활동 또는 작업(장거리 운전 등)

ㄴ 스트레스나 불안, 수면부족

ㄷ 영양부족 또는 불균형

ㄹ 질병(예, 빈혈, 갑상선 문제, 감염 등)

ㅁ 생활습관(운전습관), 과음, 흡연, 운동 부족 등

4) 운전과 피로

ㄱ 운전 작업의 특수성이해

ㄴ 정신작업상에 강제적인 하중부담이 더하다는 것

ㄷ 언제 어디서 무엇이 뛰쳐나와서 장해를 할지 모르는 일

ㄹ 눈을 크게 뜨고 신경을 긴장시켜서 자세를 바르게 가질 것을 필요로 한다.

(9) 졸음

① 도로상의 장거리 운전 혹은 수면부족 과로운전은 졸음운전의 원인

② 졸음에 의한 교통사고는 대향차 전주 안전지대 가로수 등과 접촉 또는 충돌

③ 차도를 이탈, 보도 상에 뛰어 올라가거나 하수구에 떨어지는 사고를 유발

(10) 도로의 구성

1) 차도

차량의 통행을 목적으로 설치된 도로의 일부분(일반적 차로 폭: 3.5m)

ㄱ 설계속도가 80km/h 인 도로: 3.25m 이상

ㄴ 설계속도가 60km/h 인 도로: 3.0m 이상

ㄷ 회전 차로 폭: 2.75m 이상

2) 교통분리시설

ㄱ 중앙분리대: 진행방향과 반대방향에서 오는 교통의 통행로를 분리시켜 반대편 차선으로 침범하는 것을 막아주고 위급한 경우에는 왼쪽차선 밖에서 벗어날 공간을 제공한다.[폭: 일반도로(3m 이상), 도시고속도로(2m 이상), 일반도로(1.5m 이상)]

ㄴ 측도: 고속도로나 주요 간선도로에 평행하게 붙어있는 국지도로이다.(폭: 3m 이상)

3) 노변지역

ㄱ 갓길: 차도부를 보호하고 고장차량의 대피소를 제공하며 포장면의 바깥쪽이 구조적으로 파괴되는 것을 감소시켜주는 역할[경사: 포장갓길(3~5%), 비포장(4~6%), 잔디갓길(8%)]

    © 배수구: 깊이는 도로중심선 높이로부터 최소 60cm 이상, 노반보다 최소 15cm 이상 낮아야 한다.

    © 연석: 배수를 유도하고 차도의 경계를 명확히 하며 차량의 차도이탈을 방지하는 역할 (폭: 30~90cm)

4) 방호책

주행 중에 진행방향을 잘못 잡은 차량이 차도 밖으로 이탈하는 것을 방지하기 위하여 차도에 따라 설치하는 시설로 가드레일, 가드케이블, 가드파이프 등이 있다.

(11) 도로의 종류

1) 자동차 전용도로

    ㉠ 도시 고속도로

    ㉡ 고속도로

2) 일반도로

    ㉠ 주간선 도로: 도시와 도시를 연결 또는 도시지역 내의 교통량이 많은 큰 도로

    ㉡ 보조 간선도로: 군 지역 내를 연결 또는 주간선 도로에 들어가거나 나오는 도로

    ㉢ 집산도로: 군내의 통행을 담당하거나 주거지역까지 연계되는 도로

    ㉣ 국지도로: 주거지역에 들어가기 위한 도로

(12) 교통 환경요인

1) 기상조건

    ㉠ 일광에 의한 명암상태

    ㉡ 돌풍과 비나 눈 등으로 인한 노면이 온도

      * 빙판도로에서 발생한 교통사고가 전체사고의 18.7%나 차지하고 있다.

2) 교통여건

    ㉠ 교통량과 교통사고율의 관계는 차량 폭, 노폭, 거리 및 노측 상황 등의 요소

    ㉡ 혼잡지수와 교통사고율과의 관계

3) 교통정보 전달체계

    ㉠ 시시각각 변하는 교통상황에 대한 정보를 운전자에게 정확하고 신속하게 전달

    ㉡ 교통정보의 무지는 곧 운전자 판단 실수로 교통사고 유발 위험성은 높을 수밖에 없다.

4) 응급, 구조체계

　　교통사고 발생 시 즉시 부상자를 응급조치한 후 병원으로 이송하여 치료하는 것

5) 교통규제 요인

　　㉠ 속도규제로 사고 직전 별 사고건수는 20~40km 이하가 40.5%로 가장 많음.

　　㉡ 치사율은 100km/h 이상인 경우가 45.1%로 가장 높고 속도가 높을수록 치사률과 치상률이 높아진 것으로 나타나고 있다.

　　㉢ 불법 주정차는 교통체증, 불법주차 차량으로 보행자의 갑작스런 돌출에 의한 사고, 통행지체로 인한 추돌사고 등 교통사고 발생 가능성이 매우 높다.

7. 교통사고 조사 및 사고관리

(1) 교통사고 분석의 목적

　　교통사고 발생원인을 분석하여 교통안전 시설 등의 외부적 환경을 개선하거나 종사원에 대해 새로운 교육 · 지도 및 규칙을 이해시키고 납득시켜 교통사고 발생 위험률을 저하시키는 것이 교통사고 분석의 기본 목적이다.

(2) 교통사고 위험도 분석: 위험도를 평가하는 방법

1) 현황판에 의한 방법

　　㉠ 위험 도로를 선정하는 가장 단순한 방법

　　㉡ 교통사고 현황판에 핀을 꽂아 육안으로 많은 교통사고 지점을 선정하는 방법

2) 사고건수 법

　　㉠ 교통사고 건수가 많은 지점을 위험 도로로 선정하여 배역하는 방법

　　㉡ 각 지점의 교통량을 반영하지 않는다는 단점

3) 사고율법

　　㉠ 백만 차량 당 사고 또는 1억대 / km당 사고를 비교하여 전국의 유사한 장소의 평균값보다 큰 곳을 사고 많은 장소로 선정하는 방법

　　㉡ 사고건수 법의 단점인 교통량이 반영되지 않는 문제점을 보완하기 위해 사용

(3) 교통사고 해석 방법

　　① 사례 해석법: 시간의 경과에 따라 분석　② 실험 해석법: 설계된 모형으로 재현

　　③ 통계 해석법: 교통사고 데이터를 수집

(4) 교통사고 원인분석 요소

① 운전자의 법규 위반 행위

② 운전기량의 미숙

③ 도로 구조 결함

④ 교통 환경의 부적절

⑤ 자동차 정비 결함

⑥ 운행 관리상의 문제

(5) 교통사고 발생 시 취할 단계

① 제1단계: 사고현장을 보존한다.

② 제2단계: 운전자는 부상자의 응급 치료를 한다.

③ 제3단계: 사고를 정확히 보고한다.

④ 제4단계: 정보를 수집한다.

(6) 교통사고 조사결과의 기록

① **교통사고**: 도로교통법상 차량이 교통으로 인하여 사람을 사상 또는 물건을 손괴한 경우를 말함

② **사망**: 교통사고가 발생하여 30일 이내에 사망한 경우를 말함

③ **중상**: 교통사고로 인하여 부상하여 3주 이상의 치료를 요하는 경우를 말함

④ **경상**: 5일~3주 미만의 치료를 요하는 경우(단, 5일 미만의 치료를 요하는 경우도 비상 신고를 한다.)

⑤ **사고건수**: 하나의 사고유발 행위로 인하여 시간적, 공간적으로 근접하며, 연속성이 있고 상호 관련하여 발생한 사고를 1건의 사고로 정의함

⑥ 사고 당사자

▷ 제1당사자: 사고발생에 대한 과실이 큰 운전자

▷ 제2당사자: 과실이 비교적 가벼운 운전자

▷ 제3당사자: 신체 손상을 수반한 동승자

⑦ 교통사고 통계원표

▷ 본표: 교통사고의 기본적인 사항(발생일시, 장소, 일기, 도로종류, 도로형상, 사고 유형 등) 및 제1, 제2 당사자에 관한 사항을 기록한 표

▷ 보충표: 제3 당사자 이상의 당사자가 있는 경우에 사용 (5) 교통규제 요인

02
CHAPTER

교통안전관리 체계

01 교통안전관리

1. 교통안전과 교통안전관리

도로 이용자가 사상에 이르지 않도록 하는 수단과 절차를 『교통안전』이라고 하고, 『교통안전관리』란 교통안전을 확보하기 위하여 시행하는 조직적인 관리를 말한다.

교통안전관리의 목적은 인명의 존중, 사회복지의 증진, 수송 효율의 향상, 경제성의 향상에 있다.

교통안전관리의 주요 업무는 ① 교통안전 계획의 수립, ② 교통안전 의식을 지속적으로 유지, ③ 자동차의 안전관리, ④ 운전자의 선발 관리, ⑤ 운전자의 교육 · 훈련 관리, ⑥ 운전자 및 종사자의 안전관리, ⑦ 교통안전의 지도감독, ⑧ 근무시간 외 안전관리 등이 있다.

2. 교통안전 관련 법

우리나라에서 교통안전 진흥을 위하여 직접 관계된 법은 교통안전법, 도로교통법, 자동차관리법 도로법 등이 있다.

교통안전법은 교통안전에 대한 방향을 제시하는 법으로서의 성격을 가지고 있으나 도로교통법을 비롯한 기타 관계법의 상위법으로서의 지위는 부여되어 있지 않다. 하지만 교통안전정책의 기본방향과 지침을 제시하는 역할을 지니고 있기 때문이다.

이와 같은 교통안전관계법 중에서 교통안전 추진체제와 정책에 대한 기본법은 교통안전법이며, 운전자관리와 운행관리에 대한 기본법은 도로교통법이고, 차량관리에 관한 기본법은 자동차관리법이고, 도로관리에 관한 기본법은 도로법이다.

3. 교통사고의 요소

(1) 환경의 사고요소

① 물리적인 요소: 기후, 자동차의 상황, 도로의 상황 등이 있다.

② 사회 물리적인 요소: 상대방의 행위, 교통의 규제 등이 있다.

③ 사회적인 요소: 운전의 환경, 생활의 환경 등이 있다.

(2) 운전자의 사고 요소

① 기술적인 요소: 기술, 지식이 있다.

② 심리적인 요소: 판단력, 주의력, 지능 및 연령, 정신상태, 태도, 성격이 있다.

③ 생리적인 요소: 신체의 이상, 운동능력, 청각, 시각이 있다.

4. 교통사고 방지를 위한 원칙

- 정상적인 컨디션 유지의 원칙
- 관리자의 신뢰의 원칙
- 안전한 환경 조성의 원칙
- 무리한 행동의 배제 원칙
- 사고 요인의 등치성의 원칙
- 방어 확인의 원칙
- 고장률 유형(욕조 곡선)의 원리
- 하인리히(Heinrich)의 원칙

  * 이론과 관련하여 용어정리 하인리히의 법칙(Heinrich's law)과 욕조곡선의 원리 참조.

5. 교통안전관리의 원칙

(1) 사고요인 등치성의 원리

교통사고의 발생 원린 중 각종 요소가 똑같은 비중을 차지한다는 원리를 말하며 사고의 많은 원인 중에서 하나만이라도 연결되지 않았다면 연쇄반응은 없다는 원리를 말한다. 즉, 동일 노선, 동일 장소에서 많은 사고가 발생하는데 사고 발생 후에 사고조치를 하지 아니하여 같은 종류의 사고가 계속 발생한다는 것이다. 교통사고는 연속적으로 하나하나의 요인이 만들어지는데 그 중 하나라도 요인이 연결되지 안았다면 연쇄반응이 일어나지 않는다는 것을 설명하는 이론이다.

6. 교통안전의 조직

교통안전조직은 교통안전과 관련된 모든 조직이 포함되어야 하고, 참여하는 기관 모두는 교통안전이라는 목적달성을 위하여 결합되고 조직되어야 한다.

(1) 정부 행정기관

1) 국가교통위원회

국가교통위원회는 국가교통체계에 관한 중요 정책 등을 심의하기 위하여 설치된 대한민국 국토교통부 소속의 자문위원회이다. 기능은 국가기간교통망계획, 중기투자계획의 수립 및 변경, 육상·해상·항공교통정책, 교통기술개발, 교통투자개선 등이다.

2) 지역교통위원회

지방자치단체 소관의 주요 교통정책 등을 심의하기 위해 시, 도지사 소속으로 지방교통위원회를 운영한다.

(2) 운수사업체

각 운수사업체에서 교통사고 예방을 위한 안전관리업무를 담당할 기구로 안전관리 조직이 필요하다. 통상 안전관리 조직은 일반적인 조직 편성론과 같이 라인형, 스텝형, 라인스텝 혼합형 등으로 구성될 수 있다. 다만 운수사업체에서는 사업체의 특성에 맞는 형태를 갖추어야 하며 다음의 공통적인 요소를 고려하여야 한다.

① 안전관리 목적달성에 기여
② 안전관리 목적달성을 위해 최대한 단순하게 조직되어야 함
③ 안전관리의 근본이 사람이므로 인간을 목적달성의 수단으로 인식하여야 함
④ 조직 구성원은 능동적으로 조절 가능해야 함
⑤ 조직 구성원 상호간 공유체계가 가능한 공식적인 조직이어야 함
⑥ 급변하는 상황과 환경변화에 대응 가능한 유기적인 조직이어야 함

7. 교통안전관리 조직관리

(1) 조직관리

① 관리는 조직에서 관리목표를 달성하기 위한 기능을 말한다.
② 관리의 순환은 계획 - 조직 - 통제이다.

(2) 관리의 기능

1) 관리자의 계층

최고 경영층(회장, 사장, 전무, 임원 등), 중간 경영층(국장, 처장, 부장 등), 하위 경영층(과장, 계장 등) 등이다.

2) 중간관리자의 역할

- 전문가로서 직장의 리더
- 소관 부문의 종합 조정자
- 상하간 및 부문 상호간의 커뮤니케이션

3) 조직을 설계할 때 지켜야 할 원칙

① 전문화, ② 명령의 통일, ③ 권한 및 책임, ④ 감독 범위 적정화, ⑤ 권한의 위험, ⑥ 공식화 등이다.

8. 안전관리조직의 목적

(1) 목적

① 구성원의 직무와 상호관계를 정확히 규정
② 안전 목적을 능률적이면서도 효과적으로 달성하기 위하여 조절

(2) 교통안전관리 조직의 개념

① 안전관리 목적 달성의 수단
② 안전관리 목적 달성에 지장이 없는 한 단순할 것
③ 인간을 목적 달성의 수단의 요소로 인식할 것
④ 구성원을 능률적으로 조절할 수 있어야 할 것
⑤ 그 운영자에게 통제 상의 정보를 제공할 수 있어야 할 것
⑥ 구성원 상호간을 연결할 수 있는 공식조직(Formal Organization) 이어야 할 것
⑦ 환경의 변화에 끊임없이 순응할 수 있는 산 유기체이어야 함

(3) 교통안전관리 조직의 원칙

① 교통안전관리자 및 관리감독은 안전 활동을 시행하는 전제조건
② 교통안전법에 명시된 「누가 무엇을 할 것인가라는 체제」 및 「무엇을 어떻게 할 것인가라는 기준」 그리고 '안전화'를 사람에 대해서는 '교육 · 지도' 등의 규제사항을 정비해야 한다.

③ 안전관리 체제 확립, 안전관리 기준설정, 운전환경 및 도로환경의 안전화, 교육 및 지도의 계획적 실시, 평가의 제도화 등이다.

9. 교통안전관리자의 직무

- 교통 종사원에 대한 교육, 훈련과 차량 등의 점검, 정비계획수립, 운행 노선의 점검
- 교통안전 관리에 관한 계획의 수립
- 차량 등의 운행 전후 안전점검 및 지도 감독
- 도로 및 기상조건에 따른 안전운행 또는 그에 필요한 조치
- 교통업무 종사원의 운행 중 근무상태 파악
- 안전운행에 관한 자체지도
- 교통업무 종사원에 대한 교통안전교육의 실시 및 과로 방지
- 교통사고 원인의 조사, 분석 및 사고 통계의 유지
- 기타 교통사고 예방을 위하여 필요한 사항

02 교통안전관리의 체계

1. 교통안전 계획 체제

'교통안전 정책심의위원회'에서는 교통안전에 관한 정책을 종합적, 체계적으로 시행하기 위하여 '교통안전 기본계획'을 수립하고 관련 부처에서는 매년 기본계획에 따라 '교통안전 시행계획'을 수립, 시행토록 제도화 하고 있다.

2. 교통안전 기본계획 수립과 절차

- 교통안전 기본계획의 수립은 5년마다 하여야 한다.
- 국무총리는 교통안전 정책심의위원회의 심의를 거쳐 계획연도개시 전전년도 10월말까지 기본계획 지침을 작성하여 지정행정기관의 장에게 시달한다.
- 지정행정기관의 장은 기본계획 작성지침에 따라 매년도 소관별 기본계획안을 작성하여 계획연도 개시 전전년도 12월 말까지 국토교통부장관을 거쳐 정책위원회에 제출하여야 한다.

– 국무총리는 기본계획안에 의거 계획년도 개시 전년도 5월말까지 기본계획을 작성하고 정
  책위원회의 심의, 조정 및 국무회의의 심의를 거쳐 이를 확정한다.
– 국무총리는 확정된 기본계획을 계획연도 개시 전년도 6월말까지 지정행정기관의 장과 특
  별시장, 광역시장 또는 도지사에게 시달하고 그 요지를 공고한다.

3. 기본계획안에 포함되는 주요 내용

(1) 교통안전 세부시행계획

(2) 업체의 교통안전 계획

① 계획의 수립과 절차

② 교통안전 계획을 수립·시행하여야 할 차량 및 사용자의 범위

③ 교통안전 계획에 포함되어야 하는 사항

(3) 교통안전 계획 추진실적 및 교통사고 상황 심사 분석 보고

① 보고기간

② 교통안전시행 계획 추진실적 보고서 작성 시 포함되는 사항

③ 교통사고 상황 보고서 작성 시 포함되는 사항

4. 교통안전 조직 체계의 형태

– 교통안전관리 체계
– 사업체 특성에 따른 조직 편성
– 교통안전관리 규정
– 교통업무 종사원 복무규정
– 교통안전관리 책임의 위임

5. 교통안전 조직 체계의 기능

– 안전관리 조직의 개념
– 안전관리 조직의 목적
– 안전관리 조직의 필요성
– 안전관리 조직의 구조와 성격

6. 자동차 운송사업과 안전관리 체계

- 운송사업체 관리자의 지도력
- 교통안전관리 책임의 위임
- 안전시책을 수립하는 이유
- 교통안전 관리 기법의 기본적 원칙

03 교통안전 시설

1.도로교통법에 관련된 안전시설

- 도로교통법에 규정된 안전시설: 신호기, 안전표지, 노면표시 등
- 도로법에 규정된 안전시설: 도로표지와 중앙분리대, 방호책, 도로 반사경 등

2. 경찰청의 교통안전 시설: 신호기, 안전표지, 노면표시 등

3. 도로 구조, 시설기준

- 교통안전 시설: 횡단보도, 육교, 방호 울타리, 조명시설, 시선 유도표지, 도로반사경, 충격흡수 시설, 과속방지 시설, 양보차선, 방호시설 등
- 교통관리 시설: 안전표지, 노면표지, 긴급연락시설, 도로정보 안내표지, 교통감시시설, 교통 신호기 등

4. 신호등의 성능

- 등화의 밝기는 낮에 150m 앞쪽에서 식별할 수 있도록 한다.
- 등화의 빛 발산각도는 사방으로 각각 45도 이상으로 한다.
- 태양광선이나 주위의 다른 빛에 의하여 그 표시가 방해받지 아니하도록 한다.

교통안전관리기법

03
CHAPTER

---

01 교통안전관리기법

1. 정보자료

(1) 1차 자료: 조사기관에 의하여 처음으로 관찰, 수집된 자료

(2) 2차 자료

① 내부자료: 기업 내부에서 다른 목적으로 수집된 자료

② 외부자료: 외부기관이 특정한 목적에 따라 작성한 자료

2. 사업용 운전자가 지켜야 할 수칙

- 교통규칙을 준수할 것
- 배당된 차량 등의 관리
- 운행시간을 엄수할 것
- 대중에게 불편을 주지 말 것

3. 운전자의 개별 평가

운전적성, 운전지식, 운전기술, 운전태도, 운전경력

4. 운전환경의 평가

도로환경, 직장환경, 가정환경, 시설, 차량 및 화물적재

5. 관리기법의 종류(아이디어 도출방법)

- 브레인스토밍 법(Brain Storming): 일정한 테마에 관하여 회의형식을 채택하고, 구성원의 자유발언을 통 한 아이디어의 제시를 요구하여 발상을 찾아내려는 방법

- 시그니피컨트 법(Significant): 서로 관계가 있는 것을 관련시켜서 아이디어를 토출해내는 방법
- 노모그램 법(Nomogram): 수치의 계산을 간단하고 능률적으로 하기 위하여 몇 개의 변수관계를 그래프로 나타낸 도표. 지면에 그림을 그려서 아이디어를 찾아내는 방법
- 고든 법(Gordon Technique): 키워드를 연상하여 아이디어를 발전시킨다.(예: 초콜릿 → 과자 → 음식물)
- 바이오닉스 법(Bionics): 자연계의 관찰을 통하여 아이디어를 찾아내는 방법

6. 운전자의 개별 평가: 운전적성, 운전지식, 운전기술, 운전태도, 운전경력
- 65세 이상 70세 미만인 사람(제외: 동일 검사 적합판정 후 3년이 지나지 아니한 사람)
- 70세 이상인 사람(제외: 동일 검사 적합판정 후 1년이 지나지 아니한 사람)

7. 안전관리 통제기법

(1) 안전 감독제

① 직무 안전분석: 안전 절차 포함한 모든 작업의 절차와 방법에 대하여 상세하게 분석, 기술하는 것을 말한다.

② 일일관찰: 제일선 감독자에 의해서 수행되는 안전감독을 말한다.

③ 검열: 빈도는 작업의 특정한 위험도 또는 대상 근무에 따라 결정한다.

(2) 안전 당번제도

일정기간 교대로 순찰하여 안전상태를 살펴보고 개선하는 것을 말한다.

(3) 완전무결 제도

사고가 전혀 발생하지 않도록 안전을 습관화 시키는 것을 말한다.

02 교통안전교육기법

1. 교통안전교육의 이념과 목표

교통안전 교육은 인간의 생명을 존중하여 안전하게 행동 할 수 있고 교통사회의 일원으로서 사회의 안전에 공헌할 수 있는 사람을 육성한다는데 있다.

교통교육의 목표는 「장래의 교통상태 개선에도 기여할 수 있는 인간형성」을 더해 인간 형성의 적극적인 실천적 과제로서 교통교육을 추진하고 있다.

2. 교통안전교육의 내용

- **자기통제**(self-control): 자기의 입장과 책임을 자각하고 자기의 욕구를 Control하는 것
- **준법정신**: 준법정신의 기본적 태도를 갖는 것
- **안전운전태도**: 교통법규를 준수하려는 마음가짐을 갖는 것으로 음주운전은 절대 하지 않는다라는 인식과 태도를 갖는 것
- **인간관계적응성**: 교통은 혼자만이 아니고 많은 사람들과 공용한다는 인식하에 관심과 배려하며 의사소통하는 것
- **안전운전기술**: 안전하게 운전하기 위해 미리 예측하고 판단하여 의사결정하고 안전한 기술을 갖도록 훈련을 하는 것
- **운전(조작) 기능**: 자동차를 안전하고 정확하게 조작하고 Control할 수 있는 능력

3. 운전자 교육의 원리

- 개별성의 원리
- 자발성의 원리
- 일관성의 원리
- 종합성의 원리
- 집단교육의 원리
- 반복성의 원리
- 생활교육의 원리
- 가정적, 직장적 분위기하에서의 교육원리

4. 운전자 교육의 종류

(1) 단계에 따른 분류

① 도입교육: 사람이 담당하게 될 운전차량, 배달코스, 하물취급 등에 대해 되도록 빨리 적응시키자는 것

② 추가, 보충교육: 망각과 수시로 바뀌는 법규 등을 추가, 보충 교육하는 것

③ 재교육: 치료 교육으로 법규위반자, 사고운전자에게 교육시키는 것

(2) 내용에 따른 분류

① 운전지식 교육: 부족한 지식을 보완하고 잘못알고 있는 지식을 습득시키는 것

② 운전기술 교육: 안전운전에 필요한 기술적인 교육으로 정확한 기술, 조작 등임

③ 운전태도 교육: 차량, 법령, 사업체 그리고 평소 생활속의 태도에 대한 교육임

(3) 교육방법에 따른 분류

① 개별교육: 개별실습, 카운슬링, 일상지도, 태코그래프에 의한 지도 등이다.

② 소집단교육: 사례연구법, 과제연구법, 분할연기법, 밀봉토의법, 패널 디스커션, 공개 토론법, 발견적 토의, 심포지움, 기술 연구, 드라이버 콘테스트, 합숙교육 등이다.

③ 집합교육: 강의, 시범, 토론, 실습 등이 있다.

5. 교통안전교육의 추진기법

(1) 안전교육의 3단계 추진

① 1단계: 교육계획의 수립단계

② 2단계: 교육 실시단계

③ 3단계: 교육평가단계

(2) 교육추진방법

① 계획을 세운다.

② 안전의식 앙양을 도모한다.

③ 내용을 구체적으로 한다.

④ 교육은 끈기 있게 반복 한다

⑤ 피교육자의 입장을 고려한다.

⑥ 교육효과를 파악한다.

(3) 교육계획 수립 시 고려사항

① 정확한 정보를 수립해야 한다.

② 현장의견을 충분히 반영한다.

③ 안전교육 실시체계와의 관련을 생각한다.

④ 실질적인 교육이 되어야 한다.

03 교통안전지도기법

1. 운전적성의 파악과 활용

(1) 운전적성검사의 종류

① 속도예상 반응검사: 초조성을 조사하는 검사

② 중복작업 반응검사: 손발에 의한 반응의 정확성을 조사하는 검사

③ 처치판단 검사: 좌우 주의력의 배분을 조사하는 검사

④ 동체시력 검사: 움직이는 대상에 대한 시력검사

(2) 운전적성 정밀검사 대상자

1) 신규검사

㉠ 신규로 여객자동차 운송사업용 자동차를 운전하려는 자

㉡ 운전업무에 종사 후 퇴직한 자로서 신규검사를 받은 날로부터 3년이 지나 재취업 하려는 자

㉢ 신규검사를 받고 3년 이내에 취업하지 아니한 자

2) 특별검사

㉠ 중상이상의 사상사고를 발생시킨 자

㉡ 운송사업자가 신청한 자(질병, 과로 그 밖의 사유)

㉢ 운전면허 행정처분 기준에 따라 누산점수 81점 이상인 자

2. 현장 안전회의

(1) 현장 안전회의란?

직장에서 안전을 위하여 행하는 안전미팅이다. 현장안전회의란 실제 운행상황에 잠재된 위험을 모두가 의견을 제시하고 납득하는 것이다. 그 상황과 그 장소의 위험에 대하여 모두가 이렇게 하자, 이렇게 한다. 라고 합의하고 실행하는 것이다.

　1) 현장 안전회의 요령

　　㉠ 단시간 미팅: 통상 운행 전 5분～15분 정도의 시행한다.

　　㉡ 인원수는 5～6인 정도

　　㉢ 미팅의 내용

　　　• 수행 임무에 대해서 위험예지: 어떤 위험이 있는가?

　　　• 수행 임무에 대한 학습: 어떻게 할 것인가?

　　　• 위험요인에 대한 문제제기

　　　• 위험요인에 대해 의논하고 해결방안 제시

　2) 현장 안전회의 진행

현장안전 회의는 통상 ①도입, ②점검정비, ③운행지시, ④위험예지, ⑤확인 등 5단계로 한다.

　　㉠ 제1단계(도입): 인사, 안전에 대한 연설, 목표제창

　　㉡ 제2단계(점검정비): 건강, 필수휴대품, 자동차 정비 상태, 기타 필요한 물품 등 점검

　　㉢ 제3단계(운행지시): 연락사항, 기상정보와 운행 시 주의사항, 안전수칙, 위험장소 지정, 운행경로의 명시

　　㉣ 제4단계(위험예지): 운행에 관한 위험예측 활동과 위험예지훈련

　　㉤ 제5단계(확인): 위험에 대한 대책과 팀 목표의 확인, 모두 합창 「오늘도 안전운행, 무사고 좋아」

3. 상담

(1) 상담의 기능

　　① 정신적 불안을 감소시켜 정서적 안정

　　② 승무계획을 변경하여 사고를 미연에 방지

　　③ 정보를 획득하여 효과적인 지도

　　④ 명랑한 직장 분위기 조성에 긍정적 작용

(2) 상담의 기본원리

1) 생활지도담당자로서 지녀야 할 기본적 태도

  ㉠ 인간 가치의 존중
  ㉡ 인간의 가능성에 대한 신념
  ㉢ 개인의 선택의 자유와 책임을 인정하고 상담에 응해야 한다.

2) 상담의 기본원리

  ㉠ 개별화의 원리(Individualistic)
  ㉡ 의도적 감정표현의 원리(Purposeful Expression Feeling)
  ㉢ 통제된 정서 관여의 원리(Controlled Emotional Involvement)
  ㉣ 수용의 원리(Acceptance)
  ㉤ 비심판적 태도의 원리(Non-Judgemental Attitude)
  ㉥ 자기결정의 원리(Self-Deterioration)
  ㉦ 비밀보장의 원리(Confidentiality)

3) 상담의 절차

  상담의 단계는 면접 전 활동, 면접활동, 면접 후 활동

---

04 안전운행관리

1. 운행계획의 수립

(1) 운행계획의 수립 목표

PDCA, 즉 계획 → 실시 → 통제 → 조정의 순환으로 이루어진다.

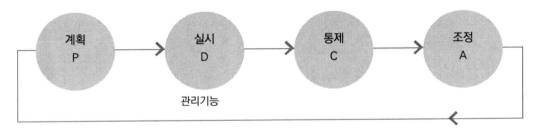

그림 ▶ 합리적인 운행계획의 순환도

(2) 운행계획의 수립 방법

① 운전자에 대한 배려이다.

② 임무에의 배려이다.

③ 차에의 배려이다.

④ 도로의 상황이다.

(3) IPDE 안전운전 과정

① Identify: 운전상황에서 잠재적인 위험을 찾아내는 것

② Predict: 위험이 일어날 만한 상황을 미리 판단하는 것

③ Decide: 언제, 어디서, 어떻게 행동을 해야 하는지 결정하는 것

④ Execute: 위험을 피하기 위해 차를 조작하는 행동

2. 안전운행을 위한 지도사항

(1) 일반적 주의사항

① 주의력 집중

② 운전시야의 확보

③ 측방 및 후방 확인

④ 강풍 시 주의

⑤ 금지행위(음주, 피로상태 운전금지 등)

(2) 운전 조작상 주의

① 안전속도를 지킨다.

② 급가속, 급감속을 하지 않는다.

③ 올바른 핸들조작

④ 급브레이크 조작금지, 여유있는 브레이크 조작 등

안전관리 통제기법

04
CHAPTER

01 안전감독제

1. 일일관찰(Day to Day Observation)

일일 관찰은 제일선 감독자에 의해 수행되는 안전감독을 말한다.

2. 검열(Inspection)

검열은 안전추진뿐 아니라 다른 어떤 기능을 수행하는 데서도 필요한 통제법이다.

3. 직무안전 분석(Job Safety Analysis)

각 작업에 대하여 행해져야 할 업무나 사용될 공구 및 설비와 작업상태에 관하여 정확하고 상세하게 분석, 기술하는 것을 말한다.

4. 직무기준 수립(Job Standards)

각 직무수행에 통상적인 또는 특수한 작업수행상의 성질에 따라 안전기준이나 규칙을 수립 하하는 것이다.

5. 감독자의 자기 진단제

감독자는 「감독에 대한 강력한 자기진단」을 실시하여 항상 안전책임을 다하도록 한다.
- 감독자의 지시가 애매했다.
- 감독자가 지시 후 확인하지 않았다.
- 무경험자에게 어렵고 복잡한 직무를 수행토록 허용했다.
- 면허 없는 차량운전을 허가 또는 지시했다.

02 안전효과의 확인과 피드백(Feed Back)

안전관리기법을 실행해 나갈 때 그 효과를 계속적으로 확인해야 하며 그 실행 결과 가운데서 다시 새로운 결함이 나타났을 때는 다시금 이를 제거할 수 있도록 Feed Back하는 것을 말한다.

03 안전점검 시행

안전은 반복되는 동일한 습관적 행동으로는 달성할 수 없다. 안전은 타성을 타파해야만 하는 업무이다. 이와 같이 상태의 변화에 따른 사고를 막아내기 위해서는 체크방법을 활용한다. 안전점검 방법은 자가 체크 즉 기업자체에서 실시하는 방법과 전문가에 의한 진단으로 나누어 볼 수 있다.

04 안전당번 제도

안전당번을 정하여 일주일 또는 일정기간씩 교대로 해서 전 근무처를 또는 작업장을 순찰하여 안전상태를 살펴보고 미비한 점을 지적하여 개선하도록 하는 것을 말한다.

05 완전무결 제도

안전규칙과 안전작업 절차들을 어떻게든 생략하지 못하도록 습관화시키는 것이다.

06 안전 추가 지도 방법

안전 추가 지도는 안전지식을 주는 것만으로 되는 것이 아니고 배운 바를 작업 현장에서 실시할 수 있어야 하는 것이다.

교통시설안전진단

01 개요

(1) 교통안전진단의 대상

① 교통기관
② 교통기관의 일부 관리자
③ 운송사업체 등

(2) 교통안전진단의 방법

① **자료 수집**: 사고 또는 교통위반 기록, 인사기록, 근무조건 및 임금의 자료, 운행기록 및 정비의 자료, 건강진단자료, 운전자의 적성자료, 기타 자료 등이다.
② 자료의 분석 및 평가
③ 문제점 또는 결함요인의 도출
④ 각 요인들간의 상관관계 도출
⑤ 진단의 기본 모델 작성
⑥ 예비진단의 실시
⑦ 모델 개발
⑧ 진단 실시

(3) 안전진단 단계

① 제1단계: 예비조사
② 제2단계: 경영성적 분석, 안전능률 향상, 저해요인, 문제점 도출
③ 제3단계: 각 부문별 세부 진단
④ 제4단계: 각 부문별 진단결과 종합
⑤ 제5단계: 결과에 따른 개선 목표달성을 위한 대책강구

(4) 안전진단 결과보고서 작성(교통안전법 제37조)

교통행정기관은 교통시설 안전진단을 받은 자가 제출한 교통시설 안전진단 보고서를 검토한 후 교통안전의 확보를 위하여 필요하다고 인정되는 경우에는 해당 교통시설 안전진단을 받은 자에 대하여 다음 각 호의 어느 하나에 해당하는 사항을 권고하거나 관계법령에 따른 필요한 조치를 할 수 있다. 이 경우 교통행정기관은 교통시설 안전진단을 받은 자가 권고사항을 이행하기 위하여 필요한 자료 제공 및 기술지원을 할 수 있다.

① 교통시설에 대한 공사계획 또는 사업계획 등의 시정 또는 보완

② 교통시설의 개선 · 보완 및 이용제한

③ 교통시설의 관리 · 운영 등과 관련된 절차 · 방법 등의 개선 · 보완

④ 그 밖에 교통안전에 관한 업무의 개선

핵심용어 정리

※ 아래의 핵심 용어는 시험에 자주 출제 되므로 꼭 이해를 하여야 됩니다.

1. 하인리히 법칙 (H.W. Heinrich)

1930년경에 미국의 하인리히 산업안전 학자는 사람이 노동재해를 분석하면서 인간이 일으키는 같은 종류의 재해에 대하여 330건을 수집한 후 이 가운데 300건은 보통의 상해를 수반하는 재해, 29건은 가벼운 상해를 수반하는 재해, 그리고 1건은 중대한 상해를 수반하는 재해를 낳고 있다는 점을 알아냈다. 이 사실로부터 하인리히는 30건의 상해를 수반하는 재해를 방지하기 위해서는 그 하부에 있는 300건의 상해를 수반하는 재해를 제거해야 한다고 주장했다. (1:29:300)

2. 욕조곡선의 원리(고장률의 유형)

초기에는 부품 등에 내재하고 있는 결함, 사용자의 미숙 등으로 고장률이 높게 상승하지만 중기에는 부품의 적응 및 사용자의 숙련 등으로 고장률이 점차 감소하다가 말기에는 부품의 노화 등으로 고장률이 점차 상승한다는 원리로서 그 곡선의 형태가 욕조의 형태를 띤다고 하여 욕조 곡선의 원리라고 한다.

3. 타자적응성

교통안전교육의 내용으로서 다른 교통참가자를 동반자로서 받아 들여 그들과 의사소통을 하게 하거나 적절한 인간관계를 맺도록 하는 것을 말한다.

4. 매슬로우의 욕구 5단계

매슬로우는 행동의 동기가 되는 욕구를 다섯 단계로 나누어, 인간은 하위의 욕구가 충족되면 상위의 욕구를 이루고자 한다고 주장하였다. 1~4단계의 하위 네 단계는 부족한 것을 추구하는 욕구라 하여 결핍욕구, 가장 상위의 욕구는 존재욕구라고 부르며 이것은 완전히 달성될 수 없는 욕구로 그 동기는 끊임없이 재생산된다. 생리적 욕구(1단계) – 안전에 대한 욕구(2단계) – 애정과 소속에 대한 욕구(3단계) – 자기존중 또는 존경의 욕구(4단계) – 자아실현의 욕구(5단계)

5. 후광효과 (현혹효과)

한 분야에 있어서 어떤 사람에 대한 호의적인 태도가 다른 분야에 있어서의 그 사람에 대한 평가에 영향을 주는 것을 말한다. 예를 들어 판단력이 좋은 것으로 인식되어 있으면 책임감 및 능력도 좋은 것으로 판단하는 것을 말한다.

6. 사고요인의 등치성 원칙

교통사고의 경우, 우선 어떤 요인이 발생한다면 그것이 근원이 되어 다음 요인을 발생하게 되고, 또 그것이 다음 요인을 발생시키는 것과 같이 여러 가지 요인이 유기적으로 관련되어 있다. 그런데 연속된 이 요인들 중에서 어느 하나만이라도 사고요인으로 연결되지 않았다면 연쇄반응은 일어나지 않았을 것이다. 다시 말하면 교통사고의 발생에는 교통사고 요인을 구성하는 각종 요소가 똑같은 비중을 지닌다고 볼 수 있으며 이러한 원리를 사고요인의 등치성 원칙이라고 한다.

7. 명암순응

감각기관이 자극의 정도에 따라 감수성이 변화되는 상태를 순응(Adaptation)이라고 한다. 특히, 명암순응이란 눈이 밝기에 순응해서 물건을 보려고 하는 시각반응을 말한다. 인간의 눈은 빛의 양에 따라 동공의 크기를 조절하고, 밝은 빛에서는 감도가 감소하며, 어두운 빛에서는 감도를 증가시키는 기능이 있다. 이를테면 깜깜한 영화관에 들어갔을 때 눈이 어둠에 익숙해질 때까지 30분쯤 걸리는데, 밖의 밝기에는 1분쯤이면 익숙해진다. 전자를 암순응, 후자를 명순응이라고 하는데, 그것을 총합해서 명암순응이라고 한다.

8. 브레인스토밍 기법 (Brain Storming)

1939년 A.F. 오즈본에 의해서 제창된 집단사고에 의한 창조적 묘안의 안출 법으로서 여러 명이 한 그룹이 되어서 각자가 많은 독창적인 의견을 서로 제출하는데, 그 자리에서는 그 의견이나 안을 비판하지 않고 최종안의 채택은 별도로 그를 위한 회합 을 두고 결정하는 방법이다.

9. 평면선형

평면 노선의 형상을 말함. 위에서 보았을 때의 직선과 곡선 도로

10. 종단선형

도로 중심선이 수직으로 그려내는 연속된 모양. 도로의 오르막, 내리막 길

11. 종단구배

도로에서의 노면의 종단면 방향의 경사. 즉 비탈길의 경사, 종단경사라고도 함.

12. 횡단구배

도로나 제방 따위의 가로 방향의 기울기. 도로의 좌우측 기울기, 횡당 경사라고도 함.

13. 시거

운전자가 자동차 진행방향의 전방에 있는 위험요소 또는 장해물을 인지하고 제동하여 정지 또는 장해물을 피하여 주행할 수 있는 거리. 종류는 정지 시거, 피주 시거, 추월시거 등

14. 정지시거(정지거리)

자동차를 운전하다가 급브레이크를 밟은 지점부터 차가 완전히 멈추는 지점까지의 거리

15. 피주시거

운전자가 진행로 상에 예측하지 못한 위험요소를 발견하고 안전한 조치를 효과적으로 취하는 데 필요한 거리

16. 추월시거(추월거리)

추월을 하려는 차와 맞은편에서 오는 차와의 최소 전망거리

교통안전관리론 예상문제

01 다음 중 교통안전관리의 기능에 포함되지 **않는** 것은?

① 기획기능　　② 개선기능
③ 시행기능　　④ 단속기능

02 다음 중 교통안전관리의 목표로 가장 적절하지 **않는** 것은?

① 국민 복지증진을 위한 교통안전의 확보
② 수송효율의 향상
③ 주택보급의 확대와 생산성 향상
④ 교통수단 운영자의 이익 증대

03 다음 조직의 형태 중 대규모 조직에 적합한 안전관리 조직형태는?

① 라인형
② 스탭형
③ 라인스탭형 조직
④ 기타

04 다음 중 교통안전관리의 주요 업무가 **아닌** 것은?

① 교통안전계획의 수립
② 교통안전의식을 지속적으로 유지
③ 자동차의 안전관리
④ 교통안전법규의 제정

> ①+②+③에 추가하여
> 운전자의 선발관리, 운전자의 교육훈련관리, 운전자 및 종업원의 안전관리, 교통안전의 지도감독, 근무시간 외 안전관리 등이다.

05 다음 중 안전관리조직의 개념에 대한 설명으로 **잘못된** 것은?

① 교통안전관리 조직은 안전관리 목적달성의 수단이어야 한다.
② 교통안전관리 조직은 구성원을 능력으로 조직하여야 한다.
③ 교통안전관리 조직은 구성원 상호간을 연결할 수 있는 공식적인 조직이어야 한다.
④ 교통안전관리 조직은 인간을 종합적 목적달성 수단의 요소로 인식하지 않아야 한다.

> ①+②+③에 추가하여
> • 교통안전관리 조직은 환경변화에 순응할 수 있는 유기체로서의 성격을 지녀야 한다.
> • 교통안전관리 조직은 회사 내의 안전관리 업무를 총괄한다.

06 다음 중 교통안전시설이 **아닌** 것은?

① 신호기
② 안전표지
③ 교통안내 전광판
④ 노면표시

07 다음 중 교통안전관리 조직에서의 고려사항이 <u>아닌</u> 것은?

① 공식적 조직이어야 한다.
② 운영자에게 통계상의 정보를 제공할 수 있어야 한다.
③ 구성원을 능률적으로 조절할 수 있어야 한다.
④ 업무능률을 향상시키기 위해 비공식 조직도 가능하다.

①+②+④에 추가하여
교통안전관리 목적 달성에 지장이 없는 한 단순하여야 한다.

08 다음 중 교통안전관리의 설명 중 옳지 <u>않는</u> 것은?

① 국민복지증진을 위한 교통안전의 확보이다.
② 교통안전을 확보하기 위해 계획, 조직, 통제, 등의 제기능을 통합하는 것이다.
③ 교통사고를 예방하여 공공의 복리에 기여한다.
④ 교통안전에 기여하는 사람들의 인사관리를 효율적으로 진행하는 것이다.

09 다음 안전관리 조직 중 라인스탭형 조직에 대한 설명으로 <u>틀린</u> 것은?

① 특정분야 전문가들의 결집으로 인한 안전에 대한 기술축적이 용이하다.
② 특정분야에서의 전문성을 띠면서 사업장이나 현장에 맞는 대책 및 개선책 찾기가 수월하다.
③ 안전관리 전담부서에서 건의, 조언한다.
④ 라인형 조직보다 유연성이 강화된다.

10 다음 중 교통안전관리의 특성이 <u>아닌</u> 것은?

① 교통사고의 예방
② 교통안전의 확보
③ 국민의 생명과 재산 보호
④ 교통안전관리 회사의 번영

11 다음 중 운전자의 면허취득, 종별, 면허 취득 후의 실제 운전경력, 운전차종, 사고의 종류, 회수, 정도에 대한 진단은 무엇인가?

① 운전경력 진단   ② 운전기술 진단
③ 운전기능 진단   ④ 운전태도 진단

12 다음 조직 구조를 설계할 때 고려할 주요 요인으로 적합하지 <u>않는</u> 것은?

① 집권화－분권화   ② 단순화
③ 공식화   ④ 전문화

조직설계의 기본변수: 복잡성, 공식화, 집권화－분권화, 전문화 등이다

13 다음 중 교통안전관리의 목표로 가장 적절하지 <u>않는</u> 것은?

① 교통의 효율화
② 교통수송량 증가
③ 주택보급의 확대
④ 여가 시설의 충실화

14 다음 중 조직 내에서 업무나 계층이 얼마나 잘 나누어져 있는가를 뜻하는 것은?

① 계열화   ② 분권화
③ 전문화   ④ 개인화

정답 **01.** ③ **02.** ④ **03.** ③ **04.** ④ **05.** ④ **06.** ③ **07.** ④ **08.** ③ **09.** ③ **10.** ④ **11.** ① **12.** ② **13.** ②
14. ③

PART 01 교통안전관리론 | **45**

15 다음 교통사고의 요소와 그 내용이 <u>잘못된</u> 것은?

① 기술적 요소: 구조, 재료의 부적합, 장치 등의 설계불량
② 물리적 요소: 안전 방호장치 결함, 복장 등의 결함
③ 사회적 요소: 불안전한 자세 및 동작, 물체 자체의 결함
④ 심리적 요소: 주의력, 안전의식 부족

불안전한 자세 및 동작은 인적요인, 물체 자체의 결함은 물리적 요소이다.

16 다음 중 차로 이탈 경고 장치를 장착해야 하는 차량은 어느 것인가?

① 시외버스　　② 시내버스
③ 농어촌 버스　　④ 마을버스

길이가 11m가 넘는 승합차와 총중량 20톤을 초과하는 화물·특수 차량은 차로이탈 경고 장치를 장착해야 한다. 단, 피견인차과의 덤프형 화물차, 구난 및 특수 작업용 차량, 시내 및 마을버스 등은 장착대상에서 제외된다.

17 다음 중 안정적인 작업관리를 위해 작업 강도를 낮추기 위한 방법으로 <u>잘못된</u> 것은?

① 스트레스 해소
② 대인적 접촉 증가
③ 대인적 접촉 감소
④ 적절한 휴식시간 갖기

18 다음 중 교통안전의 목적은?

① 교통시설의 확충
② 교통의 효율화
③ 교통법규의 준수
④ 교통단속의 강화

19 다음 중 인간행동에 영향을 주는 요인의 내용이 <u>잘못된</u> 것은?

① 내적요인(소질): 지능지각(운동기능), 성격, 태도
② 내적요인(의욕): 지위, 대우, 후생, 흥미
③ 외적요인(인간관계): 가정, 직장, 사회, 경제, 문화
④ 외적요인(물리적 조건): 근로시간, 시각, 교대제, 속도

인간행동에 영향을 주는 요인
• 내적요인(인적요인):소질(지능지각, 성격, 태도), 일반 심리(착오, 부주의), 의욕(지위, 대우, 후생), 경력(경험, 교육, 연령), 심산상태(질병, 수면, 피로, 휴식, 약물 등)
• 외적요인(환경요인):인간관계(가정, 사회, 직장, 경제, 문화), 물리적 조건(교통공간 배치), 자연조건(온도, 습도, 기압, 기상), 시간적 조건(근로시간, 시각, 속도, 교대제)

20 다음 중 교통안전관리자의 직무가 <u>아닌</u> 것은 무엇인가?

① 교통안전관리 규정의 시행 및 그 기록의 작성, 보존
② 교통사고 원인 조사, 분석 및 기록유지
③ 교통수단의 운행, 운항 또는 항행 또는 교통시설의 운영, 관리와 관련된 안전점검의 지도, 감독
④ 교통수단 및 교통수단 운영체계의 개선 권고

교통안전법 시행령 제44조의2 (교통안전담당자의 직무)
①+②+③에 아래 사항 추가
• 교통시설의 조건 및 기상조건에 따른 안전 운행등에 필요한 조치
• 법 제24조제1항에 따른 운전자등(이하 운전자등이라 한다)의 운행등 중 근무상태 파악 및 교통안전 교육·훈련의 실시
• 운행기록장치 및 차로이탈경고장치 등의 점검 및 관리

21 다음 중 교통안전관리자의 업무가 <u>아닌</u> 것은 무엇인가?

① 운행, 운항의 지도 및 감독
② 교통안전관리 규정의 시행
③ 조직 임원의 급여 관리
④ 교통사고 원인의 조사, 분석 및 사고통계유지

22 다음 교통안전운전 요건 중 운전자의 분류에 포함되지 <u>않는</u> 것은?

① 지식
② 태도
③ 운전자 주변의 가족관계
④ 안전운전 적성

> 교통안전운전 요건의 운전자 분류는 안전운전 적성, 태도, 습관, 지식, 성격, 심신의 결함, 피로, 음주 등이 포함된다.

23 다음 중 소집단 교육으로 10명 이하에 적당하지 <u>않는</u> 것은?

① 사례연구법   ② 과제연구법
③ 분할연기법   ④ 카운슬링

> 10명 전후의 소집단 대상 교육 – 사례연구법, 과제연구법, 분할연기법, 밀봉토의법, 패널 디스커션 등이다.

24 다음 교통안전계획 수립 중 계획단계에 포함되지 <u>않는</u> 것은?

① 계획의 수립
② 정보의 수집
③ 계획의 실행(집행)
④ 계획의 추진일정 결정

25 다음 중 메슬로우 욕구 5단계의 순서로 맞는 것은?

① 생리적 욕구–안전의 욕구–사회적 욕구–자존의 욕구–자아실현의 욕구
② 생리적 욕구–사회적 욕구–안전의 욕구–자존의 욕구–자아실현의 욕구
③ 생리적 욕구–안전의 욕구–자아실현의 욕구–자존의 욕구–사회적 욕구
④ 생리적 욕구–안전의 욕구–사회적 욕구–자아실현의 욕구–자존의 욕구

26 다음 중 중간관리자의 역할로 보기 <u>어려운</u> 것은 무엇인가?

① 현장 최일선의 지도자
② 전문가로서의 역할
③ 담당업무의 종합 조정자
④ 상하간의 커뮤니케이션

27 다음 중 위험예측능력을 향상시키는 방법 중 IPDE의 설명이 <u>잘못된</u> 것은?

① 확인(I)는 주변의 모든 것을 빠르게 보고 한눈에 파악하는 것
② 예측(P)은 사고가 날것으로 판단되어 제동장치 조작하는 것
③ 결정(D)은 상황을 파악하고 문제가 없다면 그대로 진행해야 하지만, 잠재적 사고 가능성을 예측한 후에는 사고를 피하기 위한 행동을 결정해야 한다는 것
④ 실행(A)은 결정된 행동을 실행에 옮기는 단계

> 예측(I)은 운전 중에 확인한 정보를 모으고, 사고가 발생할 수 있는 지점을 판단하는 것

28 다음 중 운전자가 위험을 느끼고 브레이크가 실제로 작동하기까지 소요되는 시간은 무엇인가?

① 정지거리　　② 제동거리
③ 공주거리　　④ 제동정지거리

29 다음 중 국가 간의 교통안전도를 평가하기 위한 자료가 아닌 것은?

① 인구 10만 명당 교통사고 사망자 수
② 사고 1만 건 당 교통사고 사망자 수
③ 주행거리 1억km당 교통사고 사망자 수
④ 교통수단 전손 율

30 다음 중 교통안전관리 규정에 포함할 사항이 아닌 것은?

① 교통수단의 관리에 관한 사항
② 교통 업무에 종사하는 자의 관리에 관한 사항
③ 보행자의 통행방법 등에 관한 사항
④ 교통시설의 안전성 평가에 관한 사항

> 교통안전관리 규정에 포함할 사항(교통안전법 시행령 제18조)
> • 교통안전과 관련된 자료·통계 및 정보의 보관·관리에 관한 사항
> • 교통시설의 안전성 평가에 관한 사항
> • 사업장에 있는 교통안전 관련 시설 및 장비에 관한 사항
> • 교통수단의 관리에 관한 사항
> • 교통업무에 종사하는 자의 관리에 관한 사항
> • 교통안전의 교육·훈련에 관한 사항
> • 교통사고 원인의 조사·보고 및 처리에 관한 사항
> • 그 밖에 교통안전관리를 위하여 국토교통부장관이 따로 정하는 사항

31 다음 중 집합교육의 유형이 아닌 것은?

① 카운슬링　　② 강의
③ 토론　　④ 실습

32 다음 중 상대방의 차가 움직이는데 내 차가 움직이는 것 같은 착각은 무엇인가?

① 양안부등　　② 뮐러라이어
③ 물류편류 착각　　④ 상대운동 착각

33 다음 중 운전자의 피로에 관한 설명으로 적합하지 않는 것은?

① 장시간 자동차 운전을 하면 신경감각적인 피로를 중심으로 피로가 많이 축적된다.
② 피로가 누적된 상태에서 운전하게 되면 인지능력이 떨어져 판단력이 급속히 저하된다.
③ 피로가 누적되면 의식이 멍해지고 졸리며 주의력과 정확성이 떨어진다.
④ 한정된 공간과 앉은 자세에서 계속적으로 손과 발을 사용함으로써 발생하는 피로는 심리적 피로이다.

34 다음 중 조직 내 직무에 대한 규칙설정의 표준화 정도와 이에 대한 문서화를 의미하는 것은 ?

① 공식화의 원칙　　② 전문화의 원칙
③ 통일화의 원칙　　④ 계열화의 원칙

35 다음 중 교통안전을 위한 현장안전회의 단계로 맞는 것은?

① 도입-점검정비-운행지시-확인-위험예지
② 도입-점검정비-운행지시-위험예지-확인
③ 도입-점검정비-위험예지-확인-운행지시
④ 도입-점검정비-위험예지-운행지시-확인

36 다음 중 암순응에 대한 설명으로 틀린 것은?

① 암순응은 눈이 갑자기 밝은 곳에서 어두운 곳으로 들어 왔을 때 처음에는 잘 보이지 않으나 시간이 지나면서 다시 보이게 되는 현상이다.

② 간상세포는 원추세포와 함께 눈에서 빛을 감지하는 세포이다.

③ 암순응이 발생하기 위해서는 눈의 간상세포 감도가 평소보다 더욱 민감해져야 한다.

④ 간상세포가 밝은 빛에 민감한 반면 원추세포는 어두운 배경에서 약한 빛에 더욱 민감하게 반응한다.

37 다음 중 비 공식 조직의 특성이 아닌 것은?

① 자연발생적, 비합리적으로 성립된 조직이다.

② 혈연, 지연, 학연, 종교 등에 의해 계층적·부분적인 조직이다.

③ 능률이나 비용의 논리에 의해 구성 및 운영된다.

④ 감정 논리의 조직으로 소규모 집단이다.

> 비공식 조직의 특성: 자연발생적이며 비합리적인 조직, 내면적·내재적 조직, 생소한 행동가 태도에서 생성된 조직, 혈연, 지연, 학연, 종교 등에 의해 계층적·부분적 조직, 감정 논리의 소규모 조직, 계층

38 다음 교통사고 예방을 위한 접근방법 중 안전관리규정 등을 제정하여 교통사고를 예방하는 접근방법은 무엇인가?

① 기술적 접근방법
② 환경적 접근방법
③ 제도적 접근방법
④ 관리적 접근방법

> 사고예방을 위한 접근방법
> • 기술적 접근방법: 기술개발을 통하여 안전도를 향상시키고, 운반구 및 동력제작 기술의 발전을 도모하는 접근방법
> • 제도적 접근방법: 안전관리 규정 등을 제정하여 교통사고를 예방하는 접근방법
> • 관리적 접근방법: 경영관리기법이나 통계학을 이용한 사고 유형 또는 원인분석 등의 접근방법

39 다음 중 교통안전종사원의 업무로 타당하지 않는 것은?

① 교통사고 예방조치
② 교통사고 취약지 점검
③ 교통안전시설의 안전진단 실행
④ 운행기록 등의 분석

40 다음 중 교통안전담당자는 몇일 이내로 지정하여야 하는가?

① 15일 이내   ② 30일 이내
③ 60일 이내   ④ 180일 이내

41 다음 중 교통사고조사를 실시하는 근본적인 목적은?

① 장기적으로 발생 가능한 교통사고의 예방을 위해

② 교통사업자의 수익 구조를 개선하기 위해

③ 교통사고조사에 대한 신뢰가 부족하여

④ 교통사고 유발자의 처벌을 위해

42 다음 인간의 특성 중 운전적성을 판단하는 데 가장 관련이 먼 것은?

① 청각   ② 시각
③ 성격   ④ 반응

43 다음 중 인적평가 오류에 대한 설명으로 틀린 것은?

① 후광효과: 피고과자를 실제보다 과대 혹은 과소평가하는 것으로서 집단의 평가 결과가 한쪽으로 치우치는 경향

② 상관적 편견: 평가자가 관련성이 없는 평가 항목들 간에 높은 상관성을 인지하거나 또는 이들을 구분할 수 없어서 유사, 동일하게 인지할 때 발생한다.

③ 투사: 주관의 객관화라고도 하며, 자기 자신의 특성이나 관점을 다른 사람에게 전가 시키는 것을 말한다.

④ 상동적 오류: 타인에 대한 평가가 그가 속한 사회적 집단에 대한 지각을 기초로 해서 이루어지는 것을 말한다.

> 후광효과- 현혹효과라고도 하며 한 분야에 있어서 어떤 사람에 대한 호의적인 태도가 다른 분야에 있어서의 그 사람에 대한 평가에 영향을 주는 것을 말한다.

44 새로운 교육 또는 지도, 규칙 등을 이해시켰다면 사고발생 위험율은 저하시킬 수가 있을 것이라는데 이를 위해서 어느 것을 기본 목적으로 하는가?

① 교통 환경　　② 사고분석
③ 주행거리　　④ 운전행태

45 다음 중 어린이의 교통 특성으로 잘못된 것은 무엇인가?

① 사고방식이 단순하다.
② 추상된 것도 쉽게 이해한다.
③ 호기심이 많고 모험심이 강하다.
④ 교통상황에 대한 주의력이 부족하다.

> 어린이는 추상적인 말과 행동을 잘 이해하지 못한다.

46 다음 중 페일 세이프(Fall Safe)란 무엇인가?

① 안전관리에서 물적 측면에 대한 안전 대책
② 사고를 미연에 방지하기 위한 제도
③ 운전자의 착오로 인한 사고
④ 안전도 검사방법

47 다음 사고발생 요인 중 가장 큰 비중을 차지하는 것은?

① 인적요인　　② 물적요인
③ 환경적요인　　④ 공통적요인

48 다음 중 안전운전을 위하여 최고 속도 제한의 50%를 감속해야 하는 경우가 아닌 것은?

① 폭우, 폭설, 안개 등으로 가시거리가 100m 이내인 경우
② 노면이 얼어붙은 경우
③ 눈이 20mm이상 쌓인 경우
④ 노면이 젖어 있거나 눈이 20mm이내 쌓인 경우

49 다음 중 구성원의 직무나 행위를 정형화함으로써 직무활동에 대한 예측 및 조정, 통제가 용이한 원칙은?

① 공식화의 원칙　　② 전문화의 원칙
③ 통일화의 원칙　　④ 계열화의 원칙

50 다음 중 음주 운전자의 특징이 아닌 것은?

① 공격적이다.
② 충동성이 있다.
③ 비 순응성이 있다.
④ 신체 기능의 원활하다.

51 다음 중 무면허 운전의 경우가 아닌 것은?

① 운전면허를 취득하지 않고 운전하는 경우
② 운전면허 취소 처분을 받은 사람이 운전하는 경우
③ 운전면허증을 소지하지 않고 운전한 경우
④ 운전면허 시험에 합격한 후 면허증을 발급받기 전에 운전하는 경우

52 다음 중 어린이의 교통 특성으로 설명이 잘못된 것은 무엇인가?

① 교통상황에 대한 주의력이 부족하다.
② 판단력이 부족하고 모방행동이 적다.
③ 호기심이 많고 모험심이 강하다.
④ 교통상황에 대한 주의력이 부족하다.

> 모방행동과 모험심이 강하다.

53 다음 사고의 요인 중 '하나만이라도 제거되면 연쇄반응은 없다. 따라서 교통사고도 발생하지 않는다.'라는 원리는?

① 사고 연쇄성 원리
② 사고 등치성 원리
③ 사고 단일성 원리
④ 사고 복합성 원리

54 다음 중 경영관리의 순환과정인 계획–조직–지휘(명령)–조정–통제를 처음으로 주장한 사람은?

① 테일러　　② 칸트
③ 페이욜　　④ 길르레스

55 다음 중 교통수단 안전점검의 대상이 아닌 것은?

① 여객자동차운송사업자가 보유한 자동차 및 그 운영에 관련된 사항
② 화물자동차운송사업자가 보유한 자동차 및 그 운영에 관련된 사항
③ 철도사업자 및 전용철도운영자가 보유한 철도차량 및 그 운영에 관련된 사항
④ 해운업자가 보유한 선박 및 그 운영에 관련된 사항

56 다음 중 합리적인 의사결정과정을 순서대로 잘 나열한 것은?

① 문제의 인식–대안의 탐색 및 평가–정보의 수집, 분석–대안선택–실행–결과평가
② 문제의 인식–정보의 수집, 분석–대안선택–대안의 탐색 및 평가–실행–결과평가
③ 문제의 인식–대안선택–정보의 수집, 분석–대안의 탐색 및 평가–실행–결과평가
④ 문제의 인식–정보의 수집, 분석–대안의 탐색 및 평가–대안선택–실행–결과평가

57 다음 중 시장이 행사 목적으로 도로를 통제하고자 할 때 누구랑 협의하여야 하는가?

① 관할 경찰서 교통과
② 관할 경찰서 안전과
③ 관할 경찰서 보안과
④ 관할 경찰서 기동대

58 다음 중 노인의 교통 특성으로 맞는 것은 무엇인가?

① 풍부한 경험과 지식으로 운동능력이 뛰어난다.
② 시력, 청력 등 감지기능이 약화되지만 긴급 시는 순간동작이 뛰어난다.
③ 운전 경험이 많아 호기심이 많고 모험심이 강하다.
④ 속도와 거리판단의 정확도가 떨어진다.

시력, 청력 등 감지기능이 약화되어 속도와 거리 판단의 정확도가 떨어진다.

59 다음 중 고령 운전자의 특징이 아닌 것은?

① 민첩성 확보
② 시력 감지 기능 약화
③ 청력 감지 기능 약화
④ 순발력의 저하

60 다음 중 의사결정과 의사소통에 대한 설명으로 잘못된 것은?

① 둘 다 구성원 간의 커뮤니케이션이 필요하다.
② 둘 다 조직관리와 관련이 있다.
③ 현장에서 작업이나 업무 수행 시 발생하는 여러가지 문제점에 대한 의사결정을 하는 계층은 최고 경영층에서 한다.
④ 의사소통은 공식적 의사소통과 비공식 의사소통으로 나눌 수 있다.

61 다음 중 교통통제 시 경찰을 보조할 수 있는 자는 누구인가?

① 녹색 어머니회   ② 자율 방범대원
③ 해병전우회   ④ 모범 운전자

62 다음 중 교통안전교육에 의해서 안전화를 이루는데 필요한 교육이 아닌 것은?

① 안전 태도에 대한 교육
② 안전 지식에 대한 교육
③ 안전 기능에 대한 교육
④ 안전 구조에 대한 교육

63 다음 중 운행계획(안전관리)의 PDCA 중 잘못된 것은?

① P(계획) – 현장 실정에 맞는 적합한 안전관리방법 계획 수립
② D(실시) – 안전관리 활동의 실시
③ C(통제) – 안전관리 활동에 대한 검사 및 확인
④ A(조정) – 현장을 벗어나려고 한다.

A(조치): 검토된 안전관리활동을 조치하고 더 나은 활동을 고려하여 다음 계획에 반영

64 다음 교통안전관리 단계의 순서로 올바른 것은?

① 준비단계–조사단계–계획단계–설득단계–교육훈련 단계–확인단계
② 준비단계–계획단계–설득단계–조사단계–교육훈련 단계–확인단계
③ 조사단계–준비단계–계획단계–설득단계–교육훈련 단계–확인단계
④ 계획단계–조사단계–준비단계–설득단계–교육훈련 단계–확인단계

65 다음 중 교통단속을 할 때 발생하는 단속의 파급효과가 일정기간 지속되며 인접지역까지 그 효과가 영향을 미치는 것을 무엇인가?

① 할로 효과   ② 후광 효과
③ 연속 효과   ④ 지속 효과

66 다음 교통안전관리의 단계 중 일상적인 감독상태 등을 점검하는 것은 어느 단계인가?

① 계획단계 　 ② 조사단계
③ 교육훈련단계　 ④ 확인단계

교통안전관리의 단계와 주요 내용
• 준비단계: 전문잡지 및 도서이용, 회의 및 세미나 참석, 안전기구 활동 참석 등 안전관리 준비
• 조사단계: 작업장이나 사고현장 등을 방문하여 안전지시, 일상적인 감독상태 등을 점검
• 계획단계: 운전습관, 감독, 근무환경개선 등의 대안을 분석하여 행동계획 수립
• 설득단계: 안전관리자가 최고 경영진에게 효과적인 안전관리 방안을 제시
• 교육훈련단계: 종업원을 대상으로 교육, 훈련
• 확인단계: 안전제도에 대하여 정기적인 확인

67 다음 도로노면 중 일반도로에서의 마찰계수는 통상 얼마인가?

① 0.2~0.3 　 ② 0.4~0.5
③ 0.6~0.7 　 ④ 0.8~0.9

68 다음 도로노면 중 결빙되었을 시 마찰계수는?

① 0.2~0.3 　 ② 0.4~0.5
③ 0.6~0.7 　 ④ 0.8~0.9

69 다음 중 운전자가 운수회사에 정착하기 위하여 준수해야 할 사항으로 잘못된 것은?

① 적극적인 안전운전으로 회사 번영에 기여한다.
② 펀 – 드라이브 환경을 조성한다.
③ 여가 시간을 활용하여 운전자간 단체 취미활동에 적극 참여한다.
④ 단체 체육활동을 추진하여 소속감을 성취한다.

70 다음의 보기 내용은 무엇을 의미하는가?

── 보기 ──
운전자가 정보를 수집하고 행동을 결정하며 실행 후 확인과정을 의미한다.

① 인지반응 　 ② 교통반응
③ 상황반응 　 ④ 행동반응

71 다음 중 효율적인 상담기법이 아닌 것은?

① 구조화 　 ② 경청
③ 명료화 　 ④ 반복

구조화, 경청, 명료화, 요약, 반영 등이 있다.

72 다음 상담 기법 중 기쁨, 즐거운, 행복, 슬픔, 분노 등과 같은 감정적, 정서적 측면에 초점을 맞추어 진행하는 기법은 무엇인가?

① 경청 　 ② 약
③ 명료화 　 ④ 반영

73 다음 중 교통사고 예방을 위한 법규나 관리규정 등을 제정하여 안전관리의 효율성을 제고하기 위한 접근 방법은 무엇인가?

① 관리적 접근 방법
② 제도적 접근방법
③ 기술적 접근방법
④ 과학적 접근방법

74 다음 중 페이욜의 경영관리 활동이 아닌 것은?

① 계획 　 ② 조직
③ 재무 　 ④ 통제

페이욜의 경영관리 활동은 계획-조직-지휘-조정-통제이다.

75 다음 중 페이욜의 경영관리 활동 중 관리적 활동의 기능은?

① 판매, 구매, 교환 등
② 계획, 조직, 지휘, 조정, 통제 등
③ 생산, 제조, 가공 등
④ 재무상태표, 원가, 통계, 대차대조표 등

> 페이욜의 경영활동의 본질적 기능은 다음과 같다.
> • 관리적 활동: 계획, 조직, 지휘, 조정, 통제의 프로세스
> • 기술적 활동: 생산, 제조, 가공 등
> • 재무적 활동: 자본의 조달과 운영
> • 보전적 활동: 종업원 보호, 재화의 보호 등
> • 회계적 활동: 재무상태표, 원가, 통계, 대차대조표 등
> • 영업적 활동: 판매, 구매, 교환 등

76 다음 중 안전벨트의 효과로 <u>잘못된</u> 것은?

① 사고 발생 시 중상 율을 감소시킨다.
② 사고 발생 시 사망 율을 감소시킨다.
③ 충돌 시 충격량이 증가한다.
④ 안전운전의 안정감을 준다.

77 다음 중 어떤 현상이 일어날 수 있는 확률로 우발적인 변화에 기인한 고장과 부품의 마모와 결함, 노화 등의 원인에 의한 것과 관련된 이론은?

① 욕조 곡선의 원리
② 결함 곡선의 원리
③ 마모 곡선의 원리
④ 노화 곡선의 원리

78 다음 중 페이욜의 경영관리 순환과정 중 '기존의 계획과 비교하여 일치하지 않는 부분이 있으면 그에 따른 조치를 하는 것'은?

① 지휘　　　　② 조직
③ 조정　　　　④ 통제

79 다음 중 교통기관의 기술개발을 통하여 안전도를 향상시키고 운반구 및 동력제작기술의 발전을 도모하는 것은?

① 관리적 접근 방법
② 제도적 접근방법
③ 기술적 접근방법
④ 과학적 접근방법

80 다음 중 운전자의 외부 자극에 대한 행동이 진행되는 정보처리 과정으로 올바른 것은?

① 지각－식별－판단－행동
② 지각－판단－식별－행동
③ 식별－지각－행동－판단
④ 식별－지각－판단－행동

81 다음 중 도로 주행 시 시각 특성과의 설명 중 <u>잘못된</u> 것은?

① 전방을 집중하여 운전하는 것은 안전운전의 가장 좋은 방법이다.
② 운전에 필요한 교통정보는 대부분 운전자의 눈을 통해 얻어진다.
③ 속도가 빨라지면 시야가 넓어지고 느려지면 시야가 좁아진다.
④ 전방 주시 태만이라는 운전자 행위가 직접 또는 간접적으로 연관되어 있다.

82 다음 중 노인의 행동 특성으로 <u>잘못된</u> 것은?

① 민첩성이 결여되고 시력 감퇴로 위험 감지가 더디다.
② 자기중심적이고 신경질적이다.
③ 조그마한 충격에도 넘어지기 쉽고 넘어지면 중상을 입을 수 있다.
④ 아날로그보다 디지털에 익숙하다.

83 다음 중 교통사고에 대하여 직간접적으로 가장 큰 영향을 주는 것은?

① 교통 환경
② 교통수단
③ 교통안전에 대한 운전자의 인식
④ 교통시설

84 다음 중 교통단속의 투입력과 단속효과 간의 설명으로 올바른 것은 무엇인가?

① 투입량이 증가하면 단속효과도 증가하지만 일정기간이 지나면 더 이상 증가하지 않는다.
② 투입량이 증가하면 단속효과도 증가하고, 일정기간이 지나도 계속 증가 한다.
③ 투입량이 증가 한다고 하여 단속효과가 증가하지 않는다.
④ 투입량이 증가하면 단속효과도 증가하지만 일정기간이 지나면 급속도로 감소한다.

85 다음 중 교통사고의 잠재적 사고율을 산출하기 위해 주로 사용하는 방법이 <u>아닌</u> 것은?

① 현장조사 실시
② 통계적 품질관리 기법
③ 사고 공통 특성의 요약표 작성
④ 사고현황도 작성

86 다음 중 운전자의 운전능력을 평가하는 것은?

① 운전 수시평가
② 운전 상시평가
③ 운전 효과평가
④ 운전 적성평가

87 다음 중 페이욜의 경영관리 순환과정 중 '과업 수행 시 발생하는 분쟁과 갈등을 해결하는 것'은?

① 지휘
② 조직
③ 조정
④ 통제

- 계획(Planning): 미래에 기업에서 발생할 문제를 예측하여 어떻게 해결해 나갈 것인가를 사전에 결정하는 과정(아이템 선정, 규모, 자금 조달방법, 인적자원, 마케팅 등의 계획 수립)
- 조직(Organizing): 수립된 계획을 실천에 옮기는데 필요한 자원들을 배분하는 일(계획 범위의 절차에 따라 사람을 선발하여 각자에게 적합한 일을 나누어 맡김)
- 지휘(Directing): 구체적인 업무를 수행하도록 지시하고 진행시키는 것
- 조정(Coordinating): 목표 달성을 위해 관련 자원들이 중복되거나 부족할 경우 계획대로 진행되도록 보완, 조율하는 과정(분쟁과 갈등 해결 등)
- 통제(Controlling): 일이 끝난 다음 이미 수행된 결과를 미리 정했던 계획과 비교하여 차이가 나면 그 차이를 수정하여 다음 계획을 수립할 때 참고하도록 수정자료를 제시하는 것.

88 위험요소의 제거 단계 중 관리자를 임명하는 것은 다음 중 어떤 단계인가?

① 위험요소의 탐지단계
② 개선방안 제시단계
③ 조직의 구성단계
④ 대안의 채택 및 시행단계

관리자를 임명하는 것은 조직을 구성하는 단계이다.

89 다음 중 교통사고 발생의 잠재적 요인으로 볼 수 <u>없는</u> 것은?

① 교통시설물
② 도로의 형태나 상태
③ 인구 통계학적인 요인
④ 운전자의 성격

90 다음 중 페이욜의 관리론 원칙 중 가장 핵심이 되는 것으로 최근처럼 규모가 커진 기업경영을 위한 필수적인 전제가 되는 원칙은?

① 규율의 원칙 ② 집권화의 원칙
③ 질서의 원칙 ④ 분업의 원칙

관리자를 임명하는 것은 조직을 구성하는 단계이다.
H.Fayol의 관리론 원칙
- 분업의 원칙(Division Of Work): 과업을 세분화함으로써 전문적인 지식 함양.
- 권한과 책임의 원칙(Authority And Responsibility): 직무를 효과적으로 수행하기 위해 권한과 책임을 부여하는 것.
- 규율의 원칙(Discipline): 규칙을 준수하고 규칙에 따라 일을 처리하는 것.
- 명령일화의 원칙(Unity Of Command): 하위자는 한 사람의 상사로부터 명령과 지시를 받음.
- 지휘일화의 원칙(Unity Of Direction): 동일한 목적을 위한 집단의 활동은 단일의 상사에 의해서 계획되어져야 한다는 것.
- 개인의 이익이 전체의 이익에 종속되어야 한다는 것
- 종업원 보상의 원칙(Remuneration Of Personnel): 급여와 그 지급방법은 공정해야 한다.
- 집권화의 원칙(Centralization): 조직의 각 부분을 총괄할 수 있는 중심점이 있어야 한다.
- 계층적 연쇄의 원칙(Scalar Chain): 조직계층의 모든 사람들을 연결하는 명확하고 단절 없는 계층의 연결을 말함.
- 질서의 원칙(Order): 조직 내의 물적, 인적자원이 적재적소에 있어야 한다.
- 공정성의 원칙(Equity): 상사가 하위자를 다룰 때는 사랑과 정의를 적절히 조화해야 한다.
- 고용안정의 원칙(Stability Of Tenure Of Personnel): 능률은 안정된 노동력에 의해서 증진된다.
- 창의력 개발의 원칙(Initiative): 계획을 고안해 내고 그것을 실천하는 데에는 창의력 발휘가 요구된다.
- 단결의 원칙: 단결은 곧 힘이다. 인력은 분산되어서는 안된다.

91 다음 중 운전적성을 판단하는데 있어서 관련이 없는 인간특성은 무엇인가?

① 시각 ② 성격
③ 청각 ④ 반응

92 다음 중 맥그리거의 이론 중 '관리활동에서 인적요소를 다룰 때 인간의 자율성과 합목적성을 관리의 전제로 해야 한다'는 이론은?

① X이론 ② Y이론
③ Z이론 ④ W이론

- X · Y이론: 관리와 조직에 있어서 인간관과 인간유형에 대해 제시한 가설.
- X이론: 본래 인간은 노동을 싫어해 경제적인 동기가 있어야만 노동을 하고 명령이나 지시 받은 일 이외에는 시행하지 않는다는 전통이론에 따른 인간관.
- Y이론: 타인에 의해 강제된 목표가 아니라 스스로 설정한 목표를 위해 노력한다는 인간관.
- Z이론: Y이론을 발전시킨 것으로 사회 모든 구성원은 합의적 의사결정과정에 참여하고 모든 직원은 자신과 회사를 개선시키기는 데 필요한 지속적인 작업에 적극적으로 참여한다는 것.
- W이론: 서울대학교 이면우 교수가 주장한 이론으로 우리의 전통적 기질인 신바람과 흥을 산업현장과 생활에서 받아들여 일정 상황을 획기적으로 돌파해 나가자는 것.

93 다음 중 맥그리거의 이론 중 Z이론의 특징이 아닌 것은?

① 합의적 의사결정
② 빠른 평가와 승진
③ 지속적 작업
④ 적극적 참여

94 다음 중 음주운전자의 특성으로 잘못된 것은?

① 호흡, 맥박은 증가하고 혈압은 저하된다.
② 혈액 순환이 좋아 신체 기능은 원활하다.
③ 주의 집중력이 둔화되면서 신체 평형 감각이 떨어진다.
④ 시야가 좁아져서 볼 수 있는 범위가 한정된다.

95 다음 중 갈등 해소 시 만나서 화합을 통해 갈등을 해소하는 방법은?

① 협상   ② 문제해결법
③ 조직구조의 개편   ④ 자원의 증대

> • 협상-토론을 통해 타협으로 대안을 제시하고, 다른 쪽의 또 다른 제안으로 합의점을 도출하는 방법
> • 문제해결법-대면 전략으로 갈등을 빚는 사람들이 만나서 회의를 통해 해결하는 방법
> • 조직구조의 개편-조직구조를 개편하여 자체 문제를 해결하는 방법
> • 자원의 증대-한정된 자원을 확대하여 해결하는 방법
> • 상위목표의 도입-갈등 집단의 목표보다 더 넓고 큰 목표를 도입하는 방법

96 다음 중 야간 운전 시 운전자의 시각특성에 관한 설명으로 잘못된 것은?

① 야간에 과속을 하면 저하된 시력으로 인해 주변 상황을 원활하게 보기 어렵다.
② 야간은 일몰 전보다 운전자의 시야가 50% 감소한다.
③ 상대방 차량이 전조등을 켰을 때 일몰 전과 비교하여 동체 시력에서의 차이는 없다.
④ 야간 운전자의 시력과 가시거리는 물리적으로 차량의 전조등 불빛에 제한될 수 밖에 없다.

97 다음 중 조명이 어두울 때 직장에 미치는 영향으로 잘못된 것은?

① 차분한 기분
② 우울
③ 주의 집중력 감소
④ 스트레스

98 다음 중 문제의 해결과 관계된 미래 추이의 예측을 위해 전문가 패널을 구성하여 수회 이상 설문하는 분석기법은?

① 사례연구 기법
② 설문조사 기법
③ 인터뷰 기법
④ 델파이 기법

99 하인리히가 주장한 재해예방의 중요 요소로 교통안전 증진을 위한 3E가 아닌 것은?

① 공학(Engineering)
② 단속(Enforcement)
③ 교육(Education)
④ 감정(Emotional)

100 운전자의 운전 시 시력과 관련한 직접적인 사항이 아닌 것은?

① 물체의 밝기
② 운전자의 성별
③ 운전자의 상대 속도
④ 주위와의 대비

101 다음 중 안전운행을 위해 필요한 3요소가 아닌 것은?

① 도로   ② 자동차
③ 사람(인간)   ④ 안전교육

102 다음 보기의 원리가 의미하는 것은 무엇인가?

──── 보기 ────
교통사고를 발생시키는 요인의 비중이 동일하다.

① 동인성 원리   ② 등치성 원리
③ 차등성 원리   ④ 배치성 원리

103 다음 중 안전관리계획 수립 시 고려사항으로 틀린 것은?

① 추진하고자 하는 대안을 복수로 생각한다.
② 관련부서의 책임자들과 충분한 협의를 한다.
③ 필요한 자료 또는 정보를 수집, 분석 및 면밀히 검토한다.
④ 현재의 상황과 미래의 예정상태를 확실하게 파악한다.

104 다음 중 여러 사람이 모여 자유로운 발상으로 아이디어를 제시하는 기법은?

① 브레인스토밍법
② 명목 집단법
③ 델파이기법
④ 인터뷰기법

105 다음 중 속도를 조절하는데 가장 문제가 되는 것은 무엇인가?

① 승차 정원   ② 차종
③ 도로 여건   ④ 적재하중

106 카츠가 말하는 '스스로 더욱 강화시키고 자기 자신의 정체성을 가지게 하는 태도'의 기능은 무엇인가?

① 지식 기능
② 실용주의 기능
③ 가치 표현적 기능
④ 자기 방어적 기능

107 다음 중 사고 예방 대책의 기본원리 중 사실의 발견에 속하지 <u>않는</u> 것은?

① 점검   ② 검사
③ 조사   ④ 분석

108 다음 중 위험요소를 제거하기 위해 거치는 단계 중 안전관리 책임자를 임명하고, 안전관리 계획을 수립, 추진하는 단계는 무엇인가?

① 파악단계
② 대응단계
③ 조직의 구성단계
④ 분석단계

109 다음 중 교통기관의 기술개발을 통하여 안전도를 향상시키고 운반구 및 동력제작 기술의 발전을 도모하는 것은?

① 관리적 접근 방법
② 제도적 접근방법
③ 기술적 접근방법
④ 과학적 접근방법

110 다음 중 안전운전 요건에 해당되지 <u>않는</u> 것은?

① 안전운전적성
② 운전자의 가족관계
③ 운전자의 태도와 습관
④ 심신의 결함과 피로

교통안전운전요건은 안전운전적성, 태도, 습관, 지식, 성격, 심신의 결함, 피로, 음주 등이다.

111 다음의 교육기법 중 집합교육의 형태로 <u>잘못된</u> 것은?

① 강의   ② 시범
③ 토론   ④ 카운슬링

집합교육은 강의, 시범, 토론, 실습 등이 있다.

112 다음 직장 내 현장 안전회의에 대한 설명으로 바르지 않는 것은?

① 직장 내의 안전 미팅(Tool Box Meeting)이다.
② 계획된 운행에 관하여 위험예지훈련이 이루어지는 단계이다.
③ 위험에 대한 대책을 수립하고 확인하는 단계이다.
④ 장시간 동안 위험요소에 대하여 토의하는 것이다.

113 카츠가 주장하는 인성에 작용하는 태도의 기능으로 틀린 것은?

① 협동 기능
② 적응적–공리적 기능
③ 가치 표현적 기능
④ 자기 방어적 기능

> 적응적 – 공리적 기능, 자기 방어적 기능, 가치 표현적 기능, 지식 기능이 있다.

114 다음 중 재해손실비 중 직접비가 아닌 것은?

① 요양급여
② 영업 손실비
③ 휴업급여
④ 장해급여

115 교통안전교육의 교수설계에서 분석단계의 내용이 아닌 것은?

① 학습 목표 설정
② 학습자 요구분석
③ 환경 분석
④ 직무 및 과제분석

> 분석단계는 요구분석, 학습자 요구분석, 환경 분석, 직무 및 과제분석이 있다.

116 교통안전교육 내용 중 보기의 내용은 무엇에 대한 설명인가?

───── **보기** ─────

'교통수단의 사회적인 의미 · 기능, 교통참가자의 의무 · 책임, 각종의 사회적 제한에 대해 충분히 인식하고 자기의 욕구 · 감정을 통제하게 하는 것이다.'

① 자기 통제
② 준법정신
③ 타자적응성
④ 안전운전태도

117 교통안전교육의 교수설계에서 분석단계의 내용이 아닌 것은?

① 시청각 매체 및 보조자료 개발
② 학습자 요구분석
③ 환경 분석
④ 직무 및 과제분석

118 교통안전교육의 교수설계는 분석–설계–개발–실행–평가로 구분되는데 분석단계의 내용이 아닌 것은?

① 수행목표 명세화
② 학습자 요구분석
③ 환경 분석
④ 직무 및 과제분석

> 교수설계는 분석–설계–개발–실행–평가로 구분되며 세부 내용은 다음과 같다.
> • 분석: 요구분석, 과제분석, 학습자 분석, 환경 분석 등
> • 설계: 수행목표 명세화, 평가 도구 개발, 교수전략 및 매체 선정 등
> • 개발: 교수자료 개발, 형성평가 실시 등
> • 실행: 교수프로그램 사용 및 질 관리, 지원체제 강구 등
> • 평가: 총괄평가 등

119 다음 중 여러 가지 업무를 동시에 수행하여 그 결과 집중력이 흐트러지는 현상을 의미하는 것은?

① 주의 배분 ② 주의 완화
③ 주의 집중 ④ 주의 분산

120 교통안전교육의 교수설계에서 분석단계의 내용이 아닌 것은?

① 교수 프로그램개발
② 학습자 요구분석
③ 환경 분석
④ 직무 및 과제분석

121 다음 중 사고로 이어질 수 있는 위험상황에 직면했을 때 운전자가 사고의 발생을 예방하거나 방지할 수 있도록 하는 운전은 무엇인가?

① 공격운전 ② 방어운전
③ 조심운전 ④ 지연운전

122 다음 보기 중 (   ) 안에 들어갈 용어로 올바른 것은?

──── 보기 ────

(   )으로 지식과 정보가 쌓이고, (   )으로 일정 수준에 까지 순응시키며, (   )로 통솔 하에 이끌게 된다.

① 교육 – 훈련 – 지도
② 교육 – 지도 – 훈련
③ 훈련 – 지도 – 교육
④ 훈련 – 교육 – 지도

123 다음 중 하인리히의 재해 손실 비 평가 방식에서 간접비가 아닌 것은?

① 요양급여 ② 시설 복구비
③ 교육훈련비 ④ 생산손실비

124 다음 교육 기법 중 카운슬링에 대한 설명으로 맞지 않는 것은?

① 인격적 결함을 자체 수정시킬 수 있고 정신적 불안을 감소시켜 정서적 안정을 기할 수 있다.
② 중대한 결함을 발견하면 즉시 승무계획을 변경하여 사고를 미연에 방지할 수 있다.
③ 관리자와 운전기사 간에 일체감을 형성할 수 있어 명랑한 분위기 조성에 긍정적 작용을 한다.
④ 미래의 목표에 초점을 맞추어 구체적인 목표를 설정하고 이를 해결하는 상담과정이다.

125 다음 중 운전환경과 운전조건이 개선되어 운전자가 안심하고 운전할 수 있도록 해야 한다는 것의 의미는 무엇인가?

① 안전한 환경조성의 원칙
② 위험요소 제거의 원칙
③ 운전규정 준수의 원칙
④ 위험 평가와 감시의 원칙

126 다음 중 교통안전표지가 아닌 것은?

① 주의표지 ② 규제표지
③ 노면표지 ④ 알림표지

교통안전표지는 주의표지, 규제표지, 지시표지, 보조표지, 노면표시 등이다.

127 다음 중 감각기관의 외부 자극이 행동으로 이어지는 과정이 올바른 것은?

① 식별-자각-판단-행동
② 식별-순응-판단-행동
③ 자각-판단-식별-행동
④ 자각-식별-판단-행동

128 다음 카운슬링 기법에 대한 설명으로 맞지 <u>않는</u> 것은?

① 상담자는 내담자의 공격적인 상담에 대해서는 무조건 회피하고 다른 내용으로 유도한다.

② 내담자가 말하고자 하는 의미를 상담자가 생각하고 이를 다시 내담자에게 말해 준다.

③ 상담자는 늘 내담자의 말을 받아들이고 있다는 태도를 유지해야 한다.

④ 상담내용에 대하여 외부에 누설해서는 안 된다.

129 다음 중 교통사고 방지를 위한 대책의 순서가 맞는 것은 무엇인가?

① 안전관리 조직 – 분석 평가 – 사실의 발견 – 시 정책 선정 – 개선

② 안전관리 조직 – 사실의 발견 – 사실의 발견 – 시 정책 선정 – 개선

③ 사실의 발견 – 안전관리 조직 – 분석 평가 – 시 정책 선정 – 개선

④ 사실의 발견 – 분석 평가 – 안전관리 조직 – 정책 선정 – 개선

130 다음 중 도로 표지의 설명으로 <u>잘못된</u> 것은?

① 경계표지: 교차점이나 공사구간, 도로의 굴곡, 차선폭의 감소, 노면상태 등에 경고하는 표지

② 이정표지: 목적지까지의 방향 안내 표시

③ 방향표지: 교차로상의 방향 안내표지

④ 노선표지: 주행하는 노선 안내 표지

이정표지: 목적지까지의 거리 안내표지

131 다음 중 하인리히 법칙에 대한 설명으로 <u>틀린</u> 것은?

① 어떤 대형사고가 발생하기 전에 그와 관련된 작은 사고나 징후들이 사후에 일어난다는 법칙이다.

② 산업재해 예방을 포함하여 각종 사고나 사회적, 경제적 위기 등을 설명하기 위해 의미를 확장하는 경우도 있다.

③ 큰 재해, 작은 재해, 사소한 사고의 비율을 1:29:300로 하여 1:29:300의 법칙이라고도 한다

④ 하인리히는 큰 재해는 우연히 발생하는 것이며, 반드시 그 전에 사소한 사고 등의 징후가 있는 것은 아니라는 것을 실증적으로 밝혔다.

132 다음 중 산업재해 예방과 관련한 하인리히 법칙에 대한 설명으로 <u>틀린</u> 것은?

① 어떤 대형사고가 발생하기 전에 그와 관련된 작은 사고나 징후들이 사후에 일어난다는 법칙이다.

② '사고의 삼각형(accident triangle)' 또는 '재해 연속성 이론'이라고도 한다.

③ 1:29:300의 법칙이라고도 한다

④ 1930년대 초 산업현장에서 발생한 노동재해에 대하여 실증적 분석결과를 토대로 주장한 것이다.

133 다음 중 하인리히 법칙에서 '중대한 사고:
경미한 사고: 재해를 수반하지 않는 사고'
의 발생 비율은?

① 1:29:300　　② 1:30:300

③ 1:300:29　　④ 29:1:300

134 다음 중 하인리히 법칙(1:29:300)에서 '숫
자 29'는 무엇을 의미하는가?

① 경미한 사고(작은 재해) 비율

② 중대한 사고 비율

③ 재해를 수반하지 않는 사고 비율

④ 일반적인 숫자이다.

135 다음 중 교통안전표지의 설치에 관한 설
명으로 잘못된 것은?

① 도로 이용자가 충분히 읽을 수 있도록
시야가 좋은 곳에 설치한다.

② 표지판은 일시에 집중할 수 있도록 집
중해서 설치하는 것이 좋다.

③ 반드시 교차로 부근에 설치할 필요가
없는 표지는 교차로 부근을 피한다.

④ 도로표지와 교통안전표지가 가깝게 설
치되어 표지 상호간에 시각장애가 발
생하지 않도록 한다.

136 다음 중 재해의 기본원인인 4M이 아닌
것은?

① Man　　　② Machine

③ Management　④ Method

- Man(인간) – 사람의 실수, 착각, 무의식, 피로 등
- Machine(기계) – 기계의 결함, 기계의 안전장치 미설
  치 등
- Media(매체) – 작업 순서, 작업방법, 작업환경 등
- Management(관리) – 안전관리 규정, 안전교육 및 훈
  련 미흡 등

137 다음 중 교통사고 다발자의 일반적인 특
성이 아닌 것은?

① 주관적 판단과 자기 통제력의 미약

② 비협조적인 인간관계

③ 억압적 영향과 막연한 불안감

④ 만성적인 반응경향

138 다음 중 교통사고 발생원인 중 간접적 원
인에 해당하는 것은?

① 과속운전

② 음주운전

③ 차량의 장비불량

④ 교육적 원인

139 다음 중 교통사고로 인한 공적 비용이 아
닌 것은?

① 병원방문 비용

② 경찰서 사고처리 비용

③ 재판비용

④ 보험 청구비용

140 다음 중 교통사고 발생 시 당사자의 직접
적인 손실로 볼 수 없는 것은?

① 간호비

② 심리적 보상

③ 차량 연료의 손실

④ 소득의 상실

141 다음 중 교통사고로 인한 피해자나 피해
자 가족이 겪는 정신적인 고통을 보상해
주는 것은?

① 거마비　　　② 재판비

③ 위자료　　　④ 변호사비

142 다음 중 시몬즈 방식에 의한 비보험 코스트의 종류가 <u>아닌</u> 것은 ?

① 휴업상해   ② 통원상해
③ 노후 상해   ④ 구급조치상해

• 시몬즈의 보험코스트: 산재보험료
• 비보험 코스트: 휴업상해, 통원상해, 구급조치상해, 무상해 사고

143 다음 중 시몬즈의 비보험 코스트의 설명 중 올바른 것은?

① 휴업상해 비용: 일시 부분 노동 불능
② 통원상해 비용: 일시 부분 노동 불능
③ 응급조치 비용: 영구 부분 노동 불능
④ 무상해사고 비용: 일시 전 노동 불능

• 휴업상해비용: 영구 부분 노동 불능, 일시 전 노동 불능
• 통원상해비용: 일시 부분 노동 불능, 의사의 조치를 요하는 통원상해
• 응급조치비용: 응급조치가 필요한 상해 또는 8시간미만의 휴업의료 조치 상태
• 무상해사고비용: 의료조치를 필요로 하지 않는 경미한 상해, 사고 및 무상해 사고

144 다음 중 보행자의 심리가 <u>아닌</u> 것은?

① 횡단보도를 찾아 건너려는 심리
② 현 위치에서 건너려는 심리
③ 빨리 횡단하려는 심리
④ 차량 통행이 적을 시 신호를 무시하고 횡단하려는 심리

145 다음 중 성공하려는 욕망 또는 모든 종류의 과제나 직장에서의 업무를 잘 수행하려는 욕망을 무엇이라 하는가?

① 유친 동기   ② 성취동기
③ 접근동기   ④ 회피동기

146 다음 중 재해손실비의 평가 방식 중 시몬즈 방식에서 비보험 코스트에 포함되지 <u>않는</u> 것은?

① 응급조치 건수
② 무 손실사고 건수
③ 통원상해 건수
④ 휴업상해 건수

147 다음 중 시몬즈의 재해손실비 평가 방식 중 비보험 코스트에 포함되지 <u>않는</u> 것은?

① 사망사고 건수
② 무 상해사고 건수
③ 통원상해 건수
④ 응급조치 건수

148 다음 중 운전자의 심리과정으로 옳은 것은?

① 인지−판단−조작
② 인지−조작−판단
③ 판단−인지−조작
④ 판단−조작−인지

149 다음 중 동체 시력은 정지 시력에 비해 통상 얼마나 감소하는가?

① 10%   ② 20%
③ 30%   ④ 50%

150 다음 중 운전 중 사물인지가 가능한 시야 각도는?

① 120~160   ② 150~180
③ 180~210   ④ 90~120

운전자의 시야각은 차종에 따라 다르지만 통상 120 ~ 150이다. 하지만 운전 중일 경우는 줄어든다.

151 다음 중 동기 부여의 내용과 관련한 이론이 아닌 것은?

① 허즈버그의 2요인
② 매슬로우의 욕구단계설
③ 알더퍼의 ERG이론
④ 애덤스의 공정성 이론

> • **허즈버그의 2요인** – 만족과 불만족이 각기 다른 요인에 의해 발생한다는 것으로 동기요인, 위생요인이 있다.
> • **매슬로우 욕구단계설** – 하위 단계의 욕구가 충분히 채워지면 그보다 높은 수준의 욕구가 인간의 행동을 유발한다는 것이다.
> • **알더퍼의 ERG이론** – 인간의 욕구는 위계에 따라 존재(실존)욕구, 관계욕구, 성장욕구로 구분한다.
> • **애덤스의 공정성 이론** – 개인이 자신의 기여(노력, 시간, 기술)와 결과(급여, 인정, 승진)를 전문 분야의 다른 사람들과 지속적으로 비교한다는 것으로 형평성, 과소 보상 불평등, 과다 보상 불평등이 있다.

152 다음 중 다른 사람들과 시간을 함께 보내고자하는 동기 즉 다른 사람들과 어울려 살려고 하는 동기는?

① 유친 동기　　② 성취동기
③ 접근동기　　④ 회피동기

153 다음 중 알더퍼의 ERG이론으로 맞는 것은?

① 만족과 불만족이 각기 다른 요인에 의해 발생한다는 것으로 동기요인, 위생요인이 있다.
② 상위욕구가 행위에 따라 영향을 미치기 전에 하위욕구가 먼저 충족되어야 한다.
③ 개인이 자신의 기여와 결과를 전문 분야의 다른 사람들과 지속적으로 비교한다는 것이다.
④ 인간의 욕구는 위계에 따라 존재욕구, 관계욕구, 성장욕구로 구분한다.

154 다음 중 매슬로우의 욕구단계에서 알더퍼의 ERG이론의 성장욕구의 성격에 해당되는 것은?

① 자아실현의 욕구
② 소속, 애정의 욕구
③ 생리적 욕구
④ 안전의 욕구

> ERG 이론
> • 실존욕구: 배고픔, 갈증, 안식처 등 생리적, 물질적 욕망이며 매슬로우 처음 2개 욕구와 같음.
> • 관계욕구: 가족, 감독자, 공동작업자, 부하, 친구 등 타인과의 모든 욕구이며 매슬로우 2, 3., 4번째 욕구와 같음.
> • 성장욕구: 창조적 성장이나 개인적 성장과 관련된 모든 욕구로 매슬로우 4, 5번째 욕구와 같음.

155 다음 중 교통사고 요인 중 도로요인으로 볼 수 없는 것은?

① 교통량　　　② 운전자의 연령
③ 중앙분리대　④ 차도 및 차선

156 다음 허즈버그의 2요인 이론 중 동기요인에 해당되는 것은?

① 성취감　　　② 급여
③ 근무환경　　④ 직업 안정성

> • 동기요인 – 성취감, 인정, 책임감, 개인 성장과 발전기회, 직무의 도전성
> • 위생요인 – 급여, 근무환경, 회사 정책과 관리, 직장 내 인간관계, 직업안정성

157 다음 재해의 직접적인 원인으로서 교통종사자의 불안전한 행동에 맞지 않는 것은?

① 위험물 취급 부주의
② 물체의 배치 및 작업장소 결함
③ 불안전한 속도 조작
④ 불안전한 상태 방치

불안전한 행동은 인적요인으로서 위험장소 접근, 복장·보호구의 잘못 착용, 기계·기구의 잘못 사용, 운전 중인 기계장치의 손질, 안전장치의 기능 제거, 불안전한 속도 조작, 위험물 취급 부주의, 불안전한 상태 방치, 불안전한 자세 및 동작 등이 있다.

158 다음 재해의 간접적인 원인으로서 교통종사자의 불안전한 상태에 맞지 않는 것은?

① 물체 자체의 결함
② 작업환경의 결함
③ 안전방호장치 결함
④ 위험물 취급 부주의

불안전한 상태는 물적 요인으로써 물체 자체의 결함, 작업환경의 결함, 생산 공정의 결함, 경계표시·설비의 결함, 안전방호장치의 결함, 복장·보호구의 결함, 물체의 배치 및 작업장소 결함 등이 있다.

159 다음 중 교통안전 시설물의 종류가 아닌 것은?

① 교통안전표지판   ② 노면표지
③ 신호등   ④ 쇄석재료

교통안전 시설물은 교통안전표지판, 노면표지, 신호등, 가로등 도로의 결함을 보완하기 위한 시설.

160 다음 중 안전관리 조직의 개념으로 적절하지 않는 것은?

① 안전관리 목적 달성의 수단이라는 것
② 안전관리 목적 달성에 지장이 없는 한 단순할 것
③ 인간을 목적 달성의 수단의 요소로 인식할 것
④ 구성원을 획일적(일방적)으로 조절할 수 있어야 할 것

구성원을 능률적으로 조절할 수 있어야 할 것

161 다음 보기에서 (   )에 들어 갈 올바른 것은?

─── 보기 ───

인간의 이동 및 화물의 수송, 전달과 관련된 모든 행위와 조직체계를 가리키는 것을 (   )라 하고, 운송이나 운반보다 큰 규모로 사람을 태워 나르거나 물건을 실어 나르는 것을 (   )라고 한다.

① 교통 – 운수   ② 운수 – 교통
③ 수송 – 운수   ④ 수송 – 교통

162 다음 중 교통의 기능으로 적절하지 않는 것은?

① 사람과 재화를 일정한 시간에 목적지까지 운송시킨다.
② 도시화를 촉진시키고 대도시와 주변 도시를 유기적으로 연결시켜 준다.
③ 유사시 국가방위에 기여한다.
④ 도시 혹은 지역 간 정치·경제·사회적 교류를 저해시킨다.

163 다음 중 교통의 기능으로 적절하지 않는 것은?

① 산업 활동의 생산성을 향상시키고 비용을 낮추는데 기여한다.
② 문화, 사회활동, 건강 및 교육 등의 활동을 위해 이동성을 부여한다.
③ 유사시 국가방위에 기여한다.
④ 소비자에게 다양한 품목을 제공해주나 교역의 범위를 축소시킨다.

164 다음 중 차로의 종류가 아닌 것은?

① 직진차로   ② 회전차로
③ 오르막 차로   ④ 분리대 차로

차로에는 직진차로, 회전차로, 오르막차로, 양보차로 등이 있음.

165 '운행 중'이라는 용어의 차량상태를 뜻하는 것이 <u>아닌</u> 것은?

① 차도 내에서 움직이고 있는 상태
② 차량이 차도 상에 있는 상태
③ 지정된 주차구역이나 길 어깨에서 주차된 상태
④ 움직이고 있는 차량이 아닌 경우 지정된 주차구역이나 길, 어깨 이외의 장소에서 곧 움직이려고 하는 상태

166 다음 중 교통사고 요인 중 인적요인으로 볼 수 <u>없는</u> 것은?

① 운전습관
② 준법정신
③ 운전경력
④ 도로에서의 교통량

> 운전자의 습관, 준법정신, 심리, 연령, 직업, 학력 그리고 운전자의 운전경력 및 운전 기술 등이 있음

167 다음 중 교통사고 요인 중 자동차요인으로 타당한 것은?

① 도로의 안전표지
② 검사제도와 검사상의 문제점
③ 중앙분리대
④ 도로 노면표지

168 다음 보기의 설명으로 올바른 것은?

─── 보기 ───
운전자가 자동차 진행방향의 전방에 있는 장애물 또는 위험요소를 인지하고 제동하여 정지하거나 장애물을 피하여 주행할 수 있는 길이

① 종단선형   ② 시거(視距)
③ 평면선형   ④ 제동거리

169 다음 중 교통 환경요인의 종류가 <u>아닌</u> 것은?

① 준법정신과 심리
② 교통여건
③ 교통정보 전달체계
④ 응급, 구조체계

170 우리나라 교통안전관계법 중 사후관리법의 종류가 <u>아닌</u> 것은?

① 도로 교통법
② 교통사고 처리 특례법
③ 자동차 손해 배상 보장법
④ 특정범죄 가중 처벌법

171 우리나라 교통안전관계법 중 자동차 관리법의 종류가 <u>아닌</u> 것은?

① 자동차 관리법
② 건설기계 관리법
③ 도로 교통법
④ 자동차 안전 기준에 관학 규칙

172 다음 중 우리나라 도로법의 주요 내용이 <u>아닌</u> 것은?

① 도로의 종류와 등급
② 도로에서 차마의 통행방법
③ 도로 관리
④ 자동차 전용 도로의 지정

173 우리나라 교통안전관계법 중 도로 환경관리법의 종류가 <u>아닌</u> 것은?

① 도로법
② 도시계획법
③ 주차장법
④ 도로 교통법

174 우리나라 교통안전관계법 중 운전자의 운행관리법의 종류가 <u>아닌</u> 것은?

① 총포, 도검, 화약류 단속법
② 고압가스 안전관리법
③ 자동차 관리법
④ 도로 교통법

175 다음 중 우리나라 자동차관리법의 주요 내용이 <u>아닌</u> 것은?

① 자동차의 등록
② 자동차의 점검 및 정비
③ 이륜 자동차관리
④ 도로의 종류와 등급

176 다음 중 우리나라 도로교통법의 주요 내용이 아닌 것은?

① 자동차의 안전기준 및 형식 승인
② 차마의 통행방법
③ 보행자의 통행방법
④ 고속도로 등에 있어서의 특례, 도로의 사용제한

177 다음 중 고령자의 교통행동 특성으로 <u>잘못된</u> 것은?

① 고령운전자의 운전은 신중하다.
② 고령운전자는 과속을 하지 않는다.
③ 오랜 경험으로 반사 신경이 신속하다.
④ 돌발사태시 대응력이 미흡하다.

178 다음 중 교육의 내용 중 집합교육이 <u>아닌</u> 것은?

① 강의   ② 시범
③ 토론   ④ 과제 제출

179 다음 중 교통안전관리 조직의 개념 설명과 <u>다른</u> 것은?

① 안전관리 목적 달성의 수단이라는 것
② 안전관리 목적 달성에 지장이 없는 한 복잡할 것
③ 인간을 목적 달성의 수단의 요소로 인식할 것
④ 구성원을 능률적으로 조절할 수 있어야 할 것

> 안전관리 목적 달성에 지장이 없는 한 단순하여야 함.

180 다음 중 교통안전관리 조직의 개념 설명과 <u>다른</u> 것은?

① 그 운영자에게 통제 상의 정보를 제공할 수 있어야 할 것
② 안전관리 목적 달성에 지장이 없는 한 복잡할 것
③ 구성원 상호간을 연결할 수 있는 공식조직(Formal Organization) 이어야 할 것
④ 환경의 변화에 끊임없이 순응할 수 있는 산 유기체이어야 함

> 안전관리 목적 달성에 지장이 없는 한 단순하여야 함

181 다음 중 교통안전관리자의 직접적인 직무와 관련이 <u>없는</u> 것은?

① 교통안전 관리에 관한 계획의 수립
② 차량 등의 운행 전후 안전점검 및 지도 감독
③ 도로 및 기상조건에 따른 안전운행 또는 그에 필요한 조치
④ 교통안전관리 회사의 대외 홍보활동

정답
165. ③ 166. ④ 167. ② 168. ② 169. ① 170. ① 171. ③ 172. ② 173. ④ 174. ③ 175. ④
176. ① 177. ③ 178. ④ 179. ② 180. ② 181. ④

182 다음 중 교통안전관리자의 직접적인 직무와 관련이 <u>없는</u> 것은?

① 교통업무 종사원의 운행 중 근무상태 파악
② 교통업무 종사원에 대한 교통안전교육의 실시 및 과로 방지
③ 교통사고 예방을 위하여 필요한 사항
④ 교통안전관리 회사원들의 인사 및 급여 지급 활동

183 다음 중 동체시력에 관한 설명으로 <u>잘못</u>된 것은?

① 주행 중 운전자의 시력을 동체시력이라고 한다.
② 동체시력은 자동차의 속도가 빨라지면 그 정도에 따라 점차 높아진다.
③ 동체시력은 개인차가 있어서 20대보다 30대 즉 연령이 많아질수록 저하율이 크다.
④ 일반적으로 동체시력은 정지시력에 비해 30%정도 낮다.

184 다음 중 야간시력에 관한 설명으로 <u>잘못</u>된 것은?

① 추체는 밤에 활동하고 간체는 밝은 곳에서 활동한다.
② 야간시력은 일몰 전에 비하여 약 50% 저하될 수 있다.
③ 야간 운전이 어려운 것은 운전자의 시력과 밀접한 관계가 있다.
④ 야간운전이 주간운전보다 어렵다

추(상)체는 낮에 활동하고 간(상)체는 어두운 곳에서 활동한다.

185 다음 중 음주운전에 의한 교통사고의 특징으로 <u>잘못된</u> 것은?

① 도로를 잘못 보고 도로 밖으로 전락한다.
② 주차 중에 있는 다른 자동차 등에 충돌한다.
③ 정지물체 보다 이동 물체에 많이 충돌한다.
④ 음주 후 약 30분에서 60분 정도가 거의 60%를 차지하고 있다.

186 다음 중 음주운전 시의 장해로 <u>잘못된</u> 것은?

① 시력장해가 현저해진다.
② 시야가 좁아져서 볼 수 있는 범위가 한정된다.
③ 브레이크 조작이 늦어지면서 엑셀, 클러치가 난폭해지게 된다.
④ 혈액 순환이 잘되어 주의 집중력이 뛰어난다.

187 다음 중 음주운전 시의 장해로 <u>잘못된</u> 것은?

① 정체시력은 장해를 받으나 동체 시력은 문제가 없다.
② 시야가 좁아져서 볼 수 있는 범위가 한정된다.
③ 브레이크 조작이 늦어지면서 엑셀, 클러치가 난폭해지게 된다.
④ 호흡, 맥박은 증가하고 혈압은 저하된다.

188 다음 중 사고 운전자들의 특성으로 <u>잘못</u><u>된</u> 것은?

① 초조적이고 즉행성이 강하다.
② 자기중심적이고 사회성(협동성)이 결여되어 있다.
③ 정서가 불안하고 사소한 일에도 감정을 사기 쉽다.
④ 타인을 배려하고 양보 정신이 강하다.

189 다음 중 어린이 <u>교통행동</u>으로 <u>잘못된</u> 것은?

① 교통상황에 대한 주의력이 뛰어나다.
② 사고방식이 단순하다.
③ 호기심이 많고 모험심이 강하다.
④ 추상적인 말은 잘 이해하지 못하는 경우가 많다.

190 다음 중 어린이 교통사고의 특징으로 <u>잘못된</u> 것은?

① 나이가 많고 고학년일수록 사고를 많이 당한다.
② 보행 중 교통사고를 당하여 사상 당하는 비율이 2/3 이상이다.
③ 시간대별 어린이 사상자는 오후 4시에서 오후 6시 사이에 가장 많다.
④ 보행 중 사상사고는 대부분 집에서 2km이내의 지점에서 발생되고 있다.

191 다음 중 교육의 내용 중 개별교육이 <u>아닌</u> 것은?

① 카운셀링
② 일상지도
③ 태코그래프에 의한 지도
④ 과제연구법

192 운전자 교육의 원리 중 다음의 내용과 맞는 것은?

──── 보기 ────
초보 운전자에게는 그에 적합한 교육을 해야 하며, 숙련된 운전자에게는 그 사람에게 알맞은 교육을 해야 한다.

① 개별성의 원리   ② 자발성의 원리
③ 일관성의 원리   ④ 종합성의 원리

193 운전자 교육의 원리 중 다음의 내용과 맞는 것은?

──── 보기 ────
효과적인 운전자 교육을 수행하기 위해서는 운전자 교육의 목적을 명확화하면서 개별성, 자발성, 일관성, 종합성 등의 원칙에 입각해서 지속적인 활동으로 전개되어야 한다.

① 집단교육의 원리 ② 반복성의 원리
③ 생활교육의 원리 ④ 종합성의 원리

194 다음 (   )에 들어갈 내용으로 맞는 것은?

──── 보기 ────
(   )이란 부족 될 수 있는 지식을 보완하고 잘못된 지식을 수정해서 안전운전에 필요한 다량, 양질의 지식을 습득시키고자 하는 것이다.

① 운전지식교육   ② 운전기술교육
③ 운전태도교육   ④ 운전종합교육

195 다음 중 상담의 기본원리로 <u>잘못된</u> 것은?

① 비밀보장의 원리
② 의도적 감정표현의 원리
③ 심판적 태도의 원리
④ 자기결정의 원리

비심판적 태도의 원리

정답 **182.** ④ **183.** ② **184.** ① **185.** ③ **186.** ④ **187.** ① **188.** ④ **189.** ① **190.** ① **191.** ④ **192.** ①
193. ④ **194.** ① **195.** ③

PART 01 교통안전관리론 **69**

196 다음 중 운전 적성검사의 종류와 내용의 연결이 <u>잘못된</u> 것은?

① 속도예상 반응검사: 초조성을 조사하는 검사

② 중복작업 반응검사: 손발에 의한 반응의 정확성을 조사하는 검사

③ 처치판단 검사: 좌우 주의력의 배분을 조사하는 검사

④ 동체시력 검사: 정지된 대상에 대한 시력검사

197 다음 중 안전운전의 요건과 거리가 <u>먼</u> 것은?

① 안전운전 적성

② 안전운전기술

③ 안전운전 태도

④ 안전운전 요령

198 다음 중 타코그래프(Taco Graph)의 사용목적은 무엇인가?

① 운전자의 피로파악

② 자동차의 성능파악

③ 운행시간 파악

④ 안전운전 실태파악

199 운전자가 빨강 신호를 보고 위험을 인지하고 브레이크를 밟은 경우에 빨강 신호를 보았을 때부터 브레이크가 작동할 때까지의 시간을 무엇이라고 하는가?

① 반응시간   ② 여유시간

③ 제동시간   ④ 감각시간

200 다음 중 본능적, 무의식적 반응으로 최단시간을 필요로 하는 반응을 무엇이라 하는가?

① 직감적 반응   ② 육감적 반응

③ 반사적 반응   ④ 시간적 반응

P·A·R·T

02

항공기체

필수과목

01 CHAPTER
기체의 구조

01 구조 일반

1. 항공기 기체의 구성

항공기 기체는 동체(Fuselage), 주 날개(Main Wing), 꼬리날개(Empennage), 엔진 마운트 및 나셀(Engine mount & Nacelle), 착륙장치(Landing Gear) 등으로 구성된다.

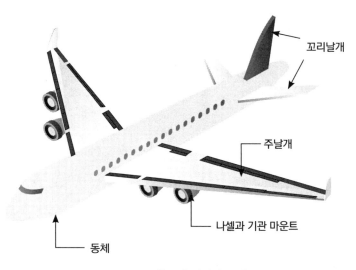

꼬리날개

주날개

나셀과 기관 마운트

동체

그림 ▶ 항공기 기체의 구성

2. 항공기 위치 표시 방식

- 동체 위치선(FS: Fuselage Station): 기수로부터 일정한 거리에 위치한 상상의 수직면을 기준으로 주어진 지점까지의 거리이다.
- 동체 수위선(BWL: Body Water Line): 기준으로 정한 특정 수평면으로부터 수직으로 높이를 측정한 거리이다.

- 버턱선(Buttock Line): 동체 중심선을 기준으로 오른쪽과 왼쪽으로 평행한 너비를 나타내는 선으로 동체 버턱선, 날개 버턱선이 있다.
- 날개위치선(WS: Wing Station): 날개보와 직각인 특정한 기준면으로 부터 날개 끝 방향으로 측정된 거리이다.

3. 하중(Load)

물체에 작용하는 외부의 힘 또는 무게를 하중(Load)이라한다. 즉 항공기에는 비행중이거나 지상에서 여러 힘들이 복합적으로 작용하는 구조물이며, 구조물에 가해지는 힘(Force)을 하중이라고 한다.

항공기 외부에 작용하는 하중 즉 힘은 중력, 추력, 양력, 항력이 있다.

항공기 구조에 작용하는 하중은 먼저
- 인장하중(Tention)으로 하중이 재료를 서로 끌어당길 때 작용하는 힘
- 압축하중(Compression)은 물체를 서로 압축하는 방향으로 작용하는 힘
- 굽힘하중(Bending)은 재료가 휘어지려는 힘
- 전단하중(Shear)은 물체에 접근한 평행한 두 면에 크기가 같고 방향이 반대로 작용하는 힘
- 비틀림(Torsion)은 서로 다른 반대방향으로 회전하여 꼬아지려는 힘 등이다.

힘의 합성은 평행사변형 원리에 의해 벡터로 표시한다.

4. 비행 중 기체에 작용하는 힘

비행 중 기체에 작용하는 대표적인 4가지 힘은 중력, 추력, 양력, 항력이다. 4가지의 힘의 균형에 의해 항공기는 이륙, 비행, 착륙을 할 수 있다.

먼저 뉴턴이 사과가 나무에서 떨어지는 것을 보고 발견한 만유인력으로 인한 중력이다. 중력은 기체를 지구 중심 방향으로 끌어당기는 힘으로, 기체 전체에 아래쪽으로 작용하는 힘이다. 둘째는 항공기가 진행 방향으로 나아가기 위해 필요한 힘인 추력이다. 고정익 항공기라면 날개에 장착된 제트엔진, 회전익 항공기라면 회전하는 프로펠러에 의해 생성되는 힘으로 기체가 진행하는 방향으로 작용한다. 셋째는 항공기가 상승하여 공중을 비행하는 데 필요한 힘, 양력이다. 이 양력은 추력에 의해 기체가 가속되어 기체의 진행 방향 속도가 증가함에 따라 증가한다. 양력은 날개면 전체에 위쪽으로 작용하는 힘으로, 이 힘이 중력보다 커지면 기체가 상승한다. 넷째는 물속에서 손을 움직일 때 느끼는 움직임의 어려움, 저항감의 원인인 항력(저항력)이다. 정면에서 불어오는 돌풍에 앞으로 나아가지 못하거나 등을 떠밀려서 거꾸로 걷는 것이 편해진 경험이 있을 텐데, 상공에서는 시속 900km 정도로 비행하는 항공기에서는 공기에 의

해 매우 큰 저항력이 작용한다. 이 진행 방향과 반대로 작용하는 힘이 항력이다.

위의 4가지 힘은 기체 전체에 분포적으로 작용하기도 하고, 엔진 장착부인 날개 구조를 통해 동체에 작용하기도 하고, 날개면 전체에 분포적으로 작용하기도 하는 등 기체 구조에 미치는 영향은 다양하다. 또한 이러한 힘에 의해 기체는 변형 및 진동하지만, 그럼에도 불구하고 파손되지 않는 구조로 설계되어 있다.

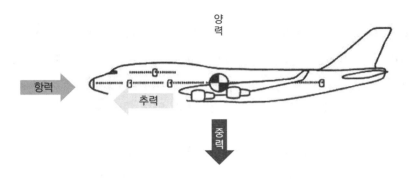

그림 ▶ 항공기에 작용하는 힘의 종류 4가지

제트 엔진과 프로펠러에 의해 생성된 추력으로 가속된 기체에는 양력이 발생하여 비행기는 이륙하게 된다.

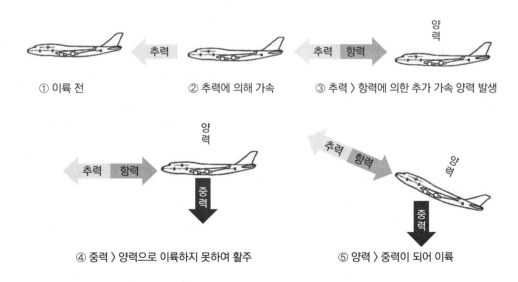

그림 ▶ 항공기 기체의 가속과 이륙

1. 구조형식

(1) 트러스 구조(Truss Structure)

강철이나 목재를 이용하여 뼈대를 만들고 얇은 외피를 씌운 구조이다. 트러스 구조에서는 파이프나 앵글재에 의해 동체에 가해지는 하중을 모두 받쳐주고 외피는 하중을 전혀 분담하지 않고 단순히 형태를 갖추기 위한 용도로만 사용된다. 설계와 제작이 쉽다는 장점이 있지만, 과거에는 깃털을 주재료로 한 외피를 사용했기 때문에 오늘날의 항공기처럼 기밀성을 확보할 수 없었다. 따라서 날씨의 영향을 받기 쉬워 고속이나 고고도를 비행하는 기체나 대형 항공기 설계에는 적합하지 않아 일부 소형 항공기에만 사용되는 구조이다.

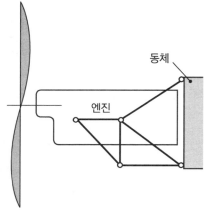

그림 ▶ 헬리콥터의 트러스 구조

(2) 응력 외피형 구조

1) 모노코크 구조 (Monocoque Construction)

프레임 + 외판 + 세로대를 결합한 세미 모노코크 구조와 달리 달걀 껍질처럼 외판-외피만으로 동체 구조를 형성하여 동체에 가해지는 모든 하중을 견딜 수 있도록 설계하는 구조이다. 경량화 측면에서는 우수한 구조이지만, 큰 하중이 작용하는 대형 항공기에 적용하기 어렵고, 페일 세이프티 측면에서도 바람직하지 않기 때문에 모노코크 구조만을 사용한 기체는 없다. 그러나 항공기에 비해 굽힘 하중이 작은 로켓의 동체 구조에는 채택되고 있다. 구성은 외피, 벌크헤드, 정형재 등이 있다.

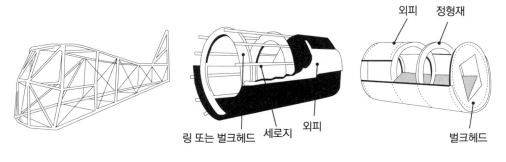

(a) 트러스 구조 형식   (b) 세미 모노코크 구조 형식   (c) 모노코크형

(3) 세미 모노코크 구조 (Semi Monocoque Construction)

외피와 골격이 하중을 서로 분담하여 담당하는 구조로 현대 항공기 구조에 가장 많이 사용되고 있는 구조이다. 프레임(Frame), 외판(Skin), 세로대(Longeron Stringer)로 구성되어 있다. 동체의 단면 형상을 따라 형성된 프레임이 있고, 그 프레임을 외판으로 덮고 있다. 프레임에는 Z형 또는 ㄱ자형 단면의 부재가 사용된다. 세로대의 단면은 L형, J형, Z형, 모자형(챙이 있는 모자의 단면) 등이 있다. 프레임, 세로대 모두 작은 단면적(경량부재)으로 큰 단면 2차 모멘트(휨 저항)를 얻을 수 있는 단면 형상이 되도록 고안되어 있다. 세로대와 외판은 보통 많은 리벳(Rivet)으로 결합되어 있다. 페일 세이프티를 고려하여 프레임과 외판은 중첩판(스트랩)을 통해 결합되어 있다.

압력에 의한 팽창 변형 등으로 발생하는 인장력은 외판이 담당하고, 굽힘 하중으로 인한 압축력은 외판을 대신하여 스트링거와 세로대가 분담하도록 설계되어 있다. 페일 세이프(Fail Safe)(일부가 파괴되어도 구조 전체에 큰 영향을 미치지 않는) 구조를 채택하고 있다.

구성으로 수직방향 부재는 벌크헤드, 정형재, 링, 프레임이 있고, 세로 방향 부재는 세로대, 세로지 그리고 외피가 있다.

※ 각 부재의 역할
1. 벌크헤드(Bulkhead): 동체의 비틀림에 의한 변형되는 것 방지(동체의 앞, 뒤에 한 개씩 설치)
2. 링(Ring): 수직방향의 보강재로 스트링어와 합쳐서 외피 보호
3. 세로대(Longeron): 길이 방향 부재로 굽힘 하중 담당
4. 세로지(Stringer): 외피의 좌굴 방지, 굽힘하중 담당
5. 외피(Skin): 동체의 전단응력과 비틀림 응력 담당

내부 공간 마련이 쉽고 외피를 얇게 제작할 수 있어 경량화 제작이 가능한 장점이 있는 반면 제작이 복잡하고 제작비용이 많이 든다.

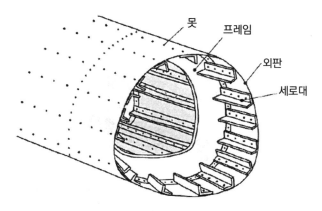

그림 ▶ 세미 모노코크형 동체의 구조

(4) 페일세이프(Fail-Safe) 구조

항공기 구조가 부분적으로 파괴되거나 손상을 입어도 치명적인 손상이나 파괴, 변형을 방지할 수 있는 구조이다. 종류로는 다경로 하중구조, 이중구조, 대치구조, 하중 경감구조 등이 있다.

2. 카울링, 나셀 및 엔진 마운트(Cowling, Nacelle & Engine Mount)

카울링(Cowling)은 기관 주위를 둘러싼 덮개로 점검이나 정비를 쉽게 하도록 열고 닫을 수 있으며 나셀의 앞부분에 위치하고 있다. 가스 터빈 기관의 카울링 입구에는 얼음이 얼어붙지 않도록 방빙장치가 되어 있다.

나셀(Nacelle)은 기체에 장착된 기관을 둘러싸는 부분으로 외피, 카울링, 구조부재, 방화벽, 기관 마운트 등으로 구성한다. 기체에 장착된 기관을 둘러싸는 부분이다. 바깥 면은 공기역학적 저항을 작게 하기 위해 유선형 구조되어 있으며 동체 안에 기관을 장착 시는 나셀이 필요없다. 기관의 냉각과 연소에 필요한 공기를 유입하는 흡, 배기구가 설치되어 있다.

엔진 마운트(Engine mount)는 엔진을 기체에 장착하는 지지대로 엔진의 추력을 기체에 전달하는 것이다. 용접 강관 엔진마운트, 세미모노코크 엔진 마운트, 베드형 엔진 마운트 등이 있다. 장착하는 방식은 날개에 장착하는 방식과 동체에 장착하는 방식이 있다. 날개에 장착하는 방식은 파일론(Pylon)에 장착하는 경우 구조물이 부가적으로 필요하지 않아 무게가 감소하고 날개의 공기 역학적으로 성능이 저하되므로 착륙장치가 길어야 한다. 동체에 장착하는 방식은 공기역학적으로 성능이 뛰어나고 착륙장치를 짧게 할 수도 있다.

방화벽은 엔진의 열이나 화염이 기체로 전달되는 것을 차단하는 기능을 한다.

3. 여압구조

(1) 여압실

항공기가 높은 고도로 비행 시 압력은 지상보다 낮아서 압력과 온도를 일정하게 잘 유지해주어 항공기에 탑승해 있는 승무원, 승객 또는 그 밖의 생물의 안전을 보장해 주어야 한다. 이러한 압력을 유지해주는 공간이 바로 여압실로 이중 거품 형이 많이 이용되고 있다. 고공에서 여압을 해 주어야 하는 공간은 조종실, 객실, 화물실 등이다. 여압실의 기밀을 유지하기 위해서는 밀폐제나 고무 실(Seal)을 사용하여 여압실을 완전히 밀폐해 주어야 한다.

(2) 여압작동장치

1) 윈드실드 패널(Windshield Pannel)

이 부분은 조종실 앞 창문으로 내, 외측은 유리, 중간층은 비닐 층이다. 외측판과 비닐사이에 금속산화 피막이 있어서 전기를 사용하며 이때 발생하는 열을 이용하여 방빙 및 서리를 제거한다.

> ※ 윈드실드의 강도 기준
> − 외측판: 최대 여압실 압력의 7~10배
> − 내측판: 최대 여압실 압력의 3~4배
> − 충격강도는 작은 새(약 1kg정도)가 순항속도로 비행하고 있는 항공기의 윈드실드에 충돌해도 파괴되지 않아야 한다.

2) 출입문

출입문은 동체 안으로 여문 문과 동체 밖으로 여는 문이 있는데 통상 통체 안으로 여는 문이 많이 사용되며 이는 기밀이 용이하다. 동체 밖으로 여는 문은 팽창실 실(seal)로 기밀을 한다.

3) 객실 창문

응집력을 줄이기 위해 여러 개의 원형 또는 모서리가 둥근 창문을 사용하여 바깥쪽 판 단독으로도 최대 여압에 견딜 수 있는 강도가 되어야 한다.

---

03 날개(Wing)

1. 날개의 구조형식

(1) 날개의 종류

날개는 양력을 이용하여 비행을 할 수 있도록 도와주는 부분으로 트러스 구조형 날개와 세미 모노코크 구조형 날개로 구분된다.

트러스형 날개는 날개 보(Spar), 리브(Rib), 외피(Skin), 강선(Bracing wire)로 구성되며 날개보와 리브를 고정시키기 위해서 보강선을 사용하고 금속판이나 합판 등을 씌운 구조이다. 세미 모노코크 구조 형 날개는 외피가 응력을 받도록 한 날개로 날개 보(Spar), 리브(Rib), 외피(Skin), 스트링어(Stringer)로 구성된다.

(2) 날개의 주요구성

날개의 주요 구성 부재는 날개 보, 리브, 스트링어, 외피로 구성된다. 날개 보(Spar)는 날개에 작용하는 대부분의 하중, 휨 하중, 전단하중을 담당하고, 리브(Rib)는 날개 단면이 공기역학적인 날개 골을 유지하도록 날개의 모양을 형성해주며 날개 외피에 작용하는 하중을 날개 보에 전달만 한다. 스트링어(Stringer)는 날개의 휨 강도나 비틀림 강도를 증가시켜 주는 역할을 하며 날개 길이 방향으로 리브 주위에 배치한다. 외피(Skin)는 날개에서 발생하는 응력을 담당하며 응력 외피라고 하며 강력 알루미늄 합금 판을 사용한다.

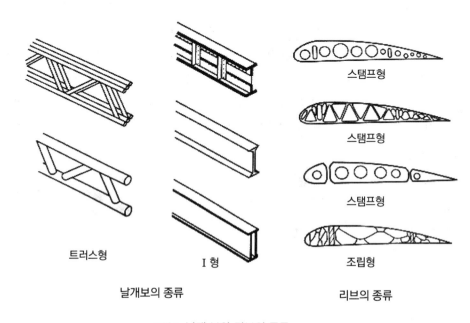

트러스형   I 형

스탬프형

스탬프형

스탬프형

조립형

날개보의 종류   리브의 종류

그림 ▶ 날개 보와 리브의 종류

(3) 날개의 장착 방법

지주식 날개와 캔틸레버식 날개로 구분되며 지주식 날개는 날개와 동체를 연결하는 지주에 비행 중에는 인장력, 지상에서는 압축력이 작용하며 소형항공기에 사용된다.

캔틸레버식 날개는 비행 중에 공기의 저항을 줄여 줄 수 있고 하중은 날개 장착부에 집중된다. 현대의 고속 항공기에 적합하나 다소 무게가 무겁다.

2. 고양력 장치(High lift device)

날개에 양력을 증가시키는 장치로서 항공기의 이 · 착륙 거리를 짧게 해 준다.

(1) 앞전 고양력 장치

- 드루프 플랩(droop flap): 날개 앞전 부분이 아래로 꺾여서 휘는 것으로 앞전 반지름과 캠버의 증가 효과로 높은 양력을 얻는다. 저속에서 내리고 고속에서 들어 올릴 수 있다.
- 슬롯(slot)과 슬랫(slat): 날개 앞전에 틈을 만들어 날개가 큰 받음각일 때 밑면의 공기 흐름을 윗면으로 유도하여 박리를 지연시켜 양력을 증가시킨다. 가장 많이 사용되며 실속을 지연시키는 효과도 있다. 종류로는 고정식과 가동식이 있다.
- 크루거 플랩(kruger flap): 보통 때는 날개 밑면에 접혀져 날개를 구성하고 있다가 작동하며, 앞쪽으로 나오면서 꺾여 앞전 반지름과 날개 면적을 크게하여 양력을 증가 시킨다. 얇은 날개에 장착이 가능하며 날개 내부로 접어 들일 수 있다.

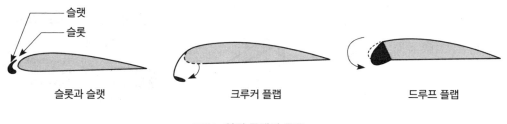

그림 ▶ 앞전 플랩의 종류

(2) 뒷전 고양력 장치

날개 뒷전에 위치하여 휘어 캠버를 크게 하거나 날개 면적을 크게 하여 양력을 증가시키는 장치로 단순플랩, 스플릿 플랩, 슬롯 플랩, 파울러 플랩 등이 있다.

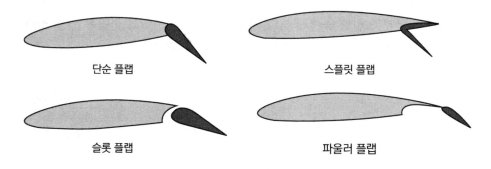

그림 ▶ 뒷전 플랩의 종류

3. 스포일러(Spoiler)

공중(비행) 스포일러(Flight spoiler)는 공중에서 비행 중 날개 윗면의 스포일러를 좌우 따로 움직여서 도움날개의 역할을 대신해 주며 선회 특성을 좋게 해 준다.

지상 스포일러(Ground spoiler)는 비행중에 공기 제동장치 역할을 하며 착륙 시에는 속도 제동기 역할을 하여 속도를 줄여주거나 항력을 증가시켜 착륙거리를 짧게 만들어 준다.

4. 날개의 방빙 및 제빙 장치

(1) 방빙 장치(Anti-icing system)

날개의 방빙은 날개 앞전을 미리 가열하여 결빙을 방지하는 것으로 전열식 방빙 장치는 전기장치로 결빙되는 것을 방지하는 것이고, 가열공기식은 가열된 공기를 공급하여 날개의 결빙을 방지하는 장치이다. 통상 방빙 장치가 설치되어 있는 곳은 날개 앞전, 꼬리날개 앞전, 프로펠러, 피토튜브관 등이다.

(2) 제빙장치(De-icing system)

제빙장치는 이미 얼어 있는 얼음을 깨어 제거하는 장치로 알코올 분출 식은 알코올을 분사하여 어는점을 낮추어 얼음을 제거하는 방식이고, 제빙 부츠 식(기계적 제거)은 압축공기를 공급 및 배출하여 팽창 수축되면서 제거하는 방식이다.

---

04 꼬리 날개(Tail wing, empennage)

주 날개와 구조가 같으며 항공기 기체의 꼬리부분에 부착되어 항공기의 안정성과 조종성을 유지하기 위한 구조물로 기체의 자세나 비행방향을 변화시키는 역할을 한다.

1. 구성

수평 안정판은 비행하는 비행기의 세로 안정성을 유지해 준다. 수직 안정판은 비행하는 비행기의 방향 안정성을 유지한다.

승강타(Elevator)는 비행기 조종간과 연결되어 비행기를 상승, 하강시키는 피칭 모멘트를 발생시킨다.

2. 종류

수평 꼬리날개는 수평 안정판과 승강타로 구성되며 수평 안정판은 비행 중 세로 안정성을 유지해주고, 승강타는 비행기를 상승, 하강시키는 피칭 모멘트를 발생시킨다.

수직 꼬리날개는 수직 안정판과 방향타(Rudder)로 구성되며 수직 안정판은 비행 중 항공기의 방향 안정성을 제공하고 방향타는 수직 꼬리 날개 뒷부분에 위치하여 좌우로 움직이면서 항공기의 요잉(yawing)운동을 담당한다.

05 착륙장치(Landing gear)

1. 기능

착륙장치는 이착륙 시 충격을 줄이기 위한 완충장치, 착륙기둥, 바퀴, 조향장치, 브레이크 등으로 구성되어 있다. 또한 일반적인 비행기에서는 비행 시 공기저항을 줄이기 위해 이륙 후 착륙장치를 동체 안으로 넣는 개폐식 착륙 구조로 되어 있다. 활주로를 사용하지 않고 수면에서 이착륙할 수 있는 비행선 등의 경우에는 이륙 후에도 착륙장치가 접히지 않고 그대로 비행하는 기체도 있다.

2. 종류

사용하는 목적에 따라서 바퀴 형(육상용), 스키 형(설상용), 플로트 형(수상용), 스키드 형(주로 헬리콥터에 사용) 등이 있다.

장착하는 방법에 따라서는 고정식, 접개 들이식이 있다. 고정식은 공기저항으로 인한 손실보다 무게 절감으로 인한 효과를 얻을 수 있고, 접개 들이 식은 무게 증가에 따른 비용이 증가할 수 있다.

바퀴의 배열에 따라서는 단일형식, 이중 형식, 트럭형식으로 나눌 수 있다.

조향바퀴의 위치에 따라서는 앞바퀴 식, 뒷바퀴 식, 직렬식이 있다. 첫째, 앞바퀴 식은 항공기 무게중심 가까이 장착하는 주 바퀴와 동체의 앞부분에 위치하는 보조바퀴가 있다. 앞 바퀴 식의 장점은 이륙 시 저항이 적고, 착륙성능이 좋다. 이·착륙 및 지상 활주 시 항공기의 자세가 수평이 되므로 조종사의 시계가 넓다. 그리고 항공기의 중심이 주 바퀴에 있어 지상에서 전복의 위험이 적고, 브레이크를 밟을 때 프로펠러의 손상이 적다.

둘째, 뒷바퀴 식은 항공기 꼬리 부분에 장착되어 방향을 전환하는 형식으로 소형항공기에 사용한다.

셋째, 직렬 식은 항공기의 무게 하중을 분산시키기 위해 사용한다.

3. 완충장치

완충장치는 착륙 시 충격을 완화시켜 주는 장치로 수직속도 성분에 의한 운동에너지를 흡수하여 충격을 완화한다. 종류로는 다음과 같다.

고무식 완충장치는 고무의 탄성을 이용하여 완충한다.

평판 스프링식 완충장치는 강철재 평판의 탄성을 이용하여 충격을 완화한다.

공기 압축식 완충장치는 공기압을 이용하는 장치이다.

올레오 완충장치는 공유압식으로 현대의 항공기에 가장 많이 사용하며 항공기가 착륙할 때 받는 충격을 유체 운동에너지로 변환시키는 장치이다.

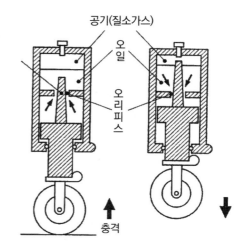

그림 ▶ 스프링식과 공기 압축식 완충장치

기타 강체식(항공기가 착륙 시 모든 하중이 동체에 직접 전달되는 방식)과 번지 끈식(충격 끈으로 불림)이 있다.

4. 주 착륙장치

항공기 착륙 시 충격하중의 대부분을 흡수하고, 지상에서는 항공기의 무게를 지탱하는 기능을 한다.

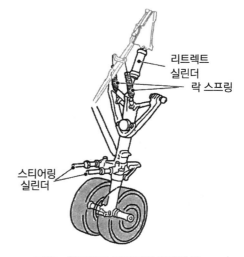

그림 ▶ 항공기의 일반적인 착륙장치

06 제동장치

주 바퀴의 회전을 제동시켜 항공기의 감속, 정지, 대기, 방향전환, 계류 등에 사용한다.

비행기용 브레이크는 하나의 브레이크에 가해지는 부하가 크기 때문에 여러 개를 장착하는 것이 일반적이다.

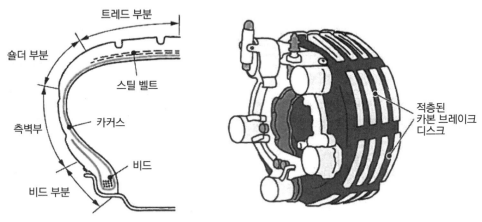

그림 ▶ 타이어 구조 단면도와 비행기용 바퀴의 브레이크

1. 종류

기능에 따라서 정상 브레이크(평상 시 사용), 파킹 브레이크(비행기를 장시간 계류시킬 때 사용), 비상 및 보조 브레이크(주 브레이크가 고장 시 사용하며 주 브레이크와 별도로 장착)가 있다.

구조 형식에 따라서 대형항공기에는 팽창 튜브식과 세그먼트 로터 식을 사용하고, 중형항공기에는 멀티 디스크 식, 소형항공기에는 듀얼 디스크식과 싱글 디스크 식을 사용한다.

2. 브레이크의 작동

소형항공기에는 독립된 브레이크를 사용하고, 대형항공기에는 동력 브레이크를 사용한다. 착륙이 너무 빨라서 독립적인 브레이크에 사용할 수 없는 경우 동력 부스터 브레이크를 사용한다.

3. 브레이크의 구성

브레이크 페달은 리더와 브레이크를 같이 작동할 수 있도록 상호 연결되어 있으며 기타 브레이크 미터링 벨즈, 유압 퓨즈, 셔틀 밸브, 엔티 스키드 밸브, 오토 브레이크와 보조 브레이크 등이 있다.

4. 기타 브레이크에 일어나는 현상

- 드레킹(Dragging) 현상: 유압라인에 에어가 점차 차게 되어 제동 후 원래 상태로 복구가 잘 되지 못하는 현상을 말한다.
- 그래빙(Grabbing) 현상: 브레이크에 이물질이 유입되어 제동이 원활히 되지 않는 현상이다.
- 페이딩(Fading) 현상: 과열로 인해 제동이 원활히 되지 않는 현상이다.

5. 항공기 타이어

자동차에 비해 항공기의 착륙 활주 및 제동 조건은 매우 가혹하다. 고속, 고중량 항공기의 안전한 활주 및 착륙을 실현하고 착륙 시 큰 운동 에너지를 제동하는 브레이크와 타이어이다.

차량의 타이어와 달리 항공기용 타이어는 수백 톤에 달하는 비행기를 지탱하며 이착륙을 반복한다. 또한 상공에서는 영하로, 착륙 시에는 노면과의 마찰로 인해 고온이 되기 때문에 넓은 온도 범위의 가혹한 조건에서 사용된다. 하지만 기체 중량을 가볍게 설계하기 위해 항공기용 타이어의 크기와 무게는 극도로 작게 설계된다. 따라서 타이어 한 개가 받는 바퀴 하중은 다른 타이어에 비해 매우 크다 이러한 높은 하중을 견디기 위해 항공기용 타이어의 충진 압력은 승용차 타이어의 6배 이상(10~16kg/cm2)이며, 안전성을 위해 질소 가스를 사용하고 있다.

그림 ▶ 일반적인 비행기용 타이어 종류

내열성도 중요한 성능 중 하나이며, 착륙 시 타이어 표면 온도는 활주로와의 마찰로 인해 250℃ 이상까지 올라간다. 또한 주변 환경 온도 변화도 심해 비행 중 고도 35,000피트(10,000m)에서는 −45℃까지 내려가기도 한다. 항공기 타이어는 이러한 광범위한 온도 차이를 견뎌야 한다.

또한, 타이어는 오레오식 완충장치와는 또 다른 완충장치의 역할을 하기 때문에 정하중 상태 처짐이 30% 내외의 범위까지 사용된다. 따라서 타이어 측면에 심한 굽힘 변형이 발생한다.

항공기 타이어에는 천연고무가 사용되고 있으며 약 200회 정도의 이착륙으로 타이어의 고무 부분(트레드)이 마모되기 때문에 트레드를 교체하면서 약 1,400회 정도 사용하게 된다. 또한 항공기 타이어와 자동차 타이어의 가장 큰 차이점은 타이어의 홈(트레드 패턴)이다. 활주로에서 활주로로 이동할 때 코너링을 하게 되는데, 이때는 토잉카에 의한 견인이나 저속으로 이동하기 때문에 타이어의 코너링 성능은 필요하지 않는다. 그보다는 활주로 내 직진 운동에 대한 미끄럼 방지가 중요하기 때문에 항공기용 타이어의 홈은 모두 직선으로만 되어 있다. 이는 자동차 타이어와 큰 차이점이다.

항공기 타이어는 타이어가 한 개인 방식을 단일식, 타이어 2개가 1조로 되어 앞바퀴에 적용하는 것을 이중식, 타이어 4개가 1조로 되어 주 바퀴에 적용하는 것을 보기식 이라고 한다.

07 조종장치

1. 조종 면 구조

주 조종 면은 도움날개(Aileron)−옆 놀이, 승강키(Elevator)−키 놀이, 방향키(Rudder)−빗 놀이로 구성되어 있다.

부 조종 면은 탭(Tab), 플랩(Flap), 스포일러(Spoiler)로 구성되어 있다.

2. 항공기의 운동

항공기의 가로축은 날개의 한쪽 끝에서 다른 한쪽 끝까지 가로로 연결하여 이은 축으로 가로축에 대한 회전운동은 키 놀이(Pitching)이라하며 키놀이를 일으키는 조종 면은 승강키(Elevator)이다.

세로축은 동체의 앞과 뒷부분의 끝을 연결한 축이다. 세로축에 대한 회전운동은 옆 놀이(Rolling)이며, 옆 놀이를 일으키는 조종 면은 도움날개(Aileron)이다.

수직축은 가로축과 세로축이 만드는 평면에 수직인 축이다. 수직축에 대한 회전운동은 빗 놀이(Yawing)이며, 빗 놀이를 일으키는 조종 면은 방향키(Rudder)이다.

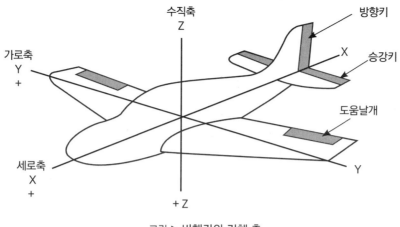

그림 ▶ 비행기의 기체 축

3. 날개와 역할

주 날개는 다양한 용도의 부착장치가 설치되어 있으며 공력 보조장치, 도움 날개, 날개의 방빙 및 제빙장치, 연료 탱크 등이 있다.

꼬리날개는 안정성과 조종성을 유지하여 비행하기 위한 구조로서 수직꼬리날개는 수직 안정판과 방향키, 수평꼬리날개는 수평안정판과 승강키로 구성되어 있다.

4. 조종 장치의 구조

수동 조종 장치는 경량으로 가공이 쉽고, 가격도 싸고, 정비도 쉬워서 주로 경비행기에 사용한다. 케이블 조종계통(Cable Control System), 푸시풀로드(Push-Pull Rod System), 토크튜브(Torque Control System) 등이 있다.

동력 조종 장치는 유압, 공기압, 전기 등을 이용하여 조종면을 동력으로 조종하는 것으로 가역식 조종 장치 또는 부스터 방식, 플라이 바이 라이트 조종 장치, 자동조종장치 등이 있다.

플라이 바이 와이어 조종 장치(Fly-By-Wire Control System)는 조종간이나 방향키 페달의 움직임을 전기적인 신호로 변환하여 컴퓨터에 입력하고, 컴퓨터에 의해서 전기 또는 유압식 작동기를 작동하여 조종계통을 작동시킨다.

[08] 연료계통

1. 항공연료 시스템

항공기에 사용하는 연료는 항공 가솔린과 제트 연료가 있으며 비행조건, 대기 온도, 압력 변화 등에 의해 사용되며 항공기 특유의 특성(발화점, 어는 점, 증기압, 밀도, 수분 등)이 요구된다.

연료탱크는 대부분 주 날개에 위치하고 있으며 일부의 항공기는 꼬리날개에도 있다. 연료를 보급 시는 지상에서 항공기에 급속장치를 접속하고, 연료에 압력을 가하여 각 탱크로 분배하는 형태이다. 연료의 공급은 탱크에서 배관으로 되어 있으며, 탱크 내 승압펌프에 의해 연료가 압송된다. 연료 탱크의 벤트는 연료탱크 내부와 외부의 압력차가 생겨서 탱크의 팽창이나 찌그러짐을 막아 날개부분에 불필요한 힘이 발생하지 않도록 한다.

항공기의 비상착륙을 시도 하여야 할 경우 연료를 방출할 수 있는 사출노즐이 있다.

2. 연료탱크 종류

연료 탱크는 인티그럴 연료탱크(Integral Fuel Tank), 셀 형(Cell Tank), 블래더 형 연료탱크가 있다. 먼저 인티그럴 연료탱크는 밀폐기술의 발달과 정비 목적을 고려하여 날개의 내부를 그대로 연료탱크로 사용하며 여러 개로 나누어져 있다. 현재의 항공기에 많이 사용하며 무게가 가벼운 것이 장점이다.

셀 형은 연료 탱크를 날개 보 사이의 공간에 내장하여 사용하는 형태이다.

브레더 형 연료탱크는 가용성 물질이나 고무주머니 형태의 탱크로 구형 군용항공기에 많이 사용한다.

연료 탱크는 작동 중에 가해지는 하중에 결함 없이 견디어야 하며, 탱크의 통풍구는 탱크에 대기압이 작용하도록 한다. 드레인 밸브는 탱크의 바닥에 모인 침전물, 물을 모이게 하고 배출하는 기능을 한다.

[09] 조향장치

조향장치는 지상에서 항공기의 진행방향을 바꾸기 위해 사용하는 장치로 즉 지상에서 활주 시 앞바퀴의 방향을 변경시키는 장치이다. 기계식과 유압식이 있으며 방향키와 더불어 앞바퀴가 회전하도록 되어 있다.

기계식은 소형항공기에 사용하며 방향키와 페달을 밟으면 페달과 연결된 링크기구에 의해 앞바퀴가 좌·우로 방향이 전환된다.

유압식은 대형 항공기에 주로 사용하며 조향장치 계통의 작동에 따라 형성되는 작용유압에 의해 조향작동 실린더가 작동하여 방향이 전환된다.

조향장치의 구성은 방향키 페달, 스티어링 휠, 스티어링 미터링 밸브, 스티어링 실린더, 토션 링크, 비상 바이패스 밸브 등으로 구성되어 있다.

조향장치는 이륙 및 착륙할 때 앞 착륙장치가 중립위치로 유지하는 것이 중요하다.

10 항공계기

1. 항공계기의 특성

- 무게는 가벼워야 하고, 크기는 작아야 한다.
- 내구성은 정밀도를 높일 수 있도록 높아야 한다.
- 정확도는 오차가 적도록 외부 영향을 최대한 적게 받도록 해야 한다.
- 누설이 없어야 하고 접촉부분의 마찰은 가능한 최소화 시켜야 한다.
- 공중에서 온도 변화에 따라 자동으로 보정이 되어야 한다.
- 운용 중 진동에 대한 보호를 위해 계기판에 방진 장치가 설치되어야 한다.
- 습도에 대한 방습처리와 계기 안쪽과 바깥쪽에 방염처리가 되어야 한다.
- 중요한 부분에 곰팡이를 없애기 위해 항균 도료로 도장해야 한다.
- 기압변화에 따라 자동적으로 보정되어야 한다.

2. 항공계기의 색 표지

- **붉은색 방사선(Red Radiation):** 최대 및 최소 운용한계를 지시한다. 2개의 붉은 색 방사선 중 낮은 수치에 표시한 것은 운용될 수 있는 최솟값이고, 높은 수치는 초과금지를 의미한다.
- **녹색 호선(Green Arc):** 안전하게 운용 가능한 범우로 계속 운용 가능한 범위이다.
- **노란색 호선(Yellow Arc):** 안전운용범위에서 초과 금지까지의 경계 또는 경고 범위를 나타낸다.
- **흰색 호선(White Arc):** 대기 속도계에서 플랩조작에 따른 항공기의 속도 범위를 의미한다.
- **푸른색 호선(Blue Arc):** 기화기를 장착한 왕복엔진의 기관계기 표시로 연료공기 혼합비가 오토린(Auto Lean)일 때 상용안전운전 범위이다.

– 흰색 방사선(White Radiation): 유리가 미끄러졌는지를 확인하기 위하여 유리판과 계기 케이스에 표시한다.

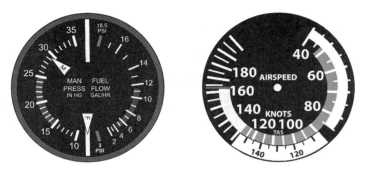

그림 ▶ 항공계기의 색 표지

3. 항공계기의 종류

항공계기는 크게 비행계기(Flight Instrument), 기관계기(Engine Instrument), 항법계기(Navigation Instrument)로 나누며 비행계기는 항공기 비행 상태를 알아내는 데 필요한 계기로 고도계, 속도계, 승강계, 선회 경사계 등이 있고, 기관계기는 항공기 기관계통의 상태를 표시하는 계기로 기관 회전계, 연료 압력계, 윤활유 압력계, 실린더 온도계, 유량계, 저압축기 회전계(N1), 배기가스 온도계, 고압 압축기 회전계(N2) 등이 있다. 항법계기는 항공기의 위치나 진로 방위를 표시하는 계기로 자기 컴퍼스, 자동 방향 탐지기, 초단파 전방향 무선 표시기(Vor), 거리 측정장치(Dme), 관성측정 장치(Ins), 전파 고도계 등이 있다.

(1) 고도계

항공기의 고도를 나타내며 그 기압에 해당하는 고도의 눈금을 표시한다. 진고도(True Altitude)는 해면상으로부터 항공기까지의 거리이며, 절대고도(Absolute Altitude)는 항공기로부터 그 당시 지형까지의 거리이다. 기압고도(Pressure Altitude)는 표준 대기압(29.92inHg) 해면으로부터 항공기까지의 고도이다.

> ※ 고도계 보정방법
> – QNH: 활주로에서 고도계가 활주로 표고를 지시하도록 하는 보정으로 해변으로부터의 기압고도, 즉 진고도를 지시한다. 14,000ft 미만고도에서 사용하며 일반적인 고도계 보정을 의미한다.
> – QNE: 표준대기압(29.92inHg)를 맞추어 표준 기압면으로부터의 고도를 지시하게 하는 방법으로 이땐 고도계가 지시하는 고도는 기압고도이다. 통상 QNH를 통보할 지상국이 없는 해상이나 14,000ft 이상의 고도에서 비행 시 사용한다.
> – QFE: 활주로 위에서 고도계가 0을 지시하도록 고도계의 기압 창구에 비행장의 기압을 보정하는 방식이다.

(2) 속도계

비행하는 항공기의 대기에 대한 속도를 지시하는 계기로서 전압과 정압의 차이에 의해 속도(동압)을 지시하다. 대기 속도의 종류는 지시대기속도, 수정대기속도, 등가대기속도, 진대기속도 등이다.

(3) 승강계

항공기의 비행고도를 유지하고 고도의 변화를 정확하게 알려주기 위한 계기로 상승률과 하강 률을 나타낸다. 즉 항공기의 수직 속도를 분당 피트로 지시하는 계기이다. 원리는 양쪽에 작은 구멍을 뚫어 놓아 압력이 같아지는 시간을 측정하여 승강률을 지시하도록 한다.

(4) 기관 회전계기

항공기 엔진축의 회전수를 지시하는 계기이다.

(5) 압력계기

액체나 기체의 압력을 기계적인 변위로 변환시켜 압력단위로 압력 값을 판독하도록 한 계기이다. 종류로는 윤활유 압력계(Oil Pressure Gauge), 연료 압력계(Fuel Pressure Gauge), 흡입 압력계(Manifold Pressure Gauge), EPR계기(Engine Pressure Ratio Gauge), 작동유 압력계, 제빙 압력계 등이다.

(6) 온도계기

온도계기는 외기온도, 배기가스 온도, 실린더 온도, 오일의 온도 등을 측정하며 측정방식은 증기압 식(Vapor Pressure Type) 온도계, 바이메탈식 온도계(Bi-Metal Type), 전기 저항식 온도계, 열전쌍식(Thermocouple Type) 온도계 등이 있다.

(7) 자기 컴퍼스 계기

항공기가 목적지를 향해 정확하게 비행하기 위하여 지구에 대한 항공기의 방위를 알기 위해 사용하는 계기로 컴퍼스 카드에 2개의 막대자석을 붙인 것을 사용하여 지구 자기 자오선의 방향을 탐지한 다음 이것을 기준으로 기수 방위가 몇 도인지를 지시하는 계기이다.

(8) 원격지시 계기(자기 동기계기)

항공기가 대형화, 고성능화 되면서 여러 개의 기관을 장착함으로서 계기의 수감부와 지시부 사이가 멀어지게 되므로 수감부의 기계적인 각 변위 또는 직선적인 변위를 전기적인 신호로 바꾸어 멀리 떨어진 지시부에 같은 크기의 변위를 나타내는 지시계기이다. 직류 셀신(D.c Selsyn: Desyn), 마그네신(Magnesyn), 오토신(Autosyn), 서보 등이 있다.

(9) 액량 및 유량 계기

항공기에 사용하는 액체의 양을 부피나 무게로 측정하는 계기이다. 부피를 표시할 때는 갤런(Gallon)으로 표시하고 무게는 파운드(Pound)로 표시한다. 액량식 계기는 직독식(Sight Gauge), 액량계, 부자식 액량계, 전기 용량식(Electric Capacitance) 액량계, 액압식 액량계가 있고, 유량계기는 차압식(Differential Pressure Type Flowmeter), 베인식(Vane Type Flowmeter), 동기 전동기식(Synchronous Motor Flowmeter) 유량계가 있다.

(10) 경고장치

기계적 경고장치는 착륙장치가 안전위치에 놓이지 않거나 승강구나 화물실의 문이 열려 있거나 하는 등 불완전한 상태를 경고하는 장치로 마이크로 스위치를 사용하여 전기 회로를 개폐하여 램프나 경적을 동작시키는 장치이다.

압력 경고장치는 연료, 윤활유, 객실 압력 등의 압력 값이 규정 값 이하로 운용될 때 지시하는 경고 장치이다.

화재 경고장치는 화재발생을 수감하여 전기 회로가 개폐되도록 하여 램프나 경적을 동작시키는 장치로 열 스위치, 광전식, 열전쌍 및 서미스터 등이 있다.

11 항공기의 공, 유압

1. 공기압

항공기의 유압계통에 이상이 있어 작동시키기가 불가능할 때 사용하는 보조 수단으로 압력을 전달하는 매체가 공기이므로 어느 정도 누설이 있어도 압력을 전달하는 데는 문제가 없다. 무게가 가볍고 사용한 공기를 대기 중으로 배출시키므로 공기가 실린더로 되돌아오는 장치가 필요 없어 계통이 간단하다. 공기압 계통은 비상 브레이크 장치, 착륙장치의 비상 작동장치 등이 있다.

공기압의 구성은 공기 압축기(Air Compressor), 공기 저장통(Air Bottle), 지상 충전밸브 (Ground Charging Valve), 수분제거기(Moisture Separator), 화학 건조기(Chemical Drier), 압력 조절밸브, 감압밸브(Pressure Reducing Valve), 셔틀밸브(Shuttle Valve) 등으로 구성되어 있다.

2. 유압

(1) 파스칼의 원리

밀폐용기 내부에 채워진 유체에 가해진 압력은 모든 방향으로 감소됨이 없이 동등하게 전달되고 용기의 벽에 직각으로 작용된다는 원리이다. 작동되는 힘은 내부의 단면적에 비례하여 배력이 되고 운동거리는 내부의 단면적 비에 반비례한다.

(2) 작동 유

작동유는 점성이 낮고, 온도 변화에 따라서 작동유의 성질변화가 작아야 한다. 인화점이 높아야하고 화학적 안전성이 높아야 한다. 끓는점이 높아야 하고 부식을 방지할 수 있어야 한다. 작동유의 종류는 식물성유(피마자기름과 알코올 혼합물, 천연고무 Seal 사용), 광물성유(원유로부터 만들며 붉은 색임, 합성고무 Seal 사용), 합성유(인산염과 에스테르의 혼합물로 자주색, 테프론 Seal을 사용)가 있다.

(3) 유압 동력계통

레저버(Reservoir), 작동 유 압력펌프, 축압기, 여과기 등이 있다.

레저버는 작동 유를 펌프에 공급하고, 계통으로부터 귀환하는 작동유를 저장한다. 공기 및 각종 불순물을 제거하는 장소 역할을 한다.

작동유 압력펌프는 수동 펌프와 동력 펌프가 있으며 수동 펌프는 동력 펌프가 고장 났을 시 비상용으로 사용하거나 유압계통을 지상에서 점검 시 사용한다. 동력 펌프는 작동유에 압력을 가하는 장치이다.

축압기는 분리 벽을 사이에 두고 상부에는 작동유가 하부에는 공기 또는 질소 압력이 작용하며, 보통 공기압은 초기 계통 압력의 1/3 가량을 충전시킨다.

여과기(Filter)는 작동 유 속에 섞인 금속 가루, 패킹, 실 부스러기, 모래 등과 같은 불순물 또는 변질된 물질을 여과하여 압력 펌프, 밸브의 손상 등을 방지하는 역할을 한다.

02 기체의 재료

01 개요

비행기 기체의 재료는 '가볍고 강해야' 한다. 일반적으로 가벼운 소재는 약하고, 강한 소재는 무거운 경우가 많다. 예를 들어, 나무나 플라스틱은 물에 뜰 수 있을 정도로 가볍지만 사람의 손으로 쉽게 접을 수 있다. 반면 철은 손으로 뜯어낼 수 없을 정도로 강하지만 무겁다. 이처럼 재료의 '가벼움'과 '강도'는 서로 상반된 성질이다. 이 두 가지를 동시에 충족시켜야 하기 때문에 비행기에 적합한 재료는 자연히 한정될 수밖에 없다.

초기에는 목재와 천, 현재는 알루미늄 합금과 CFRP가 주류였다. 1903년 첫 비행을 한 라이트 형제의 라이트 플라이어호의 재료는 주로 목재와 천이었다. 제1차 세계대전 중에는 일찍이 금속으로 만든 비행기가 등장하였다. 이후 현재까지 비행기의 주재료는 알루미늄 합금이 가장 많이 사용되고 있으며, 2000년대에 들어서면서 알루미늄 합금과 더불어 플라스틱이 동체, 날개 등에 사용되기 시작했다.

최근 항공기 기체 재료는 크게 금속재료와 비금속재료로 나누어지며 금속재료는 철금속과 비철금속으로 나눌 수 있다.

1. 금속의 성질

금속은 일반적인 성질은 전기와 열에 의한 전도성이 매우 높고, 광택이나 반짝임으로 인해 빛을 잘 반사한다. 높은 인장강도가 있어서 변형도 쉽게 될 수 있다. 또한 가공성과 연성도 높다.

금속의 물리적인 성질은 첫째, 전성(Malleability)으로 퍼짐성이다. 얇은 판으로 가공을 할 수 있는 성질을 말한다. 둘째, 연성(Ductility)으로 뽑힘 성이다. 가는 관이나 선으로 가공할 수 있는 성질을 가진다. 셋째, 탄성(Elasticity)으로 외력에 의하여 금속에 변형을 일으킨 뒤 그 힘을 없애면 원래의 상태로 돌아가려는 성질을 말한다. 넷째, 취성(Brittleness)으로 메짐성이다. 휨이나 변형이 일어나지 않고 부서지는 성질 즉 깨지는 성질을 말한다. 다섯째, 인성(Toughness)은 재료의 질긴 성질로 전단 응력에 잘 견디는 성질을 말한다. 여섯째, 전도성(Conductivity)으로 금속 재료에 의하여 열이나 전기를 전도시킬 수 있는 성질이다. 일곱째, 강도(Strength)는 정적인 힘이 가해지는 경우 재료가 인장하중, 압축하중에 견딜 수 있는 정도를 말한다. 여덟째, 경도는 재료의 단단한 정도를 말한다. 아홉째, 소성(Plasticity)은 외력에 의해 탄성한계를 지나 영구 변형되는 성질을 가진 것을 말한다.

2. 금속의 소성 가공방법

소성 가공이란 기체의 재료에 외력을 가하면서 여러 형태로 가공하는 방법으로 다음과 같은 방법이 있다.

- 단조는 재료에 열을 가한 후 헤머 등 공구를 사용하여 단련 또는 성형하는 것을 말한다.
- 압연은 회전 롤러에 재료를 통과시켜 목적하는 크기나 형태로 가공하는 것을 말한다.
- 프레스는 금속 판재를 프레스 형틀에 넣고 필요한 모양이나 형태로 가공하는 것을 말한다.
- 압출은 금속 재료를 실린더 모양의 용기에 넣고 구멍을 통해 밀어내는 방법으로 봉재, 판재, 형재 등으로 가공하는 것이다.
- 인발은 원뿔형 파이프에 통과시켜 봉재와 선재를 길게 뽑아내는 가공방법을 말한다.

---

02 철강 및 비철금속 재료

1. 철, 금속재료

(1) 철강 재료의 분류

철강 재료는 순철, 강, 주철로 구분하며 탄소함유량에 따라서 탄소 함유량이 0.025% 이하 일 때 순철이라 하고, 탄소함유량이 2.0%이하 일 때 강, 탄소함유량이 2.0%이상일 때 주철이라고 한다.

철강 재료를 사용 시에는 강도나 인성 등 기계적 성질이 양호하고 가공성이 우수하며, 열처리를 하여 성질을 변화시켜 활용이 쉽고, 철강으로 용접이 쉬우며 합금원소를 첨가하여 다양한 특성을 줄 수 있는 장점이 있다.

순철은 철 중에서 합금원소나 불순물이 전혀 없는 철을 말하며 강도가 약해 구조용 재료로는 사용이 어렵다.

(2) 탄소강

철에 탄소가 약 0.025~2.0%가 함유되어 있는 것을 말한다. 저탄소강, 중탄소강, 고탄소강이 있다.

저탄소강은 탄소가 0.1~0.3% 함유된 강으로 구조용 볼트 너트, 핀, 안전결선용 와이어 등에 사용된다.

중탄소강은 탄소가 0.3~0.6%가 함유된 강으로 탄소가 증가할수록 강도 및 경도가 향상되지만 연신율은 저하된다. 기계가공, 단조 작업에 적합하다.

고탄소강은 탄소가 0.6~1.2% 함유된 강으로 강도, 경도가 매우 크고 전단이나 마멸에 강하다. 인장력이 높은 철도레일, 기차 바퀴 등에 사용된다.

(3) 특수강(합금강)

탄소강에 특수한 성질을 가지도록 하기 위해 1개 또는 몇 개의 특수 원소를 첨가하여 만든 것을 말한다.

특수강의 종류는 다음과 같다.

기법명	내용	비고
크롬강	• 탄소강에 크롬이2~5%함유된 것 • 충격과 부식에 강함	강도 및 경도 증가
니켈-크롬강	• 니켈강에 크롬이 0.8~1.5% 함유된 것 • 경도, 강도, 인성을 높일 수 있음 • 담금질이 좋음	크랭크 축, 기어, 와셔, 피스톤 등에 사용
니켈-크롬-몰리브덴강	• 니켈-크롬강에 약간의 몰리브덴을 첨가한 강	크랭크 축, 착륙장치, 강력 볼트에 사용
니켈강	• 니켈로 된 강 • 고온에서 기계적 성질이 좋음	볼트, 너트에 사용
크롬계 스테인리스 강	탄소강에 크롬을 12~14% 첨가한 강	흡입 안내 깃, 압축기 깃
크롬-니켈계 스테인리스 강	크롬계 스테인리스강에 니켈을 첨가한 강(크롬 18%, 니켈 8%)	방화벽, 안전결선, 코터핀 등
석출 경화형 스테인리스 강	강도가 높고 내식성, 내열성이 우수함	항공기나 미사일의 기계 부품

(4) 철강 재료의 식별방법

미국 자동차 기술협회 SEA 분류 방법과 미국 철강협회에서 분류하는 방법이 있다.

SAE××××SAE2 3 3 0

    ①② ③   ①② ③

① 강의 종류 (니켈)

② 합금 원소의 함유량(니켈 3%)

③ 탄소의 함유량(0.3%)

특수강의 종류는 다음과 같다.

- 1×××: 탄소강
- 2×××: 니켈강
- 3×××: 니켈 – 크롬강
- 4×××: 몰리브덴강
- 5×××: 크롬강
- 6×××: 크롬 – 바나듐강
- 8×××: 니켈 – 크롬 – 몰리브덴강
- 9×××: 실리콘 – 망간강

(5) 주철(Cast Iron)

주철은 탄소 함유량이 2.0~6.67%인 철과 탄소의 합금이다. 주조성이 우수하고 철강 재료 중 무게 당 값이 가장 저렴하다. 표면이 단단하며 부식에 대한 저항성이 있다. 인장강도는 좋지 않으나 압축강도가 매우 우수하다.

2. 비철 금속재료

(1) 알루미늄과 알루미늄 합금

1) 순수 알루미늄

알루미늄의 원소기호는 AI, 원자량은 26.981g/mol, 녹는점은 660.32℃, 끓는점은 2519℃, 밀도는 2.7g/cm3이다. 은백색의 가볍고 무른 금속으로 지구의 지각을 이루는 주 구성원소 중 하나이다. 가볍고 내구성이 큰 특성을 이용해 항공기의 원자재 및 재료로 많이 사용하고 있다. 또한 전기 및 열에 대한 전도성이 매우 양호하다.

2) 알루미늄 합금

알루미늄 합금은 전성이 우수하여 성형 가공성이 좋으며, 높은 온도에서 기계적 성질이 우수하고, 내식성이 양호하며, 열처리 후 시간이 지남에 따라 합금의 강도와 경도가 증가하는 성질인 시효 경화성이 있다. 또한 합금 원소의 조성을 변화시켜 강도와 연신율을 조절할 수 있다.

가. 알루미늄 합금의 종류

구분		내용
내식 알루미늄 합금	1100	99% 이상 순수 알루미늄, 내식성과 가공성 우수하고 유연함
	3003	망간을 1.0~1.5% 함유시킨 순수 알루미늄
	5056	마그네슘 합금을 많이 포함. 항공기 리벳에 사용
	6061,6063	알루미늄-마그네슘-규소계의 합금. 노즐 카울, 날개 끝에 사용
	알클래드판	순수 알루미늄을 3~5% 정도 두께로 입힌 것. 부식방지용
고강도 알루미늄 합금	2014	• 알루미늄에 구리를 4.5% 함유한 알루미늄-구리-마그네슘계 합금 • 고강도 장착대, 과급기 임펠러 등에 사용, 최근 7075로 교체 추세
	2017	• 알루미늄에 구리 4%, 마그네슘 0.5% 첨가한 가공용 알루미늄 합금 • 리벳으로 사용 중
	2024	• 초두랄루민이라 함 • 파괴에 대한 저항성이 우수하고 피로강도도 양호함 • 외피나 동체 외피에 사용
	7075	• 아연 5.6%, 마그네슘 2.5%를 첨가한 알루미늄-아연-마그네슘계 합금 • 알루미늄 중 가장 강한 알루미늄합금임. 항공기 주 날개의 외피, 날개보, 기체 구조 부분에 사용됨

나. 알루미늄의 특성 기호

미국 재료협회(ASTM)에서 합금의 종류 기호 다음에 주조 상태, 냉간 가공상태, 열처리 방법 등을 표시하여 규격으로 정한 것이다.

㉠ F: 주조 상태 그대로인 것

㉡ O: 풀림 처리를 한 것

㉢ H: 냉간 가공한 것

　㉮ H1: 가공 경화만 한 것

　㉯ H2: 가공 경화 후 적당한 풀림을 한 것

　㉰ H3: 가공 경화 후 안정화 처리를 한 것

㉣ W: 담금질한 후 상온 시효 경화가 진행 중인 것(용체화 처리 후 자연 시효한 것)

　　㉤ T: 열처리 한 것

　　　㉮ T2: 풀림을 한 것(주조 제품에만 사용)

　　　㉯ T3: 용체화 처리 후 냉간 가공을 한 것

　　　㉰ T361: 용체화 처리 후 6% 단면 축소 냉간 가공한 것

　　　㉱ T4: 용체화 처리 후 자연 시효한 것

　　　㉲ T5: 제조 후 바로 인공 시효 처리를 한 것

　　　㉳ T6: 고온 성형 공정에서 냉각 후 인공 시효한 것

　　　㉴ T7: 용체화 처리 후 안정화 처리를 한 것

예를 들어서 2024-H2: 가공 경화 후 풀림한 것, 2024-T3는 담금질 후 냉간 가공을 한 것, 2024-T6는 담금질 후 인공 시효 경화를 한 것 등이다.

(2) 구리와 그 합금

1) 순수 구리

구리의 원소기호는 Cu, 원자량은 63.54g/mol, 녹는점은 1084.62℃, 원자 반지름 135pm, 밀도는 8.94g/cm3이다. 무르며 전성과 연성이 있고 열과 전기 전도성이 뛰어난 금속으로 순수한 금속 표면은 적갈색을 띤다. 은 다음으로 전기와 열을 잘 전달하며 매우 연하여 잘 늘어나고 펴진다.

2) 구리의 합금

구리의 합금은 황동(구리와 아연의 합금), 청동(구리와 주석의 합금), 양은(구리, 아연과 니켈의 합금)이다.

황동은 구리에 아연을 40%이하로 합금한 것으로 주조성과 가공성을 양호하게 하여 항공기의 객실 용품의 광택에 사용된다. 청동은 구리와 주석의 합금이며 강도가 크고 내마멸성과 주조성이 크다. 양은은 구리에 니켈과 아연을 섞어 만든 합금으로 은빛 광택이 나고 녹이 슬지 않고 단단하다.

(3) 니켈과 니켈합금

1) 순수 니켈

인성, 내식성이 우수한 금속으로 흰색을 띤다. 비중은 8.9이고 용융점은 1455℃이다.

2) 니켈 합금

니켈 합금은 항공기 가스터빈 기관의 구조 재료에 많이 사용되며 기관의 성능을 향상시키기 위해 필수적인 합금이다. 종류는 인코넬600, 인코넬718, 하스텔로이 등이 있다.

(4) 마그네슘과 마그네슘합금

1) 순수 마그네슘

알카리 토금속에 속하는 금속원소로 불을 붙이면 산화 마그네슘으로 변하며 매우 밝은 백색광을 내 놓는다. 비중은 1.74 정도로 알루미늄의 1 2/3정도이다. 항공기에 사용하는 금속 재료 중 가장 가볍다.

2) 마그네슘 합금

내식성, 내열성, 내마멸성이 떨어지므로 항공기 구조재료로는 적당하지 않지만 장비품 등의 하우징에 사용되고 있다. 이유는 경량이고 단위 중량 당 강도가 크기 때문이다.

(5) 티타늄과 티타늄합금

1) 순수 티타늄

티타늄은 질량 대 강도의 비가 가장 큰 금속이다. 강철만큼 강하지만 밀도는 강철의 반 정도이다. 티타늄은 반응성이 강한 금속이어서 공기 중의 산소와 반응하여 산화 티타늄의 얇은 막을 형성한다. 티타늄은 내식성과 고강도, 연성 그리고 경금속으로 볼트, 너트, 와셔, 파이프 또는 힙 조인트 등 인공 의학적 용도로 많이 사용하고 있다.

2) 티타늄 합금

고온에서의 강도와 용접성이 양호하여 가스터빈 기관의 케이스 등에 사용되며 Ti-5-Ai-2, 5Sn합금, Ti-6Ai-4V 합금, Ti-8Ai-1Mo-1V 합금 등이 있다.

3. 금속재료의 열처리

금속재료나 기계부품의 기계적 성질을 변화시키기 위해 가열과 냉각을 반복함으로써 특별히 유용한 성질(내마성, 내충격성, 사용수명연장 등)을 부여하는 기술이다. 즉 사용목적에 따라 기계적 성질을 인위적으로 변화시키는 조작이다.

(1) 일반적인 열처리의 종류

• 담금질(Quenching)은 재료의 강도나 경도를 높이는 처리방법으로 재료의 변태점보다 높은

온도로 가열하였다가 일정시간 유지 후 물과 기름에 담금으로 급랭이 되도록 하는 방법이다.

- 뜨임(Tempering)은 담금질한 재료에 온도를 재가열하여 재료 내부의 인성을 좋게 하여 구조용 재료로 사용한다. 재료의 임계점 이하 온도로 재 가열한 후 공기 중에 냉각시킨다.
- 풀림(Annealing)은 재료의 연화, 조직 개선 및 내부 응력 제거를 위한 처리방법이다. 재료를 일정온도에서 일정시간이 지난 후 서서히 냉각 시키는 방법이다.
- 불림(Normalizing)은 재료 조직의 미세화, 주조와 가공에 의한 재료 조직의 불균형 및 내부 응력을 감소시키기 위한 조작이다. 담금질의 온도보다 조금 높게 가열한 다음 공기 중에 냉각시키는 방법이다.

4. 항온열처리

재료를 열처리할 때 변태점 이상으로 가열한 재료를 보통의 열처리와 같이 연속적으로 냉각하지 않고 염욕 중에 담금질하여 그 온도로 일정한 시간 동안 항온 유지하였다가 냉각하는 열처리를 말한다.

> ※ 항온변태곡선(Ttt곡선: Time-Temperature-Transfer)이란
> 재료를 고온에서 냉각했을 때에 생기는 변태의 모습을 시간-온도와의 관계로 나타낸 곡선으로 고온에서 다양한 온도로 급냉 한 후 각각의 온도에 항온을 유지했을 때 변태의 진행 모습을 볼 수 있고 항온 열처리 조건을 이용하여 목적하는 성질을 철강 재료에 부여하면 변태의 상이 좋은지? 아닌지?를 검토하는데 활용한다.

항온 열처리의 종류는 항온 담금질(세부 종류: 오스템퍼링, 마이템퍼링, 마이퀜칭, Ms퀜칭 등), 항온 풀림, 항온 뜨임, 오스포밍 등이 있다.

5. 표면경화열처리

(1) 화학적 표면 경화법

침탄법은 저탄소강 또는 저탄소 합금강 소재를 침탄제 속에서 가열하고, 그 표면에 탄소를 침입시켜 표면을 경화하는 방법을 말한다. 고체 침탄법, 가스 침탄법, 액체 침탄법 등이 있다.

질화법은 질화용 재료의 표면층에 질소를 확산시켜 표면층을 경화하는 방법을 말한다.

(2) 물리적 표면 경화법

화염 경화법은 산소 아세틸렌 화염으로 재료의 표면만을 가열한 후 급랭시켜 재료의 표

면층만 담금질하는 방법이다.

고주파 경화법은 고주파 유도전류를 이용하여 재료의 표면층만 급열한 후 급랭하여 경화시키는 방법이다.

(3) 비철금속 재료의 열처리

알루미늄 합금의 열처리는 고용체화 처리, 인공 시효 처리, 풀림 처리 등이 있다.

미그네슘 합금의 열처리는 고용체화 처리, 인공 시효 처리, 금속의 열처리 등이 있다.

03 비금속 재료 및 복합재료

1. 비금속 재료

(1) 플라스틱(Plastic)

고무, 석탄, 석유, 녹말, 섬유소 등의 원료를 인공적으로 합성시켜 만든 고분자 화합물의 일종으로 합성수지(合成樹脂)라고도 한다. 내산성이 가장 뛰어난 물질이며 일정한 온도 안에서 여러 가지 모양의 물체를 만들기 쉬운 성질 즉 가소성이 있기 때문에 플라스틱이라고 한다. 염산, 황산, 질산에는 절대 녹지 않고 불산에도 녹지 않는 물질이다.

장점은 가공성이 뛰어나서 성형이나 가공이 쉽다. 내구, 내수, 내식성이 강하며 가볍고 착색이 용이하다. 접착성과 전기 절연서도 있으며 비강도 값이 크다.

단점은 열에 약하다. 쉽게 녹아 버린다. 내마모성과 표면 강도가 약하며 내열성, 내후성이 약하다. 인장강도와 탄성계수가 작다.

열경화성 수지는 열을 가하면 잘 연화하지 않는 합성수지로 한번 가열하여 성형하면 다시 가열하여도 연해지거나 용융되지 않는 성질을 갖는다. 일반적으로 실온에서 액체이며 가열하거나 화학적으로 처리하며 경화가 된다. 종류로는 페놀수지, 요소수지, 멜라민수지, 폴리에스테르수지, 실리콘수지, 에폭시수지, 폴리우레탄수지, 석탄산수지 등이 있다.

> ※ FRP(Fiber Reinforced Plastic: 섬유강화 플라스틱)
> 유리를 섬유처럼 가늘게 뽑은 물질(유리섬유를 조합하여 성형한 것)로 단열성이 뛰어나고 녹슬지 않는데다 가공이 쉬워 건물 단열재 등 석면의 대용품으로 쓰인다. 경도 강성이 낮은 데 비하여 강도비가 크고 내식성, 전파 투과성이 좋으며 진동에 대한 감쇠성이 크다.

열가소성 수지는 열을 가하면 연화 또는 용융하여 가소성 및 점성이 생기며 냉각하면 다시 고형체로 되는 합성수지이다. 실온에서 고체이지만 가열하면 점성이 있는 액체가 되고 결국 결정이 녹거나 유리 전이 온도를 넘어서면 액체가 된다. 종류로는 테프론, 염화 비닐수지, 폴리에틸렌수지, 폴리프로필렌수지, 폴리스틸렌수지, 아크릴수지, 불소수지 등이 있다.

(2) 고무

높은 온도에서 특이한 탄성을 보이는 사슬 모양의 고분자 물질이나 그 원료가 되는 고분자 화합물질을 말하며 먼지, 수분, 습기, 공기가 들어오는 것을 방지하고 액체나 가스 등의 손실을 방지하며 진동과 소음을 감소시키기 위하여 사용하기도 한다. 천연고무와 합성고무가 있다. 합성고무는 석유의 부산물인 나일론, 부타디엔 등 다른 물질과 섞어 인위적으로 만든 고무를 말한다. 합성고무는 최근에 과학과 산업분야, 자동차, 항공기 등의 타이어 그리고 합성분야에 다양하게 활용되고 있다. 합성고무의 종류에는 스틸렌부타디엔 고무, 니트릴 고무, 불소고무, 실리콘 고무, 플루오르 고무, 부틸고무 등 다양한 종류가 있다. 스틸렌부타디엔 고무는 탄성과 내마모성, 기계적 성질이 우수하며 천연고무보다 내마모성이 우수하다고 한다.

니트릴 고무는 내 연료성이 우수하여 연료를 사용하는 곳에 사용하며 부틸 고무는 호스, 패킹, 진공 seal 등에 사용한다.

2. 복합재료(Composite Material)

(1) 복합재료의 개념

기존의 재료로 얻을 수 없는 성질을 얻기 위해 성질이 다른 2개 이상의 재료들을 물리적(기계적)으로 결합시킨 재료이다. 즉, 두 가지 이상의 다른 재료를 결합하여 각각이 가지는 특성보다 더 우수한 특성을 가지도록 만든 재료이다. 각각의 재료로 얻을 수 없는 특성을 지니게 하며, 복합재료로서 다상의 상태이다. 장점으로는 무게 당 강도 비율이 높고, 복잡하고 다양한 모양의 곡선형태로도 제작이 가능하다. 제작이 단순하며 비용이 절감된다. 유연성이 크고 진동에 강하다. 부식에 강하여 오래 사용이 가능하다.

(2) 강화재(Reinforced Material)

높은 강도, 강성을 갖도록 하는 것을 말한다. 크게 하거나, 섬유를 강화하거나, 입자를 강화하는 방식 등이 있다. 항공기에서는 하중을 주로 담당하는 것으로 섬유형태를 사용한다.

유리섬유는 고온에서 무기질 재료로부터 만들어지는 세라믹 재료이다 용해된 작은 가락을 섬유로 만든 것이다.

탄소섬유는 탄소 흑연섬유로 사용 온도의 변동이 크더라도 안정성이 우수하고 강도와 견고성이 크다.

아라미드섬유는 높은 응력과 진동이 많은 항공기에 가장 이상적인 재질이다.

세라믹 섬유는 항공기 리브나 날개의 표면에 사용된다.

(3) 모재(Matrix)

강화재의 결합, 전단, 압축 및 하중을 담당하며, 습기나 화학물질로부터 강화재를 보호하는 역할을 한다. 종류로는 수지모재(플라스틱 형태), 금속모재 복합소재, FRC(Fiber Reinforced Ceramics)모재 등이 있다.

항공기체 예상문제

01 다음 항공기 기체에서 위치를 표시하는 선 중 동체 중심선을 기준으로 오른쪽과 왼쪽으로 평행한 너비를 나타내는 선은 무엇인가?

① 동체 위치선　　② 동체 버턱선
③ 동체 수위선　　④ 날개 위치선

02 다음 중 항공기 날개 구조에서 '리브'에 대한 설명이 가장 올바른 것은?

① 날개에 걸리는 하중을 스킨에 분산시킨다.
② 날개를 곡면상태로 만들어 날개의 표면에 걸리는 하중을 날개 보에 전달한다.
③ 날개의 스팬을 늘리기 위해 사용되는 연장부분이다.
④ 날개의 집중응력을 담당하는 주요 골격이다.

03 다음 중 항공기의 주 조종 면이 아닌 것은?

① 옆 놀이　　② 빗 놀이
③ 뒷 놀이　　④ 키 놀이

> 주 조종면은 도움날개(Aileron)-옆 놀이,
> 승강키(Elevator)-키 놀이, 방향키(Rudder)-빗 놀이

04 다음 중 기체의 응력 외피 형 구조 설명 중 잘못된 것은?

① 모노코크 구조와 세미 모노코크 구조가 있다.
② 외판-외피만으로 동체 구조를 형성하여 동체에 가해지는 모든 하중을 견딜 수 있다.
③ 동체의 단면 형상을 따라 형성된 프레임이 있고, 그 프레임을 외판으로 덮고 있다.
④ 얇은 금속판으로 외피를 씌운 구조로 경비행기 및 날개 구조에 사용된다.

05 다음 중 동체 구조 중 세로대에 수평부재와 수직부재 및 대각선 부재 등으로 이루어진 구조가 하중의 대부분을 담당하는 형식은 무엇인가?

① 세미 모노코크 형
② 트러스트 형
③ 응력 외피 형
④ 모노코크 형

06 다음 중 트러스 형 날개의 구성품이 아닌 것은?

① 응력외피　　② 날개 보
③ 리브　　④ 보강선

정답　01. ②　02. ②　03. ③　04. ④　05. ②　06. ①

07 다음 중 항공기 구조에 작용하는 하중 중 '힘의 작용이 서로 교차하여 재료가 끊어지려는 성질의 힘'은 무엇인가?

① 인장하중   ② 압축하중
③ 전단하중   ④ 굽힘하중

- 인장하중(Tention):힘의 작용방향이 서로 달라 길이가 늘어나려는 성질의 힘
- 압축하중(Compression): 힘의 작용방향이 서로 같아 길이가 짧아지려는 성질의 힘
- 굽힘하중(Bending): 휘어지려는 힘
- 전단하중(Shear): 힘의 작용이 서로 교차하여 재료가 끊어지려는 성질의 힘
- 비틀림(Torsion): 힘의 작용이 서로 반대방향으로 회전하여 꼬아지려는 힘

08 다음 중 날개의 구조 부재가 아닌 것은?

① Skin   ② Stringer
③ Torque collar   ④ Spar

09 다음 중 응력 외피 구조에 해당하는 것은?

① 세미 모노코크 구조
② 다경로 하중 구조
③ 이중 구조
④ 하중 경감구조

10 다음 중 복합재료의 장점이 아닌 것은?

① 무게 당 강도비율이 높다
② 복잡하고 다양한 모양의 곡선형태로도 제작이 가능하다
③ 유연성이 크며 진동에 강하고 금속보다 수명이 길다.
④ 수리를 할 필요성은 없다.

11 다음 중 알루미늄 합금에 대한 설명으로 올바른 것은?

① 전연성이 우수하여 성형 가공성이 우수하다.
② 합금 성분은 망간, 크롬, 마그네슘, 규소 등이 있다.
③ 합금의 비율에 따라서 강도 강성이 적다.
④ 강도비가 높고 제작이 용이하다.

12 다음 중 항공기의 기체구조를 가장 잘 구성한 것은?

① 동체, 주 날개, 꼬리날개, 엔진 마운트 및 나셀, 동력장치
② 동체, 주 날개, 꼬리날개, 엔진 마운트 및 나셀, 이륙장치
③ 동체, 주 날개, 꼬리날개, 나셀, 동력장치
④ 동체, 주 날개, 꼬리날개, 엔진 마운트 및 나셀, 착륙장치

항공기 기체의 구성은 동체(Fuselage), 주 날개(Main Wing), 꼬리날개(Empennage), 엔진 마운트 및 나셀(Engine mount & Nacelle), 착륙장치(Landing Gear) 등으로 구성되어 있다.

13 다음 중 항공기 동체에 사용되는 주요 부재가 아닌 것은 무엇인가?

① 벌크헤드   ② 리브
③ 세로대   ④ 세로지

14 다음 중 항공기 구조에서 모노코크 구조의 주요 부재가 아닌 것은?

① 외피   ② 스트링어
③ 벌크헤드   ④ 정형재

15 다음 중 항공기의 하중 형태 중 페일세이프 구조가 <u>아닌</u> 것은 무엇인가?

① 다경로 하중구조
② 모노코크 구조
③ 대치구조
④ 하중 경감구조

> 페일 세이프 구조는 다경로 하중구조, 이중구조, 대치구조, 하중 경감구조 등이 있다.

16 다음 중 트러스 형 구조의 설명이 <u>아닌</u> 것은?

① 뼈대는 기체에 작용하는 대부분의 하중을 담당한다.
② 외피는 공기역학적 외형을 유지해 준다.
③ 외형이 각진 부분이 많아 유연하지 않다.
④ 내부 공간이 넓다.

17 다음 중 벌크헤드의 설명과 관련이 <u>없는</u> 것은?

① 날개, 착륙장치 등의 장착부를 마련해 주는 역할을 한다.
② 동체가 비틀림에 의해 변형되는 것을 막아준다.
③ 프레임, 링 등과 함께 집중 하중을 받는 부분으로부터 동체의 외피로 응력을 확산시킨다.
④ 동체 앞에서부터 뒤쪽으로 15~50cm 간격으로 배치한다.

18 다음 중 모노코크 형식 항공기 구조의 응력은 어디로 전달되는가?

① 외피, 세로지, 정형재
② 외피, 세로지, 세로대
③ 세로지, 세로대
④ 외피

19 다음 동체 구조에서 세미-모노코크 구조를 가장 잘 설명한 것은?

① 골격과 외피가 공히 하중을 담당하는 구조로서 외피는 주로 전단응력을, 골격은 인장, 압축, 굽힘 등 모든 하중을 담당하는 구조이다.
② 외판-외피만으로 동체 구조를 형성하고 있다.
③ 설계와 제작이 쉽다.
④ 동체의 내부 공간을 확보하기 위해 세로대 및 세로지를 이용한 구조이다.

20 다음 중 샌드위치 구조형식에서 코어(Core)의 형식이 <u>아닌</u> 것은?

① 발사 형
② 파동 형
③ 이중 형
④ 거품 형

> 샌드위치 구조의 종류는 종류에 따라 다르지만 발사 형, 파동 형, 거품 형, 허니콤 형이 있다.

21 다음 중 응력외피 형 날개의 Ⅰ형 날개 보의 구성 품 중 웨브가 담당하는 하중은 무엇인가?

① 인장하중
② 압축하중
③ 비틀림 하중
④ 전단하중

---

22 다음 중 특수목적 볼트로 옳지 않는 것은?

① 육각볼트   ② 클레비스 볼트
③ 아이 볼트   ④ 락 볼트

특수목적 볼트는 육각볼트, 클레비스 볼트, 아이볼트, 드릴헤드 볼트, 정밀공차 볼트 등

23 다음 중 항공기 용 와셔로 틀린 것은?

① 고정 와셔   ② 평 와셔
③ 특수 와셔   ④ 능동형 와셔

와셔는 어떤 부품과 볼트, 너트 사이에 넣는 얇은 금속판으로 재질은 금속, 플라스틱, 고무 등이며 평 와셔, 고정 와셔, 특수 와셔 등이 있다.

24 다음 중 고정용 볼트의 종류가 아닌 것은?

① 블라인드 형   ② 풀 형
③ 스텀트 형   ④ 동 형

블라이드 형, 풀 형, 스텀트 형이 있으며, 주로 피팅이나 주 구조의 접착부에 사용한다.

25 다음 중 항공기의 용접 유형이 아닌 것은?

① 아크 용접   ② 저항 용접
③ 오일 용접   ④ 테르밋 용접

항공기의 용접 유형은 아크용접, 저항용접, 테르밋 용접, 가스용접, 전자 빔 용접, 초음파 용접, 레이저 용접, 마찰용접, 확산용접, 폭발용접 등이 있다.

26 다음 중 항공기의 리벳의 설명으로 옳은 것은?

① 얇은 판재를 영구적으로 결합시키는 연성금속 못이다.
② 화물을 고정시키는데 사용한다.
③ 일정한 유격을 만든다.
④ 연료 탱크로 사용된다.

27 다음 중 주 날개에 장착되는 1차 조종 장치는 무엇인가?

① Aileron
② Rudder
③ Elevator
④ Leading Edge Flap

28 다음 중 나셀의 구성 품이 아닌 것은 무엇인가?

① 카울링   ② 방화벽
③ 연료탱크   외피

29 다음 중 나셀의 설명으로 옳은 것은?

① 기체에 장착된 엔진을 둘러싼 부분이다.
② 기체의 연장된 하중을 담당한다.
③ 기체의 가운데 위치하여 날개구조를 보완하는 기능을 한다.
④ 엔진을 장착하여 하중을 담당하는 구조물이다.

30 다음 중 현대의 항공기 구조에 많이 사용하고 있는 세미-모노코크 구조의 구성으로 잘못된 것은 ?

① 외피   ② 수직방향 부재
③ 엔진마운트   ④ 세로방향 부재

31 다음 중 항공기 날개에 부착되는 장치가 아닌 것은 ?

① 속도 제어장치   ② 고양력 장치
③ 여압장치   ④ 조종면

32 다음 중 앞전에 장착되는 플랩은 무엇인가?

① 두르프 플랩   ② 파울러 플랩
③ 스플릿 플랩   ④ 플레인 플랩

33 다음 중 여압장치의 역할로 <u>잘못된</u> 것은?

① 항공기가 높은 고도로 비행 시 압력은 지상보다 낮기 때문이다.
② 압력과 온도를 일정하게 잘 유지해주어야 한다.
③ 항공기에 탑승해 있는 승무원, 승객 또는 그 밖의 생물의 안전을 보장해 주어야 한다.
④ 항공기의 비행안정성과 조종성을 향상해 주어야 한다.

34 다음 중 카울링의 설명으로 옳은 것은?

① 기체에 장착된 엔진을 둘러싼 부분이다.
② 기화기에 흡입되는 통로의 부분이다.
③ 항공기 착륙거리 단축에 사용되는 것이다.
④ 점검, 정비를 쉽게 하도록 열고 닫을 수 있으며 나셀의 앞부분에 위치하고 있다.

> 카울링(Cowling)은 기관 주위를 둘러싼 덮개로 점검, 정비를 쉽게 하도록 열고 닫을 수 있으며 나셀의 앞부분에 위치하고 있다. 가스 터빈 기관의 카울링 입구에는 얼음이 얼어붙지 않도록 방빙장치가 되어 있다.

35 다음 금속의 성질 중 원래 형태대로 돌아가려는 성질을 가진 것은 무엇인가?

① 인성   ② 연성
③ 취성   ④ 탄성

> • 인성(Toughness)은 재료의 질긴 성질로 전단 응력에 잘 견디는 성질
> • 연성(Ductility)은 뽑힘성
> • 취성(Brittleness)은 메짐성으로 휨이나 변형이 일어나지 않고 부서지는 성질
> • 탄성(Elasticity)은 외력에 의하여 금속에 변형을 일으킨 뒤 그 힘을 없애면 원래의 상태로 돌아가려는 성질

36 다음 중 세미-모노코크 구조의 장점이 <u>아닌</u> 것은?

① 경량화 제작이 가능하다.
② 제작비용이 많이 든다.
③ 외피를 얇게 제작할 수 있다.
④ 내부 공간 마련이 쉽다.

37 다음 중 항공기 꼬리 날개의 구성이 <u>아닌</u> 것은?

① 수평 안정판   ② 수직 안정판
③ 승강타   ④ 토크 링크

> 수평 안정판–비행 중 세로 안정성, 수직 안정판– 비행 중 방향 안정성, 승강타–항공기의 상승, 하강시키는 키놀이 모멘트 발생

38 다음 중 항공기 꼬리 날개의 구성요소가 <u>아닌</u> 것은?

① Vertical Stabilizer
② Horizontal Stabilizer
③ Elevator
④ Spoiler

39 다음 중 항공기 수평 꼬리 날개에 대한 설명으로 <u>잘못된</u> 것은?

① 승강키가 부착된다.
② 주 날개와 구조가 비슷하다.
③ 키 놀이를 담당 한다
④ 동체의 전방구조에 연결되어 있다.

40 다음 중 수평 꼬리 날개에 부착된 조종 면은 무엇인가?

① 플랩   ② 방향키
③ 도움날개   ④ 승강키

정답 **22.** ④ **23.** ④ **24.** ④ **25.** ③ **26.** ① **27.** ① **28.** ③ **29.** ① **30.** ③ **31.** ③ **32.** ① **33.** ④ **34.** ④
35. ④ **36.** ② **37.** ④ **38.** ④ **39.** ④ **40.** ④

PART 02 항공기체 | **109**

41 다음 중 착륙 장치의 완충장치 역할로서 올바른 것은?

① 항공기의 착륙 시 충격을 완화시켜 주는 장치로 수직속도 성분에 의한 운동 에너지를 흡수하여 충격을 완화한다.
② 항공기의 방향 전환에 사용한다.
③ 항공기의 상승, 하강시키는 키 놀이 모멘트 발생 시킨다.
④ 항공기 날개의 앞전을 가열하여 결빙을 방지하는 장치이다.

42 다음 중 항공기의 수동 조종 장치 조종계통으로 잘못된 것은?

① 케이블 조종계통
② 푸시풀로드 조종계통
③ 토크튜브 조종계통
④ 가역식 조종 장치

> 가역식 조종 장치는 동력 조종 장치임.

43 다음 중 항공기의 경고 조종 장치로 잘못된 것은?

① 실속 경고장치
② 이륙 경고장치
③ 착륙 경고장치
④ 고장 경고장치

44 다음 항공기 조종계통에 사용되는 케이블의 인장력을 조절하는 장치는 무엇인가?

① 버스드럼 　　② 풀리
③ 조종로드 　　④ 턴버클

45 다음 중 1차 조종 면에 속하는 것은?

① Spoiler 　　② Flap
③ Rudder 　　④ Tab

46 다음 중 항공기 연료의 특성으로 잘못된 것은?

① 발화점 – 액체인 연료가 기화한 상태에서 점화 플러그에 의해 점화될 수 있는 온도이다.
② 어는 점 – 탄화수소계의 화합물로 구성되고 연료에 따라 어는점은 다르다.
③ 수분 – 공중에서 분출시켜야 한다.
④ 증기압 – 휘발성과 밀접한 관계가 있다.

47 다음 보기의 설명은 무엇인가?

――― 보기 ―――
날개에 부착된 장치로 비행 중 항공기의 자세를 조종하기도하고, 착륙 활주 중에는 활주거리를 짧게하는 브레이크 역할을 하는 장치

① 슬롯 　　② 스포일러
③ 플랩 　　④ 도움날개

48 다음 항공기 날개에 기관(엔진)을 장착하기 위해 어떤 구조물이 필요한가?

① 카울링 　　② 벌크헤드
③ 스쿠프 　　④ 파일론

49 다음 중 알루미늄+구리+마그네슘 계 합금으로 일명 '초두랄루민'은?

① 2014 　　② 2024
③ 1199 　　④ 7075

50 다음 중 기관 마운트를 날개에 부착할 경우 발생하는 영향이 아닌 것은?

① 저항이 증가한다.
② 공기 역학적인 성능이 저하한다.
③ 파일론으로 인한 무게가 증가한다.
④ 날개의 강도가 증가한다.

51 다음 보기는 어떤 재료의 설명인가?

───── 보기 ─────

플라스틱 가운데 투명도가 가장 높으며, 광학적 성질이 우수하여 항공기용 창문유리로 사용되는 재료

① 에폭시 수지
② 폴리염화 비닐
③ 페놀 수지
④ 폴리메타크릴산메틸

52 다음 중 항공기 날개 구조에서 리브(Rib)의 기능을 가장 잘 설명한 것은?

① 날개에 걸리는 하중을 스킨에 분산시킨다.
② 날개의 스팬을 늘리기 위하여 사용되는 연장 부분이다.
③ 날개 내부구조의 집중응력을 담당하는 골격이다.
④ 날개의 곡면상태를 만들어주며 날개의 표면에 걸리는 하중을 날개보(spar)에 전달한다.

53 다음 중 응력-외피 형 날개를 구성하는 주요 구성 부재가 아닌 것은?

① 날개 보(Spar)
② 리브(Rib)
③ 세로지(Stringer)
④ 론저론(Longeron)

응력-외피 형 날개는 날개 보(Spar), 리브(Rib), 세로지(Stringer), 스트링어(Stringer) 이다.

54 다음 중 날개의 고양력 장치인 슬랫(slat)의 설명이 잘못된 것은?

① 날개의 앞부분에 부착한다.
② 역할은 실속 받음각을 감소시키는 동시 양력을 증가시킨다.
③ 슬롯은 슬랫이 날개 앞전부분의 일부를 밀어 내었을 때 슬랫과 날개 앞면사이의 공간
④ 종류는 고정식과 전동식 슬랫이 있다.

종류는 고정식과 가동식이 있다.

55 다음 중 파울러 플랩에 대한 설명이 잘못된 것은?

① 장착 위치는 날개의 앞전과 뒷전이다.
② 양력을 증감시켜 비행속도를 줄이기 위한 장치이다.
③ 플랩의 작동은 기계식, 전기 동력 식, 유압식이 있다.
④ 날개의 캠버와 날개 면적을 증가시켜 뒷전 플랩 중 가장 좋은 효과를 가진다.

56 다음 중 스포일러에 대한 설명이 잘못된 것은?

① 양력 증가
② 항력 증가
③ 도움 날개 보조
④ air-brake 작용

57 다음 중 허니컴 샌드위치 구조의 장점이 아닌 것은?

① 집중하중에 강하다.
② 단열효과가 좋다.
③ 표면이 평평하다
④ 균일한 압력 발생 시 충격흡수가 좋다.

정답 41. ① 42. ④ 43. ③ 44. ④ 45. ③ 46. ③ 47. ② 48. ④ 49. ② 50. ④ 51. ④ 52. ④ 53. ④
54. ④ 55. ① 56. ① 57. ①

58 다음 중 항공기 꼬리 날개의 역할은 무엇인가?

① 항공기 꼬리부분에 장착되어 항공기의 안정성과 조종성을 유지하기 위한 구조물이다
② 수평안정판은 비행 중 항공기의 방향 안정성을 담당한다.
③ 수직안정판은 비행 중 항공기의 세로 안정성을 담당한다.
④ 러더는 조종간과 연결되어 항공기를 상승, 하강 시킨다.

59 다음 보기의 정하중 시험의 순서를 올바르게 나열한 것은?

┌─────── 보기 ───────┐
㉮ 한계하중시험   ㉯ 극한하중시험
㉰ 파괴시험   ㉱ 강성시험
└────────────────────┘

① ㉮-㉯-㉰-㉱
② ㉱-㉮-㉯-㉰
③ ㉮-㉰-㉱-㉯
④ ㉰-㉱-㉮-㉯

60 항공기 날개에 엔진을 장착할 경우 가장 큰 장점은 무엇인가?

① 날개 보에 파일론을 설치하므로 항공기 무게를 감소시킨다.
② 항공기의 비행성능을 개선시킨다.
③ 날개 보를 동체에 설치하지 않으므로 항공기 무게를 감소시킨다.
④ 날개의 파일론을 동체에 설치하므로 날개의 무게를 감소시킨다.

61 다음 중 조종 케이블의 방향을 바꿀 때 사용되는 구성품은 무엇인가?

① 풀리   ② 턴버클
③ 페어리드   ④ 케이블 커넥터

62 항공기 날개에 엔진을 장착할 경우 가장 큰 단점은 무엇인가?

① 날개의 공기 역학적 성능을 저하시킨다.
② 날개 보에 파일론을 설치하므로 구조물이 부수적으로 필요 없다.
③ 방화벽이 있어서 화재 위험을 감소시킬 수 있다.
④ 유선형으로 되어 공기 역학적으로 저항을 적게 하기 위함이다.

63 항공기 연료탱크에 대한 설명을 잘못된 것은 무엇인가?

① 인티그럴 연료탱크는 밀폐기술의 발달과 정비 목적을 고려하여 날개의 내부를 그대로 연료탱크로 사용한다.
② 셀형은 연료탱크를 날개 보 사이의 공간에 내장하여 사용하는 형태이다.
③ 브레더형 연료탱크는 가용성 물질이나 고무주머니 형태의 탱크이다.
④ 셀탱크는 윙의 Front Spar, Rear Spar의 공간을 사용한다.

64 다음 중 대형항공기에 사용되는 뒷전 플랩은?

① 크루거 플랩   ② 스플릿 플랩
③ 슬롯 플랩   ④ 단순 플랩

65 인티그럴 연료탱크에 대한 설명으로 맞는 것은?

① 날개보 사이를 그대로 연료탱크로 사용한다.
② 금속 탱크를 내장한다.
③ 고무 탱크를 내장한다.
④ 밀폐재를 바르지 않는다.

66 다음 중 복합소재를 항공기용 재료로 많이 사용하는 이유는?

① 무게 당 강도비율이 아주 높다
② 부식에 약하고, 마멸이 쉽게 된다.
③ 제작이 복잡하다.
④ 제작비용이 많이 든다.

67 다음 중 노란색, 경량이고, 높은 응력으로 진동이 많은 곳에 쓰이는 섬유는?

① 유리 섬유   ② 탄소 섬유
③ 보론 섬유   ④ 아라미드 섬유

노란색 천으로 식별이 쉽게 구분된다.

68 다음 중 유압 백업링, 호스, 패킹, 전선피복 등에 사용되는 열가소성 수지는 무엇인가?

① 테프론
② 염화비닐 수지
③ 폴리에틸렌 수지
④ 아크릴 수지

69 다음 항공기 위치 표시 방식 중 '특정 수평 면으로부터 수직으로 높이를 측정한 거리' 는 무엇인가?

① 동체 수위선   ② 동체 위치선
③ 날개 위치선   ④ 버턱선

70 정상 수평비행 중 날개의 상부와 하부에 작용하는 응력은?

① 압축 – 인장   ② 전단 – 인장
③ 전단 – 압축   ④ 굽힘 – 압축

71 알루미늄 합금 판을 순수한 알루미늄으로 입혀 내식성을 강하게 한 것은 무엇인가?

① 파카라이징   ② 알로다인
③ 메타라이징   ④ 알크래드

72 다음 중 항공기의 안전계수를 나타내는 식은?

① 안전계수 = 제한하중 ÷ 종극하중
② 안전계수 = 크리프하중 ÷ 제한하중
③ 안전계수 = 제한하중 ÷ 크리프하중
④ 안전계수 = 종극하중 ÷ 제한하중

73 다음 중 AA의 규격에 따른 재질 '1100'의 첫째자리 '1'의 설명 중 올바른 것은?

① 99% 순수 알루미늄이다.
② 1% 알루미늄이다.
③ 알루미늄+마그네슘 합금이다
④ 알루미늄+망간계 합금이다

74 다음 중 항공기의 방화벽의 위치는 어디인가?

① 엔진 마운트 앞에
② 엔진 마운트 뒤에
③ 조종석 뒤에
④ 연료 탱크 앞에

방화벽은 엔진의 열이나 화염이 기체에 전달되는 것을 차단하기 위한 장치로 엔진 마운트 뒤에 위치한다.

75 항공기의 출입문 중 동체 표면의 안으로 여는 방식을 무엇이라 하는가?

① 밀폐 형   ② 플러그 형
③ 팽창 형   ④ 티 형

정답 58. ① 59. ② 60. ① 61. ① 62. ① 63. ④ 64. ③ 65. ① 66. ① 67. ④ 68. ① 69. ① 70. ①
71. ④ 72. ④ 73. ① 74. ② 75. ②

76 다음 중 저탄소강의 탄소함유량은?

① 탄소를 0.1~0.3% 포함한 강
② 탄소를 0.3~0.7% 포함한 강
③ 탄소를 0.7~1.2% 포함한 강
④ 탄소를 1.2~2.0% 포함한 강

- 저탄소강: 탄소를 0.1~0.3% 포함한 강
- 중탄소강: 탄소를 0.3~0.6% 포함한 강
- 고탄소강: 탄소를 0.6~1.2% 포함한 강

77 다음 중 탄소 섬유의 설명 중 옳지 <u>않는</u> 것은?

① 탄소 섬유는 검은색 천으로 식별할 수 있다.
② 카본/그래파이트 섬유라고도 한다.
③ 항공기 날개 구조부 제작에 사용된다.
④ 다른 금속과 접촉하여도 부식이 일어나지 않아 부식방지처리가 필요없다.

78 다음 중 FRP의 설명으로 옳지 <u>않는</u> 것은?

① Fiber Reinforced Plastic: 섬유강화 플라스틱이다.
② 단열성이 뛰어나고 녹슬지 않는데다 가공이 쉽다.
③ 강도비가 크고 내식성, 전파 투과성이 좋다.
④ 진동에 대한 감쇠성이 적다

유리를 섬유처럼 가늘게 뽑은 물질(유리섬유를 조합하여 성형한 것)로 단열성이 뛰어나고 녹슬지 않는데다 가공이 쉬워 건물 단열재 등 석면의 대용품으로 쓰인다. 경도 강성이 낮은 데 비하여 강도비가 크고 내식성, 전파 투과성이 좋으며 진동에 대한 감쇠성이 크다.

79 다음 중 뒷전 플랩이 <u>아닌</u> 것은?

① 스플릿 플랩　　② 단순 플랩
③ 파울러 플랩　　④ 크루거 플랩

뒷전 플랩은 스플릿 플랩, 단순플랩, 파울러 플랩, *크루거 플랩은 앞전 플랩

80 다음 중 나셀(Nacelle)에 대한 설명으로 옳은 것은?

① 기관을 장착하여 하중을 담당하는 구조물이다
② 기체에 장착된 기관을 둘러싸는 부분이다.
③ 기체 중심에 위치하여 날개 구조를 보완한다.
④ 기체의 인장하중을 담당한다.

나셀(Nacelle)은 항공기 엔진, 연료, 항공기 장비를 담고 있는 유선형 몸체를 말한다.

81 다음 중 '뜨임'에 대한 설명으로 가장 올바른 것은?

① 물과 기름에 급속 냉각시키는 것
② 변태점 이하에서 가열 후 서서히 냉각시켜 인성 개선
③ 합금의 기계적 성질을 개선
④ 변태점 이상까지 가열 후 서서히 냉각시키는 것

82 다음 중 SAE 강의 분류로 4130은 무엇을 의미하는 것은?

① 몰리브덴 1%에 탄소 0.30%를 함유한 몰리브덴강
② 몰리브덴 1%에 탄소 30%를 함유한 몰리브덴강
③ 몰리브덴 1%에 탄소 30%를 함유한 크롬강
④ 몰리브덴 1%에 탄소 0.30%를 함유한 탄소강

83 다음 중 SAE 4130의 강에서 숫자 '4'는 무엇을 의미하는가?

① 크롬강   ② 몰리브덴
③ 4%의 탄소   ④ 0.4%의 탄소

84 다음 중 재료를 일정시간 동안 가열 후 물이나 기름 등에서 급속히 냉각시키는 열처리 방법은?

① 불림   ② 담금질
③ 뜨임   ④ 풀림

85 다음 중 알루미늄 합금의 열처리 방법이 아닌 것은?

① 불림 처리
② 풀림 처리
③ 인공시효처리
④ 고용체화 처리

86 다음 중 알루미늄 합금 2024의 첫째자리 '2'는 무엇을 의미하는가?

① 함유량   ② 합금 개량번호
③ 합금의 번호   ④ 주 합금의 원소

87 다음 중 항공기 용 타이어의 구조에서 타이어의 마멸을 측정하고 제동효과를 주는 곳은?

① Tread의 홈   ② Chafer 간격
③ Core Body   ④ Breaker

88 복합 소재의 부품을 경화 시 가압하는 목적이 아닌 것은?

① 파이버 층을 밀착시킨다.
② 층 사이에 갇혀 있는 공기를 제거한다.
③ 수지와 파이버 보강재의 적절한 비율을 얻기 위해 초과분의 수지를 제거한다.
④ 경화과정에서 패치 등의 이동을 시킨다.

89 다음 중 항공기 기체재료로 사용되는 비금속 재료 중 열경화성수지가 아닌 것은?

① 에폭시 수지   ② 페놀수지
③ 폴리우레탄   ④ 폴리염화

90 다음 중 복합소재에 대한 조합으로 맞는 것은?

① 모재(고체) + 보강재(액체)
② 모재(액체) + 보강재(고체)
③ 모재(고체) + 보강재(고체)
④ 모재(액체) + 보강재(액체)

91 다음 중 가격이 비교적 비싸고 화학 반응성이 커서 취급은 어려우나 기계적 특성이 다른 강화섬유에 비해 뛰어나서 전투기의 동체나 날개 부품제작에 사용하는 것은?

① 보론 섬유   ② 알루미나 섬유
③ 탄소 섬유   ④ 아라미드 섬유

92 다음 중 일반적으로 항공기 랜딩기어에 사용하는 재료는 무엇인가?

① 알루미늄   ② 티타늄 합금
③ 구리합금   ④ 텅스텐 합금

 76. ① 77. ④ 78. ④ 79. ④ 80. ② 81. ② 82. ① 83. ② 84. ② 85. ① 86. ④ 87. ① 88. ④
89. ④ 90. ② 91. ① 92. ①

93 다음 중 보론 섬유에 대하여 가잘 잘 설명한 것은?

① 우수한 압축강도 인성 및 높은 경도를 갖는다.
② 내열성과 내화학성이 우수하고 값이 저렴하여 가장 많이 사용된다.
③ 열팽창 계수가 작아 치수 안전성이 우수하다.
④ 높은 온도의 적용이 요구되는 곳에 사용한다.

94 다음 중 탄소 섬유에 대하여 옳지 <u>않는</u> 것은?

① 그라파이트 섬유라고도 한다.
② 날개와 동체 등과 같은 1차 구조부의 제작에 사용된다.
③ 다른 금속과 접촉 시 부식이 일어나지 않아 부식방지처리가 불필요하다.
④ 사용오도의 변동이 있어도 치수가 안정적이다.

95 항공기에는 주로 복합소재를 사용하는데 주된 이유는 무엇인가?

① 금속보다 가격이 저렴하기 때문
② 금속보다 오래 견딜 수 있기 때문
③ 금속보다 열에 강하기 때문
④ 금속보다 가볍기 때문에

96 다음 중 항공기의 착륙 시 브레이크 효율을 높이기 위하여 미끄럼 현상을 방지시켜 주는 것은 무엇인가?

① 안티 스키드 장치
② 조향장치
③ 오토 브레이크
④ 팽창 브레이크

97 다음 중 항공기의 착륙장치의 형태가 <u>아닌</u> 것은?

① 스키형
② 타이어 바퀴형
③ 플로트형
④ 테일형

98 다음 중 항공기의 착륙장치의 구조 재료로 사용되는 강은?

① 스테인리스강
② 알루미늄 합금강
③ 티탄합금
④ 니켈＋크롬＋몰리브덴강

99 다음 중 대형항공기에서 일반적으로 사용하는 브레이크 형식은?

① 싱글 디스크 브레이크
② 팽창 튜브 브레이크
③ 세그먼트 로터 브레이크
④ 멀티 디스크 브레이크

100 다음 중 항공기 타이어의 숄더 부위에서 과도하게 마모가 나타나는 경우의 원인은?

① 공기압의 부족
② 택싱에서 과속
③ 과도한 공기압
④ 과도한 음(-)의 캠버

101 다음 중 광학적 성질이 우수하여 항공기용 창문 유리로 사용되는 재료는?

① 요소 수지
② 석탄수지
③ 에폭시 수지
④ 폴리메틸 메타크릴레이트

102 다음 중 항공기 작동유의 종류로 잘못된 것은?

① 광물성
② 식물성
③ 동물성
④ 합성 유

103 다음 중 열을 가하면 잘 연화하지 않는 합성수지로 한번 가열하여 성형하면 다시 가열하여도 연해지거나 용융되지 않는 성질의 것으로 잘못된 것은?

① 합성수지
② 페놀수지
③ 실리콘수지
④ 멜라민수지

페놀수지, 요소수지, 멜라민수지, 폴리에스테르수지, 실리콘수지, 에폭시수지, 폴리우레탄수지, 석탄산수지 등이 있다.

104 다음 중 벌집구조(허니콤구조)의 이점은 무엇인가?

① 높은 온도에 강하다.
② 손상이 쉽게 발결된다.
③ 부식 저항이 있다.
④ 같은 무게의 단이 두께 표피보다 단단하다.

적은 재료를 가지고 효율적으로 지탱하기 위한 육각형 기둥 모양의 빈 공간으로 이루어진 격자 구조이다.

105 다음 중 SAE 2330의 강이란 무엇인가?

① 규소강
② 몰리브덴강
③ 니켈 3% 함유강
④ 크롬-니켈강

SAE 2(니켈강)3(니켈의 함유량)30(탄소의 함유량)

106 다음 중 일반적으로 재료의 인성과 취성을 측정하는 것은?

① 충격시험
② 인장시험
③ 전단시험
④ 경도시험

107 다음 중 좌굴을 방지하며, 외피를 금속으로부터 부착하기 좋게하여 강도를 증가시키는 부재는 무엇인가?

① Stringer
② Skin
③ Longeron
④ Bulkhead

- 세로지(Stringer): 외피의 좌굴 방지, 굽힘하중 담당
- 외피(Skin): 동체의 전단응력과 비틀림 응력 담당
- 세로대(Longeron): 길이 방향 부재로 굽힘 하중 담당
- 벌크헤드(Bulkhead): 동체의 비틀림에 의한 변형되는 것 방지(동체의 앞, 뒤에 한 개씩 설치)

108 다음 중 날개의 장착 설명이 잘못된 것은?

① 지주식 날개는 트러스 구조로 장착하기가 간단하다.
② 지주식 지주에 비행 중에는 인장력, 지상에서는 압축력이 작용하며 소형 항공기에 사용된다.
③ 캔틸레버식 날개는 비행 중에 공기의 저항을 줄여 줄 수 있다.
④ 캔틸레버식 날개는 무게가 가볍다.

109 다음 중 합금강이란 무엇인가?

① 철과 탄소의 합금
② 탄소강과 특수원소의 합금
③ 망간과 인의 합금
④ 비철금속과 특수원소의 합금

정답 **93.** ① **94.** ③ **95.** ④ **96.** ① **97.** ④ **98.** ④ **99.** ④ **100.** ① **101.** ④ **102.** ③ **103.** ① **104.** ④ **105.** ③
106. ① **107.** ① **108.** ④ **109.** ②

110 다음 중 여압실 내에서 비틀림 응력에 의한 좌굴현상을 방지하기 위해 동체 앞, 뒤에 1개씩 설치한 구조 부재는 무엇인가?

① Stringer ② Skin
③ Longeron ④ Bulkhead

111 다음 중 합금강의 분류에서 SAE 1025에 대한 것 중 옳은 것은 무엇인가?

① 탄소강이다
② 니켈강이다
③ 합금원소는 크롬이다
④ 탄소함유량이 5%이다.

112 다음 중 알루미늄의 특성이 아닌 것은?

① 내식성이 좋다
② 시효경화성이 있다.
③ 고온에서 기계적 성질이 좋다.
④ 가공성이 좋지 않다.

113 다음 중 굽힘의 강도를 크게 하고 날개의 비틀림에 의한 좌굴을 방지하는 날개 구성은?

① Stinger ② Rib
③ 외피 ④ 날개 보

114 다음 중 비행 중에 작용하는 힘에 대한 설명으로 틀린 것은?

① 등속비행은 추력과 항력의 합이 0이다.
② 수평비행은 중력과 양력의 합이 0이다.
③ 하강비행 시 항력이 중력으로 작용한다.
④ 하강비행 시 추력이 중력으로 작용한다.

115 다음 중 황동의 주성분 원소 구성은?

① Cu+Sn ② Cu+Al
③ Cu+Zn ④ Cu+Mn

황동은 구리에 아연(Zn)을 첨가한 것이고, 청동은 구리에 주석(Sn)을 첨가한 것이다.

116 다음 중 알루미늄 합금이 강철에 비해서 항공기에 일반적인 재료로 많이 사용하는 이유는?

① 부식이 잘되기 때문
② 경화 율이 우수하기 때문
③ 전기가 잘 통하기 때문
④ 변태점이 제일 낮기 때문

알루미늄은 다른 강에 비해 가볍기 때문이다.

117 항공기가 활주로에 착륙한 후 지상활주 시 항력을 증가시켜 활주거리를 짧게 조절하는 장치는 무엇인가?

① Spoiler ② Slat
③ Landing gear ④ Fla

118 다음 중 피토관이 막힌다면 어느 계기가 정상적으로 작동하지 않는 것은?

① 고도계 ② 승강계
③ 선회계 ④ 속도계

119 다음 중 FRP(Fiber Reinforced Plastic)에 사용되고 있는 열경화성 수지가 아닌 것은?

① 페놀 수지 ② 요소 수지
③ 멜라민 수지 ④ 불소 수지

종류로는 페놀수지, 요소수지, 멜라민수지, 폴리에스테르수지, 실리콘수지, 에폭시수지, 폴리우레탄수지, 석탄산수지가 있다.

120 다음 중 FRP(Fiber Reinforced Plastic)에 사용되고 있는 열경화성 수지는 어느 것인가?

① 페놀 수지　　② 폴리에틴렌 수지
③ 아크릴 수지　④ 불소 수지

121 다음 중 열가소성 수지 중 전선피복, 패킹, 호스, 백업링 등에 사용되는 수지는?

① 염화비닐 수지
② 폴리에틴렌 수지
③ 아크릴 수지
④ 테프론

122 다음 중 세라믹 코팅을 하는 목적은 무엇인가?

① 내열성을 좋게 하기위해
② 내마모성을 좋게 하기위해
③ 내열성과 내마모성을 좋게 하기위해
④ 내열성과 내식성을 좋게 하기위해

123 다음 중 가공법 중 금속재를 상온 또는 가열 상태에서 해머 등으로 두들기거나 가압하여 일정한 모양을 만드는 것은?

① 단조　　　② 주조
③ 담금　　　④ 압연

124 다음의 보기는 무엇에 대한 설명인가?

─── 보기 ───
날개의 단면이 공기역학적인 날개 골을 유지할 수 있도록 날개의 모양을 형성해 주는 부재

① Stiffener　② Spar
③ Skin　　　④ 리브

125 다음 중 열경화성 수지가 아닌 것은?

① 페놀 수지
② 폴리에틴렌 수지
③ 에폭시 수지
④ 폴리염화비닐수지

126 다음 중 일반적으로 항공기의 구조 재료로 많이 사용하는 것은?

① 유리섬유　　② 주강
③ 티탄 합금　　④ 알루미늄 합금

127 다음 중 받음각에 대한 설명으로 옳지 않는 것은?

① 양력을 발생시킨다.
② 임계 받음각 이상에서 비행해야 한다.
③ 상대풍과 날개골 시위선 사이의 각이다.
④ 항공기 진행방향과 시위선이 이루는 각이다.

128 다음 중 항공기에 작용하는 힘의 종류가 아닌 것은?

① 양력　　　② 중력
③ 추력　　　④ 원심력

129 다음 중 날개의 모양이 직사각형 날개의 특징으로 올바르지 않는 것은?

① 날개 끝 실속이 없다.
② 제작이 어렵다.
③ 직사각형 모양이다.
④ 구조상 무리가 있다.

정답　110. ④　111. ①　112. ④　113. ①　114. ③　115. ④　116. ②　117. ①　118. ④　119. ④　120. ①
　　　121. ④　122. ①　123. ①　124. ④　125. ④　126. ④　127. ②　128. ④　129. ②

PART 02 항공기체 | 119

130 항공기에 작용하는 힘 중 추력의 설명으로 옳은 것은?

① 항공기를 위로 뜨게 하는 힘
② 항공기를 아래로 내리게 하는 힘
③ 양력과 반대 방향으로 작용하는 힘
④ 수평비행 시 앞으로 나아가게 하는 힘

131 다음 중 랜딩기어의 구성으로 옳지 <u>않는</u> 것은?

① 타이어　　　② 완충장치
③ 초크　　　　④ 브레이크 장치

132 다음 중 강철이나 목재를 이용하여 뼈대를 만들고 얇은 외피를 씌운 구조는 무엇인가?

① 세미 모노코크 구조
② 세미 트러스 구조
③ 모노코크 구조
④ 트러스 구조

133 다음 중 날개의 모양이 타원형 날개의 특징은?

① 날개 끝 실속이 없다.
② 제작이 어렵다.
③ 직사각형 모양이다.
④ 구조상 무리가 있다.

134 다음 중 파울러 플랩의 설명으로 옳지 않는 것은?

① 날개의 면적이 증가한다.
② 앞전 플랩이다.
③ 캠버 증가 효과가 있다.
④ 최대 양력계수가 가장 크게 증가한다.

135 다음 보기의 설명은 무엇에 관한 설명인가?

─── 보기 ───
날개에 작용하는 하중 대부분을 담당하고 굽힘 하중과 비틀림 하중을 담당하는 날개의 구성이다.

① 외피　　　　② 날개보
③ Stinger　　④ 리브

136 다음 중 정압관이 막힌다면 어느 계기가 정상적으로 작동하지 <u>않는</u> 것은?

① 고도계　　　② 승강계
③ 선회계　　　④ 속도계

137 다음 중 Pitot-static을 이용하지 <u>않는</u> 계기는?

① 고도계　　　② 승강계
③ 선회계　　　④ 속도계

138 다음 중 항공기 날개 끝부분에 wing let을 장착하는 이유는 무엇인가?

① 유도항력 증가
② 유도항력 감소
③ 중력 감소
④ 실속 방지

139 다음 중 고무에 대한 설명으로 옳지 <u>않는</u> 것은?

① 유연성이 좋다.
② 진동을 감소시키기 위해 사용하면 좋다.
③ 잡음을 감소시키기 위함이다.
④ 강자성체이다.

140 다음 중 유리섬유에 대한 설명으로 옳지 <u>않는</u> 것은?

① 가격이 저렴하다.
② 모재이다.
③ 이용성이 넓다.
④ 뒤에 흰 천을 가져다 대면 확인 가능하다.

141 다음 중 구리에 대한 성질로 옳지 <u>않는</u> 것은?

① 구리와 주석의 합금은 청동이다.
② 구리와 아연의 합금은 황동이다.
③ 구리와 아연을 첨가하면 주조용 합금으로 사용 가능하다.
④ 열과 전기의 양도체이다.

142 다음 중 담금질이 좋아서 크랭크 축, 기어, 와셔, 피스톤 등에 사용되는 특수강은?

① 니켈＋크롬강
② 니켈강
③ 크롬강
④ 니켈＋몰리브덴강

143 다음 중 고양력 장치란 무엇인가?

① Elevator   ② Aileron
③ Rudder   ④ Flap

144 다음 중 시간이 흐름에 따라 평형상태에서 이탈한 후 운동의 폭이 감소되어 다시 평형상태로 돌아가는 경향은 무엇인가?

① 동적안정   ② 정적안정
③ 정적 불안정   ④ 동적 불안정

145 다음 중 항공기 엔진오일의 역할이 <u>아닌</u> 것은?

① 필터작용   ② 지지작용
③ 윤활작용   ④ 완충작용

146 다음 중 속도의 종류 중 마하 0.3이상 ～0.7이하의 흐름을 무엇이라 하는가?

① 초음속   ② 극초음속
③ 아음속   ④ 천음속

147 항공기가 활주로에 착륙한 후 지상활주 시 항력을 증가시켜 활주거리를 짧게 조절하는 장치는 무엇인가?

① Spoiler
② Slat
③ Landing gear
④ Flap

148 다음 중 승강계에 대한 설명으로 가장 타당한 것은?

① 정압관과 연결되어 있다.
② 속도를 표시하는 계기이다.
③ 탄성 오차가 발생한다.
④ 수평비행 중에도 고도에 따라 달라진다.

149 다음 중 자이로 계기가 <u>아닌</u> 것은?

① 고도계
② 자세 계
③ 선회계
④ 마그네틱 콤파스

정답 130. ④ 131. ③ 132. ④ 133. ② 134. ④ 135. ② 136. ④ 137. ③ 138. ② 139. ④ 140. ②
141. ③ 142. ① 143. ④ 144. ① 145. ② 146. ③ 147. ① 148. ① 149. ①

PART 02 항공기체 ┃ 121

150 다음 중 항공기 엔진 마운트에 대한 설명으로 올바른 것은?

① 기관에서 발생한 추력을 기체에 전달하는 역할을 한다.
② 기관을 보호하고 있는 모든 기체 구조물이다.
③ 착륙장치의 일부분이다.
④ 착륙장치의 충격을 흡수하여 전달한다.

151 다음 중 소성 가공법이 <u>아닌</u> 것은?

① 용접   ② 인발
③ 압출   ④ 단조

152 항공기의 조종 장치의 작동과 조종면의 작동이 일치하도록 조절하는 작업은?

① 기능점검   ② 시험비행
③ 수리 작업   ④ 리그작업

153 다음 중 항공기 부재의 재료가 하중에 대하여 견딜 수 있는 저항력을 무엇이라 하는가?

① 힘   ② 표면하중
③ 벡터   ④ 강도

154 다음 중 ALCOA 규격 10S의 주 합금 원소는 무엇인가?

① 규소(Si)   ② 구리(Cu)
③ 망간(Mn)   ④ 순수 알루미늄

> 엔진을 기체에 장착하는 지지부로 엔진의 추력을 기체에 전달하는 역할을 한다.

155 다음 중 날개 구조물 자체를 연료탱크로 하는 탱크내에 방지판(Baffle ptate)을 두는 가장 큰 목적은 무엇인가?

① 연료가 팽창하는 것을 방지하기 위해서
② 연료가 출렁이는 것을 방지하기 위해서
③ 연료 보급 시 연료가 넘치는 것을 방지하기 위해서
④ 내부 구조 보강을 위해서

156 다음 중 착륙장치의 완충 스트럿에 압축 공기를 공급할 때 공기 대신 공급할 수 있는 것은 무엇인가?

① 질소   ② 수소
③ 에틸렌   ④ 아세틸렌가스

157 다음 중 복합소재 경화과정에서 표면에 압력을 가하는 목적으로 <u>틀린</u> 것은?

① 적층판 사이의 공기 제거를 위해서
② 여분의 수지제거를 위해서
③ 경화과정에서 패치 등의 이동을 방지하기 위해서
④ 적층 판을 서로 분리하기 위해서

158 다음 중 항공기의 방향키 페달의 기능으로 <u>잘못된</u> 것은?

① 비행 시 방향을 조종
② 수직안정판 조종
③ 지상에서 방향을 조종
④ 빗 놀이 운동

159 다음 중 벌집구조부 알루미늄 코어의 손상 시 대체용으로 사용되는 벌집 구조부 코어의 재질은?

① 티타늄 강   ② 마그네슘 강
③ 스테인리스 강 ④ 유리섬유

160 다음 중 항공기 구조 강도의 안정성과 조종면에서 안전을 보장하는 설계상의 최대 허용속도는 무엇인가?

① 설계 급강하속도
② 설계운용속도
③ 설계순항속도
④ 설계실속속도

161 다음 중 항공기 위치표시 방법 중 동체 중심선을 기준으로 오른쪽과 왼쪽으로 평행한 너비 간격으로 나타나는 선은 무엇인가?

① 스테이션 선
② 동체 위치선
③ 동체 수위선
④ 버턱선

162 다음 중 굽힘이나 변형이 일어나지 않고 부서지는 금속의 성질은?

① 연성 　　　 ② 인성
③ 전성 　　　 ④ 취성

163 다음 중 재료의 응력과 변형률의 관계를 시행하는 재료 시험 무엇인가?

① 전단시험 　　 ② 충격시험
③ 압축시험 　　 ④ 인장시험

164 다음 중 조종용 케이블에서 와이어나 스트랜드가 굽어져 연구 변형되어 있는 상태는?

① 킹크 케이블 　② 버드 케이지
③ 와이어 절단 　④ 와이어 부식

165 다음 중 트러스 형 날개의 구성품이 <u>아닌</u> 것은?

① 날개 보 　　 ② 보강선
③ 리브 　　　 ④ 응력외피

166 다음 중 금속침투법, 담금질 법, 침탄 법, 질화법 등은 무엇을 하는 방법인가?

① 표면경화 　　 ② 부식방지
③ 재료시험 　　 ④ 비파괴검사

167 다음 중 횡 방향 및 길이 방향부재가 없는 간단한 금속튜브 또는 콘으로 구성되어 있는 구조는 무엇인가?

① 트러스트 형
② 세이프티 형
③ 모노코크 형
④ 세미 모노코크 형

168 다음 열처리 방법 중 재료의 강도를 증가시키기 위해 금속을 높은 온도로 가열했다가 물이나 기름에서 급랭시키는 것은?

① 뜨임 　　　 ② 불림
③ 담금질 　　 ④ 풀림

169 다음 항공기 재료 중 가장 가벼운 금속으로 전연성, 절삭성이 가장 우수한 재료는?

① 마그네슘 　　 ② 티타늄
③ 니켈 　　　 ④ 알루미늄

정답 **150.** ① **151.** ① **152.** ④ **153.** ④ **154.** ② **155.** ② **156.** ① **157.** ④ **158.** ② **159.** ④ **160.** ①
161. ④ **162.** ④ **163.** ④ **164.** ① **165.** ④ **166.** ① **167.** ③ **168.** ③ **169.** ①

PART 02 항공기체 **| 123**

170 다음 금속의 성질 중외부에서 힘을 받았을 때 물체가 소송 변형을 보이지 않고 파괴되는 것은?

① 취성   ② 연성

③ 인성   ④ 전성

171 다음 중 브레이크에서 브리드 밸브의 역할은 무엇인가?

① 비상 브레이크 작동을 위해 사용된다.

② 공기를 빼낼 때 사용된다

③ 압력을 제거할 대 사용된다.

④ 계류 브레이크로 가는 유로 차단을 위해 사용된다.

172 다음 항공기에서 폴리염화비닐을 주로 사용하는 곳은 어디인가?

① 엔진 가스킷

② 창문유리

③ 타이어 튜브

④ 전선 피복제

173 다음 항공기 출입문 중 동체 외벽의 안으로 여는 방식을 무엇이라 하는가?

① 플러그 타입   ② 밀폐 타입

③ 티 타입   ④ 유 타입

174 다음 중 항공기가 착륙 시 브레이크 효율을 높이기 위하여 미끄럼이 일어나는 현상을 방지시켜 주는 것은 무엇인가?

① 오토 브레이크

② 조향장치

③ 안티스키드 장치

④ 팽창 브레이크

175 다음 중 강의 표면층에 질소를 확산시켜 표면층을 경화하는 방법을 무엇이라 하는가?

① 침탄 법   ② 질화법

③ 담금질 법   ④ 고주파 경화 법

176 다음 중 제품을 가열하여 그 표면에 다른 종류의 금속을 피복시키는 동시에 확산에 의하여 합금 피복층을 얻는 표면 경화 법은?

① 침탄 법   ② 질화법

③ 금속침투법   ④ 고주파 경화 법

177 다음 중 항공기 복합재료로 많이 쓰이는 케블러(Kevlar)는 어떤 강화 섬유인가?

① 아라미드 섬유   ② 카본 섬유

③ 유리섬유   ④ 보론 섬유

178 다음 기술 변경서의 내용 중 처리부호의 설명으로 옳은 것은?

① C-삭감   ② L-연결

③ R-재사용   ④ A-추가

179 다음 복합재료 중 강화재에 대한 설명으로 잘못된 것은?

① 높은 강도, 강성을 갖도록 하는 것을 말한다.

② 크게 하거나, 섬유를 강화하거나, 입자를 강화하는 방식 등이 있다.

③ 항공기에서는 하중을 주로 담당하는 것으로 섬유형태를 사용한다.

④ 아라미드섬유는 낮은 응력과 진동이 많은 항공기에 적합하지 않는 재질이다.

180 다음 중 동체 중심선을 기준으로 오른쪽과 왼쪽으로 평행한 너비를 나타내는 선을 무엇이라 하는가?

① 동체 위치선　② 동체 수위선
③ 버턱선　　　 ④ 날개위치선

181 다음 중 트러스형 날개의 구성으로 맞지 <u>않는</u> 것은?

① 날개 보(Spar)　② 리브(Rib)
③ 외피(Skin)　　 ④ 스트링어(Stringer)

> • 트러스형은 날개 보(Spar), 리브(Rib), 외피(Skin), 강선(Bracing wire)로 구성되며,
> • 세미 모노코크 구조 형은 날개 보(Spar), 리브(Rib), 외피(Skin), 스트링어(Stringer)로 구성된다.

182 다음 항공기 구조에 작용하는 힘 중 물체를 서로 압축하는 방향으로 작용하는 힘을 무엇이라 하는가?

① 압축하중　② 인장하중
③ 굽힘하중　④ 전단하중

183 다음 중 기수로부터 일정한 거리에 위치한 상상의 수직면을 기준으로 주어진 지점까지의 거리를 무엇이라 하는가?

① 동체 위치선　② 동체 수위선
③ 버턱선　　　 ④ 날개위치선

184 다음 항공기 구조에 작용하는 하중에서 물체에 접근한 평행한 두 면에 크기가 같고 방향이 반대로 작용하는 하중을 무엇이라 하는가?

① 압축하중　② 인장하중
③ 굽힘하중　④ 전단하중

185 다음 중 부재의 역할에 대한 설명이 <u>잘못된</u> 것은?

① 벌크헤드(Bulkhead) – 동체의 비틀림에 의한 변형되는 것 방지
② 링(Ring) – 수직방향의 보강재로 스트링어와 합쳐서 외피 보호
③ 세로대(Longeron) – 길이 방향 부재로 굽힘 하중 담당
④ 세로지(Stringer) – 동체의 전단응력과 비틀림 응력 담당

> 세로지(Stringer): 외피의 좌굴 방지, 굽힘 하중 담당

186 다음 보기는 어떤 부재의 설명인가?

─── 보기 ───
수직방향의 보강재로 스트링어와 합쳐서 외피 보호한다.

① 벌크헤드(Bulkhead)
② 링(Ring)
③ 세로대(Longeron)
④ 세로지(Stringer)

> • 벌크헤드(Bulkhead): 동체의 비틀림에 의한 변형되는 것 방지
> • 링(Ring): 수직방향의 보강재로 스트링어와 합쳐서 외피 보호
> • 세로대(Longeron): 길이 방향 부재로 굽힘 하중 담당
> • 세로지(Stringer): 외피의 좌굴 방지, 굽힘하중 담당
> • 외피(Skin): 동체의 전단응력과 비틀림 응력 담당

187 항공기의 용접의 유형 중 <u>틀린</u> 것은?

① 마찰용접　② 저항용접
③ 테르밋 용접　④ 오일 용접

정답	170. ①	171. ②	172. ④	173. ①	174. ③	175. ②	176. ③	177. ①	178. ④	179. ④	180. ③
	181. ④	182. ①	183. ①	184. ④	185. ④	186. ②	187. ④				

188 다음 중 기관 주위를 둘러싼 덮개로 점검이나 정비를 쉽게 하도록 열고 닫을 수 있으며 나셀의 앞부분에 위치하고 있는 것은 무엇인가?

① 카울링(Cowling)
② 나셀(Nacelle)
③ 엔진 마운트(Engine Mount))
④ 방화벽

189 다음 중 기체에 장착된 기관을 둘러싸는 부분으로 외피, 카울링, 구조부재, 방화벽, 기관 마운트 등으로 구성된 것은 무엇인가?

① 카울링(Cowling)
② 나셀(Nacelle)
③ 엔진 마운트(Engine Mount)
④ 방화벽

190 다음 중 날개 구성의 설명으로 잘못 연결된 것은?

① 날개 보(Spar)는 날개에 작용하는 대부분의 하중, 휨 하중, 전단하중을 담당한다
② 리브(Rib)는 날개 단면이 공기역학적인 날개 꼴을 유지하도록 날개의 모양을 형성한다.
③ 스트링어(Stringer)는 날개의 휨 강도나 비틀림 강도를 증가시켜 주는 역할을 한다.
④ 외피(Skin)는 날개 길이 방향으로 리브 주위에 배치한다

> 외피(Skin)는 날개에서 발생하는 응력을 담당하며 응력외피라고 한다.

191 다음 중 앞전 고양력 장치가 아닌 것은?

① 드루프 플랩(droop flap)
② 슬롯(slot)과 슬랫(slat)
③ 크루커 플랩(kruger flap)
④ 파울러 플랩

192 다음 중 날개의 제빙장치(De-icing system)에 대한 설명이 아닌 것은?

① 날개 앞전을 미리 가열하여 결빙을 방지하는 장치
② 이미 얼어 있는 얼음을 깨어 제거하는 장치
③ 알코올 분출 식은 알코올을 분사하여 어는점을 낮추어 얼음을 제거하는 방식
④ 제빙 부츠 식(기계적 제거)은 압축공기를 공급 및 배출하여 팽창 수축되면서 제거하는 방식

193 다음 중 날개의 방빙 장치(Anti-icing system)에 대한 설명이 아닌 것은?

① 날개 앞전을 미리 가열하여 결빙을 방지하는 장치
② 이미 얼어 있는 얼음을 깨어 제거하는 장치
③ 전열식 방빙 장치는 전기장치로 결빙되는 것을 방지하는 장치
④ 가열공기식은 가열된 공기를 공급하여 날개의 결빙을 방지하는 장치

194 다음 중 뒷전 고양력 장치가 아닌 것은?

① 드루프 플랩(Droop Flap)
② 스플릿 플랩
③ 파울러 플랩
④ 단순플랩

195 다음 중 조종장치의 주 조종면이 아닌 것은?

① 도움날개(Aileron)
② 승강키(Elevator)
③ 방향키(Rudder)
④ 스포일러(Spoiler)

주 조종 면은 도움날개(aileron), 승강키(elevator), 방향키(rudder)이다.
부 조종 면은 탭(tab), 플랩(flap), 스포일러(spoiler)로 구성되어 있다.

196 다음 중 항공계기의 색 표지 설명으로 잘못된 것은?

① 붉은색 방사선(Red Radiation) – 최대 및 최소 운용한계를 지시
② 녹색 호선(Green Arc) – 안전하게 운용 가능한 범위로 계속 운용 가능한 범위
③ 흰색 방사선(White Radiation) – 기화기를 장착한 왕복엔진의 기관계기 표시
④ 흰색 호선(White Arc) – 대기 속도계에서 플랩조작에 따른 항공기의 속도 범위를 의미

197 다음 금속의 물리적인 성질 설명 중 잘못된 것은?

① 전성(Malleability)은 퍼짐성이다.
② 연성(Ductility)은 뽑힘 성이다.
③ 취성(Brittleness)은 메짐성이다.
④ 인성(Toughness)은 재료의 단단한 정도를 말한다.

198 다음 일반적인 열처리의 설명 중 잘못된 것은?

① 담금질(Quenching)은 재료의 강도나 경도를 높이는 처리방법으로 재료의 변태점보다 높은 온도로 가열하였다가 일정시간 유지 후 물과 기름에 담금으로 급랭이 되도록 하는 방법
② 뜨임(Tempering)은 담금질한 재료에 온도를 재가열하여 재료 내부의 인성을 좋게 하여 구조용 재료로 사용한다.
③ 풀림(Annealing)은 연속적으로 냉각하지 않고 염욕 중에 담금질하여 그 온도로 일정한 시간 동안 항온 유지하였다가 냉각하는 방법
④ 불림(Normalizing)은 재료 조직의 미세화, 주조와 가공에 의한 재료 조직의 불균형 및 내부응력을 감소시키기 위한 조작이다. 담금질의 온도보다 조금 높게 가열한 다음 공기 중에 냉각시키는 방법

풀림(annealing)은 재료의 연화, 조직 개선 및 내부 응력 제거를 위한 처리방법이다. 재료를 일정온도에서 일정시간이 지난 후 서서히 냉각 시키는 방법.

199 다음 중 침탄법, 담금질법, 금속침투법, 질화법 등은 무엇을 하는 방법인가?

① 표면경화   ② 재료시험
③ 부식방지   ④ 비파괴검사

200 다음 중 복합재료의 설명 중 <u>잘못된</u> 것은?

① 기존의 재료로 얻을 수 없는 성질을 얻기 위해 성질이 다른 2개 이상의 재료들을 물리적(기계적)으로 결합시킨 재료이다.

② 두 가지 이상의 다른 재료를 결합하여 각각이 가지는 특성보다 더 우수한 특성을 가지도록 만든 재료이다.

③ 각각의 재료로 얻을 수 없는 특성을 지니게 하며, 복합재료로서 다상의 상태이다.

④ 제작이 복잡하여 비용이 많이 들고, 유연성이 크고 진동에 약하다.

P·A·R·T

03

교통법규

필수과목

01
CHAPTER

교통안전법

01 총칙

1. 목적

(1) 법의 목적(법 제1조)

이 법은 교통안전에 관한 국가 또는 지방자치단체의 의무·추진체계 및 시책 등을 규정하고 이를 종합적·계획적으로 추진함으로써 교통안전 증진에 이바지함을 목적으로 한다.

(2) 시행령의 목적(시행령 제1조)

이 영은 교통안전법에서 위임된 사항과 그 시행에 필요한 사항을 규정함을 목적으로 한다.

2. 용어의 정의

(1) 교통수단(법 제2조제1호)

사람이 이동하거나 화물을 운송하는데 이용되는 것으로서 다음의 어느 하나에 해당하는 운송수단을 말한다.

① 도로교통법에 의한 차마 또는 노면전차, 철도산업발전 기본법에 의한 철도차량(도시철도를 포함한다) 또는 궤도운송법에 따른 궤도에 의하여 교통용으로 사용되는 용구 등 육상교통용으로 사용되는 모든 운송수단(차량이라 한다)

② 해사안전기본법에 의한 선박 등 수상 또는 수중의 항행에 사용되는 모든 운송수단(선박이라 한다)

③ 항공안전법에 의한 항공기 등 항공교통에 사용되는 모든 운송수단(항공기라 한다)

(2) 교통시설(법 제2조제2호)

도로 · 철도 · 궤도 · 항만 · 어항 · 수로 · 공항 · 비행장 등 교통수단의 운행 · 운항 또는 항행에 필요한 시설과 그 시설에 부속되어 사람의 이동 또는 교통수단의 원활하고 안전한 운행 · 운항 또는 항행을 보조하는 교통안전표지 · 교통관제시설 · 항행안전시설 등의 시설 또는 공작물을 말한다.

(3) 교통체계(법 제2조제3호)

사람 또는 화물의 이동 · 운송과 관련된 활동을 수행하기 위하여 개별적으로 또는 서로 유기적으로 연계되어있는 교통수단 및 교통시설의 이용 · 관리 · 운영체계 또는 이와 관련된 산업 및 제도 등을 말한다.

(4) 교통사업자(법 제2조제4호)

교통수단 · 교통시설 또는 교통체계를 운행 · 운항 · 설치 · 관리 또는 운영 등을 하는 자로서 다음의 어느 하나에 해당하는 자를 말한다.
① 여객자동차운수사업자, 화물자동차운수사업자, 철도사업자, 항공운송사업자, 해운업자 등 교통수단을 이용하여 운송 관련 사업을 영위하는 자(교통수단 운영자라 한다)
② 교통시설을 설치 · 관리 또는 운영하는 자(교통시설설치 · 관리자라 한다)
③ 교통수단 운영자 및 교통시설설치 · 관리자 외에 교통수단 제조사업자, 교통관련 교육 · 연구 · 조사기관 등 교통수단 · 교통시설 또는 교통체계와 관련된 영리적 · 비영리적 활동을 수행하는 자

(5) 지정행정기관(법 제2조제5호)

교통수단 · 교통시설 또는 교통체계의 운행 · 운항 · 설치 또는 운영 등에 관하여 지도 · 감독을 행하거나 관련 법령 · 제도를 관장하는 정부조직법에 의한 중앙행정기관으로서 대통령령으로 정하는 행정기관을 말한다.

지정행정기관(시행령 제2조)
기획재정부, 교육부, 법부무, 행정안전부, 문화체육관광부, 농림축산식품부, 산업통상자원부, 보건복지부, 환경부, 고용노동부, 여성가족부, 국토교통부, 해양수산부, 경찰청, 국무총리 지정 중앙행정기관

(6) 교통행정기관(법 제2조제6호)

법령에 의하여 교통수단·교통시설 또는 교통체계의 운행·운항·설치 또는 운영 등에 관하여 교통사업자에 대한 지도·감독을 행하는 지정행정기관의 장, 특별시장·광역시장·도지사·특별자치도지사(시·도지사라 한다) 또는 시장·군수·(자치)구청장을 말한다.

(7) 교통사고(법 제2조제7호)

교통수단의 운행·항행·운항과 관련된 사람의 사상 또는 물건의 손괴를 말한다.

(8) 교통수단안전점검(법 제2조제8호)

교통행정기관이 이 법 또는 관계 법령에 따라 소관 교통수단에 대하여 교통안전에 관한 위험요인을 조사·점검 및 평가하는 모든 활동을 말한다.

(9) 교통시설안전진단(법 제2조제9호)

육상교통·해상교통 또는 항공교통의 안전(교통안전이라 한다)과 관련된 조사·측정·평가 업무를 전문적으로 수행하는 교통안전 진단기관이 교통시설에 대하여 교통안전에 관한 위험요인을 조사·측정 및 평가하는 모든 활동을 말한다.

(10) 단지내 도로(시행령 제2조의2)

단지내도로는 공동주택관리법 제2조제1항제2호가목부터 라목까지의 규정에 따른 의무관리대상 공동주택단지 및 고등교육법 제2조에 따른 학교에 설치되는 통행로로서 다음의 어느 하나에 해당하는 것으로 한다.
① 차도
② 보도
③ 자전거도로

3. 국가 등의 의무

(1) 국가 등의 의무(법 제3조)

① 국가는 국민의 생명·신체 및 재산을 보호하기 위하여 교통안전에 관한 종합적인 시책을 수립하고 이를 시행하여야 한다.
② 지방자치단체는 주민의 생명·신체 및 재산을 보호하기 위하여 그 관할구역 내의 교통안전에 관한 시책을 해당 지역의 실정에 맞게 수립하고 이를 시행하여야 한다.

③ 국가 및 지방자치단체(국가등이라 한다)는 교통안전에 관한 시책을 수립·시행하는 것 외에 지역개발·교육·문화 및 법무 등에 관한 계획 및 정책을 수립하는 경우에는 교통안전에 관한 사항을 배려하여야 한다.

(2) 교통시설 설치·관리자의 의무(법 제4조)

교통시설설치·관리자는 해당 교통시설을 설치 또는 관리하는 경우 교통안전표지 그 밖의 교통안전시설을 확충·정비하는 등 교통안전을 확보하기 위한 필요한 조치를 강구하여야 한다.

(3) 교통수단 제조사업자의 의무(법 제5조)

교통수단 제조사업자는 법령에서 정하는 바에 따라 그가 제조하는 교통수단의 구조·설비 및 장치의 안전성이 향상되도록 노력하여야 한다.

(4) 교통수단 운영자의 의무(법 제6조)

교통수단 운영자는 법령에서 정하는 바에 따라 그가 운영하는 교통수단의 안전한 운행·항행·운항 등을 확보하기 위하여 필요한 노력을 하여야 한다.

(5) 차량 운전자 등의 의무(법 제7조)

① 차량을 운전하는 자 등은 법령에서 정하는 바에 따라 해당 차량이 안전운행에 지장이 없는지를 점검하고 보행자와 자전거 이용자에게 위험과 피해를 주지 아니하도록 안전하게 운전하여야 한다.
② 선박에 승선하여 항행업무 등에 종사하는 자(선박승무원등이라 한다)는 법령에서 정하는 바에 따라 해당 선박이 출항하기 전에 검사를 행하여야 하며, 기상조건·해상조건·항로표지 및 사고의 통보 등을 확인하고 안전운항을 하여야 한다.
③ 항공기에 탑승하여 그 운항업무 등에 종사하는 자(항공승무원등이라 한다)는 법령에서 정하는 바에 따라 해당 항공기의 운항 전 확인 및 항행안전시설의 기능장애에 관한 보고 등을 행하고 안전운항을 하여야 한다.

(6) 보행자의 의무(법 제8조)

보행자는 도로를 통행할 때 법령을 준수하여야 하고, 육상교통에 위험과 피해를 주지 아니하도록 노력하여야 한다.

4. 재정 및 금융 조치

(1) 재정 · 금융상 필요조치 강구(법 제9조제1항)

국가 등은 교통안전에 관한 시책의 원활한 실시를 위하여 예산의 확보, 재정지원 등 재정 · 금융상의 필요한 조치를 강구하여야 한다.

(2) 교통안전장치 장착 지원(법 제9조제2항)

국가등은 이 법에 따라 다음의 어느 하나에 해당하는 자에게 교통안전장치 장착을 의무화할 경우 이에 따른 비용을 대통령령으로 정하는 바에 따라 지원할 수 있다.

① 여객자동차 운수사업법에 따른 여객자동차운송사업자

② 화물자동차 운수사업법에 따른 화물자동차 운송사업자 또는 화물자동차 운송가맹사업자

③ 도로교통법 제52조에 따른 어린이통학버스(제55조제1항제1호에 따라 운행기록장치를 장착한 차량은 제외한다) 운영자

---

02 교통안전 기본계획

1. 국가교통안전기본계획

(1) 국가교통안전기본계획 수립(법 제15조제1항)

국토교통부장관은 국가의 전반적인 교통안전수준의 향상을 도모하기 위하여 교통안전에 관한 기본계획(국가교통안전기본계획이라 한다)을 5년 단위로 수립하여야 한다.

(2) 국가교통안전기본계획 포함사항(법 제15조제2항)

국가교통안전기본계획에는 다음의 사항이 포함되어야 한다.

① 교통안전에 관한 중 · 장기 종합정책방향

② 육상교통 · 해상교통 · 항공교통 등 부문별 교통사고의 발생현황과 원인의 분석

③ 교통수단 · 교통시설별 교통사고 감소목표

④ 교통안전지식의 보급 및 교통문화 향상목표

⑤ 교통안전정책의 추진성과에 대한 분석 · 평가

⑥ 교통안전정책의 목표달성을 위한 부문별 추진전략

⑦ 고령자, 어린이 등 교통약자의 이동편의 증진법에 따른 교통약자의 교통사고 예방에 관한 사항

⑧ 부문별 · 기관별 · 연차별 세부 추진계획 및 투자계획

⑨ 교통안전표지 · 교통관제시설 · 항행안전시설 등 교통안전시설의 정비 · 확충에 관한 계획

⑩ 교통안전 전문인력의 양성

⑪ 교통안전과 관련된 투자사업계획 및 우선순위

⑫ 지정행정기관별 교통안전대책에 대한 연계와 집행력 보완방안

⑬ 그 밖에 교통안전수준의 향상을 위한 교통안전시책에 관한 사항

(3) 국가교통안전기본계획 수립절차

1) 수립지침의 작성 및 통보(법 제15조제3항, 시행령 제10조제1항)

국토교통부장관은 국가교통안전기본계획의 수립 또는 변경을 위한 지침(수립지침이라 한다)을 작성하여 계획연도 시작 전전년도 6월 말까지 지정행정기관의 장에게 통보하여야 한다.

2) 소관별 교통안전계획안 작성 및 제출(시행령 제10조제2항)

지정행정기관의 장은 수립지침에 따라 소관별 교통안전에 관한 계획안을 작성하여 계획연도 시작 전년도 2월 말까지 국토교통부장관에게 제출하여야 한다.

3) 국가교통안전기본계획안의 종합 · 조정(시행령 제10조제3항)

국토교통부장관은 소관별 교통안전에 관한 계획안을 종합 · 조정하여 계획연도 시작 전년도 6월 말까지 국가교통안전기본계획을 확정하여야 한다. 소관별 교통안전에 관한 계획안을 종합 · 조정하는 경우에는 다음 사항을 검토하여야 한다.

㉠ 정책목표

㉡ 정책과제의 추진시기

㉢ 투자규모

㉣ 정책과제의 추진에 필요한 해당 기관별 협의사항

4) 국가교통위원회의 심의 및 확정(법 제15조제3항)

국토교통부장관은 제출받은 소관별 교통안전에 관한 계획안을 종합 · 조정하여 국가교통안전기본계획안을 작성한 후 국가교통위원회의 심의를 거쳐 이를 확정한다.

5) 확정된 국가교통안전기본계획의 통보 및 공고(시행령 제10조제4항)

국토교통부장관은 국가교통안전기본계획을 확정한 경우에는 확정한 날부터 20일 이내에 지정행정기관의 장과 시·도지사에게 이를 통보하고, 이를 공고하여야 한다.

국가교통안전기본계획 수립절차(법 제15조, 시행령 제10조)		
순서	내용	기한
1	국토교통부장관 수립지침 작성하여 지정행정기관장에게 통보	계획년도 시작 전전년도 6월말
2	지정행정기관장 소관별 계획안 국토교통부장관에게 제출	계획년도 시작 전년도 2월말
3	국토교통부장관 소관별 계획안 종합·조정하여 국가교통안전 기본계획안 작성	
4	국가교통안전기본계획안 국가교통위원회 심의 및 확정	계획년도 시작 전년도 6월말
5	국토교통부장관 확정된 국가교통안전기본계획을 지정행정기관 장과 시·도지사에게 통보	확정한 날부터 20일 이내

(4) 국가교통안전기본계획 변경 절차(법 제15조제6항, 시행령 제11조)

확정된 국가교통안전기본계획을 변경하는 경우에 수립절차를 준용한다. 다만, 대통령령으로 정하는 경미한 사항을 변경하는 경우에는 그러하지 아니하다.

① 국가교통안전기본계획 또는 국가교통안전시행계획에서 정한 부문별 사업규모를 100분의 10 이내의 범위에서 변경하는 경우

② 국가교통안전기본계획 또는 국가교통안전시행계획에서 정한 시행기한의 범위에서 단위 사업의 시행시기를 변경하는 경우

③ 계산 착오, 오기, 누락, 그 밖에 국가교통안전기본계획 또는 국가교통안전시행계획의 기본방향에 영향을 미치지 아니하는 사항으로서 그 변경 근거가 분명한 사항을 변경하는 경우

2. 국가교통안전시행계획

(1) 국가교통안전시행계획의 수립 절차

1) 소관별 교통안전시행계획안 수립·제출(법 제16조제1항, 시행령 제12조제1항)

지정행정기관의 장은 다음 연도의 소관별 교통안전시행계획안을 수립하여 매년 10월말까지 국토교통부장관에게 제출하여야 한다.

2) 소관별 교통안전시행계획안 종합 · 조정(법 제16조제2항, 시행령 제12조제2항)

국토교통부장관은 제출받은 소관별 교통안전시행계획안을 국가교통안전기본계획에 따라 종합 · 조정하여 국가교통안전시행계획안을 작성한 후 국가교통위원회의 심의를 거쳐 이를 확정한다. 소관별 교통안전시행계획안 종합 · 조종할 때에는 다음 사항을 검토하여야 한다.

㉠ 국가교통안전기본계획과의 부합 여부

㉡ 기대 효과

㉢ 소요예산의 확보 가능성

3) 확정된 국가교통안전시행계획 통보 및 공고(법 제16조제3항, 시행령 제12조제3항)

국토교통부장관은 국가교통안전시행계획을 12월 말까지 확정하여 지정행정기관의 장과 시 · 도지사에게 통보하고 이를 공고하여야 한다.

국가교통안전시행계획 수립절차(법 제16조, 시행령 제12조)		
순서	내용	기한
1	지정행정기관장 소관별 시행계획안 국토교통부장관에게 제출	매년 10월 말
2	국토교통부장관 소관별 시행계획안 종합·조정하여 국가교통안전시행계획안 작성	–
3	국가교통안전시행계획안 국가교통위원회 심의 및 확정	매년 12월 말
4	국토교통부장관 확정된 국가교통안전기본계획을 지정행정기관장과 시 · 도지사에게 통보하고 공고	–

(2) 국가교통안전시행계획의 변경 절차(법 제16조제4항, 시행령 제11조)

국가교통안전시행계획의 변경은 수립절차에 관한 규정을 준용한다. 다만, 경미한 사항을 변경하는 경우에는 그러하지 아니하다.

① 국가교통안전기본계획 또는 국가교통안전시행계획에서 정한 부문별 사업규모를 100분의 10 이내의 범위에서 변경하는 경우

② 국가교통안전기본계획 또는 국가교통안전시행계획에서 정한 시행기한의 범위에서 단위 사업의 시행시기를 변경하는 경우

③ 계산 착오, 오기, 누락, 그 밖에 국가교통안전기본계획 또는 국가교통안전시행계획의 기본방향에 영향을 미치지 아니하는 사항으로서 그 변경 근거가 분명한 사항을 변경하는 경우

3. 지역교통안전기본계획

(1) 지역교통안전기본계획의 수립(법 제17조제1항)

시 · 도지사는 국가교통안전기본계획에 따라 시 · 도의 교통안전에 관한 기본계획을 5년 단위로 수립하여야 하며, 시장 · 군수 · 구청장은 시 · 도교통안전기본계획에 따라 시 · 군 · 구의 교통안전에 관한 기본계획을 5년 단위로 수립하여야 한다.

(2) 지역교통안전기본계획 포함사항(시행령 제13조제1항)

① 해당 지역의 육상교통안전에 관한 중 · 장기 종합정책방향
② 그 밖에 육상교통안전 수준을 향상하기 위한 교통안전시책에 관한 사항

지역교통안전기본계획의 수립(법 제17조, 시행령 제13조)			
구분	수립의무자	수립기준	수립단위
시 · 도교통안전기본계	시 · 도지사	국가교통안전기본계획	5년
시 · 군 · 구교통안전기본계획	시장 · 군수 · 구청장	시 · 도교통안전기본계획	5년

(3) 지역교통안전기본계획 수립절차

1) 수립지침의 작성 및 통보(법 제17조제2항)

국토교통부장관 또는 시 · 도지사는 시 · 도교통안전기본계획 또는 시 · 군 · 구교통안전기본계획의 수립에 관한 지침을 작성하여 시 · 도지사 및 시장 · 군수 · 구청장에게 통보할 수 있다(임의적).

2) 심의 및 확정(법 제17조제3항, 시행령 제13조제2항)

㉠ 시 · 도지사가 시 · 도교통안전기본계획을 수립한 때에는 지방교통위원회의 심의를 거쳐 이를 확정하고, 시장 · 군수 · 구청장이 시 · 군 · 구교통안전기본계획을 수립한 때에는 시 · 군 · 구교통안전위원회의 심의를 거쳐 이를 확정한다.

㉡ 시 · 도지사 및 시장 · 군수 · 구청장은 각각 계획연도 시작 전년도 10월 말까지 시 · 도교통안전기본계획 또는 시 · 군 · 구교통안전기본계획을 확정하여야 한다.

3) 제출 및 공고(법 제17조제4항, 시행령 제13조제3항)

㉠ 시 · 도지사는 시 · 도교통안전기본계획을 확정한 때에는 확정한 날부터 20일 이내에 국토교통부장관에게 제출한 후 이를 공고하여야 한다.

㉡ 시장 · 군수 · 구청장은 시 · 군 · 구교통안전기본계획을 확정한 때에는 확정한 날부터 20일 이내에 시 · 도지사에게 제출한 후 이를 공고하여야 한다.

지역교통안전기본계획 수립절차(법 제17조, 시행령 제13조)			
구분	심의 · 확정	제출 · 공고	기한
시 · 도교통 안전기본계획	시 · 도지사 지방교통위원회 심의 · 확정	확정일부터 20일 이내 국토교통부장관에게 제출	시작 전년도 10월 말
시 · 군 · 구교통 안전기본계획	시장 · 군수 · 구청장 시 · 군 · 구교통위원회 심의 · 확정	확정일부터 20일 이내 시 · 도지사에게 제출	시작 전년도 10월 말

(4) 지역교통안전기본계획 변경 절차(법 제17조제5항, 시행령 제13조제4항)

① 시 · 도지사 또는 시장 · 군수 · 구청장은 지역교통안전기본계획을 수립하거나 변경하고자 할 때에는 지방교통위원회 또는 시 · 군 · 구교통안전위원회의 심의 전에 주민 및 관계 전문가로부터 의견을 들어야 한다. 다만, 국토교통부령으로 정하는 경미한 사항을 변경하고자 하는 경우에는 그러하지 아니하다.

② 시 · 도지사등은 주민 및 관계 전문가의 의견을 들으려는 경우에는 시 · 도교통안전기본계획안 또는 시 · 군 · 구교통안전기본계획안(지역교통안전기본계획안이라 한다)의 주요 내용을 해당 관할 지역을 주된 보급지역으로 하는 2개 이상의 일간신문과 해당 지방자치단체의 인터넷 홈페이지에 공고하고 일반인이 14일 이상 열람할 수 있도록 해야 한다. 이 경우 시 · 도지사등은 충분한 의견을 수렴하기 위하여 필요한 경우에는 공청회를 개최할 수 있다.

③ 공고된 지역교통안전기본계획안의 내용에 대하여 의견이 있는 자는 열람기간 내에 시 · 도지사등에게 의견서를 제출할 수 있다.

④ 시 · 도지사등은 전항에 따라 제출된 의견을 지역교통안전기본계획에 반영할 것인지를 검토하고, 그 결과를 열람기간이 끝난 날부터 60일 이내에 해당 의견서를 제출한 자에게 통보해야 한다.

4. 지역교통안전시행계획

(1) 지역교통안전시행계획의 수립(법 제18조제1항, 시행령 제14조제1항)

① 시 · 도지사 및 시장 · 군수 · 구청장은 소관 지역교통안전기본계획을 집행하기 위하여 시 · 도교통안전시행계획과 시 · 군 · 구교통안전시행계획(지역교통안전시행계획이라 한다)을 매년 수립 · 시행하여야 한다.

② 시 · 도지사등은 각각 다음 연도의 시 · 도교통안전시행계획 또는 시 · 군 · 구교통안전시행계획(지역교통안전시행계획이라 한다)을 12월 말까지 수립하여야 한다.

지역교통안전시행계획의 수립(법 제18조, 시행령 제14조)			
구분	수립의무자	수립목적	수립단위
시·도교통안전시행계획	시·도지사	소관 지역교통안전기본계획 집행	매년
시·군·구교통안전시행계획	시장·군수·구청장	소관 지역교통안전기본계획 집행	매년

(2) 지역교통안전시행계획의 수립 절차(법 제18조제2항)

시·도지사는 시·도교통안전시행계획을 수립한 때에는 국토교통부장관에게 제출한 후 이를 공고하여야 하며, 시장·군수·구청장은 시·군·구교통안전시행계획을 수립한 때에는 시·도지사에게 제출한 후 이를 공고하여야 한다.

지역교통안전시행계획 수립절차(법 제18조, 시행령 제14조)		
구분	제출·공고	수립 기한
시·군·구 교통안전시행계획	매년 1월 말까지 시·도지사에게 제출한 후 공고	시작 전년도 12월 말
시·도 교통안전시행계획	매년 2월 말까지 국토교통부장관에게 제출한 후 공고	시작 전년도 12월 말

(3) 교통안전시행계획의 추진실적 제출 및 평가(시행령 제14조, 제15조)

① 시장·군수·구청장은 시·군·구교통안전시행계획과 전년도의 시·군·구교통안전시행계획 추진실적을 매년 1월 말까지 시·도지사에게 제출하여야 한다.

② 시·도지사는 이를 종합·정리하여 그 결과를 시·도교통안전시행계획 및 전년도의 시·도교통안전시행계획 추진실적과 함께 매년 2월 말까지 국토교통부장관에게 제출하여야 한다.

③ 지정행정기관의 장은 전년도의 소관별 국가교통안전시행계획 추진실적을 매년 3월 말까지 국토교통부장관에게 제출하여야 한다.

교통안전시행계획 추진실적 제출(시행령 제14조, 제15조)			
제출자	제출처	제출내용	제출 기한
시장·군수· 구청장	시·도지사	전년도의 시·군·구교통안전시행계획 추진실적 + 시·군·구교통안전시행계획	매년 1월 말
시·도지사	국토교통부장관	전년도의 시·군·구교통안전시행계획 추진실적 + 전년도의 시·도교통안전시행계획 추진실적 + 시·도교통안전시행계획	매년 2월 말
지정행정기관의 장	국토교통부장관	전년도의 소관별 국가교통안전시행계획 추진실적	매년 3월 말

(4) 지역교통안전시행계획의 추진실적에 포함되어야 할 세부사항(시행규칙 제3조)

시 · 도교통안전시행계획 또는 시 · 군 · 구교통안전시행계획의 추진실적에 포함되어야 하는 세부사항은 다음과 같다.

① 지역교통안전시행계획의 단위 사업별 추진실적(예산사업에는 사업량과 예산집행실적을 포함하고, 계획미달사업에는 그 사유와 대책을 포함한다)

② 지역교통안전시행계획의 추진상 문제점 및 대책

③ 교통사고 현황 및 분석

㉮ 연간 교통사고 발생건수 및 사상자 내역

㉯ 교통수단별 · 교통시설별(관리청이 다른 경우 따로 구분한다) 교통안전정책 목표 달성 여부

㉰ 교통약자에 대한 교통안전정책 목표 달성 여부

㉱ 교통사고의 분석 및 대책

㉲ 교통문화지수 향상을 위한 노력

㉳ 그 밖에 지역교통안전 수준의 향상을 위하여 각 지역별로 추진한 시책의 실적

5. 교통시설 설치 · 관리자 등의 교통안전관리규정

(1) 교통안전관리규정의 수립 및 제출(법 제21조제1항)

대통령령으로 정하는 교통시설설치 · 관리자 및 교통수단 운영자(교통시설설치 · 관리자등이라 한다)는 그가 설치 · 관리하거나 운영하는 교통시설 또는 교통수단과 관련된 교통안전을 확보하기 위하여 다음의 사항을 포함한 규정(교통안전관리규정이라 한다)을 정하여 관할교통행정기관에 제출하여야 한다. 이를 변경한 때에도 또한 같다.

1) 교통시설설치 · 관리자등의 범위(시행령 제16조, 별표 1)

• 교통시설 설치 · 관리자

교통시설	설치 · 관리자
도로	1. 한국도로공사 2. 관리청의 허가를 받아 도로공사를 시행하거나 유지하는 관리청이 아닌 자 3. 유료도로를 신설 또는 개축하여 통행료를 받는 비도로관리청 4. 도로 및 도로부속물에 대하여 민간투자사업을 시행하고 이를 관리 · 운영하는 민간투자법인

- 교통수단 운영자

교통수단	운영자
자동차	다음 중 어느 하나에 해당하는 자 중 사업용으로 20대 이상의 자동차(피견인 자동차는 제외한다)를 사용하는 자 1. 여객자동차운수사업법에 따라 여객자동차운송사업의 면허를 받거나 등록을 한 자 2. 여객자동차운수사업법에 따라 여객자동차운수사업의 관리를 위탁받은 자 3. 여객자동차운수사업법에 따라 자동차대여사업의 등록을 한 자 4. 화물자동차운수사업법에 따라 일반화물자동차운송사업의 허가를 받은 자
궤도	궤도운송법에 따라 궤도사업의 허가를 받은 자 또는 전용궤도의 승인을 받은 전용궤도운영자

(2) 교통안전관리규정에 포함되어야 할 사항(법 제21조제1항, 시행령 제18조)

① 교통안전의 경영지침에 관한 사항

② 교통안전목표 수립에 관한 사항

③ 교통안전 관련 조직에 관한 사항

④ 교통안전담당자 지정에 관한 사항

⑤ 안전관리대책의 수립 및 추진에 관한 사항

⑥ 그 밖에 교통안전에 관한 중요 사항으로서 대통령령으로 정하는 사항

　㉮ 교통안전과 관련된 자료 · 통계 및 정보의 보관 · 관리에 관한 사항

　㉯ 교통시설의 안전성 평가에 관한 사항

　㉰ 사업장에 있는 교통안전 관련 시설 및 장비에 관한 사항

　㉱ 교통수단의 관리에 관한 사항

　㉲ 교통업무에 종사하는 자의 관리에 관한 사항

　㉳ 교통안전의 교육 · 훈련에 관한 사항

　㉴ 교통사고 원인의 조사 · 보고 및 처리에 관한 사항

　㉵ 그 밖에 교통안전관리를 위하여 국토교통부장관이 따로 정하는 사항

(3) 교통안전관리규정 제출 시기(시행령 제17조, 시행규칙 제4조)

교통시설 설치 · 관리자등이 교통안전관리규정을 제출하여야 하는 시기는 다음의 구분에 따른다.

① 교통시설설치 · 관리자: 별표 1 제1호의 어느 하나에 해당하게 된 날부터 6개월 이내

② 교통수단 운영자: 별표 1 제2호의 어느 하나에 해당하게 된 날부터 1년의 범위에서 국토교통부령으로 정하는 기간 이내

③ 교통시설설치 · 관리자등은 교통안전관리규정을 변경한 경우에는 변경한 날부터 3개

월 이내에 변경된 교통안전관리규정을 관할 교통행정기관에 제출하여야 한다.

(4) 교통안전관리규정의 검토 등(시행령 제19조)

교통행정기관은 교통시설설치 · 관리자등이 제출한 교통안전관리규정이 적정하게 작성되었는지를 검토하여야 한다.

검토결과의 구분	내용
적합	교통안전에 필요한 조치가 구체적이고 명료하게 규정되어 있어 교통시설 또는 교통수단의 안전성이 충분히 확보되어 있다고 인정되는 경우
조건부 적합	교통안전의 확보에 중대한 문제가 있지는 아니하지만 부분적으로 보완이 필요하다고 인정되는 경우
부적합	교통안전의 확보에 중대한 문제가 있거나 교통안전관리규정 자체에 근본적인 결함이 있다고 인정되는 경우

(5) 교통안전관리규정의 준수 등(법 제21조제2항, 제3항, 제4항, 시행규칙 제5조)

① 교통시설설치 · 관리자등은 교통안전관리규정을 준수하여야 한다.

② 교통행정기관은 국토교통부령으로 정하는 바에 따라 교통시설설치 · 관리자등이 교통안전관리규정을 준수하고 있는지의 여부를 확인하고 이를 평가하여야 한다.

③ 교통행정기관은 교통안전을 확보하기 위하여 필요하다고 인정하는 때에는 교통안전관리규정의 변경을 명할 수 있다. 이 경우 변경명령을 받은 교통시설설치 · 관리자등은 특별한 사유가 없으면 그 명령을 따라야 한다.

④ 교통안전관리규정 준수 여부의 확인 · 평가는 교통안전관리규정을 제출한 날을 기준으로 매 5년이 지난 날의 전후 100일 이내에 실시한다.

03 교통안전에 관한 기본시책

(1) 교통수단의 안전운행 등의 확보(법 제24조)

① 국가등은 차량의 운전자, 선박승무원등 및 항공승무원등(운전자등이라 한다)이 해당 교통수단을 안전하게 운행할 수 있도록 필요한 교육을 받도록 하여야 한다.

② 국가등은 운전자등의 자격에 관한 제도의 합리화, 교통수단 운행체계의 개선, 운전자등의 근무조건의 적정화와 복지향상 등을 위하여 필요한 시책을 강구하여야 한다.

(2) 교통안전에 관한 정보의 수집 · 전파(법 제25조)

국가등은 기상정보 등 교통안전에 관한 정보를 신속하게 수집 · 전파하기 위하여 기상관측망과 통신시설의 정비 및 확충 등 필요한 시책을 강구하여야 한다.

(3) 교통수단의 안전성 향상(법 제26조)

국가등은 교통수단의 안전성을 향상시키기 위하여 교통수단의 구조 · 설비 및 장비 등에 관한 안전상의 기술적 기준을 개선하고 교통수단에 대한 검사의 정확성을 확보하는 등 필요한 시책을 강구하여야 한다.

(4) 교통질서의 유지(법 제27조)

국가등은 교통질서를 유지하기 위하여 교통질서 위반자에 대한 단속 등 필요한 시책을 강구하여야 한다.

(5) 위험물의 안전운송(법 제28조)

국가등은 위험물의 안전운송을 위하여 운송 시설 및 장비의 확보와 그 운송에 관한 제반기준의 제정 등 필요한 시책을 강구하여야 한다.

(6) 긴급 시의 구조체제의 정비 등(법 제29조)

① 국가등은 교통사고 부상자에 대한 응급조치 및 의료의 충실을 도모하기 위하여 구조체제의 정비 및 응급의료시설의 확충 등 필요한 시책을 강구하여야 한다.
② 국가등은 해양사고 구조의 충실을 도모하기 위하여 해양사고 발생정보의 수집체제 및 해양사고 구조체제의 정비 등 필요한 시책을 강구하여야 한다.

(7) 손해배상의 적정화(법 제30조)

국가등은 교통사고로 인한 피해자(그 유족을 포함한다)에 대한 손해배상의 적정화를 위하여 손해배상보장제도의 충실 등 필요한 시책을 강구하여야 한다.

(8) 과학기술의 진흥 등(법 제31조)

① 국가등은 교통안전에 관한 과학기술의 진흥을 위한 시험연구체제를 정비하고 연구 · 개발을 추진하며 그 성과의 보급 등 필요한 시책을 강구하여야 한다.
② 국가등은 교통사고 원인을 과학적으로 규명하기 위하여 교통체계등에 관한 종합적인 연구 · 조사의 실시 등 필요한 시책을 강구하여야 한다.

(9) 교통안전에 관한 시책 강구상의 배려(법 제32조)

국가등은 교통안전에 관한 시책을 강구할 때 국민생활을 부당하게 침해하지 아니하도록 배려하여야 한다.

04 교통안전에 관한 세부시책

1. 교통수단안전점검

(1) 교통수단안전점검의 실시(법 제33조제1항)

교통행정기관은 소관 교통수단에 대한 교통안전 실태를 파악하기 위하여 주기적으로 또는 수시로 교통수단안전점검을 실시할 수 있다(임의적).

(2) 교통수단안전점검의 대상(시행령 제20조)

교통수단 안전점검의 대상은 다음과 같다.

① 여객자동차 운수사업법에 따른 여객자동차운송사업자가 보유한 자동차 및 그 운영에 관련된 사항

② 화물자동차 운수사업법에 따른 화물자동차 운송사업자가 보유한 자동차 및 그 운영에 관련된 사항

③ 건설기계관리법에 따른 건설기계사업자가 보유한 건설기계(도로교통법에 따른 운전면허를 받아야 하는 건설기계에 한정한다) 및 그 운영에 관련된 사항

④ 철도사업법에 따른 철도사업자 및 전용철도운영자가 보유한 철도차량 및 그 운영에 관련된 사항

⑤ 도시철도법에 따른 도시철도운영자가 보유한 철도차량 및 그 운영에 관련된 사항

⑥ 항공사업법에 따른 항공운송사업자가 보유한 항공기(군용항공기 등과 국가기관등항공기는 제외한다) 및 그 운영에 관련된 사항

⑦ 그 밖에 국토교통부령으로 정하는 어린이 통학버스 및 위험물 운반자동차 등 교통수단안전점검이 필요하다고 인정되는 자동차 및 그 운영에 관련된 사항(시행규칙 제6조)

㉮ 도로교통법 제2조제23호에 따른 어린이통학버스

㉯ 고압가스 안전관리법 시행령 제2조에 따른 고압가스를 운송하기 위하여 필요한 탱크를 설치한 화물자동차(그 화물자동차가 피견인자동차인 경우에는 연결된 견인자동차를 포함한다)

ⓓ 위험물안전관리법 시행령 제3조에 따른 지정수량 이상의 위험물을 운반하기 위하여
필요한 탱크를 설치한 화물자동차(그 화물자동차가 피견인자동차인 경우에는 연결된 견인자
동차를 포함한다)

ⓔ 화학물질관리법 제2조제7호에 따른 유해화학물질을 운반하기 위하여 필요한 탱크를
설치한 화물자동차(그 화물자동차가 피견인자동차인 경우에는 연결된 견인자동차를 포함한다)

ⓕ 쓰레기 운반전용의 화물자동차

ⓖ 피견인자동차와 긴급자동차를 제외한 최대적재량 8톤 이상의 화물자동차

(3) 교통수단 개선대책 수립 및 시행 등(법 제33조제2항)

교통행정기관은 교통수단안전점검을 실시한 결과 교통안전을 저해하는 요인이 발견된
경우 그 개선대책을 수립·시행하여야 하며, 교통수단 운영자에게 개선사항을 권고할 수
있다.

(4) 교통수단 안전점검의 실시 절차(법 제33조)

① 교통행정기관은 교통수단안전점검을 효율적으로 실시하기 위하여 관련 교통수단 운
영자로 하여금 필요한 보고를 하게 하거나 관련 자료를 제출하게 할 수 있으며, 필요
한 경우 소속 공무원으로 하여금 교통수단 운영자의 사업장 등에 출입하여 교통수단
또는 장부·서류나 그 밖의 물건을 검사하게 하거나 관계인에게 질문하게 할 수 있
다.

② 소속 공무원이 사업장을 출입하여 검사하려는 경우에는 출입·검사 7일 전까지 검사
일시·검사이유 및 검사내용 등을 포함한 검사계획을 교통수단 운영자에게 통지하여
야 한다. 다만, 증거인멸 등으로 검사의 목적을 달성할 수 없다고 판단되는 경우에는
검사일에 검사계획을 통지할 수 있다.

③ 출입·검사를 하는 공무원은 그 권한을 표시하는 증표를 내보이고 성명·출입시간
및 출입목적 등이 표시된 문서를 교부하여야 한다.

④ 국토교통부장관은 대통령령으로 정하는 교통수단과 관련하여 대통령령으로 정하는
기준 이상의 교통사고가 발생한 경우 해당 교통수단에 대하여 교통수단안전점검을
실시하여야 한다.

⑤ 국토교통부장관은 교통수단안전점검을 실시한 결과 교통안전을 저해하는 요인이 발
견된 경우에는 그 결과를 소관 교통행정기관에 통보하여야 한다.

⑥ 교통수단안전점검 결과를 통보받은 교통행정기관은 교통안전 저해요인을 제거하기
위하여 필요한 조치를 하고 국토교통부장관에게 그 조치의 내용을 통보하여야 한다.

의무적 교통수단안전점검 대상 교통수단(법 제33조제6항, 시행령 제20조제2항)

1. 여객자동차운송사업의 면허를 받거나 등록을 한 자가 보유한 교통수단(수요응답형 여객자동차운송사업자 및 개인택시운송사업자 등 자동차 보유 대수가 1대인 운송사업자는 제외한다)
2. 화물자동차 운송사업의 허가를 받은 자가 보유한 교통수단(자동차 보유 대수가 1대인 운송사업자는 제외한다)

대통령령으로 정하는 기준 이상의 교통사고(법 제33조제6항, 시행령 제20조제3항)

1. 1건의 사고로 사망자가 1명 이상 발생한 교통사고
2. 1건의 사고로 중상자가 2명 이상 발생한 교통사고
3. 자동차를 20대 이상 보유한 제2항 각 호의 어느 하나에 해당하는 자의 별표 3의2에 따른 교통안전도 평가지수가 국토교통부령으로 정하는 기준을 초과하여 발생한 교통사고

교통안전도 평가지수(시행령 제20조제3항제3호 관련 별표 3의2)

$$교통안전도\ 평가지수 = \frac{(교통사고발생건수 \times 0.4) + (교통사고사상자수 \times 0.6)}{자동차등록(면허)대수} \times 10$$

비고
1. 교통사고는 직전연도 1년간의 교통사고를 기준으로 하며, 다음과 같이 구분한다.
    가. 사망사고: 교통사고가 주된 원인이 되어 교통사고 발생 시부터 30일 이내에 사람이 사망한 사고
    나. 중상사고: 교통사고로 인하여 다친 사람이 의사의 최초 진단 결과 3주 이상의 치료가 필요한 상해를 입은 사고
    다. 경상사고: 교통사고로 인하여 다친 사람이 의사의 최초 진단 결과 5일 이상 3주 미만의 치료가 필요한 상해를 입은 사고
2. 교통사고 발생건수 및 교통사고 사상자 수 산정 시 경상사고 1건 또는 경상자 1명은 '0.3', 중상사고 1건 또는 중상자 1명은 '0.7', 사망사고 1건 또는 사망자 1명은 '1'을 각각 가중치로 적용하되, 교통사고 발생건수의 산정 시, 하나의 교통사고로 여러 명이 사망 또는 상해를 입은 경우에는 가장 가중치가 높은사고를 적용한다.

(5) 교통수단 안전점검의 항목(시행령 제20조제4항)

① 교통수단의 교통안전 위험요인 조사

② 교통안전 관계 법령의 위반 여부 확인

③ 교통안전관리규정의 준수 여부 점검

④ 그 밖에 국토교통부장관이 관계 교통행정기관의 장과 협의하여 정하는 사항

(6) 교통안전 특별실태조사의 실시 등

1) 특별실태조사(법 제33조의2, 시행령 제21조의3)

㉠ 지정행정기관의 장은 교통사고가 자주 발생하는 등 교통안전이 취약한 시 · 군 · 구에 대하여 필요하다고 인정하는 경우 해당 시 · 군 · 구의 교통체계에 대한 특별실태조사를 할 수 있다.

㉡ 지정행정기관의 장은 특별실태조사를 실시한 결과 교통안전의 확보를 위하여 필요하다고 인정하는 경우에는 관할 교통행정기관에 대하여 교통시설 등의 교통체계를 개선할 것을 권고할 수 있다.

ⓒ 지정행정기관의 장의 개선권고를 받은 관할 교통행정기관은 이행계획서를 작성하여 지정행정기관의 장에게 제출하여야 하고, 지정행정기관의 장은 이를 이행하는지 확인 또는 점검하여야 한다.

ⓔ 관할 교통행정기관은 이행계획서 및 이행결과보고서를 다음 각 호의 구분에 따라 지정행정기관의 장에게 제출하여야 한다.

㉮ 이행계획서: 개선권고를 받은 날부터 3개월 이내

㉯ 이행결과보고서: 매년 2월 말까지(이행계획서를 제출한 날이 속하는 연도의 다음 연도부터 지정행정기관의 장이 개선권고에 관한 이행이 완료되었다고 판단하는 날이 속하는 연도까지로 한정한다)

2) 특별실태조사의 대상, 절차, 방법(시행규칙 제7조의3)

㉠ 특별실태조사는 교통문화지수가 하위 100분의 20 이내인 시·군·구를 대상으로 한다.

ⓛ 지정행정기관의 장은 특별실태조사를 위하여 교통안전 관련 전문가로 하여금 교통안전이 취약한 지역에 대한 현장조사를 실시하도록 할 수 있다.

2. 교통시설안전진단

(1) 교통시설설치자의 의무(법 제34조제1항, 제2항)

① 대통령령으로 정하는 일정 규모 이상의 도로·철도·공항의 교통시설을 설치하려는 자(교통시설설치자라 한다)는 해당 교통시설의 설치 전에 등록한 교통안전진단기관에 의뢰하여 교통시설안전진단을 받아야 한다.

② 교통시설안전진단을 받은 교통시설설치자는 해당 교통시설에 대한 공사계획 또는 사업계획 등에 대한 승인·인가·허가·면허 또는 결정 등(승인등이라 한다)을 받아야 하거나 신고 등을 하여야 하는 경우에는 대통령령으로 정하는 바에 따라 교통안전진단기관이 작성·교부한 교통시설안전진단보고서를 관련서류와 함께 관할 교통행정기관에 제출하여야 한다.

교통시설안전진단을 받아야 하는 교통시설(시행령 제22조 관련, 별표 2)	
도로	1. 일반국도·고속국도: 총 길이 5km 이상 2. 특별시도·광역시도·지방도: 총 길이 3km 이상 3. 시도·군도·구도: 총 길이 1km 이상
철도	1. 철도의 건설: 1개소 이상의 정거장을 포함하는 총 길이 1km 이상 2. 도시철도의 건설: 1개소 이상의 정거장을 포함하는 총 길이 1km 이상
공항	비행장 또는 공항의 신설: 연간 여객처리능력이 10만 명 이상

(2) 교통시설설치 · 관리자의 의무(법 제34조 제3항, 제4항, 제5항, 제6항)

① 대통령령으로 정하는 교통시설의 교통시설설치 · 관리자는 해당 교통시설의 사용 개시 전에 교통안전진단기관에 의뢰하여 교통시설안전진단을 받아야 한다.

② 교통시설안전진단을 받은 교통시설설치 · 관리자는 해당 교통시설의 사용 개시 전에 대통령령으로 정하는 바에 따라 교통안전진단기관이 작성 · 교부한 교통시설안전진단보고서를 관할 교통행정기관에 제출하여야 한다.

③ 교통행정기관은 대통령령으로 정하는 기준 이상의 교통사고가 발생한 경우에는 교통시설설치 · 관리자로 하여금 해당 교통사고 발생 원인과 관련된 교통시설에 대하여 교통안전진단기관에 의뢰하여 교통시설안전진단을 받을 것을 명할 수 있다.

대통령령으로 정하는 기준 이상의 교통사고(시행령 제25조제3항)

1. 도로: 교통시설의 결함 여부 등을 조사한 교통사고
2. 철도: 철도시설의 결함으로 1명 이상의 사망자가 발생한 교통사고
3. 공항: 공항 또는 공항시설의 결함으로 1명 이상의 사망자가 발생한 교통사고

---

④ 교통시설안전진단을 받은 교통시설설치 · 관리자는 교통안전진단기관이 작성 · 교부한 교통시설안전진단보고서를 관할 교통행정기관에 제출하여야 한다.

교통시설안전진단보고서 필수적 포함 사항(시행령 제26조)

1. 교통시설안전진단을 받아야 하는 자의 명칭 및 소재지
2. 교통시설안전진단 대상의 종류
3. 교통시설안전진단의 실시기간과 실시자
4. 교통시설안전진단 대상의 상태 및 결함 내용
5. 교통안전진단기관의 권고사항
6. 그 밖에 교통안전관리에 필요한 사항

---

(3) 교통시설안전진단의 명령(시행령 제30조)

① 교통행정기관은 교통시설안전진단을 받을 것을 명할 때에는 교통시설안전진단을 받아야 하는 날부터 30일 전까지 교통시설설치 · 관리자에게 이를 통보하여야 한다. 다만, 해당 교통시설로 인하여 교통사고를 초래할 중대한 위험요인이 있다고 인정되는 경우로서 긴급하게 교통시설안전진단을 받을 필요가 있다고 인정되는 경우에는 그 기간을 단축할 수 있다.

② 교통시설안전진단 명령은 서면으로 하여야 하며, 그 서면에는 교통시설안전진단의 대상 · 일시 및 이유를 분명하게 밝혀야 한다.

(4) 교통시설안전진단지침

1) 교통시설안전진단지침의 작성 등(법 제38조)

㉠ 국토교통부장관은 교통시설안전진단의 체계적이고 효율적인 실시를 위하여 대통령령으로 정하는 바에 따라 교통시설안전진단의 실시 항목·방법 및 절차, 교통시설안전진단을 실시하는 자의 자격 및 구성, 교통시설안전진단보고서의 작성 및 교통시설안전진단 결과의 사후 관리 등의 내용을 포함한 교통시설안전진단지침을 작성하여 이를 관보에 고시하여야 한다.

㉡ 국토교통부장관은 교통시설안전진단지침을 작성하려면 미리 관계지정행정기관의 장과 협의하여야 한다.

㉢ 교통안전진단기관은 교통시설안전진단을 실시하는 경우에는 교통시설안전진단지침에 따라야 한다.

2) 교통시설안전진단지침의 내용(시행령 제31조)

교통시설안전진단지침에는 다음의 사항이 포함되어야 한다.

㉠ 교통시설안전진단에 필요한 사전준비에 관한 사항

㉡ 교통시설안전진단 실시자의 자격 및 구성에 관한 사항

㉢ 교통시설안전진단의 대상 및 범위에 관한 사항

㉣ 교통시설안전진단의 항목에 관한 사항

㉤ 교통시설안전진단 방법 및 절차에 관한 사항

㉥ 교통시설안전진단보고서의 작성 및 사후관리에 관한 사항

㉦ 교통시설안전진단의 결과에 따른 조치에 관한 사항

㉧ 교통시설안전진단의 평가에 관한 사항

3. 교통안전진단기관

(1) 교통안전진단기관의 등록 등(법 제39조)

교통시설안전진단을 실시하려는 자는 시·도지사에게 등록하여야 한다. 이 경우 시·도지사는 국토교통부령으로 정하는 바에 따라 교통안전진단기관등록증을 발급하여야 한다.

(2) 교통안전진단기관의 요건(시행령 제32조)

시행령 별표 4

교통시설안전진단을 하려는 자는 다음의 요건을 갖추어야 한다.

① **전문인력**: 시행령 별표 4에서 정하는 전문인력 인정기준에 따른 인력으로서 국토교통부령으로 정하는 교통시설안전진단 교육·훈련과정을 마친 자

② **장비**: 교통안전에 관한 위험요인을 조사·측정하기 위하여 필요한 장비로서 국토교통부령으로 정하는 장비

교통시설안전진단 측정 장비(시행규칙 별표 1)	
도로	1. 노면 미끄럼 저항 측정기 2. 반사성능 측정기 3. 조도계 4. 평균휘도계[광원 단위 면적당 밝기의 평균 측정기] 5. 거리 및 경사 측정기 6. 속도 측정장비 7. 계수기 8. 워킹메저(walking-measure) 9. 위성항법장치(GPS) 10. 그 밖의 부대설비(컴퓨터 포함) 및 프로그램
철도	없음
공항	없음

(3) 변경사항의 신고(법 제40조, 시행규칙 제14조)

① 교통안전진단기관은 등록사항 중 대통령령으로 정하는 사항이 변경된 때에는 국토교통부령으로 정하는 바에 따라 그 사실을 30일 이내에 시·도지사에게 신고하여야 한다(상호, 대표자, 사무소 소재지, 전문인력).

② 교통안전진단기관은 계속하여 6개월 이상 휴업하거나 재개업 또는 폐업하고자 하는 때에는 국토교통부령으로 정하는 바에 따라 시·도지사에게 신고하여야 하며, 시·도지사는 폐업신고를 받은 때에는 그 등록을 말소하여야 한다.

(4) 교통안전진단기관의 결격사유(법 제41조)

다음의 어느 하나에 해당하는 자는 교통안전진단기관으로 등록할 수 없다.

① 피성년후견인 또는 피한정후견인

② 파산선고를 받고 복권되지 아니한 자

③ 이 법을 위반하여 징역형의 실형을 선고받고 그 집행이 종료되거나 집행이 면제된 날부터 2년이 지나지 아니한 자

④ 이 법을 위반하여 징역형의 집행유예를 선고받고 그 유예기간 중에 있는 자

⑤ 교통안전진단기관의 등록이 취소된 후 2년이 지나지 아니한 자

⑥ 임원 중에 제1호부터 제5호까지의 어느 하나에 해당하는 자가 있는 법인

(5) 교통안전진단기관의 등록취소(법 제43조)

1) 필요적 등록취소 사유

시·도지사는 교통안전진단기관이 다음 어느 하나에 해당하는 때에는 그 등록을 취소하여야 한다.

㉠ 거짓이나 그 밖의 부정한 방법으로 등록을 한 때

㉡ 최근 2년간 2회의 영업정지처분을 받고 새로이 영업정지처분에 해당하는 사유가 발생한 때

㉢ 교통안전진단기관의 결격사유에의 어느 하나에 해당하게 된 때. 다만, 법인의 임원 중에 어느 하나에 해당하는 자가 있는 경우 6개월 이내에 해당 임원을 개임한 때에는 그러하지 아니하다.

㉣ 명의대여금지 규정을 위반하여 타인에게 자기의 명칭 또는 상호를 사용하게 하거나 교통안전진단기관등록증을 대여한 때

㉤ 영업정지처분을 받고 영업정지처분기간 중에 새로이 교통시설안전진단 업무를 실시한 때

2) 임의적 등록취소 사유

시·도지사는 교통안전진단기관이 다음 어느 하나에 해당하는 때에는 그 등록을 취소하거나 1년 이내의 기간을 정하여 영업의 정지를 명할 수 있다.

㉠ 교통안전진단기관의 등록기준에 미달하게 된 때

㉡ 교통시설안전진단을 실시할 자격이 없는 자로 하여금 교통시설안전진단을 수행하게 한 때

㉢ 교통시설안전진단의 실시결과를 평가한 결과 안전의 상태를 사실과 다르게 진단하는 등 교통시설안전진단 업무를 부실하게 수행한 것으로 평가된 때

4. 교통사고 관련자료 등의 보관·관리 및 교통안전정보관리체계의 구축 등

(1) 교통사고 관련자료 보관·관리 기한 및 방법(법 제51조, 시행령 제38조)

① 교통사고와 관련된 자료·통계 또는 정보(교통사고 관련자료등이라 한다)를 보관·관리하는 자는 교통사고가 발생한 날부터 5년간 이를 보관·관리하여야 한다.

② 교통사고 관련자료등을 보관·관리하는 자는 교통사고 관련자료등의 멸실 또는 손상에 대비하여 그 입력된 자료와 프로그램을 다른 기억매체에 따로 입력시켜 격리된 장소에 안전하게 보관·관리하여야 한다.

(2) 교통사고 관련자료 보관·관리자(시행령 제39조)

① 한국교통안전공단법에 따른 한국교통안전공단
② 한국도로교통공단법에 따른 한국도로교통공단
③ 한국도로공사법에 따른 한국도로공사
④ 보험업법에 따라 설립된 손해보험협회에 소속된 손해보험회사
⑤ 여객자동자운송사업법에 따른 여객자동차운송사업의 면허를 받거나 등록을 한 자
⑥ 여객자동차운수사업법에 따른 공제조합
⑦ 화물자동차운수사업법에 따라 화물자동차운수사업자로 구성된 협회가 설립한 연합회

(3) 교통안전정보관리체계의 구축(법 제52조)

교통행정기관의 장은 교통시설·교통수단 및 교통체계의 안전과 관련된 제반 교통안전에 관한 정보와 교통사고 관련자료등을 통합적으로 유지·관리할 수 있도록 교통안전정보관리체계를 구축·관리하여야 한다.

(4) 교통안전정보관리체계의 관리·운영(시행령 제40조)

국토교통부장관은 교통안전에 관한 정보와 교통사고 관련자료등(교통안전정보라 한다)을 통합적으로 유지·관리할 수 있도록 국토교통부령으로 정하는 교통안전정보를 교통안전정보관리체계로 구축하여 관리·운영하여야 한다.

(5) 교통안전정보의 내용(시행규칙 제17조)

① 교통사고 원인 분석(다만, 범죄의 수사와 관련된 사항은 제외한다)
② 지역교통안전시행계획의 추진실적
③ 교통안전관리규정 준수 여부의 확인·평가 결과
④ 교통수단안전점검 및 교통시설안전진단의 실시결과
⑤ 교통수단의 운행기록등의 점검·분석 결과
⑥ 교통문화지수의 조사 결과
⑦ 여객자동차 운수사업법 또는 화물자동차 운수사업법에 따른 운전적성에 대한 정밀검사 결과

⑧ 자동차 주행거리 및 교통수단의 성능에 관한 정보

⑨ 전자지도 등 교통시설에 관한 정보

⑩ 그 밖에 교통안전에 필요한 정보

5. 교통안전관리자

(1) 교통안전관리자 자격의 취득(법 제53조)

① 국토교통부장관은 교통수단의 운행·운항·항행 또는 교통시설의 운영·관리와 관련된 기술적인 사항을 점검·관리하는 교통안전관리자 자격 제도를 운영하여야 한다.

② 교통안전관리자 자격을 취득하려는 사람은 국토교통부장관이 실시하는 시험에 합격하여야 하며, 국토교통부장관은 시험에 합격한 사람에 대하여는 교통안전관리자 자격증명서를 교부한다.

(2) 교통안전관리자의 자격의 종류(시행령 제41조의2)

① 도로교통안전관리자

② 철도교통안전관리자

③ 항공교통안전관리자

④ 항만교통안전관리자

⑤ 삭도교통안전관리자

(3) 교통안전관리자 시험실시계획의 수립 등(시행규칙 제18조)

① 한국교통안전공단은 교통안전관리자 시험을 매년 실시하여야 하며, 시험을 실시하기 전에 교통안전관리자의 수급상황을 파악하여 시험의 실시에 관한 계획을 국토교통부장관에게 제출하여야 한다.

② 한국교통안전공단은 시험을 시행하려면 시험 시행일 90일 전까지 시험일정과 응시과목 등 시험의 시행에 필요한 사항을 일간신문 및 한국교통안전공단 인터넷 홈페이지에 공고하여야 한다.

(4) 교통안전관리자 결격사유(법 제53조제2항)

다음의 어느 하나에 해당하는 자는 교통안전관리자가 될 수 없다.

① 피성년후견인 또는 피한정후견인

② 금고 이상의 실형을 선고받고 그 집행이 종료되거나 집행이 면제된 날부터 2년이 지나지 아니한 자

③ 금고 이상의 형의 집행유예를 선고받고 그 유예기간 중에 있는 자

④ 교통안전관리자 자격의 취소처분을 받은 날부터 2년이 지나지 아니한 자. 다만, 피성년후견인 또는 피한정후견인에 해당하여 자격이 취소된 경우는 제외한다.

(5) 교통안전관리자 시험과목(시행령 제42조, 시행령 별표 6)

시행령 별표 6

교통안전관리자 시험과목(시행령 제42조제2항 관련)		
구분	필수과목	선택과목
1. 도로교통안전관리자	가. 교통법규 　1)「교통안전법」 　2)「자동차관리법」 　3)「도로교통법」 나. 교통안전관리론 다. 자동차정비	자동차공학 · 교통사고조사분석개론 · 교통심리학 중 택일
2. 철도교통안전관리자	가. 교통법규 　1)「교통안전법」 　2)「철도산업발전 기본법」 　3)「철도안전법」 나. 교통안전관리론 다. 철도공학	열차운전 * 전기이론 * 철도신호 중 택일
3. 항공교통안전관리자	가. 교통법규 　1)「교통안전법」 　2)「항공안전법」 　3)「항공보안법」 나. 교통안전관리론 다. 항공기체	항공교통관제 · 항행안전시설 · 항공기상 중 택일
4. 항만교통안전관리자	가. 교통법규 　1)「교통안전법」 　2)「항만운송사업법」 　3)「선박의 입항 및 출항 등에 관한 법률」 나. 교통안전관리론 다. 하역장비	위험물취급 · 기중기구조 · 선박적화 중 택일
5. 삭도교통안전관리자	가. 교통법규 　1)「교통안전법」 　2)「궤도운송법」 나. 교통안전관리론 다. 삭도구조	전자 및 제어공학·기계공학·전기공학 중 택일

(6) 시험의 일부면제(법 제53조제4항, 시행령 별표 7)

시행령 별표 7

국토교통부장관은 다음 어느 하나에 해당하는 자에 대하여는 시험의 일부를 면제할 수 있다.

① 국가기술자격법 또는 다른 법률에 따라 교통안전분야와 관련이 있는 분야의 자격을 받은 자

② 교통안전분야에 관하여 대통령령으로 정하는 실무경험이 있는 자로서 국토교통부령으로 정하는 교육 및 훈련 과정을 마친 자

③ 석사학위 이상의 학위를 취득한 자

교통안전관리자 시험의 일부 면제 대상자와 면제되는 시험과목(시행령 제43조제1항 관련, 시행령 별표 7)		
구분	면제대상자	면제되는 시험과목
1. 도로교통안전관리자	가. 석사학위 이상 소지자로서 대학 또는 대학원에서 시험과목과 같은 과목(「학점인정 등에 관한 법률」 제7조에 따라 학점으로 인정받은 과목을 포함한다. 이하 같다)을 B학점 이상으로 이수한 자	시험과목과 같은 과목(교통법규는 제외한다. 이하 같다)
	나. 다음 중 어느 하나에 해당하는 자 1) 「국가기술자격법」에 따른 자동차정비산업기사 또는 건설기계정비산업기사 이상의 자격이 있는 자 2) 「국가기술자격법」에 따른 자동차정비기능사·자동차차체수리기능사 또는 건설기계정비기능사 이상의 자격이 있는 자 중 해당 분야의 실무에 3년 이상 종사한 자 3) 「국가기술자격법」에 따른 산업안전산업기사 이상의 자격이 있는 자	선택과목 및 국가자격 시험과목 중 필수과목과 같은 과목(교통법규는 제외한다. 이하 같다)
2. 철도교통안전관리자	가. 석사학위 이상 소지자로서 대학 또는 대학원에서 시험과목과 같은 과목을 B학점 이상으로 이수한 자	시험과목과 같은 과목
	나. 다음 중 어느 하나에 해당하는 자 1) 「국가기술자격법」에 따른 철도차량산업기사 이상의 자격이 있는 자 2) 「국가기술자격법」에 따른 철도차량정비기능사·철도토목기능사·철도운송기능사 또는 철도전기신호기능사 이상의 자격이 있는 자 중 해당 분야의 실무에 3년 이상 종사한 자 3) 「국가기술자격법」에 따른 산업안전산업기사 이상의 자격이 있는 자 4) 「철도안전법」에 따른 철도차량 운전면허 취득자	선택과목 및 국가자격 시험과목 중 필수과목과 같은 과목

	가. 석사학위 이상 소지자로서 대학 또는 대학원에서 시험과목과 같은 과목을 B학점 이상으로 이수한 자	시험과목과 같은 과목
3. 항공교통안전관리자	나. 다음 중 어느 하나에 해당하는 자 1) 「국가기술자격법」에 따른 항공산업기사 이상의 자격이 있는 자 2) 「국가기술자격법」에 따른 항공기체정비기능사 · 항공기관정비기능사 · 항공장비정비기능사 또는 항공전자정비기능사 이상의 자격이 있는 자 중 해당 분야의 실무에 3년 이상 종사한 자 3) 「국가기술자격법」에 따른 산업안전산업기사 이상의 자격이 있는 자 4) 「항공안전법」에 따른 운송용 · 사업용 · 자가용조종사(활공기는 제외한다), 항공사 · 항공기관사 · 항공교통관제사 · 운항관리사 또는 항공정비사(활공기는 제외한다)	선택과목 및 국가자격 시험과목 중 필수과목과 같은 과목
	가. 석사학위 이상 소지자로서 대학 또는 대학원에서 시험과목과 같은 과목을 B학점 이상으로 이수한 자	시험과목과 같은 과목
4. 항만교통안전관리자	나. 다음 중 어느 하나에 해당하는 자 1) 「국가기술자격법」에 따른 조선산업기사 · 컴퓨터응용가공산업기사 또는 항로표지산업기사 이상의 자격이 있는 자 2) 「국가기술자격법」에 따른 선체건조기능사 · 동력기계정비기능사 또는 항로표지기능사 이상의 자격이 있는 자 중 해당 분야의 실무에 3년 이상 종사한 자 3) 「국가기술자격법」에 따른 산업안전산업기사 이상의 자격이 있는 자 4) 「선박직원법」에 따른 4급 이상의 항해사 · 기관사 · 운항사 또는 2급 이상의 통신사	선택과목 및 국가자격 시험과목 중 필수과목과 같은 과목
	가. 석사학위 이상 소지자로서 대학 또는 대학원에서 시험과목과 같은 과목을 B학점 이상으로 이수한 자	시험과목과 같은 과목
5. 삭도교통안전관리자	나. 「국가기술자격법」에 따른 산업안전산업기사 이상의 자격이 있는 자	선택과목

비고
1. 국가자격 시험과목 중 "자동차차체정비", "자동차정비 및 안전기준" 및 "건설기계정비"는 도로교통안전관리자의 시험과목인 "자동차정비"와 같은 과목으로 본다.
2. 국가자격 시험과목 중 "철도차량공학"은 철도교통안전관리자의 시험과목인 "철도공학"과 같은 과목으로 본다.

교통안전관리자 시험의 일부 면제를 위한 실무경험 요건(시행령 제43조제2항 관련, 시행령 별표 8)	
구분	대상자
1. 도로교통안전관리자	가. 「여객자동차 운수사업법」 또는 「화물자동차 운수사업법」에 따른 자동차운송사업자 또는 사업자단체에서 3년 이상 안전업무(안전교육·점검·지도·홍보·검사 및 정비업무를 말한다. 이하 같다)를 담당한 경력이 있는 자 나. 도로교통분야에서 3년 이상 근무한 경력이 있는 일반직 공무원 및 경찰공무원 다. 도로교통안전 관련 교육기관 또는 연구기관에서 교원이나 연구원으로 3년 이상 근무한 경력이 있는 자 라. 도로교통안전 관련 공공기관에서 3년 이상 교통안전업무를 종사한 경력이 있는 자 마. 그 밖에 가목부터 라목까지와 같은 경력이 있다고 국토교통부장관이 인정하는 자
2. 철도교통안전관리자	가. 「철도안전법」에 따른 철도운영자 또는 철도시설관리자에게 고용되어 3년 이상 안전업무를 담당한 경력이 있는 자 나. 철도교통분야에서 3년 이상 근무한 경력이 있는 일반직 공무원 다. 철도교통안전 관련 교육기관 또는 연구기관에서 교원이나 연구원으로 3년 이상 근무한 경력이 있는 자 라. 철도교통안전 관련 공공기관에서 3년 이상 교통안전업무를 담당한 경력이 있는 자 마. 그 밖에 가목부터 라목까지와 같은 경력이 있다고 국토교통부장관이 인정하는 자
3. 항공교통안전관리자	가. 「항공법」에 따른 항공운송사업자 또는 관련 협회에서 3년 이상 안전업무를 담당한 경력이 있는 자 나. 항공교통분야에서 3년 이상 근무한 경력이 있는 일반직 공무원 다. 항공교통안전 관련 교육기관 또는 연구기관에서 교원이나 연구원으로 3년 이상 근무한 경력이 있는 자 라. 항공교통안전 관련 공공기관에서 3년 이상 교통안전업무를 담당한 경력이 있는 자 마. 그 밖에 가목부터 라목까지와 같은 경력이 있다고 국토교통부장관이 인정하는 자
4. 항만교통안전관리자	가. 「항만운송사업법」에 따른 항만운송사업자 또는 관련 사업자단체에서 3년 이상 안전업무를 담당한 경력이 있는 자 나. 항만교통분야에서 3년 이상 근무한 일반직 공무원 다. 항만교통안전 관련 교육기관 또는 연구기관에서 교원이나 연구원으로 3년 이상 근무한 자 라. 항만교통안전 관련 공공기관에서 3년 이상 교통안전업무에 담당한 경력이 있는 자 마. 그 밖에 가목부터 라목까지와 같은 경력이 있다고 국토교통부장관이 인정하는 자
5. 삭도교통안전관리자	가. 「궤도운송법」에 따른 궤도사업자, 전용궤도운영자 또는 관련 사업체에서 3년 이상 안전업무를 담당한 경력이 있는 자 나. 삭도·궤도교통분야에서 3년 이상 근무한 경력이 있는 일반직 공무원 다. 삭도교통안전 관련 교육기관 또는 연구기관에서 교원이나 연구원으로 3년 이상 근무한 경력이 있는 자 라. 삭도교통안전 관련 공공기관에서 3년 이상 교통안전업무에 담당한 경력이 있는 자 마. 그 밖에 가목부터 라목까지의 규정과 같은 경력이 있다고 국토교통부장관이 인정하는 자

(7) 부정행위자에 대한 제재(법 제53조의2)

① 국토교통부장관은 부정한 방법으로 교통안전관리자 시험에 응시한 사람 또는 시험에서 부정행위를 한 사람에 대하여는 그 시험을 정지시키거나 무효로 한다.

② 시험이 정지되거나 무효로 된 사람은 그 처분이 있은 날부터 2년간 교통안전관리자 시험에 응시할 수 없다.

(8) 교통안전관리자의 자격의 취소 등(법 제54조)

1) 필요적 자격취소

시·도지사는 교통안전관리자가 다음 어느 하나에 해당하는 때에는 그 자격을 취소하여야 한다.

㉠ 다음의 어느 하나에 해당하게 된 때

   ⓐ 피성년후견인 또는 피한정후견인

   ⓑ 금고 이상의 실형을 선고받고 그 집행이 종료되거나 집행이 면제된 날부터 2년이 지나지 아니한 자

   ⓒ 금고 이상의 형의 집행유예를 선고받고 그 유예기간 중에 있는 자

   ⓓ 교통안전관리자 자격의 취소처분을 받은 날부터 2년이 지나지 아니한 자. 다만, 피성년후견인 또는 피한정후견인에 해당하여 자격이 취소된 경우는 제외한다.

㉡ 거짓이나 그 밖의 부정한 방법으로 교통안전관리자 자격을 취득한 때

2) 임의적 자격취소 또는 1년 이내의 자격정지

시·도지사는 교통안전관리자가 교통안전관리자가 직무를 행하면서 고의 또는 중대한 과실로 인하여 교통사고를 발생하게 한 때에는 교통안전관리자의 자격을 취소하거나 1년 이내의 기간을 정하여 해당 자격의 정지를 명할 수 있다.

3) 자격의 취소 또는 정지처분의 통지(시행규칙 제26조)

시·도지사는 자격의 취소 또는 정지처분을 한 때에는 국토교통부령으로 정하는 바에 따라 해당 교통안전관리자에게 이를 통지하여야 하고 다음의 사항이 포함되어야 한다.

㉠ 자격의 취소 또는 정지처분의 사유

㉡ 자격의 취소 또는 정지처분에 대하여 불복하는 경우 불복신청의 절차와 기간 등

㉢ 교통안전관리자 자격증명서의 반납에 관한 사항

6. 교통안전담당자

(1) 교통안전담당자의 지정 등(법 제54조의2, 시행령 제44조)

대통령령으로 정하는 교통시설설치·관리자 및 교통수단 운영자는 다음의 어느 하나에 해당하는 사람을 교통안전담당자로 지정하여 직무를 수행하게 하여야 한다. 그리고 교통안전담당자를 지정 또는 지정해지하거나 교통안전담당자가 퇴직한 경우에는 지체 없이 그 사실을 관할 교통행정기관에 알리고, 지정해지 또는 퇴직한 날부터 30일 이내에 다른 교통안전담당자를 지정해야 한다.

① 교통안전관리자 자격을 취득한 사람
② 산업안전보건법에 따른 안전관리자
③ 자격기본법에 따른 민간자격으로서 국토교통부장관이 교통사고 원인의 조사·분석과 관련된 것으로 인정하는 자격을 갖춘 사람

(2) 교통안전담당자의 직무

1) 교통안전담당자의 직무(시행령 제44조의2제1항)

㉠ 교통안전관리규정의 시행 및 그 기록의 작성·보존
㉡ 교통수단의 운행·운항 또는 항행(운행등이라 한다) 또는 교통시설의 운영·관리와 관련된 안전점검의 지도·감독
㉢ 교통시설의 조건 및 기상조건에 따른 안전 운행등에 필요한 조치
㉣ 법 제24조제1항(국가등의 운전자등에 대한 교육의무)에 따른 운전자등(운전자등이라 한다)의 운행등 중 근무상태 파악 및 교통안전 교육·훈련의 실시
㉤ 교통사고 원인 조사·분석 및 기록 유지
㉥ 운행기록장치 및 차로이탈경고장치 등의 점검 및 관리

2) 교통안전담당자의 조치의무(시행령 제44조의2제3항)

교통안전담당자는 교통안전을 위해 필요하다고 인정하는 경우에는 다음의 조치를 교통시설설치·관리자등에게 요청해야 한다. 다만, 교통안전담당자가 교통시설설치·관리자등에게 필요한 조치를 요청할 시간적 여유가 없는 경우에는 직접 필요한 조치를 하고, 이를 교통시설설치·관리자등에게 보고해야 한다.

㉠ 국토교통부령으로 정하는 교통수단의 운행등의 계획 변경
㉡ 교통수단의 정비
㉢ 운전자등의 승무계획 변경
㉣ 교통안전 관련 시설 및 장비의 설치 또는 보완

◎ 교통안전을 해치는 행위를 한 운전자등에 대한 징계 건의

(3) 교통안전담당자에 대한 교육(시행령 제44조의3)

교통시설설치·관리자등은 교통안전담당자로 하여금 다음의 구분에 따른 교육을 받도록 해야 한다.

① **신규교육**: 교통안전담당자의 직무를 시작한 날부터 6개월 이내에 1회(16시간)

② **보수교육**: 교통안전담당자의 직무를 시작한 날이 속하는 연도를 기준으로 2년마다 1회(8시간)

③ 교육은 다음의 기관(교통안전담당자 교육기관)이 실시한다.

㉮ 한국교통안전공단

㉯ 여객자동차 운수사업법에 따른 운수종사자 연수기관

④ 국토교통부장관은 교육일정 및 장소 등이 포함된 다음 연도 교육계획을 매년 12월 31일까지 고시해야 한다.

⑤ 교통안전담당자 교육기관은 전년도 교육인원 및 수료자 명단 등 교육 실적을 매년 2월 말일까지 국토교통부장관에게 제출해야 한다.

⑥ 위 규정한 사항 외에 구체적인 교육 과목·내용 및 그 밖에 교육에 필요한 사항은 국토교통부장관이 정하여 고시한다.

7. 운행기록장치의 장착 및 운행기록의 활용 등

(1) 운행기록장치 장착의무자(법 제55조제1항)

다음 어느 하나에 해당하는 자는 그 운행하는 차량에 국토교통부령으로 정하는 기준에 적합한 운행기록장치를 장착하여야 한다. 다만, 소형 화물차량 등 국토교통부령으로 정하는 차량은 그러하지 아니하다.

① 여객자동차운수사업에 따른 여객자동차 운송사업자

② 화물자동차우수사업법에 따른 화물자동차 운송사업자 및 화물자동차 운송가맹사업자

③ 도로교통법에 따른 어린이통학버스 운영자(운행기록장치를 장착한 차량은 제외한다)

운행기록장치 장착면제 차량(시행규칙 제29조의4)
1. 화물자동차운송사업용 자동차로서 최대 적재량 1톤 이하인 화물자동차
2. 경형·소형 특수자동차 및 구난형·특수용도형 특수자동차
3. 여객자동차운송사업에 사용되는 자동차로서 2002년 6월 30일 이전에 등록된 자동차

(2) 운행기록장치 보관 및 제출(법 제55조제2항, 시행령 제45조)

① 운행기록장치를 장착하여야 하는 자(운행기록장치 장착의무자라 한다)는 운행기록장치에 기록된 운행기록을 대통령령으로 정하는 기간 동안 보관하여야 하며, 교통행정기관이 제출을 요청하는 경우 이에 따라야 한다. 다만, 대통령령으로 정하는 운행기록장치 장착의무자는 교통행정기관의 제출 요청과 관계없이 운행기록을 주기적으로 제출하여야 한다. 이 경우 운행기록장치 장착의무자는 운행기록장치에 기록된 운행기록을 임의로 조작하여서는 아니 된다.

② 대통령령으로 정하는 운행기록 보관기간은 6개월로 한다..

운행기록 주기적 제출 의무자(시행령 제45조제3항)

1. 노선 여객자동차운송사업자
2. 화물자동차 운송사업자 및 화물자동차 운송가맹사업자

운행기록 주기적 제출해야 하는 화물차량(시행령 제45조제4항)

1. 화물자동차 중 최대적재량이 25톤 이상인 자동차
2. 견인형 대형 특수자동차(총중량이 10톤 이상인 자동차)

(3) 운행기록의 제출, 분석 및 활용(시행규칙 제30조제3항)

1) 운행기록 장착의무자는 월별 운행기록을 작성하여 다음 달 말일까지 교통행정기관에 제출하여야 한다.

2) 한국교통안전공단은 운행기록장치 장착의무자가 제출한 운행기록을 점검하고 다음의 항목을 분석하여야 한다.

　㉠ 과속
　㉡ 급감속
　㉢ 급출발
　㉣ 회전
　㉤ 앞지르기
　㉥ 진로변경

3) 운행기록의 분석 결과는 다음의 자동차·운전자·교통수단 운영자에 대한 교통안전 업무 등에 활용되어야 한다.

　㉠ 자동차의 운행관리
　㉡ 차량운전자에 대한 교육 · 훈련
　㉢ 교통수단 운영자의 교통안전관리
　㉣ 운행계통 및 운행경로 개선

ⓜ 그 밖에 교통수단 운영자의 교통사고 예방을 위한 교통안전정책의 수립

4) 차로이탈경고장치의 장착(법 제55조의2, 시행규칙 제30조의2)

법 제55조제1항제1호(여객자동차 운송사업자) 또는 제2호(화물자동차 운송사업자 및 화물자동차 운송가맹사업자)에 따른 차량 중 국토교통부령으로 정하는 차량은 국토교통부령으로 정하는 기준에 적합한 차로이탈경고장치를 장착하여야 한다.

차로이탈경고장치 의무 장착차량(시행규칙 제30조의 2)	
원칙	제외
1. 여객자동차 운송사업자가 운행하는 길이 9m 이상의 승합자동차 2. 화물자동차 운송사업자 및 화물자동차 운송가맹사업자가 운행하는 차량총중량 20톤을 초과하는 화물·특수자동차	1. 덤프형 화물자동차 2. 피견인자동차 3. 입석을 할 수 있는 자동차 4. 그 밖에 자동차의 구조나 운행여건 등으로 설치가 곤란하거나 불필요하다고 국토교통부장관이 인정하는 자동차

8. 교통안전체험에 관한 연구 · 교육시설의 설치 등

(1) 교통안전체험에 관한 연구 · 교육시설의 설치 · 운영(법 제56조제1항)

교통행정기관의 장은 교통수단을 운전 · 운행하는 자의 교통안전의식과 안전운전능력을 효과적으로 향상시키고 이를 현장에서 적극적으로 실천할 수 있도록 교통안전체험에 관한 연구 · 교육시설을 설치 · 운영할 수 있다.

(2) 교통안전체험연구(시행령 제46조제2항)

교통안전체험연구 · 교육시설은 다음의 내용을 체험할 수 있도록 하여야 한다.
① 교통사고에 관한 모의 실험
② 비상상황에 대한 대처능력 향상을 위한 실습 및 교정
③ 상황별 안전운전 실습

(3) 중대교통사고에 대한 기준 및 교육실시(법 제56조의2, 시행규칙 제31조의2)

1) 차량의 운전자가 중대 교통사고를 일으킨 경우에는 국토교통부령으로 정하는 교육을 받아야 한다. 이 경우 교육의 내용에는 운전자의 안전운전능력을 효과적으로 향상시킬 수 있는 교통안전 체험교육이 포함되어야 한다.

2) 중대 교통사고란 차량운전자가 교통수단 운영자의 차량을 운전하던 중 1건의 교통사고로 8주 이상의 치료를 요하는 의사의 진단을 받은 피해자가 발생한 사고를 말한다.

3) 차량운전자는 중대 교통사고가 발생하였을 때에는 교통사고조사에 대한 결과를 통지 받은 날부터 60일 이내에 교통안전 체험교육을 받아야 한다. 다만, 다음에 해당하는 차량운전자의 경우에는 각 호에서 정한 기간 내에 교육을 받아야 한다.

 ㉠ 해당 차량운전자가 중대 교통사고 발생에 따른 구속 또는 금고 이상의 실형을 선고받고 그 형이 집행 중인 경우에는 석방 또는 그 집행이 종료되거나 집행을 받지 아니하기로 확정된 날부터 60일 이내

 ㉡ 해당 차량운전자가 중대 교통사고 발생에 따른 상해를 받아 치료를 받아야 하는 경우에는 치료가 종료된 날부터 60일 이내

 ㉢ 중대 교통사고로 인하여 운전면허가 취소 또는 정지된 차량운전자의 경우에는 운전면허를 다시 취득하거나 정지기간이 만료되어 운전할 수 있는 날부터 60일 이내

9. 교통문화지수의 조사 및 활용

(1) 교통문화지수의 조사 등(법 제57조)

 지정행정기관의 장은 소관 분야와 관련된 국민의 교통안전의식의 수준 또는 교통문화의 수준을 객관적으로 측정하기 위한 지수(교통문화지수라 한다)를 개발 · 조사 · 작성하여 그 결과를 공표할 수 있다.

(2) 교통문화지수의 조사 항목 등(시행령 제47조)

 교통문화지수 조사 항목은 다음과 같다

 ① 운전행태

 ② 교통안전

 ③ 보행행태(도로교통분야로 한정한다)

 ④ 그 밖에 국토교통부장관이 필요하다고 인정하여 정하는 사항

05 보칙 및 벌칙

1. 보칙

(1) 비밀유지 등(법 제58조)

다음의 어느 하나에 해당하는 업무에 종사하는 자 또는 종사하였던 자는 그 직무상 알게 된 비밀을 타인에게 누설하거나 직무상 목적 외에 이를 사용하여서는 아니된다. 다만, 다른 법령에 특별한 규정이 있는 경우에는 그러하지 아니하다.

① 교통수단안전점검 업무
② 교통시설안전진단 업무
③ 교통사고원인조사 업무
④ 교통사고 관련자료등의 보관 · 관리 업무
⑤ 운행기록 관련 업무

(2) 수수료(법 제60조, 시행규칙 제32조)

① 이 법의 규정에 따른 교통안전진단기관의 등록(변경등록을 포함한다), 교통안전관리자 자격시험의 응시, 교통안전관리자자격증의 교부(재교부를 포함한다)를 받고자 하는 자는 국토교통부령으로 정하는 바에 따라 수수료를 납부하여야 한다.
② 교통안전관리자 자격시험의 응시 수수료 및 교통안전관리자 자격증의 교부(재교부를 포함한다) 수수료는 각각 2만원으로 한다.

(3) 청문

시 · 도지사는 다음의 어느 하나에 해당하는 처분을 하고자 하는 경우에는 청문을 실시하여야 한다.

① 교통안전진단기관 등록의 취소
② 교통안전관리자 자격의 취소

2. 벌칙 등

(1) 벌칙(법 제63조)

다음 어느 하나에 해당하는 자는 2년 이하의 징역 또는 2천만원 이하의 벌금에 처한다.

① 교통안전진단기관 등록을 하지 아니하고 교통시설안전진단 업무를 수행한 자

② 거짓이나 그 밖의 부정한 방법으로 교통안전진단기관 등록을 한 자

③ 타인에게 자기의 명칭 또는 상호를 사용하게 하거나 교통안전진단기관등록증을 대여한 자 및 교통안전진단기관의 명칭 또는 상호를 사용하거나 교통안전진단기관등록증을 대여받은 자

④ 영업정지처분을 받고 그 영업정지 기간 중에 새로이 교통시설안전진단 업무를 수행한 자

⑤ 직무상 알게 된 비밀을 타인에게 누설하거나 직무상 목적 외에 이를 사용한 자

(2) 과태료(법 제65조)

과태료(법 제65조)	
1천만원 이하	① 교통시설안전진단을 받지 아니하거나 교통시설안전진단보고서를 거짓으로 제출한 자 ② 운행기록장치를 장착하지 아니한 자 ③ 운행기록장치에 기록된 운행기록을 임의로 조작한 자 ④ 차로이탈경고장치를 장착하지 아니한 자
500만원 이하	① 교통안전관리규정을 제출하지 아니하거나 이를 준수하지 아니하는 자 또는 변경명령에 따르지 아니하는 자 ② 교통수단안전점검을 거부·방해 또는 기피한 자 ③ 교통수단안전점검 보고를 하지 아니하거나 거짓으로 보고한 자 또는 자료제출요청을 거부·기피·방해하거나 관계공무원의 질문에 대하여 거짓으로 진술한 자 ④ 교통안전진단기관 등록사항 변경 신고를 하지 아니하거나 거짓으로 신고한 자 ⑤ 신고를 하지 아니하고 교통시설안전진단 업무를 휴업·재개업 또는 폐업하거나 거짓으로 신고한 자 ⑥ 교통안전진단기관에 대한 지도·감독의 경우 보고를 하지 아니하거나 거짓으로 보고한 자 또는 자료제출요청을 거부·기피·방해한 자 ⑦ 교통안전진단기관에 대한 지도·감독의 경우 점검·검사를 거부·기피·방해하거나 질문에 대하여 거짓으로 진술한 자 ⑧ 교통사고 관련자료 보관·관리 규정을 위반하여 교통사고 관련자료등을 보관·관리하지 아니한 자 ⑨ 교통사고 관련자료 보관·관리 규정을 위반하여 교통사고 관련자료등을 제공하지 아니한 자 ⑩ 교통안전담당자를 지정하지 아니한 자 ⑪ 교통안전담당자 교육을 받게 하지 아니한 자 ⑫ 운행기록을 보관하지 아니하거나 교통행정기관에 제출하지 아니한 자 ⑬ 운행기록장치 등의 장착 여부 조사를 거부·방해 또는 기피한 자 ⑭ 중대교통사고자 교육규정을 위반하여 교육을 받지 아니한 자 ⑮ 단지내도로의 교통안전규정을 위반하여 통행방법을 게시하지 아니한 자 ⑯ 단지내도로의 교통안전규정을 위반하여 중대한 사고를 통보하지 아니한 자
부가·징수권자	① 국토교통부장관 ② 교통행정기관 ③ 시장·군수·구청장

항공안전법

01 총칙

1. 목적

(1) 항공안전법의 목적(법 제1조)

이 법은 국제민간항공협약 및 같은 협약의 부속서에서 채택된 표준과 권고되는 방식에 따라 항공기, 경량항공기 또는 초경량비행장치의 안전하고 효율적인 항행을 위한 방법과 국가, 항공사업자 및 항공종사자 등의 의무 등에 관한 사항을 규정함을 목적으로 한다.

(2) 항공안전법 시행령의 목적(시행령 제1조)

이 영은 항공안전법에서 위임된 사항과 그 시행에 필요한 사항을 규정함을 목적으로 한다.

2. 용어의 정의

(1) 항공기

1) 항공기의 정의(법 제2조제1호)

공기의 반작용(지표면 또는 수면에 대한 공기의 반작용은 제외한다.)으로 뜰 수 있는 기기로서 최대이륙중량, 좌석 수 등 국토교통부령으로 정하는 기준에 해당하는 다음의 기기와 그 밖에 대통령령으로 정하는 기기를 말한다.

ㄱ 비행기
ㄴ 헬리콥터
ㄷ 비행선
ㄹ 활공기

2) 항공기의 범위

법 제2조제1호의 대통령령으로 정하는 기기란 다음의 어느 하나에 해당하는 기기를 말한다.

㉠ 최대이륙중량, 좌석 수, 속도 또는 자체중량 등이 국토교통부령으로 정하는 기준을 초과하는 기기

㉡ 지구 대기권 내외를 비행할 수 있는 항공우주선

항공기의 기준(시행규칙 제2조)		
구분	유·무인	기준
비행기 헬리콥터	유인	1) 최대이륙중량이 600kg(수상비행에 사용하는 경우에는 650kg)을 초과할 것 2) 조종사 좌석을 포함한 탑승좌석 수가 1개 이상일 것 3) 동력을 일으키는 기계장치(발동기)가 1개 이상일 것
	무인	1) 연료의 중량을 제외한 자체중량이 150킬로그램을 초과할 것 2) 발동기가 1개 이상일 것
비행선	유인	1) 발동기가 1개 이상일 것 2) 조종사 좌석을 포함한 탑승좌석 수가 1개 이상일 것
	무인	1) 발동기가 1개 이상일 것 2) 연료의 중량을 제외한 자체중량이 180kg을 초과하거나 비행선의 길이가 20m를 초과 할 것
활공기	–	자체중량이 70kg을 초과할 것

㉢ 경량항공기 범위를 초과하거나 벗어나는 비행기, 헬리콥터, 자이로플레인, 동력패러슈트(시행규칙 제3조제1호)

㉣ 초경량비행장치 기준을 초과하는 무인비행장치(시행규칙 제3조제2호)

(2) 경량항공기

1) 경량항공기의 정의(법 제2조제2호)

항공기 외에 공기의 반작용으로 뜰 수 있는 기기로서 최대이륙중량, 좌석 수 등 국토교통부령으로 정하는 기준에 해당하는 비행기, 헬리콥터, 자이로플레인 및 동력패러슈트 등을 말한다.

2) 경량항공기의 기준(시행규칙 제4조)

초경량비행장치에 해당하지 않는 것으로서 다음의 기준을 모두 충족하는 비행기, 헬리콥터, 자이로플레인 및 동력패러슈트를 말한다.

경량항공기의 기준(시행규칙 제4조)	
구분	기준(유인)
비행기 헬리콥터 자이로플레인 동력패러슈트	1. 최대이륙중량이 600kg(수상비행에 사용하는 경우에는 650kg) 이하일 것 2. 최대 실속속도 또는 최소 정상비행속도가 45노트 이하일 것 3. 조종사 좌석을 포함한 탑승 좌석이 2개 이하일 것 4. 단발 왕복발동기 또는 전기모터를 장착할 것 5. 조종석은 여압이 되지 아니할 것 6. 비행 중에 프로펠러의 각도를 조정할 수 없을 것 7. 고정된 착륙장치가 있을 것. 다만, 수상비행에 사용하는 경우에는 고정된 착륙장치 외에 접을 수 있는 착륙장치를 장착할 수 있다.

(3) 초경량비행장치

1) 초경량비행장치의 정의(법 제2조제3호)

항공기와 경량항공기 외에 공기의 반작용으로 뜰 수 있는 장치로서 자체중량, 좌석 수
등 국토교통부령으로 정하는 기준에 해당하는 동력비행장치, 행글라이더, 패러글라이
더, 기구류 및 무인비행장치 등을 말한다.

2) 초경량비행장치의 기준(시행규칙 제5조)

법 제2조제3호에서 자체중량, 좌석 수 등 국토교통부령으로 정하는 기준에 해당하는 동
력비행장치, 행글라이더, 패러글라이더, 기구류 및 무인비행장치 등이란 다음의 기준을
충족하는 동력비행장치, 행글라이더, 패러글라이더, 기구류, 무인비행장치, 회전익비행
장치, 동력패러글라이더 및 낙하산류 등을 말한다.

초경량비행장치의 기준(시행규칙 제5조)		
구분	유·무인	기준
	유인	동력을 이용하는 것으로서 다음 각 목의 기준을 모두 충족하는 고정익비행장치. 다만, 전기모터에 의한 동력을 이용하는 경우에는 나목은 적용하지 않는다. 가. 탑승자, 연료 및 비상용 장비의 중량을 제외한 자체중량(배터리의 전원을 이용하는 초경량비행장치의 경우에는 배터리의 중량을 포함한다)이 115kg 이하일 것 나. 연료의 탑재량이 19리터 이하일 것 다. 좌석이 1개일 것
행글 라이더	유인	탑승자 및 비상용 장비의 중량을 제외한 자체중량이 70kg 이하로서 체중이동, 타면조종 등의 방법으로 조종하는 비행장치
패러 글라이더	유인	탑승자 및 비상용 장비의 중량을 제외한 자체중량이 70kg 이하로서 날개에 부착된 줄을 이용하여 조종하는 비행장치

기구류	유인 무인 계류식	기체의 성질·온도차 등을 이용하는 다음의 비행장치 가. 유인자유기구 나. 무인자유기구(기구 외부에 2kg 이상의 물건을 매달고 비행하는 것만 해당한다) 다. 계류식기구
무인비행 장치	무인	가. 무인동력비행장치: 연료의 중량을 제외한 자체중량이 150kg 이하인 무인비행기, 무인헬리콥터 또는 무인멀티콥터 나. 무인비행선: 연료의 중량을 제외한 자체중량이 180kg 이하이고 길이가 20m 이하인 무인비행선
회전익 비행장치	유인	동력비행장치의 요건을 갖춘 헬리콥터 또는 자이로플레인
동력패러 글라이더	유인	패러글라이더에 추진력을 얻는 장치를 부착한 다음의 어느 하나에 해당하는 비행장치 가. 착륙장치가 없는 비행장치 나. 착륙장치가 있는 것으로서 동력비행장치의 요건을 갖춘 비행장치
낙하산류	유인 무인	항력을 발생시켜 대기 중을 낙하하는 사람 또는 물체의 속도를 느리게 하는 비행장치

(4) 국기기관등항공기(법 제2조제4호)

국가, 지방자치단체, 국립공원공단(국가기관등)이 소유하거나 임차한 항공기로서 다음의 어느 하나에 해당하는 업무를 수행하기 위하여 사용되는 항공기를 말한다. 다만, 군용·경찰용·세관용 항공기는 제외한다.

① 재난·재해 등으로 인한 수색·구조

② 산불의 진화 및 예방

③ 응급환자의 후송 등 구조·구급활동

④ 그 밖에 공공의 안녕과 질서유지를 위하여 필요한 업무

(5) 항공업무(법 제2조제5호)

항공업무란 다음의 어느 하나에 해당하는 업무를 말한다.

① 항공기의 운항(무선설비의 조작을 포함한다) 업무(법 제46조에 따른 항공기 조종연습은 제외한다)

② 항공교통관제(무선설비의 조작을 포함한다) 업무(법 제47조에 따른 항공교통관제연습은 제외한다)

③ 항공기의 운항관리 업무

④ 정비·수리·개조(정비등)된 항공기·발동기·프로펠러(항공기등), 장비품 또는 부품에 대하여 안전하게 운용할 수 있는 성능(감항성)이 있는지를 확인하는 업무 및 경량

항공기 또는 그 장비품·부품의 정비사항을 확인하는 업무

(6) 항공기사고(법 제2조제6호)

사람이 비행을 목적으로 항공기에 탑승하였을 때부터 탑승한 모든 사람이 항공기에서 내릴 때까지[사람이 탑승하지 아니하고 원격조종 등의 방법으로 비행하는 항공기(무인항공기)의 경우에는 비행을 목적으로 움직이는 순간부터 비행이 종료되어 발동기가 정지되는 순간까지를 말한다] 항공기의 운항과 관련하여 발생한 다음의 어느 하나에 해당하는 것으로서 국토교통부령으로 정하는 것을 말한다.

① 사람의 사망, 중상 또는 행방불명
② 항공기의 파손 또는 구조적 손상
③ 항공기의 위치를 확인할 수 없거나 항공기에 접근이 불가능한 경우

사망·중상 등의 적용기준(시행규칙 제6조)	
구분	적용기준
항공기 사망·중상	1. 항공기에 탑승한 사람이 사망하거나 중상을 입은 경우. 다만, 자연적인 원인 또는 자기 자신이나 타인에 의하여 발생된 경우와 승객 및 승무원이 정상적으로 접근할 수 없는 장소에 숨어있는 밀항자 등에게 발생한 경우는 제외한다. 2. 항공기로부터 이탈된 부품이나 그 항공기와의 직접적인 접촉 등으로 인하여 사망하거나 중상을 입은 경우 3. 항공기 발동기의 흡입 또는 후류로 인하여 사망하거나 중상을 입은 경우
행방불명	항공기, 경량항공기 또는 초경량비행장치 안에 있던 사람이 항공기사고, 경량항공기사고 또는 초경량비행장치사고로 1년간 생사가 분명하지 아니한 경우에 적용한다.
경량항공기 초경량비행장치 사망·중상	1. 경량항공기 및 초경량비행장치에 탑승한 사람이 사망하거나 중상을 입은 경우. 다만, 자연적인 원인 또는 자기 자신이나 타인에 의하여 발생된 경우는 제외한다. 2. 비행 중이거나 비행을 준비 중인 경량항공기 또는 초경량비행장치로부터 이탈된 부품이나 그 경량항공기 또는 초경량비행장치와의 직접적인 접촉 등으로 인하여 사망하거나 중상을 입은 경우

사망·중상의 범위(시행규칙 제7조)	
구분	적용기준
사망	사망은 항공기사고, 경량항공기사고 또는 초경량비행장치사고가 발생한 날부터 30일 이내에 그 사고로 사망한 경우를 포함한다.
중상	1. 항공기사고, 경량항공기사고 또는 초경량비행장치사고로 부상을 입은 날부터 7일 이내에 48시간을 초과하는 입원치료가 필요한 부상 2. 골절(코뼈, 손가락, 발가락 등의 간단한 골절은 제외한다) 3. 열상(찢어진 상처)으로 인한 심한 출혈, 신경·근육 또는 힘줄의 손상 4. 2도나 3도의 화상 또는 신체표면의 5퍼센트를 초과하는 화상(화상을 입은 날부터 7일 이내에 48시간을 초과하는 입원치료가 필요한 경우만 해당한다) 5. 내장의 손상 6. 전염물질이나 유해방사선에 노출된 사실이 확인된 경우

항공기의 파손 또는 구조적 손상의 범위(시행규칙 제8조)	
구분	적용기준
원칙	항공기의 파손 또는 구조적 손상이란 시행규칙 별표 1의 항공기의 손상·파손 또는 구조상의 결함으로 항공기 구조물의 강도, 항공기의 성능 또는 비행특성에 악영향을 미쳐 대수리 또는 해당 구성품의 교체가 요구되는 것을 말한다.
시행규칙 별표 1	1. 다음 각 목의 어느 하나에 해당되는 경우에는 항공기의 중대한 손상·파손 및 구조상의 결함으로 본다. 　가. 항공기에서 발동기가 떨어져 나간 경우 　나. 발동기의 덮개 또는 역추진장치 구성품이 떨어져 나가면서 항공기를 손상시킨 경우 　다. 압축기, 터빈 블레이드(날개) 및 그 밖에 다른 발동기 구성품이 발동기 덮개를 관통한 경우. 다만, 발동기의 배기구를 통해 유출된 경우는 제외한다. 　라. 레이더 안테나 덮개가 파손되거나 떨어져 나가면서 항공기의 동체 구조 또는 시스템에 중대한 손상을 준 경우 　마. 플랩, 슬랫 등 고양력장치 및 윙렛이 손실된 경우. 다만, 외형변경목록을 적용하여 항공기를 비행에 투입할 수 있는 경우는 제외한다. 　바. 바퀴다리가 완전히 펴지지 않았거나 바퀴가 나오지 않은 상태에서 착륙하여 항공기의 표피가 손상된 경우. 다만, 간단한 수리를 하여 항공기가 비행할 수 있는 경우는 제외한다. 　사. 항공기 내부의 감압 또는 여압을 조절하지 못하게 되는 구조적 손상이 발생한 경우 　아. 항공기준사고 또는 항공안전장애 등의 발생에 따라 항공기를 점검한 결과 심각한 손상이 발견된 경우 　자. 비상탈출로 중상자가 발생했거나 항공기가 심각한 손상을 입은 경우 　차. 그 밖에 가목부터 자목까지의 경우와 유사한 항공기의 손상·파손 또는 구조상의 결함이 발생한 경우 2. 제1호에 해당하는 경우에도 다음 각 목의 어느 하나에 해당하는 경우에는 항공기의 중대한 손상·파손 및 구조상의 결함으로 보지 아니한다. 　가. 덮개와 부품을 포함하여 한 개의 발동기의 고장 또는 손상 　나. 프로펠러, 날개 끝, 안테나, 프로브, 베인, 타이어, 브레이크, 바퀴, 페어링, 패널, 착륙장치 덮개, 방풍창 및 항공기 표피의 손상 　다. 주회전익, 꼬리회전익 및 착륙장치의 경미한 손상 　라. 우박 또는 조류와 충돌 등에 따른 경미한 손상(레이더 안테나 덮개의 구멍을 포함한다)

(7) 경량항공기사고(법 제2조제7호)

비행을 목적으로 경량항공기의 발동기가 시동되는 순간부터 비행이 종료되어 발동기가 정지되는 순간까지 발생한 다음의 어느 하나에 해당하는 것으로서 국토교통부령으로 정하는 것을 말한다.

① 경량항공기에 의한 사람의 사망, 중상 또는 행방불명
② 경량항공기의 추락, 충돌 또는 화재 발생
③ 경량항공기의 위치를 확인할 수 없거나 경량항공기에 접근이 불가능한 경우

(8) 초경량비행장치사고(법 제2조제8호)

초경량비행장치를 사용하여 비행을 목적으로 이륙(이수를 포함한다)하는 순간부터 착륙

(착수를 포함한다)하는 순간까지 발생한 다음의 어느 하나에 해당하는 것으로서 국토교통부령으로 정하는 것을 말한다.

① 초경량비행장치에 의한 사람의 사망, 중상 또는 행방불명

② 초경량비행장치의 추락, 충돌 또는 화재 발생

③ 초경량비행장치의 위치를 확인할 수 없거나 초경량비행장치에 접근이 불가능한 경우

(9) 항공기준사고(법 제2조제9호)

항공안전에 중대한 위해를 끼쳐 항공기사고로 이어질 수 있었던 것으로서 국토교통부령으로 정하는 것을 말한다.

항공기준사고의 범위(시행규칙 제9조, 시행규칙 별표 2)

1. 항공기의 위치, 속도 및 거리가 다른 항공기와 충돌위험이 있었던 것으로 판단되는 근접비행이 발생한 경우(다른 항공기와의 거리가 500ft 미만으로 근접하였던 경우를 말한다) 또는 경미한 충돌이 있었으나 안전하게 착륙한 경우
2. 항공기가 정상적인 비행 중 지표, 수면 또는 그 밖의 장애물과의 충돌을 가까스로 회피한 경우
3. 항공기, 차량, 사람 등이 허가 없이 또는 잘못된 허가로 항공기 이륙·착륙을 위해 지정된 보호구역에 진입하여 다른 항공기와의 충돌을 가까스로 회피한 경우
4. 항공기가 다음 각 목의 장소에서 이륙하거나 이륙을 포기한 경우 또는 착륙하거나 착륙을 시도한 경우
   가. 폐쇄된 활주로 또는 다른 항공기가 사용 중인 활주로
   나. 허가 받지 않은 활주로
   다. 유도로(헬리콥터가 허가를 받고 이륙하거나 이륙을 포기한 경우 또는 착륙하거나 착륙을 시도한 경우는 제외한다)
   라. 도로 등 착륙을 의도하지 않은 장소
5. 항공기가 이륙·착륙 중 활주로 시단에 못 미치거나 또는 종단을 초과한 경우 또는 활주로 옆으로 이탈한 경우(다만, 항공안전장애에 해당하는 사항은 제외한다)
6. 항공기가 이륙 또는 초기 상승 중 규정된 성능에 도달하지 못한 경우
7. 비행 중 운항승무원이 신체, 심리, 정신 등의 영향으로 조종업무를 정상적으로 수행할 수 없는 경우
8. 조종사가 연료량 또는 연료배분 이상으로 비상선언을 한 경우(연료의 불충분, 소진, 누유 등으로 인한 결핍 또는 사용가능한 연료를 사용할 수 없는 경우를 말한다)
9. 항공기 시스템의 고장, 항공기 동력 또는 추진력의 손실, 기상 이상, 항공기 운용한계의 초과 등으로 조종상의 어려움이 발생했거나 발생할 수 있었던 경우
10. 다음에 따라 항공기에 중대한 손상이 발견된 경우(항공기사고로 분류된 경우는 제외한다)
    가. 항공기가 지상에서 운항 중 다른 항공기나 장애물, 차량, 장비 또는 동물과 접촉·충돌
    나. 비행 중 조류, 우박, 그 밖의 물체와 충돌 또는 기상 이상 등
    다. 항공기 이륙·착륙 중 날개, 발동기 또는 동체와 지면의 접촉·충돌 또는 끌림. 다만, 꼬리 스키드의 경미한 접촉 등 항공기 이륙·착륙에 지장이 없는 경우는 제외한다.
    라. 착륙바퀴가 완전히 펴지지 않거나 올려진 상태로 착륙한 경우
11. 비행 중 운항승무원이 비상용 산소 또는 산소마스크를 사용해야 하는 상황이 발생한 경우
12. 운항 중 항공기 구조상의 결함이 발생한 경우 또는 터빈발동기의 내부 부품이 외부로 떨어져 나간 경우를 포함하여 터빈발동기의 내부 부품이 분해된 경우(항공기사고로 분류된 경우는 제외한다)
13. 운항 중 발동기에서 화재가 발생하거나 조종실, 객실이나 화물칸에서 화재·연기가 발생한 경우(소화기를 사용하여 진화한 경우를 포함한다)
14. 비행 중 비행 유도 및 항행에 필요한 다중시스템 중 2개 이상의 고장으로 항행에 지장을 준 경우
15. 비행 중 2개 이상의 항공기 시스템 고장이 동시에 발생하여 비행에 심각한 영향을 미치는 경우
16. 운항 중 비의도적으로 항공기 외부의 인양물이나 탑재물이 항공기로부터 분리된 경우 또는 비상조치를 위해 의도적으로 항공기 외부의 인양물이나 탑재물이 항공기로부터 분리한 경우

(10) 비행정보구역(법 제2조제11호)

항공기, 경량항공기 또는 초경량비행장치의 안전하고 효율적인 비행과 수색 또는 구조에 필요한 정보를 제공하기 위한 공역으로서 국제민간항공협약 및 같은 협약 부속서에 따라 국토교통부장관이 그 명칭, 수직 및 수평 범위를 지정·공고한 공역을 말한다.

(11) 항공로(법 제2조제13호)

국토교통부장관이 항공기, 경량항공기 또는 초경량비행장치의 항행에 적합하다고 지정한 지구의 표면상에 표시한 공간의 길을 말한다.

(12) 항공종사자(법 제2조제14호, 제34조제1항)

법 제34조제1항에 따른 항공종사자 자격증명을 받은 다음의 사람을 말한다.
① 운송용 조종사
② 사업용 조종사
③ 자가용 조종사
④ 부조종사
⑤ 항공사
⑥ 항공기관사
⑦ 항공교통관제사
⑧ 항공정비사
⑨ 운항관리사

(13) 비행장(법 제2조제21호, 공항시설법 제2조)

항공기·경량항공기·초경량비행장치의 이륙(이수를 포함한다)과 착륙(착수를 포함한다)을 위하여 사용되는 육지 또는 수면의 일정한 구역으로서 대통령령으로 정하는 것을 말한다.

(14) 관제권(법 제2조제25호)

비행장 또는 공항과 그 주변의 공역으로서 항공교통의 안전을 위하여 국토교통부장관이 지정·공고한 공역을 말한다.

(15) 관제구(법 제2조제26호)

지표면 또는 수면으로부터 200m 이상 높이의 공역으로서 항공교통의 안전을 위하여 국토교통부장관이 지정·공고한 공역을 말한다.

(16) 이착륙장(법 제2조제34호, 공항시설법 제2조제19호)

비행장 외에 경량항공기 또는 초경량비행장치의 이륙 또는 착륙을 위하여 사용되는 육지 또는 수면의 일정한 구역으로서 대통령령으로 정하는 것을 말한다.

3. 군용항공기 등의 적용 특례

(1) 원칙(법 제3조)

① 군용항공기와 이에 관련된 항공업무에 종사하는 사람에 대해서는 이 법을 적용하지 아니한다.

② 세관업무 또는 경찰업무에 사용하는 항공기와 이에 관련된 항공업무에 종사하는 사람에 대하여는 이 법을 적용하지 아니한다.

③ 대한민국과 아메리카합중국 간의 상호방위조약 제4조에 따라 아메리카합중국이 사용하는 항공기와 이에 관련된 항공업무에 종사하는 사람에 대하여는 제2항을 준용한다.

(2) 예외적 적용(법 제3조제2항 후단)

다만, 공중 충돌 등 항공기사고의 예방을 위하여 법 제51조, 제67조, 제68조제5호, 제79조 및 제84조제1항을 적용한다.

① 제51조(무선설비의 설치ㆍ운용 의무)

② 제67조(항공기의 비행규칙)

③ 제68조(항공기의 비행 중 금지행위 등)제5호(무인항공기의 비행)

④ 제79조(항공기의 비행제한 등)

⑤ 제84조(항공교통관제 업무 지시의 준수)

4. 국가기관등항공기의 적용 특례

(1) 원칙(법 제4조제1항)

국가기관등항공기와 이에 관련된 항공업무에 종사하는 사람에 대해서는 항공안전법(제66조, 제69조부터 제73조까지 및 제132조는 제외한다)을 적용한다.

① 제66조(항공기 이륙ㆍ착륙의 장소)

② 제69조(긴급항공기 지정 등)

③ 제70조(위험물 운송 등)

④ 제71조(위험물 포장 및 용기의 검사 등)

⑤ 제72조(위험물취급에 관한 교육 등)

⑥ 제73조(전자기기의 사용제한)

⑦ 제132조(항공안전 활동)

(2) 적용의 예외(법 제4조제2항)

항공안전법 제4조제1항에도 불구하고 국가기관등항공기를 재해 · 재난 등으로 인한 수색 · 구조, 화재의 진화, 응급환자 후송, 그 밖에 국토교통부령으로 정하는 공공목적으로 긴급히 운항(훈련을 포함한다)하는 경우에는 제53조, 제67조, 제68조제1호부터 제3호까지, 제77조제1항제7호, 제79조 및 제84조제1항을 적용하지 아니한다.

① 제53조(항공기의 연료)

② 제67조(항공기의 비행규칙)

③ 제68조(항공기의 비행 중 금지행위)제1호(최저비행고도 아래에서의 비행), 제2호(물건의 투하 또는 살포), 제3호(낙하산 강하)

④ 제77조(항공기의 안전운항을 위한 운항기술기준)제1항제7호(항공기 운항)

⑤ 제79조(항공기의 비행제한 등)

⑥ 제84조(항공교통관제 업무 지시의 준수)제1항

---

02 항공기 등록

1. 항공기 등록

(1) 항공기 등록 원칙(법 제7조제1항)

항공기를 소유하거나 임차하여 항공기를 사용할 수 있는 권리가 있는 자(소유자등)는 항공기를 대통령령으로 정하는 바에 따라 국토교통부장관에게 등록을 하여야 한다.

항공기등록령 제18조(신규등록)
항공기에 대한 소유권 또는 임차권의 등록을 하려는 자는 신청서에 다음의 서류를 첨부하여야 한다. 1. 소유자·임차인 또는 임대인이 항공안전법 제10조제1항에 따른 등록의 제한 대상에 해당하지 아니함을 증명하는 서류 2. 해당 항공기의 소유권 또는 임차권이 있음을 증명하는 서류 3. 해당 항공기의 안전한 운항을 위해 필요한 정비 인력을 갖추고 있음을 증명하는 서류(항공안전법 제90조제1항에 따른 운항증명을 받은 국내항공운송사업자 또는 국제항공운송사업자가 항공기를 등록하려는 경우에만 해당한다)

(2) 예외적 사유(법 제7조제1항 단서)

다만, 대통령령으로 정하는 항공기는 그러하지 아니하다.

등록을 필요로 하지 않는 항공기의 범위(시행령 제4조)
1. 군 또는 세관에서 사용하거나 경찰업무에 사용하는 항공기
2. 외국에 임대할 목적으로 도입한 항공기로서 외국 국적을 취득할 항공기
3. 국내에서 제작한 항공기로서 제작자 외의 소유자가 결정되지 아니한 항공기
4. 외국에 등록된 항공기를 임차하여 항공안전법 제5조에 따라 운영하는 경우 그 항공기
5. 항공기 제작자나 항공기 관련 연구기관이 연구·개발 중인 항공기

2. 항공기 등록의 제한(법 제10조)

① 다음의 어느 하나에 해당하는 자가 소유하거나 임차한 항공기는 등록할 수 없다. 다만, 대한민국의 국민 또는 법인이 임차하여 사용할 수 있는 권리가 있는 항공기는 그러하지 아니하다.

㉮ 대한민국 국민이 아닌 사람

㉯ 외국정부 또는 외국의 공공단체

㉰ 외국의 법인 또는 단체

㉱ 제1호부터 제3호까지의 어느 하나에 해당하는 자가 주식이나 지분의 2분의 1 이상을 소유하거나 그 사업을 사실상 지배하는 법인(항공사업법 제2조제1호에 따른 항공사업의 목적으로 항공기를 등록하려는 경우로 한정한다)

㉲ 외국인이 법인 등기사항증명서상의 대표자이거나 외국인이 법인 등기사항증명서상의 임원 수의 2분의 1 이상을 차지하는 법인

② 외국 국적을 가진 항공기는 등록할 수 없다(법 제10조제2항).

3. 항공기 등록사항(법 제11조)

국토교통부장관은 항공기를 등록한 경우에는 항공기 등록원부에 다음의 사항을 기록하여야 한다.

① 항공기의 형식

② 항공기의 제작자

③ 항공기의 제작번호

④ 항공기의 정치장

⑤ 소유자 또는 임차인·임대인의 성명 또는 명칭과 주소 및 국적

⑥ 등록 연월일

⑦ 등록기호

4. 항공기 등록증명서의 발급(법 제12조)

국토교통부장관은 항공기를 등록하였을 때에는 등록한 자에게 대통령령으로 정하는 바에 따라 항공기 등록증명서를 발급하여야 한다.

등록증명서 포함사항(항공기등록령 제15조)
1. 등록증명서번호
2. 국적 및 등록기호
3. 항공기 제작자 및 항공기 형식
4. 항공기 제작일련번호
5. 항공기 소유자 또는 임차인의 성명 및 주소

5. 항공기 변경등록 등

(1) 항공기 변경등록(법 제13조)

소유자등은 제11조제1항제4호(항공기의 정치장) 또는 제5호(소유자 또는 임차인 · 임대인의 성명 또는 명칭과 주소 및 국적)의 등록사항이 변경되었을 때에는 그 변경된 날부터 15일 이내에 대통령령으로 정하는 바에 따라 국토교통부장관에게 변경등록을 신청하여야 한다.

(2) 항공기 이전등록(법 제14조)

등록된 항공기의 소유권 또는 임차권을 양도 · 양수하려는 자는 그 사유가 있는 날부터 15일 이내에 대통령령으로 정하는 바에 따라 국토교통부장관에게 이전등록을 신청하여야 한다.

(3) 항공기 말소등록(법 제15조)

1) 소유자등은 등록된 항공기가 다음의 어느 하나에 해당하는 경우에는 그 사유가 있는 날부터 15일 이내에 대통령령으로 정하는 바에 따라 국토교통부장관에게 말소등록을 신청하여야 한다.

㉠ 항공기가 멸실되었거나 항공기를 해체(정비등, 수송 또는 보관하기 위한 해체는 제외한다)한 경우

㉡ 항공기의 존재 여부를 1개월(항공기사고인 경우에는 2개월) 이상 확인할 수 없는 경우

㉢ 법 제10조제1항 각 호의 어느 하나에 해당하는 자에게 항공기를 양도하거나 임대(외국 국적을 취득하는 경우만 해당한다)한 경우

② 임차기간의 만료 등으로 항공기를 사용할 수 있는 권리가 상실된 경우

2) 소유자등이 말소등록을 신청하지 아니하면 국토교통부장관은 7일 이상의 기간을 정하여 말소등록을 신청할 것을 최고하여야 한다.

3) 전항에 따른 최고를 한 후에도 소유자등이 말소등록을 신청하지 아니하면 국토교통부장관은 직권으로 등록을 말소하고, 그 사실을 소유자등 및 그 밖의 이해관계인에게 알려야 한다.

6. 항공기 등록기호표의 부착(법 제17조)

소유자등은 항공기를 등록한 경우에는 그 항공기 등록기호표를 국토교통부령으로 정하는 형식·위치 및 방법 등에 따라 항공기에 붙여야 한다.

등록기호표의 부착(시행규칙 제12조)

1. 항공기를 소유하거나 임차하여 사용할 수 있는 권리가 있는 자(소유자등이라 한다)가 항공기를 등록한 경우에는 강철 등 내화금속으로 된 등록기호표(가로 7cm 세로 5cm의 직사각형)를 다음의 구분에 따라 보기 쉬운 곳에 붙여야 한다.
   ① 항공기에 출입구가 있는 경우: 항공기 주(主)출입구 윗부분의 안쪽
   ② 항공기에 출입구가 없는 경우: 항공기 동체의 외부 표면
2. 등록기호표에는 국적기호 및 등록기호(등록부호라 한다)와 소유자등의 명칭을 적어야 한다.

---

7. 항공기 국적 등의 표시

(1) 항공기 국적 등의 표시의무(법 제18조)

① 누구든지 국적, 등록기호 및 소유자등의 성명 또는 명칭을 표시하지 아니한 항공기를 운항해서는 아니 된다. 다만, 신규로 제작한 항공기 등 국토교통부령으로 정하는 항공기의 경우에는 그러하지 아니하다.

국적 등의 표시(시행규칙 제13조제1항)

신규로 제작한 항공기 등 국토교통부령으로 정하는 항공기란 다음의 어느 하나에 해당하는 항공기를 말한다.

1. 국내에서 수리·개조 또는 제작한 후 수출할 항공기
2. 국내에서 제작되거나 외국으로부터 수입하는 항공기로서 대한민국의 국적을 취득하기 전에 감항증명을 신청한 항공기
3. 항공기 제작자 및 항공기 관련 연구기관 등이 연구·개발 중인 경우에 해당하는 항공기

---

② 국적 등의 표시에 관한 사항과 등록기호의 구성 등에 필요한 사항은 국토교통부령으로 정한다.

1. 국적 등의 표시는 국적기호, 등록기호 순으로 표시하고, 장식체를 사용해서는 아니 되며, 국적기호는 로마자의 대문자 "HL"로 표시하여야 한다.
2. 등록기호의 첫 글자가 문자인 경우 국적기호와 등록기호 사이에 붙임표(-)를 삽입하여야 한다.
3. 항공기에 표시하는 등록부호는 지워지지 아니하고 배경과 선명하게 대조되는 색으로 표시하여야 한다.
4. 등록기호의 구성 등에 필요한 세부사항은 국토교통부장관이 정하여 고시한다(항공기 및 경량항공기 등록기준).

(2) 국적기호 및 등록기호의 표시 위치(항공기 및 경량항공기 등록기준 제4조)

① 항공기를 소유하거나 임차하여 항공기를 사용할 수 있는 권리가 있는 자(소유자등)는 국적기호 및 등록기호를 지워지지 아니하고 배경과 선명하게 대조되는 색으로 표시하여야 한다.

② 항공기 등록부호의 위치 및 방법은 다음의 구분에 따른다.

항공기 국적기호 및 등록기호 표시 위치(항공기 및 경량항공기 등록기준 제4조)		
구분	표시 위치	표시 방법
비행선	원칙	선체 또는 수평안정판·수직안정판에 다음의 구분에 따라 표시하여야 한다.
	선체	대칭축과 직각으로 교차하는 최대 횡단면 부근의 윗면과 양 옆면에 표시할 것
	수평 안정판	오른쪽 윗면과 왼쪽 아랫면에 등록부호의 윗부분이 수평안정판의 앞 끝을 향하게 표시할 것
	수직 안정판	수직안정판의 양 쪽면 아랫부분에 수평으로 표시할 것
비행기 활공기 타면조종형 및 체중 이동형 비행기	원칙	주 날개와 꼬리 날개 또는 주 날개와 동체에 다음의 구분에 따라 표시하여야 한다.
	주날개	오른쪽 날개 윗면과 왼쪽 날개 아랫면에 주 날개의 앞 끝과 뒤 끝에서 같은 거리에 위치하도록 하고, 등록부호의 윗 부분이 주 날개의 앞 끝을 향하게 표시할 것. 다만, 각 기호는 보조 날개와 플랩에 걸쳐서는 아니 된다.
	꼬리 날개	수직 꼬리 날개의 양쪽 면에, 꼬리 날개의 앞 끝과 뒤 끝에서 5cm 이상 떨어지도록 수평 또는 수직으로 표시할 것. 다만, 꼬리날개가 없는 체중이동형 비행기의 경우는 제외한다.
	동체	주 날개와 꼬리 날개 사이에 있는 동체의 양쪽 면의 수평안정판 바로 앞에 수평 또는 수직으로 표시할 것. 다만, 꼬리날개가 없는 체중이동형 비행기의 경우 착륙장치 옆면에 표시한다.
헬리콥터 경량 헬리콥터 자이로 플레인	원칙	동체 아랫면과 동체 옆면에 다음 각 목의 구분에 따라 표시하여야 한다.
	동체 아랫면	동체의 최대 횡단면 부근에 등록부호의 윗부분이 동체좌측을 향하게 표시할 것
	동체 옆면	주 회전익 축과 보조 회전익 축 사이의 동체 또는 동력장치가 있는 부근의 양 측면에 수평 또는 수직으로 표시할 것
동력 패러슈트	캐노피	캐노피의 오른쪽과 왼쪽 끝의 중앙부에 표시할 것

(3) 국적기호 및 등록기호의 높이(시행규칙 제15조, 항공기 및 경량항공기 등록기준 제5조)

등록부호에 사용하는 각 문자와 숫자의 높이는 같아야 하고, 항공기의 종류와 위치에 따른 높이는 다음의 구분에 따른다.

항공기 국적기호 및 등록기호의 높이(항공기 및 경량항공기 등록기준 제5조)		
구분	표시 위치	표시 방법
비행선	선체	50cm 이상
	수평안정판 및 수직안정판	15cm 이상
비행기 활공기 타면조종형 및 체중이동형 비행기	주날개	50cm 이상
	수직 꼬리 날개	30cm 이상
	동체	30cm 이상
헬리콥터 경량헬리콥터 자이로플레인	동체 아랫면	50cm 이상
	동체 옆면	30cm 이상

(4) 국적기호 및 등록기호의 문자 형식(시행규칙 제16조, 항공기 및 경량항공기 등록기준 제6조)

① 국적기호 및 등록기호의 문자는 로마자로 된 대문자로 표시하고 숫자는 아라비아 숫자이어야 하며 장식체를 사용해서는 아니된다.

② 등록부호에 사용하는 각 문자와 숫자의 폭, 선의 굵기 및 간격은 다음과 같다.

항공기 국적기호 및 등록기호의 문자 형식(항공기 및 경량항공기 등록기준 제6조)	
구분	문자 형식
폭과 붙임표(-)의 길이	문자 및 숫자의 높이의 3분의 2. 다만, 영문자 I와 아라비아 숫자 1은 제외한다.
선의 굵기	문자 및 숫자의 높이의 6분의 1
간격	문자 및 숫자의 폭의 4분의 1 이상 2분의 1 이하

03 항공기 기술기준 및 형식증명 등

1. 항공기 기술기준

(1) 항공기 기술기준의 정의(법 제19조)

항공기등, 장비품 또는 부품의 안전을 확보하기 위한 기술상의 기준

(2) 항공기 기술기준의 포함사항

① 항공기 등의 감항기준

② 항공기 등의 환경기준(배출가스 배출기준 및 소음기준을 포함한다)

③ 항공기 등이 감항성을 유지하기 위한 기준

④ 항공기 등, 장비품 또는 부품의 식별 표시 방법

⑤ 항공기 등, 장비품 또는 부품의 인증절차

2. 형식증명 등

(1) 용어의 정의(법 제20조제2항)

1) 형식증명: 해당 항공기의 설계가 항공기 기술기준에 적합한 경우에 발급하는 증명

2) 제한형식증명: 항공기의 설계가 해당 항공기의 업무와 관련된 항공기 기술기준에 적합하고 신청인이 제시한 운용범위에서 안전하게 운항할 수 있음을 입증한 경우 발급하는 증명

　㉠ 산불진화, 수색구조 등 국토교통부령으로 정하는 특정한 업무에 사용되는 항공기

　㉡ 군용항공기 비행안전성 인증에 관한 법률에 따른 형식인증을 받아 제작된 항공기로 서 산불진화, 수색구조 등 국토교통부령으로 정하는 특정한 업무를 수행하도록 개조 된 항공기

국토교통부령으로 정하는 특정한 업무(시행규칙 제20조제2항)
1. 산불 진화 및 예방 업무
2. 재난·재해 등으로 인한 수색·구조 업무
3. 응급환자의 수송 등 구조·구급 업무
4. 씨앗 파종, 농약 살포 또는 어군의 탐지 등 농·수산업 업무
5. 기상관측, 기상조절 실험 등 기상 업무
6. 건설자재 등을 외부에 매달고 운반하는 업무(헬리콥터만 해당한다)
7. 해양오염 관측 및 해양 방제 업무
8. 산림, 관로, 전선 등의 순찰 또는 관측 업무

3) 부가형식증명

형식증명, 제한형식증명 또는 법 제21조에 따른 형식증명승인을 받은 항공기등의 설계
를 변경하기 위하여 부가적으로 발급하는 증명

(2) 형식증명 등을 위한 검사범위(시행규칙 제20조제1항)

국토교통부장관은 형식증명 또는 제한형식증명을 위한 검사를 하는 경우 다음에 해당
하는 사항을 검사하여야 한다. 다만, 형식설계를 변경하는 경우에는 변경하는 사항에 대한
검사만 해당한다.

① 해당 형식의 설계에 대한 검사

② 해당 형식의 설계에 따라 제작되는 항공기등의 제작과정에 대한 검사

③ 항공기등의 완성 후의 상태 및 비행성능 등에 대한 검사

3. 형식증명승인

(1) 형식증명의 승인의 의의(법 제21조제1항)

형식증명승인이란 항공기등의 설계에 관하여 외국정부로부터 형식증명을 받은 자가 해
당 항공기등에 대하여 항공기기술기준에 적합하다는 승인을 받는 것을 말한다.

(2) 형식증명승인의 신청(시행규칙 제26조)

형식증명승인을 받으려는 자는 형식증명승인 신청서를 국토교통부장관에게 제출하여
야 한다. 신청서에는 다음의 서류를 첨부하여야 한다.

① 외국정부의 형식증명서

② 형식증명자료집

③ 설계 개요서

④ 항공기기술기준에 적합함을 입증하는 자료

⑤ 비행교범 또는 운용방식을 적은 서류

⑥ 정비방식을 적은 서류

⑦ 그 밖에 참고사항을 적은 서류

(3) 형식증명승인을 위한 검사범위(시행규칙 제27조)

형식증명승인을 위한 검사를 하는 경우에는 다음에 해당하는 사항을 검사하여야 한다.

① 해당 형식의 설계에 대한 검사

② 해당 형식의 설계에 따라 제작되는 항공기등의 제작과정에 대한 검사

4. 제작증명

(1) 제작증명의 의의(법 제22조)

제작증명이란 형식증명 또는 제한형식증명에 따라 인가된 설계에 일치하게 항공기등을 제작할 수 있는 기술, 설비, 인력 및 품질관리체계 등을 갖추고 있음을 증명하는 것을 말한다.

(2) 제작증명의 신청(시행규칙 제32조)

제작증명을 받으려는 자는 제작증명 신청서를 국토교통부장관에게 제출하여야 한다. 이에 따른 신청서에는 다음의 서류를 첨부하여야 한다.
① 품질관리규정
② 제작하려는 항공기등의 제작 방법 및 기술 등을 설명하는 자료
③ 제작 설비 및 인력 현황
④ 품질관리 및 품질검사의 체계(품질관리체계)를 설명하는 자료
⑤ 제작하려는 항공기등의 감항성 유지 및 관리체계(제작관리체계)를 설명하는 자료

(3) 제작증명을 위한 검사 범위(시행규칙 제33조)

제작증명을 위한 검사를 하는 경우에는 해당 항공기등에 대한 다음의 사항을 검사하여야 한다.
① 제작기술, 설비, 인력   ② 품질관리체계
③ 제작관리체계   ④ 제작과정

5. 감항증명

(1) 감항증명의 의의(법 제23조)

① 항공기가 감항성이 있다는 증명(감항증명)을 받으려는 자는 국토교통부령으로 정하는 바에 따라 국토교통부장관에게 감항증명을 신청하여야 한다.
② 감항증명은 대한민국 국적을 가진 항공기가 아니면 받을 수 없다. 다만, 국토교통부령으로 정하는 항공기의 경우에는 그러하지 아니하다.

예외적으로 감항증명을 받을 수 있는 항공기(시행규칙 제36조)
1. 법 제5조에 따른 임대차 항공기의 운영에 대한 권한 및 의무 이양의 적용 특례를 적용받는 항공기
2. 국내에서 수리·개조 또는 제작한 후 수출할 항공기
3. 국내에서 제작되거나 외국으로부터 수입하는 항공기로서 대한민국의 국적을 취득하기 전에 감항증명을 신청한 항공기

③ 누구든지 다음의 어느 하나에 해당하는 감항증명을 받지 아니한 항공기를 운항하여
　서는 아니 된다.
　　Ⓐ 표준감항증명
　　Ⓑ 특별감항증명
④ 감항증명의 유효기간은 1년으로 한다. 다만, 항공기의 형식, 기령 및 소유자등의 감
　항성 유지능력 등을 고려하여 국토교통부령으로 정하는 바에 따라 유효기간을 연장
　하거나 단축할 수 있다(법 제23조제5항, 시행규칙 제41조).
　　Ⓐ 감항증명의 유효기간을 연장할 수 있는 항공기는 항공기의 감항성을 지속적으로 유
　　지하기 위하여 국토교통부장관이 정하여 고시하는 정비방법에 따라 정비등이 이루어
　　지는 항공기를 말한다.
　　Ⓑ 감항증명의 유효기간을 단축할 수 있는 항공기는 특별감항증명 대상 항공기를 말한
　　다.
⑤ 국토교통부장관은 다음의 어느 하나에 해당하는 경우에는 해당 항공기에 대한 감항
　증명을 취소하거나 6개월 이내의 기간을 정하여 그 효력의 정지를 명할 수 있다.
　　Ⓐ 거짓이나 그 밖의 부정한 방법으로 감항증명을 받은 경우(필요적 취소 사유)
　　Ⓑ 항공기가 감항증명 당시의 항공기기술기준에 적합하지 아니하게 된 경우

(2) 감항증명의 신청(시행규칙 제35조제1항)

감항증명을 받으려는 자는 항공기 표준감항증명 신청서 또는 항공기 특별감항증명 신
청서에 다음의 서류를 첨부하여 국토교통부장관 또는 지방항공청장에게 제출하여야 한다.
① 비행교범(연구 · 개발을 위한 특별감항증명의 경우에는 제외한다)
② 정비교범(연구 · 개발을 위한 특별감항증명의 경우에는 제외한다)
③ 그 밖에 감항증명과 관련하여 국토교통부장관이 필요하다고 인정하여 고시하는 서류

(3) 비행교범에 포함되어야 할 사항(시행규칙 제35조제2항)

① 항공기의 종류 · 등급 · 형식 및 제원에 관한 사항
② 항공기 성능 및 운용한계에 관한 사항
③ 항공기 조작방법 등 그 밖에 국토교통부장관이 정하여 고시하는 사항

(4) 정비교범에 포함되어야 할 사항(시행규칙 제35조제3항)

① 감항성 한계범위, 주기적 검사 방법 또는 요건, 장비품 · 부품 등의 사용한계 등에
　관한 사항

② 항공기 계통별 설명, 분해, 세척, 검사, 수리 및 조립절차, 성능점검 등에 관한 사항

③ 지상에서의 항공기 취급, 연료 · 오일 등의 보충, 세척 및 윤활 등에 관한 사항

(5) 감항증명의 종류(법 제23조제3항)

① **표준감항증명**: 해당 항공기가 형식증명 또는 형식증명승인에 따라 인가된 설계에 일치하게 제작되고 안전하게 운항할 수 있다고 판단되는 경우에 발급하는 증명

② **특별감항증명**: 해당 항공기가 제한형식증명을 받았거나 항공기의 연구, 개발 등 국토교통부령으로 정하는 경우로서 항공기 제작자 또는 소유자등이 제시한 운용범위를 검토하여 안전하게 운항할 수 있다고 판단되는 경우에 발급하는 증명

특별감항증명의 대상(법 제23조제3항제2호, 시행규칙 제37조)

① 항공기 제작자 및 항공기 관련 연구기관 등이 연구·개발 중인 경우
② 판매·홍보·전시·시장조사 등에 활용하는 경우
③ 조종사 양성을 위하여 조종연습에 사용하는 경우
④ 제작·정비·수리 또는 개조 후 시험비행을 하는 경우
⑤ 정비·수리 또는 개조(정비등)를 위한 장소까지 승객·화물을 싣지 아니하고 비행하는 경우
⑥ 수입하거나 수출하기 위하여 승객·화물을 싣지 아니하고 비행하는 경우
⑦ 설계에 관한 형식증명을 변경하기 위하여 운용한계를 초과하는 시험비행을 하는 경우
⑧ 무인항공기를 운항하는 경우
⑨ 산불 진화 및 예방 업무에 사용하는 경우
⑩ 재난·재해 등으로 인한 수색·구조 업무에 사용하는 경우
⑪ 응급환자의 수송 등 구조·구급 업무에 사용하는 경우
⑫ 씨앗 파종, 농약 살포 또는 어군의 탐지 등 농·수산업 업무에 사용하는 경우
⑬ 기상관측, 기상조절 실험 등 기상 업무에 사용하는 경우
⑭ 건설자재 등을 외부에 매달고 운반하는 업무(헬리콥터만 해당한다)에 사용하는 경우
⑮ 해양오염 관측 및 해양 방제 업무에 사용하는 경우
⑯ 산림, 관로, 전선 등의 순찰 또는 관측 업무에 사용하는 경우
⑰ 공공의 안녕과 질서유지를 위한 업무를 수행하는 경우로서 국토교통부장관이 인정하는 경우

---

(6) 감항증명을 위한 검사 범위(시행규칙 제38조)

감항증명을 위한 검사를 하는 경우에는 해당 항공기의 설계 · 제작과정 및 완성 후의 상태와 비행성능이 항공기기술기준에 적합하고 안전하게 운항할 수 있는지 여부를 검사하여야 한다.

(7) 항공기의 운용한계 지정(법 제23조제4항, 시행규칙 제39조)

1) 국토교통부장관 또는 지방항공청장은 감항증명을 하는 경우 해당 항공기의 설계, 제작과정, 완성 후의 상태와 비행성능에 대하여 검사하고 해당 항공기의 운용한계를 지정하여야 한다.

㉠ 속도에 관한 사항

ⓛ 발동기 운용성능에 관한 사항

ⓒ 중량 및 무게중심에 관한 사항

ⓔ 고도에 관한 사항

ⓜ 그 밖에 성능한계에 관한 사항

2) 검사의 일부 생략(시행규칙 제40조)

감항증명을 하는 경우 다음의 어느 하나에 해당하는 항공기의 경우에는 검사의 일부를
생략할 수 있다.

ⓖ 형식증명, 제한형식증명을 받은 항공기: 설계에 대한 검사

ⓛ 형식증명승인을 받은 항공기: 설계에 대한 검사와 제작과정에 대한 검사

ⓒ 제작증명을 받은 자가 제작한 항공기: 제작과정에 대한 검사

ⓔ 항공기를 수출하는 외국정부로부터 감항성이 있다는 승인을 받아 수입하는 항공기
(완제기만 해당): 비행성능에 대한 검사

6. 감항승인

(1) 감항승인의 의의(법 제24조)

① 우리나라에서 제작, 운항 또는 정비등을 한 항공기등, 장비품 또는 부품을 타인에게
제공하려는 자는 국토교통부령으로 정하는 바에 따라 국토교통부장관의 감항승인
을 받을 수 있다.

② 국토교통부장관은 감항승인을 할 때에는 해당 항공기등, 장비품 또는 부품이 항공
기기술기준 또는 기술표준품의 형식승인기준에 적합하고, 안전하게 운용할 수 있다
고 판단하는 경우에는 감항승인을 하여야 한다.

(2) 감항승인의 신청(시행규칙 제46조제1항)

감항승인을 받으려는 자는 다음의 구분에 따른 신청서를 국토교통부장관 또는 지방항
공청장에게 제출하여야 한다.

① 항공기를 외국으로 수출하려는 경우: 항공기 감항승인 신청서

② 발동기 · 프로펠러, 장비품 또는 부품을 타인에게 제공하려는 경우: 부품 등의 감항
승인 신청서

(3) 감항승인 신청 시 첨부서류(시행규칙 제46조제2항)

감항승인 신청서에는 다음의 서류를 첨부하여야 한다.

① 항공기기술기준 또는 기술표준품형식승인기준에 적합함을 입증하는 자료

② 정비교범(제작사가 발행한 것만 해당한다)

③ 그 밖에 감항성개선 명령의 이행 결과 등 국토교통부장관이 정하여 고시하는 서류

(4) 감항승인을 위한 검사범위(시행규칙 제47조)

국토교통부장관 또는 지방항공청장이 감항승인을 할 때에는 해당 항공기등ㆍ장비품 또는 부품의 상태 및 성능이 항공기기술기준 또는 기술표준품형식승인기준에 적합한지를 검사하여야 한다.

7. 소음기준적합증명

(1) 소음기준적합증명의 의의(법 제25조제1항)

1) 국토교통부령으로 정하는 항공기의 소유자등은 감항증명을 받는 경우와 수리ㆍ개조 등으로 항공기의 소음치가 변동된 경우에는 국토교통부령으로 정하는 바에 따라 그 항공기가 항공기기술기준의 소음기준에 적합한지에 대하여 소음기준적합증명을 받아야 한다.

소음기준적합증명 대상 항공기(시행규칙 제49조)
다음의 어느 하나에 해당하는 항공기로서 국토교통부장관이 정하여 고시한다.
1. 터빈발동기를 장착한 항공기 2. 국제선을 운항하는 항공기

2) 소음기준적합증명을 받지 아니하거나 항공기기술기준에 적합하지 아니한 항공기를 운항해서는 아니 된다. 다만, 국토교통부령으로 정하는 바에 따라 국토교통부장관의 운항허가를 받은 경우에는 그러하지 아니하다.

소음기준적합증명의 기준에 적합하지 아니한 항공기의 운항허가(시행규칙 제53조)
운항허가를 받을 수 있는 경우는 다음과 같다. 이 경우 국토교통부장관은 제한사항을 정하여 항공기의 운항을 허가할 수 있다.
1. 항공기의 생산업체, 연구기관 또는 제작자 등이 항공기 또는 그 장비품 등의 시험ㆍ조사ㆍ연구ㆍ개발을 위하여 시험비행을 하는 경우 2. 항공기의 제작 또는 정비등을 한 후 시험비행을 하는 경우 3. 항공기의 정비등을 위한 장소까지 승객ㆍ화물을 싣지 아니하고 비행하는 경우 4. 항공기의 설계에 관한 형식증명을 변경하기 위하여 운용한계를 초과하는 시험비행을 하는 경우

(2) 소음기준적합증명 신청(시행규칙 제50조)

소음기준적합증명을 받으려는 자는 소음기준적합증명 신청서를 국토교통부장관 또는 지방항공청장에게 제출하여야 한다. 신청서에는 다음의 서류를 첨부하여야 한다.

① 해당 항공기가 항공기기술기준에 따른 소음기준에 적합함을 입증하는 비행교범
② 해당 항공기가 소음기준에 적합하다는 사실을 입증할 수 있는 서류(해당 항공기를 제작 또는 등록하였던 국가나 항공기 제작기술을 제공한 국가가 소음기준에 적합하다고 증명한 항공기만 해당한다)
③ 수리 · 개조 등에 관한 기술사항을 적은 서류(수리 · 개조 등으로 항공기의 소음치가 변경된 경우에만 해당한다)

(3) 소음기준적합증명의 검사기준 등(시행규칙 제51조)

① 소음기준적합증명의 검사기준과 소음의 측정방법 등에 관한 세부적인 사항은 국토교통부장관이 정하여 고시한다.
② 국토교통부장관 또는 지방항공청장은 해당 항공기가 소음기준에 적합하다는 사실을 입증할 수 있는 서류를 제출받은 경우 해당 국가의 소음측정방법 및 소음측정값이 제1항에 따른 검사기준과 측정방법에 적합한 것으로 확인되면 서류검사만으로 소음기준적합증명을 할 수 있다.

8. 수리 및 개조승인

(1) 수리 · 개조승인의 의의(법 제30조)

① 감항증명을 받은 항공기의 소유자등은 해당 항공기등, 장비품 또는 부품을 국토교통부령으로 정하는 범위에서 수리하거나 개조하려면 국토교통부령으로 정하는 바에 따라 그 수리 · 개조가 항공기기술기준에 적합한지에 대하여 국토교통부장관의 승인(수리 · 개조승인이라 한다)을 받아야 한다.

수리 · 개조승인의 범위(시행규칙 제65조)
승인을 받아야 하는 항공기등 또는 부품등의 수리·개조의 범위는 다음과 같다.
1. 항공기의 소유자등이 법 제97조에 따라 정비조직인증을 받아 항공기등 또는 부품등을 수리·개조할 때 2. 정비조직인증을 받은 자에게 위탁하는 경우로서 그 정비조직인증을 받은 업무 범위를 초과하여 항공기등 또는 부품등을 수리·개조하는 경우

② 소유자등은 수리 · 개조승인을 받지 아니한 항공기등, 장비품 또는 부품을 운항 또는 항공기등에 사용해서는 아니 된다.

(2) 수리·개조승인의 신청(시행규칙 제66조)

항공기등 또는 부품등의 수리·개조승인을 받으려는 자는 수리·개조승인 신청서에 다음의 내용을 포함한 수리계획서 또는 개조계획서를 첨부하여 작업을 시작하기 10일 전까지 지방항공청장에게 제출하여야 한다. 다만, 항공기사고 등으로 인하여 긴급한 수리·개조를 하여야하는 경우에는 작업을 시작하기 전까지 신청서를 제출할 수 있다.

① 수리·개조 신청사유 및 작업 일정

② 작업을 수행하려는 인증된 정비조직의 업무범위

③ 수리·개조에 필요한 인력, 장비, 시설 및 자재 목록

④ 해당 항공기등 또는 부품등의 도면과 도면 목록

⑤ 수리·개조 작업지시서

(3) 수리·개조승인의 의제(법 제30조제3항)

다음의 어느 하나에 해당하는 경우로서 항공기기술기준에 적합한 경우에는 수리·개조승인을 받은 것으로 본다.

① 기술표준품형식승인을 받은 자가 제작한 기술표준품을 그가 수리·개조하는 경우

② 부품등제작자증명을 받은 자가 제작한 장비품 또는 부품을 그가 수리·개조하는 경우

③ 제97조제1항에 따른 정비조직인증을 받은 자가 항공기등, 장비품 또는 부품을 수리·개조하는 경우

---

04 항공종사자 등

1. 항공종사자 자격증명

(1) 항공종사자 자격증명의 취득(법 제34조제1항)

항공업무에 종사하려는 사람은 국토교통부령으로 정하는 바에 따라 국토교통부장관으로부터 항공종사자 자격증명을 받아야 한다. 다만, 항공업무 중 무인항공기의 운항 업무인 경우에는 그러하지 아니하다.

(2) 항공종사자 자격증명 취득 제한(법 제34조제2항)

항공종사자 자격증명을 취득할 수 있는 나이 또는 조건은 다음과 같다.

자격증명 종류 등	나이 / 조건
자가용 활공기 조종사	16세 이상
자가용 조종사	17세 이상
사업용 조종사, 부조종사, 항공사, 항공기관사, 항공교통관제사, 항공정비사	18세 이상
운송용 조종사 및 운항관리사	21세 이상
자격증명 취소처분을 받고 그 취소일부터	2년 이상 경과

(3) 예외적 허용(법 제34조제3항)

군사기지 및 군사시설 보호법을 적용받는 항공작전기지에서 항공기를 관제하는 군인은 국방부장관으로부터 자격인정을 받아 항공교통관제 업무를 수행할 수 있다.

(4) 자격증명의 종류(법 제35조)

자격증명의 종류는 다음과 같이 구분한다.

① 운송용 조종사

② 사업용 조종사

③ 자가용 조종사

④ 부조종사

⑤ 항공사

⑥ 항공기관사

⑦ 항공교통관제사

⑧ 항공정비사

⑨ 운항관리사

(5) 항공종사자 자격증명서의 발급(시행규칙 제87조)

한국교통안전공단의 이사장은 자격증명시험 또는 한정심사의 학과시험 및 실시시험의 전 과목을 합격한 사람이 자격증명서 (재)발급신청서를 제출한 경우 항공종사자 자격증명서를 발급하여야 한다. 다만, 법 제35조제1호부터 제7호까지의 자격증명의 경우에는 항공신체검사증명서를 제출받아 이를 확인한 후 자격증명서를 발급하여야 한다.

항공신체검사증명서 제출 조건 자격증명(시행규칙 제87조)			
1. 운송용 조종사	2. 사업용 조종사	3. 자가용 조종사	4. 부조종사
5. 항공사	6. 항공기관사	7. 항공교통관제사	

2. 업무범위

(1) 자격증명에 따른 업무범위(법 제36조제1항, 제2항, 별표)

① 항공종사자 자격증명별 업무범위는 다음과 같다.

② 자격증명을 받은 사람은 그가 받은 자격증명의 종류에 따른 업무범위 외의 업무에 종사해서는 아니 된다.

자격증명별 업무범위(법 제36조제1항 관련 별표)	
구분	문자 형식
운송용 조종사	항공기에 탑승하여 다음의 행위를 하는 것 1. 사업용 조종사의 자격을 가진 사람이 할 수 있는 행위 2. 항공운송사업의 목적을 위하여 사용하는 항공기를 조종하는 행위
사업용 조종사	항공기에 탑승하여 다음의 행위를 하는 것 1. 자가용 조종사의 자격을 가진 사람이 할 수 있는 행위 2. 무상으로 운항하는 항공기를 보수를 받고 조종하는 행위 3. 항공기사용사업에 사용하는 항공기를 조종하는 행위 4. 항공운송사업에 사용하는 항공기(1명의 조종사가 필요한 항공기만 해당한다)를 조종하는 행위 5. 기장 외의 조종사로서 항공운송사업에 사용하는 항공기를 조종하는 행위
자가용 조종사	무상으로 운항하는 항공기를 보수를 받지 아니하고 조종하는 행위
부조종사	비행기에 탑승하여 다음의 행위를 하는 것 1. 자가용 조종사의 자격을 가진 사람이 할 수 있는 행위 2. 기장 외의 조종사로서 비행기를 조종하는 행위
항공사	항공기에 탑승하여 그 위치 및 항로의 측정과 항공상의 자료를 산출하는 행위
항공기관사	항공기에 탑승하여 발동기 및 기체를 취급하는 행위(조종장치의 조작은 제외한다)
항공교통 관제사	항공교통의 안전·신속 및 질서를 유지하기 위하여 항공기 운항을 관제하는 행위
항공정비사	다음의 행위를 하는 것 1. 법 제32조제1항에 따라 정비등을 한 항공기등, 장비품 또는 부품에 대하여 감항성을 확인하는 행위 2. 법 제108조제4항에 따라 정비를 한 경량항공기 또는 그 장비품·부품에 대하여 안전하게 운용할 수 있음을 확인하는 행위
운항관리사	항공운송사업에 사용되는 항공기 또는 국외운항항공기의 운항에 필요한 다음의 사항을 확인하는 행위 1. 비행계획의 작성 및 변경 2. 항공기 연료 소비량의 산출 3. 항공기 운항의 통제 및 감시

(2) 자격증명별 업무범위의 예외(법 제36조제3항, 시행규칙 제79조, 제80조)

다음의 경우에는 자격증명별 업무범위 규정을 적용하지 아니한다.

① 중급 활공기 또는 초급 활공기에 탑승하여 활공기를 조종하는 경우

② 새로운 종류, 등급 또는 형식의 항공기에 탑승하여 시험비행 등을 하는 경우로서 국토교통부장관의 허가를 받은 경우

3. 자격증명의 한정

(1) 자격증명의 한정(법 제37조)

① 국토교통부장관은 다음의 구분에 따라 자격증명에 대한 한정을 할 수 있다.

자격증명별 한정사항(법 제37조)	
자격의 종류	구분
운송용 조종사, 사업용 조종사, 자가용 조종사, 부조종사, 항공기관사	항공기의 종류, 등급 또는 형식
항공정비사	항공기·경량항공기의 종류 및 정비분야

② 자격증명의 한정을 받은 항공종사자는 그 한정된 종류, 등급 또는 형식 외의 항공기·경량항공기나 한정된 정비분야 외의 항공업무에 종사해서는 아니 된다.

(2) 자격증명 한정의 구분(시행규칙 제81조)

국토교통부장관은 항공기의 종류·등급 또는 형식을 한정하는 경우에는 자격증명을 받으려는 사람이 실기시험에 사용하는 항공기의 종류·등급 또는 형식으로 한정하여야 한다.

운송용 조종사, 사업용 조종사, 자가용 조종사, 부조종사, 항공기관사 자격증명 한정의 구분(시행규칙 제81조제2항, 제3항, 제4항)		
구분		내용
항공기의 종류		비행기, 헬리콥터, 비행선, 활공기, 항공우주선
항공기의 등급	육상 항공기	육상단발 및 육상다발
	수상 항공기	수상단발 및 수상다발
	활공기	상급(활공기가 특수 또는 상급 활공기인 경우) 및 중급(활공기가 중급 또는 초급 활공기인 경우)

항공정비사 자격증명 한정의 구분(시행규칙 제81조제5항, 제6항)		
항공기의 종류	비행기 분야	비행기 정비업무경력이 4년(전문교육기관 이수자는 2년) 미만인 사람은 최대이륙중량 5,700kg 이하의 비행기로 제한한다.
	헬리콥터 분야	헬리콥터 정비업무경력이 4년(전문교육기관 이수자는 2년) 미만인 사람은 최대이륙중량 3,175kg 이하의 헬리콥터로 제한한다.
경량항공기의 종류	경량비행기 분야	
	경량헬리콥터 분야	
정비 분야		전자 · 전기 · 계기 관련 분야

4. 시험의 실시 및 면제

(1) 시험의 실시(법 제38조제1항, 제2항)

① 자격증명을 받으려는 사람은 국토교통부령으로 정하는 바에 따라 항공업무에 종사하는 데 필요한 지식 및 능력에 관하여 국토교통부장관이 실시하는 학과시험 및 실기시험에 합격하여야 한다.

② 국토교통부장관은 자격증명을 항공기 · 경량항공기의 종류, 등급 또는 형식별로 한정(제44조에 따른 계기비행증명 및 조종교육증명을 포함한다)하는 경우에는 항공기 · 경량항공기 탑승경력 및 정비경력 등을 심사하여야 한다. 이 경우 항공기 · 경량항공기의 종류 및 등급에 대한 최초의 자격증명의 한정은 실기시험으로 심사할 수 있다.

(2) 시험의 면제(법 제38조제3항)

국토교통부장관은 다음에 해당하는 사람에게는 시험 및 심사의 전부 또는 일부를 면제할 수 있다.

① 외국정부로부터 자격증명을 받은 사람

② 전문교육기관의 교육과정을 이수한 사람

③ 항공기 · 경량항공기 탑승경력 및 정비경력 등 실무경험이 있는 사람

④ 국가기술자격법에 따른 항공기술분야의 자격을 가진 사람

⑤ 항공기의 제작자가 실시하는 해당 항공기에 관한 교육과정을 이수한 사람

(3) 시험과목 및 시험방법(시행규칙 제82조)

① 자격증명시험 또는 한정심사의 학과시험 및 실기시험의 과목과 범위는 별표 5와 같다.

시행규칙 별표5

② 운송용 조종사의 실기시험에 사용하는 비행기의 발동기는 2개 이상이어야 한다.

(4) 응시자격(시행규칙 제75조, 별표 4)

항공종사자 자격증명 또는 자격증명의 한정을 받으려는 사람은
다음의 경력을 가진 사람이어야 한다.

시행규칙 별표 4

1) 응시경력

항공종사자 · 경량항공기조종사 자격증명 응시경력(시행규칙 별표 4)	
자격증명의 종류	비행경력 또는 그 밖의 경력
운송용 조종사 (비행기)	다음의 경력을 모두 충족하는 1,500시간 이상의 비행경력이 있고 계기비행증명을 받은 사업용 조종사 또는 부조종사 자격증명을 받은 사람 ① 기장 외의 조종사로서 기장의 감독하에 기장의 임무를 500시간 이상 수행한 경력이나 기장으로서 250시간 이상을 비행한 경력 ② 200시간 이상의 야외 비행경력. ③ 75시간 이상의 기장 또는 기장 외의 조종사로서의 계기비행경력 ④ 100시간 이상의 기장 또는 기장 외의 조종사로서의 야간 비행경력
운송용 조종사 (헬리콥터)	다음의 경력을 모두 충족하는 1,000시간 이상의 비행경력이 있는 사업용 조종사 자격증명을 받은 사람. ① 기장으로서 250시간 이상의 비행경력 또는 기장으로서 70시간 이상의 비행시간과 기장 외의 조종사로서 기장의 감독 하에 기장의 임무를 수행한 비행시간의 합계가 250시간 이상의 비행경력 ② 200시간 이상의 야외 비행경력. ③ 30시간 이상의 기장 또는 기장 외의 조종사로서의 계기비행경력 ④ 50시간 이상의 기장 또는 기장 외의 조종사로서의 야간 비행경력
사업용 조종사 (비행기)	다음의 경력을 모두 충족하는 200시간(전문교육기관 이수자 150시간) 이상의 비행경력이 있는 사람으로서 자가용 조종사 자격증명을 받은 사람. ① 기장으로서 100시간 이상의 비행경력 ② 기장으로서 20시간 이상의 야외비행경력. ③ 10시간 이상의 기장 또는 기장 외의 조종사로서 계기비행경력 ④ 이륙과 착륙이 각각 5회 이상 포함된 5시간 이상의 기장으로서의 야간 비행경력
사업용 조종사 (헬리콥터)	다음의 경력을 모두 충족하는 150시간 이상의 비행경력이 있는 사람으로서 헬리콥터의 자가용 조종사 자격증명을 받은 사람. ① 기장으로서 35시간 이상의 비행경력 ② 기장으로서 10시간 이상의 야외 비행경력 ③ 기장 또는 기장 외의 조종사로서 10시간 이상의 계기비행경력 ④ 기장으로서 이륙과 착륙이 각각 5회 이상 포함된 5시간 이상의 야간 비행경력
자가용 조종사 (비행기 · 헬리콥터)	다음의 경력을 모두 충족하는 40시간 이상의 비행경력이 있는 사람 ① 비행기에 대하여 자격증명을 신청하는 경우 5시간 이상의 단독 야외 비행경력을 포함한 10시간 이상의 단독 비행경력 ② 헬리콥터에 대하여 자격증명을 신청하는 경우 5시간 이상의 단독 야외 비행경력을 포함한 10시간 이상의 단독 비행경력

부조종사 (비행기)	다음의 요건을 모두 충족하는 사람 ① 국토교통부장관이 지정한 전문교육기관의 교육과정을 이수한 사람 ② 모의비행훈련장치를 이용한 비행훈련 시간과 실제 비행기에 의한 비행시간의 합계가 　240시간 이상인 비행경력이 있는 사람(실제 비행기에 의한 비행시간은 40시간 이상) ③ 야간비행 경력이 있는 사람 ④ 계기비행 경험이 있는 사람
항공교통 관제사	다음의 어느 하나에 해당하는 사람 ① 전문교육기관에서 항공교통관제에 필요한 교육과정을 이수한 사람으로서 관제실무감 　독관의 요건을 갖춘 사람의 지휘·감독 하에 3개월 또는 90시간 이상의 관제실무를 수행 　한 경력이 있는 사람 ② 항공교통관제사 자격증명이 있는 사람의 지휘·감독 하에 9개월 이상의 관제실무를 행 　한 경력이 있거나 민간항공에 사용되는 군의 관제시설에서 9개월 또는 270시간 이상의 　관제실무를 수행한 경력이 있는 사람 ③ 외국정부가 발급한 항공교통관제사의 자격증명을 받은 사람
경량 항공기 조종사	다음의 어느 하나에 해당하는 사람 ① 전문교육기관 이수자는 20시간 이상의 비행경력(단독비행 5시간 이상, 야외비행 5시 　간 이상 포함) ② 자가용 조종사, 사업용 조종사, 운송용 조종사 또는 부조종사가 경량항공기에 대하여 5 　시간 이상의 비행경력(단독비행 2시간 이상)

2) 자격증명 한정

항공종사자 · 경량항공기조종사 자격증명 응시경력(시행규칙 별표 4)		
자격증명의 종류		응시경력
조종사 항공 기관사	종류의 한정	자격증명시험의 비행경력을 갖춘 사람
	형식의 한정	다음의 어느 하나에 해당하는 사람 ① 전문교육기관 또는 제작자가 실시하는 교육과정 이수한 사람 ② 항공운송사업자, 항공기사용사업자 또는 항공기제작사가 실시하는 　지상교육을 이수한 사람 ③ 자가용으로 운항되는 항공기의 조종사로 자체 지상교육을 이수한 　사람 ④ 군·경찰·세관에서 해당 기종에 대한 기장비행시간(항공기관사의 경 　우 항공기관사 비행시간)이 200시간 이상인 사람 ⑤ 국가기관등항공기를 소유한 국가·지방자치단체 및 국립공원관리 　공단에서 국토교통부장관으로부터 승인을 받은 교육과정을 이수한 　사람
	등급의 한정	해당 항공기의 종류 및 등급에 대한 비행시간이 10시간 이상인 사람
	–	외국정부로부터 한정자격증명을 소지한 사람
항공 정비사	종류의 한정	항공정비사 자격증명 취득일부터 해당 항공기 종류에 대한 6개월 이상 의 정비실무경력이 있는 사람
	분야 한정	항공정비사 자격증명 취득일부터 항공기 전기·전자·계기 관련 분야에 대한 2년 이상의 정비실무경력이 있는 사람

3) 계기비행증명 한정

항공종사자 · 경량항공기조종사 자격증명 응시경력(시행규칙 별표 4)	
계기비행 증명	응시경력
조종사	다음의 요건을 모두 충족하는 사람 ① 해당 비행기 또는 헬리콥터에 대한 운송용 조종사, 사업용 조종사 또는 자가용 조종사 자격증명이 있을 것 ② 비행기 또는 헬리콥터의 기장으로서 해당 항공기 종류에 대한 총 50시간 이상의 야외비행경력을 보유할 것 ③ 전문교육기관이 실시하는 전문교육 또는 항공기의 제작자가 실시하는 해당 항공기 종류에 관한 계기비행과정의 교육훈련을 이수하거나 다음의 계기비행과정의 교육훈련을 이수할 것 ▷ 지상교육: 전문교육기관의 학과교육과 동등하다고 국토교통부장관 또는 지방항공청장이 인정한 소정의 교육 ▷ 비행훈련: 40시간 이상의 계기비행훈련

5. 비행경력의 증명

(1) 원칙(시행규칙 제77조제1항)

비행경력은 다음의 구분에 따라 증명된 것이어야 한다.

① 조종연습에 따른 비행경력: 조종연습 비행이 끝날 때마다 법 제46조제1항 각 호의 구분에 따른 감독자가 증명한 것

항공종사자 · 경량항공기조종사 자격증명 응시경력(시행규칙 별표 4)	
계기비행 증명	응시경력
제1호	자격증명 및 항공신체검사증명을 받은 사람이 한정받은 등급 또는 형식 외의 항공기에 탑승하여 하는 조종연습으로서 그 항공기를 조종할 수 있는 자격증명 및 항공신체검사증명을 받은 사람의 감독으로 이루어지는 조종연습
제2호	자격증명을 받지 아니한 사람의 조종연습으로서 그 조종연습에 관하여 국토교통부장관의 허가를 받고 조종교육증명을 받은 사람의 감독으로 이루어지는 조종연습
제3호	자격증명을 받은 사람이 한정받은 종류 외의 항공기에 탑승하여 하는 조종연습으로서 조종교육증명을 받은 사람의 감독으로 이루어지는 조종연습

② 자격증명을 받은 조종사의 비행경력으로서 조종연습에 따른 비행경력 외의 비행경력: 비행이 끝날 때마다 해당 기장이 증명한 것

(2) 예외(시행규칙 제 77조제2항)

비행경력을 증명받으려는 조종사가 기장인 경우에는 다음의 어느 하나에 해당하는 사람이 증명한 것으로 한다. 다만, 비행경력을 증명받으려는 조종사가 기장이면서 사용자인 경우에는 조종교관 또는 국토교통부장관이 인정하여 고시하는 사람이 증명한 것으로 한다.

① 사용자

② 조종교관

③ 그 밖에 국토교통부장관이 인정하여 고시하는 사람

비행경력의 증명(시행규칙 제77조)	
구분	증명자(비행이 끝날 때마다)
조종연습 조종사	감독자(조종사, 조종교관)
자격증명을 받은 조종사	해당 기장
조종사가 기장인 경우	사용자, 조종교관, 국토교통부 장관이 인정하여 고시하는 사람
조종사가 기장이며 사용자인 경우	조종교관, 국토교통부 장관이 인정하여 고시하는 사람이 증명한 것

6. 비행시간의 산정

(1) 비행시간 산정 구분(시행규칙 제78조)

비행경력을 증명할 때 그 비행시간은 다음의 구분에 따라 산정한다.

비행시간의 산정(시행규칙 제78조)	
구분	증명자(비행이 끝날 때마다)
조종사 자격증명이 없는 사람이 조종사 자격증명시험에 응시하는 경우	단독 또는 교관과 동승하여 비행한 시간
자가용 조종사 자격증명을 받은 사람이 사업용 조종사 자격증명시험에 응시하는 경우(사업용 조종사 또는 부조종사 자격증명을 받은 사람이 운송용 조종사 자격증명시험에 응시하는 경우를 포함한다)	① 단독 또는 교관과 동승하여 비행하거나 기장으로서 비행한 시간 ② 비행교범에 따라 항공기 운항을 위하여 2명 이상의 조종사가 필요한 항공기의 기장 외의 조종사로서 비행한 시간 ③ 기장 외의 조종사로서 기장의 지휘·감독하에 기장의 임무를 수행한 경우 그 비행시간. 다만, 한 사람이 조종할 수 있는 항공기에 기장 외의 조종사가 탑승하여 비행하는 경우 그 기장 외의 조종사에 대해서는 그 비행시간의 2분의 1
항공사 또는 항공기관사 자격증명시험에 응시하는 경우	실제 항공기에 탑승하여 해당 항공사 또는 항공기관사에 준하는 업무를 수행한 경우 그 비행시간

7. 항공신체검사증명

(1) 항공신체검사 대상자(법 제40조제1항)

다음의 어느 하나에 해당하는 사람은 자격증명의 종류별로 국토교통부장관의 항공신체검사증명을 받아야 한다.

① 운항승무원

② 항공교통관제사 자격증명을 받고 항공교통관제 업무를 하는 사람

(2) 항공신체검사 증명의 종류와 유효기간(시행규칙 제92조제1항, 시행규칙 별표 8)

항공신체검사증명의 종류와 유효기간(시행규칙 제92조제1항, 별표 8)				
자격증명의 종류	항공신체검사 증명의 종류	유효기간		
		40세 미만	40세 이상 50세 미만	50세 이상
운송용 조종사 사업용 조종사 (활공기 제외) 부조종사	제1종	12개월		
		6개월인 경우		
		1. 항공운송사업에 종사하는 60세 이상인 사람 2. 항공기사용사업에 종사하는 60세 이상인 사람 3. 1명의 조종사로 승객을 수송하는 항공운송사업에 종사하는 40세 이상인 사람		
항공기관사 항공사	제2종	12개월		
자가용 조종사 사업용 활공기 조종사 조종연습생 경량항공기 조종사	제2종 (경량항공기조종사의 경우에는 제2종 또는 자동차운전면허증)	60개월	24개월	12개월
항공교통관제사 항공교통관제 연습생	제3종	48개월	24개월	12개월

비 고
1. 위 표에 따른 유효기간의 시작일은 항공신체검사를 받는 날로 하며, 종료일이 매달 말일이 아닌 경우에는 그 종료일이 속하는 달의 말일에 항공신체검사증명의 유효기간이 종료하는 것으로 본다.
2. 경량항공기 조종사의 항공신체검사 유효기간은 제2종 항공신체검사증명을 보유하고 있는 경우에는 그 증명의 연령대별 유효기간으로 하며, 자동차운전면허증을 적용할 경우에는 그 자동차운전면허증의 유효기간으로 한다.

(3) 항공신체검사증명의 기준 및 유효기간(시행규칙 제92조)

① 항공전문의사는 항공신체검사증명을 받으려는 사람이 자격증명의 종류별 항공신체검사기준에 일부 미달한 경우에도 해당 항공업무의 범위를 한정하거나 유효기간을 단축하여 항공신체검사증명서를 발급할 수 있다. 다만, 단축되는 유효기간은 시행규칙 별표 8에 따른 유효기간의 2분의 1을 초과할 수 없다.

② 자격증명시험을 면제받은 사람이 외국정부 또는 외국정부가 지정한 민간의료기관이 발급한 항공신체검사증명을 받은 경우에는 그 항공신체검사증명의 남은 유효기간까지는 항공신체검사증명을 받은 것으로 본다.

③ 제1종의 항공신체검사증명을 받은 사람은 같은 제2종 및 제3종의 항공신체검사증명을 함께 받은 것으로 본다. 이 경우 그 제2종 및 제3종의 항공신체검사증명의 유효기간은 제1종의 항공신체검사증명의 유효기간으로 한다.

④ 자가용 조종사 자격증명을 받은 사람이 계기비행증명을 받으려는 경우에는 제1종 신체검사기준을 충족하여야 한다.

8. 자격증명 및 항공신체검사의 취소 등

(1) 자격증명의 취소 · 효력정지(법 제43조제1항, 제2항)

① 국토교통부장관은 항공종사자가 다음의 어느 하나에 해당하는 경우에는 그 자격증명이나 자격증명의 한정(자격증명등이라 한다)을 취소하거나 1년 이내의 기간을 정하여 자격증명등의 효력정지를 명할 수 있다.

② 효력정지를 명하는 경우 그 효력정지의 대상으로 운송용 조종사에 대해서는 부조종사 및 사업용 · 자가용 조종사 자격증명을 포함하고, 사업용 조종사에 대해서는 자가용 조종사의 자격증명을 포함한다.

(2) 필요적 취소와 임의적 취소 사유

① 거짓이나 그 밖의 부정한 방법으로 자격증명등을 받은 경우(필요적 취소)

② 이 법을 위반하여 벌금 이상의 형을 선고받은 경우

③ 항공종사자로서 항공업무를 수행할 때 고의 또는 중대한 과실로 항공기사고를 일으켜 인명피해나 재산피해를 발생시킨 경우

④ 정비등을 확인하는 항공종사자가 국토교통부령으로 정하는 방법에 따라 감항성을 확인하지 아니한 경우

⑤ 자격증명의 종류에 따른 업무범위 외의 업무에 종사한 경우

⑥ 자격증명의 한정을 받은 항공종사자가 한정된 종류, 등급 또는 형식 외의 항공기·경량항공기나 한정된 정비분야 외의 항공업무에 종사한 경우

⑦ 다른 사람에게 자기의 성명을 사용하여 항공업무를 수행하게 하거나 항공종사자 자격증명서를 빌려 준 경우(필요적 취소)

⑧ 다른 사람에게 자기의 성명을 사용하여 항공업무를 수행하게 하거나 항공종사자 자격증명서를 빌려 주는 행위를 알선한 경우(필요적 취소)

⑨ 다른 사람의 성명을 사용하여 항공업무를 수행하거나 다른 사람의 항공종사자 자격증명서를 빌리는 행위를 알선한 경우(필요적 취소)

⑩ 항공신체검사증명을 받지 아니하고 항공업무에 종사한 경우

⑪ 자격증명의 종류별 항공신체검사증명의 기준에 적합하지 아니한 운항승무원 및 항공교통관제사가 항공업무에 종사한 경우

⑫ 계기비행증명을 받지 아니하고 계기비행 또는 계기비행방식에 따른 비행을 한 경우

⑬ 조종교육증명을 받지 아니하고 조종교육을 한 경우

⑭ 항공영어구술능력증명을 받지 아니하고 같은 항 각 호의 어느 하나에 해당하는 업무에 종사한 경우

⑮ 법 제55조를 위반하여 국토교통부령으로 정하는 비행경험이 없이 같은 조 각 호의 어느 하나에 해당하는 항공기를 운항하거나 계기비행·야간비행 또는 제44조제2항에 따른 조종교육의 업무에 종사한 경우

⑯ 주류등의 영향으로 항공업무를 정상적으로 수행할 수 없는 상태에서 항공업무에 종사한 경우

⑰ 항공업무에 종사하는 동안에 주류등을 섭취하거나 사용한 경우

⑱ 주류등의 섭취 및 사용 여부의 측정 요구에 따르지 아니한 경우(필요적 취소)

⑲ 항공기 내에서 흡연을 한 경우

⑳ 고의 또는 중대한 과실로 항공기준사고, 항공안전장애 또는 제61조제1항에 따른 항공안전위해요인을 발생시킨 경우

㉑ 기장의 의무를 이행하지 아니한 경우

㉒ 조종사가 운항자격의 인정 또는 심사를 받지 아니하고 운항한 경우

㉓ 기장이 운항관리사의 승인을 받지 아니하고 항공기를 출발시키거나 비행계획을 변경한 경우

㉔ 이륙·착륙 장소가 아닌 곳에서 이륙하거나 착륙한 경우

㉕ 비행규칙을 따르지 아니하고 비행한 경우

㉖ 법 제68조를 위반하여 같은 조 각 호의 어느 하나에 해당하는 비행 또는 행위를 한 경우

㉗ 허가를 받지 아니하고 항공기로 위험물을 운송한 경우

㉘ 자격증명등 소지 규정을 위반하여 항공업무를 수행한 경우

㉙ 운항기술기준을 준수하지 아니하고 비행을 하거나 업무를 수행한 경우

㉚ 국토교통부장관이 정하여 공고하는 비행의 방식 및 절차에 따르지 아니하고 비관제 공역 또는 주의공역에서 비행한 경우

㉛ 허가를 받지 아니하거나 국토교통부장관이 정하는 비행의 방식 및 절차에 따르지 아니하고 통제공역에서 비행한 경우

㉜ 국토교통부장관 또는 항공교통업무증명을 받은 자가 지시하는 이동 · 이륙 · 착륙의 순서 및 시기와 비행의 방법에 따르지 아니한 경우

㉝ 운영기준을 준수하지 아니하고 비행을 하거나 업무를 수행한 경우

㉞ 운항규정 또는 정비규정을 준수하지 아니하고 업무를 수행한 경우

㉟ 경량항공기 또는 그 장비품 · 부품의 정비사항을 확인하는 항공종사자가 국토교통 부령으로 정하는 방법에 따라 확인하지 아니한 경우

㊱ 자격증명등의 정지명령을 위반하여 정지기간에 항공업무에 종사한 경우(필요적 취소)

(3) 항공신체검사증명의 취소 · 효력정지(법 제43조제3항)

국토교통부장관은 항공종사자가 다음의 어느 하나에 해당하는 경우에는 그 항공신체검 사증명을 취소하거나 1년 이내의 기간을 정하여 항공신체검사증명의 효력정지를 명할 수 있다.

① 거짓이나 그 밖의 부정한 방법으로 항공신체검사증명을 받은 경우(필요적 취소)

② 주류등 관련 어느 하나에 해당하는 경우

③ 자격증명의 종류별 항공신체검사증명의 기준에 맞지 아니하게 되어 항공업무를 수 행하기에 부적합하다고 인정되는 경우

④ 한정된 항공업무의 범위를 준수하지 아니하고 항공업무에 종사한 경우

⑤ 항공신체검사명령에 따르지 아니한 경우

⑥ 제42조제1항(항공업무 등에 종사 제한) 규정을 위반하여 항공업무에 종사한 경우

⑦ 항공신체검사증명서를 소지하지 아니하고 항공업무에 종사한 경우

(4) 부정행위자 처분(법 제43조제4항)

자격증명등의 시험에 응시하거나 심사를 받는 사람 또는 항공신체검사를 받는 사람이

그 시험이나 심사 또는 검사에서 부정한 행위를 한 경우에는 해당 시험이나 심사 또는 검사를 정지시키거나 무효로 하고, 해당 처분을 받은 사람은 그 처분을 받은 날부터 각각 2년간 이 법에 따른 자격증명등의 시험에 응시하거나 심사를 받을 수 없으며, 이 법에 따른 항공신체검사를 받을 수 없다.

9. 항공영어구술능력증명

(1) 항공영어구술능력증명 관련 업무(법 제45조제1항)

다음의 어느 하나에 해당하는 업무에 종사하려는 사람은 국토교통부장관의 항공영어구술능력증명을 받아야 한다.
① 두 나라 이상을 운항하는 항공기의 조종
② 두 나라 이상을 운항하는 항공기에 대한 관제
③ 항공통신업무 중 두 나라 이상을 운항하는 항공기에 대한 무선통신

(2) 항공영어구술능력시험의 종류(시행규칙 제99조제1항)

항공영어구술능력증명시험의 등급은 6등급으로 구분하되, 6등급 항공영어구술능력증명시험에 응시하려는 사람은 응시원서 접수 당시 5등급 항공영어구술능력증명을 보유해야 한다.

(3) 항공영어구술능력의 유효기간(시행규칙 제99조제3항)

항공영어구술능력의 유효기간(시행규칙 제99조제3항)		
구분	유효기간	유효기간 산정 기준일
4등급	3년	1. 최초 응시자(유효기간이 지난 사람 포함): 합격 통지일 2. 4등급 또는 5등급 증명의 유효기간 종료 전 6개월 이내에 합격한 경우: 기존 증명의 유효기간이 끝난 다음 날
5등급	6년	
6등급	영구	

10. 항공전문의사

(1) 항공전문의사의 지정(법 제49조)

국토교통부장관은 자격증명의 종류별 항공신체검사증명을 효율적이고 전문적으로 하기 위하여 국토교통부령으로 정하는 바에 따라 항공의학에 관한 전문교육을 받은 전문의사(항공전문의사)를 지정하여 항공신체검사증명에 관한 업무를 대행하게 할 수 있다.

(2) 항공전문의사의 지정 기준(시행규칙 제105조)

항공전문의사의 지정 기준은 다음과 같다.

① 항공전문의사 지정을 신청한 날을 기준으로 직전 1년 이내에 항공의학에 관한 교육 과정을 이수할 것

② 의료법에 따른 의사로서 항공의학 분야에서 5년 이상의 경력이 있거나 같은 법에 따른 전문의(치과의사와 한의사는 제외한다)일 것

③ 항공신체검사 의료기관의 시설 및 장비 기준에 적합한 의료기관에 소속(동일 지역 내에 있는 다른 의료기관의 시설 및 장비를 사용할 수 있는 경우를 포함한다)되어 있을 것

(3) 항공전문의사 교육과정

항공전문의사 교육과정(시행규칙 제105조)		
교육과목	교육시간	
	항공전문의사로 지정받으려는 사람	항공전문의사로 지정받은 사람
항공의학이론	10시간	6시간
항공의학실기	10시간	7시간
항공관련법령	4시간	3시간
정신계질환 판정 및 상담기법	4시간	3시간
계	28시간	19시간(매 3년)

(4) 항공전문의사 지정의 취소

국토교통부장관은 항공전문의사가 다음의 어느 하나에 해당하는 경우에는 그 지정을 취소하거나 1년 이내의 기간을 정하여 그 지정의 효력정지를 명할 수 있다.

항공전문의사 지정의 취소(법 제50조)		
번호	사유	처분
1	거짓이나 그 밖의 부정한 방법으로 항공전문의사로 지정받은 경우	취소
2	항공전문의사 지정의 효력정지 기간에 항공신체검사증명에 관한 업무를 수행한 경우	
3	항공전문의사가 항공전문의사 지정기준에 적합하지 아니하게 된 경우	
4	항공전문의사가 고의 또는 중대한 과실로 항공신체검사증명서를 잘못 발급한 경우	
5	항공전문의사가 의료법에 따라 자격이 취소 또는 정지된 경우	
6	본인이 지정 취소를 요청한 경우	

7	항공전문의사가 항공신체검사증명서의 발급 등 국토교통부령으로 정하는 업무를 게을리 수행한 경우	취소 또는 효력정지
8	항공전문의사가 정기적 전문교육을 받지 아니한 경우	

05 항공기의 운항

1. 무선설비의 설치·운용 의무

(1) 무선설비의 설치 및 운용(법 제51조)

항공기를 운항하려는 자 또는 소유자등은 해당 항공기에 국토교통부령으로 정하는 무선설비를 설치 · 운용하여야 한다.

(2) 무선설비의 종류(시행규칙 제107조)

항공기에 설치·운용해야 하는 무선설비의 종류(시행규칙 제107조제1항)		운송사업용 외 시계비행항공기
번호	무선설비의 종류	
1	초단파(VHF) 또는 극초단파(UHF) 무선전화 송수신기 각 2대. 이 경우 비행기 [전이고도 미만의 고도에서 교신하려는 경우만 해당한다]와 헬리콥터의 운항승무원은 붐(Boom) 마이크로폰 또는 스롯(Throat) 마이크로폰을 사용하여 교신하여야 한다.	
2	기압고도에 관한 정보를 제공하는 2차감시 항공교통관제 레이더용 트랜스폰더(Mode 3/A 및 Mode C SSR transponder. 다만, 국외를 운항하는 항공운송사업용 항공기의 경우에는 Mode S transponder) 1대	
3	자동방향탐지기(ADF) 1대[무지향표지시설(NDB) 신호로만 계기접근절차가 구성되어 있는 공항에 운항하는 경우만 해당한다]	임의적
4	계기착륙시설(ILS) 수신기 1대(최대이륙중량 5,700kg 미만의 항공기와 헬리콥터 및 무인항공기는 제외)	임의적
5	전방향표지시설(VOR) 수신기 1대(무인항공기는 제외)	임의적
6	거리측정시설(DME) 수신기 1대(무인항공기는 제외)	임의적
7	뇌우 또는 잠재적인 위험 기상조건을 탐지할 수 있는 기상레이더 또는 악기상 탐지장비	국제선
8	비상위치지시용 무선표지설비(ELT). 이 경우 비상위치지시용 무선표지설비의 신호는 121.5메가헤르츠(MHz) 및 406메가헤르츠(MHz)로 송신되어야 한다.	

(3) 무선설비의 기준(시행규칙 제107조제1항)

무선설비의 설치 기준(시행규칙 제107조제1항제7호, 제8호)	
구분	**기준 및 성능**

기상레이더
또는
악기상
탐지장비
	가. 국제선 항공운송사업에 사용되는 비행기로서 여압장치가 장착된 비행기의 경우: 기상레이더
	    1대
	나. 국제선 항공운송사업에 사용되는 헬리콥터의 경우: 기상레이더 또는 악기상 탐지장비 1대
	다. 가목 외에 국외를 운항하는 비행기로서 여압장치가 장착된 비행기의 경우: 기상레이더 또는
	    악기상 탐지장비 1대

비상위치
지시용 무선표지
설비
(ELT)
	가. 2대를 설치하여야 하는 경우: 다음의 어느 하나에 해당하는 항공기. 이 경우 비상위치지시용
	    무선표지설비 2대 중 1대는 자동으로 작동되는 구조여야 하며, 2)의 경우 1대는 구명보트에
	    설치해야 한다.
	    1) 승객의 좌석 수가 19석을 초과하는 비행기(항공운송사업에 사용되는 비행기만 해당한다)
	    2) 비상착륙에 적합한 육지(착륙이 가능한 섬을 포함한다)로부터 순항속도로 10분의 비
	       행거리 이상의 해상을 비행하는 제1종 및 제2종 헬리콥터, 회전날개에 의한 자동회
	       전(autorotation)에 의하여 착륙할 수 있는 거리 또는 안전한 비상착륙(safe forced
	       landing)을 할 수 있는 거리를 벗어난 해상을 비행하는 제3종 헬리콥터
	나. 1대를 설치하여야 하는 경우: 가목에 해당하지 아니하는 항공기. 이 경우 비상위치지시용 무
	    선표지설비는 자동으로 작동되는 구조여야 한다.

(4) 무선설비의 성능(시행규칙 제107조제2항, 제3항)

무선설비의 성능(시행규칙 제107조제2항, 제3항)	
구분	**성능**

초단파(VHF) 또는
극초단파
(UHF)
무선전화 송수신기
	1. 비행장 또는 헬기장에서 관제를 목적으로 한 양방향통신이 가능할 것
	2. 비행 중 계속하여 기상정보를 수신할 수 있을 것
	3. 운항 중 항공기국과 항공국 간 또는 항공국과 항공기국 간 양방향통신이 가능할 것
	4. 항공비상주파수(121.5㎒ 또는 243.0㎒)를 사용하여 항공교통관제기관과 통신이 가능할
	   것
	5. 무선전화 송수신기 각 2대 중 각 1대가 고장이 나더라도 나머지 각 1대는 고장이 나지 아
	   니하도록 각각 독립적으로 설치할 것

2차감시 항공교통
관제 레이더용
트랜스폰더
	1. 고도 7.62m(25ft) 이하의 간격으로 기압고도정보를 관할 항공교통관제기관에 제공할 수
	   있을 것
	2. 해당 비행기의 위치(공중 또는 지상)에 대한 정보를 제공할 수 있을 것[해당 비행기에 비행
	   기의 위치를 자동으로 감지하는 장치가 장착된 경우만 해당한다]

2. 항공계기 등의 설치·탑재 및 운용 등

(1) 항공계기등의 설치 및 탑재의무(법 제52조)

① 항공기를 운항하려는 자 또는 소유자등은 해당 항공기에 항공기 안전운항을 위하여 필요한 항공계기, 장비, 서류, 구급용구 등(항공계기등)을 설치하거나 탑재하여 운용

하여야 한다.

② 항공계기등을 설치하거나 탑재하여야 할 항공기, 항공계기등의 종류, 설치·탑재기준 및 그 운용방법 등에 필요한 사항은 국토교통부령으로 정한다.

(2) 항공일지(시행규칙 제108조)

1) 항공일지의 종류

㉠ 탑재용 항공일지

㉡ 지상 비치용 발동기 항공일지

㉢ 지상 비치용 프로펠러 항공일지

2) 항공일지의 기록

항공기의 소유자등은 항공기를 항공에 사용하거나 개조 또는 정비한 경우에는 지체 없이 다음의 구분에 따라 항공일지에 적어야 한다.

㉠ 탑재용 항공일지 기록 사항

탑재용 항공일지 기록 사항(시행규칙 제108조제2항제1호)		
번호	기록 내용	세부 내용
1	항공기의 등록부호 및 등록 연월일	
2	항공기의 종류·형식 및 형식증명번호	
3	감항분류 및 감항증명번호	
4	항공기의 제작자·제작번호 및 제작 연월일	
5	발동기 및 프로펠러의 형식	
6	비행에 관한기록	비행연월일, 승무원의 성명 및 업무, 비행목적 또는 편명, 출발지 및 출발시각, 도착지 및 도착시각, 비행시간, 항공기의 비행안전에 영향을 미치는 사항, 기장의 서명
7	제작 후의 총 비행시간과 오버홀을 한 항공기의 경우 최근의 오버홀 후의 총 비행시간	
8	발동기 및 프로펠러의 장비교환에 관한 기록	장비교환의 연월일 및 장소, 발동기 및 프로펠러의 부품번호 및 제작일련번호, 장비가 교환된 위치 및 이유
9	수리·개조 또는 정비의 실시에 관한 기록	실시 연월일 및 장소, 실시 이유, 수리·개조 또는 정비의 위치 및 교환 부품명, 확인 연월일 및 확인자의 서명 또는 날인

ⓒ 지상 비치용 발동기 항공일지 및 비상 비치용 프로펠러 항공일지 기록 사항

지상 비치용 발동기 항공일지 및 비상 비치용 프로펠러 항공일지 기록 사항 (시행규칙 108조제2항제3호)		
번호	기록 내용	세부 내용
1	발동기 또는 프로펠러의 형식	
2	발동기 또는 프로펠러의 장비교환에 관한 기록	장비교환의 연월일 및 장소, 장비가 교환된 항공기의 형식·등록부호 및 등록증번호, 장비교환 이유
3	발동기 또는 프로펠러의 수리·개조 또는 정비의 실시에 관한 다음의 기록	실시 연월일 및 장소, 실시 이유, 수리·개조 또는 정비의 위치 및 교환 부품명, 확인 연월일 및 확인자의 서명 또는 날인
4	발동기 또는 프로펠러의 사용에 관한 다음의 기록	사용 연월일 및 시간, 제작 후의 총 사용시간 및 최근의 오버홀 후의 총 사용시간

3. 사고예방장치 등

(1) 사고예방장치의 종류(시행규칙 제109조)

사고예방 및 사고조사를 위하여 항공기에 갖추어야 할 장치는 다음과 같다.

1) 공중충돌경고장치(Airborne Collision Avoidance System, ACAS II) 1기 이상

공중충돌경고장치(ACAS II) 1기 이상 (시행규칙 제109조제1항제1호)	
번호	구비해야 하는 항공기
1	항공운송사업에 사용되는 모든 비행기
2	2007년 1월 1일 이후에 최초로 감항증명을 받는 비행기로서 최대이륙중량이 15,000kg을 초과하거나 승객 30명을 초과하여 수송할 수 있는 터빈발동기를 장착한 항공운송사업 외의 용도로 사용되는 모든 비행기
3	2008년 1월 1일 이후에 최초로 감항증명을 받는 비행기로서 최대이륙중량이 5,700kg을 초과하거나 승객 19명을 초과하여 수송할 수 있는 터빈발동기를 장착한 항공운송사업 외의 용도로 사용되는 모든 비행기
4	소형항공운송사업에 사용되는 최대이륙중량이 5,700kg 이하인 비행기로서 그 비행기에 적합한 공중충돌경고장치가 개발되지 아니하거나 공중충돌경고장치를 장착하기 위하여 필요한 비행기 개조 등의 기술이 그 비행기의 제작자 등에 의하여 개발되지 아니한 경우

2) 지상접근경고장치(Ground Proximity Warning System, GPWS) 1기 이상

지상접근경고장치(GPWS) 1기 이상 (시행규칙 제109조제1항제2호)	
번호	구비해야 하는 항공기
1	최대이륙중량이 5,700kg을 초과하거나 승객 9명을 초과하여 수송할 수 있는 터빈발동기를 장착한 비행기
2	최대이륙중량이 5,700kg 이하이고 승객 5명 초과 9명 이하를 수송할 수 있는 터빈발동기를 장착한 비행기
3	최대이륙중량이 5,700kg을 초과하거나 승객 9명을 초과하여 수송할 수 있는 왕복발동기를 장착한 모든 비행기
4	최대이륙중량이 3,175kg을 초과하거나 승객 9명을 초과하여 수송할 수 있는 헬리콥터로서 계기비행방식에 따라 운항하는 헬리콥터
예외	국제항공노선을 운항하지 않는 헬리콥터

3) 비행기록장치(비행자료 및 조종실 내 음성을 디지털 방식으로 기록) 각 1기 이상

비행자료 및 음성 비행기록장치 1기 이상 (시행규칙 제109조제1항제3호)	
번호	구비해야 하는 항공기
1	항공운송사업에 사용되는 터빈발동기를 장착한 비행기
2	최대이륙중량이 27,000kg을 초과하는 비행기
3	승객 5명을 초과하여 수송할 수 있고 최대이륙중량이 5,700kg을 초과하는 비행기 중에서 항공운송사업 외의 용도로 사용되는 터빈발동기를 장착한 비행기
4	헬리콥터

4) 전방돌풍경고장치 및 위치추적장치 각 1기 이상

전방돌풍경고장치 및 위치추적장치 각 1기 이상 (시행규칙 제109조제1항제4호, 제5호)	
구분	구비해야 하는 항공기
전방돌풍경고장치	최대이륙중량이 5,700kg을 초과하거나 승객 9명을 초과하여 수송할 수 있는 터빈발동기(터보프롭발동기는 제외)를 장착한 항공운송사업에 사용되는 비행기
위치추적장치	최대이륙중량 27,000kg을 초과하고 승객 19명을 초과하여 수송할 수 있는 항공운송사업에 사용되는 비행기로서 15분 이상 해당 항공교통관제기관의 감시가 곤란한 지역을 비행하는 하는 경우

5) 지상접근경고장치(Ground Proximity Warning System, GPWS)의 요구 성능

지상접근경고장치(GPWS)의 요구 성능 (시행규칙 제109조제2항제1호)	
구분	구비해야 하는 항공기
최대이륙중량이 5,700kg을 초과하거나 승객 9명을 초과하여 수송할 수 있는 터빈발동기를 장착한 비행기	가. 과도한 강하율이 발생하는 경우 나. 지형지물에 대한 과도한 접근율이 발생하는 경우 다. 이륙 또는 복행 후 과도한 고도의 손실이 있는 경우 라. 비행기가 다음의 착륙형태를 갖추지 아니한 상태에서 지형지물과의 안전거리를 유지하지 못하는 경우 　1) 착륙바퀴가 착륙위치로 고정 　2) 플랩의 착륙위치 마. 계기활공로 아래로의 과도한 강하가 이루어진 경우
그 외	가. 과도한 강하율이 발생되는 경우 나. 이륙 또는 복행 후에 과도한 고도의 손실이 있는 경우 다. 지형지물과의 안전거리를 유지하지 못하는 경우

4. 구급용구 등

(1) 구비해야 할 구급용구 등의 종류(시행규칙 제110조)

　　항공기의 소유자등은 항공기(무인항공기는 제외한다)에 구명동의, 음성신호발생기, 구명보트, 불꽃조난신호장비, 휴대용 소화기, 도끼, 손확성기(메가폰), 구급의료용품 등을 갖춰야 한다.

(2) 구급용구(시행규칙 제110조, 시행규칙 별표 15)

구급용구(시행규칙 별표 15)					
종류	수상비행기	육상비행기	장거리 해상비행기	산악지역등 횡단비행기	헬리콥터
구명동의	인당 1개	인당 1개	인당 1개		인당 1개
음성신호발생기	1기				
구명보트			적정 척수		적정 척수
불꽃조난신호장비			1기	1기 이상	1기
구명장비				1기 이상	
해상용 닻	1개				
일상용 닻	1개				
헬리콥터부양장치					1조

(3) 소화기 (시행규칙 제110조, 시행규칙 별표 15)

항공기에는 적어도 조종실 및 조종실과 분리되어있는 객실에 각각 한 개 이상의 이동이 간편한 소화기를 갖춰 두어야 한다.

객실 내 구비 해야 할 소화기의 수량(시행규칙 별표 15)			
승객 좌석 수	소화기의 수량	승객 좌석 수	소화기의 수량
6 ~ 30	1	301 ~ 400	5
31 ~ 60	2	401 ~ 500	6
61~ 200	3	501 ~ 600	7
201 ~ 300	4	601 ~	8

(4) 도끼(시행규칙 제110조, 시행규칙 별표 15)

항공운송사업용 및 항공기사용사업용 항공기에는 사고 시 사용할 도끼 1개를 갖춰 두어야 한다.

(5) 손확성기(시행규칙 제110조, 시행규칙 별표 15)

항공운송사업용 여객기에는 다음 표의 손확성기를 갖춰 두어야 한다.

손확성기의 수량(시행규칙 별표 15)	
승객 좌석 수	손확성기의 수량
61 ~ 99	1
100 ~ 199	2
200 ~	3

(6) 방사선투사량계기(시행규칙 제116조)

항공운송사업용 항공기 또는 국외를 운항하는 비행기가 평균해면으로부터 15,000m(49,000ft)를 초과하는 고도로 운항하려는 경우에는 방사선투사량계기(Radiation Indicator) 1기를 갖추어야 한다.

방사선투사량계기는 투사된 총 우주방사선의 비율과 비행 시마다 누적된 양을 계속적으로 측정하고 이를 나타낼 수 있어야 하며, 운항승무원이 측정된 수치를 쉽게 볼 수 있어야 한다.

5. 항공기에 탑재하는 서류(법 제52조제2항, 시행규칙 제113조)

항공기(활공기 및 특별감항증명을 받은 항공기는 제외)에는 다음의 서류를 탑재하여야 한다.

항공기 탑재 서류(시행규칙 제113조)	
번호	탑재하는 서류
1	항공기등록증명서
2	감항증명서
3	탑재용 항공일지
4	운용한계 지정서 및 비행교범
5	운항규정
6	항공운송사업의 운항증명서 사본 및 운영기준 사본
7	소음기준적합증명서
8	각 운항승무원의 유효한 자격증명서 및 조종사의 비행기록에 관한 자료
9	무선국 허가증명서
10	탑승한 여객의 성명, 탑승지 및 목적지가 표시된 명부
11	해당 항공운송사업자가 발행하는 수송화물의 화물목록과 화물 운송장에 명시되어 있는 세부 화물신고서류
12	해당 국가의 항공당국 간에 체결한 항공기 등의 감독 의무에 관한 이전협정서 요약서 사본
13	비행 전 및 각 비행단계에서 운항승무원이 사용해야 할 점검표

6. 항공계기장치 등

(1) 항공계기 등(시행규칙 제117조제1항)

시계비행방식 또는 계기비행방식에 의한 비행을 하는 항공기에 갖추어야 할 항공계기 등의 기준은 다음과 같다.

비행구분	계기명	수량			
		비행기		헬리콥터	
		항공운송 사업용	항공운송 사업용 외	항공운송 사업용	항공운송 사업용 외
시계 비행 방식	나침반	1	1	1	1
	시계(시, 분, 초 표시)	1	1	1	1
	정밀기압고도계	1	–	1	1
	기압고도계	–	1	–	–
	속도계	1	1	1	1
계기 비행 방식	나침반	1	1	1	1
	시계(시, 분, 초 표시)	1	1	1	1
	정밀기압고도계	2	1	2	1
	기압고도계	–	1	–	–
	동결방지장치 속도계	1	1	1	1
	선회 및 경사지시계	1	1	–	–
	경사지시계	–	–	1	1
	인공수평자세지시계	1	1	조종석당 1개, 여분 1개	
	자이로식 기수방향지시계	1	1	1	1
	외기온도계	1	1	1	1
	승강계	1	1	1	1
	안정성유지시스템	–	–	1	1

항공계기 등의 기준(시행규칙 제117조, 시행규칙 별표 16)

(2) 조명설비 등(시행규칙 제117조제2항)

야간에 비행을 하려는 항공기에는 계기비행방식으로 비행할 때 갖추어야 하는 항공계기 등 외에 추가로 다음의 조명설비를 갖추어야 한다.

야간비행 항공기가 갖추어야 할 조명설비 등(시행규칙 제117조제2항)				
조명설비 명	비행기		헬리콥터	
	항공운송 사업용	항공운송 사업용 외	항공운송 사업용	항공운송 사업용 외
착륙등	2기 이상	1기 이상	2기 이상	1기 이상
충돌방지등	1	1	1	1
항공기의 위치를 나타내는 우현등, 좌현등, 미등	1	1	1	1
항공계기 및 장치 식별 조명설비	1	1	1	1
객실 조명설비	1	1	1	1
손전등	1	1	1	1

비고:
1. 헬리콥터의 최소한 1기의 착륙등은 수직면으로 방향 전환이 가능한 것이어야 한다.
2. 마하 수(Mach number) 단위로 속도제한을 나타내는 항공기에는 마하 수 지시계(Mach number Indicator)를 장착하여야 한다

7. 항공기의 연료(법 제53조, 시행규칙 제119조, 시행규칙 별표 17)

항공기를 운항하려는 자 또는 소유자등은 항공기에 다음의 양의 연료를 싣지 아니하고 항공기를 운항해서는 아니 된다.

시행규칙 별표 17

(1) 항공운송사업용 및 항공기사용사업용 비행기

항공기에 실어야 할 연료와 오일의 양(시행규칙 제119조, 별표 17)	
항공운송사업용 및 항공기사용사업용 비행기	
계기비행으로 교체비행장이 요구될 경우	
왕복발동기 장착 항공기(다음을 더한 양)	터빈발동기 장착 항공기(다음을 더한 양)
1. 이륙 전에 소모가 예상되는 연료의 양 2. 이륙부터 최초 착륙예정 비행장에 착륙할 때까지 필요한 연료의 양 3. 이상 사태 발생 시 연료 소모가 증가할 것에 대비하기 위한 것으로서 운항기술기준에서 정한 연료의 양 4. 다음 각 목의 어느 하나에 해당하는 연료의 양 　가. 1개의 교체비행장이 요구되는 경우: (최초 착륙 예정 비행장에서 한 번의 실패접근에 필요한 양 + 교체비행장까지 상승비행, 순항비행, 강하비행, 접근비행 및 착륙에 필요한 양) 　나. 2개 이상의 교체비행장이 요구되는 경우: 각각의 교체비행장에 대하여 가목에 따라 산정된 양 중 가장 많은 양 5. 교체비행장에 도착 시 예상되는 비행기의 중량 상태에서 순항속도 및 순항고도로 45분간 더 비행할 수 있는 연료의 양	1. 이륙 전에 소모가 예상되는 연료의 양 2. 이륙부터 최초 착륙예정 비행장에 착륙할 때까지 필요한 연료의 양 3. 이상 사태 발생 시 연료 소모가 증가할 것에 대비하기 위한 것으로서 운항기술기준에서 정한 연료의 양 4. 다음 각 목의 어느 하나에 해당하는 연료의 양 　가. 1개의 교체비행장이 요구되는 경우: 　　(최초 착륙 예정 비행장에서 한 번의 실패접근에 필요한 양 + 교체비행장까지 상승비행, 순항비행, 강하비행, 접근비행 및 착륙에 필요한 양) 　나. 2개 이상의 교체비행장이 요구되는 경우: 각각의 교체비행장에 대하여 가목에 따라 산정된 양 중 가장 많은 양 5. 교체비행장에 도착 시 예상되는 비행기의 중량 상태에서 표준대기 상태에서의 체공 속도로 교체비행장의 450m(1,500ft)의 상공에서 30분간 더 비행할 수 있는 연료의 양
시계비행을 할 경우(다음을 더한 양)	
1. 최초 착륙 예정 비행장까지 비행에 필요한 양 2. 순항속도로 45분간 더 비행할 수 있는 양	

(2) 항공운송사업용 및 항공기사용사업용 외의 비행기

항공기에 실어야 할 연료와 오일의 양(시행규칙 제119조, 별표 17)
항공운송사업용 및 항공기사용사업용 외의 비행기에 실어야 할 연료와 오일의 양
계기비행으로 교체비행장이 요구될 경우(다음을 더한 양)
1. 최초 착륙 예정 비행장까지 비행에 필요한 양 2. 그 교체비행장까지 비행을 마친 후 순항고도로 45분간 더 비행할 수 있는 양
계기비행으로 교체비행장이 요구되지 않을 경우(다음을 더한 양)
1. 최초 착륙 예정 비행장까지 비행에 필요한 양 2. 순항고도로 45분간 더 비행할 수 있는 양

주간에 시계비행을 할 경우(다음을 더한 양)
1. 최초 착륙 예정 비행장까지 비행에 필요한 양
2. 순항고도로 30분간 더 비행할 수 있는 양

야간에 시계비행을 할 경우(다음을 더한 양)
1. 최초 착륙 예정 비행장까지 비행에 필요한 양
2. 순항고도로 45분간 더 비행할 수 있는 양

8. 항공기의 등불

(1) 항공기의 등불(법 제54조)

항공기를 운항하거나 야간(해가 진 뒤부터 해가 뜨기 전까지를 말한다)에 비행장에 주기 또는 정박시키는 사람은 국토교통부령으로 정하는 바에 따라 등불로 항공기의 위치를 나타내야 한다.

(2) 항공기 위치 고지 방법(시행규칙 제120조)

항공기가 야간에 공중·지상 또는 수상을 항행하는 경우와 비행장의 이동지역 안에서 이동하거나 엔진이 작동 중인 경우에는 우현등, 좌현등 및 미등(항행등이라 한다)과 충돌방지등에 의하여 그 항공기의 위치를 나타내야 한다.

항공기를 야간에 사용되는 비행장에 주기 또는 정박시키는 경우에는 해당 항공기의 항행등을 이용하여 항공기의 위치를 나타내야 한다. 다만, 비행장에 항공기를 조명하는 시설이 있는 경우에는 그러하지 아니하다.

항공기는 위치를 나타내는 항행등으로 잘못 인식될 수 있는 다른 등불을 켜서는 아니 된다.

조종사는 섬광등이 업무를 수행하는 데 장애를 주거나 외부에 있는 사람에게 눈부심을 주어 위험을 유발할 수 있는 경우에는 섬광등을 끄거나 빛의 강도를 줄여야 한다.

9. 승무원 등의 피로관리

(1) 피로관리의 대상(법 제56조)

항공운송사업자, 항공기사용사업자 또는 국외운항항공기 소유자등은 소속 운항승무원 및 객실승무원(승무원이라 한다)과 운항관리사의 피로를 관리하여야 한다.

항공운송사업자, 항공기사용사업자 또는 국외운항항공기 소유자등은 승무원의 승무시간등 또는 운항관리사의 근무시간에 대한 기록을 15개월 이상 보관하여야 한다.

(2) 용어의 정의(시행규칙 127조제1항, 시행규칙 별표 18)

1) 승무시간(Flight Time)

비행기의 경우 이륙을 목적으로 비행기가 최초로 움직이기 시작한 때부터 비행이 종료되어 최종적으로 비행기가 정지한 때까지의 총 시간을 말한다.

헬리콥터의 경우 주회전익이 회전하기 시작한 때부터 주회전익이 정지된 때까지의 총 시간을 말한다.

시행규칙 별표 18

2) 비행근무시간(Flight Duty Period)

운항승무원이 1개 구간 또는 연속되는 2개 구간 이상의 비행이 포함된 근무의 시작을 보고한 때부터 마지막 비행이 종료되어 최종적으로 항공기의 발동기가 정지된 때까지의 총 시간을 말한다.

3) 근무기간

운항승무원이 항공기 운영자의 요구에 따라 근무보고를 하거나 근무를 시작한 때부터 모든 근무가 끝난 때까지의 시간을 말한다.

(3) 운항승무원의 승무시간 기준 등(시행규칙 127조, 별표 18)

운항승무원의 승무시간, 비행근무시간, 근무시간 등(승무시간등이라 한다)의 기준은 시행규칙 별표 18과 같다.

운항승무원의 승무시간 · 근무시간(시행규칙 127조, 시행규칙 별표 18)				
운항승무원 편성	최대승무시간			최대비행 근무시간
	연속 24시간	연속 28일	연속 365일	연속24시간
기장 1명	8	100	1,000	13
기장 1명, 기장 외의 조종사 1명	8	100	1,000	13
기장 1명, 기장 외의 조종사 1명, 항공기관사 1명	12	120	1,000	15
기장 1명, 기장 외의 조종사 2명	12	120	1,000	16
기장 2명, 기장 외의 조종사 1명	13	120	1,000	16.5
기장 2명, 기장 외의 조종사 2명	16	120	1,000	20
기장 2명, 기장 외의 조종사 2명, 항공기관사 2명	16	120	1,000	20

(4) 객실승무원의 비행근무시간 기준 등(시행규칙 제128조)

항공운송사업자는 객실승무원이 비행피로로 인하여 항공기 안전운항에 지장을 초래하지 아니하도록 월간, 3개월간 및 연간 단위의 승무시간 기준을 운항규정에 정하여야 한다. 이 경우 연간 승무시간은 1,200시간을 초과해서는 아니 된다.

10. 주류등의 섭취·사용 제한

(1) 주류등의 의의 및 제한 의무(법 제57조제1항, 제2항)

① 항공종사자 및 객실승무원은 주류, 마약류, 환각물질 등(주류 등이라 한다.)의 영향으로 항공업무 또는 객실승무원의 업무를 정상적으로 수행할 수 없는 상태에서는 항공업무 또는 객실승무원의 업무에 종사해서는 아니된다.
② 항공종사자 및 객실승무원은 항공업무 또는 객실승무원의 업무에 종사하는 동안에는 주류등을 섭취하거나 사용해서는 아니 된다.

(2) 주류등의 섭취 및 사용여부의 검사(법 제57조3항, 제4항, 시행규칙 제129조)

① 국토교통부장관은 주류등의 섭취 및 사용 여부를 호흡측정기 검사 등의 방법으로 측정할 수 있으며, 항공종사자 및 객실승무원은 이러한 측정에 따라야 한다.
② 국토교통부장관은 항공종사자 또는 객실승무원이 측정 결과에 불복하면 그 항공종사자 또는 객실승무원의 동의를 받아 혈액 채취 또는 소변 검사 등의 방법으로 주류등의 섭취 및 사용 여부를 다시 측정할 수 있다.
③ 국토교통부장관 또는 지방항공청장은 소속 공무원으로 하여금 항공종사자 및 객실승무원의 주류등의 섭취 또는 사용 여부를 측정하게 할 수 있다.

(3) 비 정상 상태의 기준(법 제57조제5항)

주류등의 영향으로 항공업무 또는 객실승무원의 업무를 정상적으로 수행할 수 없는 상태의 기준은 다음과 같다.
① 주정성분이 있는 음료의 섭취로 혈중알코올농도가 0.02% 이상인 경우
② 마약류를 사용한 경우
③ 환각물질을 사용한 경우

11. 국가 항공안전프로그램

(1) 항공안전프로그램의 고시(법 제58조제1항)

국토교통부장관은 다음의 사항이 포함된 항공안전프로그램을 마련하여 고시하여야 한다.

① 항공안전에 관한 정책, 달성목표 및 조직체계

② 항공안전 위험도의 관리

③ 항공안전보증

④ 항공안전증진

12. 항공안전 의무보고 및 자율보고

(1) 항공운전 의무보고(법 제59조)

항공기사고, 항공기준사고 또는 항공안전장애 중 국토교통부령으로 정하는 사항(의무보고 대상 항공안전장애라 한다)을 발생시켰거나 항공기사고, 항공기준사고 또는 의무보고 대상 항공안전장애가 발생한 것을 알게 된 항공종사자 등 관계인은 국토교통부장관에게 그 사실을 보고하여야 한다.

(2) 의무보고 대상 항공안전장애의 범위

의무보고 대상 항공안전장애의 범위는 시행규칙 별표 20의2의 내용과 같다.

시행규칙 별표 20의 2

(3) 항공안전 의무보고자(시행규칙 제134조제2항)

① 항공기사고를 발생시켰거나 항공기사고가 발생한 것을 알게 된 항공종사자 등 관계인

② 항공기준사고를 발생시켰거나 항공기준사고가 발생한 것을 알게 된 항공종사자 등 관계인

③ 의무보고 대상 항공안전장애를 발생시켰거나 의무보고 대상 항공안전장애가 발생한 것을 알게 된 항공종사자 등 관계인

(4) 항공종사자등 관계인의 범위(시행규칙 제134조제3항)

① 항공기 기장(항공기 기장이 보고할 수 없는 경우에는 그 항공기의 소유자등을 말한다)

② 항공정비사(항공정비사가 보고할 수 없는 경우에는 그 항공정비사가 소속된 기관·법인 등의 대표자를 말한다)

③ 항공교통관제사(항공교통관제사가 보고할 수 없는 경우 그 관제사가 소속된 항공교통관제기관의 장을 말한다)

④ 공항시설을 관리 · 유지하는 자

⑤ 항행안전시설을 설치 · 관리하는 자

⑥ 위험물취급자

⑦ 항공기 중량 및 균형관리를 위한 화물 등의 탑재관리, 지상에서 항공기에 대한 동력 지원 업무를 수행하는 자

⑧ 지상에서 항공기의 안전한 이동을 위한 항공기 유도 업무를 수행하는 자

(5) 보고서의 제출 시기(시행규칙 제134조제4항, 별표 20의2)

시행규칙 별표 20의 2

1) 즉시 제출해야 하는 경우

㉠ 항공기사고

㉡ 항공기준사고

㉢ 항공등화 운영 및 유지관리 수준에 미달한 경우

㉣ 항공등화시설의 운영이 중단되어 항공기 운항에 지장을 주는 경우

㉤ 활주로, 유도로 및 계류장이 항공기 운항에 지장을 줄 정도로 중대한 손상을 입었거나 화재가 발생한 경우

㉥ 항행안전무선시설, 항공고정통신시설 · 항공이동통신시설 · 항공정보방송시설 등 항공정보통신시설의 운영이 중단된 상황

㉦ 항행안전무선시설, 항공고정통신시설 · 항공이동통신시설 · 항공정보방송시설 등 항공정보통신시설과 항공기 간 신호의 송 · 수신 장애가 발생한 상황

2) 72시간 이내 제출해야 하는 경우: 시행규칙 별표 20의2제1호부터 제4호까지, 제6호 및 제7호에 해당하는 의무보고 대상 항공안전장애의 경우

3) 96시간 이내 제출해야 하는 경우: 시행규칙 별표 20의2제5호(항공기 화재 및 고장)에 해당하는 의무보고 대상 항공안전장애의 경우

(6) 항공안전 자율보고(법 제61조)

① 누구든지 의무보고 대상 항공안전장애 외의 항공안전장애(자율보고대상 항공안전장애라 한다.)를 발생시켰거나 발생한 것을 알게 된 경우 또는 항공안전위해요인이 발생한 것을 알게 되거나 발생이 의심되는 경우에는 국토교통부령으로 정하는 바에 따라 그 사실을 국토교통부장관에게 보고할 수 있다(임의적 규정).

② 국토교통부장관은 항공안전 자율보고를 통하여 접수한 내용을 이 법에 따른 경우를 제외하고는 제3자에게 제공하거나 일반에게 공개해서는 아니 된다.

③ 누구든지 항공안전 자율보고를 한 사람에 대하여 이를 이유로 해고 · 전보 · 징계 · 부당한 대우 또는 그 밖에 신분이나 처우와 관련하여 불이익한 조치를 해서는 아니 된다.

④ 국토교통부장관은 자율보고대상 항공안전장애 또는 항공안전위해요인을 발생시킨 사람이 그 발생일부터 10일 이내에 항공안전 자율보고를 한 경우에는 고의 또는 중대한 과실로 발생시킨 경우에 해당하지 아니하면 이 법 및 공항시설법에 따른 처분을 하여서는 아니 된다.

⑤ 항공안전 자율보고를 하려는 사람은 항공안전 자율보고서 또는 국토교통부장관이 정하여 고시하는 전자적인 보고방법에 따라 한국교통안전공단의 이사장에게 보고할 수 있다(시행규칙 제135조).

13. 기장의 권한 등

(1) 기장의 의의(법 제62조제1항)

기장이란 항공기의 운항 안전에 대하여 책임을 지는 사람이다.

(2) 기장의 권한(법 제62조제1항, 제3항)

① 항공기의 운항 안전에 대하여 책임을 지고 그 항공기의 승무원을 지휘 · 감독한다.

② 기장은 항공기나 여객에 위난이 발생하였거나 발생할 우려가 있다고 인정될 때에는 항공기에 있는 여객에게 피난방법과 그 밖에 안전에 관하여 필요한 사항을 명할 수 있다.

(3) 기장의 의무(법 제62조제2항, 제4항, 제5항, 제6항)

① 기장은 항공기의 운항에 필요한 준비가 끝난 것을 확인한 후가 아니면 항공기를 출발시켜서는 아니 된다.

② 기장은 운항 중 그 항공기에 위난이 발생하였을 때에는 여객을 구조하고, 지상 또는 수상에 있는 사람이나 물건에 대한 위난 방지에 필요한 수단을 마련하여야 하며, 여객과 그 밖에 항공기에 있는 사람을 그 항공기에서 나가게 한 후가 아니면 항공기를 떠나서는 아니 된다.

③ 기장은 항공기사고, 항공기준사고 또는 의무보고 대상 항공안전장애가 발생하였을 때에는 국토교통부장관에게 그 사실을 보고하여야 한다. 다만, 기장이 보고할 수 없는 경우에는 그 항공기의 소유자등이 보고를 하여야 한다.

④ 기장은 다른 항공기에서 항공기사고, 항공기준사고 또는 의무보고 대상 항공안전장애가 발생한 것을 알았을 때에는 국토교통부장관에게 그 사실을 보고하여야 한다. 다만, 무선설비를 통하여 그 사실을 안 경우에는 그러하지 아니하다.

(4) 출발 전 확인 사항(시행규칙 제136조제1항)

기장이 확인하여야 할 사항은 다음과 같다.

	기장의 출발 전 확인 사항(시행규칙 제136조제1항)
1	해당 항공기의 감항성 및 등록 여부와 감항증명서 및 등록증명서의 탑재
2	해당 항공기의 운항을 고려한 이륙중량, 착륙중량, 중심위치 및 중량분포
3	예상되는 비행조건을 고려한 의무무선설비 및 항공계기 등의 장착
4	해당 항공기의 운항에 필요한 기상정보 및 항공정보
5	연료 및 오일의 탑재량과 그 품질
6	위험물을 포함한 적재물의 적절한 분배 여부 및 안정성
7	해당 항공기와 그 장비품의 정비 및 정비 결과

(5) 정비 및 정비결과 확인 시 점검 사항(시행규칙 제136조제2항)

기장이 해당 항공기와 그 장비품의 정비 및 정비 결과를 확인하는 경우에 다음 사항을 점검하여야 한다.

	기장의 정비 및 정비결과 확인 시 점검 사항(시행규칙 제136조제2항)
1	항공일지 및 정비에 관한 기록의 점검
2	항공기의 외부 점검
3	발동기의 지상 시운전 점검
4	그 밖에 항공기의 작동사항 점검

14. 항공기의 비행규칙 1

(1) 비행규칙의 정의(법 제67조제1항)

비행규칙이란 국제민간항공협약 및 같은 협약 부속서에 따라 국토교통부령으로 정하는 비행에 관한 기준·절차·방식 등을 말한다.

(2) 비행규칙의 준수 의무(법 제67조제2항, 시행규칙 제161조)

　　기장은 비행규칙에 따라 비행하여야 한다. 다만, 안전을 위하여 불가피한 경우에는 그러하지 아니하다.

　　기장은 비행을 하기 전에 현재의 기상관측보고, 기상예보, 소요 연료량, 대체 비행경로 및 그 밖에 비행에 필요한 정보를 숙지하여야 한다. 기장은 인명이나 재산에 피해가 발생하지 아니하도록 주의하여 비행하여야 한다. 기장은 다른 항공기 또는 그 밖의 물체와 충돌하지 아니하도록 비행하여야 하며, 공중충돌경고장치의 회피지시가 발생한 경우에는 그 지시에 따라 회피기동을 하는 등 충돌을 예방하기 위한 조치를 하여야 한다.

(3) 비행규칙의 구분

	비행규칙의 구분(법 제67조제2항)
1	재산 및 인명을 보호하기 위한 비행절차 등 일반적인 사항에 관한 규칙
2	시계비행에 관한 규칙
3	계기비행에 관한 규칙
4	비행계획의 작성·제출·접수 및 통보 등에 관한 규칙
5	그 밖에 비행안전을 위하여 필요한 사항에 관한 규칙

(4) 순항고도(시행규칙 제164조)

　1) 비행을 하는 항공기의 순항고도

　　㉠ 항공기가 관제구 또는 관제권을 비행하는 경우 항공교통관제 기관이 지시하는 고도

　　㉡ 그 외의 경우에는 시행규칙 별표21제1호에서 정한 순항고도

시행규칙 별표 21

순항고도(시행규칙 164조, 별표 21)			
비행 방향	비행 방식	29,000ft 미만	29,000ft 이상
000° ~ 179°	계기 비행	홀수배 × 1,000ft (예: 3,000ft, 5,000ft...)	29,000ft + (4,000 × n)ft (예: 29,000ft, 33,000ft, 37,000ft...)
	시계 비행	위 값 + 500ft (예: 3,500ft, 5,500ft...)	30,000ft + (4,000 × n)ft (예: 30,000ft, 34,000ft, 38,000ft...)
180° ~ 359°	계기 비행	짝수배 × 1,000ft (예: 4,000ft, 6,000ft...)	31,000ft + (4,000 × n)ft (예: 31,000ft, 35,000ft, 39,000ft...)
	시계 비행	위 값 + 500ft (예: 4,500ft, 6,500ft...)	32,000ft + (4,000 × n)ft (예: 32,000ft, 36,000ft, 41,000ft...)

비고: 국토교통부장관이 수직분리축소공역(RVSM)으로 정하여 고시한 공역의 경우에는 별표 21제2호에서 정한 순항고도

2) 항공기의 순항고도는 다음의 구분에 따라 표현되어야 한다.
  ㉠ 순항고도가 전이고도를 초과하는 경우: 비행고도(Flight Level)
  ㉡ 순항고도가 전이고도 이하인 경우: 고도(Altitude)

(5) 기압고도계의 수정(시행규칙 제165조)

비행을 하는 항공기의 기압고도계는 다음의 기준에 따라 수정해야 한다.
① 전이고도 이하의 고도로 비행하는 경우에는 비행로를 따라 185km(100해리) 이내에 있는 항공교통관제기관으로부터 통보받은 QNH[185km(100해리) 이내에 항공교통관제기관이 없는 경우에는 비행정보기관 등으로부터 받은 최신 QNH를 말한다]로 수정할 것
② 전이고도를 초과한 고도로 비행하는 경우에는 표준기압치(1,013.2 hPa)로 수정할 것

(6) 통행의 우선순위(시행규칙 제166조)

1) 교차하거나 그와 유사하게 접근하는 고도의 항공기 상호간에는 다음에 따라 진로를 양보해야 한다.
  ㉠ 비행기·헬리콥터는 비행선, 활공기 및 기구류에 진로를 양보할 것
  ㉡ 비행기·헬리콥터·비행선은 항공기 또는 그 밖의 물건을 예항하는 다른 항공기에 진로를 양보할 것
  ㉢ 비행선은 활공기 및 기구류에 진로를 양보할 것
  ㉣ 활공기는 기구류에 진로를 양보할 것
  ㉤ 그 외의 경우에는 다른 항공기를 우측으로 보는 항공기가 진로를 양보할 것

2) 비행 중이거나 지상 또는 수상에서 운항 중인 항공기는 착륙 중이거나 착륙하기 위하여 최종 접근 중인 항공기에 진로를 양보하여야 한다.

3) 착륙을 위하여 비행장에 접근하는 항공기 상호간에는 높은 고도에 있는 항공기가 낮은 고도에 있는 항공기에 진로를 양보해야 한다. 이 경우 낮은 고도에 있는 항공기는 최종 접근단계에 있는 다른 항공기의 전방에 끼어들거나 그 항공기를 앞지르기해서는 안 된다.

4) 비상착륙하는 항공기를 인지한 항공기는 그 항공기에 진로를 양보하여야 한다.

5) 비행장 안의 기동지역에서 운항하는 항공기는 이륙 중이거나 이륙하려는 항공기에 진로를 양보하여야 한다.

(7) 진로와 속도(시행규칙 제167조)

① 통행의 우선순위를 가진 항공기는 그 진로와 속도를 유지하여야 한다.

② 다른 항공기에 진로를 양보하는 항공기는 그 다른 항공기의 상하 또는 전방을 통과해서는 아니 된다. 다만, 충분한 거리 및 항적난기류(航跡亂氣流)의 영향을 고려하여 통과하는 경우에는 그러하지 아니하다.

③ 두 항공기가 충돌할 위험이 있을 정도로 정면 또는 이와 유사하게 접근하는 경우에는 서로 기수(機首)를 오른쪽으로 돌려야 한다.

④ 다른 항공기의 후방 좌·우 70도 미만의 각도에서 그 항공기를 앞지르기(상승 또는 강하에 의한 앞지르기를 포함한다)하려는 항공기는 앞지르기당하는 항공기의 오른쪽을 통과해야 한다. 이 경우 앞지르기하는 항공기는 앞지르기당하는 항공기와 간격을 유지하며, 앞지르기당하는 항공기의 진로를 방해해서는 안 된다.

(8) 비행속도의 유지 등(시행규칙 제169조)

항공기는 다음의 비행속도로 비행하여야 한다. 다만, 관할 항공교통관제기관의 승인을 받은 경우에는 그러하지 아니하다.

비행속도의 유지(시행규칙 제169조)		
번호	고도	비행속도
1	지표면으로부터 750m(2,500ft) 초과 평균해면으로부터 3,050m(10,000ft) 미만	지시대기속도 250노트 이하
2	C 또는 D등급 공역 내 공항으로부터 반지름 7.4km(4해리) 내의 지표면으로부터 750m(2,500ft) 이하	지시대기속도 200노트 이하
3	B등급 공역 중 공항별로 국토교통부장관이 고시하는 범위와 고도의 구역 또는 B등급 공역을 통과하는 시계비행로	지시대기속도 200노트 이하
4	최저안전속도가 상기 규정에 따른 최대속도보다 빠른 항공기는 그 항공기의 최저안전속도로 비행하여야 한다	

(9) 활공기 등의 예항(시행규칙 제171조)

1) 활공기를 예항하는 경우

㉠ 항공기에 연락원을 탑승시킬 것(조종자를 포함하여 2명 이상이 탈 수 있는 항공기의 경우만 해당하며, 그 항공기와 활공기 간에 무선통신으로 연락이 가능한 경우는 제외한다)

㉡ 예항하기 전에 항공기와 활공기의 탑승자 사이에 다음에 관하여 상의할 것

ⓐ 출발 및 예항의 방법

ⓑ 예항줄 이탈의 시기·장소 및 방법

ⓒ 연락신호 및 그 의미

ⓓ 그 밖에 안전을 위하여 필요한 사항

ⓒ 예항줄의 길이는 40m 이상 80m 이하로 할 것

ⓔ 지상연락원을 배치할 것

ⓜ 예항줄 길이의 80%에 상당하는 고도 이상의 고도에서 예항줄을 이탈시킬 것

ⓗ 구름 속에서나 야간에는 예항을 하지 말 것(지방항공청장의 허가를 받은 경우는 제외한다)

2) 활공기 외의 물건을 예항하는 경우

ⓐ 예항줄에는 20m 간격으로 붉은색과 흰색의 표지를 번갈아 붙일 것

ⓑ 지상연락원을 배치할 것

(10) 시계비행의 금지(시행규칙 제172조)

1) 운고와 시정에 따른 시계비행 금지

시계비행방식으로 비행하는 항공기는 해당 비행장의 운고가 450m(1,500ft) 미만 또는 지상시정이 5km 미만인 경우에는 관제권 안의 비행장에서 이륙 또는 착륙을 하거나 관제권 안으로 진입할 수 없다. 다만, 관할 항공교통관제기관의 허가를 받은 경우에는 그렇지 않다.

2) 의무적 계기비행

항공기는 다음의 어느 하나에 해당되는 경우에는 기상상태에 관계없이 계기비행방식에 따라 비행해야 한다. 다만, 관할 항공교통관제기관의 허가를 받은 경우에는 그렇지 않다.

ⓐ 평균해면으로부터 6,100m(20,000ft)를 초과하는 고도로 비행하는 경우

ⓑ 천음속 또는 초음속으로 비행하는 경우

3) 300m(1,000ft) 수직분리최저치(최소 수직분리 간격)가 적용되는 8,850m(29,000ft) 이상 12,500m(41,000ft) 이하의 수직분리축소공역 시계비행금지

4) 시계비행방식으로 비행하는 항공기는 최저비행고도 미만의 고도로 비행하여서는 아니 된다. 다만, 다음의 어느 하나에 해당하는 경우에는 그러하지 아니하다.

ⓐ 이륙하거나 착륙하는 경우

ⓑ 항공교통업무기관의 허가를 받은 경우

ⓒ 비상상황의 경우로서 지상의 사람이나 재산에 위해를 주지 아니하고 착륙할 수 있는 고도인 경우

(11) 시계비행방식에 의한 비행(시행규칙 제173조)

1) 순항고도 준수

시계비행방식으로 비행하는 항공기는 지표면 또는 수면상공 900m(3,000ft) 이상을 비행할 경우에는 시행규칙 별표 21에 따른 순항고도에 따라 비행하여야 한다. 다만, 관할 항공교통업무기관의 허가를 받은 경우에는 그러하지 아니하다.

시행규칙 별표 21

2) 항공교통관제기관 지시 복종

시계비행방식으로 비행하는 항공기는 다음 각 호의 어느 하나에 해당하는 경우에는 항공교통관제기관의 지시에 따라 비행하여야 한다.

시행규칙 별표 23

ㄱ 시행규칙 별표 23 제1호에 따른 B, C 또는 D등급의 공역 내에 서 비행하는 경우

ㄴ 관제비행장의 부근 또는 기동지역에서 운항하는 경우

ㄷ 특별시계비행방식에 따라 비행하는 경우

(12) 특별시계비행(시행규칙 제174조)

1) 특별시계비행의 기준

예측할 수 없는 급격한 기상의 악화 등 부득이한 사유로 관할 항공교통관제기관으로부터 특별시계비행허가를 받은 항공기의 조종사는 다음의 기준에 따라 비행하여야 한다.

ㄱ 허가받은 관제권 안을 비행할 것

ㄴ 구름을 피하여 비행할 것

ㄷ 비행시정을 1,500m 이상 유지하며 비행할 것

ㄹ 지표 또는 수면을 계속하여 볼 수 있는 상태로 비행할 것

ㅁ 조종사가 계기비행을 할 수 있는 자격이 없거나 항공계기를 갖추지 아니한 항공기로 비행하는 경우에는 주간에만 비행할 것. 다만, 헬리콥터는 야간에도 비행할 수 있다.

2) 특별시계비행 시 이륙 및 착륙 가능 시정

특별시계비행을 하는 경우에는 다음의 조건에서만 이륙하거나 착륙할 수 있다.

ㄱ 지상시정이 1,500m 이상일 것

ㄴ 지상시정이 보고되지 아니한 경우에는 비행시정이 1,500m 이상일 것

(13) 비행시정 및 구름으로부터의 거리(시행규칙 제175조)

시계비행방식으로 비행하는 항공기는 시행규칙 별표 24에 따른 비행시정 및 구름으로부터의 거리 미만인 기상상태에서 비행하여서는 아니 된다. 다만, 특별시계비행방식에 따라 비행하는 항공기는 그러하지 아니하다.

시계상의 양호한 기상상태(시행규칙 제175조, 별표 24)			
고도	공역(등급)	비행시정	구름으로부터의 거리
해발 3,050m(10,000ft) 이상	B, C, D, E, F, G	8,000m	수평으로 1,500m 수직으로 300m(1,000ft)
해발 900m(3,000ft) 또는 장애물 상공 300m(1,000ft) 초과 ~ 해발 3,050m(10,000ft) 미만	B, C, D, E, F, G	5,000m	수평으로 1,500m 수직으로 300m(1,000ft)
해발 900m(3,000ft) 또는 장애물 상공 300m(1,000ft) 중 높은 고도 이하	B, C, D, E	5,000m	수평으로 1,500m 수직으로 300m(1,000ft)
	F, G	5,000m	지표면 육안 식별 및 구름을 피할 수 있는 거리

15. 항공기의 비행규칙 2

(1) 비행계획의 제출 등(시행규칙 제182조)

1) 비행정보구역 안에서 비행을 하려는 자는 비행을 시작하기 전에 비행계획을 수립하여 관할 항공교통업무기관에 제출하여야 한다. 다만, 긴급출동 등 비행 시작 전에 비행계획을 제출하지 못한 경우에는 비행 중에 제출할 수 있다.

2) 비행계획은 구술·전화·서류·전자통신문·팩스 또는 정보통신망을 이용하여 제출할 수 있다.

3) 항공운송사업에 사용되는 항공기의 비행계획을 제출하는 경우에는 반복비행계획서를 항공교통본부장에게 제출할 수 있다.

4) 비행계획을 제출하여야 하는 자 중 국내에서 유상으로 여객이나 화물을 운송하는 자 또는 두 나라 이상을 운항하는 자는 다음의 구분에 따른 시기까지 항공기 입출항 신고서(GENERAL DECLARATION)를 지방항공청장에게 제출하여야 한다.
   ㉠ 국내에서 유상으로 여객이나 화물을 운송하는 자: 출항 준비가 끝나는 즉시
   ㉡ 두 나라 이상을 운항하는 자
      ⓐ 입항의 경우: 국내 목적공항 도착 예정 시간 2시간 전까지. 다만, 출발국에서 출항

후 국내 목적공항까지의 비행시간이 2시간 미만인 경우에는 출발국에서 출항 후 20분 이내까지 할 수 있다.

ⓑ 출항의 경우: 출항 준비가 끝나는 즉시

(2) 비행계획에 포함되어야 할 사항(시행규칙 제183조)

비행계획에는 다음의 사항이 포함되어야 한다. 다만, 제9호부터 제14호까지의 사항은 지방항공청장 또는 항공교통본부장이 요청하거나 비행계획을 제출하는 자가 필요하다고 판단하는 경우에만 해당한다.

비행계획에 포함되어야 할 사항(시행규칙 제183조)	
필수적 포함사항	항공기의 식별부호
	비행의 방식 및 종류
	항공기의 대수 · 형식 및 최대이륙중량 등급
	탑재장비
	출발비행장 및 출발예정시간
	순항속도, 순항고도 및 예정항공로
	최초 착륙예정 비행장 및 총 예상 소요 비행시간
	교체비행장
임의적 포함사항 (지방항공청장 또는 항공교통본부장이 요청하거나 비행계획을 제출하는 자가 필요하다고 판단하는 경우)	시간으로 표시한 연료탑재량
	목적비행장 및 비행경로에 관한 사항
	탑승 총 인원
	비상무선주파수 및 구조장비
	기장의 성명(편대비행의 경우 편대 책임기장의 성명)
	낙하산 강하의 경우에는 그에 관한 사항
그 밖에 항공교통관제와 수색 및 구조에 참고가 될 수 있는 사항	

(3) 비행계획의 종료(시행규칙 제188조)

1) 항공기는 도착비행장에 착륙하는 즉시 관할 항공교통업무기관(관할 항공교통업무기관이 없는 경우에는 가장 가까운 항공교통업무기관)에 다음의 사항을 포함하는 도착보고를 하여야 한다.

㉠ 항공기의 식별부호

㉡ 출발비행장

ⓒ 도착비행장

ⓔ 목적비행장(목적비행장이 따로 있는 경우만 해당한다)

ⓜ 착륙시간

(4) 신호(시행규칙 제194조, 시행규칙 별표 26)

시행규칙 별표 26

1) 조난신호(Distress signals)

ⓐ 조난에 처한 항공기가 다음의 신호를 복합적 또는 각각 사용할 경우에는 중대하고 절박한 위험에 처해 있고 즉각적인 도움이 필요함을 나타낸다.

ⓐ 무선전신 또는 그 밖의 신호방법에 의한 "SOS" 신호(모스부호는 …－－－…)

ⓑ 짧은 간격으로 한 번에 1발씩 발사되는 붉은색 불빛을 내는 로켓 또는 대포

ⓒ 붉은색 불빛을 내는 낙하산 부착 불빛

ⓓ 메이데이(MAYDAY)라는 말로 구성된 무선전화 조난신호

ⓔ 데이터링크를 통해 전달된 메이데이(MAYDAY) 메시지

ⓛ 조난에 처한 항공기는 가목에도 불구하고 주의를 끌고, 자신의 위치를 알리며, 도움을 얻기 위한 어떠한 방법도 사용할 수 있다.

2) 긴급신호(Urgency signals)

ⓐ 항공기 조종사가 착륙등 스위치의 개폐를 반복하거나 점멸항행등과는 구분되는 방법으로 항행등 스위치의 개폐를 반복하는 신호를 복합적으로 또는 각각 사용할 경우에는 즉각적인 도움은 필요하지 않으나 불가피하게 착륙해야 할 어려움이 있음을 나타낸다.

ⓛ 다음의 신호가 복합적으로 또는 각각 따로 사용될 경우에는 이는 선박, 항공기 또는 다른 차량, 탑승자 또는 목격된 자의 안전에 관하여 매우 긴급한 통보 사항을 가지고 있음을 나타낸다.

ⓐ 무선전신 또는 그 밖의 신호방법에 의한 "XXX" 신호

ⓑ 무선전화로 송신되는 "PAN PAN"

ⓒ 데이터링크를 통해 전송된 "PAN PAN"

3) 요격 시 사용되는 신호

ⓐ 요격항공기와 통신이 이루어졌으나 통상의 언어로 사용할 수 없을 경우에 필요한 정보와 지시는 다음과 같은 발음과 용어를 2회 연속 사용하여 전달할 수 있도록 시도해야 한다.

요격 시 사용하는 신호(시행규칙 제194조, 시행규칙 별표 26)	
Phrase	Meaning
CALL SIGN (call sign)	My call sign is (call sign)
WILCO	Understood Will comply
CAN NOT	Unable to comply
REPEAT	Repeat your instruction
AM LOST	Position unknown
MAYDAY	I am in distress
HIJACK	I have been hijacked
LAND (place name)	I request to land at (place name)
DESCEND	I request descent

ⓒ 요격항공기의 신호 및 피요격항공기의 응신

요격 항공기의 신호 및 피요격항공기의 응신(시행규칙 제194조, 별표 26)			
요격항공기의 신호	의미	피요격항공기의 응신	의미
피요격항공기의 약간 위쪽 전방 좌측(또는 피요격항공기가 헬리콥터인 경우에는 우측)에서 날개를 흔들고 항행등을 불규칙적으로 점멸시킨 후 응답을 확인하고, 통상 좌측(헬리콥터인 경우에는 우측)으로 완만하게 선회하여 원하는 방향으로 향한다.	당신은 요격을 당하고 있으니 나를 따라오라	날개를 흔들고, 항행등을 불규칙적으로 점멸시킨 후 요격항공기의 뒤를 따라간다.	알았다. 지시를 따르겠다.
피요격항공기의 진로를 가로지르지 않고 90° 이상의 상승선회를 하며, 피요격항공기로부터 급속히 이탈한다.	그냥 가도 좋다.	날개를 흔든다.	알았다. 지시를 따르겠다.
바퀴다리를 내리고 고정착륙등을 켠 상태로 착륙방향으로 활주로 상공을 통과하며, 피요격항공기가 헬리콥터인 경우에는 헬리콥터 착륙구역 상공을 통과한다. 헬리콥터의 경우, 요격헬리콥터는 착륙접근을 하고 착륙장 부근에 공중에서 저고도비행을 한다.	이 비행장에 착륙하라.	바퀴다리를 내리고, 고정착륙등을 켠 상태로 요격항공기를 따라서 활주로나 헬리콥터착륙구역 상공을 통과한 후 안전하게 착륙할 수 있다고 판단되면 착륙한다.	알았다. 지시를 따르겠다.

ⓒ 피요격항공기의 신호 및 요격항공기의 응신

피요격항공기의 신호 및 요격항공기의 응신(시행규칙 제194조, 별표 26)				
피요격항공기의 신호	의미	요격항공기의 응신	의미
비행장 상공 300m(1,000ft) 이상 600m(2,000ft) 이하[(헬리콥터의 경우 50m(170ft) 이상 100m(330ft) 이하]의 고도로 착륙활주로나 헬리콥터착륙구역 상공을 통과하면서 바퀴다리를 올리고 섬광착륙등을 점멸하면서 착륙활주로나 헬리콥터착륙구역을 계속 선회한다. 착륙등을 점멸할 수 없는 경우에는 사용가능한 다른 등화를 점멸한다.	지정한 비행장이 적절하지 못하다.	피요격항공기를 교체비행장으로 유도하려는 경우에는 바퀴다리를 올린 후 날개를 흔들고, 항행등을 불규칙적으로 점멸시킨 후 요격항공기의 뒤를 따라간다.	알았다. 나를 따라 오라.
비행장 상공 300m(1,000ft) 이상 600m(2,000ft) 이하[(헬리콥터의 경우 50m(170ft) 이상 100m(330ft) 이하]의 고도로 착륙활주로나 헬리콥터착륙구역 상공을 통과하면서 바퀴다리를 올리고 섬광착륙등을 점멸하면서 착륙활주로나 헬리콥터착륙구역을 계속 선회한다. 착륙등을 점멸할 수 없는 경우에는 사용가능한 다른 등화를 점멸한다.	지정한 비행장이 적절하지 못하다.	날개를 흔든다.	알았다. 그냥 가도 좋다
점멸하는 등화와는 명확히 구분할 수 있는 방법으로 사용가능한 모든 등화의 스위치를 규칙적으로 개폐한다.	지시를 따를 수 없다.	날개를 흔든다.	알았다.
사용 가능한 모든 등화를 불규칙적으로 점멸한다.	조난상태에 있다.	날개를 흔든다.	알았다.

ⓔ 요격의 절차(시행규칙 제196조)

　　ⓐ 민간항공기를 요격(邀擊)하는 항공기의 기장은 별표 26 제3호에 따른 시각신호 및 요격절차와 요격방식에 따라야 한다.

　　ⓑ 피요격(被邀擊)항공기의 기장은 별표 26 제3호에 따른 시각신호를 이해하고 응답하여야 하며, 요격절차와 요격방식 등을 준수하여 요격에 응하여야 한다. 다만, 대한민국이 아닌 외국정부가 관할하는 지역을 비행하는 경우에는 해당 국가가 정한 절차와 방식으로 그 국가의 요격에 응하여야 한다.

4) 무선통신 두절 시의 연락 방법

㉠ 빛총신호

빛총신호(시행규칙 제194조, 시행규칙 별표 26)			
신호의 종류	의미		
	비행중인 항공기	지상에있는항공기	차량 · 장비 · 사람
연속되는 녹색	착륙을 허가함	이륙을 허가함	
연속되는 붉은색	다른 항공기에 진로를 양보하고 계속 선회할 것	정지할 것	정지할 것
깜박이는 녹색	착륙을 준비할 것	지상 이동을 허가함	통과하거나 진행할 것
깜박이는 붉은색	비행장이 불안하니 착륙하지 말 것	사용 중인 착륙지역으로부터 벗어날 것	활주로 또는 유도로에서 벗어날 것
깜박이는 흰색	착륙하여 계류장으로 갈 것	비행장 안의 출발지점으로 돌아갈 것	비행장 안의 출발지점으로 돌아갈 것

㉡ 항공기의 응신

빛총신호에 대한 항공기의 응신(시행규칙 제194조, 시행규칙 별표 26)		
	비행 중인 경우	지상에 있는 경우
주간	날개를 흔든다. 다만, 최종 선회구간(base leg) 또는 최종 접근구간(final leg)에 있는 항공기의 경우에는 그러하지 아니하다.	항공기의 보조익 또는 방향타를 움직인다.
야간	착륙등이 장착된 경우에는 착륙등을 2회 점멸하고, 착륙등이 장착되지 않은 경우에는 항행등을 2회 점멸한다.	착륙등이 장착된 경우에는 착륙등을 2회 점멸하고, 착륙등이 장착되지 않은 경우에는 항행등을 2회 점멸한다.

16. 항공기의 비행 중 금지행위 등

(1) 항공기의 비행 중 금지행위(법 제68조)

항공기를 운항하려는 사람은 생명과 재산을 보호하기 위하여 다음의 어느 하나에 해당하는 비행 또는 행위를 해서는 아니 된다.

① 국토교통부령으로 정하는 최저비행고도(最低飛行高度) 아래에서의 비행

② 물건의 투하(投下) 또는 살포

③ 낙하산 강하(降下)

④ 국토교통부령으로 정하는 구역에서 뒤집어서 비행하거나 옆으로 세워서 비행하는 등의 곡예비행

⑤ 무인항공기의 비행

⑥ 그 밖에 생명과 재산에 위해를 끼치거나 위해를 끼칠 우려가 있는 비행 또는 행위로서 국토교통부령으로 정하는 비행 또는 행위

(2) 최저비행고도

최저비행고도(시행규칙 제199조)		
구분	지역	최저비행고도
시계 비행 방식	사람 또는 건물이 밀집된 지역의 상공	해당 항공기를 중심으로 수평거리 600m 범위 안의 지역에 있는 가장 높은 장애물의 상단에서 300m(1,000ft)의 고도
	그 외 지역	지표면·수면 또는 물건의 상단에서 150m(500ft)의 고도
계기 비행 방식	산악지역	항공기를 중심으로 반지름 8km 이내에 위치한 가장 높은 장애물로부터 600m의 고도
	그 외 지역	항공기를 중심으로 반지름 8km 이내에 위치한 가장 높은 장애물로부터 300m의 고도

(3) 곡예비행 금지구역

곡예비행 금지구역(시행규칙 제204조)	
1	사람 또는 건축물이 밀집한 지역의 상공
2	관제구 및 관제권
3	지표로부터 450m(1,500ft) 미만의 고도
4	해당 항공기(활공기 제외)를 중심으로 반지름 500m 범위 안의 지역에 있는 가장 높은 장애물의 상단으로부터 500m 이하의 고도
5	해당 활공기를 중심으로 반지름 300m 범위 안의 지역에 있는 가장 높은 장애물의 상단으로부터 300m 이하의 고도

17. 긴급항공기의 지정 등

(1) 긴급항공기의 지정권자(법 제69조)

① 응급환자의 수송 등 국토교통부령으로 정하는 긴급한 업무에 항공기를 사용하려는 소유자등은 그 항공기에 대하여 국토교통부장관의 지정을 받아야 한다.

② 국토교통부장관의 지정을 받은 항공기(긴급항공기라 한다)를 제1항에 따른 긴급한 업무의 수행을 위하여 운항하는 경우에는 제66조(항공기 이륙·착륙의 장소) 및 제68조제1호(최저비행고도 아래에서의 비행)·제2호(물건의 투하 또는 살포)를 적용하지 아니한다.

(2) 긴급한 업무

① 재난 · 재해 등으로 인한 수색 · 구조

② 응급환자의 수송 등 구조 · 구급활동

③ 화재의 진화

④ 화재의 예방을 위한 감시활동

⑤ 응급환자를 위한 장기 이송

⑥ 그 밖에 자연재해 발생 시의 긴급복구

(3) 긴급항공기의 운항절차

1) 사전 통지

긴급항공기의 지정을 받은 자가 긴급항공기를 운항하려는 경우에는 그 운항을 시작하기 전에 다음의 사항을 지방항공청장에게 구술 또는 서면 등으로 통지하여야 한다.

㉠ 항공기의 형식 · 등록부호 및 식별부호

㉡ 긴급한 업무의 종류

㉢ 긴급항공기의 운항을 의뢰한 자의 성명 또는 명칭 및 주소

㉣ 비행일시, 출발비행장, 비행구간 및 착륙장소

㉤ 시간으로 표시한 연료탑재량

㉥ 그 밖에 긴급항공기 운항에 필요한 사항

2) 사후 보고

긴급항공기를 운항한 자는 운항이 끝난 후 24시간 이내에 다음의 사항을 적은 긴급항공기 운항결과 보고서를 지방항공청장에게 제출하여야 한다.

㉠ 성명 및 주소

㉡ 항공기의 형식 및 등록부호

㉢ 운항 개요(이륙 · 착륙 일시 및 장소, 비행목적, 비행경로 등)

㉣ 조종사의 성명과 자격

㉤ 조종사 외의 탑승자의 인적사항

㉥ 응급환자를 수송한 사실을 증명하는 서류(응급환자를 수송한 경우만 해당한다)

㉦ 그 밖에 참고가 될 사항

18. 승무원의 탑승 등

(1) 승무원의 탑승(법 제76조)

① 항공기를 운항하려는 자는 그 항공기에 운항의 안전에 필요한 승무원을 태워야 한다.

② 운항승무원 또는 항공교통관제사가 항공업무를 수행하는 경우에는 항공종사자 자격증명서 및 항공신체검사증명서를 소지하여야 한다.

③ 운항승무원 또는 항공교통관제사가 아닌 항공종사자가 항공업무를 수행하는 경우에는 항공종사자 자격증명서를 소지하여야 한다.

④ 항공운송사업자 및 항공기사용사업자는 항공기에 태우는 승무원에게 해당 업무 수행에 필요한 교육훈련을 하여야 한다.

(2) 항공기에 태워야 할 승무원(시행규칙 제218조)

1) 항공기에 태워야 할 운항승무원은 다음과 같다.

항공기에 태워야 할 운항승무원(시행규칙 제218조제1호)	
항공기	탑승시켜야 할 운항승무원
비행교범에 따라 항공기 운항을 위하여 2명 이상의 조종사가 필요한 경우	조종사 (기장과 기장 외 조종사)
여객운송에 사용되는 항공기	
인명구조, 산불진화 등 특수임무를 수행하는 쌍발 헬리콥터	
구조상 단독으로 발동기 및 기체를 완전히 취급할 수 없는 항공기	조종사 및 항공기관사
법 제51조(무선설비의 설치·운용 의무)에 따라 무선설비를 갖추고 비행하는 항공기	전파법에 따른 무선설비를 조작할 수 있는 무선종사자 기술자격증을 가진 조종사 1명
착륙하지 아니하고 550km 이상의 구간을 비행하는 항공기	조종사 및 항공사

2) 항공기에 태워야 할 객실승무원은 다음과 같다.

항공기에 태워야 할 객실승무원(시행규칙 제218조제2호)	
장착된 좌석 수	객실승무원 수(이상)
20석 ~ 50석	1명
51석 ~ 100석	2명
101석 ~ 150석	3명
151석 ~ 200석	4명
201석 이상	5명(추가 승객 50명당 객실승무원 1명씩 추가)

06 항공교통관리 등

1. 국가항행계획의 수립·시행

(1) 국가항행계획의 수립 · 시행의 의무(법 제77조의2)

국토교통부장관은 항공교통관리 등을 위하여 국제민간항공기구(ICAO)의 세계항행계획 등에 따라 국가 항행에 관한 계획(국가항행계획이라 한다.)을 수립 · 시행하여야 한다.

(2) 국가항행계획의 포함사항

① 항공교통정책의 목표 및 전략
② 항공교통의 정보, 운영 및 기술에 관한 사항
③ 항공교통관리의 운영 효율성 · 안전성 등의 평가에 관한 사항
④ 그 밖에 항공교통의 안전성 · 경제성 · 효율성 향상을 위하여 필요한 사항

2. 공역 등의 지정 등

(1) 공역의 지정 · 공고(법 제78조)

국토교통부장관은 공역을 체계적이고 효율적으로 관리하기 위하여 필요하다고 인정할 때에는 비행정보구역을 다음의 공역으로 구분하여 지정 · 공고할 수 있다.

공역의 구분(법 제78조)	
구분	내용
관제공역	항공교통의 안전을 위하여 항공기의 비행 순서·시기 및 방법 등에 관하여 국토교통부장관 또는 항공교통업무증명을 받은 자의 지시를 받아야 할 필요가 있는 공역으로서 관제권 및 관제구를 포함하는 공역
비관제공역	관제공역 외의 공역으로서 항공기의 조종사에게 비행에 관한 조언·비행정보 등을 제공할 필요가 있는 공역
통제공역	항공교통의 안전을 위하여 항공기의 비행을 금지하거나 제한할 필요가 있는 공역
주의공역	항공기의 조종사가 비행 시 특별한 주의·경계·식별 등이 필요한 공역

(2) 공역의 구분(시행규칙 제221조, 시행규칙 별표 23)

1) 제공하는 항공교통업무에 따른 구분

시행규칙 별표 23

제공하는 항공교통업무에 따른 공역의 구분(시행규칙 제221조제1항, 시행규칙 별표 23 제1호)		
구분		내용
관제 공역	A등급 공역	모든 항공기가 계기비행을 해야 하는 공역
	B등급 공역	계기비행 및 시계비행을 하는 항공기가 비행 가능하고, 모든 항공기에 분리를 포함한 항공교통관제업무가 제공되는 공역
	C등급 공역	모든 항공기에 항공교통관제업무가 제공되나, 시계비행을 하는 항공기 간에는 교통정보만 제공되는 공역
	D등급 공역	모든 항공기에 항공교통관제업무가 제공되나, 계기비행을 하는 항공기와 시계비행을 하는 항공기 및 시계비행을 하는 항공기 간에는 교통정보만 제공되는 공역
	E등급 공역	계기비행을 하는 항공기에 항공교통관제업무가 제공되고, 시계비행을 하는 항공기에 교통정보가 제공되는 공역
비관제 공역	F등급 공역	계기비행을 하는 항공기에 비행정보업무와 항공교통조언업무가 제공되고, 시계비행항공기에 비행정보업무가 제공되는 공역
	G등급 공역	모든 항공기에 비행정보업무만 제공되는 공역

2) 공역의 사용목적에 따른 구분

사용목적에 따른 공역의 구분(시행규칙 제221조제1항, 시행규칙 별표 23 제2호)		
구분		내용
관제 공역	관제권	「항공안전법」 제2조제25호에 따른 공역으로서 비행정보구역 내의 B, C 또는 D등급 공역 중에서 시계 및 계기비행을 하는 항공기에 대하여 항공교통관제업무를 제공하는 공역
	관제구	「항공안전법」 제2조제26호에 따른 공역(항공로 및 접근관제구역을 포함한다)으로서 비행정보구역 내의 A, B, C, D 및 E등급 공역에서 시계 및 계기비행을 하는 항공기에 대하여 항공교통관제업무를 제공하는 공역
	비행장 교통구역	「항공안전법」 제2조제25호에 따른 공역 외의 공역으로서 비행정보구역 내의 D등급에서 시계비행을 하는 항공기 간에 교통정보를 제공하는 공역
비관제 공역	조언구역	항공교통조언업무가 제공되도록 지정된 비관제공역
	정보구역	비행정보업무가 제공되도록 지정된 비관제공역

	비행금지구역	안전, 국방상, 그 밖의 이유로 항공기의 비행을 금지하는 공역
통제 공역	비행제한구역	항공사격·대공사격 등으로 인한 위험으로부터 항공기의 안전을 보호하거나 그 밖의 이유로 비행허가를 받지 않은 항공기의 비행을 제한하는 공역
	초경량비행장치비행제한구역	초경량비행장치의 비행안전을 확보하기 위하여 초경량비행장치의 비행활동에 대한 제한이 필요한 공역
주의 공역	훈련구역	민간항공기의 훈련공역으로서 계기비행항공기로부터 분리를 유지할 필요가 있는 공역
	군작전구역	군사작전을 위하여 설정된 공역으로서 계기비행항공기로부터 분리를 유지할 필요가 있는 공역
	위험구역	항공기의 비행시 항공기 또는 지상시설물에 대한 위험이 예상되는 공역
	경계구역	대규모 조종사의 훈련이나 비정상 형태의 항공활동이 수행되는 공역
	초경량비행장치 비행구역	초경량비행장치의 비행활동이 수행되는 공역으로 그 주변을 비행하는 자의 주의가 필요한 공역

(3) 공역의 설정기준(시행규칙 제221조제2항)

공역의 설정기준은 다음과 같다.

① 국가안전보장과 항공안전을 고려할 것

② 항공교통에 관한 서비스의 제공 여부를 고려할 것

③ 이용자의 편의에 적합하게 공역을 구분할 것

④ 공역이 효율적이고 경제적으로 활용될 수 있을 것

(4) 계기비행절차의 설정 · 공고 등(법 제78조제3항, 제4항, 시행규칙 제221조의 2)

1) 계기비행절차의 의의

국토교통부장관은 공역을 사용하는 항공기의 표준 출발 · 도착 절차, 접근 절차 및 항공로 등(계기비행절차라 한다)을 설정 · 공고할 수 있다.

2) 계기비행절차의 설정 · 공고 기준

정확성 및 완전성이 확인된 자료를 기반으로 설정할 것

비행 중 장애물과의 충돌 가능성을 고려할 것

명확하고 이해하기 쉽도록 설정할 것

그 밖에 국토교통부장관이 정하여 고시하는 기준을 고려할 것

(5) 공역위원회의 설치(법 제80조)

공역의 설정 및 관리에 필요한 사항을 심의하기 위하여 국토교통부장관 소속으로 공역위원회를 둔다.

3. 항공교통업무의 제공 등

(1) 항공교통업무의 개념(법 제83조)

항공교통업무란 국토교통부장관 또는 항공교통업무증명을 받은 자가 하는 다음의 업무를 말한다.

① 국토교통부장관 또는 항공교통업무증명을 받은 자가 비행장, 공항, 관제권 또는 관제구에서 항공기 또는 경량항공기 등에 제공하는 항공교통관제업무

② 국토교통부장관 또는 항공교통업무증명을 받은 자가 조종사 또는 관련 기관 등에 제공하는 비행정보구역에서 항공기 또는 경량항공기의 안전하고 효율적인 운항을 위하여 비행장, 공항 및 항행안전시설의 운용 상태 등 항공기 또는 경량항공기의 운항과 관련된 조언 및 정보

③ 국토교통부장관 또는 항공교통업무증명을 받은 자가 조종사 또는 관련 기관 등에 제공하는 비행정보구역에서 수색·구조가 필요한 항공기 또는 경량항공기에 관한 정보

(2) 항공교통업무의 제공

① 국토교통부장관 또는 항공교통업무증명을 받은 자는 비행장, 공항, 관제권 또는 관제구에서 항공기 또는 경량항공기 등에 항공교통관제 업무를 제공할 수 있다.

② 국토교통부장관 또는 항공교통업무증명을 받은 자는 비행정보구역에서 항공기 또는 경량항공기의 안전하고 효율적인 운항을 위하여 비행장, 공항 및 항행안전시설의 운용 상태 등 항공기 또는 경량항공기의 운항과 관련된 조언 및 정보를 조종사 또는 관련 기관 등에 제공할 수 있다.

③ 국토교통부장관 또는 항공교통업무증명을 받은 자는 비행정보구역에서 수색·구조가 필요한 항공기 또는 경량항공기에 관한 정보를 조종사 또는 관련 기관 등에 제공할 수 있다.

(3) 항공교통관제업무의 대상(시행규칙 제226조)

항공교통관제 업무의 대상이 되는 항공기는 다음과 같다.

① 시행규칙 별표 23 제1호에 따른 A, B, C, D 또는 E등급 공역 내를 계기비행방식으로 비행하는 항공기
② 시행규칙 별표 23 제1호에 따른 B, C 또는 D등급 공역 내를 시계비행방식으로 비행하는 항공기
③ 특별시계비행방식으로 비행하는 항공기
④ 관제비행장의 주변과 이동지역에서 비행하는 항공기

(4) 항공교통업무의 목적(시행규칙 제228조제1항)

항공교통업무는 다음의 사항을 주된 목적으로 한다.
① 항공기 간의 충돌 방지
② 기동지역 안에서 항공기와 장애물 간의 충돌 방지
③ 항공교통흐름의 질서유지 및 촉진
④ 항공기의 안전하고 효율적인 운항을 위하여 필요한 조언 및 정보의 제공
⑤ 수색 · 구조를 필요로 하는 항공기에 대한 관계기관에의 정보 제공 및 협조

(5) 항공교통업무의 구분(시행규칙 제228조제2항)

항공교통업무의 구분(시행규칙 제228조제2항)		
항공교통관제업무	접근관제업무	관제공역 안에서 이륙이나 착륙으로 연결되는 관제비행을 하는 항공기에 제공하는 항공교통관제업무
	비행장관제업무	비행장 안의 기동지역 및 비행장 주위에서 비행하는 항공기에 제공하는 항공교통관제업무로서 접근관제업무 외의 항공교통관제업무(이동지역 내의 계류장에서 항공기에 대한 지상유도를 담당하는 계류장관제업무를 포함한다)
	지역관제업무	관제공역 안에서 관제비행을 하는 항공기에 제공하는 항공교통관제업무로서 접근관제업무 및 비행장관제업무 외의 항공교통관제업무
비행정보업무		비행정보구역 안에서 비행하는 항공기에 대하여 시행규칙 제228조제1항제4호(항공기의 안전하고 효율적인 운항을 위하여 필요한 조언 및 정보의 제공)의 목적을 수행하기 위하여 제공하는 업무
경보업무		시행규칙 제228조제1항제5호(수색·구조를 필요로 하는 항공기에 대한 관계기관에의 정보 제공 및 협조)의 목적을 수행하기 위하여 제공하는 업무

(6) 비행정보의 제공(시행규칙 제241조)

항공교통업무기관에서 항공기에 제공하는 비행정보는 다음과 같다.
① 중요기상정보(SIGMET) 및 저고도항공기상정보(AIRMET)
② 화산활동 · 화산폭발 · 화산재에 관한 정보

③ 방사능물질이나 독성화학물질의 대기 중 유포에 관한 사항

④ 항행안전시설의 운영 변경에 관한 정보

⑤ 이동지역 내의 눈·결빙·침수에 관한 정보

⑥ 공항시설법 제2조제8호에 따른 비행장시설의 변경에 관한 정보

⑦ 무인자유기구에 관한 정보

⑧ 해당 비행경로 주변의 교통정보 및 기상상태에 관한 정보(시계비행방식으로 비행 중인 항공기가 시계비행방식의 비행을 유지할 수 없을 경우에 제공)

⑨ 출발·목적·교체비행장의 기상상태 또는 그 예보

⑩ 공역 등급 C, D, E, F 및 G 공역 내에서 비행하는 항공기에 대한 충돌위험

⑪ 수면을 항해 중인 선박의 호출부호, 위치, 진행방향, 속도 등에 관한 정보(정보 입수가 가능한 경우만 해당)

⑫ 그 밖에 항공안전에 영향을 미치는 사항

4. 항공정보의 제공 등

(1) 항공정보의 제공 의무(법 제89조)

① 국토교통부장관은 항공기 운항의 안전성·정규성 및 효율성을 확보하기 위하여 필요한 정보(항공정보라 한다.)를 비행정보구역에서 비행하는 사람 등에게 제공하여야 한다.

② 국토교통부장관은 항공로, 항행안전시설, 비행장, 공항, 관제권 등 항공기 운항에 필요한 정보가 표시된 지도(항공지도라 한다.)를 발간(發刊)하여야 한다.

③ 국토교통부장관은 제1항 및 제2항에 따른 항공정보 및 항공지도 중 국토교통부령으로 정하는 항공정보 및 항공지도는 유상으로 제공할 수 있다. 다만, 관계 행정기관 등 대통령령으로 정하는 기관에는 무상으로 제공하여야 한다.

④ 제1항부터 제3항까지에 따른 항공정보 또는 항공지도의 내용, 제공방법, 측정단위 등에 필요한 사항은 국토교통부령으로 정한다.

(2) 항공정보 및 항공지도의 무상 제공 기관(시행령 제20조의2)

무상으로 제공해야 하는 관계 행정기관 등 대통령령으로 정하는 기관이란 다음의 기관을 말한다.

① 외교부	② 경찰청	③ 소방청
④ 산림청	⑤ 기상청	⑥ 해양경찰청

⑦ 외국정부 또는 국제기구
⑧ 그 밖에 국토교통부장관이 항공정보 및 항공지도를 무상으로 이용하게 할 필요가 있다고 인정하여 고시하는 기관

(3) 항공정보의 내용(시행규칙 제255조제1항)

① 비행장과 항행안전시설의 공용의 개시, 휴지, 재개(再開) 및 폐지에 관한 사항
② 비행장과 항행안전시설의 중요한 변경 및 운용에 관한 사항
③ 비행장을 이용할 때에 있어 항공기의 운항에 장애가 되는 사항
④ 비행의 방법, 장애물회피고도, 결심고도, 최저강하고도, 비행장 이륙 · 착륙 기상 최저치 등의 설정과 변경에 관한 사항
⑤ 항공교통업무에 관한 사항
⑥ 다음 각 목의 공역에서 하는 로켓 · 불꽃 · 레이저광선 또는 그 밖의 물건의 발사, 무인기구(기상관측용 및 완구용은 제외한다)의 계류 · 부양 및 낙하산 강하에 관한 사항
  ▷ 진입표면 · 수평표면 원추표면 또는 전이표면을 초과하는 높이의 공역
  ▷ 항공로 안의 높이 150m 이상인 공역
  ▷ 그 밖에 높이 250m 이상인 공역

(4) 항공정보의 제공 방법(시행규칙 255조제2항)

① 항공정보는 다음의 어느 하나의 방법으로 제공한다.
② 항공정보간행물(AIP)
③ 항공고시보(NOTAM)
④ 항공정보회람(AIC)
⑤ 비행 전 · 후 정보(Pre-Flight and Post-Flight Information)를 적은 자료

(5) 항공지도에 제공하는 사항(시행규칙 제255조제3항)

항공지도에 제공하는 사항은 다음과 같다.
① 비행장장애물도(Aerodrome Obstacle Chart)
② 정밀접근지형도(Precision Approach Terrain)
③ 항공로도(Enroute Chart)
④ 지역도(Area Chart)
⑤ 표준계기출발도(Standard Departure Chart-Instrument)
⑥ 표준계기도착도(Standard Arrival Chart-Instrument)

⑦ 계기접근도(Instrument Approach Chart)

⑧ 시계접근도(Visual Approach Chart)

⑨ 비행장 또는 헬기장도(Aerodrome/Heliport Chart)

⑩ 비행장지상이동도(Aerodrome Ground Movement Chart)

⑪ 항공기주기도 또는 접현도(Aircraft Parking/Docking Chart)

⑫ 세계항공도(World Aeronautical Chart)

⑬ 항공도(Aeronautical Chart)

⑭ 항법도(Aeronautical Navigation Chart)

⑮ 항공교통관제감시 최저고도도(ATC Surveillance Minimum Altitude Chart)

(6) 항공정보에 사용되는 측정단위(시행규칙 제255조제4항)

항공정보에 사용되는 측정 단위는 다음의 어느 하나의 방법에 따라 사용한다.

① **고도**(Altitude): 미터(m) 또는 피트(ft)

② **시정**(Visibility): 킬로미터(㎞) 또는 마일(SM). 이 경우 5km 미만의 시정은 미터(m) 단위를 사용한다.

③ **주파수**(Frequency): 헤르쯔(㎐)

④ **속도**(Velocity Speed): 초당 미터(㎧)

⑤ **온도**(Temperature): 섭씨도(℃)

---

07 항공운송사업자등에 대한 안전관리

1. 운항증명의 의의(법 제90조)

항공운송사업자는 운항을 시작하기 전까지 국토교통부령으로 정하는 기준에 따라 인력, 장비, 시설, 운항관리지원 및 정비관리지원 등 안전운항체계에 대하여 국토교통부장관의 검사를 받은 후 운항증명을 받아야 한다.

2. 운항증명의 신청 등(시행규칙 제257조)

운항증명을 받으려는 자는 운항 개시 예정일 90일 전까지 국토교통부장관 또는 지방항공청장에게 제출하여야 한다.

3. 운항증명을 위한 검사기준(시행규칙 제258조)

항공운송사업자의 운항증명을 하기 위한 검사는 서류검사와 현장검사로 구분하여 실시하며, 그 검사기준은 시행규칙 별표 33과 같다.

시행규칙 별표 33

08 외국항공기

1. 외국항공기의 항행 허가(법 제100조)

외국 국적을 가진 항공기의 사용자(외국, 외국의 공공단체 또는 이에 준하는 자를 포함한다)는 다음의 어느 하나에 해당하는 항행을 하려면 국토교통부장관의 허가를 받아야 한다.
① 영공 밖에서 이륙하여 대한민국에 착륙하는 항행
② 대한민국에서 이륙하여 영공 밖에 착륙하는 항행
③ 영공 밖에서 이륙하여 대한민국에 착륙하지 아니하고 영공을 통과하여 영공 밖에 착륙하는 항행

2. 외국항공기의 항행 신청(시행규칙 제274조)

항행을 하려는 외국 국적을 가진 항공기의 사용자는 그 운항 예정일 2일 전까지 외국항공기 항행허가 신청서를 지방항공청장에게 제출하여야 하고, 통과항행을 하려는 자는 영공통과 허가신청서를 항공교통본부장에게 제출하여야 한다.

3. 증명서 등의 인정(시행규칙 제278조)

국제민간항공협약의 부속서로서 채택된 표준방식 및 절차를 채용하는 협약 체결국 외국정부가 한 다음의 증명 · 면허와 그 밖의 행위는 국토교통부장관이 한 것으로 본다.
① 항공기 등록증명　　　　　② 감항증명
③ 항공종사자의 자격증명　　④ 항공신체검사증명
⑤ 계기비행증명　　　　　　⑥ 항공영어구술능력증명

09 경량항공기

1. 경량항공기 조종사의 업무범위

(1) 원칙(법 제110조)

경량항공기 조종사 자격증명을 받은 사람은 경량항공기에 탑승하여 경량항공기를 조종하는 업무(경량항공기 조종업무라 한다.) 외의 업무를 해서는 아니 된다. 다만, 새로운 종류의 경량항공기에 탑승하여 시험비행 등을 하는 경우로서 국토교통부령으로 정하는 바에 따라 국토교통부장관의 허가를 받은 경우에는 그러하지 아니하다.

(2) 예외 (시행규칙 제288조)

다음의 어느 하나에 해당하는 경우에는 국토교통부장관의 허가를 받아야 한다.
① 새로운 종류의 경량항공기에 탑승하여 시험비행을 하는 경우
② 국내에 최초로 도입되는 경량항공기에서 교관으로서 훈련을 실시하는 경우
③ 그 밖에 국토교통부장관이 필요하다고 인정하는 경우

(3) 경량항공기 시험비행 등의 허가(시행규칙 제289조)

경량항공기의 시험비행 등을 하려는 사람은 시험비행 등의 허가신청서를 지방항공청장에게 제출하여야 한다.

2. 경량항공기의 안전성 인증 등급(시행규칙 제284조제5항)

경량항공기의 안전성인증 등급은 다음과 같이 구분한다.
① 제1종: 국토교통부장관이 정하여 고시하는 비행안전을 위한 기술상의 기준(경량항공기 기술기준)에 적합하게 완제기 형태로 제작된 경량항공기
② 제2종: 경량항공기 기술기준에 적합하게 조립(組立)형태로 제작된 경량항공기
③ 제3종: 경량항공기가 완제기 형태로 제작되었으나 경량항공기 제작자로부터 경량항공기 기술기준에 적합함을 입증하는 서류를 발급받지 못한 경량항공기
④ 제4종: 다음의 어느 하나에 해당하는 경량항공기
  ▷ 경량항공기 제작자가 제공한 수리·개조지침을 따르지 아니하고 수리 또는 개조하여 원형이 변경된 경량항공기로서 제한된 범위에서 비행이 가능한 경량항공기
  ▷ 제1종부터 제3종까지에 해당하지 아니하는 경량항공기로서 제한된 범위에서 비행이 가능한 경량항공기

3. 경량항공기 조종사 자격증명의 한정(시행규칙 제290조)

국토교통부장관은 경량항공기의 종류를 한정하는 경우에는 자격증명을 받으려는 사람이 실기심사에 사용하는 다음의 어느 하나에 해당하는 경량항공기의 종류로 한정해야 한다.

① 조종형비행기
② 체중이동형비행기
③ 경량헬리콥터
④ 자이로플레인
⑤ 동력패러슈트

4. 경량항공기 조종사 자격증명 시험의 실시 및 면제(법 제112조제3항)

국토교통부장관은 다음의 어느 하나에 해당하는 사람에게는 국토교통부령으로 정하는 바에 따라 시험 및 심사의 전부 또는 일부를 면제할 수 있다.

① 운송용 조종사, 사업용 조종사, 자가용 조종사, 부조종사 자격증명 또는 외국정부로부터 경량항공기 조종사 자격증명을 받은 사람
② 경량항공기 전문교육기관의 교육과정을 이수한 사람
③ 해당 분야에 관한 실무경험이 있는 사람

5. 경량항공기 무선설비 등의 설치·운용 의무

(1) 무선설비 설치·운용 의무자(법 제119조)

제1종부터 제3종까지의 경량항공기를 항공에 사용하려는 사람 또는 소유자등은 해당 경량항공기에 무선교신용 장비, 항공기 식별용 트랜스폰더 등 국토교통부령으로 정하는 무선설비를 설치·운용하여야 한다.

(2) 경량항공기의 의무무선설비(시행규칙 제297조)

① 비행 중 항공교통관제기관과 교신할 수 있는 초단파(VHF) 또는 극초단파(UHF) 무선전화 송수신기 1대
② 기압고도에 관한 정보를 제공하는 2차 감시 항공교통관제 레이더용 트랜스폰더(Mode 3/A 및 Mode C SSR transponder) 1대

10 초경량비행장치

1. 초경량비행장치 신고

(1) 신고 원칙(법 제122조)

초경량비행장치를 소유하거나 사용할 수 있는 권리가 있는 자(초경량비행장치 소유자등이라 한다.)는 초경량비행장치의 종류, 용도, 소유자의 성명, 개인정보 및 개인위치정보의 수집 가능 여부 등을 국토교통부장관에게 신고하여야 한다. 다만, 대통령령으로 정하는 초경량비행장치는 그러하지 아니하다.

(2) 신고를 필요로 하지 않는 초경량비행장치의 범위(시행령 제24조)

다음의 어느 하나에 해당하는 것으로서 항공사업법에 따른 항공기대여업 · 항공레저스포츠사업 또는 초경량비행장치사용사업에 사용되지 아니하는 것은 신고할 필요가 없다.

① 행글라이더, 패러글라이더 등 동력을 이용하지 아니하는 비행장치

② 기구류(사람이 탑승하는 것은 제외한다)

③ 계류식 무인비행장치

④ 낙하산류

⑤ 무인동력비행장치 중에서 최대이륙중량이 2kg 이하인 것

⑥ 무인비행선 중에서 연료의 무게를 제외한 자체무게가 12kg 이하이고, 길이가 7m 이하인 것

⑦ 연구기관 등이 시험 · 조사 · 연구 또는 개발을 위하여 제작한 초경량비행장치

⑧ 제작자 등이 판매를 목적으로 제작하였으나 판매되지 아니한 것으로서 비행에 사용되지 아니하는 초경량비행장치

⑨ 군사목적으로 사용되는 초경량비행장치

(3) 신고의 방법(시행규칙 제301조)

초경량비행장치소유자등은 안전성인증을 받기 전(안전성인증 대상이 아닌 초경량비행장치인 경우에는 초경량비행장치를 소유하거나 사용할 수 있는 권리가 있는 날부터 30일 이내를 말한다)까지 초경량비행장치 신고서에 다음의 서류를 첨부하여 한국교통안전공단 이사장에게 제출하여야 한다.

① 초경량비행장치를 소유하거나 사용할 수 있는 권리가 있음을 증명하는 서류

② 초경량비행장치의 제원 및 성능표

③ 가로 15cm, 세로 10cm의 초경량비행장치 측면사진(무인비행장치의 경우에는 기체 제작 번호 전체를 촬영한 사진을 포함한다)

(4) 신고번호 표시방법(시행규칙 제301조제4항)

초경량비행장치소유자등은 초경량비행장치 신고증명서의 신고번호를 해당 장치에 표시하여야 하며, 표시방법, 표시장소 및 크기 등 필요한 사항은 국토교통부장관의 승인을 받아 한국교통안전공단 이사장이 정한다.

(5) 초경량비행장치 변경신고(법 제123조, 시행규칙 제302조)

1) 변경신고 사항

신고한 초경량비행장치에 다음의 어느 하나에 해당하는 사항을 변경하려면 변경신고를 하여야 한다.

㉠ 초경량비행장치의 용도

㉡ 초경량비행장치 소유자등의 성명, 명칭 또는 주소

㉢ 초경량비행장치의 보관 장소

2) 변경신고 기한 등

초경량비행장치소유자등이 변경신고를 하려는 경우에는 그 사유가 있는 날부터 30일 이내에 초경량비행장치 변경·이전신고서를 한국교통안전공단 이사장에게 제출하여야 한다.

(6) 초경량비행장치 말소신고(법 제123조, 시행규칙 제303조)

말소신고를 하려는 초경량비행장치 소유자등은 그 사유가 발생한 날부터 15일 이내에 초경량비행장치 말소신고서를 한국교통안전공단 이사장에게 제출하여야 한다.

2. 초경량비행장치 안전성인증

(1) 초경량비행장치 안전성인증 의무(법 제124조)

초경량비행장치를 사용하여 비행하려는 사람은 비행안전을 위한 기술상의 기준에 적합하다는 안전성인증을 받지 아니하고 비행하여서는 아니 된다.

(2) 안전성인증 대상 초경량비행장치(시행규칙 제305조)

다음의 초경량비행장치는 안전성인증을 받지 아니하고는 비행하여서는 아니된다.

① 동력비행장치

② 행글라이더, 패러글라이더 및 낙하산류(항공레저스포츠사업에 사용되는 것만 해당한다)

③ 기구류(사람이 탑승하는 것만 해당한다)

④ 무인동력비행장치 중에서 최대이륙중량이 25kg을 초과하는 것

⑤ 무인비행선 중에서 연료의 중량을 제외한 자체중량이 12kg을 초과하거나 길이가 7m를 초과하는 것

⑥ 회전익비행장치

⑦ 동력패러글라이더

3. 초경량비행장치 비행승인

(1) 초경량비행장치 비행제한공역 지정(법 제127조제1항)

국토교통부장관은 초경량비행장치의 비행안전을 위하여 필요하다고 인정하는 경우에는 초경량비행장치의 비행을 제한하는 공역(초경량비행장치 비행제한공역이라 한다.)을 지정하여 고시할 수 있다.

(2) 초경량비행장치 비행승인(법 제127조제2항)

초경량비행장치를 사용하여 초경량비행장치 비행제한공역에서 비행하려는 사람은 미리 국토교통부장관으로부터 비행승인을 받아야 한다. 다만, 비행장 및 이착륙장의 주변 등 대통령령으로 정하는 제한된 범위에서 비행하려는 경우는 제외한다.

(3) 초경량비행장치 비행승인 제외 범위(시행령 제25조)

다음의 범위에서는 비행승인을 받지 않아도 된다.

① 비행장(군 비행장은 제외한다)의 중심으로부터 반지름 3km 이내의 지역의 고도 500ft 이내의 범위(해당 비행장에서 항공교통업무를 수행하는 자와 사전에 협의가 된 경우에 한정한다)

② 이착륙장의 중심으로부터 반지름 3km 이내의 지역의 고도 500ft 이내의 범위(해당 이착륙장을 관리하는 자와 사전에 협의가 된 경우에 한정한다)

(4) 초경량비행장치 비행승인 제외 대상(시행규칙 제308조)

① 항공기대여업, 항공레저스포츠사업 또는 초경량비행장치사용사업에 사용되지 아니하는 행글라이더, 패러글라이더 등 동력을 이용하지 아니하는 비행장치, 무인기구류, 계류식 무인비행장치, 낙하산류

② 최저비행고도(150m) 미만의 고도에서 운영하는 계류식 기구

③ 관제권, 비행금지구역 및 비행제한구역 외의 공역에서 비료 또는 농약 살포, 씨앗 뿌리기 등 농업 지원에 사용하는 비행장치, 가축전염병 또는 수산생물전염병의 예방 또는 확산 방지를 위하여 소독·방역 업무 등에 긴급하게 사용하는 무인비행장치

④ 최대이륙중량이 25kg 이하인 무인동력비행장치

⑤ 연료의 중량을 제외한 자체중량이 12kg 이하이고 길이가 7m 이하인 무인비행선

4. 초경량비행장치 구조지원장비

(1) 초경량비행장치 구조지원장비 장착 의무(법 제128조)

초경량비행장치를 사용하여 초경량비행장치 비행제한공역에서 비행하려는 사람은 안전한 비행과 초경량비행장치사고 시 신속한 구조 활동을 위하여 국토교통부령으로 정하는 장비를 장착하거나 휴대하여야 한다. 다만, 무인비행장치 등 국토교통부령으로 정하는 초경량비행장치는 그러하지 아니하다.

(2) 초경량비행장치에 장착해야 하는 구조지원장비의 종류(시행규칙 제309조제1항)

① 위치추적이 가능한 표시기 또는 단말기

② 조난구조용 장비(위치추적이 가능한 표시기 또는 단말기를 갖출 수 없는 경우)

③ 구급의료용품

④ 기상정보를 확인할 수 있는 장비

⑤ 휴대용 소화기

⑥ 항공교통관제기관과 무선통신을 할 수 있는 장비

(3) 구조지원장비 장착의무가 없는 초경량비행장치(시행규칙 제309조제2항)

① 동력을 이용하지 아니하는 비행장치

② 계류식 기구

③ 동력패러글라이더

④ 무인비행장치

5. 초경량비행장치 조종자준수사항

(1) 초경량비행장치 조종자 준수사항의 준수 의무(법 제129조)

① 초경량비행장치를 사용하여 비행하려는 사람(초경량비행장치 조종자)은 초경량비행장치로 인하여 인명이나 재산에 피해가 발생하지 아니하도록 국토교통부령으로 정하는 준수사항을 지켜야 한다.

② 초경량비행장치 조종자는 무인자유기구를 비행시켜서는 아니 된다. 다만, 국토교통부령으로 정하는 바에 따라 국토교통부장관의 허가를 받은 경우에는 그러하지 아니하다.

(2) 초경량비행장치 조종자 준수사항의 내용(시행규칙 제310조)

초경량비행장치 조종자는 다음의 어느 하나에 해당하는 행위를 해서는 안된다.

① 인명이나 재산에 위험을 초래할 우려가 있는 낙하물을 투하(投下)하는 행위

② 주거지역, 상업지역 등 인구가 밀집된 지역이나 그 밖에 사람이 많이 모인 장소의 상공에서 인명 또는 재산에 위험을 초래할 우려가 있는 방법으로 비행하는 행위

③ 사람 또는 건축물이 밀집된 지역의 상공에서 건축물과 충돌할 우려가 있는 방법으로 근접하여 비행하는 행위

④ 관제공역 · 통제공역 · 주의공역에서 비행하는 행위

⑤ 안개 등으로 인하여 지상목표물을 육안으로 식별할 수 없는 상태에서 비행하는 행위

⑥ 비행시정 및 구름으로부터의 거리기준을 위반하여 비행하는 행위

⑦ 일몰 후부터 일출 전까지의 야간에 비행하는 행위

⑧ 주류, 마약류 또는 환각물질 등(주류등)의 영향으로 조종업무를 정상적으로 수행할 수 없는 상태에서 조종하는 행위 또는 비행 중 주류등을 섭취하거나 사용하는 행위

⑨ 무인비행장치를 육안으로 확인할 수 있는 범위에서 조종하는 행위

⑩ 지표면 또는 장애물과 가까운 상공에서 360도 선회하는 등 조종자의 인명에 위험을 초래할 우려가 있는 방법으로 패러글라이더를 비행하는 행위

11 보칙

1. 항공안전활동

(1) 항공안전전문가의 위촉(시행규칙 제314조)

국토교통부장관은 소속 공무원으로 하여금 항공기, 경량항공기 또는 초경량비행장치, 항행안전시설, 장부, 서류, 그 밖의 물건을 검사하거나 관계인에게 질문하게 할 수 있다. 이 경우 국토교통부장관은 검사 등의 업무를 효율적으로 수행하기 위하여 특히 필요하다고 인정하면 국토교통부령으로 정하는 자격을 갖춘 항공안전에 관한 전문가를 위촉하여 검사 등의 업무에 관한 자문에 응하게 할 수 있다.

(2) 항공안전전문가의 자격

항공안전에 관한 전문가로 위촉받을 수 있는 사람은 다음의 어느 하나에 해당하는 사람으로 한다.

① 항공종사자 자격증명을 가진 사람으로서 해당 분야에서 10년 이상의 실무경력을 갖춘 사람

② 항공종사자 양성 전문교육기관의 해당 분야에서 5년 이상 교육훈련업무에 종사한 사람

③ 5급 이상의 공무원이었던 사람으로서 항공분야에서 5년(6급의 경우 10년) 이상의 실무경력을 갖춘 사람

④ 대학 또는 전문대학에서 해당 분야의 전임강사 이상으로 5년 이상 재직한 경력이 있는 사람

2. 정기안전성검사

(1) 정기안전성검사의 실시(법 132조제3항)

국토교통부장관은 항공운송사업자가 취항하는 공항에 대하여 국토교통부령으로 정하는 바에 따라 정기적인 안전성검사를 하여야 한다.

(2) 정기안전성검사의 대상

국토교통부장관 또는 지방항공청장은 다음의 사항에 관하여 항공운송사업자가 취항하는 공항에 대하여 정기적인 안전성검사를 하여야 한다.

① 항공기 운항·정비 및 지원에 관련된 업무·조직 및 교육훈련

② 항공기 부품과 예비품의 보관 및 급유시설

③ 비상계획 및 항공보안사항

④ 항공기 운항허가 및 비상지원절차

⑤ 지상조업과 위험물의 취급 및 처리

⑥ 공항시설

⑦ 그 밖에 국토교통부장관이 항공기 안전운항에 필요하다고 인정하는 사항

3. 청문(법 제134조)

국토교통부장관은 다음 각 호의 어느 하나에 해당하는 처분을 하려면 청문을 하여야 한다.

1. 제20조제7항에 따른 형식증명 또는 부가형식증명의 취소

2. 제21조제7항에 따른 형식증명승인 또는 부가형식증명승인의 취소

3. 제22조제5항에 따른 제작증명의 취소

4. 제23조제7항에 따른 감항증명의 취소

5. 제24조제3항에 따른 감항승인의 취소

6. 제25조제3항에 따른 소음기준적합증명의 취소

7. 제27조제4항에 따른 기술표준품형식승인의 취소

8. 제28조제5항에 따른 부품등제작자증명의 취소

   8의2. 제39조의2제5항에 따른 모의비행훈련장치에 대한 지정의 취소 또는 효력정지

9. 제43조제1항 또는 제3항에 따른 자격증명등 또는 항공신체검사증명의 취소 또는 효력정지

10. 제44조제4항에서 준용하는 제43조제1항에 따른 계기비행증명 또는 조종교육증명의 취소

11. 제45조제6항에서 준용하는 제43조제1항에 따른 항공영어구술능력증명의 취소

    11의2. 제47조의2에 따른 연습허가 또는 항공신체검사증명의 취소 또는 효력정지

12. 제48조의2에 따른 전문교육기관 지정의 취소

13. 제50조제1항에 따른 항공전문의사 지정의 취소 또는 효력정지(같은 항 제8호의 경우는 제외한다)

14. 제63조제3항에 따른 자격인정의 취소

15. 제71조제5항에 따른 포장·용기검사기관 지정의 취소

16. 제72조제5항에 따른 위험물전문교육기관 지정의 취소

17. 제86조제1항에 따른 항공교통업무증명의 취소

18. 제91조제1항 또는 제95조제1항에 따른 운항증명의 취소

19. 제98조제1항에 따른 정비조직인증의 취소

20. 제105조제1항 단서에 따른 운항증명승인의 취소

21. 제114조제1항 또는 제2항에 따른 자격증명등 또는 항공신체검사증명의 취소

22. 제115조제3항에서 준용하는 제114조제1항에 따른 조종교육증명의 취소

23. 제117조제4항에 따른 경량항공기 전문교육기관 지정의 취소

24. 제125조제5항에 따른 초경량비행장치 조종자 증명의 취소

25. 제126조제4항에 따른 초경량비행장치 전문교육기관 지정의 취소

12 벌칙

번호	위반사항	사형, 징역, 벌금	법 조항
1	사람이 현존하는 항공기, 경량항공기 또는 초경량비행장치를 항행 중에 추락 또는 전복시키거나 파괴한 사람	사형, 무기, 5년 이상	제138조 제1항
2	비행장, 이착륙장, 공항시설 또는 항행안전시설을 파손하거나 그 밖의 방법으로 항공상의 위험을 발생시켜 사람이 현존하는 항공기, 경량항공기 또는 초경량비행장치를 항행 중에 추락 또는 전복시키거나 파괴한 사람		제138조 제2항
3	사람이 현존하는 항공기, 경량항공기 또는 초경량비행장치를 항행 중에 추락 또는 전복시키거나 파괴하여 사람을 사상에 이르게 한 사람	사형, 무기, 7년 이상	제139조
4	비행장, 이착륙장, 공항시설 또는 항행안전시설을 파손하거나 그 밖의 방법으로 항공상의 위험을 발생시킨 사람	10년 이하	제140조
5	직권을 남용하여 항공기에 있는 사람에게 그의 의무가 아닌 일을 시키거나 그의 권리행사를 방해한 기장 또는 조종사	1년 이상 10년 이하	제142조 제1항
6	폭력을 행사하여 직권을 남용하여 항공기에 있는 사람에게 그의 의무가 아닌 일을 시키거나 그의 권리행사를 방해한 기장 또는 조종사	3년 이상 15년 이하	제142조 제2항
7	기장의 위반 발생 시 여객 구조 및 위난 방지 수단 강구 후 최후 탈출 의무를 위반하여 항공기를 떠난 기장	5년 이하	제143조
8	감항증명을 받지 아니한 항공기 사용 등의 죄	3년 이하 또는 5천만원 이하	제144조
9	전문교육기관의 지정 위반의 죄		제144조의2
10	운항증명 등의 위반에 관한 죄	3년 이하 또는 3천만원 이하	제145조
11	주류등의 섭취·사용 등의 죄		제146조
12	항공교통업무증명 위반에 관한 죄		제147조
13	무자격자 항공업무 종사 등의 죄	2년 이하 또는 2천만원 이하	제148조
14	승무원을 승무시키지 아니한 죄	1년 이하 또는 1천만원 이하	제151조
15	무자격 계기비행 등의 죄	2천만원 이하	제152조
16	기장 등의 보고의무 등의 위반에 관한 죄	500만원 이하	제158조

항공보안법

01 총칙

1. 항공보안법의 목적(법 제1조)

이 법은 국제민간항공협약 등 국제협약에 따라 공항시설, 항행안전시설 및 항공기 내에서의 불법행위를 방지하고 민간항공의 보안을 확보하기 위한 기준ㆍ절차 및 의무사항 등을 규정함을 목적으로 한다.

2. 용어의 정의

(1) 운항중(법 제2조제1호)

운항중이란 승객이 탑승한 후 항공기의 모든 문이 닫힌 때부터 내리기 위하여 문을 열 때까지를 말한다.

(2) 항공기내보안요원(법 제2조제7호)

항공기내보안요원이란 항공기 내의 불법방해행위를 방지하는 직무를 담당하는 사법경찰관리 또는 그 직무를 위하여 항공운송사업자가 지명하는 사람을 말한다.

(3) 불법방해행위(법 제2조제8호)

불법방해행위란 항공기의 안전운항을 저해할 우려가 있거나 운항을 불가능하게 하는 행위로서 다음의 행위를 말한다.

① 지상에 있거나 운항중인 항공기를 납치하거나 납치를 시도하는 행위

② 항공기 또는 공항에서 사람을 인질로 삼는 행위

③ 항공기, 공항 및 항행안전시설을 파괴하거나 손상시키는 행위

④ 항공기, 항행안전시설 및 항공보안법 제12조에 따른 보호구역(보호구역이라 한다)에

무단 침입하거나 운영을 방해하는 행위

⑤ 범죄의 목적으로 항공기 또는 보호구역 내로 제21조에 따른 무기 등 위해물품을 반입하는 행위

⑥ 지상에 있거나 운항중인 항공기의 안전을 위협하는 거짓 정보를 제공하는 행위 또는 공항 및 공항시설 내에 있는 승객, 승무원, 지상근무자의 안전을 위협하는 거짓 정보를 제공하는 행위

⑦ 사람을 사상에 이르게 하거나 재산 또는 환경에 심각한 손상을 입힐 목적으로 항공기를 이용하는 행위

⑧ 그 밖에 이 법에 따라 처벌받는 행위

(4) 보안검색(법 제2조제9호)

보안검색이란 불법방해행위를 하는 데에 사용될 수 있는 무기 또는 폭발물 등 위험성이 있는 물건들을 탐지 및 수색하기 위한 행위를 말한다.

(5) 항공보안검색요원(법 제2조제10호)

항공보안검색요원이란 승객, 휴대물품, 위탁수하물, 항공화물 또는 보호구역에 출입하려고 하는 사람 등에 대하여 보안검색을 하는 사람을 말한다.

3. 국제협약의 준수

(1) 원칙(법 제3조제1항)

민간항공의 보안을 위하여 이 법에서 규정하는 사항 외에는 다음의 국제협약에 따른다.

① 항공기 내에서 범한 범죄 및 기타 행위에 관한 협약

② 항공기의 불법납치 억제를 위한 협약

③ 민간항공의 안전에 대한 불법적 행위의 억제를 위한 협약

④ 민간항공의 안전에 대한 불법적 행위의 억제를 위한 협약을 보충하는 국제민간항공에 사용되는 공항에서의 불법적 폭력행위의 억제를 위한 의정서

⑤ 가소성 폭약의 탐지를 위한 식별조치에 관한 협약

(2) 보칙(법 제3조제2항)

상기 국제협약 외에 항공보안에 관련된 다른 국제협약이 있는 경우에는 그 협약에 따른다.

4. 국가의 책무(법 제4조)

국토교통부장관은 민간항공의 보안에 관한 계획 수립, 관계 행정기관 간 업무 협조체제 유지, 공항운영자·항공운송사업자·항공기취급업체·항공기정비업체·공항상주업체 및 항공여객·화물터미널운영자 등의 자체 보안계획에 대한 승인 및 실행점검, 항공보안 교육훈련계획의 개발 등의 업무를 수행한다.

5. 공항운영자 등의 협조의무(법 제5조, 시행규칙 제2조)

항공보안을 위한 국가의 시책에 협조하여야 하는 자는 다음과 같다.

① 공항운영자, 항공운송사업자, 항공기취급업체, 항공기정비업체, 공항상주업체, 항공여객·화물터미널운영자, 공항이용자

② 국토교통부장관의 허가를 받아 비행장 또는 항행안전시설을 설치한 자

③ 도심공항터미널업자

---

02 항공보안협의회 등

1. 항공보안협의회

(1) 항공보안협의회(법 제7조)

1) 항공보안에 관련되는 다음의 사항을 협의하기 위하여 국토교통부에 항공보안협의회를 둔다.

2) 항공보안협의회의 구성(시행령 제2조)

항공보안협의회는 위원장 1명을 포함한 20명 이내의 위원으로 구성하고 위원장은 국토교통부 항공정책실장이 되고, 위원은 다음의 사람으로 한다.

㉠ 외교부·법무부·국방부·문화체육관광부·농림축산식품부·보건복지부·국토교통부·국가정보원·관세청·경찰청 및 해양경찰청의 고위공무원단 또는 이에 상당하는 직급의 공무원 중 소속 기관의 장이 지명하는 사람 각 1명

㉡ 한국공항공사 및 인천국제공항공사의 항공보안 업무를 담당하는 임직원 중 해당 공사의 장이 국토교통부장관과 협의하여 지명하는 사람 각 1명

(2) 항공보안협의회의 협의 사항(법 제7조제1항)

① 항공보안에 관한 계획의 협의

② 관계 행정기관 간 업무 협조

③ 공항운영자등의 자체 보안계획의 승인을 위한 협의

④ 그 밖에 항공보안을 위하여 항공보안협의회의 장이 필요하다고 인정하는 사항. 다만, 국가정보원법 제4조에 따른 대테러에 관한 사항은 제외한다.

(3) 항공보안협의회 위원의 지명 철회(시행령 제2조의3)

항공보안협의회의 위원을 지명한 자는 위원이 다음의 어느 하나에 해당하는 경우에는 그 지명을 철회할 수 있다.

① 심신장애로 인하여 직무를 수행할 수 없게 된 경우

② 직무와 관련된 비위사실이 있는 경우

③ 직무태만, 품위손상이나 그 밖의 사유로 인하여 위원으로 적합하지 아니하다고 인정되는 경우

④ 위원이 제척사유에 해당하는 데에도 불구하고 회피하지 아니한 경우

⑤ 위원 스스로 직무를 수행하는 것이 곤란하다고 의사를 밝히는 경우

2. 지방항공보안협의회

(1) 지방항공보안협의회(법 제8조)

1) 지방항공청장은 관할 공항별로 항공보안에 관한 사항을 협의하기 위하여 지방항공보안협의회를 둔다.

2) 지방항공보안협의회의 구성(시행령 제3조)

지방항공보안협의회(지방보안협의회라 한다)는 위원장 1명을 포함한 20명 이내의 위원으로 구성하고, 위원장은 해당 공항을 관할하는 지방항공청장 또는 지방항공청장이 소속 공무원 중에서 지명하는 사람이 된다.

3) 지방항공보안협의회의 위원

지방보안협의회의 위원은 다음의 사람으로 한다.

㉠ 해당 공항에 상주하는 정부기관의 소속 직원 각 1명

㉠ 해당 공항운영자가 추천하는 소속 직원 1명

㉢ 해당 공항에 상주하는 항공운송사업자가 추천하는 소속 직원 각 1명

④ 상기 규정한 사람 외에 항공보안을 위하여 위원장이 위촉하는 사람

4) 임기

지방항공보안협의회 위원의 임기는 2년으로 한다.

(2) 지방항공보안협의회의 임무 등(시행령 제4조)

지방항공보안협의회는 다음 사항을 협의한다.

① 공항운영자등의 자체 보안계획의 수립 및 변경에 관한 사항

② 공항시설의 보안에 관한 사항

③ 항공기의 보안에 관한 사항

④ 공항운영자등의 자체 우발계획의 수립 · 시행에 관한 사항

⑤ 상기 규정한 사항 외에 공항 및 항공기의 보안에 관한 사항

3. 항공보안 기본계획

(1) 항공보안 기본계획의 수립(법 제9조제1항)

국토교통부장관은 항공보안에 관한 기본계획을 5년마다 수립하고, 그 내용을 공항운영자, 항공운송사업자, 항공기취급업체, 항공기정비업체, 공항상주업체, 항공여객 · 화물터미널운영자, 그 밖에 국토교통부령으로 정하는 자(공항운영자등이라 한다)에게 통보하여야 한다.

(2) 항공보안 기본계획의 통보(법 제9조제1항, 시행규칙 제3조)

국토교통부장관이 항공보안에 관한 기본계획의 내용을 통보하여야 할 대상은 다음과 같다.

① 공항운영자

② 항공운송사업자

③ 항공기취급업체

④ 항공기정비업체

⑤ 공항상주업체

⑥ 항공여객·화물터미널운영자

⑦ 도심공항터미널업자

⑧ 지정된 보호구역에 상주하는 고등교육법 제2조에 따른 교육기관

⑨ 지정된 보호구역에 상주하는 항공기사용사업을 하는 자

⑩ 지정된 보호구역에 상주하는 비행기나 헬리콥터를 소유하거나 임차해서 사용하는 자

⑪ 지정된 보호구역에 상주하는 항공종사자 전문교육기관

⑫ 상용화주

(3) 항공보안 기본계획에 포함되어야 할 사항(시행령 제5조)

항공보안 기본계획에는 다음의 내용이 포함되어야 한다.

① 국내외 항공보안 환경의 변화 및 전망

② 국내 항공보안 현황 및 경쟁력 강화에 관한 사항

③ 국가 항공보안정책의 목표, 추진방향 및 단계별 추진계획

④ 항공보안 전문인력의 양성 및 항공보안 기술의 개발에 관한 사항

⑤ 그 밖에 항공보안 발전을 위하여 필요한 사항

4. 국가항공보안계획 등의 수립

(1) 국가항공보안계획의 수립(법 제10조)

국토교통부장관은 항공보안 업무를 수행하기 위하여 국가항공보안계획을 수립·시행하여야 한다.

(2) 국가항공보안계획의 내용(시행규칙 제3조의 2)

국가항공보안계획에는 다음의 내용이 포함되어야 한다.

① 공항운영자등의 항공보안에 대한 임무

② 항공보안장비의 관리

③ 보안검색 업무 관련 교육훈련

④ 국가항공보안 우발계획

⑤ 항공보안 감독관을 통한 점검업무 등

⑥ 항공보안에 관한 국제협력

⑦ 그 밖에 항공보안에 관하여 필요한 사항

(3) 시행계획의 수립수립(시행령 제5조의2)

① 국토교통부장관은 기본계획에 포함된 단계별 추진계획에 따라 매년 항공보안에 관한 시행계획을 수립하여야 한다.

② 국토교통부장관은 시행계획을 수립하거나 변경하는 경우에는 보안협의회의 협의를 거쳐야 한다.

③ 국토교통부장관은 시행계획을 수립하거나 변경한 경우에는 그 내용을 공항운영자 등에게 통보하여야 한다.

(4) 자체 보안계획의 수립변경(법 제10조제2항)

1) 원칙

공항운영자등이 자체 보안계획을 수립하거나 수립된 자체 보안계획을 변경하려는 경우에는 국토교통부장관의 승인을 받아야 한다.

2) 예외(시행규칙 제3조의7)

국토교통부령으로 정하는 다음의 경미한 사항의 변경은 국토교통부장관의 승인이 필요없다. 다만, 이때에는 국토교통부장관 또는 지방항공청장에게 그 사실을 즉시 통보하여야 한다.

㉠ 기관 운영에 관한 일반현황의 변경
㉡ 기관 및 부서의 명칭 변경
㉢ 항공보안에 관한 법령, 고시 및 지침 등의 변경사항 반영

(5) 공항운영자의 자체 보안계획(시행규칙 제3조의 4)

공항운영자가 수립하는 자체 보안계획에는 다음의 사항이 포함되어야 하며, 자체 보안계획을 승인받은 경우 공항운영자는 이를 관련 기관, 항공운송사업자 등에게 통보하여야 한다.

① 항공보안업무 담당 조직의 구성·세부업무 및 보안책임자의 지정
② 항공보안에 관한 교육훈련
③ 항공보안에 관한 정보의 전달 및 보고 절차
④ 공항시설의 경비대책
⑤ 보호구역 지정 및 출입통제
⑥ 승객·휴대물품 및 위탁수하물에 대한 보안검색
⑦ 통과 승객·환승 승객 및 그 휴대물품·위탁수하물에 대한 보안검색

⑧ 승객의 일치여부 확인 절차

⑨ 항공보안검색요원의 운영계획

⑩ 보호구역 밖에 있는 공항상주업체의 항공보안관리 대책

⑪ 항공보안장비의 관리 및 운용

⑫ 보안검색 실패 등에 대한 대책 및 보고 · 전달체계

⑬ 보안검색 기록의 작성 · 유지

⑭ 공항별 특성에 따른 세부 보안기준

(6) 항공운송사업자의 자체 보안계획(시행규칙 제3조의 5)

항공운송사업자가 수립하는 자체 보안계획에는 다음의 사항이 포함되어야 하며, 외국
국적 항공운송사업자가 수립하는 자체 보안계획은 영문 및 국문으로 작성되어야 한다.

1) 항공보안업무 담당 조직의 구성·세부업무 및 보안책임자의 지정

2) 항공보안에 관한 교육훈련

3) 항공보안에 관한 정보의 전달 및 보고 절차

4) 항공기 정비시설 등 항공운송사업자가 관리·운영하는 시설에 대한 보안대책

5) 항공기 보안에 관한 다음의 사항

㉠ 항공기에 대한 경비대책

㉡ 비행 전 · 후 항공기에 대한 보안점검

㉢ 계류항공기에 대한 탑승계단, 탑승교, 출입문, 경비요원 배치에 관한 보안 및 통제
절차

㉣ 항공기 운항중 보안대책

㉤ 승객의 협조의무를 위반한 사람에 대한 처리절차

㉥ 수감 중인 사람 등의 호송 절차

㉦ 범인의 인도 · 인수 절차

㉧ 항공기내보안요원의 운영 및 무기운용 절차

㉨ 국외취항 항공기에 대한 보안대책

㉩ 항공기에 대한 위협 증가 시 항공보안대책

㉪ 조종실 출입절차 및 조종실 출입문 보안강화대책

㉫ 기장의 권한 및 그 권한의 위임절차

　　　　ⓟ 기내 보안장비 운용절차

　6) 기내식 및 저장품에 대한 보안대책

　7) 항공보안검색요원 운영계획

　8) 보안검색 실패 대책보고

　9) 항공화물 보안검색 방법

　10) 보안검색기록의 작성·유지

　11) 항공보안장비의 관리 및 운용

　12) 화물터미널 보안대책(화물터미널을 관리 운영하는 항공운송사업자만 해당한다)

　13) 통과 승객이나 환승 승객에 대한 운송정보의 제공 절차

　14) 위해물품 탑재 및 운송절차

　15) 보안검색이 완료된 위탁수하물에 대한 항공기에 탑재되기 전까지의 보호조치 절차

　16) 승객 및 위탁수하물에 대한 일치여부 확인 절차

　17) 승객 일치 확인을 위해 공항운영자에게 승객 정보제공

　18) 항공기 탑승 거절절차

　19) 항공기 이륙 전 항공기에서 내리는 탑승객 발생 시 처리절차

　20) 비행서류의 보안관리 대책

　21) 보호구역 출입증 관리대책

　22) 그 밖에 항공보안에 관하여 필요한 사항

(7) 항공기취급업체등의 자체 보안계획(시행규칙 제3조의6)

　　항공기취급업체 · 항공기정비업체 · 공항상주업체(보호구역 안에 있는 업체만 해당한다), 항공여객 · 화물터미널 운영자 및 도심공항터미널을 경영하는 자가 수립하는 자체 보안계획에는 다음의 사항이 포함되어야 한다.
　　① 항공보안업무 담당 조직의 구성 · 세부업무 및 보안책임자의 지정

② 항공보안에 관한 교육훈련

③ 항공보안에 관한 정보의 전달 및 보고 절차

④ 보호구역 출입증 관리 대책

⑤ 해당 시설 경비보안 및 보안검색 대책

⑥ 항공보안장비 관리 및 운용

⑦ 그 밖에 항공보안에 관한 사항

03 공항 · 항공기 등의 보안

1. 공항시설 등의 보안(법 제11조)

(1) 공항운영자는 공항시설과 항행안전시설에 대하여 보안에 필요한 조치를 하여야 한다.

(2) 공항운영자는 보안검색이 완료된 승객과 완료되지 못한 승객 간의 접촉을 방지하기 위한 대책을 수립 · 시행하여야 한다.

(3) 공항운영자는 보안검색을 거부하거나 무기 · 폭발물 또는 그 밖에 항공보안에 위협이 되는 물건을 휴대한 승객 등이 보안검색이 완료된 구역으로 진입하는 것을 방지하기 위한 대책을 수립 · 시행하여야 한다.

(4) 공항을 건설하거나 유지 · 보수를 하는 경우에 불법방해행위로부터 사람 및 시설 등을 보호하기 위하여 준수하여야 할 세부 기준은 국토교통부장관이 정한다.

2. 공항시설 보호구역

(1) 공항운영자의 보호구역 지정(법 제12조)

① 공항운영자는 보안검색이 완료된 구역, 활주로, 계류장 등 공항시설의 보호를 위하여 필요한 구역을 국토교통부장관의 승인을 받아 보호구역으로 지정하여야 한다.

② 공항운영자는 필요한 경우 국토교통부장관의 승인을 받아 임시로 보호구역을 지정할 수 있다.

(2) 보호구역 포함 지역(시행규칙 제4조)

보호구역에는 다음의 지역이 포함되어야 한다.

① 보안검색이 완료된 구역

② 출입국심사장

③ 세관검사장

④ 관제탑 등 관제시설 및 그 지역의 부대지역

⑤ 활주로 및 계류장(항공운송사업자가 관리 · 운영하는 정비시설에 부대하여 설치된 계류장은 제외한다) 및 그 지역의 부대지역

⑥ 항행안전시설 설치지역 및 그 부대지역

⑦ 화물청사 및 그 지역의 부대지역

(3) 보호구역등의 지정승인 · 변경 및 취소(시행규칙 제5조)

공항운영자는 보호구역 또는 임시보호구역(보호구역등이라 한다)의 지정승인을 받으려는 경우에는 다음의 서류를 첨부하여 지방항공청장에게 제출하여야 한다.

① 보호구역등의 지정목적

② 보호구역등의 도면

③ 보호구역등의 출입통제 대책

④ 지정기간(임시보호구역을 지정하는 경우만 해당한다)

(4) 보호구역에의 출입허가(법 제13조)

다음의 어느 하나에 해당하는 사람은 공항운영자의 허가를 받아 보호구역에 출입할 수 있다.

① 보호구역의 공항시설 등에서 상시적으로 업무를 수행하는 사람

② 공항 건설이나 공항시설의 유지 · 보수 등을 위하여 보호구역에서 업무를 수행할 필요가 있는 사람

③ 그 밖에 업무수행을 위하여 보호구역에 출입이 필요하다고 인정되는 사람

3. 승객의 안전 및 항공기의 보안

(1) 항공운송사업자의 안전 및 보안 조치 의무(법 제14조)

① 항공운송사업자는 승객의 안전 및 항공기의 보안을 위하여 필요한 조치를 하여야 한다.

② 항공운송사업자는 승객이 탑승한 항공기를 운항하는 경우 항공기내보안요원을 탑승시켜야 한다.

③ 항공운송사업자는 국토교통부령으로 정하는 바에 따라 조종실 출입문의 보안을 강화하고 운항중에는 허가받지 아니한 사람의 조종실 출입을 통제하는 등 항공기에 대한 보안조치를 하여야 한다.

④ 항공운송사업자는 매 비행 전에 항공기에 대한 보안점검을 하여야 한다. 이 경우 보안점검에 관한 세부 사항은 국토교통부령으로 정한다.

⑤ 공항운영자 및 항공운송사업자는 액체, 겔(gel)류 등 국토교통부장관이 정하여 고시하는 항공기 내 반입금지 물질이 보안검색이 완료된 구역과 항공기 내에 반입되지 아니하도록 조치하여야 한다.

⑥ 항공운송사업자 또는 항공기 소유자는 항공기의 보안을 위하여 필요한 경우에는 청원경찰법에 따른 청원경찰이나 경비업법에 따른 특수경비원으로 하여금 항공기의 경비를 담당하게 할 수 있다.

(2) 항공기 조종실 출입문에 대한 보안조치(시행규칙 제7조제1항)

항공운송사업자는 여객기의 보안강화 등을 위하여 조종실 출입문에 다음의 보안조치를 하여야 한다.

① 조종실 출입통제 절차를 마련할 것
② 객실에서 조종실 출입문을 임의로 열 수 없는 견고한 잠금장치를 설치할 것
③ 조종실 출입문열쇠 보관방법을 정할 것
④ 운항중에는 조종실 출입문을 잠글 것
⑤ 국토교통부장관이 보안조치한 항공보안시설을 설치할 것

(3) 비행 전 보안점검(시행규칙 제7조제2항)

항공운송사업자는 항공기의 보안을 위하여 매 비행 전에 다음의 보안점검을 하여야 한다.

① 항공기의 외부 점검
② 객실, 좌석, 화장실, 조종실 및 승무원 휴게실 등에 대한 점검
③ 항공기의 정비 및 서비스 업무 감독
④ 항공기에 대한 출입 통제
⑤ 위탁수하물, 화물 및 물품 등의 선적 감독
⑥ 승무원 휴대물품에 대한 보안조치
⑦ 특정 직무수행자 및 항공기내보안요원의 좌석 확인 및 보안조치
⑧ 보안 통신신호 절차 및 방법

⑨ 유효 탑승권의 확인 및 항공기 탑승까지의 탑승과정에 있는 승객에 대한 감독
⑩ 기장의 객실승무원에 대한 통제, 명령 절차 및 확인

(4) 출입통제를 위한 대책(시행규칙 제7조제3항)

항공운송사업자는 항공기에 대한 출입통제를 위하여 다음 사항에 대한 대책을 수립하여야 한다.
① 탑승계단의 관리
② 탑승교 출입통제
③ 항공기 출입문 보안조치
④ 경비요원의 배치

4. 승객 등의 검색

(1) 보안검색의 의무(법 제15조제1항)

항공기에 탑승하는 사람은 신체, 휴대물품 및 위탁수하물에 대한 보안검색을 받아야 한다.

(2) 보안검색의 실시자(법 제15조제2항)

① 공항운영자는 항공기에 탑승하는 사람, 휴대물품 및 위탁수하물에 대한 보안검색을 하여야 한다.
② 항공운송사업자는 화물에 대한 보안검색을 하여야 한다.
③ 관할 국가경찰관서의 장은 범죄의 수사 및 공공의 위험예방을 위하여 필요한 경우 보안검색에 대하여 필요한 조치를 요구할 수 있고, 공항운영자나 항공운송사업자는 정당한 사유 없이 그 요구를 거절할 수 없다.

(3) 운송정보의 제공(법 제15조제5항)

1) 운송정보의 제공 의무

항공운송사업자는 항공기에 탑승하는 승객의 성명, 국적 및 여권번호 등 국토교통부령으로 정하는 운송정보를 공항운영자에게 제공하여야 한다. 이 경우 운송정보 제공 방법 및 절차 등 필요한 사항은 국토교통부령으로 정한다.

2) 승객의 운송정보(시행규칙 제8조의2)

항공운송사업자가 공항 및 항공기의 보안을 위하여 공항운영자에게 제공하는 운송정보는 다음과 같다.

㉠ 승객의 성명

㉡ 승객의 국적 및 여권번호(국내선의 경우에는 승객식별번호)

㉢ 승객의 탑승 항공편명 및 운항 일시

(4) 보안검색의 면제(시행령 제15조제1항)

다음의 어느 하나에 해당하는 사람(휴대물품을 포함한다)에 대해서는 보안검색을 면제할 수 있다.

① 공무로 여행을 하는 대통령(대통령당선인과 대통령권한대행을 포함한다)과 외국의 국가원수 및 그 배우자

② 국제협약 등에 따라 보안검색을 면제받도록 되어 있는 사람

③ 국내공항에서 출발하여 다른 국내공항에 도착한 후 국제선 항공기로 환승하려는 경우로서 다음 각 목의 요건을 모두 갖춘 승객 및 승무원

④ 출발하는 국내공항에서 보안검색을 완료하고 국내선 항공기에 탑승하였을 것

⑤ 국제선 항공기로 환승하기 전까지 보안검색이 완료된 구역을 벗어나지 아니할 것

(5) 승객이 아닌 사람 등에 대한 검색(법 제16조)

① 공항운영자는 허가를 받아 보호구역으로 들어가는 사람 또는 물품에 대하여도 보안검색을 하여야 한다.

② 화물터미널 내에 지정된 보호구역으로 들어가는 사람 또는 물품에 대한 보안검색은 화물터미널운영자가 하여야 한다.

(6) 통과 승객 또는 환승 승객에 대한 보안검색 등(법 제17조)

1) 보안검색의 실시자

㉠ 항공운송사업자는 항공기가 공항에 도착하면 통과 승객이나 환승 승객으로 하여금 휴대물품을 가지고 내리도록 하여야 한다.

㉡ 공항운영자는 항공기에서 내린 통과 승객, 환승 승객, 휴대물품 및 위탁수하물에 대하여 보안검색을 하여야 한다.

2) 비용의 부담 및 운송정보의 제공(법 제7조제3항)

보안검색에 드는 비용은 공항운영자가 부담하고, 항공운송사업자는 통과 승객이나 환승 승객에 대한 운송정보를 공항운영자에게 제공하여야 한다.

5. 상용화주

(1) 상용화주의 개념(법 제17조의2)

상용화주란 검색장비, 항공보안검색요원 등 국토교통부령으로 정하는 기준을 갖춘 화주(貨主) 또는 항공화물을 포장하여 보관 및 운송하는 자로서 항공화물 및 우편물에 대하여 보안검색을 실시하게 할 목적으로 국토교통부장관이 지정한 자를 말한다.

(2) 상용화주의 지정기준(시행규칙 제9조의2)

1) 상용화주의 지정기준은 다음과 같다.

ㄱ 여객기에 탑재하는 화물의 보안검색을 위한 엑스선 검색장비를 갖출 것

ㄴ 화물기에 탑재하는 화물의 보안검색을 검색장비로 하는 경우에는 엑스선 검색장비, 폭발물 탐지장비 또는 폭발물 흔적탐지장비를 갖출 것

ㄷ 항공보안검색요원을 2명 이상 확보할 것

ㄹ 화물을 포장 또는 보관할 수 있는 시설로서 일반구역과 분리되어 항공화물에 대한 보안통제가 이루어질 수 있는 시설을 갖출 것

ㅁ 보안검색이 완료된 항공화물이 완료되지 않은 항공화물과 섞이지 않도록 분리할 수 있는 시설을 갖출 것

ㅂ 상용화주 지정 신청일 이전 6개월 이내의 기간 중 총 24회 이상 항공화물을 운송 의뢰한 실적이 있을 것

ㅅ 그 밖에 국토교통부장관이 정하여 고시하는 항공화물 보안기준에 적합할 것

2) 예외

경비업법에 따른 경비업자에게 항공화물의 보안검색을 위탁하여 실시하는 경우에는 검색장비와 항공보안검색요원은 갖추지 아니할 수 있다.

(3) 보안검색의 면제(제17조의2제3항)

항공운송사업자는 상용화주가 보안검색을 한 항공화물 및 우편물에 대하여는 보안검색을 하지 아니한다. 다만, 다음에서 정하는 항공화물 및 우편물에 대하여는 보안검색을 실시하여야 한다.

① 상용화주로부터 접수하였으나 상용화주가 아닌 자가 취급한 경우

② 접수·보안검색·운송 등 취급과정에서 상용화주 및 항공운송사업자의 통제를 벗어난 경우

③ 훼손 흔적이 있는 경우

④ 허가받지 아니한 자의 접촉이 발생하였거나 접촉이 의심되는 경우

⑤ 화물전용기에서 여객기로 옮겨지는 경우

⑥ 무작위 표본검색 등 국토교통부장관이 정하여 고시한 사항에 해당하는 경우

⑦ 관할 국가경찰관서의 장이 필요한 조치를 요구한 경우

⑧ 그 밖에 위협정보의 입수 등 항공운송사업자가 보안검색이 필요하다고 인정할 만한 상당한 사유가 있는 경우

6. 기내식 등의 통제

(1) 위해물품의 기내유입 방지조치 의무(법 제18조)

항공운송사업자는 위해물품이 기내식이나 기내저장품을 이용하여 항공기 내로 유입되는 것을 방지하기 위하여 필요한 조치를 하여야 한다.

(2) 위해물품 기내유입 방지 보안대책 수립(시행규칙 제10조제1항)

항공운송사업자는 위해물품이 기내식 또는 기내저장품을 이용하여 기내로 유입되지 아니하도록 기내식 또는 기내저장품을 운반하는 사람·차량 및 기내식 제조시설에 대하여 보안대책을 수립하여야 한다.

(3) 기내식 또는 기내저장품등의 기내유입 금지(시행규칙 제10조제2항)

항공운송사업자는 다음의 어느 하나에 해당하는 경우에는 기내식 또는 기내저장품 등이 기내로 유입되게 하여서는 아니 된다.

① 외부의 침입흔적이 있는 경우

② 항공운송사업자가 지정한 사람에 의하여 검사·확인되지 아니한 경우

③ 기내식 용기 등에 위해물품이 들어있다고 의심이 되는 경우

7. 보안검색 실패 등에 대한 대책

(1) 보안검색 실패의 보고(법 제19조)

공항운영자, 항공운송사업자 및 화물터미널운영자는 다음의 사항이 발생한 경우에는

즉시 국토교통부장관에게 보고하여야 한다.

① 검색장비가 정상적으로 작동되지 아니한 상태로 검색을 하였거나 검색이 미흡한 사실을 알게 된 경우
② 허가받지 아니한 사람 또는 물품이 보호구역 또는 항공기 안으로 들어간 경우
③ 그 밖에 항공보안에 우려가 있는 것으로서 국토교통부령으로 정하는 사항

(2) 그 밖에 항공보안에 우려가 있는 보안검색 실패의 보고(시행규칙 제11조)

공항운영자 · 항공운송사업자 · 화물터미널운영자는 다음의 어느 하나에 해당하는 경우 지방항공청장에게 보고하여야 하며, 불법방해해위가 발생한 경우에는 관련 행정기관에 지체없이 통보하여야 한다.

① 불법방해행위가 발생한 경우
② 항공보안법 시행령상의 보안검색방법에 따라 보안검색이 이루어지지 아니한 경우
③ 교육훈련을 이수하지 아니한 사람에 의하여 보안검색이 이루어진 경우
④ 무기 · 폭발물 등에 의하여 항공기에 대한 위협이 증가하는 경우

(3) 국토교통부장관의 필요 조치(법 제19조제2항, 제3항)

국토교통부장관은 보안검색 실패 등에 대한 보고를 받은 경우에는 다음의 구분에 따라 항공보안을 위한 필요한 조치를 하여야 한다.

① 항공기가 출발하기 전에 보고를 받은 경우에는 해당 항공기에 대한 보안검색 등의 보안조치를 하여야 한다.
② 항공기가 출발한 후 보고를 받은 경우에는 해당 항공기가 도착하는 국가의 관련 기관에 통보하여야 한다.
③ 다른 국가로부터 보안검색 실패에 해당하는 사항이 발생했다는 통보를 받은 경우에는 해당 항공기를 격리계류장으로 유도하여 보안검색 등 보안조치를 하여야 한다.

8. 비행 서류의 보안관리 절차 등

(1) 비행서류 보안관리 대책(법 제20조)

① 항공운송사업자는 탑승권, 수하물 꼬리표 등 비행 서류에 대한 보안관리 대책을 수립 · 시행하여야 한다.
② 비행 서류의 보안관리를 위한 세부 사항은 국토교통부령으로 정한다.

(2) 비행 서류의 보안관리(시행규칙 제12조제1항)

항공운송사업자는 비행 서류를 다음과 같이 관리하여야 한다.

① 비행 서류의 취급절차 등 보안관리를 위한 지침을 마련할 것

② 비행 서류의 보안관리를 위한 보안담당자 및 취급자를 지정할 것

③ 비행 서류의 보관장소를 지정할 것

(3) 비행 서류의 보존 기간(시행규칙 제12조제2항)

항공운송사업자는 탑승권·수하물꼬리표·승객탑승명세서·화물탑재명세서·위험물 보고서·무기운송 보고서 등 비행 서류를 작성한 날부터 1년 이상 보존하여야 한다.

---

04 항공기 내의 보안

1. 위해물품 휴대 금지 및 검색시스템 구축·운영

(1) 위해물품 휴대·반입 금지(법 제21조제1항)

누구든지 항공기에 무기(탄저균, 천연두균 등의 생화학무기를 포함한다), 도검류, 폭발물, 독극물 또는 연소성이 높은 물건 등 국토교통부장관이 정하여 고시하는 위해물품을 가지고 들어가서는 아니 된다.

(2) 위해물품 휴대·반입의 예외적 허용(법 제21조제3항, 시행령 제18조의2)

경호업무, 범죄인 호송업무 등 다음의 특정한 직무를 수행하기 위하여 대통령령으로 정하는 무기의 경우에는 국토교통부장관의 허가를 받아 항공기에 가지고 들어갈 수 있다.

① 대통령 등의 경호에 관한 법률에 따른 경호업무

② 경찰관 직무집행법에 따른 주요 인사 경호업무

③ 외국정부의 중요 인물을 경호하는 해당 정부의 경호업무

④ 수감 중인 사람 등 호송대상자에 대한 호송업무

⑤ 항공기 내의 불법방해행위를 방지하는 항공기내보안요원의 업무

(3) 기내 반입 가능 무기(시행령 제19조)

다음의 무기의 경우에는 국토교통부장관의 허가를 받아 항공기에 가지고 들어갈 수 있다.
 ① 총포화약법 시행령 제3조에 따른 권총
 ② 총포화약법 시행령 제6조의2에 따른 분사기(살균·살충용 및 산업용 분사기는 제외)
 ③ 총포화약법 시행령 제6조의3에 따른 전자충격기(산업용 및 의료용 전자충격기는 제외)
 ④ 국제협약 또는 외국정부와의 합의서에 의하여 휴대가 허용되는 무기

(4) 기내 무기 반입(법 제21조제4항, 제5항)

 ① 항공기에 무기를 가지고 들어가려는 사람은 탑승 전에 이를 해당 항공기의 기장에게 보관하게 하고 목적지에 도착한 후 반환받아야 한다. 다만, 항공기 내에 탑승한 항공기내보안요원은 그러하지 아니하다.
 ② 항공기 내에 무기를 반입하고 입국하려는 항공보안에 관한 업무를 수행하는 외국인 또는 외국국적 항공운송사업자는 항공기 출발 전에 국토교통부장관으로부터 미리 허가를 받아야 한다.

(5) 기내 무기 반입 허가절차(시행규칙 제12조의2)

항공기 내에 무기를 가지고 들어가려는 사람은 항공기 탑승 최소 3일 전에 다음의 사항을 지방항공청장에게 신청하여야 한다. 다만, 긴급한 경호업무 및 범죄인 호송업무는 탑승 전까지 그 사실을 유선 등으로 미리 통보하여야 하고, 항공기 탑승 후 3일 이내에 서면으로 제출하여야 한다.
 ① 무기 반입자의 성명
 ② 무기 반입자의 생년월일
 ③ 무기 반입자의 여권번호(외국인만 해당한다)
 ④ 항공기의 탑승일자 및 편명
 ⑤ 무기 반입 사유
 ⑥ 무기의 종류 및 수량
 ⑦ 그 밖에 기내 무기반입에 필요한 사항

2. 기장 등의 권한

(1) 기장 등의 권한(법 제22조제1항)

기장이나 기장으로부터 권한을 위임받은 승무원(기장등이라 한다) 또는 승객의 항공

기 탑승 관련 업무를 지원하는 항공운송사업자 소속 직원 중 기장의 지원요청을 받은 사람은 다음의 어느 하나에 해당하는 행위를 하려는 사람에 대하여 그 행위를 저지하기 위한 필요한 조치를 할 수 있다.

① 항공기의 보안을 해치는 행위

② 인명이나 재산에 위해를 주는 행위

③ 항공기 내의 질서를 어지럽히거나 규율을 위반하는 행위

(2) 기장 등에 협조의무(법 제22조제3항

항공기 내에 있는 사람은 법 제22조제1항의 조치에 관하여 기장등의 요청이 있으면 협조하여야 한다.

(3) 기장 등의 의무(법 제21조제3항)

기장등은 법 제22조제1항 각 호의 행위를 한 사람을 체포한 경우에 항공기가 착륙하였을 때에는 체포된 사람이 그 상태로 계속 탑승하는 것에 동의하거나 체포된 사람을 항공기에서 내리게 할 수 없는 사유가 있는 경우를 제외하고는 체포한 상태로 이륙하여서는 아니된다.

(4) 기장의 지휘를 받을 의무(법 제22조제4항)

기장으로부터 권한을 위임받은 승무원 또는 승객의 항공기 탑승 관련 업무를 지원하는 항공운송사업자 소속 직원 중 기장의 지원요청을 받은 사람이 제1항에 따른 조치를 할 때에는 기장의 지휘를 받아야 한다.

3. 승객의 협조의무

(1) 승객의 금지 행위(법 제23조제1항, 제2항)

항공기 내에 있는 승객은 항공기와 승객의 안전한 운항과 여행을 위하여 다음의 어느 하나에 해당하는 행위를 하여서는 아니 된다.

① 폭언, 고성방가 등 소란행위

② 흡연

③ 술을 마시거나 약물을 복용하고 다른 사람에게 위해를 주는 행위

④ 다른 사람에게 성적(性的) 수치심을 일으키는 행위

⑤ 항공안전법 제73조를 위반하여 전자기기를 사용하는 행위

⑥ 기장의 승낙 없이 조종실 출입을 기도하는 행위

⑦ 기장등의 업무를 위계 또는 위력으로써 방해하는 행위

⑧ 다른 사람을 폭행하는 행위

⑨ 항공기의 보안이나 운항을 저해하는 폭행 · 협박 · 위계행위

⑩ 항공기의 보안이나 운항을 저해하는 출입문 · 탈출구 · 기기의 조작

⑪ 항공기가 착륙한 후 항공기에서 내리지 아니하고 항공기를 점거하거나 항공기 내에서 농성하는 행위

(2) 탑승거절 대상자(시행규칙 제13조)

항공운송사업자는 다음의 어느 하나에 해당하는 사람에 대하여 탑승을 거절할 수 있다.

① 항공운송사업자의 승객의 안전 및 항공기의 보안을 위하여 필요한 조치를 거부한 사람

② 술 또는 약물을 복용하고 승객 및 승무원 등에게 위해를 가할 우려가 있는 사람

③ 다른 사람을 폭행하거나 항공기의 보안이나 운항을 저해하는 폭행 · 협박 · 위계행위 또는 출입문 · 탈출구 · 기기의 조작행위를 한 사람

④ 항공기의 보안이나 운항을 저해하는 행위를 금지하는 기장 등의 정당한 직무상 지시를 따르지 아니한 사람

⑤ 탑승권 발권 등 탑승수속 시 위협적인 행동, 공격적인 행동, 욕설 또는 모욕을 주는 행위 등을 하는 사람으로서 다른 승객의 안전 및 항공기의 안전 운항을 해칠 우려가 있는 사람

4. 수감 중인 사람 등의 호송

(1) 수감 중인 사람 등의 호송(법 제24조제1항)

사법경찰관리 또는 법 집행 권한이 있는 공무원은 항공기를 이용하여 피의자, 피고인, 수형자, 그 밖에 기내 보안에 위해를 일으킬 우려가 있는 사람(호송대상자라 한다)을 호송할 경우에는 미리 해당 항공운송사업자에게 통보하여야 한다.

(2) 통보 사항(법 제24조제2항)

통보사항에는 다음의 사항이 포함되어야 한다.

① 호송대상자의 인적사항

② 호송 이유

③ 호송 방법

④ 호송 안전조치

(3) 호송 시 안전을 위한 조치(시행규칙 제14조)

항공운송사업자는 호송대상자가 항공기에 탑승하는 경우 승객의 안전을 위하여 다음의 필요한 조치를 하여야 한다.

① 호송대상자의 탑승절차를 별도로 마련할 것

② 호송대상자의 좌석은 승객의 안전에 위협이 되지 아니하도록 배치할 것

③ 호송대상자에게 술을 제공하지 아니할 것

④ 호송대상자에게 철제 식기류를 제공하지 아니할 것

(4) 범인의 인도 · 인수(법 제25조)

① 기장등은 항공기 내에서 항공보안법에 따른 죄를 범한 범인을 직접 또는 해당 관계 기관 공무원을 통하여 해당 공항을 관할하는 국가경찰관서에 통보한 후 인도하여야 한다.

② 기장등이 다른 항공기 내에서 죄를 범한 범인을 인수한 경우에 그 항공기 내에서 구금을 계속할 수 없을 때에는 직접 또는 해당 관계 기관 공무원을 통하여 해당 공항을 관할하는 국가경찰관서에 지체 없이 인도하여야 한다.

③ 제1항 및 제2항에 따라 범인을 인도받은 국가경찰관서의 장은 범인에 대한 처리 결과를 지체 없이 해당 항공운송사업자에게 통보하여야 한다.

05 항공보안장비 등

1. 항공보안장비

(1) 보안검색 장비(법 제27조제1항)

장비운영자가 항공보안법에 따른 보안검색을 하는 경우에는 국토교통부장관으로부터 성능 인증을 받은 항공보안장비를 사용하여야 한다.

(2) 항공보안장비 성능 인증 기준 및 절차(시행규칙 제14조의3)

인증기관이 항공보안장비의 성능 인증을 하려면 다음의 기준 및 절차에 따라야 한다.

1) 성능 인증 기준
- ㉠ 국토교통부장관이 정해서 고시하는 항공보안장비의 기능과 성능 기준에 적합한 보안장비일 것
- ㉡ 항공보안장비의 활용 편의성, 안전성 및 내구성 등을 갖춘 보안장비일 것

2) 성능 인증 절차
- ㉠ 성능평가 시험기관이 실시하는 성능평가시험을 받을 것
- ㉡ 성능평가 시험기관의 성능평가시험서와 성능 인증 신청자가 제출한 성능 제원표 등을 비교·검토할 것
- ㉢ 성능 인증 품질시스템을 확인할 것

3) 성능 인증업무의 위탁(법 제27조의3, 시행령 19조의2)
국토교통부장관은 인증업무의 전문성과 신뢰성을 확보하기 위하여 항공보안장비의 성능 인증 및 점검 업무를 항공안전기술원에 위탁할 수 있다.

(3) 항공보안장비 성능 인증의 취소(법 제27조의2)

국토교통부장관은 성능 인증을 받은 항공보안장비가 다음의 어느 하나에 해당하는 경우에는 그 인증을 취소할 수 있다.
① 거짓이나 그 밖의 부정한 방법으로 인증을 받은 경우(필요적 취소사유)
② 항공보안장비가 항공보안법에 따른 성능 기준에 적합하지 아니하게 된 경우
③ 항공보안장비에 대한 점검을 정당한 사유 없이 받지 아니한 경우
④ 항공보안장비에 대한 점검을 실시한 결과 중대한 결함이 있다고 판단될 경우

2. 성능평가 시험기관

(1) 성능평가 시험기관의 지정(법 제27조의4)

국토교통부장관은 항공보안장비 성능 인증을 위하여 항공보안장비의 성능을 평가하는 시험(성능평가시험이라 한다)을 실시하는 기관(시험기관라 한다)을 지정할 수 있다.

(2) 시험기관의 지정기준(시행규칙 제14조의7)

성능평가 시험기관으로 지정을 받으려는 자는 항공보안장비 시험기관 지정 신청서에

다음의 서류를 첨부해서 국토교통부장관에게 제출해야 한다.

① 성능평가시험을 위한 조직, 인력 및 시험 설비 현황 등을 적은 사업계획서

② 성능평가시험을 수행하기 위한 절차 및 방법 등을 적은 업무규정

③ 법인의 정관 또는 단체의 규약

④ 사업자등록증 및 인감증명서(법인인 경우에 한한다)

⑤ 시험기관 지정기준을 갖추었음을 증명하는 서류

(3) 시험기관의 지정취소(법 제27조의5)

1) 국토교통부장관은 시험기관으로 지정받은 법인이나 단체가 다음의 어느 하나에 해당하는 경우에는 그 지정을 취소하거나 1년 이내의 기간을 정하여 그 업무의 전부 또는 일부의 정지를 명할 수 있다.

㉠ 거짓이나 그 밖의 부정한 방법을 사용하여 시험기관으로 지정을 받은 경우(필요적 취소)

㉡ 업무정지 명령을 받은 후 그 업무정지 기간에 성능평가시험을 실시한 경우(필요적 취소)

㉢ 정당한 사유 없이 성능평가시험을 실시하지 아니한 경우

㉣ 항공보안장비 성능평가시험의 기준·방법·절차 등을 위반하여 성능평가시험을 실시한 경우

㉤ 항공보안장비 성능평가 시험기관 지정기준을 충족하지 못하게 된 경우

㉥ 성능평가시험 결과를 거짓으로 조작하여 수행한 경우

2) 국토교통부장관은 항공보안장비 성능평가 시험기관의 지정을 취소하거나 업무의 정지를 명한 경우에는 지체 없이 그 사실을 관보에 고시해야 한다.

3. 보안검색

(1) 보안검색교육기관(법 제28조)

① 국토교통부장관은 항공보안에 관한 업무수행자의 교육에 필요한 사항을 정하여야 한다.

② 보안검색 업무를 감독하거나 수행하는 사람은 국토교통부장관이 지정한 교육기관에서 검색방법, 검색절차, 검색장비의 운용, 그 밖에 보안검색에 필요한 교육훈련을 이수하여야 한다.

(2) 보안검색교육기관의 지정(시행규칙 제15조)

보안검색교육기관으로 지정받으려는 자는 보안검색교육기관 지정신청서에 다음의 사항이 포함된 교육계획서를 첨부하여 국토교통부장관에게 제출하여야 한다.
① 교육과정 및 교육내용
② 교관의 자격 · 경력 및 정원 등의 현황
③ 교육시설 및 교육장비의 현황
④ 교육평가방법
⑤ 연간 교육계획
⑥ 교육규정

(3) 보안검색교육기관 지정의 취소(법 제28조제4항)

국토교통부장관은 교육기관으로 지정받은 자가 다음의 어느 하나에 해당하는 경우에는 그 지정을 취소할 수 있다.
① 거짓이나 그 밖의 부정한 방법으로 교육기관의 지정을 받은 경우(필요적 취소)
② 보안검색교육기관 지정기준에 미달하게 된 경우. 다만, 일시적으로 지정기준에 미달하게 되어 3개월 내에 지정기준을 다시 갖춘 경우에는 그러하지 아니하다.
③ 교육의 전 과정을 2년 이상 운영하지 아니한 경우

(4) 보안검색기록의 작성(시행규칙 제16조)

공항운영자 · 항공운송사업자 또는 보안검색을위탁받은검색업체는 다음의 사항이 포함된 보안검색에 관한 기록을 작성하여 1년 이상 보존하여야 한다.
① 보안검색업무를 수행한 항공보안검색요원 · 감독자의 성명 및 근무시간
② 항공보안장비의 점검 및 운용에 관한 사항
③ 무기 등 위해물품 적발 현황 및 적발된 위해물품의 처리 결과
④ 항공보안검색요원에 대한 현장교육훈련 기록
⑤ 그 밖에 보안검색업무 수행 중에 발생한 특이사항

06 항공보안 위협에 대한 대응

1. 항공보안을 위협하는 정보의 제공

(1) 항공보안 위협정보 제공의 의무(법 제30조)

국토교통부장관은 항공보안을 해치는 정보를 알게 되었을 때에는 관련 행정기관, 국제민간항공기구, 해당 항공기 등록국가의 관련 기관 및 항공기 소유자 등에 그 정보를 제공하여야 한다.

(2) 항공보안 위협정보 제공의 대상(시행규칙 제17조)

국토교통부장관이 정보를 제공하여야 할 대상은 다음과 같다.
① 외교부·법무부·국방부·문화체육관광부·농림축산식품부·보건복지부·국토교통부·국가정보원·관세청·경찰청 및 해양경찰청
② 해당 항공기 등록국가 및 운영국가의 관련 기관
③ 항공기 승객이 외국인인 경우 해당 국가의 관련 기관
④ 국제민간항공기구(ICAO)

2. 국가항공보안 우발계획 등의 수립

(1) 국가항공보안 우발계획 수립 의무(법 제31조제1항)

국토교통부장관은 민간항공에 대한 불법방해행위에 신속하게 대응하기 위하여 국가항공보안 우발계획을 수립·시행하여야 한다.

(2) 국가항공보안 우발계획의 내용(시행규칙 제18조제1항)

국가항공보안 우발계획에는 다음의 사항이 포함되어야 한다.
① 외교부·법무부·국방부·문화체육관광부·농림축산식품부·보건복지부·국토교통부·국가정보원·관세청·경찰청 및 해양경찰청의 역할
② 항공보안등급 발령 및 등급별 조치사항
③ 불법방해행위 대응에 관한 기본대책
④ 불법방해행위 유형별 대응대책
⑤ 위협평가 및 위험관리에 관한 사항
⑥ 그 밖에 항공보안에 관하여 필요한 사항

(3) 공항운영자등의 자체 우발계획의 수립ㆍ변경

1) 자체 우발계획의 수립·변경(법 제31조제2항, 제3항)

ㄱ 공항운영자등은 국가항공보안 우발계획에 따라 자체 우발계획을 수립 · 시행하여야
한다.

ㄴ 공항운영자등은 자체 우발계획을 수립 또는 변경하는 경우에는 국토교통부장관의
승인을 받아야 한다. 다만, 국토교통부령으로 정하는 경미한 사항을 변경하는 경우
에는 그러하지 아니하다.

2) 경미한 사항의 변경(시행규칙 제18조의2제2항)

다음의 사항을 변경하는 경우에는 국토교통부장관의 승인을 받을 필요가 없다.

ㄱ 기관 운영에 관한 일반현황의 변경

ㄴ 기관 및 부서의 명칭 변경

ㄷ 항공보안에 관한 법령, 고시 및 지침 등의 변경사항 반영

(4) 공항운영자등의 자체 우발계획의 내용(시행규칙 제18조제2항)

공항운영자등이 자체 우발계획에는 다음의 구분에 따른 사항이 포함되어야 한다.

1) 공항운영자의 자체 우발계획의 내용

ㄱ 외교부 · 법무부 · 국방부 · 문화체육관광부 · 농림축산식품부 · 보건복지부 · 국토교
통부 · 국가정보원 · 관세청 · 경찰청 및 해양경찰청의 역할

ㄴ 공항시설 위협시의 대응대책

ㄷ 항공기 납치시의 대응대책

ㄹ 폭발물 또는 생화학무기 위협시의 대응대책

2) 항공운송사업자의 자체 우발계획의 내용

ㄱ 공항시설 위협시의 대응대책

ㄴ 항공기납치 방지대책

ㄷ 폭발물 또는 생화학무기 위협시의 대응대책

3) 항공기취급업체·항공기정비업체·공항상주업체(보호구역 안에 있는 업체만 해당한다), 항공여객·화
물터미널 운영자, 도심공항터미널을 경영하는 자의 자체 우발계획의 내용

ㄱ 공항시설 위협시의 대응대책

ㄴ 폭발물 또는 생화학무기 위협시의 대응대책

(5) 자체 우발계획의 승인 · 변경(시행규칙 제18조의2)

국토교통부장관 또는 지방항공청장은 공항운영자등의 자체 우발계획을 승인하려는 경우에는 다음의 사항을 검토하여야 한다.

① 우발계획과의 적합성

② 항공기 내에서 범한 범죄 및 기타 행위에 관한 협약과의 적합성

③ 항공기의 불법납치 억제를 위한 협약과의 적합성

④ 민간항공의 안전에 대한 불법적 행위의 억제를 위한 협약과의 적합성

⑤ 민간항공의 안전에 대한 불법적 행위의 억제를 위한 협약을 보충하는 국제민간항공에 사용되는 공항에서의 불법적 폭력행위의 억제를 위한 의정서와의 적합성

⑥ 가소성 폭약의 탐지를 위한 식별조치에 관한 협약과의 적합성

⑦ 국제민간항공협약 부속서 17과의 적합성

3. 항공보안 감독

(1) 항공보안 감독관 지정(법 제33조제1항)

국토교통부장관은 소속 공무원을 항공보안 감독관으로 지정하여 항공보안에 관한 점검업무를 수행하게 하여야 한다.

(2) 합동 현장점검의 실시(법 제33조제2항, 시행령 제19조의3)

1) 국토교통부장관은 대통령령으로 정하는 바에 따라 관계 행정기관과 합동으로 공항 및 항공기의 보안 실태에 대하여 현장점검을 할 수 있다.

2) 국토교통부장관이 관계 행정기관과 합동으로 현장점검을 실시할 수 있는 경우는 다음과 같다.

  ㉠ 국가원수 또는 국제기구의 대표 등 국내외 중요인사가 참석하는 국제회의가 개최되는 경우

  ㉡ 올림픽경기대회 · 아시아경기대회 또는 국제박람회 등 국제행사가 개최되는 경우

  ㉢ 국내외 정보수사기관으로부터 구체적 테러 첩보 또는 보안위협 정보를 알게 된 경우

  ㉣ 기타 공항시설 및 항공기의 보안 유지를 위하여 국토교통부장관이 필요하다고 인정하는 경우

(3) 검검의 방법(법 제33조제3항 ~ 제7항)

① 국토교통부장관은 점검업무의 수행에 필요하다고 인정하는 경우에는 공항운영자등

에게 필요한 서류 및 자료를 제출하게 할 수 있다.

② 국토교통부장관은 점검 결과 그 개선이나 보완이 필요하다고 인정하는 경우에는 공항운영자등에게 시정조치 또는 그 밖의 보안대책 수립을 명할 수 있다.

③ 항공보안 점검을 하는 경우에는 점검 7일 전까지 점검일시, 점검이유 및 점검내용 등에 대한 점검계획을 점검 대상자에게 통지하여야 한다. 다만, 긴급한 경우 또는 사전에 통지하면 증거인멸 등으로 점검 목적을 달성할 수 없다고 인정하는 경우에는 그러하지 아니하다.

④ 항공보안 감독관은 항공보안에 관한 점검업무 수행을 위하여 필요한 경우에는 항공기 및 공항시설에 출입하여 검사할 수 있다.

⑤ 항공보안 점검을 하는 공무원은 그 권한을 표시하는 증표를 지니고 이를 관계인에게 보여주어야 한다.

07 보칙 및 벌칙

1. 보칙

(1) 청문(법 제37조)

국토교통부장관은 다음의 어느 하나에 해당하는 취소처분을 하려면 청문을 하여야 한다.

① 법 제15조제8항에 따른 항공보안검색 위탁업체 지정의 취소
② 법 제17조의3제1항에 따른 상용화주 지정의 취소
③ 법 제27조의5에 따른 항공보안장비 성능평가 시험기관 지정의 취소
④ 법 제28조제4항에 따른 항공보안검색 교육기관 지정의 취소

(2) 벌칙 적용에서 공무원 의제(법 제38조의2)

항공보안장비 성능 인증 및 성능평가시험에 관한 업무에 종사하는 인증기관 및 시험기관의 임직원은 형법 제129조(수뢰, 사전수뢰), 제130조(제삼자뇌물제공), 제131조(수뢰후부정처사, 사후수뢰) 및 제132조(알선수뢰) 규정에 따른 벌칙을 적용할 때에는 공무원으로 본다.

2. 벌칙

1) 위반사항에 따른 벌칙

번호	위반사항	사형, 징역, 벌금	법 조항
1	운항중인 항공기의 안전을 해칠 정도로 항공기를 파손한 사람(항공안전법 제138조제1항에 해당하는 사람은 제외한다)	사형, 무기, 5년이상	제39조 제1항
2	폭행, 협박 또는 그 밖의 방법으로 항공기를 강탈하거나 그 운항을 강제한 사람	무기, 7년이상	제40조 제1항
3	항공기 운항과 관련된 항공시설을 파손하거나 조작을 방해함으로써 항공기의 안전운항을 해친 사람(항공안전법 제140조에 해당하는 사람은 제외한다)	10년이하	제41조 제1항
4	위계 또는 위력으로써 운항중인 항공기의 항로를 변경하게 하여 정상 운항을 방해한 사람	1년이상 10년이하	제42조
5	폭행·협박 또는 위계로써 기장등의 정당한 직무집행을 방해하여 항공기와 승객의 안전을 해친 사람	10년이하	제43조
6	거짓된 사실의 유포, 폭행, 협박 및 위계로써 공항운영을 방해한 사람	5년이하 5천만원 이하	제45조
7	항공기의 보안이나 운항을 저해하는 폭행·협박·위계행위 또는 출입문·탈출구·기기의 조작을 한 사람	10년이하	제46조
8	항공기를 점거하거나 항공기 내에서 농성한 사람	3년이하 3천만원이하	제47조
9	항공운항을 방해할 목적으로 거짓된 정보를 제공한 사람	3년이하 3천만원이하	제48조
10	기장등의 업무를 위계 또는 위력으로써 방해한 사람	10년이하 1억원	제49조 제1항
11	기장의 승낙없이 조종실 출입을 기도한 사람	3년이하 3천만원이하	제49조제 2항
12	기장등의 정당한 지시에 따르지 아니한 사람	3년이하 3천만원이하	제49조제 2항
13	공항운영자 및 항공운송사업자에 의하여 신분증명서 제시를 요구받은 경우 다른 사람의 신분증명서를 부정하게 사용하여 본인 일치 여부 확인을 받으려 한 사람	3년이하 3천만원이하	제50조 제3항 제1호
14	운항 중인 항공기 내에서 폭언, 고성방가 등 소란행위를 한 사람	3년이하 3천만원이하	제50조 제3항 제2호
15	운항 중인 항공기 내에서 술을 마시거나 약물을 복용하고 다른 사람에게 위해를 주는 행위를 한 사람	3년이하 3천만원이하	제50조 제3항 제3호

2) 양벌규정(법 제50조의2)

법인의 대표자나 법인 또는 개인의 대리인, 사용인, 그 밖의 종업원이 그 법인 또는 개인의 업무에 관하여 법 제50조의 어느 하나에 해당하는 위반행위를 하면 그 행위자를 벌하는 외에 그 법인 또는 개인에게도 해당 조문의 벌금형을 과(科)한다. 다만, 법인 또는 개인이 그 위반행위를 방지하기 위하여 해당 업무에 관하여 상당한 주의와 감독을 게을리하지 아니한 경우에는 그러하지 아니하다.

3) 과태료(법 제51조제4항)

항공보안법상 과태료는 대통령령으로 정하는 바에 따라 국토교통부장관이 부과·징수한다.

번호	1천만원 이하의 과태료 부과 대상자(법 제51조제1항)
1	공항운영자등이 승인받은 자체 보안계획을 이행하지 아니한 자(국가항공보안계획과 관련되는 부분만 해당한다)
2	항공기내보안요원을 탑승시키지 아니한 항공운송사업자
3	항공기에 대한 보안점검을 실시하지 아니한 항공운송사업자
4	본인 여부가 확인된 사람의 생체정보를 파기하지 아니한 자
5	통과 승객이나 환승 승객에게 휴대물품을 가지고 내리도록 조치하지 아니한 항공운송사업자
6	보안검색에 실패하고 국토교통부장관에게 보고하지 아니한 자
7	항공기 내에서 죄를 범한 범인을 관할 국가경찰관서에 인도하지 아니한 기장등이 소속된 항공운송사업자
8	국토교통부장관의 성능 인증을 받은 항공보안장비를 사용하지 아니한 자
9	항공보안장비 성능 인증을 위한 기준과 절차 등을 위반한 인증기관 및 시험기관
10	승인받은 자체 우발계획을 이행하지 아니한 자(국가항공보안 우발계획과 관련되는 부분만 해당한다)
11	민간항공에 대한 위협에 신속한 대응이 필요한 경우에 취하는 국토교통부장관의 보안조치를 이행하지 아니한 자
12	항공보안 점검 결과 그 개선이나 보완이 필요하다고 인정하는 경우에 명하는 국토교통부장관의 시정조치 또는 명령을 이행하지 아니한 자
13	항공보안 자율신고를 한 소속 임직원에게 그 신고를 이유로 해고, 전보, 징계, 그 밖에 신분이나 처우와 관련하여 불이익한 조치를 한 자
14	국토교통부장관이 감독상 행하는 시정명령 등 필요한 조치를 이행하지 아니한 자

01 다음 중 교통안전법의 목적에 해당되지 않는 것은?

① 교통안전 증진에 이바지
② 교통안전에 관한 국가의 의무 · 추진체계 및 시책 등을 규정
③ 교통안전에 관한 지방자치단체의 의무 · 추진체계 및 시책 등을 종합적 · 계획적으로 추진
④ 항공기, 경량항공기 또는 초경량비행장치의 안전하고 효율적인 항행을 위한 방법을 규정

> 법 제1조(목적) 이 법은 교통안전에 관한 국가 또는 지방자치단체의 의무 · 추진체계 및 시책 등을 규정하고 이를 종합적 · 계획적으로 추진함으로써 교통안전 증진에 이바지함을 목적으로 한다.

02 교통안전법에서 위임된 사항과 그 시행에 필요한 사항을 규정함을 목적으로 하는 것은?

① 교통안전법
② 교통안전법 시행령
③ 교통안전법 시행규칙
④ 교통안전법 시행세칙

> 시행령 제1조(목적) 이 영은 교통안전법에서 위임된 사항과 그 시행에 필요한 사항을 규정함을 목적으로 한다.

03 다음 중 교통안전법에서 규정하는 교통수단으로 볼 수 없는 것은?

① 유모차   ② 항공기
③ 도시철도   ④ 선박

> 법 제2조(정의)제1호 교통안전법에서 규정하는 교통수단은 사람이 이동하거나 화물을 운송하는데 이용되는 것으로서 다음의 어느 하나에 해당하는 운송수단을 말한다.
> 1. 도로교통법에 의한 차마 또는 노면전차, 철도산업기본법에 의한 철도차량(도시철도 포함) 또는 궤도운송법에 따른 궤도에 의하여 교통용으로 사용되는 용구 등 육상교통용으로 사용되는 모든 운송수단
> 2. 해사안전기본법에 의한 선박 등 수상 또는 수중의 항행에 사용되는 모든 운송수단
> 3. 항공안전법에 의한 항공기 등 항공교통에 사용되는 모든 운송수단

04 다음 중 교통안전법에서 규정하는 교통시설로 보기 어려운 것은?

① 항행안전시설
② 교통안전표지
③ 교통관제시설
④ 주차장표지시설

> 법 제2조(정의)제2호 교통시설이란 도로 · 철도 · 궤도 · 항만 · 어항 · 수로 · 공항 · 비행장 등 교통수단의 운행 · 운항 또는 항행에 필요한 시설과 그 시설에 부속되어 사람의 이동 또는 교통수단의 원활하고 안전한 운행 · 운항 또는 항행을 보조하는 교통안전표지 · 교통관제시설 · 항행안전시설 등의 시설 또는 공작물을 말한다.

05 교통안전법상 사람 또는 화물의 이동 · 운송과 관련된 활동을 수행하기 위하여 개별적으로 또는 서로 유기적으로 연계되어있는 교통수단 및 교통시설의 이용 · 관리 · 운영체계 또는 이와 관련된 산업 및 제도 등을 무엇이라 하는가?

① 교통수단   ② 교통시설
③ 교통체계   ④ 교통관제시설

법 제2조(정의)제3호 교통체계라 함은 사람 또는 화물의 이동·운송과 관련된 활동을 수행하기 위하여 개별적으로 또는 서로 유기적으로 연계되어 있는 교통수단 및 교통시설의 이용·관리·운영체계 또는 이와 관련된 산업 및 제도 등을 말한다.

06 다음 중 교통안전법상 교통사업자로 보기 어려운 자는?

① 교통수단 운영자
② 교통시설설치·관리자
③ 교통수단제조사업자
④ 교통시설이용사업자

법 제2조(정의)제4호 교통사업자란 교통수단·교통시설 또는 교통체계를 운행·운항·설치·관리 또는 운영 등을 하는 자로서 다음의 어느 하나에 해당하는 자를 말한다.
1. 여객자동차운수사업자, 화물자동차운수사업자, 철도사업자, 항공운송사업자, 해운업자 등 교통수단을 이용하여 운송 관련 사업을 영위하는 자(교통수단 운영자라 한다)
2. 교통시설을 설치·관리 또는 운영하는 자(교통시설설치·관리자라 한다)
3. 교통수단 운영자 및 교통시설설치·관리자 외에 교통수단 제조사업자, 교통관련 교육·연구·조사기관 등 교통수단·교통시설 또는 교통체계와 관련된 영리적·비영리적 활동을 수행하는 자

07 다음 중 교통안전법에서 말하는 지정행정 기관에 해당되지 않는 기관은?

① 교육부
② 문화체육관광부
③ 국방부
④ 여성가족부

법 제2조(정의)제5호, 시행령 제2조(지정행정기관) 지정행정기관이란 교통수단·교통시설 또는 교통체계의 운행·운항·설치 또는 운영 등에 관하여 지도·감독을 행하거나 관련 법령·제도를 관장하는 정부조직법에 의한 중앙행정기관으로서 대통령령으로 정하는 행정기관(기획재정부, 교육부, 법무부, 행정안전부, 문화체육관광부, 농림축산식품부, 산업통상자원부, 보건복지부, 환경부, 고용노동부, 여성가족부, 국토교통부, 해양수산부, 경찰청, 국무총리 지정 중앙행정기관)을 말한다.

08 다음 중 교통안전법에서 말하는 지정행정 기관에 해당되지 않는 기관은?

① 기획재정부
② 법무부
③ 행정안전부
④ 과학기술정보통신부

법 제2조(정의)제5호, 시행령 제2조(지정행정기관) 참조

09 다음 중 교통안전법에서 말하는 지정행정 기관에 해당되지 않는 기관은?

① 농림축산식품부   ② 환경부
③ 해양수산부   ④ 중소벤처기업부

법 제2조(정의)제5호, 시행령 제2조(지정행정기관) 참조

10 다음 중 교통안전법에서 말하는 지정행정 기관에 해당되지 않는 기관은?

① 경찰청   ② 해양경찰청
③ 기획재정부   ④ 교육부

법 제2조(정의)제5호, 시행령 제2조(지정행정기관) 참조

11 다음 중 교통안전법에서 말하는 지정행정 기관에 해당되지 않는 기관은?

① 통일부   ② 고용노동부
③ 여성가족부   ④ 행정안전부

법 제2조(정의)제5호, 시행령 제2조(지정행정기관) 참조

정답 01. ④ 02. ② 03. ① 04. ④ 05. ③ 06. ④ 07. ③ 08. ④ 09. ④ 10. ② 11. ①

12 다음 중 교통안전법에서 말하는 지정행정기관에 해당하는 기관은?

① 국방부
② 과학기술정보통신부
③ 국가보훈부
④ 농림축산식품부

법 제2조(정의)제5호, 시행령 제2조(지정행정기관) 참조

13 다음 중 교통안전법상 교통사업자에 대한 지도·감독을 행하는 교통행정기관에 해당되지 <u>않는</u> 자는?

① 지정행정기관의 장
② 시·도지사
③ 시·군·구청장
④ 한국교통안전공단이사장

법 제2조(정의)제6호 교통행정기관이란 법령에 의하여 교통수단·교통시설 또는 교통체계의 운행·운항·설치 또는 운영 등에 관하여 교통사업자에 대한 지도·감독을 행하는 지정행정기관의 장, 특별시장·광역시장·도지사·특별자치도지사(시·도지사라 한다) 또는 시장·군수·(자치)구청장을 말한다.

14 교통행정기관이 이 법 또는 관계법령에 따라 소관 교통수단에 대하여 교통안전에 관한 위험요인을 조사·점검 및 평가하는 모든 활동을 무엇이라 하는가?

① 교통시설안전진단
② 교통시설안전점검
③ 교통수단안전진단
④ 교통수단안전점검

법 제2조(정의)제8호 교통수단안전점검이란 교통행정기관이 이 법 또는 관계법령에 따라 소관 교통수단에 대하여 교통안전에 관한 위험요인을 조사·점검 및 평가하는 모든 활동을 말한다.

15 다음 중 교통안전법상 단지내도로에 포함되지 <u>않는</u> 것은?

① 공동주택관리법의 의무관리대상 공동주택단지에 설치되는 차도
② 공동주택관리법의 의무관리대상 공동주택단지에 설치되는 자전거도로
③ 고등교육법상의 학교에 설치되는 보도
④ 농어촌도로정비법에 따른 농어촌도로

법 제2조(정의)제10호, 시행령 제2조의2) 단지내도로란 공동주택관리법 제2조제1항제3호에 따른 공동주택단지, 고등교육법 제2조에 따른 학교 등에 설치되는 통행로로서 도로교통법 제2조제1호에 따른 도로가 아닌 것을 말하며, 그 종류와 범위는 대통령령으로 정한다.

16 다음 중 교통안전법에서 말하는 국가 또는 지방자치단체의 의무로 볼 수 <u>없는</u> 것은?

① 교통안전 종합시책 수립·시행 의무
② 교통시설에 대한 안전 위험요인 조사 의무
③ 관할구역 내 교통안전시책 수립·시행 의무
④ 교육·문화에 관한 계획 및 정책 수립 시 교통안전에 관한 사항 배려 의무

법 제3조(국가 등의 의무)
1. 국가는 국민의 생명·신체 및 재산을 보호하기 위하여 교통안전에 관한 종합적인 시책을 수립하고 이를 시행하여야 한다.
2. 지방자치단체는 주민의 생명·신체 및 재산을 보호하기 위하여 그 관할구역 내의 교통안전에 관한 시책을 해당 지역의 실정에 맞게 수립하고 이를 시행하여야 한다.
3. 국가 및 지방자치단체(국가등이라 한다)는 제1항 및 제2항의 규정에 따른 교통안전에 관한 시책을 수립·시행하는 것 외에 지역개발·교육·문화 및 법무 등에 관한 계획 및 정책을 수립하는 경우에는 교통안전에 관한 사항을 배려하여야 한다.

17 다음 중 교통안전법에서 규정한 제 관련자의 의무사항 중 바르지 <u>않는</u> 것은?

① 교통수단 운영자는 법령에서 정하는 바에 따라 그가 운영하는 교통수단의 안전한 운행·항행·운항 등을 확보하기 위하여 필요한 노력을 하여야 한다.
② 교통수단 제조사업자는 법령에서 정하는 바에 따라 그가 제조하는 교통수단의 구조·설비 및 장치의 안전성이 향상되도록 노력하여야 한다.
③ 교통시설 설치·관리자는 법령에서 정하는 바에 따라 그가 운영하는 교통시설의 안전 등을 확보하기 위하여 필요한 노력을 하여야 한다.
④ 보행자는 도로를 통행할 때 법령을 준수하여야 하고, 육상교통에 위험과 피해를 주지 아니하도록 노력하여야 한다.

법 제4조(교통시설설치·관리자의 의무) 교통시설설치·관리자는 해당 교통시설을 설치 또는 관리하는 경우 교통안전표지 그 밖의 교통안전시설을 확충·정비하는 등 교통안전을 확보하기 위한 필요한 조치를 강구하여야 한다.

18 교통안전법령에서 정하는 바에 따라 그가 제조하는 교통수단의 구조·설비 및 장치의 안전성이 향상되도록 노력하여야 하는 의무가 있는 자는?

① 교통수단 제조사업자
② 교통수단 운영자
③ 교통시설설치·관리자
④ 교통수단안전점검자

법 제5조(교통수단 제조사업자의 의무) 교통수단 제조사업자는 법령에서 정하는 바에 따라 그가 제조하는 교통수단의 구조·설비 및 장치의 안전성이 향상되도록 노력하여야 한다.

19 다음 중 교통안전법령상 교통수단 운영자의 의무를 규정해 놓은 것은?

① 교통안전을 확보하기 위한 필요한 조치를 강구하여야 한다.
② 교통수단의 구조·설비 및 장치의 안전성이 향상되도록 노력하여야 한다.
③ 교통수단의 안전한 운행·항행·운항 등을 확보하기 위하여 필요한 노력을 하여야 한다.
④ 보행자와 자전거이용자에게 위험과 피해를 주지 아니하도록 안전하게 운전하여야 한다.

법 제6조(교통수단운영자의 의무) 교통수단운영자는 법령에서 정하는 바에 따라 그가 운영하는 교통수단의 안전한 운행·항행·운항 등을 확보하기 위하여 필요한 노력을 하여야 한다.

20 다음중 교통안전법령상의 차량 운전자 등의 의무로 보기 <u>어려운</u> 것은?

① 차량을 운전하는 자 등은 해당 차량이 안전운행에 지장이 없는지를 점검하여야 한다.
② 선박승무원 등은 기상조건·해상조건·항로표지 등을 확인하여야 한다.
③ 항공승무원 등은 항공기의 운항 전 확인 및 항행안전시설 등의 기능장애에 대한 보고 등을 행하여야 한다.
④ 차량 운전자 등은 그가 운용하는 교통수단의 구조·설비 및 장치의 안전성이 향상되도록 노력하여야 한다.

법 제7조(차량 운전자등의 의무)
1. 차량을 운전하는 자 등은 법령에서 정하는 바에 따라 해당 차량이 안전운행에 지장이 없는지를 점검하고 보행자와 자전거이용자에게 위험과 피해를 주지 아니하도록 안전하게 운전하여야 한다.
2. 선박에 승선하여 항행업무 등에 종사하는 자(선박승무원등이라 한다)는 법령에서 정하는 바에 따라 해당 선박이 출항하기 전에 검사를 행하여야 하며, 기상조건·해상조건·항로표지 및 사고의 통보 등을 확인하고 안전운항을 하여야 한다.

3. 항공기에 탑승하여 그 운항업무 등에 종사하는 자(항공승무원등이라 한다)는 법령에서 정하는 바에 따라 해당 항공기의 운항전 확인 및 항행안전시설의 기능장애에 관한 보고 등을 행하고 안전운항을 하여야 한다.

21 다음 중 국가 등이 교통안전장치 장착을 의무화할 경우 이에 따른 비용을 지원할 수 있는데 그 지원대상으로 보기 어려운 것은?

① 여객자동차운수사업법에 따른 여객자동차 운송사업자
② 여객자동차운수사업법에 따른 여객자동차 운송가맹사업자
③ 화물자동차운수사업법에 따른 화물자동차 운송사업자
④ 화물자동차운수사업법에 따른 화물자동차 운송가맹사업자

법 제9조(재정 및 금융조치)제2항 국가등은 이 법에 따라 다음의 어느 하나에 해당하는 자에게 교통안전장치 장착을 의무화할 경우 이에 따른 비용을 대통령령으로 정하는 바에 따라 지원할 수 있다.
1. 여객자동차 운수사업법에 따른 여객자동차운송사업자
2. 화물자동차 운수사업법에 따른 화물자동차 운송사업자 또는 화물자동차 운송가맹사업자
3. 도로교통법 제52조에 따른 어린이통학버스(제55조제1항제1호에 따라 운행기록장치를 장착한 차량은 제외한다) 운영자

22 정부는 교통사고 상황, 국가교통안전기본계획 및 국가교통안전시행계획의 추진 상황 등에 관한 보고서를 언제까지 국회에 보고하여야 하는가?

① 매년 정기국회 개회 30일 전까지
② 매년 정기국회 개회 7일 전까지
③ 매년 정기국회 개회 전까지
④ 매년 정기국회 폐회 전까지

법 제10조(국회에 대한 보고) 정부는 매년 국회에 정기국회 개회 전까지 교통사고 상황, 제15조에 따른 국가교통안전기본계획 및 제16조에 따른 국가교통안전시행계획의 추진 상황 등에 관한 보고서를 제출하여야 한다.

23 교통안전법상 국가교통안전기본계획을 수립하여야 하는 사람은?

① 대통령
② 국토교통부장관
③ 시 · 도지사
④ 한국교통안전공단이사장

법 제15조(국가교통안전기본계획)제1항 국토교통부장관은 국가의 전반적인 교통안전수준의 향상을 도모하기 위하여 교통안전에 관한 기본계획(국가교통안전기본계획이라 한다)을 5년 단위로 수립하여야 한다.

24 교통안전법상 국가교통안전기본계획의 수립 주기는 몇 년인가?

① 1년　　　　② 3년
③ 5년　　　　④ 10년

법 제15조(국가교통안전기본계획)제1항 참조

25 다음 중 교통안전법상 국가교통안전기본계획에 포함되어야 할 사항이 아닌 것은?

① 교통안전에 관한 중 · 장기 종합정책방향
② 교통안전정책의 목표달성을 위한 부문별 추진전략
③ 교통안전 전문인력의 양성
④ 연간 교통사고 현황과 분석

법 제15조(국가교통안전기본계획)제2항 국가교통안전기본계획에는 다음의 사항이 포함되어야 한다.
1. 교통안전에 관한 중 · 장기 종합정책방향
2. 육상교통 · 해상교통 · 항공교통 등 부문별 교통사고의 발생현황과 원인의 분석
3. 교통수단 · 교통시설별 교통사고 감소목표
4. 교통안전지식의 보급 및 교통문화 향상목표
5. 교통안전정책의 추진성과에 대한 분석 · 평가
6. 교통안전정책의 목표달성을 위한 부문별 추진전략
7. 고령자, 어린이 등 교통약자의 이동편의 증진법에 따른 교통약자의 교통사고 예방에 관한 사항
8. 부문별 · 기관별 · 연차별 세부 추진계획 및 투자계획
9. 교통안전표지 · 교통관제시설 · 항행안전시설 등 교통안전시설의 정비 · 확충에 관한 계획

10. 교통안전 전문인력의 양성
11. 교통안전과 관련된 투자사업계획 및 우선순위
12. 지정행정기관별 교통안전대책에 대한 연계와 집행력 보완방안
13. 그 밖에 교통안전수준의 향상을 위한 교통안전시책에 관한 사항

26 다음 중 교통안전법상 국가교통안전기본계획에 포함되어야 할 사항이 아닌 것은?

① 육상교통 · 해상교통 · 항공교통 등 부문별 교통사고의 발생현황과 원인의 분석
② 교통수단 · 교통시설별 교통사고 감소목표
③ 교통안전지식의 보급 및 교통문화 향상목표
④ 교통수단의 종류별 사고의 건수와 그 원인의 분석

법 제15조(국가교통안전기본계획)제2항 참조

27 국토교통부장관은 국가교통안전기본계획의 수립 또는 변경을 위한 지침을 언제까지 지정행정기관의 장에게 통보하여야 하는가?

① 계획연도 시작 전전년도 2월말
② 계획연도 시작 전전년도 6월말
③ 계획연도 시작 전년도 2월말
④ 계획연도 시작 전년도 6월말

시행령 제10조(국가교통안전기본계획의 수립)제1항 국토교통부장관은 국가교통안전기본계획의 수립 또는 변경을 위한 지침을 작성하여 계획연도 시작 전전년도 6월말까지 지정행정기관의 장에게 통보하여야 한다.

28 다음 중 교통안전법령상 국가교통안전기본계획을 세우기 위하여 지정행정기관의 장이 국토교통부장관에게 제출하여야 하는 것은 무엇인가?

① 소관별 교통안전계획안
② 국가교통안전기본계획안
③ 지역교통안전기본계획안
④ 지역교통안전시행계획안

시행령 제10조(국가교통안전기본계획의 수립)제2항 지정행정기관의 장은 수립지침에 따라 소관별 교통안전에 관한 계획안을 작성하여 계획연도 시작 전년도 2월 말까지 국토교통부장관에게 제출하여야 한다.

29 지정행정기관의 장은 수립지침에 따라 작성한 소관별 교통안전에 관한 계획안을 언제까지 국토교통부장관에게 제출하여야 하는가?

① 계획연도 시작 전전년도 2월말
② 계획연도 시작 전전년도 6월말
③ 계획연도 시작 전년도 2월말
④ 계획연도 시작 전년도 6월말

시행령 제10조(국가교통안전기본계획의 수립)제2항 참조

30 국토교통부장관이 국가교통안전기본계획 확정을 위하여 소관별 교통안전에 관한 계획안을 종합 · 조정하는 경우에 검토해야 할 사항에 해당되지 않는 것은?

① 정책목표
② 정책과제의 추진시기
③ 투자규모
④ 소요예산의 확보 가능성

시행령 제10조(국가교통안전기본계획의 수립)제3항 국토교통부장관은 소관별 교통안전에 관한 계획안을 종합·조정하여 계획연도 시작 전년도 6월 말까지 국가교통안전기본계획을 확정하여야 한다. 소관별 교통안전에 관한 계획안을 종합·조정하는 경우에는 다음 사항을 검토하여야 한다.
1. 정책목표
2. 정책과제의 추진시기
3. 투자규모
4. 정책과제의 추진에 필요한 해당 기관별 협의사항

31 다음 중 교통안전법상 국가교통안전기본계획 수립 절차로 그 순서를 바르게 나열한 것은?

① 지침의 작성 및 통보→소관별 계획안 제출→국가교통안전기본계획안 작성→국가교통위원회 심의→확정된 국가교통안전기본계획 통보 및 공고
② 소관별 계획안 제출→지침의 작성 및 통보→국가교통안전기본계획안 작성→국가교통위원회 심의→확정된 국가교통안전기본계획 통보 및 공고
③ 지침의 작성 및 통보→소관별 계획안 제출→국가교통위원회 심의→국가교통안전기본계획안 작성→확정된 국가교통안전기본계획 통보 및 공고
④ 지침의 작성 및 통보→국가교통안전기본계획안 작성→소관별 계획안 제출→국가교통위원회 심의→확정된 국가교통안전기본계획 통보 및 공고

법 제15조, 시행령 제10조

국가교통안전기본계획 수립절차(법 제15조, 시행령 제10조)		
순서	내용	기한
1	국토교통부장관 수립지침 작성하여 지정행정기관장에게 통보	계획년도 시작 전전년도 6월말
2	지정행정기관장 소관별 계획안 국토교통부장관에게 제출	계획년도 시작 전년도 2월말
3	국토교통부장관 소관별 계획안 종합·조정하여 국가교통안전기본계획안 작성	
4	국가교통안전기본계획안 국가교통위원회 심의 및 확정	계획년도 시작 전년도 6월말
5	국토교통부장관 확정된 국가교통안전기본계획을 지정행정기관장과 시·도지사에게 통보	확정한 날부터 20일 이내

32 교통안전법상 확정된 국가교통안전기본계획을 변경할 때 수립 절차에 관한 규정을 준용하지 않아도 되는 경우가 아닌 것은?

① 국가교통안전기본계획 또는 국가교통안전시행계획에서 정한 부문별 사업규모를 100분의 20 이내의 범위에서 변경하는 경우
② 국가교통안전기본계획 또는 국가교통안전시행계획에서 정한 시행기한의 범위에서 단위 사업의 시행 시기를 변경하는 경우
③ 계산 착오, 오기, 누락으로서 그 변경 근거가 분명한 사항을 변경하는 경우
④ 국가교통안전기본계획 또는 국가교통안전시행계획의 기본방향에 영향을 미치지 아니하는 사항으로서 그 변경 근거가 분명한 사항을 변경하는 경우

법 제15조(국가교통안전기본계획)제6항, 시행령 제11조(경미한 사항의 변경) 확정된 국가교통안전기본계획을 변경하는 경우에 수립절차를 준용한다. 다만, 대통령령으로 정하는 경미한 사항을 변경하는 경우에는 그러하지 아니하다.
1. 국가교통안전기본계획 또는 국가교통안전시행계획에서 정한 부문별 사업규모를 100분의 10 이내의 범위에서 변경하는 경우
2. 국가교통안전기본계획 또는 국가교통안전시행계획에서 정한 시행기한의 범위에서 단위 사업의 시행시기를 변경하는 경우
3. 계산 착오, 오기, 누락, 그 밖에 국가교통안전기본계획 또는 국가교통안전시행계획의 기본방향에 영향을 미치지 아니하는 사항으로서 그 변경 근거가 분명한 사항을 변경하는 경우

33 국토교통부장관이 국가교통안전기본계획을 확정한 경우에는 언제까지 지정행정기관의 장과 시·도지사에게 이를 통보하여야 하는가?

① 확정한 날부터 10일 이내에
② 확정한 날부터 20일 이내에
③ 확정한 날부터 30일 이내에
④ 확정한 날부터 60일 이내에

34 교통안전법상 다음 연도의 소관별 교통안전시행계획안을 수립하는 자는 누구인가?

① 국토교통부장관
② 시 · 도지사
③ 지정행정기관의 장
④ 한국교통안전공단이사장

35 지정행정기관의 장은 다음 연도의 소관별 교통안전시행계획안을 수립하여 언제까지 국토교통부장관에게 제출하여야 하는가?

① 매년 3월 말   ② 매년 6월 말
③ 매년 10월 말   ④ 매년 12월 말

36 국토교통부장관이 소관별 교통안전시행계획안을 종합 · 조정할 때 검토하여야 할 사항이 아닌 것은?

① 국가교통안전기본계획과의 부합성
② 기대 효과
③ 소요예산의 확보 가능성
④ 투자규모

37 국토교통부장관은 국가교통안전시행계획을 언제까지 확정하여 지정행정기관의 장과 시 · 도지사에게 통보하고 이를 공고하여야 하는가?

① 매년 3월 말   ② 매년 6월 말
③ 매년 10월 말   ④ 매년 12월 말

38 교통안전법상 시 · 도지사는 시 · 도교통안전기본계획을 몇 년 단위로 수립하여야 하는가?

① 1년   ② 3년
③ 5년   ④ 10년

정답   **31.** ①   **32.** ①   **33.** ②   **34.** ③   **35.** ③   **36.** ④   **37.** ④   **38.** ③

39 교통안전법상 지역교통안전기본계획에 대한 설명으로 바르지 <u>않은</u> 것은?

① 시 · 도지사는 시 · 도교통안전기본계획을 5년 단위로 수립하여야 한다.

② 시 · 도지사는 지역교통안전기본계획 수립에 관한 지침을 작성하여 시장 · 군수 · 구청장에게 통보하여야 한다.

③ 시 · 도지사는 지역교통안전기본계획을 확정한 때에는 확정한 날부터 20일 이내에 국토교통부장관에게 이를 제출하여야 한다.

④ 시 · 도지사가 시 · 도교통안전기본계획을 수립한 때에는 지방교통위원회의 심의를 거쳐 이를 확정한다.

법 제17조(지역교통안전기본계획)제2항 국토교통부장관 또는 시 · 도지사는 시 · 도교통안전기본계획 또는 시 · 군 · 구교통안전기본계획(지역교통안전기본계획이라 한다)의 수립에 관한 지침을 작성하여 시 · 도지사 및 시장 · 군수 · 구청장에게 통보할 수 있다.

40 시 · 도지사등은 언제까지 지역교통안전기본계획을 확정하여야 하는가?

① 시작 전년도 2월 말까지

② 시작 전년도 6월 말까지

③ 시작 전년도 10월 말까지

④ 시작 전년도 12월 말까지

시행령 제13조(지역교통안전기본계획의 수립)제2항 시 · 도지사 및 시장 · 군수 · 구청장(시 · 도지사등이라 한다)은 각각 계획연도 시작 전년도 10월 말까지 시 · 도교통안전기본계획 또는 시 · 군 · 구교통안전기본계획(지역교통안전기본계획이라 한다)을 확정하여야 한다.

지역교통안전기본계획 수립절차(법 제17조, 시행령 제13조)			
구분	심의 · 확정	제출 · 공고	기한
시 · 도교통 안전기본계획	시 · 도지사 지방교통위원회 심의 · 확정	확정일부터 20일 이내 국토교통부장관에게 제출	시작 전년도 10월 말
시 · 군 · 구교통 안전기본계획	시장 · 군수 · 구청장 시 · 군 · 구교통위원회 심의 · 확정	확정일부터 20일 이내 시 · 도지사에게 제출	시작 전년도 10월 말

41 시 · 도지사가 시 · 도교통안전기본계획을 확정한 때에는 확정한 날부터 며칠 이내에 국토교통부장관에게 이를 제출하여야 하는가?

① 10일 ② 20일
③ 30일 ④ 60일

시행령 제13조(지역교통안전기본계획의 수립)제3항 시 · 도지사등은 지역교통안전기본계획을 확정한 때에는 확정한 날부터 20일 이내에 시 · 도지사는 국토교통부장관에게 이를 제출하고, 시장 · 군수 · 구청장은 시 · 도지사에게 이를 제출하여야 한다.

42 지역교통안전기본계획의 수립 및 변경에 대한 설명으로 타당하지 <u>않은</u> 것은?

① 시 · 도지사는 시 · 도교통안전기본계획 수립하거나 변경하고자 할 때에는 지방교통위원회 심의 전에 주민 및 관계 전문가로부터 의견을 들어야 한다.

② 주민 및 관계 전문가의 의견을 들으려는 경우에는 지역교통안전기본계획안의 주요 내용을 해당 관할 지역을 주된 보급지역으로 하는 2개 이상의 일간신문과 해당 지방자치단체의 인터넷 홈페이지에 공고하고 일반인이 14일 이상 열람할 수 있도록 해야 한다.

③ 공고된 지역교통안전기본계획안의 내용에 대하여 의견이 있는 자는 열람기간 내에 시 · 도지사등에게 의견서를 제출할 수 있다.

④ 시 · 도지사등은 제출된 의견을 지역교통안전기본계획에 반영할 것인지를 검토하고, 그 결과를 열람기간이 끝난 날부터 30일 이내에 해당 의견서를 제출한 자에게 통보해야 한다.

시행령 제13조(지역교통안전기본계획의 수립)제6항 시 · 도지사등은 제출된 의견을 지역교통안전기본계획에 반영할 것인지를 검토하고, 그 결과를 열람기간이 끝난 날부터 60일 이내에 해당 의견서를 제출한 자에게 통보해야 한다.

43 교통안전법상 시·도지사 및 시장·군수·구청장은 소관 지역교통안전기본계획을 집행하기 위하여 지역교통안전시행계획을 몇 년에 한 번씩 수립·시행하여야 하는가?

① 매년
② 3년
③ 5년
④ 10년

법 제18조(지역교통안전시행계획)제1항 시·도지사 및 시장·군수·구청장은 소관 지역교통안전기본계획을 집행하기 위하여 시·도교통안전시행계획과 시·군·구교통안전시행계획(지역교통안전시행계획이라 한다)을 매년 수립·시행하여야 한다.

44 교통안전법상 지역교통안전시행계획에 대한 설명 중 잘못된 것은?

① 시·도지사등은 다음 연도의 지역교통안전시행계획을 12월 말까지 수립하여야 한다.
② 시장·군수·구청장은 시·군·구교통안전시행계획과 전년도의 시·군·구교통안전시행계획 추진실적을 매년 1월 말까지 시·도지사에게 제출하여야 한다.
③ 시·도지사는 시·도교통안전시행계획 및 전년도의 시·도교통안전시행계획 추진실적과 함께 매년 6월 말까지 국토교통부장관에게 제출하여야 한다.
④ 시·도지사는 시·도교통안전시행계획을 수립한 때에는 국토교통부장관에게 제출한 후 이를 공고하여야 하며, 시장·군수·구청장은 시·군·구교통안전시행계획을 수립한 때에는 시·도지사에게 제출한 후 이를 공고하여야 한다.

시행령 제14조(지역교통안전시행계획의 수립 등)제2항 시·도지사는 시·도교통안전시행계획 및 전년도의 시·도교통안전시행계획 추진실적과 함께 매년 2월 말까지 국토교통부장관에게 제출하여야 한다.

지역교통안전시행계획 수립절차(법 제18조, 시행령 제14조)		
구분	제출·공고	수립 기한
시·군·구 교통안전시행계획	매년 1월 말까지 시·도지사에게 제출한 후 공고	시작 전년도 12월 말
시·도 교통안전시행계획	매년 2월 말까지 국토교통부장관에게 제출한 후 공고	시작 전년도 12월 말

45 지정행정기관의 장은 전년도 소관별 국가교통안전시행계획의 추진실적을 국토교통부장관에게 언제까지 제출해야 하는가?

① 매년 1월 말까지
② 매년 2월 말까지
③ 매년 3월 말까지
④ 매년 6월 말까지

시행령 제15조(교통안전시행계획의 추진실적 평가)제1항 지정행정기관의 장은 전년도의 소관별 국가교통안전시행계획 추진실적을 매년 3월 말까지 국토교통부장관에게 제출하여야 한다.

교통안전시행계획 추진실적 제출(시행령 제14조, 제15조)			
제출자	제출처	제출내용	제출 기한
시장·군수·구청장	시·도지사	전년도의 시·군·구교통안전시행계획 추진실적 + 시·군·구교통안전시행계획	매년 1월 말
시·도지사	국토교통부장관	전년도의 시·군·구교통안전시행계획 추진실적 + 전년도의 시·도교통안전시행계획 추진실적 + 시·도교통안전시행계획	매년 2월 말
지정행정기관의 장	국토교통부장관	전년도의 소관별 국가교통안전시행계획 추진실적	매년 3월 말

46 시장·군수·구청장은 시·군·구교통안전시행계획과 전년도의 시·군·구교통안전시행계획 추진실적을 언제까지 시·도지사에게 제출하여야 하는가?

① 매년 1월 말까지
② 매년 2월 말까지
③ 매년 3월 말까지
④ 매년 6월 말까지

시행령 제14조(지역교통안전시행계획의 수립 등)제2항 전단 시장·군수·구청장은 시·군·구교통안전시행계획과 전년도의 시·군·구교통안전시행계획 추진실적을 매년 1월 말까지 시·도지사에게 제출하여야 한다.

47 다음 중 지역교통안전시행계획의 추진실적에 포함되어야 하는 세부사항에 해당되지 <u>않는</u> 것은?

① 지역교통안전시행계획의 단위 사업별 추진실적
② 지역교통안전시행계획의 추진상 문제점 및 대책
③ 교통사고 현황 및 분석
④ 소요예산의 확보 가능성

시행규칙 제3조(지역교통안전시행계획의 추진실적에 포함되어야 하는 세부사항 등) 시·도교통안전시행계획 또는 시·군·구교통안전시행계획(지역교통안전시행계획이라 한다)의 추진실적에 포함되어야 하는 세부사항은 다음과 같다.
1. 지역교통안전시행계획의 단위 사업별 추진실적(예산사업에는 사업량과 예산집행실적을 포함하고, 계획미달사업에는 그 사유와 대책을 포함한다)
2. 지역교통안전시행계획의 추진상 문제점 및 대책
3. 교통사고 현황 및 분석
   ① 연간 교통사고 발생건수 및 사상자 내역
   ② 교통수단별·교통시설별(관리청이 다른 경우 따로 구분한다) 교통안전정책 목표 달성 여부
   ③ 교통약자에 대한 교통안전정책 목표 달성 여부
   ④ 교통사고의 분석 및 대책
   ⑤ 교통문화지수 향상을 위한 노력
   ⑥ 그 밖에 지역교통안전 수준의 향상을 위하여 각 지역별로 추진한 시책의 실적

48 다음 중 교통안전법령상 교통시설 설치·관리자의 범위에 해당되지 <u>않는</u> 자는?

① 한국도로공사
② 관리청의 허가를 받아 도로공사를 시행하거나 유지하는 관리청이 아닌 자
③ 유료도로를 신설 또는 개축하여 통행료를 받는 비도로관리청
④ 한국도로교통공단

시행령 별표 1

교통시설	설치·관리자
도로	1. 한국도로공사 2. 관리청의 허가를 받아 도로공사를 시행하거나 유지하는 관리청이 아닌 자 3. 유료도로를 신설 또는 개축하여 통행료를 받는 비도로관리청 4. 도로 및 도로부속물에 대하여 민간투자사업을 시행하고 이를 관리·운영하는 민간투자법인

49 다음 중 교통안전법령상 교통수단 운영자의 범위에 해당되지 <u>않는</u> 자는?

① 여객자동차운수사업법에 따라 여객자동차운송사업의 면허를 받거나 등록을 한 자로서 20대 이상의 자동차를 사용하는 자
② 여객자동차운수사업법에 따라 여객자동차운수사업의 관리를 위탁받은 자로서 20대 이상의 자동차를 사용하는 자
③ 화물자동차운수사업법에 따라 자동차대여사업의 등록을 한 자로서 20대 이상의 자동차를 사용하는 자
④ 화물자동차운수사업법에 따라 일반화물자동차운송사업의 허가를 받은 자로서 20대 이상의 자동차를 사용하는 자

시행령 별표 1

교통수단	운영자
자동차	다음 중 어느 하나에 해당하는 자 중 사업용으로 20대 이상의 자동차(피견인 자동차는 제외한다)를 사용하는 자 1. 여객자동차운수사업법에 따라 여객자동차운송사업의 면허를 받거나 등록을 한 자 2. 여객자동차운수사업법에 따라 여객자동차운수사업의 관리를 위탁받은 자 3. 여객자동차운수사업법에 따라 자동차대여사업의 등록을 한 자 4. 화물자동차운수사업법에 따라 일반화물자동차운송사업의 허가를 받은 자
궤도	궤도운송법에 따라 궤도사업의 허가를 받은 자 또는 전용궤도의 승인을 받은 전용궤도운영자

50 교통안전법상 교통시설설치 · 관리자등은 교통안전관리규정을 정하여 누구한테 제출해야 하는가?

① 국토교통부
② 한국교통안전공단
③ 시 · 도지사
④ 관할교통행정기관

법 제21조(교통시설설치 · 관리자등의 교통안전관리규정)제1항, 시행령 제18조(교통안전관리규정에 포함할 사항) 대통령령으로 정하는 교통시설설치 · 관리자 및 교통수단 운영자(교통시설설치 · 관리자등이라 한다)는 그가 설치 · 관리하거나 운영하는 교통시설 또는 교통수단과 관련된 교통안전을 확보하기 위하여 다음의 사항을 포함한 규정(교통안전관리규정)을 정하여 관할교통행정기관에 제출하여야 한다. 이를 변경한 때에도 또한 같다.

1. 교통안전의 경영지침에 관한 사항
2. 교통안전목표 수립에 관한 사항
3. 교통안전 관련 조직에 관한 사항
4. 교통안전담당자 지정에 관한 사항
5. 안전관리대책의 수립 및 추진에 관한 사항
6. 그 밖에 교통안전에 관한 중요 사항으로서 대통령령으로 정하는 사항
 ① 교통안전과 관련된 자료 · 통계 및 정보의 보관 · 관리에 관한 사항
 ② 교통시설의 안전성 평가에 관한 사항
 ③ 사업장에 있는 교통안전 관련 시설 및 장비에 관한 사항
 ④ 교통수단의 관리에 관한 사항
 ⑤ 교통업무에 종사하는 자의 관리에 관한 사항
 ⑥ 교통안전의 교육 · 훈련에 관한 사항
 ⑦ 교통사고 원인의 조사 · 보고 및 처리에 관한 사항
 ⑧ 그 밖에 교통안전관리를 위하여 국토교통부장관이 따로 정하는 사항

51 다음 중 교통안전관리규정에 포함되어야 하는 사항에 해당되지 <u>않는</u> 것은?

① 교통안전의 경영지침에 관한 사항
② 교통안전목표 수립에 관한 사항
③ 안전관리대책의 수립 및 추진에 관한 사항
④ 전년도 교통사고 현황 및 분석에 관한 사항

법 제21조(교통시설설치 · 관리자등의 교통안전관리규정)제1항, 시행령 제18조(교통안전관리규정에 포함할 사항) 참조

52 다음 중 교통안전관리규정에 포함되어야 하는 사항에 해당되지 <u>않는</u> 것은?

① 교통안전 관련 조직에 관한 사항
② 교통안전담당자 지정에 관한 사항
③ 교통안전과 관련된 자료 · 통계 및 정보의 보관 · 관리에 관한 사항
④ 교통안전 전문인력 양성에 관한 사항

법 제21조(교통시설설치 · 관리자등의 교통안전관리규정)제1항, 시행령 제18조(교통안전관리규정에 포함할 사항) 참조

53 다음 중 교통안전관리규정에 포함되어야 하는 사항에 해당되지 <u>않는</u> 것은?

① 교통업무에 종사하는 자의 관리에 관한 사항
② 교통안전의 교육 · 훈련에 관한 사항
③ 교통사고 원인의 조사 · 보고 및 처리에 관한 사항
④ 교통안전정책의 목표달성을 위한 부문별 추진전략

법 제21조(교통시설설치 · 관리자등의 교통안전관리규정)제1항, 시행령 제18조(교통안전관리규정에 포함할 사항) 참조

정답 **47.** ④ **48.** ④ **49.** ③ **50.** ④ **51.** ④ **52.** ④ **53.** ④

54 다음 중 교통안전관리규정에 포함되어야 하는 사항에 해당되지 <u>않는</u> 것은?

① 교통시설의 안전성 평가에 관한 사항
② 사업장에 있는 교통안전 관련 시설 및 장비에 관한 사항
③ 교통수단의 관리에 관한 사항
④ 교통안전지식의 보급 및 교통문화 향상목표

법 제21조(교통시설설치·관리자등의 교통안전관리규정)제1항, 시행령 제18조(교통안전관리규정에 포함할 사항) 참조

55 다음 중 교통안전법상 교통안전관리규정에 대한 설명으로 옳지 <u>않은</u> 것은?

① 교통시설설치·관리자등은 교통안전관리규정을 준수하여야 한다.
② 교통행정기관은 교통시설설치·관리자등이 교통안전관리규정을 준수하고 있는지의 여부를 확인하고 이를 평가하여야 한다.
③ 교통행정기관은 교통시설설치·관리자등이 제출한 교통안전관리규정이 조건부 적합 또는 부적합 판정을 받은 경우에는 교통안전관리규정의 변경을 명하는 등 필요한 조치를 하여야 한다.
④ 교통안전관리규정 준수 여부의 확인·평가는 교통안전관리규정을 제출한 날을 기준으로 매 5년이 지난 날의 전후 60일 이내에 실시한다.

시행규칙 제5조(교통안전관리규정 준수 여부의 확인·평가) 교통안전관리규정 준수 여부의 확인·평가는 교통안전관리규정을 제출한 날을 기준으로 매 5년이 지난 날의 전후 100일 이내에 실시한다.

56 교통행정기관이 교통시설설치·관리자등이 제출한 교통안전관리규정을 검토한 결과에 대한 설명으로 타당하지 <u>않은</u> 것은?

① 적합: 교통안전에 필요한 조치가 구체적이고 명료하게 규정되어 있어 교통시설 또는 교통수단의 안전성이 충분히 확보되어 있다고 인정되는 경우
② 조건부 적합: 교통안전의 확보에 중대한 문제가 있지는 아니하지만 부분적으로 보완이 필요하다고 인정되는 경우
③ 조건부 부적합: 교통안전의 확보에 중대한 문제가 있지는 아니하지만 부분적으로 보완이 필요하다고 인정되는 경우
④ 부적합: 교통안전의 확보에 중대한 문제가 있거나 교통안전관리규정 자체에 근본적인 결함이 있다고 인정되는 경우

시행령 제19조(교통안전관리규정의 검토 등)

검토 결과의 구분	내용
적합	교통안전에 필요한 조치가 구체적이고 명료하게 규정되어 있어 교통시설 또는 교통수단의 안전성이 충분히 확보되어 있다고 인정되는 경우
조건부 적합	교통안전의 확보에 중대한 문제가 있지는 아니하지만 부분적으로 보완이 필요하다고 인정되는 경우
부적합	교통안전의 확보에 중대한 문제가 있거나 교통안전관리규정 자체에 근본적인 결함이 있다고 인정되는 경우

57 다음 중 교통안전법상 교통안전에 관한 기본시책에 해당되지 <u>않는</u> 것은?

① 교통시설의 정비 등
② 교통안전지식의 보급 등
③ 교통안전에 관한 정보의 수집·전파
④ 교통수단의 안전 점검

법 제22조 ~ 제32조 교통안전법상 교통안전에 관한 기본시책으로는 교통시설의 정비 등, 교통안전지식의 보급 등, 교통안전에 관한 정보의 수집·전파, 교통수단의 안전성 향상, 교통질서의 유지, 위험물의 안전운송, 긴급 시의 구조체제의 정비 등, 손해배상의 적정화, 과학기술의 진흥 등, 교통안전에 관한 시책 강구상의 배려 등이 있다.

58 국가등이 강구하여야 할 교통안전에 관한 기본시책에 대한 설명으로 타당하지 <u>않은</u> 것은?

① 국가등은 안전한 교통환경을 조성하기 위하여 교통시설의 정비, 교통규제 및 관제의 합리화, 공유수면 사용의 적정화 등 필요한 시책을 강구하여야 한다.

② 국가등은 주거지·학교지역 및 상점가에 대하여 안전한 교통환경 조성을 위한 시책을 강구할 때에 특히 보행자와 자전거이용자가 보호되도록 배려하여야 한다.

③ 국가등은 교통안전에 관한 지식을 보급하고 교통안전에 관한 의식을 제고하기 위하여 반드시 학교를 통하여 교통안전교육의 진흥과 교통안전에 관한 홍보활동의 충실을 도모하는 등 필요한 시책을 강구하여야 한다.

④ 국가등은 교통안전에 관한 국민의 건전하고 자주적인 조직 활동이 촉진되도록 필요한 시책을 강구하여야 한다.

법 제23조(교통안전지식의 보급 등)제1항 국가등은 교통안전에 관한 지식을 보급하고 교통안전에 관한 의식을 제고하기 위하여 학교 그 밖의 교육기관을 통하여 교통안전교육의 진흥과 교통안전에 관한 홍보활동의 충실을 도모하는 등 필요한 시책을 강구하여야 한다.

59 국가등이 강구하여야 할 교통안전에 관한 기본시책에 대한 설명으로 타당하지 <u>않은</u> 것은?

① 국가등은 교통수단의 안전성을 향상시키기 위하여 교통수단의 구조·설비 및 장비 등에 관한 안전상의 기술적 기준을 개선하고 교통수단에 대한 검사의 정확성을 확보하는 등 필요한 시책을 강구하여야 한다.

② 국가등은 교통질서를 유지하기 위하여 교통질서 위반자에 대한 단속 등 필요한 시책을 강구하여야 한다.

③ 국가등은 위험물의 운송을 금지하기 위한 제반기준의 제정 등 필요한 시책을 강구하여야 한다.

④ 국가등은 교통사고 부상자에 대한 응급조치 및 의료의 충실을 도모하기 위하여 구조체제의 정비 및 응급의료시설의 확충 등 필요한 시책을 강구하여야 한다.

법 제28조(위험물의 안전운송) 국가등은 위험물의 안전운송을 위하여 운송 시설 및 장비의 확보와 그 운송에 관한 제반기준의 제정 등 필요한 시책을 강구하여야 한다.

60 국가등이 강구하여야 할 교통안전에 관한 기본시책에 대한 설명으로 타당하지 <u>않은</u> 것은?

① 국가등은 어린이, 노인 및 장애인의 교통안전 체험을 위한 교육시설 설치를 지원하기 위하여 예산의 범위에서 재정적 지원을 하여야 한다.

② 국가등은 차량의 운전자, 선박승무원 등 및 항공승무원등이 해당 교통수단을 안전하게 운행할 수 있도록 필요한 교육을 받도록 하여야 한다.

③ 국가등은 운전자등의 자격에 관한 제도의 합리화, 교통수단 운행체계의 개선, 운전자등의 근무조건의 적정화와 복지향상 등을 위하여 필요한 시책을 강구하여야 한다.

④ 국가등은 기상정보 등 교통안전에 관한 정보를 신속하게 수집·전파하기 위하여 기상관측망과 통신시설의 정비 및 확충 등 필요한 시책을 강구하여야 한다.

법 제23조(교통안전지식의 보급 등)제4항 국가등은 어린이, 노인 및 장애인의 교통안전 체험을 위한 교육시설 설치를 지원하기 위하여 예산의 범위에서 재정적 지원을 할 수 있다.

61 국가등이 강구하여야 할 교통안전에 관한 기본시책에 대한 설명으로 타당하지 <u>않은</u> 것은?

① 국가등은 항공사고 구조의 충실을 도모하기 위하여 항공사고 발생정보의 수집체제 및 항공사고 구조체제의 정비 등 필요한 시책을 강구하여야 한다.

② 국가등은 교통사고로 인한 피해자에 대한 손해배상의 적정화를 위하여 손해배상보장제도의 충실 등 필요한 시책을 강구하여야 한다.

③ 국가등은 교통안전에 관한 과학기술의 진흥을 위한 시험연구체제를 정비하고 연구 · 개발을 추진하며 그 성과의 보급 등 필요한 시책을 강구하여야 한다.

④ 국가등은 교통사고 원인을 과학적으로 규명하기 위하여 교통체계등에 관한 종합적인 연구 · 조사의 실시 등 필요한 시책을 강구하여야 한다.

> 법 제29조(긴급 시의 구조체제의 정비 등)제2항 국가등은 해양사고 구조의 충실을 도모하기 위하여 해양사고 발생정보의 수집체제 및 해양사고 구조체제의 정비 등 필요한 시책을 강구하여야 한다.

62 교통안전법상 국가등은 어린이등이 교통안전 체험을 위한 교육시설을 설치할 수 있다. 이 교육시설의 설치 기준 · 방법 등에 관한 사항으로 바르지 <u>않은</u> 것은?

① 어린이등이 교통사고 예방법을 습득할 수 있도록 교통의 위험상황을 재현할 수 있는 영상장치 등 시설 · 장비를 갖출 것

② 어린이등이 교통안전시설의 운영체계를 이해할 수 있도록 진입로 · 유도로 · 활주로 등의 시설을 관계 법령에 맞게 배치할 것

③ 어린이등이 자전거를 운전할 때 안전한 운전방법을 익힐 수 있는 체험시설을 갖출 것

④ 교통안전 체험시설에 설치하는 교통안전표지 등이 관계 법령에 따른 기준과 일치할 것

> 법 제23조제23조(교통안전지식의 보급 등)제3항, 시행령 제19조의2(교통안전 체험시설의 설치 기준 등) 국가등은 어린이, 노인 및 장애인의 교통안전 체험을 위한 교육시설을 설치할 수 있다. 전항의 교육시설의 설치 기준 · 방법 등에 관하여 필요한 사항은 다음과 같다.
> 1. 어린이등이 교통사고 예방법을 습득할 수 있도록 교통의 위험상황을 재현할 수 있는 영상장치 등 시설 · 장비를 갖출 것
> 2. 어린이등이 자전거를 운전할 때 안전한 운전방법을 익힐 수 있는 체험시설을 갖출 것
> 3. 어린이등이 교통시설의 운영체계를 이해할 수 있도록 보도 · 횡단보도 등의 시설을 관계 법령에 맞게 배치할 것
> 4. 교통안전 체험시설에 설치하는 교통안전표지 등이 관계 법령에 따른 기준과 일치할 것

63 다음 중 교통안전법상 교통수단안전점검의 대상으로 보기 <u>어려운</u> 것은?

① 여객자동차운송사업자가 보유한 자동차

② 화물자동차 운송사업자가 보유한 자동차

③ 건설기계사업자가 보유한 건설기계

④ 군용항공기 및 국가기관등 항공기

> 시행령 제20조(교통수단안전점검의 대상 등)제1항, 시행규칙 제6조(교통수단안전점검 대상이 되는 자동차 등)제1항 교통수단안전점검의 대상은 다음과 같다.
> 1. 여객자동차 운수사업법에 따른 여객자동차운송사업자가 보유한 자동차 및 그 운영에 관련된 사항
> 2. 화물자동차 운수사업법에 따른 화물자동차 운송사업자가 보유한 자동차 및 그 운영에 관련된 사항
> 3. 건설기계관리법에 따른 건설기계사업자가 보유한 건설기계(도로교통법에 따른 운전면허를 받아야 하는 건설기계에 한정한다) 및 그 운영에 관련된 사항
> 4. 철도사업법에 따른 철도사업자 및 전용철도운영자가 보유한 철도차량 및 그 운영에 관련된 사항
> 5. 도시철도법에 따른 도시철도운영자가 보유한 철도차량 및 그 운영에 관련된 사항
> 6. 항공사업법에 따른 항공운송사업자가 보유한 항공기(군용항공기 등과 국가기관등항공기는 제외한다) 및 그 운영에 관련된 사항
> 7. 그 밖에 국토교통부령으로 정하는 어린이 통학버스 및 위험물 운반자동차 등 교통수단안전점검이 필요하다고 인정되는 자동차 및 그 운영에 관련된 사항(시행규칙 제6조)

7. 그 밖에 국토교통부령으로 정하는 어린이 통학버스 및 위험물 운반자동차 등 교통수단안전점검이 필요하다고 인정되는 자동차 및 그 운영에 관련된 사항(시행규칙 제6조)

① 도로교통법 제2조제23호에 따른 어린이통학버스
② 고압가스 안전관리법 시행령 제2조에 따른 고압가스를 운송하기 위하여 필요한 탱크를 설치한 화물자동차(그 화물자동차가 피견인자동차인 경우에는 연결된 견인자동차를 포함한다)
③ 위험물안전관리법 시행령 제3조에 따른 지정수량 이상의 위험물을 운반하기 위하여 필요한 탱크를 설치한 화물자동차(그 화물자동차가 피견인자동차인 경우에는 연결된 견인자동차를 포함한다)
④ 화학물질관리법 제2조제7호에 따른 유해화학물질을 운반하기 위하여 필요한 탱크를 설치한 화물자동차(그 화물자동차가 피견인자동차인 경우에는 연결된 견인자동차를 포함한다)
⑤ 쓰레기 운반전용의 화물자동차
⑥ 피견인자동차와 긴급자동차를 제외한 최대적재량 8톤 이상의 화물자동차

64 다음 중 교통안전법상 교통수단안전점검의 대상에 해당되지 않는 것은?

① 철도사업자가 보유한 철도차량
② 어린이 통학버스
③ 고압가스를 운송하기 위하여 필요한 탱크를 설치한 화물자동차
④ 피견인자동차와 긴급자동차를 제외한 최대적재량 8톤 이하의 화물자동차

> 시행령 제20조(교통수단안전점검의 대상 등)제1항, 시행규칙 제6조(교통수단안전점검 대상이 되는 자동차 등)제1항 참조

65 다음 중 교통안전법상 교통수단안전점검의 대상에 해당되지 않는 것은?

① 도시철도운영자가 보유한 철도차량
② 건설기계사업자가 보유한 건설기계 중 운전면허를 필요로 하지 않는 건설기계

③ 유해화학물질을 운반하기 위하여 필요한 탱크를 설치한 화물자동차
④ 여객자동차운송사업자가 보유한 자동차

> 시행령 제20조(교통수단안전점검의 대상 등)제1항, 시행규칙 제6조(교통수단안전점검 대상이 되는 자동차 등)제1항 참조

66 교통안전법상 교통수단안전점검에 대한 설명으로 타당하지 않은 것은?

① 교통행정기관은 교통수단안전점검을 효율적으로 실시하기 위하여 관련 교통수단 운영자로 하여금 필요한 보고를 하게 하거나 관련 자료를 제출하게 할 수 있다.
② 소속 공무원이 사업장을 출입하여 검사하려는 경우에는 출입·검사 14일 전까지 검사일시·검사이유 및 검사내용 등을 포함한 검사계획을 교통수단 운영자에게 통지하여야 한다.
③ 출입·검사를 하는 공무원은 그 권한을 표시하는 증표를 내보이고 성명·출입시간 및 출입목적 등이 표시된 문서를 교부하여야 한다.
④ 국토교통부장관은 교통수단안전점검을 실시한 결과 교통안전을 저해하는 요인이 발견된 경우에는 그 결과를 소관 교통행정기관에 통보하여야 한다.

> 법 제33조(교통수단안전점검)제4항 교통행정기관의 소속공무원이 사업장을 출입하여 검사하려는 경우에는 출입·검사 7일 전까지 검사일시·검사이유 및 검사내용 등을 포함한 검사계획을 교통수단 운영자에게 통지하여야 한다. 다만, 증거인멸 등으로 검사의 목적을 달성할 수 없다고 판단되는 경우에는 검사일에 검사계획을 통지할 수 있다.

정답 **61.** ① **62.** ③ **63.** ④ **64.** ④ **65.** ② **66.** ②

67 다음 중 교통안전법상 교통안전점검 항목으로 보기 어려운 것은?

① 교통수단의 교통안전 위험요인 조사
② 교통안전 관계 법령의 위반 여부 확인
③ 교통안전관리규정의 준수 여부 점검
④ 교통안전시행계획 실시 여부 점검

시행령 제20조(교통수단안전점검의 대상 등)제4항 교통수단안전점검의 항목은 다음과 같다.
1. 교통수단의 교통안전 위험요인 조사
2. 교통안전 관계 법령의 위반 여부 확인
3. 교통안전관리규정의 준수 여부 점검
4. 그 밖에 국토교통부장관이 관계 교통행정기관의 장과 협의하여 정하는 사항

68 국토교통부장관은 대통령령으로 정하는 교통수단과 관련하여 1건의 사고로 사망자가 1명 이상 발생한 경우 해당 교통수단에 대하여 반드시 교통수단안전점검을 실시하여야 한다. 이때 대통령으로 정하는 교통수단에 해당되지 않는 것은?

① 여객자동차 운수사업법에 따른 여객자동차운송사업의 면허를 받거나 등록을 한 자
② 여객자동차 운수사업법에 따른 수요응답형 여객자동차운송사업자
③ 여객자동차 운수사업법에 따른 자동차 보유 대수가 1대인 개인택시운송사업자
④ 화물자동차 운수사업법에 따라 화물자동차 운송사업의 허가를 받은 자

법 제33조(교통수단안전점검)제6항, 시행령 제20조(교통수단안전점검의 대상 등)
국토교통부장관은 대통령령으로 정하는 교통수단과 관련하여 대통령령으로 정하는 기준 이상의 교통사고가 발생한 경우 해당 교통수단에 대하여 교통수단안전점검을 실시하여야 한다.
대통령령으로 정하는 교통수단이란 다음의 어느 하나에 해당하는 자가 보유한 교통수단을 말한다.
1. 여객자동차 운수사업법 제4조에 따른 여객자동차운송사업의 면허를 받거나 등록을 한 자(같은 법에 따른 수요응답형 여객자동차운송사업자 및 개인택시운송사업자 등 자동차 보유 대수가 1대인 운송사업자는 제외한다)

2. 화물자동차 운수사업법 제3조에 따라 화물자동차 운송사업의 허가를 받은 자(자동차 보유 대수가 1대인 운송사업자는 제외한다)

69 교통안전도 평가지수에서 교통사고 발생 건수의 가중치는 얼마인가?

① 0.3 ② 0.4
③ 0.5 ④ 0.6

시행령 별표 3의2
교통안전도 평가지수 =
$$\frac{(\text{교통사고} \times 0.4) + (\text{교통사고사상자 수} \times 0.6)}{\text{자동차등록(면허)대수}} \times 10$$

비고
1. 교통사고는 직전연도 1년간의 교통사고를 기준으로 하며, 다음과 같이 구분한다.
 ① 사망사고: 교통사고가 주된 원인이 되어 교통사고 발생 시부터 30일 이내에 사람이 사망한 사고
 ② 중상사고: 교통사고로 인하여 다친 사람이 의사의 최초 진단 결과 3주 이상의 치료가 필요한 상해를 입은 사고
 ③ 경상사고: 교통사고로 인하여 다친 사람이 의사의 최초 진단 결과 5일 이상3주 미만의 치료가 필요한 상해를 입은 사고
2. 교통사고 발생건수 및 교통사고 사상자 수 산정 시 경상사고 1건 또는 경상자 1명은 '0.3', 중상사고 1건 또는 중상자 1명은 '0.7', 사망사고 1건 또는 사망자 1명은 '1'을 각각 가중치로 적용하되, 교통사고 발생건수의 산정 시, 하나의 교통사고로 여러 명이 사망 또는 상해를 입은 경우에는 가장 가중치가 높은사고를 적용한다.

70 교통안전도 평가지수 산정 시 사망사고는 교통사고 발생 시부터 며칠 이내에 사망한 경우를 말하는가?

① 10일 ② 20일
③ 30일 ④ 60일

시행령 별표 3의2 참조

71 교통안전도 평가지수 산정 시 중상사고 또는 중상자에 대한 가중치는 얼마인가?

① 0.3 　　　　② 0.4
③ 0.6 　　　　④ 0.7

시행령 별표 3의2 참조

72 교통안전도 평가지수 산정 시 중상사고란 최초 진단 결과 몇 주 이상의 치료가 필요한 상해를 말하는가?

① 1주 　　　　② 2주
③ 3주 　　　　④ 4주

시행령 별표 3의2 참조

73 다음 중 교통안전법상의 교통안전특별실태조사의 대상은?

① 교통안전도 평가지수가 하위 100분의 20 이내
② 교통문화지수가 하위 100분의 20 이내
③ 교통안전도 평가지수가 하위 100분의 40 이내
④ 교통문화지수가 하위 100분의 40 이내

법 제33조의2(교통안전 특별실태조사의 실시 등), 제7조의3(특별실태조사의 대상 등) 특별실태조사의 대상, 절차, 방법은 다음과 같다.
1. 특별실태조사는 교통문화지수가 하위 100분의 20 이내인 시·군·구를 대상으로 한다.
2. 지정행정기관의 장은 특별실태조사를 위하여 교통안전 관련 전문가로 하여금 교통안전이 취약한 지역에 대한 현장조사를 실시하도록 할 수 있다.

74 다음 중 교통안전법상의 교통시설안전진단에 대한 설명으로 타당하지 <u>않은</u> 것은?

① 대통령령으로 정하는 일정 규모 이상의 도로·철도·공항의 교통시설을 설치하려는 자는 해당 교통시설의 설치 전에 교통안전진단기관에 의뢰하여 교통시설안전진단을 받아야 한다.
② 대통령령으로 정하는 교통시설의 교통시설설치·관리자는 해당 교통시설의 완공 후 30일 내에 교통안전진단기관에 의뢰하여 교통시설안전진단을 받아야 한다.
③ 교통행정기관은 대통령령으로 정하는 기준 이상의 교통사고가 발생한 경우에는 교통시설설치·관리자로 하여금 교통안전진단기관에 의뢰하여 교통시설안전진단을 받을 것을 명할 수 있다
④ 교통시설안전진단을 받은 교통시설설치·관리자는 교통안전진단기관이 작성·교부한 교통시설안전진단보고서를 관할 교통행정기관에 제출하여야 한다.

법 제34조(교통시설안전진단)제3항 대통령령으로 정하는 교통시설의 교통시설설치·관리자는 해당 교통시설의 사용 개시 전에 교통안전진단기관에 의뢰하여 교통시설안전진단을 받아야 한다.

75 다음 중 교통시설안전진단을 받아야 하는 교통시설에 해당되지 <u>않는</u> 것은?

① 총 길이 5km 이상의 일반국도·고속국도
② 총 길이 3km 이상의 특별시도·광역시도·지방도
③ 1개소 이상의 정거장을 포함하는 총 길이 1km 이상의 철도의 건설
④ 연간 여객 처리능력이 1만 명 이상의 비행장 또는 공항의 신설

법 제33조(교통수단안전점검)제1항 교통행정기관은 소관 교통수단에 대한 교통안전 실태를 파악하기 위하여 주기적으로 또는 수시로 교통수단안전점검을 실시할 수 있다.

교통시설안전진단을 받아야 하는 교통시설(시행령 제22조 관련, 별표 2)	
도로	1. 일반국도 · 고속국도: 총 길이 5km 이상 2. 특별시도 · 광역시도 · 지방도: 총 길이 3km 이상 3. 시도 · 군도 · 구도: 총 길이 1km 이상
철도	1. 철도의 건설: 1개소 이상의 정거장을 포함하는 총 길이 1km 이상 2. 도시철도의 건설: 1개소 이상의 정거장을 포함하는 총 길이 1km 이상
공항	비행장 또는 공항의 신설: 연간 여객처리능력이 10만 명 이상

76 교통행정기관은 일정 기준 이상의 교통사고가 발생한 경우에는 교통시설설치 · 관리자로 하여금 해당 교통사고 발생 원인과 관련된 교통시설에 대하여 교통안전진단기관에 의뢰하여 교통시설안전진단을 받을 것을 명할 수 있는데 이 기준으로 옳지 <u>않은</u> 것은?

① 도로: 교통시설의 결함 여부 등을 조사한 교통사고
② 철도: 철도시설의 결함으로 1명 이상의 사망자가 발생한 교통사고
③ 공항: 공항 또는 공항시설의 결함으로 1명 이상의 사망자가 발생한 교통사고
④ 항구: 항구 또는 항구시설의 결함으로 1명 이상의 사망자가 발생한 교통사고

시행령 제25조(교통시설안전진단의 실시 등)제3항

대통령령으로 정하는 기준 이상의 교통사고(시행령 제25조제3항)
1. 도로: 교통시설의 결함 여부 등을 조사한 교통사고 2. 철도: 철도시설의 결함으로 1명 이상의 사망자가 발생한 교통사고 3. 공항: 공항 또는 공항시설의 결함으로 1명 이상의 사망자가 발생한 교통사고

77 다음 중 교통시설안전진단보고서에 필수적으로 포함되어야 할 사항에 해당되지 <u>않는</u> 것은?

① 교통시설안전진단을 받아야 하는 자의 명칭 및 소재지
② 교통시설안전진단 대상의 종류
③ 교통시설안전진단의 실시 방법
④ 교통시설안전진단 대상의 상태 및 결함 내용

시행령 제26조(교통시설안전진단보고서) 교통시설안전진단보고서에는 다음의 사항이 포함되어야 한다.
1. 교통시설안전진단을 받아야 하는 자의 명칭 및 소재지
2. 교통시설안전진단 대상의 종류
3. 교통시설안전진단의 실시기간과 실시자
4. 교통시설안전진단 대상의 상태 및 결함 내용
5. 교통안전진단기관의 권고사항
6. 그 밖에 교통안전관리에 필요한 사항

78 다음 중 교통안전법령상 교통시설안전진단지침에 포함되어야 할 내용으로 바르지 <u>않은</u> 것은?

① 교통시설안전진단에 필요한 설비 및 도구에 관한 사항
② 교통시설안전진단의 대상 및 범위에 관한 사항
③ 교통시설안전진단 방법 및 절차에 관한 사항
④ 교통시설안전진단의 결과에 따른 조치에 관한 사항

시행령 제31조(교통시설안전진단지침의 내용)제1항 교통시설안전진단지침에는 다음의 사항이 포함되어야 한다.
1. 교통시설안전진단에 필요한 사전준비에 관한 사항
2. 교통시설안전진단 실시자의 자격 및 구성에 관한 사항
3. 교통시설안전진단의 대상 및 범위에 관한 사항
4. 교통시설안전진단의 항목에 관한 사항
5. 교통시설안전진단 방법 및 절차에 관한 사항
6. 교통시설안전진단보고서의 작성 및 사후관리에 관한 사항
7. 교통시설안전진단의 결과에 따른 조치에 관한 사항
8. 교통시설안전진단의 평가에 관한 사항

79 교통시설안전진단을 실시하려는 자는 누구에게 등록하여야 하는가?

① 시·도지사
② 교통행정기관장
③ 국토교통부장관
④ 대통령

법 제39조(교통안전진단기관의 등록 등) 교통시설안전진단을 실시하려는 자는 시·도지사에게 등록하여야 한다. 이 경우 시·도지사는 국토교통부령으로 정하는 바에 따라 교통안전진단기관등록증을 발급하여야 한다.

80 다음 중 교통시설안전진단 측정 장비에 포함되지 <u>않는</u> 것은?

① 노면 미끄럼 저항 측정기
② 조도계
③ 거리 및 경사 측정기
④ 가속도 측정장비

시행규칙 별표 4

교통시설안전진단 측정장비(시행규칙 별표 4)	
도로	1. 노면 미끄럼 저항 측정기 2. 반사성능 측정기 3. 조도계 4. 평균 휘도계 5. 거리 및 경사 측정기 6. 속도 측정장비 7. 계수기 8. 워킹메저(walking-measure) 9. 위성항법장치(GPS) 10. 그 밖의 부대설비(컴퓨터 포함) 및 프로그램
철도	없음
공항	없음

81 다음 중 교통안전진단기관의 등록결격사유에 해당되지 <u>않는</u> 자는?

① 피성년후견인 또는 피한정후견인
② 파산선고를 받고 복권되지 아니한 자
③ 이 법을 위반하여 징역형의 실형을 선고받고 그 집행이 종료되거나 집행이 면제된 날부터 1년이 지나지 아니한 자

④ 이 법을 위반하여 징역형의 집행유예를 선고받고 그 유예기간 중에 있는 자

법 제41조(결격사유) 다음 어느 하나에 해당하는 자는 교통안전진단기관으로 등록할 수 없다.
1. 피성년후견인 또는 피한정후견인
2. 파산선고를 받고 복권되지 아니한 자
3. 이 법을 위반하여 징역형의 실형을 선고받고 그 집행이 종료되거나 집행이 면제된 날부터 2년이 지나지 아니한 자
4. 이 법을 위반하여 징역형의 집행유예를 선고받고 그 유예기간 중에 있는 자
5. 교통안전진단기관의 등록이 취소된 후 2년이 지나지 아니한 자.
6. 임원 중에 제1호부터 제5호까지의 어느 하나에 해당하는 자가 있는 법인

82 다음 중 교통안전진단기관의 등록사항 변경신고 대상에 해당되지 <u>않는</u> 것은?

① 상호의 변경
② 대표자 주소의 변경
③ 사무소 소재지의 변경
④ 전문인력의 변경

시행규칙 제14조(변경사항의 신고 등) 등록한 교통안전진단기관의 상호, 대표자, 사무소 소재지 또는 전문인력을 변경한 경우에는 교통안전진단기관 등록사항 변경신고서에 이를 증명하는 서류를 첨부하여 30일 이내에 시·도지사에게 제출하여야 한다.

83 다음 중 교통안전진단기관의 필요적 등록취소 사유에 해당되지 <u>않는</u> 것은?

① 거짓이나 그 밖의 부정한 방법으로 등록을 한 때
② 최근 2년간 2회의 영업정지처분을 받고 새로이 영업정지처분에 해당하는 사유가 발생한 때
③ 영업정지처분을 받고 영업정지처분기간 중에 새로이 교통시설안전진단 업무를 실시한 때
④ 교통안전진단기관의 등록기준에 미달하게 된 때

법 제43조(등록의 취소 등)

필요적 등록취소 사유	임의적 등록취소 또는 1년 이내의 영업정지 사유
1. 거짓이나 그 밖의 부정한 방법으로 등록을 한 때 2. 최근 2년간 2회의 영업정지처분을 받고 새로이 영업정지처분에 해당하는 사유가 발생한 때 3. 교통안전진단기관의 결격사유에 의 어느 하나에 해당하게 된 때. 다만, 법인의 임원 중에 어느 하나에 해당하는 자가 있는 경우 6개월 이내에 해당 임원을 개임한 때에는 그러하지 아니하다. 4. 명의대여금지 규정을 위반하여 타인에게 자기의 명칭 또는 상호를 사용하게 하거나 교통안전진단기관등록증을 대여한 때 5. 영업정지처분을 받고 영업정지처분기간 중에 새로이 교통시설안전진단 업무를 실시한 때	1. 교통안전진단기관의 등록기준에 미달하게 된 때 2. 교통시설안전진단을 실시할 자격이 없는 자로 하여금 교통시설안전진단을 수행하게 한 때 3. 교통시설안전진단의 실시결과를 평가한 결과 안전의 상태를 사실과 다르게 진단하는 등 교통시설안전진단 업무를 부실하게 수행한 것으로 평가된 때

84 교통안전법상 교통안전진단기관에 대한 지도·감독을 위하여 소속 공무원이 출입·검사를 하는 경우 검사일 며칠 전까지 검사계획을 통지하여야 하는가?

① 7일 ② 10일
③ 14일 ④ 30일

법 제47조(교통안전진단기관에 대한 지도·감독)제2항 교통안전진단기관의 지도·감독을 위하여 소속 공무원이 출입·검사를 하는 경우에는 검사일 7일 전까지 검사일시·검사이유 및 검사내용 등을 포함한 검사계획을 교통안전진단기관에 통지하여야 한다. 다만, 증거인멸 등으로 검사의 목적을 달성할 수 없거나 긴급한 사정이 있는 경우에는 검사일에 검사계획을 통지할 수 있다.

85 교통사고 관련자료등은 교통사고가 발생한 날로부터 몇 년간 이를 보관·관리하여야 하는가?

① 1년 ② 5년
③ 10년 ④ 20년

시행령 제38조(교통사고 관련자료등의 보관·관리) 교통사고와 관련된 자료·통계 또는 정보를 보관·관리하는 자는 교통사고가 발생한 날부터 5년간 이를 보관·관리하여야 한다.

86 다음 중 교통사고 관련자료등의 보관·관리하는 자에 해당되지 않는 자는?

① 한국교통안전공단법에 따른 한국교통안전공단
② 한국도로교통공단법에 따른 한국도로교통공단
③ 한국도로공사법에 따른 한국도로공사
④ 화물자동차운수사업법에 따른 화물자동차운수사업자

시행령 제39조(교통사고 관련자료 등의 보관·관리) 교통사고 관련자료 보관·관리자는 다음과 같다.
1. 한국교통안전공단법에 따른 한국교통안전공단
2. 한국도로교통공단법에 따른 한국도로교통공단
3. 한국도로공사법에 따른 한국도로공사
4. 보험업법에 따라 설립된 손해보험협회에 소속된 손해보험회사
5. 여객자동차운송사업법에 따른 여객자동차운송사업의 면허를 받거나 등록을 한 자
6. 여객자동차운수사업법에 따른 공제조합
7. 화물자동차운수사업법에 따라 화물자동차운수사업자로 구성된 협회가 설립한 연합회

87 다음 중 교통안전법령상 교통안전정보에 해당되지 않는 것은?

① 지역교통안전시행계획의 추진실적
② 교통수단안전점검 및 교통시설안전진단의 실시결과
③ 교통수단의 운행기록등의 점검·분석 결과
④ 교통안전도평가지수 조사 결과

시행규칙 제17조(교통안전정보) 교통안전정보란 다음과 같다.
1. 교통사고 원인 분석(다만, 범죄의 수사와 관련된 사항은 제외한다)
2. 지역교통안전시행계획의 추진실적
3. 교통안전관리규정 준수 여부의 확인·평가 결과
4. 교통수단안전점검 및 교통시설안전진단의 실시결과
5. 교통수단의 운행기록등의 점검·분석 결과
6. 교통문화지수의 조사 결과
7. 여객자동차 운수사업법 또는 화물자동차 운수사업법에 따른 운전적성에 대한 정밀검사 결과
8. 자동차 주행거리 및 교통수단의 성능에 관한 정보
9. 전자지도 등 교통시설에 관한 정보
10. 그 밖에 교통안전에 필요한 정보

88 다음 중 교통안전관리자시험에 대한 계획을 수립하고 실시하는 기관은?

① 국토교통부
② 한국교통안전공단
③ 교통행정기관
④ 한국도로교통공단

89 한국교통안전공단은 교통안전관리자 시험을 시행하려면 시험 시행일 며칠 전까지 공고해야 하는가?

① 30일 ② 60일
③ 90일 ④ 120일

90 다음 중 교통안전관리자의 종류로 보기 어려운 것은?

① 도로교통안전관리자
② 항공교통안전관리자
③ 해양교통안전관리자
④ 철도교통안전관리자

91 다음 중 교통안전법령상 교통안전관리자의 결격사유에 해당되지 않는 것은?

① 피한정후견인
② 금고 이상의 실형을 선고받고 그 집행이 종료되거나 집행이 면제된 날부터 2년이 지나지 아니한 자
③ 금고 이상의 형의 집행유예를 선고받고 그 집행이 종료되거나 집행이 면제된 날부터 2년이 지나지 아니한 자
④ 교통안전관리자 자격의 취소처분을 받은 날부터 2년이 지나지 아니한 자

92 다음 중 교통안전법령상 항공교통안전관리자 시험의 면제 과목에 해당되지 않는 것은?

① 교통법규 ② 항행안전시설
③ 교통안전관리론 ④ 항공기체

93 다음 중 항공교통안전관리자의 필기시험의 일부면제를 위한 실무경험요건으로 맞는 것은?

① 항공운송사업자 또는 관련 협회에서 2년 이상 안전업무를 담당한 경력이 있는 자

② 항공교통분야에서 3년 이상 근무한 경력이 있는 일반직 공무원

③ 항공교통안전 관련 교육기관 또는 연구기관에서 교원이나 연구원으로 5년 이상 근무한 경력이 있는 자

④ 항공교통안전 관련 공공기관에서 10년 이상 교통안전업무를 담당한 경력이 있는 자

> 시행령 제43조(시험의 일부 면제 등, 시행령 별표 8) 교통안전관리자 시험의 일부 면제를 위한 실무경험 요건은 다음과 같다.
> 1. 항공운송사업자 또는 관련 협회에서 3년 이상 안전업무를 담당한 경력이 있는 자
> 2. 항공교통분야에서 3년 이상 근무한 경력이 있는 일반직 공무원
> 3. 항공교통안전 관련 교육기관 또는 연구기관에서 교원이나 연구원으로 3년 이상 근무한 경력이 있는 자
> 4. 항공교통안전 관련 공공기관에서 3년 이상 교통안전업무를 담당한 경력이 있는 자
> 5. 그 밖에 가목부터 라목까지와 같은 경력이 있다고 국토교통부장관이 인정하는 자

94 다음 중 교통안전법상 교통안전관리자에 대한 자격의 취소 또는 정지를 명할 수 있는 기관은?

① 국토교통부장관
② 한국교통안전공단
③ 교통행정기관장
④ 시 · 도시지사

> 법 제54조(교통안전관리자 자격의 취소 등) 시 · 도지사는 교통안전관리자가 다음 제1호 및 제2호의 어느 하나에 해당하는 때에는 그 자격을 취소하여야 하며, 제3호에 해당하는 때에는 교통안전관리자의 자격을 취소하거나 1년 이내의 기간을 정하여 해당 자격의 정지를 명할 수 있다.

제3항 각 호(교통안전관리자의 결격사유)의 어느 하나에 해당하게 된 때
2. 거짓이나 그 밖의 부정한 방법으로 교통안전관리자 자격을 취득한 때
3. 교통안전관리자가 직무를 행하면서 고의 또는 중대한 과실로 인하여 교통사고를 발생하게 한 때

95 부정한 행위로 교통안전관리자 시험에 응시한 사람 또는 시험에서 부정행위를 한 사람은 시험의 정지 또는 무효 처분이 있는 날부터 몇 년간 교통안전관리자 시험에 응시할 수 없는가?

① 1년   ② 2년
③ 3년   ④ 4년

> 법 제53조의2(부정행위자에 대한 제재)제2항 시험이 정지되거나 무효로 된 사람은 그 처분이 있은 날부터 2년간 시험에 응시할 수 없다.

96 시 · 도지사가 교통안전관리자에게 자격의 취소 또는 정지처분에 대한 통지를 할 때 그 통지에 포함되는 사항에 해당되지 <u>않는</u> 것은?

① 자격의 취소 또는 정지처분의 사유

② 자격의 취소 또는 정지처분에 대하여 불복하는 경우 불복신청의 절차와 기간 등

③ 교통안전관리자 자격증명서의 반납에 관한 사항

④ 자격의 정치처분 기간 완료 시 자격 회복절차

> 법 제53조의2(부정행위자에 대한 제재), 시행규칙 제26조(자격의 취소 등) 시 · 도지사는 자격의 취소 또는 정지처분을 한 때에는 국토교통부령으로 정하는 바에 따라 해당 교통안전관리자에게 이를 통지하여야 한다. 다음 각 호의 사항이 포함되어야 한다.
> 1. 자격의 취소 또는 정지처분의 사유
> 2. 자격의 취소 또는 정지처분에 대하여 불복하는 경우 불복신청의 절차와 기간 등
> 3. 교통안전관리자 자격증명서의 반납에 관한 사항

97 다음 중 교통안전관리자 자격증명서를 교부하는 사람은 누구인가?

① 국토교통부장관
② 교통행정기관장
③ 한국교통안전공단이사장
④ 시 · 도지사

법 제53조(교통안전관리자 자격의 취득 등)제2항 교통안전관리자 자격을 취득하려는 사람은 국토교통부장관이 실시하는 시험에 합격하여야 하며, 국토교통부장관은 시험에 합격한 사람에 대하여는 교통안전관리자 자격증명서를 교부한다.

98 다음 중 교통안전담당자를 지정하는 자에 해당되지 <u>않는</u> 사람은?

① 교통시설설치자
② 교통시설관리자
③ 교통수단 운영자
④ 교통시설제조자

법 제54조의2(교통안전담당자의 지정 등)제1항 대통령령으로 정하는 교통시설설치 · 관리자 및 교통수단 운영자는 다음의 어느 하나에 해당하는 사람을 교통안전담당자로 지정하여 직무를 수행하게 하여야 한다.
1. 교통안전관리자 자격을 취득한 사람
2. 대통령령으로 정하는 자격을 갖춘 사람

99 다음 중 교통안전법령상 교통안전담당자의 직무에 해당되지 <u>않는</u> 것은?

① 교통안전관리규정의 시행 및 그 기록의 작성 · 보존
② 교통시설의 조건 및 기상조건에 따른 안전 운행등에 필요한 조치
③ 교통사고 현장 조사 · 분석 및 기록 유지
④ 운행기록장치 및 차로이탈경고장치 등의 점검 및 관리

시행령 제44조의2(교통안전담당자의 직무)제1항 교통안전담당자의 직무는 다음과 같다.
1. 교통안전관리규정의 시행 및 그 기록의 작성 · 보존
2. 교통수단의 운행 · 운항 또는 항행 또는 교통시설의 운영 · 관리와 관련된 안전점검의 지도 · 감독
3. 교통시설의 조건 및 기상조건에 따른 안전 운행등에 필요한 조치
4. 법 제24조제1항(국가등의 운전자등에 대한 교육의무)에 따른 운전자등의 운행등 중 근무상태 파악 및 교통안전 교육 · 훈련의 실시
5. 교통사고 원인 조사 · 분석 및 기록 유지
6. 운행기록장치 및 차로이탈경고장치 등의 점검 및 관리

100 교통안전담당자는 교통안전을 위해 필요하다고 인정하는 경우에는 일정 조치를 교통시설설치 · 관리자등에게 요청해야 하는데 이러한 조치에 해당되지 <u>않는</u> 것은?

① 교통수단의 정비
② 운전자등의 승무계획 변경
③ 교통안전 관련 시설 및 장비의 설치 또는 보완
④ 교통시설의 조건 및 기상조건에 따른 안전 운행등에 필요한 조치

시행령 제44조의2(교통안전담당자의 직무)제3항 교통안전담당자는 교통안전을 위해 필요하다고 인정하는 경우에는 다음의 조치를 교통시설설치 · 관리자등에게 요청해야 한다. 다만, 교통안전담당자가 교통시설설치 · 관리자등에게 필요한 조치를 요청할 시간적 여유가 없는 경우에는 직접 필요한 조치를 하고, 이를 교통시설설치 · 관리자등에게 보고해야 한다.
1. 국토교통부령으로 정하는 교통수단의 운행등의 계획 변경
2. 교통수단의 정비
3. 운전자등의 승무계획 변경
4. 교통안전 관련 시설 및 장비의 설치 또는 보완
5. 교통안전을 해치는 행위를 한 운전자등에 대한 징계 건의

정답 **93.** ② **94.** ④ **95.** ② **96.** ④ **97.** ① **98.** ④ **99.** ③ **100.** ④

101 교통안전담당자 교육기관은 전년도 교육 인원 및 수료자 명단 등 교육 실적을 언제까지 국토교통부장관에게 제출해야 하는가?

① 매년 2월 말일
② 매년 6월 말일
③ 매년 10월 말일
④ 매년 12월 말일

시행령 제44조의3(교통안전담당자에 대한 교육)제5항 교통안전담당자 교육기관은 전년도 교육인원 및 수료자 명단 등 교육 실적을 매년 2월 말일까지 국토교통부장관에게 제출해야 한다.

102 교통시설설치·관리자등은 교통안전담당자를 지정 또는 지정해지하거나 교통안전담당자가 퇴직한 경우에는 지체없이 그 사실을 관할 교통기관에 알리고 다른 교통안전담당자를 지정해야 한다. 이때 그 기간은?

① 지정해지 또는 퇴직한 날로부터 10일 이내
② 지정해지 또는 퇴직한 날로부터 30일 이내
③ 지정해지 또는 퇴직한 날로부터 60일 이내
④ 지정해지 또는 퇴직한 날로부터 90일 이내

시행령 제44조(교통안전담당자의 지정)제3항 교통시설설치·관리자등은 교통안전담당자를 지정 또는 지정해지하거나 교통안전담당자가 퇴직한 경우에는 지체 없이 그 사실을 관할 교통행정기관에 알리고, 지정해지 또는 퇴직한 날부터 30일 이내에 다른 교통안전담당자를 지정해야 한다.

103 운행기록장치 장착의무자는 운행장치에 기록된 운행기록을 얼마나 보관해야 하는가?

① 1개월 　　　② 3개월
③ 6개월 　　　④ 12개월

법 제55조(운행기록장치의 장착 및 운행기록의 활용 등)제2항, 시행령 제45조(운행기록장치의 장착시기 및 보관시기)제2항 운행기록장치를 장착하여야 하는 자는 운행기록장치에 기록된 운행기록을 6개월 동안 보관하여야 하며, 교통행정기관이 제출을 요청하는 경우 이에 따라야 한다.

104 다음 중 교통행정기관의 제출 요청과 관계없이 주기적으로 운행기록을 제출하여야 하는 자에 해당되지 <u>않는</u> 것은?

① 노선 여객자동차운송사업자
② 노선 여객자동차 운송가맹사업자
③ 화물자동차 운송사업자
④ 화물자동차 운송가맹사업자

시행령 제45조(운행기록장치의 장착시기 및 보관시기)제3항 운행기록 주기적 제출의무자는 다음과 같다.
1. 여객자동차 운수사업법 제4조에 따라 면허를 받은 노선 여객자동차운송사업자
2. 화물자동차 운수사업법 제3조에 따라 허가를 받은 화물자동차 운송사업자 및 같은 법 제29조에 따라 허가를 받은 화물자동차 운송가맹사업자

105 한국교통안전공단이 운행기록장치 장착의무자가 제출한 운행기록을 점검하고 분석하여야 한다. 이때 분석하여야 하는 항목에 포함되지 <u>않는</u> 것은?

① 과속 　　　② 급제동
③ 급출발 　　　④ 진로변경

시행규칙 제30조(운행기록의 보관 및 제출방법 등)제4항 한국교통안전공단은 운행기록장치 장착의무자가 제출한 운행기록을 점검하고 다음의 항목을 분석하여야 한다.
1. 과속　　　2. 급감속　　　3. 급출발
4. 회전　　　5. 앞지르기　　　6. 진로변경

106 교통안전법령상 운행기록장치 장착의무자가 제출한 운행기록을 분석한 결과를 활용할 수 있는 교통안전 업무 분야에 해당되지 <u>않는</u> 것은?

① 자동차의 운행관리
② 차량운전자에 대한 교육 · 훈련
③ 교통시설설치 · 관리자의 교통시설 안전관리
④ 운행계통 및 운행경로 개선

> 시행규칙 제30조(운행기록의 보관 및 제출방법 등)제5항 운행기록의 분석 결과는 다음의 자동차 · 운전자 · 교통수단 운영자에 대한 교통안전 업무 등에 활용되어야 한다.
> 1. 자동차의 운행관리
> 2. 차량운전자에 대한 교육 · 훈련
> 3. 교통수단 운영자의 교통안전관리
> 4. 운행계통 및 운행경로 개선
> 5. 그 밖에 교통수단 운영자의 교통사고 예방을 위한 교통안전정책의 수립

107 다음 중 운행기록장치 장착면제 대상 차량에 해당되지 <u>않는</u> 것은?

① 화물자동차운송사업용 자동차로서 최대 적재량 1톤 이하인 화물자동차
② 경형 · 소형 특수자동차 및 구난형 · 특수용도형 특수자동차
③ 여객자동차운송사업에 사용되는 자동차로서 2002년 6월 30일 이전에 등록된 자동차
④ 어린이 통학버스

> 시행규칙 제29조의4(운행기록장치 장착면제 차량) 운행기록장치를 장착하지 않아도 되는 차량이란 다음의 어느 하나에 해당하는 차량을 말한다.
> 1. 화물자동차운수사업법 제2조제3호에 따른 화물자동차 운송사업용 자동차로서 최대 적재량 1톤 이하인 화물자동차
> 2. 자동차관리법 시행규칙 별표 1에 따른 경형 · 소형 특수자동차 및 구난형 · 특수용도형 특수자동차
> 3. 여객자동차운수사업법 제3조에 따른 여객자동차운송사업에 사용되는 자동차로서 2002년 6월 30일 이전에 등록된 자동차

108 교통안전법상 차로이탈경고장치를 의무적으로 장착해야 하는 차량은?

① 피견인자동차
② 덤프형화물자동차
③ 입석을 할 수 있는 자동차
④ 여객자동차운송사업자가 운행하는 길이 9m 이상의 승합자동차

> 법 제55조의2(차로이탈경고장치의 장착), 시행규칙 제30조의2(차로이탈경고장치의 장착) 차로이탈경고장치를 의무적으로 장착해야 하는 차량이란 여객자동차 운송사업자가 운행하는 길이 9m 이상의 승합자동차와 화물자동차 운송사업자 또는 화물자동차 운송가맹사업자가 운행하는 차량총중량 20톤을 초과하는 화물 · 특수자동차를 말한다. 다만, 다음의 어느 하나에 해당하는 자동차는 제외한다.
> 1. 자동차관리법 시행규칙 별표 1 제2호에 따른 덤프형 화물자동차
> 2. 피견인자동차
> 3. 자동차 및 자동차부품의 성능과 기준에 관한 규칙 제28조에 따라 입석을 할 수 있는 자동차
> 4. 그 밖에 자동차의 구조나 운행여건 등으로 설치가 곤란하거나 불필요하다고 국토교통부장관이 인정하는 자동차

109 다음 중 교통안전체험연구 · 교육시설이 갖춰야 할 내용에 해당되지 <u>않는</u> 것은?

① 교통사고에 관한 모의 실험
② 교통안전시설에 관한 교육시설
③ 비상상황에 대한 대처능력 향상을 위한 실습 및 교정
④ 상황별 안전운전 실습

> 시행령 제46조(교통안전체험에 관한 연구 · 교육시설의 설치 · 운영)제2항 교통안전체험연구 · 교육시설은 다음의 내용을 체험할 수 있도록 하여야 한다.
> 1. 교통사고에 관한 모의 실험
> 2. 비상상황에 대한 대처능력 향상을 위한 실습 및 교정
> 3. 상황별 안전운전 실습

110 교통안전법상 차량의 운전자가 중대 교통사고를 일으킨 경우에는 교통안전체험교육을 받아야 한다. 여기에서 중대 교통사고란 1건의 사고로 몇 주 이상의 치료를 요하는 사고를 말하는가?

① 2주 　　　② 4주
③ 8주 　　　④ 12주

시행규칙 제31조의2(중대 교통사고의 기준 및 교육실시) 제2항 중대 교통사고란 차량운전자가 교통수단 운영자의 차량을 운전하던 중 1건의 교통사고로 8주 이상의 치료를 요하는 의사의 진단을 받은 피해자가 발생한 사고를 말한다.

111 중대 교통사고를 일으킨 차량운전자는 교통사고조사에 대한 결과를 통지받은 날부터 며칠 이내에 교통안전 체험교육을 받아야 하는가?

① 10일 　　　② 30일
③ 60일 　　　④ 90일

시행규칙 제31조의2(중대 교통사고의 기준 및 교육실시) 제3항 차량운전자는 중대 교통사고가 발생하였을 때에는 도로교통법 제54조제6항에 따른 교통사고조사에 대한 결과를 통지받은 날부터 60일 이내에 교통안전 체험교육을 받아야 한다.

112 교통안전법상 중대 교통사고를 일으킨 차량운전자가 받아야 하는 교통안전 체험교육에 대한 설명으로 바르지 <u>않은</u> 것은?

① 특별한 사유가 없는 한 해당 차량운전자가 교통사고조사에 대한 결과를 통지받은 날부터 60일 이내에 받아야 한다.
② 해당 차량운전자가 구속 또는 금고 이상의 실형을 선고받고 그 형이 집행 중인 경우에는 석방 또는 그 집행이 종료되거나 집행을 받지 아니하기로 확정된 날부터 60일 이내에 받아야 한다.

③ 해당 차량운전자가 상해를 받아 치료를 받아야 하는 경우에는 치료가 시작된 날부터 60일 이내에 받아야 한다.
④ 중대 교통사고로 인하여 운전면허가 취소 또는 정지된 차량운전자의 경우에는 운전면허를 다시 취득하거나 정지기간이 만료되어 운전할 수 있는 날부터 60일 이내에 받아야 한다.

시행규칙 제31조의2(중대 교통사고의 기준 및 교육실시) 제3항제2호 해당 차량운전자가 중대 교통사고 발생에 따른 상해를 받아 치료를 받아야 하는 경우에는 치료가 종료된 날부터 60일 이내

113 국민의 교통안전의식의 수준 또는 교통문화의 수준을 객관적으로 측정하기 위한 지수를 무엇이라 하는가?

① 교통사고지수 　　② 교통문화지수
③ 교통안전지수 　　④ 교통수준지수

법 제57조(교통문화지수의 조사 및 활용)제1항 지정행정기관의 장은 소관 분야와 관련된 국민의 교통안전의식의 수준 또는 교통문화의 수준을 객관적으로 측정하기 위한 지수(교통문화지수라 한다)를 개발·조사·작성하여 그 결과를 공표할 수 있다.

114 다음 중 교통안전법상의 교통문화지수의 조사항목에 포함되지 <u>않는</u> 것은?

① 운전행태
② 교통안전
③ 교통사고 발생 건수
④ 보행행태(도로교통분야로 한정한다)

시행령 제47조(교통문화지수의 조사 항목 등)제1항 교통문화지수의 조사 항목은 다음과 같다.
1. 운전행태
2. 교통안전
3. 보행행태(도로교통분야로 한정한다)
4. 그 밖에 국토교통부장관이 필요하다고 인정하여 정하는 사항

115 다음 중 교통안전법상의 비밀유지의무를 지는 사람이 <u>아닌</u> 것은?

① 교통수단안전점검 업무 종사자
② 교통시설안전진단 업무에 종사하였던 자
③ 교통사고원인조사 업무 종사자
④ 교통안전전문교육 업무 종사자

법 제58조(비밀유지 등) 다음의 어느 하나에 해당하는 업무에 종사하는 자 또는 종사하였던 자는 그 직무상 알게 된 비밀을 타인에게 누설하거나 직무상 목적 외에 이를 사용하여서는 아니된다. 다만, 다른 법령에 특별한 규정이 있는 경우에는 그러하지 아니하다.
1. 교통수단안전점검 업무
2. 교통시설안전진단 업무
3. 교통사고원인조사 업무
4. 교통사고 관련자료등의 보관·관리업무
5. 운행기록 관련 업무

116 다음 중 교통안전법상의 수수료를 납부해야 하는 경우로 볼 수 <u>없는</u> 경우는?

① 교통안전진단기관의 등록(변경등록을 포함한다)을 하려는 경우
② 교통안전관리자 자격시험에 응시하려는 경우
③ 교통안전관리자자격증의 교부(재교부를 포함한다)를 받고자 하는 경우
④ 교통안전체험연구·교육시설을 설치하려는 경우

법 제60조(수수료) 이 법의 규정에 따른 교통안전진단기관의 등록(변경등록을 포함한다), 교통안전관리자 자격시험의 응시, 교통안전관리자자격증의 교부(재교부를 포함한다)를 받고자 하는 자는 국토교통부령으로 정하는 바에 따라 수수료를 납부하여야 한다.

117 교통안전법상 교통안전관리자의 자격 취소처분을 하고자 하는 경우에는 청문을 실시하여야 한다. 이때 청문을 실시하는 자는 누구인가?

① 국토교통부장관
② 한국교통안전공단이사장
③ 교통행정기관장
④ 시·도지사

법 제61조(청문) 시·도지사는 다음 어느 하나에 해당하는 처분을 하고자 하는 경우에는 청문을 실시하여야 한다.
1. 교통안전진단기관 등록의 취소
2. 교통안전관리자 자격의 취소

118 다음 중 교통안전법상 청문을 해야만 하는 경우는?

① 교통안전진단기관 등록의 취소
② 교통안전진단기관 등록의 변경
③ 교통안전관리자 자격의 정지
④ 교통안전담당자의 변경

법 제61조(청문) 참조

119 다음 중 교통안전법상 2년 이하의 징역 또는 2천만원 이하의 벌금형 처벌을 받는 경우가 <u>아닌</u> 경우는?

① 교통안전진단기관 등록을 하지 아니하고 교통시설안전진단 업무를 수행한 경우
② 교통시설안전진단을 받지 아니하거나 교통시설안전진단보고서를 거짓으로 제출한 경우
③ 타인에게 자기의 명칭 또는 상호를 사용하게 하거나 교통안전진단기관등록증을 대여한 경우
④ 영업정지처분을 받고 그 영업정지 기간 중에 새로이 교통시설안전진단 업무를 수행한 자

법 제63조(벌칙) 다음 어느 하나에 해당하는 자는 2년 이하의 징역 또는 2천만원 이하의 벌금에 처한다.

1. 교통안전진단기관 등록을 하지 아니하고 교통시설안전진단 업무를 수행한 자
2. 거짓이나 그 밖의 부정한 방법으로 교통안전진단기관 등록을 한 자
3. 타인에게 자기의 명칭 또는 상호를 사용하게 하거나 교통안전진단기관등록증을 대여한 자 및 교통안전진단기관의 명칭 또는 상호를 사용하거나 교통안전진단기관등록증을 대여받은 자
4. 영업정지처분을 받고 그 영업정지 기간 중에 새로이 교통시설안전진단 업무를 수행한 자
5. 직무상 알게 된 비밀을 타인에게 누설하거나 직무상 목적 외에 이를 사용한 자
   ☞ 교통시설안전진단을 받지 아니하거나 교통시설안전진단보고서를 거짓으로 제출한 경우는 1천만원 이하의 과태료 부과 대상이다.

120 다음 중 교통안전법상 과태료 부과 · 징수권자에 포함되지 않는 자는?

① 국토교통부장관
② 교통행정기관
③ 시 · 도지사
④ 시장 · 군수 · 구청장

법 제65조(과태료)제3항 과태료는 대통령령으로 정하는 바에 따라 국토교통부장관, 교통행정기관 또는 시장 · 군수 · 구청장이 부과 · 징수한다.

121 다음 중 교통안전법상 1천만원 이하의 과태료 부과대상자에 해당되지 않는 자는?

① 교통시설안전진단을 받지 아니하거나 교통시설안전진단보고서를 거짓으로 제출한 자
② 교통수단안전점검을 거부 · 방해 또는 기피한 자
③ 운행기록장치에 기록된 운행기록을 임의로 조작한 자
④ 차로이탈경고장치를 장착하지 아니한 자

법 제65조(과태료)제2항제2호 교통수단안전점검을 거부 · 방해 또는 기피한 자에게는 500만원 이하 과태료를 부과한다.

과태료(법 제65조)	
1천만원 이하	① 교통시설안전진단을 받지 아니하거나 교통시설안전진단보고서를 거짓으로 제출한 자 ② 운행기록장치를 장착하지 아니한 자 ③ 운행기록장치에 기록된 운행기록을 임의로 조작한 자 ④ 차로이탈경고장치를 장착하지 아니한 자
500만원 이하	① 교통안전관리규정을 제출하지 아니하거나 이를 준수하지 아니하는 자 또는 변경명령에 따르지 아니하는 자 ② 교통수단안전점검을 거부 · 방해 또는 기피한 자 ③ 교통수단안전점검 보고를 하지 아니하거나 거짓으로 보고한 자 또는 자료제출요청을 거부 · 기피 · 방해하거나 관계공무원의 질문에 대하여 거짓으로 진술한 자 ④ 교통안전진단기관 등록사항 변경 신고를 하지 아니하거나 거짓으로 신고한 자 ⑤ 신고를 하지 아니하고 교통시설안전진단 업무를 휴업 · 재개업 또는 폐업하거나 거짓으로 신고한 자 ⑥ 교통안전진단기관에 대한 지도 · 감독의 경우 보고를 하지 아니하거나 거짓으로 보고한 자 또는 자료제출요청을 거부 · 기피 · 방해한 자 ⑦ 교통안전진단기관에 대한 지도 · 감독의 경우 점검 · 검사를 거부 · 기피 · 방해하거나 질문에 대하여 거짓으로 진술한 자 ⑧ 교통사고 관련자료 보관 · 관리 규정을 위반하여 교통사고 관련자료등을 보관 · 관리하지 아니한 자 ⑨ 교통사고 관련자료 보관 · 관리 규정을 위반하여 교통사고 관련자료등을 제공하지 아니한 자 ⑩ 교통안전담당자를 지정하지 아니한 자 ⑪ 교통안전담당자 교육을 받게 하지 아니한 자 ⑫ 운행기록을 보관하지 아니하거나 교통행정기관에 제출하지 아니한 자 ⑬ 운행기록장치 등의 장착 여부 조사를 거부 · 방해 또는 기피한 자 ⑭ 중대교통사고자 교육규정을 위반하여 교육을 받지 아니한 자 ⑮ 단지내도로의 교통안전규정을 위반하여 통행방법을 게시하지 아니한 자 ⑯ 단지내도로의 교통안전규정을 위반하여 중대한 사고를 통보하지 아니한 자
부가 · 징수권자	① 국토교통부장관 ② 교통행정기관 ③ 시장 · 군수 · 구청장

교통법규 예상문제 [항공안전법]

01 다음 중 항공안전법의 목적과 관계<u>없는</u> 것은?

① 항공기가 안전하게 항행하기 위한 방법을 정함
② 항공기가 효율적인 항행을 하기위한 방법을 정함
③ 국가, 항공사업자 및 항공종사자 등의 의무 등에 관한 사항을 규정함
④ 국내 항공산업의 발전을 도모하고 국민의 복리증진을 위함

> 법 제1조(목적) 이 법은 국제민간항공협약 및 같은 협약의 부속서에서 채택된 표준과 권고되는 방식에 따라 항공기, 경량항공기 또는 초경량비행장치의 안전하고 효율적인 항행을 위한 방법과 국가, 항공사업자 및 항공종사자 등의 의무 등에 관한 사항을 규정함을 목적으로 한다.

02 다음 중 항공안전법에서 위임된 사항과 그 시행에 필요한 사항을 규정함을 목적으로 제정된 것은?

① 항공안전법
② 항공안전법 시행령
③ 항공안전법 시행규칙
④ 항공안전법 위임규정

> 시행령 제1조(목적) 이 영은 항공안전법에서 위임된 사항과 그 시행에 필요한 사항을 규정함을 목적으로 한다.

03 국내 항공안전법의 기본이 되는 규정은?

① 국제항공운송협약
② 파리협약
③ 미국의 연방항공규정
④ 국제민간항공협약 및 부속서

> 법 제1조(목적) 이 법은 국제민간항공협약 및 같은 협약의 부속서에서 채택된 표준과 권고되는 방식에 따라 항공기, 경량항공기 또는 초경량비행장치의 안전하고 효율적인 항행을 위한 방법과 국가, 항공사업자 및 항공종사자 등의 의무 등에 관한 사항을 규정함을 목적으로 한다.

04 다음 중 항공안전법상 사람이 탑승하는 항공기의 범위에 속하는 비행기의 요건이 아닌 것은?

① 최대이륙중량이 600kg을 초과 할 것
② 자체중량이 150kg을 초과할 것
③ 조종사 좌석을 포함한 탑승좌석 수가 1개 이상일 것
④ 동력을 일으키는 기계장치(발동기)가 1개 이상일 것

> 법 제2조(정의)제1호, 시행규칙 제2조(항공기의 기준)제1호 사람이 탑승하는 항공기 중 비행기 또는 헬리콥터의 기준은 다음과 같다.
> 1. 최대이륙중량이 600kg(수상비행에 사용하는 경우에는 650kg)을 초과 할 것
> 2. 조종사 좌석을 포함한 탑승좌석 수가 1개 이상일 것
> 3. 동력을 일으키는 기계장치(발동기)가 1개 이상일 것

정답   **01.** ④   **02.** ②   **03.** ④   **04.** ②

05 다음 중 사람이 탑승하는 비행기 또는 헬리콥터의 기준으로 맞지 <u>않는</u> 것은?

① 동력을 일으키는 기계장치(발동기)가 1개 이상일 것
② 육상용일 경우 최대이륙중량이 600kg을 초과할 것
③ 조종자 좌석을 포함한 탑승좌석 수가 1개 이상일 것
④ 수상용일 경우 최대이륙중량이 700kg을 초과할 것

법 제2조(정의)제1호, 시행규칙 제2조(항공기의 기준)제1호 참조

06 다음 중 항공안전법상 경량항공기의 범주로 볼 수 <u>없는</u> 것은?

① 비행기   ② 헬리콥터
③ 자이로플레인 ④ 비행선

법 제2조(정의)제2호, 시행규칙 제4조(경량항공기의 기준) 경량항공기란 항공기 외에 공기의 반작용으로 뜰 수 있는 기기로서 최대이륙중량, 좌석 수 등 국토교통부령으로 정하는 기준에 해당하는 비행기, 헬리콥터, 자이로플레인 및 동력패러슈트 등을 말한다.

경량항공기의 기준(시행규칙 제4조)	
구분	기준(유인)
비행기 헬리콥터 자이로플레인 동력패러슈트	1. 최대이륙중량이 600kg(수상비행에 사용하는 경우에는 650kg) 이하일 것 2. 최대 실속속도 또는 최소 정상비행속도가 45노트 이하일 것 3. 조종사 좌석을 포함한 탑승 좌석이 2개 이하일 것 4. 단발 왕복발동기 또는 전기모터를 장착할 것 5. 조종석은 여압이 되지 아니할 것 6. 비행 중에 프로펠러의 각도를 조정할 수 없을 것 7. 고정된 착륙장치가 있을 것. 다만, 수상비행에 사용하는 경우에는 고정된 착륙장치 외에 접을 수 있는 착륙장치를 장착할 수 있다.

07 다음 중 초경량비행장치의 범주로 볼 수 <u>없</u>는 것은?

① 자체중량이 115kg 이하인 고정익비행기
② 자체중량이 70kg 이하인 행글라이더
③ 자체중량이 115kg 이하인 무인비행기
④ 자체중량이 115kg 이하인 헬리콥터

법 제2조(정의)제3호, 시행규칙 제5조(초경량비행장치의 기준) 초경량비행장치란 다음 기준을 충족하는 동력비행장치, 행글라이더, 패러글라이더, 기구류, 무인비행장치, 회전익비행장치, 동력패러글라이더 및 낙하산류 등을 말한다.

초경량비행장치의 기준(시행규칙 제5조)		
구분	유·무인	기준
동력비행장치	유인	동력을 이용하는 것으로서 다음 각 목의 기준을 모두 충족하는 고정익비행장치. 다만, 전기모터에 의한 동력을 이용하는 경우에는 나목은 적용하지 않는다. 가. 탑승자, 연료 및 비상용 장비의 중량을 제외한 자체중량(배터리의 전원을 이용하는 초경량비행장치의 경우에는 배터리의 중량을 포함한다)이 115kg 이하일 것 나. 연료의 탑재량이 19리터 이하일 것 다. 좌석이 1개일 것
행글라이더	유인	탑승자 및 비상용 장비의 중량을 제외한 자체중량이 70kg 이하로서 체중이동, 타면조종 등의 방법으로 조종하는 비행장치
패러글라이더	유인	탑승자 및 비상용 장비의 중량을 제외한 자체중량이 70kg 이하로서 날개에 부착된 줄을 이용하여 조종하는 비행장치
기구류	유인 무인 계류식	기체의 성질·온도차 등을 이용하는 다음의 비행장치 가. 유인자유기구 나. 무인자유기구(기구 외부에 2kg 이상의 물건을 매달고 비행하는 것만 해당한다) 다. 계류식기구
무인비행장치	무인	가. 무인동력비행장치: 연료의 중량을 제외한 자체중량이 150kg 이하인 무인비행기, 무인헬리콥터 또는 무인멀티콥터 나. 무인비행선: 연료의 중량을 제외한 자체중량이 180kg 이하이고 길이가 20m 이하인 무인비행선
회전익비행장치	유인	동력비행장치의 요건을 갖춘 헬리콥터 또는 자이로플레인
동력패러글라이더	유인	패러글라이더에 추진력을 얻는 장치를 부착한 다음의 어느 하나에 해당하는 비행장치 가. 착륙장치가 없는 비행장치 나. 착륙장치가 있는 것으로서 동력비행장치의 요건을 갖춘 비행장치
낙하산류	유인 무인	항력을 발생시켜 대기 중을 낙하하는 사람 또는 물체의 속도를 느리게 하는 비행장치

08 다음 중 항공안전법상의 국가기관등항공기가 수행하는 업무에 해당되지 <u>않는</u> 것은?

① 재난 · 재해 등으로 인한 수색 · 구조
② 산불의 진화 및 예방
③ 응급환자의 후송 등 구조 · 구급활동
④ 군용 · 경찰용 · 세관용 업무

법 제2조(정의)제4호 국가기관등항공기란 국가, 지방자치단체, 국립공원공단(국가기관등)이 소유하거나 임차한 항공기로서 다음의 어느 하나에 해당하는 업무를 수행하기 위하여 사용되는 항공기를 말한다. 다만, 군용 · 경찰용 · 세관용 항공기는 제외한다.
1. 재난 · 재해 등으로 인한 수색 · 구조
2. 산불의 진화 및 예방
3. 응급환자의 후송 등 구조 · 구급활동
4. 그 밖에 공공의 안녕과 질서유지를 위하여 필요한 업무

09 다음 중 항공안전법에서 규정하고있는 항공업무로 보기 어려운 것은?

① 항공기의 운항 업무
② 항공교통관제 업무
③ 항공기의 운항교육 업무
④ 정비 · 수리 · 개조된 항공기 · 발동기 · 프로펠러, 장비품 또는 부품에 대하여 안전하게 운용할 수 있는 성능이 있는지를 확인하는 업무

법 제2조(정의)제5호 항공업무란 다음의 어느 하나에 해당하는 업무를 말한다.
1. 항공기의 운항(무선설비의 조작을 포함한다) 업무(제46조에 따른 항공기 조종연습은 제외한다)
2. 항공교통관제(무선설비의 조작을 포함한다) 업무(제47조에 따른 항공교통관제연습은 제외한다)
3. 항공기의 운항관리 업무
4. 정비 · 수리 · 개조(정비등)된 항공기 · 발동기 · 프로펠러(항공기등), 장비품 또는 부품에 대하여 안전하게 운용할 수 있는 성능(감항성)이 있는지를 확인하는 업무 및 경량항공기 또는 그 장비품 · 부품의 정비사항을 확인하는 업무

10 항공안전법상 항공기 운항과 관련한 항공기사고의 판단기준이 되는 시점은?

① 비행을 목적으로 사람이 항공기에 탑승하였을 때부터 탑승한 모든 사람이 항공기에서 내릴 때까지
② 비행을 목적으로 항공기가 움직이는 순간부터 비행이 종료되어 발동기가 정지되는 순간까지
③ 항공기의 발동기가 시동되는 순간부터 비행이 종료되어 발동기가 정지되는 순간까지
④ 비행을 목적으로 항공기가 이륙하는 순간부터 착륙하는 순간까지

법 제2조(정의)제6호 항공기사고란 사람이 비행을 목적으로 항공기에 탑승하였을 때부터 탑승한 모든 사람이 항공기에서 내릴 때까지[사람이 탑승하지 아니하고 원격조종 등의 방법으로 비행하는 항공기(무인항공기)의 경우에는 비행을 목적으로 움직이는 순간부터 비행이 종료되어 발동기가 정지되는 순간까지를 말한다] 항공기의 운항과 관련하여 발생한 다음의 어느 하나에 해당하는 것으로서 국토교통부령으로 정하는 것을 말한다.
1. 사람의 사망, 중상 또는 행방불명
2. 항공기의 파손 또는 구조적 손상
3. 항공기의 위치를 확인할 수 없거나 항공기에 접근이 불가능한 경우

11 다음 중 항공안전법상의 항공기사고에 해당되지 <u>않은</u> 것은?

① 사람의 행방불명
② 항공기의 파손
③ 항공기 승무원의 비상용 산소 사용
④ 항공기의 구조적 손상

법 제2조(정의)제6호 참조

12 항공안전법에서 규정하고 있는 항공기사고로 보기 어려운 것은?

① 항공기에 탑승한 사람이 사망하거나 중상을 입은 경우
② 항공기의 승객 및 승무원이 정상적으로 접근할 수 없는 장소에 숨어있다가 사망하거나 중상을 입은 경우
③ 항공기로부터 이탈된 부품이나 그 항공기와의 직접적인 접촉 등으로 인하여 사망하거나 중상을 입은 경우
④ 항공기 발동기의 흡입 또는 후류로 인하여 사망하거나 중상을 입은 경우

시행규칙 제6조(사망·중상 등의 적용기준)제1항 사람의 사망 또는 중상에 대한 적용기준은 다음과 같다.
1. 항공기에 탑승한 사람이 사망하거나 중상을 입은 경우. 다만, 자연적인 원인 또는 자기 자신이나 타인에 의하여 발생된 경우와 승객 및 승무원이 정상적으로 접근할 수 없는 장소에 숨어있는 밀항자 등에게 발생한 경우는 제외한다.
2. 항공기로부터 이탈된 부품이나 그 항공기와의 직접적인 접촉 등으로 인하여 사망하거나 중상을 입은 경우
3. 항공기 발동기의 흡입 또는 후류로 인하여 사망하거나 중상을 입은 경우

13 항공기사고로 승객이 행방불명이 되었을 경우 얼마간 생사가 분명하지 않아야 행방불명으로 보는가?

① 1개월 ③ 3개월
③ 6개월 ④ 1년

제6조(사망·중상 등의 적용기준)제2항 행방불명은 항공기, 경량항공기 또는 초경량비행장치 안에 있던 사람이 항공기사고, 경량항공기사고 또는 초경량비행장치사고로 1년간 생사가 분명하지 아니한 경우에 적용한다.

14 항공기사고로 인한 사망으로 보는 기준으로 맞는 것은?

① 항공기사고가 발생한 날부터 7일 이내에 그 사고로 사망한 경우
② 항공기사고가 발생한 날부터 30일 이내에 그 사고로 사망한 경우
③ 항공기사고가 발생한 날부터 60일 이내에 그 사고로 사망한 경우
④ 항공기사고가 발생한 날부터 90일 이내에 그 사고로 사망한 경우

시행규칙 제7조(사망·중상의 범위)제1항 사람의 사망은 항공기사고, 경량항공기사고 또는 초경량비행장치사고가 발생한 날부터 30일 이내에 그 사고로 사망한 경우를 포함한다.

15 항공안전법에서 규정하고 있는 항공기사고로 인하여 발생한 중상의 범위에 해당하지 않는 것은?

① 항공기사고로 부상을 입은 날부터 7일 이내에 48시간을 초과하는 입원치료가 필요한 부상
② 손가락 골절
③ 열상(찢어진 상처)으로 인한 심한 출혈, 신경·근육 또는 힘줄의 손상
④ 내장의 손상

시행규칙 제7조(사망·중상의 범위)제2항 중상의 범위는 다음과 같다.
1. 항공기사고, 경량항공기사고 또는 초경량비행장치사고로 부상을 입은 날부터 7일 이내에 48시간을 초과하는 입원치료가 필요한 부상
2. 골절(코뼈, 손가락, 발가락 등의 간단한 골절은 제외한다)
3. 열상(찢어진 상처)으로 인한 심한 출혈, 신경·근육 또는 힘줄의 손상
4. 2도나 3도의 화상 또는 신체표면의 5퍼센트를 초과하는 화상(화상을 입은 날부터 7일 이내에 48시간을 초과하는 입원치료가 필요한 경우만 해당한다)
5. 내장의 손상
6. 전염물질이나 유해방사선에 노출된 사실이 확인된 경우

16 항공안전법상 항공기의 파손 또는 구조적 손상에 해당되지 않는 것은?

① 항공기의 성능에 악영향을 미치는 파손 또는 손상
② 비행특성에 악영향을 미치는 파손 또는 손상
③ 대수리 또는 해당 구성품의 교체가 요구되는 파손 또는 손상
④ 덮개와 부품을 포함하여 한 개의 발동기의 고장 또는 손상

법 제2조(정의)제6호, 시행규칙 제8조(항공기의 파손·구조적 손상의 범위), 시행규칙 별표 1

항공기의 파손 또는 구조적 손상의 범위(시행규칙 제8조)	
구분	적용기준
원칙	항공기의 파손 또는 구조적 손상이란 별표 1의 항공기의 손상·파손 또는 구조상의 결함으로 항공기 구조물의 강도, 항공기의 성능 또는 비행특성에 악영향을 미쳐 대수리 또는 해당 구성품의 교체가 요구되는 것을 말한다.
시행규칙 별표 1	1. 다음 각 목의 어느 하나에 해당되는 경우에는 항공기의 중대한 손상·파손 및 구조상의 결함으로 본다. 가. 항공기에서 발동기가 떨어져 나간 경우 나. 발동기의 덮개 또는 역추진장치 구성품이 떨어져 나가면서 항공기를 손상시킨 경우 다. 압축기, 터빈 블레이드(날개) 및 그 밖에 다른 발동기 구성품이 발동기 덮개를 관통한 경우. 다만, 발동기의 배기구를 통해 유출된 경우는 제외한다. 라. 레이더 안테나 덮개가 파손되거나 떨어져 나가면서 항공기의 동체 구조 또는 시스템에 중대한 손상을 준 경우 마. 플랩, 슬랫등 고양력장치 및 윙렛이 손실된 경우. 다만, 외형변경목록을 적용하여 항공기를 비행에 투입할 수 있는 경우는 제외한다. 바. 바퀴다리가 완전히 펴지지 않았거나 바퀴가 나오지 않은 상태에서 착륙하여 항공기의 표피가 손상된 경우. 다만, 간단한 수리를 하여 항공기가 비행할 수 있는 경우는 제외한다. 사. 항공기 내부의 감압 또는 여압을 조절하지 못하게 되는 구조적 손상이 발생한 경우 아. 항공기준사고 또는 항공안전장애 등의 발생에 따라 항공기를 점검한 결과 심각한 손상이 발견된 경우 자. 비상탈출로 중상자가 발생했거나 항공기가 심각한 손상을 입은 경우 차. 그 밖에 가목부터 자목까지의 경우와 유사한 항공기의 손상·파손 또는 구조상의 결함이 발생한 경우 2. 제1호에 해당하는 경우에도 다음의 어느 하나에 해당하는 경우에는 항공기의 중대한 손상·파손 및 구조상의 결함으로 보지 아니한다. 가. 덮개와 부품을 포함하여 한 개의 발동기의 고장 또는 손상

항공기의 파손 또는 구조적 손상의 범위(시행규칙 제8조)	
구분	적용기준
시행규칙 별표 1	나. 프로펠러, 날개 끝, 안테나, 프로브, 베인, 타이어, 브레이크, 바퀴, 페어링, 패널, 착륙장치 덮개, 방풍창 및 항공기 표피의 손상 다. 주회전익, 꼬리회전익 및 착륙장치의 경미한 손상 라. 우박 또는 조류와 충돌 등에 따른 경미한 손상(레이더 안테나 덮개의 구멍을 포함한다)

17 다음 중 항공안전법상 항공기준사고에 해당되지 않는 것은?

① 사람의 행방불명
② 항공기의 구조상 결함
③ 산소마스크 착용
④ 항공기 시스템 고장

법 제2조(정의)제9호, 시행규칙(항공기준사고의 범위)제9조 항공기준사고란 항공안전에 중대한 위해를 끼쳐 항공기사고로 이어질 수 있었던 것으로서 국토교통부령으로 정하는 것을 말한다.

항공기준사고의 범위(시행규칙 제9조, 별표 2)
1. 항공기의 위치, 속도 및 거리가 다른 항공기와 충돌위험이 있었던 것으로 판단되는 근접비행이 발생한 경우(다른 항공기와의 거리가 500ft 미만으로 근접하였던 경우를 말한다) 또는 경미한 충돌이 있었으나 안전하게 착륙한 경우
2. 항공기가 정상적인 비행 중 지표, 수면 또는 그 밖의 장애물과의 충돌을 가까스로 회피한 경우
3. 항공기, 차량, 사람 등이 허가 없이 또는 잘못된 허가로 항공기 이륙·착륙을 위해 지정된 보호구역에 진입하여 다른 항공기와의 충돌을 가까스로 회피한 경우
4. 항공기가 다음 각 목의 장소에서 이륙하거나 이륙을 포기한 경우 또는 착륙하거나 착륙을 시도한 경우 가. 폐쇄된 활주로 또는 다른 항공기가 사용 중인 활주로 나. 허가 받지 않은 활주로 다. 유도로(헬리콥터가 허가를 받고 이륙하거나 이륙을 포기한 경우 또는 착륙하거나 착륙을 시도한 경우는 제외한다) 라. 도로 등 착륙을 의도하지 않은 장소
5. 항공기가 이륙·착륙 중 활주로 시단에 못 미치거나 또는 종단을 초과한 경우 또는 활주로 옆으로 이탈한 경우(다만, 항공안전장애에 해당하는 사항은 제외한다)
6. 항공기가 이륙 또는 초기 상승 중 규정된 성능에 도달하지 못한 경우
7. 비행 중 운항승무원이 신체, 심리, 정신 등의 영향으로 조종업무를 정상적으로 수행할 수 없는 경우
8. 조종사가 연료량 또는 연료배분 이상으로 비상선언을 한 경우(연료의 불충분, 소진, 누유 등으로 인한 결핍 또는 사용가능한 연료를 사용할 수 없는 경우를 말한다)
9. 항공기 시스템의 고장, 항공기 동력 또는 추진력의 손실, 기상 이상, 항공기 운용한계의 초과 등으로 조종상의 어려움이 발생했거나 발생할 수 있었던 경우

10. 다음 각 목에 따라 항공기에 중대한 손상이 발견된 경우(항공기사고로 분류된 경우는 제외한다)

　가. 항공기가 지상에서 운항 중 다른 항공기나 장애물, 차량, 장비 또는 동물과 접촉·충돌

　나. 비행 중 조류, 우박, 그 밖의 물체와 충돌 또는 기상 이상

　다. 항공기 이륙·착륙 중 날개, 발동기 또는 동체와 지면의 접촉·충돌 또는 끌림. 다만, 꼬리 스키드의 경미한 접촉 등 항공기 이륙·착륙에 지장이 없는 경우는 제외한다.

　라. 착륙바퀴가 완전히 펴지지 않거나 올려진 상태로 착륙한 경우

11. 비행 중 운항승무원이 비상용 산소 또는 산소마스크를 사용해야 하는 상황이 발생한 경우

12. 운항 중 항공기 구조상의 결함이 발생한 경우 또는 터빈발동기의 내부 부품이 외부로 떨어져 나간 경우를 포함하여 터빈발동기의 내부 부품이 분해된 경우(항공기사고로 분류된 경우는 제외한다)

13. 운항 중 발동기에서 화재가 발생하거나 조종실, 객실이나 화물칸에서 화재·연기가 발생한 경우(소화기를 사용하여 진화한 경우를 포함한다)

14. 비행 중 비행 유도 및 항행에 필요한 다중시스템 중 2개 이상의 고장으로 항행에 지장을 준 경우

15. 비행 중 2개 이상의 항공기 시스템 고장이 동시에 발생하여 비행에 심각한 영향을 미치는 경우

16. 운항 중 비의도적으로 항공기 외부의 인양물이나 탑재물이 항공기로부터 분리된 경우 또는 비상조치를 위해 의도적으로 항공기 외부의 인양물이나 탑재물이 항공기로부터 분리한 경우

18 다음 중 항공기준사고로 보기 어려운 것은?

① 다른 항공기와의 거리가 300ft 미만으로 근접하였던 경우

② 항공기가 정상적인 비행 중 지표, 수면 또는 그 밖의 장애물과의 충돌을 가까스로 회피한 경우

③ 항공기가 이륙·착륙 중 활주로 시단에 못 미치거나 또는 종단을 초과한 경우

④ 비행 중 운항승무원이 신체, 심리, 정신 등의 영향으로 조종업무를 정상적으로 수행할 수 없는 경우

법 제2조(정의)제9호, 시행규칙(항공기준사고의 범위)제9조, 시행규칙 [별표 2] 참조

19 항공기, 경량항공기 또는 초경량비행장치의 안전하고 효율적인 비행과 수색 또는 구조에 필요한 정보를 제공하기 위한 공역으로서 국제민간항공협약 및 같은 협약 부속서에 따라 국토교통부장관이 그 명칭, 수직 및 수평 범위를 지정·공고한 공역을 무엇이라 하는가?

① 비행정보구역　　② 비행식별구역

③ 관제공역　　　　④ 비행공역

법 제2조(정의)제11호 비행정보구역이란 항공기, 경량항공기 또는 초경량비행장치의 안전하고 효율적인 비행과 수색 또는 구조에 필요한 정보를 제공하기 위한 공역으로서 국제민간항공협약 및 같은 협약 부속서에 따라 국토교통부장관이 그 명칭, 수직 및 수평 범위를 지정·공고한 공역을 말한다.

20 항공안전법상 항공로 지정권자는 누구인가?

① 대통령

② 국토교통부장관

③ 한국교통안전공단

④ 항공교통본부장

법 제2조(정의)제13호 국토교통부장관이 항공기, 경량항공기 또는 초경량비행장치의 항행에 적합하다고 지정한 지구의 표면상에 표시한 공간의 길을 말한다.

21 다음 중 항공안전법상 항공종사자에 포함되지 않는 자는?

① 운송용 조종사

② 부조종사

③ 항공교통관제사

④ 초경량비행장치 조종자

법 제2조(정의)제14호, 법 34조(항공종사자 자격증명 등) 제1항 항공종사자는 항공종사자 자격증명을 받은 사람으로서 다음과 같다.

1. 운송용 조종사　　　　2. 사업용 조종사
3. 자가용 조종사　　　　4. 부조종사
5. 항공사　　　　　　　6. 항공기관사
7. 항공교통관제사　　　8. 항공정비사
9. 운항관리사

22 항공교통의 안전을 위하여 국토교통부장관이 지정·공고한 비행장 또는 공항과 그 주변의 공역을 무엇이라 하는가?

① 관제구   ② 관제권
③관제공역   ④ 통제공역

법 제2조(정의)제25호) 관제권이란 비행장 또는 공항과 그 주변의 공역으로서 항공교통의 안전을 위하여 국토교통부장관이 지정·공고한 공역을 말한다.

23 관제구란 지표면 또는 수면으로부터 ( )m 이상 높이의 공역으로서 항공교통의 안전을 위하여 국토교통부장관이 지정·공고한 공역을 말한다. 괄호 안에 들어갈 숫자로 맞는 것은?

① 100   ② 200
③ 300   ④ 500

법 제2조(정의)제26호 참조

24 항공안전법상 항공기·경량항공기·초경량비행장치의 이륙(이수를 포함한다)과 착륙(착수를 포함한다)을 위하여 사용되는 육지 또는 수면의 일정한 구역을 무엇이라 하는가?

① 공항   ② 비행장
③ 이착륙장   ④ 계류장

법 제2조(정의)제21호, 공항시설법 제2조(정의)제2호 참조

25 항공기 소유자등은 항공기를 누구에게 등록해야 하는가?

① 국토교통부장관
② 한국교통안전공단이사장
③ 항공교통본부장
④ 항공안전기술원장

법 제7조(항공기 등록)제1항 항공기를 소유하거나 임차하여 항공기를 사용할 수 있는 권리가 있는 재(소유자등)는 항공기를 대통령령으로 정하는 바에 따라 국토교통부장관에게 등록을 하여야 한다. 다만, 대통령령으로 정하는 항공기는 그러하지 아니하다.

26 항공기 소유자등이 항공기를 등록하려고 할 때 첨부해야 할 서류에 해당되지 <u>않는</u> 것은?

① 소유자등이 항공안전법 제10조제1항에 따른 등록의 제한 대상에 해당하지 아니함을 증명하는 서류
② 해당 항공기의 소유권 또는 임차권이 있음을 증명하는 서류
③ 해당 항공기의 안전한 운항을 위해 필요한 정비 인력을 갖추고 있음을 증명하는 서류
④ 해당 항공기가 감항증명을 득했다는 서류

항공기등록령 제18조(신규등록)

항공기등록령 제18조(신규등록)
항공기에 대한 소유권 또는 임차권의 등록을 하려는 자는 신청서에 다음의 서류를 첨부하여야 한다. 1. 소유자·임차인 또는 임대인이 항공안전법 제10조제1항에 따른 등록의 제한 대상에 해당하지 아니함을 증명하는 서류 2. 해당 항공기의 소유권 또는 임차권이 있음을 증명하는 서류 3. 해당 항공기의 안전한 운항을 위해 필요한 정비 인력을 갖추고 있음을 증명하는 서류(항공안전법 제90조제1항에 따른 운항증명을 받은 국내항공운송사업자 또는 국제항공운송사업자가 항공기를 등록하려는 경우에만 해당한다)

27 다음 중 국토교통부장관에게 등록을 하지 않아도 되는 항공기가 <u>아닌</u> 것은?

① 군 또는 세관에서 사용하거나 경찰업무에 사용하는 항공기
② 외국에 임대할 목적으로 도입한 항공기로서 외국 국적을 취득할 항공기
③ 국내에서 제작한 항공기로서 제작자 외의 소유자가 결정되지 아니한 항공기
④ 대통령 전용기로 사용되는 민간항공기

시행령 제4조(등록을 필요로 하지 않는 항공기의 범위)
등록을 필요로 하지 않는 항공기는 다음과 같다.
1. 군 또는 세관에서 사용하거나 경찰업무에 사용하는 항공기
2. 외국에 임대할 목적으로 도입한 항공기로서 외국 국적을 취득할 항공기
3. 국내에서 제작한 항공기로서 제작자 외의 소유자가 결정되지 아니한 항공기
4. 외국에 등록된 항공기를 임차하여 법 제5조에 따라 운영하는 경우 그 항공기
5. 항공기 제작자나 항공기 관련 연구기관이 연구 · 개발 중인 항공기

28 다음 중 항공기 등록의 제한사유로 볼 수 <u>없는</u> 것은?

① 항공기 소유자가 대한민국 국민이 아닌 경우
② 외국의 법인 또는 단체가 임차한 항공기
③ 외국인이 법인 등기사항증명서상의 임원 수의 3분의 1 이상을 차지하는 법인이 소유한 항공기
④ 외국 국적을 가진 항공기는 등록할 수 없다.

법 제10조(항공기 등록의 제한)
다음의 어느 하나에 해당하는 자가 소유하거나 임차한 항공기는 등록할 수 없다.
1. 대한민국 국민이 아닌 사람
2. 외국정부 또는 외국의 공공단체
3. 외국의 법인 또는 단체

4. 제1호부터 제3호까지의 어느 하나에 해당하는 자가 주식이나 지분의 2분의 1 이상을 소유하거나 그 사업을 사실상 지배하는 법인(항공사업법 제2조제1호에 따른 항공사업의 목적으로 항공기를 등록하려는 경우로 한정한다)
5. 외국인이 법인 등기사항증명서상의 대표자이거나 외국인이 법인 등기사항증명서상의 임원 수의 2분의 1 이상을 차지하는 법인
6. 외국 국적을 가진 항공기

29 다음 중 항공안전법상 항공기를 등록할 수 <u>없는</u> 경우에 해당되지 <u>않는</u> 것은?

① 외국의 공공단체가 주식의 2분의 1 이상을 소유한 법인
② 외국인이 법인 등기사항증명서상의 임원 수의 2분의 1 이상을 차지하는 법인
③ 외국의 법인 또는 단체
④ 외국인 소유의 항공기를 대한민국 국민이 임차하여 사용하는 경우

법 제10조(항공기 등록의 제한) 참조

30 다음 중 항공기 등록원부에 기록하는 등록사항에 해당되는 것은?

① 등록기호   ② 등록번호
③ 제작년월일   ④ 주요제원

법 제11조(항공기 등록사항) 국토교통부장관은 항공기를 등록한 경우에는 항공기 등록원부에 다음의 사항을 기록하여야 한다.
1. 항공기의 형식   2. 항공기의 제작자
3. 항공기의 제작번호   4. 항공기의 정치장
5. 소유자 또는 임차인 · 임대인의 성명 또는 명칭과 주소 및 국적
6. 등록 연월일   7. 등록기호

31 국토교통부장관이 항공기 등록원부에 항공기 등록사항을 기록할 때 기록해야 할 사항에 해당되지 <u>않는</u> 것은?

① 항공기의 형식
② 항공기 제작자의 명칭과 주소
③ 항공기의 제작번호
④ 항공기의 정치장

법 제11조(항공기 등록사항) 참조

32 다음 중 항공기 변경등록에 관한 설명으로 <u>틀린</u> 것은?

① 항공기의 정치장이 변경되었을 때 해야 한다.
② 항공기 소유자의 성명이 변경되었을 때 해야 한다.
③ 변경된 날부터 15일 이내에 해야 한다.
④ 항공기의 등록기호가 변경되었을 때 해야 한다.

법 제13조(항공기 변경등록) 소유자등은 법 제11조제1항 제4호(항공기의 정치장) 또는 제5호(소유자 또는 임차인·임대인의 성명 또는 명칭과 주소 및 국적)의 등록사항이 변경되었을 때에는 그 변경된 날부터 15일 이내에 대통령령으로 정하는 바에 따라 국토교통부장관에게 변경등록을 신청하여야 한다.

33 다음 중 항공기의 소유권이 변경되었을 경우에 행해야 할 조치는?

① 변경등록
② 말소등록
③ 이전등록
④ 소유권등록

법 제14조(항공기 이전등록) 등록된 항공기의 소유권 또는 임차권을 양도·양수하려는 자는 그 사유가 있는 날부터 15일 이내에 대통령령으로 정하는 바에 따라 국토교통부장관에게 이전등록을 신청하여야 한다.

34 다음 중 항공기 말소등록의 사유로 보기 <u>어려운</u> 것은?

① 장기간 보관하기 위하여 항공기를 해체한 경우
② 항공기의 존재 여부를 1개월 이상 확인할 수 없는 경우
③ 외국인에게 항공기를 양도하는 경우
④ 임차기간의 만료 등으로 항공기를 사용할 수 있는 권리가 상실된 경우

법 제15조(항공기 말소등록) 소유자등은 등록된 항공기가 다음의 어느 하나에 해당하는 경우에는 그 사유가 있는 날부터 15일 이내에 대통령령으로 정하는 바에 따라 국토교통부장관에게 말소등록을 신청하여야 한다.
1. 항공기가 멸실되었거나 항공기를 해체(정비등, 수송 또는 보관하기 위한 해체는 제외한다)한 경우
2. 항공기의 존재 여부를 1개월(항공기사고인 경우에는 2개월) 이상 확인할 수 없는 경우
3. 법 제10조제1항 각 호의 어느 하나에 해당하는 자에게 항공기를 양도하거나 임대(외국 국적을 취득하는 경우만 해당한다)한 경우
4. 임차기간의 만료 등으로 항공기를 사용할 수 있는 권리가 상실된 경우

35 항공안전법상 항공기 등록의 종류에 해당되지 <u>않는</u> 것은?

① 이전등록
② 변경등록
③ 말소등록
④ 임대등록

항공기 등록에는 신규등록, 변경등록, 이전등록, 말소등록이 있다.

36 항공기 등록기호표의 규격으로 맞는 것은?

① 가로 7cm, 세로 5cm
② 가로 5cm, 세로 7cm
③ 가로 10cm, 세로 7cm
④ 가로 5cm, 세로 3cm

법 제17조(항공기 등록기호표의 부착)제1항, 시행규칙 제12조(등록기호표의 부착) 소유자등은 항공기를 등록한 경우에는 그 항공기 등록기호표를 국토교통부령으로 정하는 형식·위치 및 방법 등에 따라 항공기에 붙여야 한다.

등록기호표의 부착(시행규칙 제12조)

① 항공기를 소유하거나 임차하여 사용할 수 있는 권리가 있는 자소유자등)가 항공기를 등록한 경우에는 강철 등 내화금속으로 된 등록기호표(가로 7cm 세로 5cm의 직사각형)를 다음의 구분에 따라 보기 쉬운 곳에 붙여야 한다.
1. 항공기에 출입구가 있는 경우: 항공기 주(主)출입구 윗부분의 안쪽
2. 항공기에 출입구가 없는 경우: 항공기 동체의 외부 표면
② 등록기호표에는 국적기호 및 등록기호(등록부호)와 소유자등의 명칭을 적어야 한다.

---

37 다음 중 항공안전법상 항공기 등록기호표에 대한 설명으로 <u>틀린</u> 것은?

① 등록기호표는 강철 등 내화금속으로 된 것이어야 한다.
② 항공기에 출입구가 있는 경우에는 등록기호표를 항공기 주(主)출입구 윗부분의 안쪽에 붙여야 한다.
③ 항공기에 출입구가 없는 경우에는 항공기 내부의 계기판 등 잘 보이는 곳에 붙여야 한다.
④ 등록기호표에는 국적기호 및 등록기호(등록부호)와 소유자등의 명칭을 적어야 한다.

시행규칙 제12조(등록기호표의 부착) 참조

---

38 다음 중 항공기 등록기호표에 기재되어야 할 사항에 포함되지 <u>않는</u> 것은?

① 국적기호
② 등록기호
③ 소유자등의 명칭
④ 항공기 제원

시행규칙 제12조(등록기호표의 부착) 참조

---

39 항공기 또는 활공기 주날개에 등록부호를 표시할 때의 방법으로 옳지 <u>않은</u> 것은?

① 오른쪽 날개 윗면과 왼쪽 날개 아랫면에 표시한다.
② 주날개의 앞 끝과 뒷 끝에서 같은 거리에 위치하도록 표시하여야 한다.
③ 등록부호의 윗부분이 주날개의 앞 끝을 향하게 표시하여야 한다.
④ 보조날개와 플랩에 걸쳐서 잘 보이도록 표시하여야 한다.

시행규칙 제14조(등록부호의 표시위치 등)제1호 비행기와 활공기의 경우에는 주 날개와 꼬리 날개 또는 주 날개와 동체에 다음 각 목의 구분에 따라 표시하여야 한다.
1. 주 날개에 표시하는 경우: 오른쪽 날개 윗면과 왼쪽 날개 아랫면에 주 날개의 앞 끝과 뒤 끝에서 같은 거리에 위치하도록 하고, 등록부호의 윗 부분이 주 날개의 앞 끝을 향하게 표시할 것 다만, 각 기호는 보조 날개와 플랩에 걸쳐서는 아니 된다.
2. 꼬리 날개에 표시하는 경우: 수직 꼬리 날개의 양쪽 면에, 꼬리 날개의 앞 끝과 뒤 끝에서 5cm 이상 떨어지도록 수평 또는 수직으로 표시할 것
3. 동체에 표시하는 경우: 주 날개와 꼬리 날개 사이에 있는 동체의 양쪽 면의 수평안정판 바로 앞에 수평 또는 수직으로 표시할 것

---

40 헬리콥터에 등록부호를 표시하는 방법으로 타당한 것은?

① 동체 아랫면에 표시하는 경우: 동체의 최대 횡단면 부근에 등록부호의 윗부분이 동체 우측을 향하게 표시할 것
② 동체 옆면에 표시하는 경우: 주 회전익 축과 보조 회전익 축 사이의 동체 우측 면에 수평 또는 수직으로 표시할 것
③ 동체 아랫면에 표시하는 경우: 동체의 최대 횡단면 부근에 등록부호의 윗부분이 동체 좌측을 향하게 표시할 것
④ 동체 옆면에 표시하는 경우: 주 회전익 축과 보조 회전익 축 사이의 동체 좌측 면에 수평 또는 수직으로 표시할 것

41 다음 중 비행선에 등록부호를 표시하는 방법으로 맞는 것은?

① 꼬리 날개에 표시하는 경우: 수직 꼬리 날개의 양쪽면에 수평 또는 수직으로 표시할 것
② 수평안정판에 표시하는 경우: 왼쪽 윗면과 오른쪽 아랫면에 등록부호의 윗부분이 수평안정판의 앞 끝을 향하게 표시할 것
③ 수직안정판에 표시하는 경우: 수직안정판의 양 쪽면 중간부분에 수평으로 표시할 것
④ 선체에 표시하는 경우: 대칭축과 직각으로 교차하는 최대 횡단면 부근의 윗면과 양 옆면에 표시할 것

42 다음 중 항공안전법상 항공기 등록부호의 높이에 대한 설명으로 타당하지 <u>않은</u> 것은?

① 비행기의 주 날개에 표시하는 경우에는 50cm 이상
② 헬리콥터의 동체 아랫면에 표시하는 경우에는 50cm 이상
③ 헬티콥터의 동체 옆면에 표시하는 경우에는 50cm 이상
④ 비행선의 수직안정판에 표시하는 경우에는 15cm 이상

43 다음 중 항공기 등록부호에 사용하는 각 문자와 숫자에 대한 설명으로 옳지 <u>않은</u> 것은?

① 폭은 문자 및 숫자의 높이의 3분의 2로 한다.
② 붙임표(-)의 길이는 문자 및 숫자의 높이의 3분의 1로 한다.
③ 선의 굵기는 문자 및 숫자의 높이의 6분의 1로 한다.
④ 간격은 문자 및 숫자의 폭의 4분의 1 이상 2분의 1 이하로 한다.

44 항공기의 국적 등의 표시에 관한 설명으로 틀린 것은?

① 신규로 제작한 항공기에는 국적을 표시하지 않아도 된다.
② 국적 등의 표시는 국적기호, 등록기호 순으로 표시하고, 장식체를 사용하여야 한다.
③ 등록기호의 첫 글자가 문자인 경우 국적기호와 등록기호 사이에 붙임표(−)를 삽입하여야 한다.
④ 우리나라 국적기호는 로마자의 대문자 "HL"로 표시하여야 한다.

45 항공기등, 장비품 또는 부품의 안전을 확보하기 위한 기술상의 기준을 무엇이라 하는가?

① 항공기기술기준
② 항공기감항기준
③ 항공기안전기준
④ 항공기제작기준

46 항공안전법상 항공기기술기준에 포함되어야 할 사항에 해당되지 않는 것은?

① 항공기등의 감항기준
② 항공기등이 감항성을 유지하기 위한 기준
③ 항공기등, 장비품 또는 부품의 제작기준
④ 항공기등, 장비품 또는 부품의 인증절차

47 다음 중 항공기 설계가 항공기기술기준에 적합할 때 받는 증명은?

① 형식증명
② 감항증명
③ 제한형식증명
④ 형식증명승인

48 다음 중 항공기의 설계가 해당 항공기의 업무와 관련된 항공기기술기준에 적합하고 신청인이 제시한 운용범위에서 안전하게 운항할 수 있음을 입증한 경우 발급하는 증명을 무엇이라 하는가?

① 형식증명   ② 제한형식증명
③ 감항증명   ④ 형식증명승인

법 제20조(형식증명)제2항제2호 참조

49 항공기 형식증명을 위한 검사범위에 포함되지 <u>않는</u> 것은?

① 설계에 대한 검사
② 제작과정에 대한 검사
③ 완성 후의 비행성능 등에 대한 검사
④ 해당 항공기의 감항증명에 대한 검사

시행규칙 제20조(형식증명 등을 위한 검사범위 등)제1항 국토교통부장관은 형식증명 또는 제한형식증명을 위한 검사를 하는 경우에는 다음에 해당하는 사항을 검사하여야 한다. 다만, 형식설계를 변경하는 경우에는 변경하는 사항에 대한 검사만 해당한다.
1. 해당 형식의 설계에 대한 검사
2. 해당 형식의 설계에 따라 제작되는 항공기등의 제작과정에 대한 검사
3. 항공기등의 완성 후의 상태 및 비행성능 등에 대한 검사

50 항공기등의 설계에 관하여 외국정부로부터 형식증명을 받은 자가 해당 항공기등에 대하여 항공기기술기준에 적합하다는 승인을 받는 것을 무엇이라 하는가?

① 설계증명승인   ② 제작증명승인
③ 형식증명승인   ④ 감항증명승인

법 제21조(형식증명승인)제1항 형식증명승인이란 항공기등의 설계에 관하여 외국정부로부터 형식증명을 받은 자가 해당 항공기등에 대하여 항공기기술기준에 적합하다는 승인을 받는 것을 말한다.

51 항공기 등의 형식증명승인 신청 시 첨부하는 서류가 <u>아닌</u> 것은?

① 외국정부의 형식증명서
② 설계 개요서
③ 항공기기술기준에 적합함을 입증하는 자료
④ 비행방식을 적은 서류

시행규칙 제26조(형식증명승인의 신청) 형식증명신청 시 첨부하는 서류는 다음과 같다.
1. 외국정부의 형식증명서
2. 형식증명자료집
3. 설계 개요서
4. 항공기기술기준에 적합함을 입증하는 자료
5. 비행교범 또는 운용방식을 적은 서류
6. 정비방식을 적은 서류
7. 그 밖에 참고사항을 적은 서류

52 항공안전법상 항공기등의 형식증명승인을 위한 검사를 하는 경우 검사에 포함하여야 할 사항으로 맞는 것은?

① 해당 형식의 설계에 대한 검사
② 해당 형식의 감항에 대한 검사
③ 완성 후의 상태에 대한 검사
④ 완성 후의 비행성능에 대한 검사

시행규칙 제27조(형식증명승인을 위한 검사 범위)제1항 형식증명승인을 위한 검사를 하는 경우에는 다음에 해당하는 사항을 검사하여야 한다.
1. 해당 형식의 설계에 대한 검사
2. 해당 형식의 설계에 따라 제작되는 항공기등의 제작과정에 대한 검사

53 항공안전법상 항공기등의 형식증명 또는 제한형식증명에 따라 인가된 설계에 일치하게 항공기등을 제작할 수 있는 기술, 설비, 인력 및 품질관리체계 등을 갖추고 있음을 증명하는 것을 무엇이라 하는가?

① 형식증명   ② 제한형식증명
③ 형식증명승인   ④ 제작증명

> 법 제22조(제작증명)제1항 제작증명이란 형식증명 또는 제한형식증명에 따라 인가된 설계에 일치하게 항공기등을 제작할 수 있는 기술. 설비, 인력 및 품질관리체계 등을 갖추고 있음을 증명하는 것을 말한다.

54 다음 중 제작증명 신청 시 첨부하는 서류에 해당되지 <u>않는</u> 것은?

① 제작관리규정
② 제작 방법 및 기술 등을 설명하는 자료
③ 품질관리체계를 설명하는 자료
④ 제작관리체계를 설명하는 자료

> 시행규칙 제32조(제작증명의 신청) 제작증명을 받으려는 자는 제작증명 신청서를 국토교통부장관에게 제출하여야 한다. 이에 따른 신청서에는 다음의 서류를 첨부하여야 한다.
> 1. 품질관리규정
> 2. 제작하려는 항공기등의 제작 방법 및 기술 등을 설명하는 자료
> 3. 제작 설비 및 인력 현황
> 4. 품질관리 및 품질검사의 체계(품질관리체계)를 설명하는 자료
> 5. 제작하려는 항공기등의 감항성 유지 및 관리체계(제작관리체계)를 설명하는 자료

55 다음 중 항공기등의 제작증명을 위한 검사 범위에 해당되지 <u>않는</u> 것은?

① 제작기술, 설비, 인력
② 부품관리체계
③ 제작관리체계
④ 제작과정

> 시행규칙 제33조(제작증명을 위한 검사 범위) 제작증명을 위한 검사를 하는 경우에는 해당 항공기등에 대한 제작기술, 설비, 인력, 품질관리체계, 제작관리체계 및 제작과정을 검사하여야 한다.

56 다음 중 감항증명에 대한 설명으로 타당하지 <u>않은</u> 것은?

① 감항증명은 대한민국 국적을 가진 항공기가 아니면 받을 수 없다.
② 누구든지 표준감항증명 또는 특별감항증명을 받지 아니한 항공기를 운항하여서는 아닌 된다.
③ 감항증명의 유효기간은 2년이다.
④ 거짓이나 그 밖의 부정한 방법으로 감항증명을 받은 경우에 국토교통부장관은 반드시 취소하여야 한다.

> 법 제23조(감항증명 및 감항성 유지)제5항 감항증명의 유효기간은 1년으로 한다.

57 항공기의 감항증명을 받으려는 자가 감항증명신청서를 제출하는 곳은 어디인가?

① 한국교통안전공단
② 지방항공청장
③ 항공교통본부장
④ 항공안전기술원

> 시행규칙 제35조(감항증명의 신청)제1항 감항증명을 받으려는 자는 항공기 표준감항증명 신청서 또는 항공기 특별감항증명 신청서에 다음의 서류를 첨부하여 국토교통부장관 또는 지방항공청장에게 제출하여야 한다.
> 1. 비행교범(연구 · 개발을 위한 특별감항증명의 경우에는 제외한다)
> 2. 정비교범(연구 · 개발을 위한 특별감항증명의 경우에는 제외한다)
> 3. 그 밖에 감항증명과 관련하여 국토교통부장관이 필요하다고 인정하여 고시하는 서류

58 항공기 감항증명 신청 시 비행교범에 포함되어야 할 사항에 해당되지 <u>않는</u> 것은?

① 항공기의 종류 · 등급에 관한 사항
② 항공기 성능 및 운용한계에 관한 사항
③ 항공기 조작방법에 관한 사항
④ 항공기 정비방법에 관한 사항

시행규칙 제35조(감항증명의 신청)제2항 비행교범에는 다음의 사항이 포함되어야 한다.
1. 항공기의 종류 · 등급 · 형식 및 제원에 관한 사항
2. 항공기 성능 및 운용한계에 관한 사항
3. 항공기 조작방법 등 그 밖에 국토교통부장관이 정하여 고시하는 사항

59 다음 중 예외적으로 감항증명을 받을 수 있는 항공기에 해당되지 <u>않는</u> 것은?

① 항공안전법 제5조에 따른 임대차 항공기의 운영에 대한 권한 및 의무 이양의 적용 특례를 적용받는 항공기

② 국내에서 수리 · 개조 또는 제작한 후 시험비행을 할 항공기

③ 국내에서 제작되거나 외국으로부터 수입하는 항공기로서 대한민국의 국적을 취득하기 전에 감항증명을 신청한 항공기

④ 법 제101조(외국항공기의 국내 사용) 단서에 따라 허가를 받은 외국 국적을 가진 항공기

시행규칙제36조 (예외적으로 감항증명을 받을 수 있는 항공기)예외적으로 감항증명을 받을 수 있는 항공기란 다음의 어느 하나에 해당하는 항공기를 말한다.
1. 법 제5조에 따른 임대차 항공기의 운영에 대한 권한 및 의무이양의 적용 특례를 적용받는 항공기
2. 국내에서 수리 · 개조 또는 제작한 후 수출할 항공기
3. 국내에서 제작되거나 외국으로부터 수입하는 항공기로서 대한민국의 국적을 취득하기 전에 감항증명을 신청한 항공기

60 다음 중 특별감항증명의 대상이 되는 경우가 <u>아닌</u> 것은?

① 항공기 제작자 및 항공기 관련 연구기관 등이 연구 · 개발 중인 경우

② 판매 · 홍보 · 전시 · 시장조사 등에 활용하는 경우

③ 조종사 양성을 위하여 조종연습에 사용하는 경우

④ 정비등을 위한 장소까지 승객 · 화물을 싣고 비행하는 경우

법 제23조(감항증명 및 감항성 유지)제3항제2호, 시행규칙 제37조(특별감항증명의 대상) 특별감항증명은 해당 항공기가 제한형식증명을 받았거나 아래에 정하는 경우로서 항공기 제작자 또는 소유자등이 제시한 운용범위를 검토하여 안전하게 운항할 수 있다고 판단되는 경우에 발급한다.

특별감항증명의 대상(법 제23조제3항제2호, 시행규칙 제37조)
① 항공기 제작자 및 항공기 관련 연구기관 등이 연구 · 개발 중인 경우
② 판매 · 홍보 · 전시 · 시장조사 등에 활용하는 경우
③ 조종사 양성을 위하여 조종연습에 사용하는 경우
④ 제작 · 정비 · 수리 또는 개조 후 시험비행을 하는 경우
⑤ 정비 · 수리 또는 개조(정비등)를 위한 장소까지 승객 · 화물을 싣지 아니하고 비행하는 경우
⑥ 수입하거나 수출하기 위하여 승객 · 화물을 싣지 아니하고 비행하는 경우
⑦ 설계에 관한 형식증명을 변경하기 위하여 운용한계를 초과하는 시험비행을 하는 경우
⑧ 무인항공기를 운항하는 경우
⑨ 산불 진화 및 예방 업무에 사용하는 경우
⑩ 재난 · 재해 등으로 인한 수색 · 구조 업무에 사용하는 경우
⑪ 응급환자의 수송 등 구조 · 구급 업무에 사용하는 경우
⑫ 씨앗 파종, 농약 살포 또는 어군의 탐지 등 농 · 수산업 업무에 사용하는 경우
⑬ 기상관측, 기상조절 실험 등 기상 업무에 사용하는 경우
⑭ 건설자재 등을 외부에 매달고 운반하는 업무(헬리콥터만 해당한다)에 사용하는 경우
⑮ 해양오염 관측 및 해양 방제 업무에 사용하는 경우
⑯ 산림, 관로, 전선 등의 순찰 또는 관측 업무에 사용하는 경우
⑰ 공공의 안녕과 질서유지를 위한 업무를 수행하는 경우로서 국토교통부장관이 인정하는 경우

61 항공기가 형식증명 또는 형식증명승인에 따라 인가된 설계에 일치하게 제작되고 안전하게 운항할 수 있다고 판단되는 경우에 발급하는 증명은 무엇인가?

① 표준감항증명   ② 표준감항승인
③ 특별감항증명   ④ 특별감항승인

---

54. ① **55.** ② **56.** ③ **57.** ② **58.** ④ **59.** ② **60.** ④ **61.** ①

PART 03 교통법규 **|331**

62 항공기의 감항증명을 위한 검사범위로 옳은 것은?

① 해당 항공기의 설계 · 제작과정 및 완성 후의 상태와 비행성능
② 해당 항공기의 설계과정 및 완성 후의 비행성능
③ 해당 항공기의 제작과정 및 완성 후의 상태
④ 해당 항공기의 설계 · 제작과정

63 항공기 감항증명을 하는 경우 지정하여야 할 운용한계에 해당되지 않는 것은?

① 속도에 관한 사항
② 발동기 운용성능에 관한 사항
③ 중량 및 무게중심에 관한 사항
④ 탑재 연료에 관한 사항

64 항공기 감항증명을 할 때 검사의 일부를 생략할 수 있는데 이에 대한 설명으로 타당하지 않은 것은?

① 형식증명을 받은 항공기: 설계에 대한 검사
② 제한형식증명을 받은 항공기: 설계에 대한 검사
③ 형식증명승인을 받은 항공기: 설계에 대한 검사와 제작과정에 대한 검사
④ 제작증명을 받은 자가 제작한 항공기: 비행성능에 대한 검사

65 우리나라에서 제작, 운항 또는 정비등을 한 항공기등, 장비품 또는 부품에 대하여 감항승인 신청을 하려는 경우 첨부해야 할 서류에 해당되지 않는 것은?

① 항공기기술기준에 적합함을 입증하는 자료
② 기술표준품형식승인기준에 적합함을 입증하는 자료
③ 제작사가 발행한 정비교범
④ 제작사가 발행한 비행교범

66 항공기의 소음기준적합증명을 받아야 하는 시기는?

① 항공기를 등록할 때
② 감항증명을 받을 때
③ 운용한계를 지정할 때
④ 감항승인을 신청할 때

법 제25조(소음기준적합증명)제1항 국토교통부령으로 정하는 항공기의 소유자등은 감항증명을 받는 경우와 수리·개조 등으로 항공기의 소음치가 변동된 경우에는 국토교통부령으로 정하는 바에 따라 그 항공기가 항공기기술기준의 소음기준에 적합한지에 대하여 소음기준적합증명을 받아야 한다.

67 항공안전법상 소음기준적합증명을 받아야 하는 항공기는?

① 프로펠러를 장착한 항공기
② 국내선을 운항하는 항공기
③ 터빈발동기를 장착한 항공기
④ 왕복발동기를 장착한 항공기

시행규칙 제49조(소음기준적합증명 대상 항공기) 소음기준적합증명을 항공기란 다음의 어느 하나에 해당하는 항공기로서 국토교통부장관이 정하여 고시하는 항공기를 말한다.
1. 터빈발동기를 장착한 항공기
2. 국제선을 운항하는 항공기

68 소음기준적합증명 대상 항공기를 지정하여 고시하는 자는 누구인가?

① 국토교통부장관
② 지방항공청장
③ 항공교통본부장
④ 한국교통안전공단이사장

시행규칙 제49조(소음기준적합증명 대상 항공기) 참조

69 항공기의 소음기준적합증명을 받으려고 할 때 소음기준적합증명 신청서를 누구에게 제출해야 하는가?

① 한국교통안전공단이사장
② 시·도지사
③ 지방항공청장
④ 항공안전기술원장

시행규칙 제50조(소음기준적합증명 신청)제1항 소음기준적합증명을 받으려는 자는 소음기준적합증명 신청서를 국토교통부장관 또는 지방항공청장에게 제출하여야 한다.

70 소음기준적합증명의 기준에 적합하지 아니한 항공기를 운항할 수 있는 경우가 <u>아닌</u> 것은?

① 항공기의 생산업체, 연구기관 또는 제작자 등이 항공기 또는 그 장비품 등의 시험·조사·연구·개발을 위하여 시험비행을 하는 경우
② 항공기의 제작 또는 정비등을 한 후 시험비행을 하는 경우
③ 항공기의 정비등을 위한 장소까지 승객·화물을 싣고 비행하는 경우
④ 항공기의 설계에 관한 형식증명을 변경하기 위하여 운용한계를 초과하는 시험비행을 하는 경우

시행규칙 제53조(소음기준적합증명의 기준에 적합하지 아니한 항공기의 운항허가)제1항 소음기준적합증명의 기준에 적합하지 아니한 항공기에 대해 운항허가를 받을 수 있는 경우는 다음과 같다. 이 경우 국토교통부장관은 제한사항을 정하여 항공기의 운항을 허가할 수 있다.
1. 항공기의 생산업체, 연구기관 또는 제작자 등이 항공기 또는 그 장비품 등의 시험·조사·연구·개발을 위하여 시험비행을 하는 경우
2. 항공기의 제작 또는 정비등을 한 후 시험비행을 하는 경우
3. 항공기의 정비등을 위한 장소까지 승객·화물을 싣지 아니하고 비행하는 경우
4. 항공기의 설계에 관한 형식증명을 변경하기 위하여 운용한계를 초과하는 시험비행을 하는 경우

정답 **62.** ① **63.** ④ **64.** ④ **65.** ④ **66.** ② **67.** ③ **68.** ① **69.** ③ **70.** ③

71 항공기의 수리 · 개조승인 신청을 하려는 경우 그 신청서는 언제까지 누구에게 제출해야 하는가?

① 작업 시작 7일 전까지 국토교통부장관에게 제출한다.
② 작업 시작 10일 전까지 국토교통부장관에게 제출한다.
③ 작업 시작 7일 전까지 지방항공청장에게 제출한다.
④ 작업 시작 10일 전까지 지방항공청장에게 제출한다.

시행규칙 제66조(수리 · 개조의 신청) 항공기등 또는 부품등의 수리 · 개조승인을 받으려는 자는 수리 · 개조승인 신청서에 다음의 내용을 포함한 수리계획서 또는 개조계획서를 첨부하여 작업을 시작하기 10일 전까지 지방항공청장에게 제출하여야 한다. 다만, 항공기사고 등으로 인하여 긴급한 수리 · 개조를 하여야하는 경우에는 작업을 시작하기 전까지 신청서를 제출할 수 있다.
1. 수리 · 개조 신청사유 및 작업 일정
2. 작업을 수행하려는 인증된 정비조직의 업무범위
3. 수리 · 개조에 필요한 인력, 장비, 시설 및 자재 목록
4. 해당 항공기등 또는 부품등의 도면과 도면 목록
5. 수리 · 개조 작업지시서

72 항공기의 수리 · 개조승인 신청서에 첨부하는 수리계획서 또는 개조계획서에 포함되는 사항이 <u>아닌</u> 것은?

① 수리 · 개조 작업 일정
② 정비조직의 업무 범위
③ 수리 · 개조에 필요한 인력, 장비, 시설 및 자재 목록
④ 해당 항공기등 제작 작업지시서

시행규칙 제66조(수리 · 개조승인의 신청) 참조

73 다음 중 운송용 조종사 자격증명시험에 응시할 수 있는 나이는?

① 16세　　　　② 17세
③ 18세　　　　④ 21세

법 제34조(항공종사자의 자격증명 등)
1. 항공업무에 종사하려는 사람은 국토교통부령으로 정하는 바에 따라 국토교통부장관으로부터 항공종사자 자격증명을 받아야 한다. 다만, 항공업무 중 무인항공기의 운항 업무인 경우에는 그러하지 아니하다.
2. 다음의 어느 하나에 해당하는 사람은 자격증명을 받을 수 없다.
　▷ 자가용 조종사 자격: 17세(활공기에 한정하는 경우에는 16세) 미만
　▷ 사업용 조종사, 부조종사, 항공사, 항공기관사, 항공교통관제사 및 항공정비사 자격: 18세 미만
　▷ 운송용 조종사 및 운항관리사 자격: 21세 미만
　▷ 자격증명 취소처분을 받고 그 취소일부터 2년이 지나지 아니한 사람(취소된 자격증명을 다시 받는 경우에 한정한다)

74 다음 중 항공교통관제사 자격증명시험에 응시할 수 있는 나이는?

① 16세　　　　② 17세
③ 18세　　　　④ 21세

법 제34조(항공종사자 자격증명 등) 참조

75 다음은 항공안전법상 항공종사자 자격증명에 대한 설명으로 <u>틀린</u> 것은?

① 항공업무에 종사하려는 사람은 국토교통부장관으로부터 항공종사자 자격증명을 받아야 한다.
② 자가용 조종사 자격증명을 취득하려는 자는 17세 이상이어야 한다.
③ 무인항공기 운항업무에 종사하려는 사람도 항공종사자 자격증명을 받아야 한다.
④ 항공안전법에 따른 자격증명 취소처분을 받고 그 취소일부터 2년이 지나지 아니한 사람은 받을 수 없다.

법 제34조(항공종사자 자격증명 등) 참조

76 한국교통안전공단이사장이 항공종사자 자격증명을 발급할 때 항공신체검사증명서를 제출받아 확인할 필요가 <u>없는</u> 항공종사자는?

① 자가용 조종사
② 항공기관사
③ 항공교통관제사
④ 운항관리사

시행규칙 제87조(항공종사자 자격증명서의 발급 및 재발급)제1항 한국교통안전공단의 이사장은 자격증명시험 또는 한정심사의 학과시험 및 실시시험의 전 과목을 합격한 사람이 자격증명서 (재)발급신청서를 제출한 경우 항공종사자 자격증명서를 발급하여야 한다. 다만, 법 제35조제1호부터 제7호까지의 자격증명의 경우에는 항공신체검사증명서를 제출받아 이를 확인한 후 자격증명서를 발급하여야 한다. 즉 항공종사자 중 항공정비사와 운항관리사는 항공신체검사증명이 필요하지 않다.

자격증명 발급 시 항공신체검사증명서 제출 조건 자격증명 (시행규칙 제87조)	
1. 운송용 조종사	2. 사업용 조종사
3. 자가용 조종사	4. 부조종사
5. 항공사	6. 항공기관사
7. 항공교통관제사	

77 다음 중 사업용 조종사의 업무범위에 속하지 <u>않는</u> 것은?

① 무상으로 운항하는 항공기를 보수를 받고 조종하는 행위
② 항공기사용사업에 사용하는 항공기를 조종하는 행위
③ 항공운송사업에 사용하는 1명의 조종사가 필요한 항공기를 조종하는 행위
④ 기장으로서 항공운송사업에 사용하는 항공기를 조종하는 행위

법 제36조 별표 자격증명별 업무범위는 다음과 같다.

자격증명별 업무범위(법 제36조제1항 관련 별표)	
자격	**업무 범위**
운송용 조종사	항공기에 탑승하여 다음의 행위를 하는 것 1. 사업용 조종사의 자격을 가진 사람이 할 수 있는 행위 2. 항공운송사업의 목적을 위하여 사용하는 항공기를 조종하는 행위
사업용 조종사	항공기에 탑승하여 다음의 행위를 하는 것 1. 자가용 조종사의 자격을 가진 사람이 할 수 있는 행위 2. 무상으로 운항하는 항공기를 보수를 받고 조종하는 행위 3. 항공기사용사업에 사용하는 항공기를 조종하는 행위 4. 항공운송사업에 사용하는 항공기(1명의 조종사가 필요한 항공기만 해당한다)를 조종하는 행위 5. 기장 외의 조종사로서 항공운송사업에 사용하는 항공기를 조종하는 행위
자가용 조종사	무상으로 운항하는 항공기를 보수를 받지 아니하고 조종하는 행위
부조종사	비행기에 탑승하여 다음의 행위를 하는 것 1. 자가용 조종사의 자격을 가진 사람이 할 수 있는 행위 2. 기장 외의 조종사로서 비행기를 조종하는 행위
항공사	항공기에 탑승하여 그 위치 및 항로의 측정과 항공상의 자료를 산출하는 행위
항공 기관사	항공기에 탑승하여 발동기 및 기체를 취급하는 행위(조종 장치의 조작은 제외한다)
항공교통 관제사	항공교통의 안전·신속 및 질서를 유지하기 위하여 항공기 운항을 관제하는 행위
항공 정비사	다음의 행위를 하는 것 1. 법 제32조제1항에 따라 정비등을 한 항공기등, 장비품 또는 부품에 대하여 감항성을 확인하는 행위 2. 법 제108조제4항에 따라 정비를 한 경량항공기 또는 그 장비품·부품에 대하여 안전하게 운용할 수 있음을 확인하는 행위
운항 관리사	항공운송사업에 사용되는 항공기 또는 국외운항항공기의 운항에 필요한 다음의 사항을 확인하는 행위 1. 비행계획의 작성 및 변경 2. 항공기 연료 소비량의 산출 3. 항공기 운항의 통제 및 감시

78 다음 중 운송용 조종사의 업무범위가 <u>아닌</u> 것은?

① 자가용 조종사의 자격을 가진 사람이 할 수 있는 행위
② 사업용 조종사의 자격을 가진 사람이 할 수 있는 행위
③ 항공운송사업의 목적을 위하여 사용하는 항공기를 조종하는 행위
④ 조종교육에 사용하는 항공기를 조종하는 행위

법 제36조 관련 별표(자격증명별 업무범위) 참조

79 항공기에 탑승하여 조종장치의 조작을 제외하고 발동기 및 기체를 취급하는 행위를 하는 항공종사자는?

① 항공사
② 항공교통관제사
③ 항공기관사
④ 항공정비사

법 제36조 관련 별표(자격증명별 업무범위) 참조

80 다음 중 운항관리사의 업무범위로 볼 수 없는 것은?

① 비행계획의 작성 및 변경
② 항공기 연료 소비량의 산출
③ 항공기 운항의 통제 및 감시
④ 항로의 측정과 항공상의 자료를 산출

법 제36조 관련 별표(자격증명별 업무범위) 참조

81 국토교통부장관이 항공종사자의 자격증명에 대해 한정할 때 항공기의 종류, 등급 또는 형식으로 한정하지 않는 항공종사자는?

① 사업용 조종사   ② 운송용 조종사
③ 항공기관사   ④ 항공정비사

법 제37조(자격증명의 한정) 참조

82 항공종사자 중 운송용 조종사 자격증명에 대한 한정사항으로 맞는 것은?

① 항공기의 종류, 등급 또는 형식
② 운송용 조종사의 업무범위
③ 항공기의 종류, 정비분야
④ 운송용 조종사의 비행경력

시행규칙 제81조(자격증명의 한정) 참조

운송용 조종사, 사업용 조종사, 자가용 조종사, 부조종사, 항공기관사 자격증명 한정의 구분(시행규칙 제81조제2항, 제3항, 제4항)		
구분		내용
항공기의 종류		비행기, 헬리콥터, 비행선, 활공기, 항공우주선
항공기의 등급	육상 항공기	육상단발 및 육상다발
	수상 항공기	수상단발 및 수상다발
	활공기	상급(활공기가 특수 또는 상급 활공기인 경우) 및 중급(활공기가 중급 또는 초급 활공기인 경우)
항공기의 형식	조종사 자격증명	가. 비행교범에 2명 이상의 조종사가 필요한 것으로 되어 있는 항공기 나. 가목 외에 국토교통부장관이 지정하는 형식의 항공기
	항공기관사 자격증명	모든 형식의 항공기
항공정비사 자격증명 한정의 구분(시행규칙 제81조제5항, 제6항)		
항공기의 종류	비행기 분야	비행기 정비업무경력이 4년(전문교육기관 이수자는 2년) 미만인 사람은 최대이륙중량 5,700kg 이하의 비행기로 제한한다.
	헬리콥터 분야	헬리콥터 정비업무경력이 4년(전문교육기관 이수자는 2년) 미만인 사람은 최대이륙중량 3,175kg 이하의 헬리콥터로 제한한다.
경량항공기 의 종류	경량비행기 분야	조종형비행기, 체중이동형비행기, 동력패러슈트
	경량헬리콥터 분야	경량헬리콥터, 자이로플레인
정비 분야		전자 · 전기 · 계기 관련 분야

83 다음 중 항공안전법상 항공기의 종류에 대한 구분으로 맞는 것은?

① 상급항공기, 중급항공기
② 육상단발항공기, 육상다발항공기
③ B-747, A-350
④ 비행기, 헬리콥터, 비행선, 활공기, 항공우주선

시행규칙 제81조(자격증명의 한정) 참조

84 다음 중 항공안전법상 항공기의 등급의 구분으로 타당한 것은?

① 비행기, 헬리콥터, 비행선, 활공기, 항공우주선
② 육상단발, 육상다발, 수상단발, 수상다발
③ 상급, 초급
④ 1인승, 다인승

시행규칙 제81조(자격증명의 한정) 참조

85 항공안전법상 활공기에 대한 등급의 구분으로 옳은 것은?

① 1인승, 다인승　　② 상급, 초급
③ 상급, 중급　　④ 중급, 초급

시행규칙 제81조(자격증명의 한정) 참조

86 다음 중 항공안전법상 활공기의 종류를 바르게 나열한 것은?

① 특수활공기, 상급 활공기, 중급 활공기, 초급 활공기
② 특수활공기, 상급 활공기, 중급 활공기, 하급 활공기
③ 특별활공기, 상급 활공기, 중급 활공기, 초급 활공기
④ 특별활공기, 상급 활공기, 중급 활공기, 하급 활공기

시행규칙 제81조(자격증명의 한정) 참조

87 다음 중 항공기관사의 자격증명에 대한 형식 한정으로 바른 것은?

① 최대이륙중량 5,700kg 이하의 비행기
② 최대이륙중량 3,175kg 이하의 헬리콥터

③ 비행교범에 2명 이상의 조종사가 필요한 것으로 되어 있는 항공기
④ 모든 형식의 항공기

시행규칙 제81조(자격증명의 한정) 참조

88 항공안전법상 항공종사자 자격시험 또는 심사의 일부 또는 전부를 면제받을 수 있는 경우가 <u>아닌</u> 것은?

① 외국정부로부터 자격증명을 받은 사람
② 항공기 · 경량항공기 탑승경력 및 정비경력 등 실무경험이 있는 사람
③ 국가기술자격법에 따른 항공기술분야의 자격을 가진 사람
④ 항공안전기술원이 실시하는 해당 항공기에 관한 교육과정을 이수한 사람

법 제38조(시험의 실시 및 면제)제3항 국토교통부장관은 다음에 해당하는 사람에게는 국토교통부령으로 정하는 바에 따라 시험 및 심사의 전부 또는 일부를 면제할 수 있다.
1. 외국정부로부터 자격증명을 받은 사람
2. 전문교육기관의 교육과정을 이수한 사람
3. 항공기 · 경량항공기 탑승경력 및 정비경력 등 실무경험이 있는 사람
4. 국가기술자격법에 따른 항공기술분야의 자격을 가진 사람
5. 항공기의 제작자가 실시하는 해당 항공기에 관한 교육과정을 이수한 사람

89 비행기 운송용 조종사 자격증명시험에 응시하기 위한 계기비행 경력은?

① 30시간　　② 75시간
③ 100시간　　④ 200시간

정답　**79.** ③　**80.** ④　**81.** ④　**82.** ①　**83.** ④　**84.** ②　**85.** ③　**86.** ①　**87.** ④　**88.** ④　**89.** ②

시행규칙 [별표 4] (항공종사자 · 경량항공기조종사 자격증명 응시경력)

항공종사자·경량항공기조종사 자격증명 응시경력 (시행규칙 별표 4)	
자격증명의 종류	비행경력 또는 그 밖의 경력
운송용 조종사 (비행기)	다음의 요건을 모두 충족하는 1,500시간 이상의 비행경력이 있고 계기비행증명을 받은 사업용 조종사 또는 부조종사 자격증명을 받은 사람 ① 기장 외의 조종사로서 기장의 감독하에 기장의 임무를 500시간 이상 수행한 경력이나 기장으로서 250시간 이상을 비행한 경력 ② 200시간 이상의 야외 비행경력. ③ 75시간 이상의 기장 또는 기장 외의 조종사로서의 계기비행경력 ④ 100시간 이상의 기장 또는 기장 외의 조종사로서의 야간 비행경력

90 비행기 운송용 조종사 자격증명시험에 응시하기 위한 야간비행 경력은?

① 75시간 ② 100시간
③ 200시간 ④ 250시간

시행규칙 [별표 4] (항공종사자 · 경량항공기조종사 자격증명 응시경력) 참조

91 비행기 사업용 조종사 자격증명시험에 응시하기 위한 기장으로서의 비행경력은?

① 100시간 ② 150시간
③ 200시간 ④ 250시간

시행규칙 [별표 4] (항공종사자 · 경량항공기조종사 자격증명 응시경력)

항공종사자·경량항공기조종사 자격증명 응시경력(시행규칙 별표 4)	
자격증명의 종류	비행경력 또는 그 밖의 경력
사업용 조종사 (비행기)	다음의 요건을 모두 충족하는 200시간 이상의 비행경력이 있는 사람으로서 자가용 조종사 자격증명을 받은 사람. ① 기장으로서 100시간 이상의 비행경력 ② 기장으로서 20시간 이상의 야외비행경력. ③ 10시간 이상의 기장 또는 기장 외의 조종사로서 계기비행경력 ④ 이륙과 착륙이 각각 5회 이상 포함된 5시간 이상의 기장으로서의 야간 비행경력

92 비행기 사업용 조종사 자격증명시험에 응시하기 위한 최소 비행경력은?

① 100시간 ② 150시간
③ 200시간 ④ 250시간

시행규칙 [별표 4] (항공종사자 · 경량항공기조종사 자격증명 응시경력) 참조

93 비행기 자가용 조종사 자격증명시험에 응시하기 위한 최소 비행경력은?

① 10시간 ② 20시간
③ 30시간 ④ 40시간

시행규칙 [별표 4] (항공종사자 · 경량항공기조종사 자격증명 응시경력)

항공종사자·경량항공기조종사 자격증명 응시경력(시행규칙 별표 4)	
자격증명의 종류	비행경력 또는 그 밖의 경력
자가용 조종사 (비행기 헬리 콥터	다음의 요건을 모두 충족하는 40시간 이상의 비행경력이 있는 사람 ① 비행기에 대하여 자격증명을 신청하는 경우 5시간 이상의 단독 야외 비행경력을 포함한 10시간 이상의 단독 비행경력 ② 헬리콥터에 대하여 자격증명을 신청하는 경우 5시간 이상의 단독 야외 비행경력을 포함한 10시간 이상의 단독 비행경력

94 비행기 자가용 조종사 자격증명시험에 응시하기 위한 단독 야외 비행경력은?

① 5시간 ② 10시간
③ 20시간 ④ 30시간

시행규칙 [별표 4](항공종사자 · 경량항공기조종사 자격증명 응시경력)

95 부조종사 자격증명시험에 응시하기 위한 실제 비행기에 의한 최소 비행경력은?

① 10시간 ② 20시간
③ 30시간 ④ 40시간

시행규칙 [별표 4] (항공종사자 · 경량항공기조종사 자격증명 응시경력)

항공종사자·경량항공기조종사 자격증명 응시경력(시행규칙 별표 4)	
자격증명의 종류	비행경력 또는 그 밖의 경력
부조종사 (비행기)	다음의 요건을 모두 충족하는 사람 ① 국토교통부장관이 지정한 전문교육기관의 교육과정을 이수한 사람 ② 모의비행훈련장치를 이용한 비행훈련 시간과 실제 비행기에 의한 비행시간의 합계가 240시간 이상인 비행경력이 있는 사람(실제 비행기에 의한 비행시간은 40시간 이상) ③ 야간비행 경력이 있는 사람 ④ 계기비행 경험이 있는 사람

96 항공교통관제사 자격증명시험에 응시하기 위한 경력으로 바르지 않은 것은?

① 전문교육기관에서 항공교통관제에 필요한 교육과정을 이수한 사람으로서 관제실무감독관의 요건을 갖춘 사람의 지휘·감독 하에 9개월 이상의 관제실무를 수행한 경력이 있는 사람

② 항공교통관제사 자격증명이 있는 사람의 지휘·감독 하에 9개월 이상의 관제실무를 행한 경력이 있는 사람

③ 민간항공에 사용되는 군의 관제시설에서 9개월 이상의 관제실무를 수행한 경력이 있는 사람

④ 외국정부가 발급한 항공교통관제사의 자격증명을 받은 사람

시행규칙 [별표 4] (항공종사자 · 경량항공기조종사 자격증명 응시경력)

항공종사자·경량항공기조종사 자격증명 응시경력(시행규칙 별표 4)	
자격증명의 종류	비행경력 또는 그 밖의 경력
항공교통관제사	다음의 어느 하나에 해당하는 사람 ① 전문교육기관에서 항공교통관제에 필요한 교육과정을 이수한 사람으로서 관제실무감독관의 요건을 갖춘 사람의 지휘·감독 하에 3개월 또는 90시간 이상의 관제실무를 수행한 경력이 있는 사람 ② 항공교통관제사 자격증명이 있는 사람의 지휘·감독 하에 9개월 이상의 관제실무를 행한 경력이 있거나 민간항공에 사용되는 군의 관제시설에서 9개월 또는 270시간 이상의 관제실무를 수행한 경력이 있는 사람 ③ 외국정부가 발급한 항공교통관제사의 자격증명을 받은 사람

97 계기비행증명 한정심사에 대한 응시경력으로 틀린 것은?

① 해당 항공기 종류에 대해 기장으로서 50시간 이상의 야외비행경력을 보유할 것

② 모의비행장치를 통한 계기비행훈련은 최대 10시간 이내에서 포함할 수 있다.

③ 해당 항공기 종류에 관한 계기비행과정의 교육훈련을 이수할 것

④ 40시간 이상의 계기비행훈련을 이수할 것

시행규칙 [별표 4] (항공종사자 · 경량항공기조종사 자격증명 응시경력)

항공종사자·경량항공기조종사 자격증명 응시경력(시행규칙 별표 4)	
자격증명의 종류	비행경력 또는 그 밖의 경력
조종사	다음의 요건을 모두 충족하는 사람 ① 해당 비행기 또는 헬리콥터에 대한 운송용 조종사, 사업용 조종사 또는 자가용 조종사 자격증명이 있을 것 ② 비행기 또는 헬리콥터의 기장으로서 해당 항공기 종류에 대한 총 50시간 이상의 야외비행경력을 보유할 것 ③ 전문교육기관이 실시하는 전문교육 또는 항공기의 제작자가 실시하는 해당 항공기 종류에 관한 계기비행과정의 교육훈련을 이수하거나 다음의 계기비행과정의 교육훈련을 이수할 것 ▷ 지상교육: 전문교육기관의 학과교육과 동등하다고 국토교통부장관 또는 지방항공청장이 인정한 소정의 교육 ▷ 비행훈련: 40시간 이상의 계기비행훈련(모의비행장치는 최대 20시간 범위내에서 포함할 수 있다)

98 항공안전법상 조종연습에 따른 비행경력은 누구로부터 증명받아야 하는가?

① 항공기 소유주

② 비행장 관리자

③ 조종교관

④ 비행장 교통관리자

시행규칙 제77조(비행경력의 증명)

비행경력의 증명(시행규칙 제77조)	
구분	증명자(비행이 끝날 때마다)
조종연습 조종사	감독자(조종사, 조종교관)
자격증명을 받은 조종사	해당 기장
조종사가 기장인 경우	사용자, 조종교관, 국토교통부 장관이 인정하여 고시하는 사람
조종사가 기장이며 사용자인 경우	조종교관, 국토교통부 장관이 인정하여 고시하는 사람이 증명한 것

99 다음은 비행경력의 증명에 대한 설명이다 타당하지 <u>않은</u> 것은?

① 조종연습 조종사는 조종연습 비행이 끝날 때마다 감독자가 증명한다.

② 자격증명을 받은 조종사는 비행이 끝날 때마다 해당 기장이 증명한다.

③ 조종연습 조종사는 조종연습 비행이 끝날 때마다 조종교관이 증명한다.

④ 비행경력을 증명받으려는 조종사가 기장인 경우에는 기장이 증명한다.

시행규칙 제77조(비행경력의 증명) 참조

100 비행경력 증명을 위한 비행시간 산정에 대한 설명으로 옳지 <u>않은</u> 것은?

① 조종사 자격증명이 없는 사람은 단독 또는 교관과 동승하여 비행한 시간

② 자격증명 있는 자가 단독 또는 교관과 동승하여 비행하거나 기장으로서 비행한 시간

③ 한 사람이 조종할 수 있는 항공기에 기장 외의 조종사로 탑승하여 비행하는 경우 그 기장 외의 조종사에 대해서는 그 비행시간의 2분의 1

④ 2명 이상의 조종사가 필요한 항공기에 기장 외의 조종사로서 비행한 경우 그 기장 외의 조종사에 대해서는 그 비행시간의 2분의 1

시행규칙 제78조(비행시간의 산정)

비행시간의 산정(시행규칙 제78조)	
구분	증명자(비행이 끝날 때마다)
조종사 자격증명이 없는 사람이 조종사 자격증명시험에 응시하는 경우	단독 또는 교관과 동승하여 비행한 시간
자가용 조종사 자격증명을 받은 사람이 사업용 조종사 자격증명시험에 응시하는 경우(사업용 조종사 또는 부조종사 자격증명을 받은 사람이 운송용 조종사 자격증명시험에 응시하는 경우를 포함한다)	① 단독 또는 교관과 동승하여 비행하거나 기장으로서 비행한 시간 ② 비행교범에 따라 항공기 운항을 위하여 2명 이상의 조종사가 필요한 항공기의 기장 외의 조종사로서 비행한 시간 ③ 기장 외의 조종사로서 기장의 지휘·감독하에 기장의 임무를 수행한 경우 그 비행시간. 다만, 한 사람이 조종할 수 있는 항공기에 기장 외의 조종사가 탑승하여 비행하는 경우 그 기장 외의 조종사에 대해서는 그 비행시간의 2분의 1
항공사 또는 항공기관사 자격증명시험에 응시하는 경우	실제 항공기에 탑승하여 해당 항공사 또는 항공기관사에 준하는 업무를 수행한 경우 그 비행시간

101 다음 중 항공신체검사증명의 종류에서 제2종에 해당하는 사람은?

① 운송용 조종사   ② 사업용 조종사

③ 항공기관사   ④ 항공교통관제사

시행규칙 제92조제1항, [별표 8] (항공신체검사증명의 종류와 그 유효기간)

항공신체검사증명의 종류와 유효기간(시행규칙 제92조제1항, 별표 8)				
자격증명의 종류	항공신체검사 증명의 종류	유효기간		
		40세 미만	40세 이상 50세 미만	50세 이상
운송용 조종사 사업용 조종사 (활공기 제외) 부조종사	제1종	12개월		
		6개월인 경우		
		1. 항공운송사업에 종사하는 60세 이상인 사람 2. 항공기사용사업에 종사하는 60세 이상인 사람 3. 1명의 조종사로 승객을 수송하는 항공운송사업에 종사하는 40세 이상인 사람		
항공기관사 항공사	제2종	12개월		
자가용 조종사 사업용 활공기 조종사 조종연습생 경량항공기 조종사	제2종 (경량항공기조종사의 경우에는 제2종 또는 자동차운전면허증)	60개월	24개월	12개월
항공교통관제사 항공교통관제연습생	제3종	48개월	24개월	12개월

102 항공안전법상 사업용 조종사의 항공신체검사증명의 유효기간은?

① 12개월   ② 24개월
③ 48개월   ④ 60개월

시행규칙 제92조제1항, [별표 8] (항공신체검사증명의 종류와 그 유효기간) 참조

103 항공안전법상 40세 이상 50세 미만인 운송용 조종사의 항공신체검사증명의 유효기간은 얼마인가?

① 12개월   ② 24개월
③ 48개월   ④ 60개월

시행규칙 제92조제1항, [별표 8] (항공신체검사증명의 종류와 그 유효기간) 참조

104 항공기 사용사업에 종사하는 60세 이상인 사람의 항공신체검사증명의 유효기간은?

① 6개월   ② 12개월
③ 24개월   ④ 48개월

시행규칙 제92조제1항, [별표 8] (항공신체검사증명의 종류와 그 유효기간) 참조

105 나이가 35세인 운송용 조종사의 항공신체검사증명의 종류와 유효기간은?

① 제1종, 6개월
② 제1종, 12개월
③ 제2종, 12개월
④ 제2종, 24개월

시행규칙 제92조제1항, [별표 8] (항공신체검사증명의 종류와 그 유효기간) 참조

106 나이가 30세인 사업용 조종사가 항공신체검사증명을 2024년 7월 5일에 발급받은 경우 그 항공신체검사증명의 유효기간은 언제까지인가?

① 2025년 7월 5일
② 2025년 7월 31일
③ 2026년 7월 5일
④ 2026년 7월 31일

시행규칙 제92조제1항, [별표 8] (항공신체검사증명의 종류와 그 유효기간) 비고 참조

107 나이가 45세인 자가용 조종사가 2025년 3월 5일에 항공신체검사를 발급받은 경우 그 항공신체검사증명의 유효기간은 언제까지인가?

① 2026년 3월 5일
② 2026년 3월 31일
③ 2027년 3월 5일
④ 2027년 3월 31일

시행규칙 제92조제1항, [별표 8] (항공신체검사증명의 종류와 그 유효기간) 비고 참조

정답   99. ④   100. ④   101. ③   102. ①   103. ①   104. ①   105. ②   106. ②   107. ④

108 나이가 35세인 항공교통관제사의 항공신체검사증명의 유효기간은?

① 12개월　　② 24개월
③ 48개월　　④ 60개월

시행규칙 제92조제1항, [별표 8] (항공신체검사증명의 종류와 그 유효기간) 참조

109 외국정부 또는 외국정부가 지정한 민간의료기관이 발급한 항공신체검사증명을 받은 경우 해당 항공신체검사증명의 유효기간은 얼마인가?

① 2개월 이상의 잔여 유효기간만 인정한다.
② 6개월 이상의 잔여 유효기간만 인정한다.
③ 항공전문의사로부터 신체검사를 받은 후 잔여 유효기간을 인정한다.
④ 해당 항공신체검사증명의 잔여 유효기간에 한해 인정한다.

시행규칙 제92조(항공신체검사증명의 기준 및 유효기간)제4항 자격증명시험을 면제받은 사람이 외국정부 또는 외국정부가 지정한 민간의료기관이 발급한 항공신체검사증명을 받은 경우에는 그 항공신체검사증명의 남은 유효기간까지는 법 제40조제1항에 따른 항공신체검사증명을 받은 것으로 본다.

110 다음 중 자가용 조종사 자격증명을 받은 사람이 계기비행증명을 받으려는 경우 충족해야 하는 신체검사 기준은?

① 제1종　　② 제2종
③ 제3종　　④ 제4종

시행규칙 제92조(항공신체검사증명의 기준 및 유효기간)제6항 자가용 조종사 자격증명을 받은 사람이 법 제44조에 따른 계기비행증명을 받으려는 경우에는 별표 9에 따른 제1종 신체검사기준을 충족하여야 한다.

111 다음 중 항공종사자의 자격증명이 취소되는 경우에 해당되는 것은?

① 자격증명의 정지기간 중에 항공업무에 종사한 경우
② 벌금 이상의 형을 선고받은 경우
③ 운항기술기준을 지키지 아니하고 비행을 하거나 업무를 수행한 경우
④ 고의 또는 중대한 과실로 항공기사고를 일으켜 인명피해를 발생시킨 경우

법 제43조제1항(자격증명·항공신체검사증명의 취소 등)

자격증명등의 필요적 취소 사유(법 제43조제1항)
① 거짓이나 그 밖의 부정한 방법으로 자격증명등을 받은 경우
② 다른 사람에게 자기의 성명을 사용하여 항공업무를 수행하게 하거나 항공종사자 자격증명서를 빌려준 경우
③ 다음 어느 하나에 해당하는 행위를 알선한 경우 ▷ 다른 사람에게 자기의 성명을 사용하여 항공업무를 수행하게 하거나 항공종사자 자격증명서를 빌려주는 행위 ▷ 다른 사람의 성명을 사용하여 항공업무를 수행하거나 다른 사람의 항공종사자 자격증명서를 빌리는 행위
④ 주류등의 섭취 및 사용 여부의 측정 요구에 따르지 아니한 경우
⑤ 자격증명등의 정지명령을 위반하여 정지기간에 항공업무에 종사한 경우

112 항공종사자가 항공안전법을 위반하여 벌금 이상의 형을 선고받은 경우 자격증명 등에 대한 처분은?

① 자격증명등을 취소하여야 한다.
② 자격증명등에 대해 1년 이내의 기간을 정하여 효력정지를 명할 수 있다.
③ 자격증명등에 대해 2년 이내의 기간을 정하여 효력정지를 명할 수 있다.
④ 자격증명등을 취소하거나 1년 이내의 기간을 정하여 효력정지를 명할 수 있다.

법 제43조(자격증명·항공신체검사증명의 취소 등)제1항 국토교통부장관은 항공종사자가 다음의 어느 하나에 해당하는 경우에는 그 자격증명이나 자격증명의 한정(자격증명등이라 한다)을 취소하거나 1년 이내의 기간을 정하여 자격증명등의 효력정지를 명할 수 있다.
1. 거짓이나 그 밖의 부정한 방법으로 자격증명등을 받은 경우(필요적 취소)

2. 이 법을 위반하여 벌금 이상의 형을 선고받은 경우
3. 항공종사자로서 항공업무를 수행할 때 고의 또는 중대한 과실로 항공기사고를 일으켜 인명피해나 재산피해를 발생시킨 경우
4. 정비등을 확인하는 항공종사자가 국토교통부령으로 정하는 방법에 따라 감항성을 확인하지 아니한 경우
5. 자격증명의 종류에 따른 업무범위 외의 업무에 종사한 경우
6. 자격증명의 한정을 받은 항공종사자가 한정된 종류, 등급 또는 형식 외의 항공기·경량항공기나 한정된 정비분야 외의 항공업무에 종사한 경우
7. 다른 사람에게 자기의 성명을 사용하여 항공업무를 수행하게 하거나 항공종사자 자격증명서를 빌려 준 경우(필요적 취소)
8. 다른 사람에게 자기의 성명을 사용하여 항공업무를 수행하게 하거나 항공종사자 자격증명서를 빌려 주는 행위를 알선한 경우(필요적 취소)
9. 다른 사람의 성명을 사용하여 항공업무를 수행하거나 다른 사람의 항공종사자 자격증명서를 빌리는 행위를 알선한 경우(필요적 취소)
10. 항공신체검사증명을 받지 아니하고 항공업무에 종사한 경우
11. 자격증명의 종류별 항공신체검사증명의 기준에 적합하지 아니한 운항승무원 및 항공교통관제사가 항공업무에 종사한 경우
12. 계기비행증명을 받지 아니하고 계기비행 또는 계기비행방식에 따른 비행을 한 경우
13. 조종교육증명을 받지 아니하고 조종교육을 한 경우
14. 항공영어구술능력증명을 받지 아니하고 같은 항 각 호의 어느 하나에 해당하는 업무에 종사한 경우
15. 제55조를 위반하여 국토교통부령으로 정하는 비행경험이 없이 같은 조 각 호의 어느 하나에 해당하는 항공기를 운항하거나 계기비행·야간비행 또는 제44조제2항에 따른 조종교육의 업무에 종사한 경우
16. 주류등의 영향으로 항공업무를 정상적으로 수행할 수 없는 상태에서 항공업무에 종사한 경우
17. 항공업무에 종사하는 동안에 주류등을 섭취하거나 사용한 경우
18. 주류등의 섭취 및 사용 여부의 측정 요구에 따르지 아니한 경우(필요적 취소)
19. 항공기 내에서 흡연을 한 경우
20. 고의 또는 중대한 과실로 항공기준사고, 항공안전장애 또는 제61조제1항에 따른 항공안전위해요인을 발생시킨 경우
21. 기장의 의무를 이행하지 아니한 경우
22. 조종사가 운항자격의 인정 또는 심사를 받지 아니하고 운항한 경우
23. 기장이 운항관리사의 승인을 받지 아니하고 항공기를 출발시키거나 비행계획을 변경한 경우
24. 이륙·착륙 장소가 아닌 곳에서 이륙하거나 착륙한 경우

25. 비행규칙을 따르지 아니하고 비행한 경우
26. 제68조를 위반하여 같은 조 각 호의 어느 하나에 해당하는 비행 또는 행위를 한 경우
27. 허가를 받지 아니하고 항공기로 위험물을 운송한 경우
28. 자격증명등 소지 규정을 위반하여 항공업무를 수행한 경우
29. 운항기술기준을 준수하지 아니하고 비행을 하거나 업무를 수행한 경우
30. 국토교통부장관이 정하여 공고하는 비행의 방식 및 절차에 따르지 아니하고 비관제공역 또는 주의공역에서 비행한 경우
31. 허가를 받지 아니하거나 국토교통부장관이 정하는 비행의 방식 및 절차에 따르지 아니하고 통제공역에서 비행한 경우
32. 국토교통부장관 또는 항공교통업무증명을 받은 자가 지시하는 이동·이륙·착륙의 순서 및 시기와 비행의 방법에 따르지 아니한 경우
33. 운영기준을 준수하지 아니하고 비행을 하거나 업무를 수행한 경우
34. 운항규정 또는 정비규정을 준수하지 아니하고 업무를 수행한 경우
35. 경량항공기 또는 그 장비품·부품의 정비사항을 확인하는 항공종사자가 국토교통부령으로 정하는 방법에 따라 확인하지 아니한 경우
36. 자격증명등의 정지명령을 위반하여 정지기간에 항공업무에 종사한 경우(필요적 취소)

113 항공종사자가 거짓이나 부정한 방법으로 항공신체검사증명을 받은 경우의 처분은?

① 자격증명을 취소하여야 한다.
② 자격증명에 대해 1년 이내의 기간을 정하여 효력정지를 명할 수 있다.
③ 항공신체검사증명을 취소하여야 한다.
④ 항공신체검사증명을 취소하거나 1년 이내의 기간을 정하여 효력정지를 명할 수 있다.

법 제43조제3항제1호(자격증명·항공신체검사증명의 취소 등) 국토교통부장관은 항공종사자가 다음 각 호의 어느 하나에 해당하는 경우에는 그 항공신체검사증명을 취소하거나 1년 이내의 기간을 정하여 항공신체검사증명의 효력정지를 명할 수 있다.

1. 거짓이나 그 밖의 부정한 방법으로 항공신체검사증명을 받은 경우(필요적 취소)
2. 주류등 관련 어느 하나에 해당하는 경우
3. 자격증명의 종류별 항공신체검사증명의 기준에 맞지 아니하게 되어 항공업무를 수행하기에 부적합하다고 인정되는 경우
4. 한정된 항공업무의 범위를 준수하지 아니하고 항공업무에 종사한 경우
5. 항공신체검사명령에 따르지 아니한 경우
6. 제42조제1항(항공업무 등에 종사 제한) 규정을 위반하여 항공업무에 종사한 경우
7. 항공신체검사증명서를 소지하지 아니하고 항공업무에 종사한 경우

114 항공종사자 자격증명등의 시험에 응시하거나 심사를 받는 사람 또는 항공신체검사를 받는 사람이 그 시험이나 심사 또는 검사에서 부정한 행위를 한 경우 응시제한기간은?

① 1년 ② 2년
③ 3년 ④ 4년

법 제43조(자격증명·항공신체검사증명의 취소 등)제4항 자격증명등의 시험에 응시하거나 심사를 받는 사람 또는 항공신체검사를 받는 사람이 그 시험이나 심사 또는 검사에서 부정한 행위를 한 경우에는 해당 시험이나 심사 또는 검사를 정지시키거나 무효로 하고, 해당 처분을 받은 사람은 그 처분을 받은 날부터 각각 2년간 이 법에 따른 자격증명등의 시험에 응시하거나 심사를 받을 수 없으며, 이 법에 따른 항공신체검사를 받을 수 없다.

115 다음 중 항공영어구술능력증명을 받아야 하는 항공종사자의 업무에 해당되지 않는 것은?

① 두 나라 이상을 운항하는 항공기의 조종
② 두 나라 이상을 운항하는 항공기에 대한 관제
③ 항공통신업무 중 두 나라 이상을 운항하는 항공기에 대한 무선통신
④ 항공운항업무 중 두 나라 이상을 운항하는 항공기에 대한 운항업무

법 제45조(항공영어구술능력증명)제1항 다음의 어느 하나에 해당하는 업무에 종사하려는 사람은 국토교통부장관의 항공영어구술능력증명을 받아야 한다.
①두 나라 이상을 운항하는 항공기의 조종
②두 나라 이상을 운항하는 항공기에 대한 관제
③항공통신업무 중 두 나라 이상을 운항하는 항공기에 대한 무선통신

116 항공안전법상 5등급의 항공영어구술능력증명의 유효기간은 얼마인가?

① 4년 ② 5년
③ 6년 ④ 영구

시행규칙 제99조(항공영어구술능력증명시험의 실시 등)제3항

항공영어구술능력의 유효기간(시행규칙 제99조제3항)		
구분	유효기간	유효기간 산정 기준일
4등급	3년	1. 최초 응시자(유효기간이 지난 사람 포함): 합격 통지일
5등급	6년	2. 4등급 또는 5등급 증명의 유효기간 종료 전 6개월 이내에 합격한 경우: 기존 증명의 유효기간이 끝난 다음 날
6등급	영구	

117 4등급 또는 5등급의 항공영어구술능력증명을 보유한 자가 해당 증명의 유효기간이 종료되기 전 6개월 이내에 항공영어구술능력증명시험에 합격한 때에는 그 유효기간 산정의 기준일은 언제인가?

① 합격 통지일
② 합격 통지일의 다음 날
③ 기존 증명의 유효기간이 끝난 날
④ 기존 증명의 유효기간이 끝난 다음 날

시행규칙 제99조제3항(항공영어구술능력증명시험의 실시 등) 참조

118 항공안전법상 항공전문의사의 지정기준으로 바르지 <u>않은</u> 것은?

① 항공전문의사 지정을 신청한 날을 기준으로 직전 1년 이내에 항공의학에 관한 교육과정을 이수할 것

② 의료법에 따른 의사로서 항공의학 분야에서 5년 이상의 경력이 있거나 같은 법에 따른 전문의일 것

③ 의료법에 따른 치과의사 또는 한의사로서 항공의학 분야에서 5년 이상의 경력이 있을 것

④ 항공신체검사 의료기관의 시설 및 장비 기준에 적합한 의료기관에 소속되어 있을 것

> 시행규칙 제105조(항공전문의사의 지정 기준) 항공전문의사의 지정 기준은 다음과 같다.
> 1. 항공전문의사 지정을 신청한 날을 기준으로 직전 1년 이내에 항공의학에 관한 교육과정을 이수할 것
> 2. 의료법에 따른 의사로서 항공의학 분야에서 5년 이상의 경력이 있거나 같은 법에 따른 전문의(치과의사와 한의사는 제외한다)일 것
> 3. 항공신체검사 의료기관의 시설 및 장비 기준에 적합한 의료기관에 소속(동일 지역 내에 있는 다른 의료기관의 시설 및 장비를 사용할 수 있는 경우를 포함한다)되어 있을 것

119 다음 중 항공전문의사의 지정을 반드시 취소해야 하는 경우가 <u>아닌</u> 것은?

① 거짓이나 그 밖의 부정한 방법으로 항공전문의사로 지정받은 경우

② 항공신체검사증명서의 발급 등 국토교통부령으로 정하는 업무를 게을리 수행한 경우

③ 항공전문의사가 고의 또는 중대한 과실로 항공신체검사증명서를 잘못 발급한 경우

④ 본인이 지정 취소를 요청한 경우

> 법 제50조(항공전문의사 지정의 취소 등) 국토교통부장관은 항공전문의사가 다음의 어느 하나에 해당하는 경우에는 그 지정을 취소하거나 1년 이내의 기간을 정하여 그 지정의 효력정지를 명할 수 있다.

항공전문의사 지정의 취소(법 제50조)		
번호	사유	처분
1	거짓이나 그 밖의 부정한 방법으로 항공전문의사로 지정받은 경우	취소
2	항공전문의사 지정의 효력정지 기간에 항공신체검사증명에 관한 업무를 수행한 경우	
3	항공전문의사가 항공전문의사 지정기준에 적합하지 아니하게 된 경우	
4	항공전문의사가 고의 또는 중대한 과실로 항공신체검사증명서를 잘못 발급한 경우	
5	항공전문의사가 의료법에 따라 자격이 취소 또는 정지된 경우	
6	본인이 지정 취소를 요청한 경우	
7	항공전문의사가 항공신체검사증명서의 발급 등 국토교통부령으로 정하는 업무를 게을리 수행한 경우	취소 또는 효력정지
8	항공전문의사가 정기적 전문교육을 받지 아니한 경우	

120 다음 중 항공전문의사의 지정을 반드시 취소해야 하는 경우가 <u>아닌</u> 것은?

① 항공전문의사 지정의 효력정지 기간에 항공신체검사증명에 관한 업무를 수행한 경우

② 항공전문의사가 국토교통부장관이 정기적으로 실시하는 전문교육을 받지 아니한 경우

③ 항공전문의사가 의료법에 따라 자격이 취소 또는 정지된 경우

④ 항공전문의사가 항공전문의사 지정기준에 적합하지 아니하게 된 경우

> 법 제50조(항공전문의사 지정의 취소 등) 참조

---

121 다음 중 항공운송사업 외의 항공기가 시계비행방식으로 비행을 하는 경우에 반드시 설치해야 하는 무선설비는?

① 트랜스폰더(Mode 3/A 및 Mode C SSR transponder)
② 계기착륙시설(ILS) 수신기 1대
③ 전방향표지시설(VOR) 수신기 1대
④ 거리측정시설(DME) 수신기 1대

시행규칙 제107조(무선설비)

번호	항공기에 설치·운용해야 하는 무선설비의 종류 (시행규칙 제107조제1항) 무선설비의 종류	운송 사업용 외 시계비행 항공기
1	초단파(VHF) 또는 극초단파(UHF) 무선전화 송수신기 각 2대. 이 경우 비행기[전이고도 미만의 고도에서 교신하려는 경우만 해당한다]와 헬리콥터의 운항승무원은 붐(Boom) 마이크로폰 또는 스롯(Throat) 마이크로폰을 사용하여 교신하여야 한다.	
2	기압고도에 관한 정보를 제공하는 2차감시 항공교통관제 레이더용 트랜스폰더(Mode 3/A 및 Mode C SSR transponder. 다만, 국외를 운항하는 항공운송사업용 항공기의 경우에는 Mode S transponder) 1대	
3	자동방향탐지기(ADF) 1대[무지향표지시설(NDB) 신호로만 계기접근절차가 구성되어 있는 공항에 운항하는 경우만 해당한다]	임의적
4	계기착륙시설(ILS) 수신기 1대(최대이륙중량 5,700kg 미만의 항공기와 헬리콥터 및 무인항공기는 제외)	임의적
5	전방향표지시설(VOR) 수신기 1대(무인항공기는 제외)	임의적
6	거리측정시설(DME) 수신기 1대(무인항공기는 제외)	임의적
7	뇌우 또는 잠재적인 위험 기상조건을 탐지할 수 있는 기상레이더 또는 악기상 탐지장비	국제선
8	비상위치지시용 무선표지설비(ELT). 이 경우 비상위치지시용 무선표지설비의 신호는 121.5메가헤르츠(MHz) 및 406메가헤르츠(MHz)로 송신되어야 한다.	

122 다음 중 항공운송사업에 사용되는 항공기 외의 항공기가 시계비행방식으로 비행할 때 갖추지 않아도 되는 무선설비는?

① 초단파(VHF) 또는 극초단파(UHF) 무선전화 송수신기
② 2차감시 항공교통관제 레이더용 트랜스폰더
③ 전방향표지시설(VOR) 수신기
④ 비상위치지시용 무선표지설비(ELT)

시행규칙 제107조(무선설비)제1항. 항공운송사업에 사용되는 항공기 외의 항공기가 시계비행방식으로 비행할 때는 자동방향탐지기(ADF), 계기착륙시설(ILS) 수신기, 전방향표지시설(VOR) 수신기, 거리측정시설(DME) 수신기는 설치·운용하지 않을 수 있다.

123 다음 중 항공운송사업에 사용되는 항공기 외의 항공기가 시계비행방식으로 비행할 때 갖추지 않아도 되는 무선설비는?

① 자동방향탐지기(ADF)
② 초단파(VHF) 또는 극초단파(UHF) 무선전화 송수신기
③ 2차감시 항공교통관제 레이더용 트랜스폰더
④ 비상위치지시용 무선표지설비(ELT).

시행규칙 제107조(무선설비)제1항 참조

124 다음 중 항공운송사업에 사용되는 항공기 외의 항공기가 시계비행방식으로 비행을 할 때 반드시 설치·운용해야 하는 무선설비는?

① 자동방향탐지기(ADF)
② 초단파(VHF) 또는 극초단파(UHF) 무선전화 송수신기
③ 전방향표지시설(VOR) 수신기
④ 거리측정시설(DME) 수신기

시행규칙 제107조(무선설비)제1항 참조

125 다음 중 항공운송사업에 사용되는 항공기 외의 항공기가 시계비행방식으로 비행할 때 갖추지 않아도 되는 무선설비는?

① ILS 수신기
② VHF 또는 UHF 무선전화 송수신기
③ Mode 3/A 및 Mode C SSR transponder
④ ELT

시행규칙 제107조(무선설비)제1항 참조

126 항공기에 설치·운용해야 하는 비상위치 지시용 무선표지설비(ELT)에 대한 설명으로 타당하지 <u>않은</u> 것은?

① 승객의 좌석 수가 19석을 초과하는 항공운송사업에 사용되는 비행기는 2 대를 설치하여야 한다.
② 비상착륙에 적합한 육지로부터 순항 속도로 10분의 비행거리 이상의 해상을 비행하는 제1종 헬리콥터는 2대를 설치하여야 한다.
③ 비상위치지시용 무선표지설비는 자동으로 작동되는 구조여야 한다.
④ 회전날개에 의한 자동회전(Autorotation)에 의하여 착륙할 수 있는 거리를 벗어난 해상을 비행하는 제3종 헬리콥터는 1대만 설치하여도 된다.

시행규칙 제107조(무선설비)제1항제8호 회전날개에 의한 자동회전(autorotation)에 의하여 착륙할 수 있는 거리 또는 안전한 비상착륙(safe forced landing)을 할 수 있는 거리를 벗어난 해상을 비행하는 제3종 헬리콥터는 2대를 설치하여야 하며 1대는 구명보트에 설치해야 한다.

무선설비의 설치 기준(시행규칙 제107조제1항제7호, 제8호)	
구분	기준 및 성능
기상레이더 또는 악기상 탐지장비	가. 국제선 항공운송사업에 사용되는 비행기로서 여압장치가 장착된 비행기의 경우: 기상레이더 1대 나. 국제선 항공운송사업에 사용되는 헬리콥터의 경우: 기상레이더 또는 악기상 탐지장비 1대 다. 가목 외에 국외를 운항하는 비행기로서 여압장치가 장착된 비행기의 경우: 기상레이더 또는 악기상 탐지장비 1대

무선설비의 설치 기준(시행규칙 제107조제1항제7호, 제8호)	
구분	기준 및 성능
비상위치 지시용 무선표지설비 (ELT)	가. 2대를 설치하여야 하는 경우: 다음의 어느 하나에 해당하는 항공기. 이 경우 비상위치지시용 무선표지설비 2대 중 1대는 자동으로 작동되는 구조여야 하며, 2)의 경우 1대는 구명보트에 설치해야 한다. 　1) 승객의 좌석 수가 19석을 초과하는 비행기(항공운송사업에 사용되는 비행기만 해당한다) 　2) 비상착륙에 적합한 육지(착륙이 가능한 섬을 포함한다)로부터 순항속도로 10분의 비행거리 이상의 해상을 비행하는 제1종 및 제2종 헬리콥터, 회전날개에 의한 자동회전(autorotation)에 의하여 착륙할 수 있는 거리 또는 안전한 비상착륙(safe forced landing)을 할 수 있는 거리를 벗어난 해상을 비행하는 제3종 헬리콥터 나. 1대를 설치하여야 하는 경우: 가목에 해당하지 아니하는 항공기. 이 경우 비상위치지시용 무선표지설비는 자동으로 작동되는 구조여야 한다.

127 다음 중 항공기에 설치·운용해야 하는 기상레이더 또는 악기상탐지장비에 대한 설명으로 옳지 <u>않은</u> 것은?

① 국제선 항공운송사업에 사용되는 비행기로서 여압장치가 장착된 비행기는 기상레이더 또는 악기상탐지장비 1대를 설치·운용해야 한다.
② 국제선 항공운송사업 외에 국외를 운항하는 비행기로서 여압장치가 장착된 비행기가 기상레이더 또는 악기상탐지장비 1대를 운용해야 한다.
③ 국제선 항공운송사업에 사용되는 비행기로서 여압장치가 장착된 비행기는 기상레이더 1대를 설치·운용해야 한다.
④ 국제선 항공운송사업에 사용되는 헬리콥터는 기상레이더 또는 악기상탐지장비 중 1대를 설치·운용해야 한다.

시행규칙 제107조(무선설비)제1항제7호 국제선 항공운송사업에 사용되는 비행기로서 여압장치가 장착된 비행기는 기상레이더 1대를 설치·운용해야 한다.

128 항공운송사업용 항공기에 설치·운용해야 하는 기압고도에 관한 정보를 제공하는 트랜스폰더의 성능으로 타당한 것은?

① 고도 25ft 이하의 간격으로 기압고도정보를 관할 항공교통관제기관에 제공할 수 있을 것
② 고도 50ft 이하의 간격으로 기압고도정보를 관할 항공교통관제기관에 제공할 수 있을 것
③ 고도 100ft 이하의 간격으로 기압고도정보를 관할 항공교통관제기관에 제공할 수 있을 것
④ 고도 200ft 이하의 간격으로 기압고도정보를 관할 항공교통관제기관에 제공할 수 있을 것

시행규칙 제107조(무선통신)제2항제1호 항공운송사업용 비행기에 장착해야 하는 기압고도에 관한 정보를 제공하는 트랜스폰더는 고도 7.62m(25ft) 이하의 간격으로 기압고도정보를 관할 항공교통관제기관에 제공할 수 있어야 한다.

무선설비의 성능(시행규칙 제107조제2항, 제3항)	
구분	성능
초단파(VHF) 또는 극초단파 (UHF) 무선전화 송수신기	1. 비행장 또는 헬기장에서 관제를 목적으로 한 양방향통신이 가능할 것 2. 비행 중 계속하여 기상정보를 수신할 수 있을 것 3. 운항 중 항공기국과 항공국 간 또는 항공국과 항공기국 간 양방향통신이 가능할 것 4. 항공비상주파수(121.5㎒ 또는 243.0㎒)를 사용하여 항공교통관제기관과 통신이 가능할 것 5. 무선전화 송수신기 각 2대 중 각 1대가 고장이 나더라도 나머지 각 1대는 고장이 나지 아니하도록 각각 독립적으로 설치할 것
2차 감시 항공교통관제 레이더용 트랜스폰더	1. 고도 7.62m(25ft) 이하의 간격으로 기압고도정보를 관할 항공교통관제기관에 제공할 수 있을 것 2. 해당 비행기의 위치(공중 또는 지상)에 대한 정보를 제공할 수 있을 것[해당 비행기에 비행기의 위치를 자동으로 감지하는 장치가 장착된 경우만 해당한다]

129 항공운송사업용 항공기에 설치·운용해야 하는 초단파(VHF) 또는 극초단파(UHF) 무선전화 송수신기의 성능에 해당되지 않는 것은?

① 비행장 또는 헬기장에서 관제를 목적으로 한 양방향통신이 가능할 것
② 비행 중 계속하여 기상정보를 수신할 수 있을 것
③ 운항 중 항공기국과 항공국 간 또는 항공국과 항공기국 간 양방향통신이 가능할 것
④ 121.5㎒ 또는 406㎒ 주파수를 사용하여 항공교통관제기관과 통신이 가능할 것

시행규칙 제107조(무선통신)제1항제1호 초단파(VHF) 또는 극초단파(UHF)무선전화 송수신기는 항공비상주파수(121.5㎒ 또는 243.0㎒)를 사용하여 항공교통관제기관과 통신이 가능해야 한다.

130 항공운송사업용 항공기에 설치·운용해야 하는 초단파(VHF) 또는 극초단파(UHF) 무선전화 송수신기가 구비해야 할 성능에 해당되지 않는 것은?

① 비행장 또는 헬기장에서 관제를 목적으로 한방향통신이 가능할 것
② 무선전화 송수신기 각 2대 중 각 1대가 고장이 나더라도 나머지 각 1대는 고장이 나지 아니하도록 각각 독립적으로 설치할 것
③ 운항 중 항공기국과 항공국 간 또는 항공국과 항공기국 간 양방향통신이 가능할 것
④ 항공비상주파수(121.5㎒ 또는 243.0㎒)를 사용하여 항공교통관제기관과 통신이 가능할 것

시행규칙 제107조(무선통신)제2항제1호 초단파(VHF) 또는 극초단파(UHF) 무선전화 송수신기는 비행장 또는 헬기장에서 관제를 목적으로 한 양방향통신이 가능해야 한다.

131 다음 중 탑재용 항공일지에 기록해야 할 사항에 해당되지 <u>않는</u> 것은?

① 항공기의 등록부호 및 등록 연월일
② 항공기의 종류·형식 및 형식증명번호
③ 구급용구의 탑재 수량 및 위치
④ 발동기 및 프로펠러의 형식

시행규칙 제108조(항공일지)제2항제1호 구급용구의 탑재 수량 및 위치는 항공일지 기록 사항이 아니다.

탑재용 항공일지 기록 사항(시행규칙 108조제2항제1호)

번호	기록 내용	세부 내용
1	항공기의 등록부호 및 등록 연월일	
2	항공기의 종류·형식 및 형식증명번호	
3	감항분류 및 감항증명번호	
4	항공기의 제작자·제작번호 및 제작 연월일	
5	발동기 및 프로펠러의 형식	
6	비행에 관한 기록	비행연월일, 승무원의 성명 및 업무, 비행목적 또는 편명, 출발지 및 출발시각, 도착지 및 도착시각, 비행시간, 항공기의 비행안전에 영향을 미치는 사항, 기장의 서명
7	제작 후의 총 비행시간과 오버홀을 한 항공기의 경우 최근의 오버홀 후의 총 비행시간	
8	발동기 및 프로펠러의 장비교환에 관한 기록	장비교환의 연월일 및 장소, 발동기 및 프로펠러의 부품번호 및 제작일련번호, 장비가 교환된 위치 및 이유
9	수리·개조 또는 정비의 실시에 관한 기록	실시 연월일 및 장소, 실시 이유, 수리·개조 또는 정비의 위치 및 교환 부품명, 확인 연월일 및 확인자의 서명 또는 날인

132 다음 중 항공기 소유자등이 갖추어야 할 항공일지의 종류가 <u>아닌</u> 것은?

① 탑재용 항공일지
② 탑재용 프로펠러 항공일지
③ 지상 비치용 발동기 항공일지
④ 지상 비치용 프로펠러 항공일지

시행규칙 제108조(항공일지)제1항 항공기를 운항하려는 자 또는 소유자등은 탑재용 항공일지, 지상 비치용 발동기 항공일지 및 지상 비치용 프로펠러 항공일지를 갖추어 두어야 한다.

133 항공안전법상 탑재용 항공일지에 기록해야 할 사항으로 맞지 <u>않는</u> 것은?

① 감항분류 및 감항증명번호
② 제작 후의 총 비행시간
③ 비행연월일, 비행목적 등 비행에 관한 기록
④ 발동기 및 프로펠러의 형식 및 형식증명번호

시행규칙 제108조(항공일지)제2항제1호 발동기 및 프로펠러의 형식증명번호는 기록 대상이 아니다.

134 항공기에 대해 개조 또는 정비를 수행한 후에는 이를 탑재용 항공일지에 기록해야 하는데 이때 기록해야 하는 의무자는 누구인가?

① 기장   ② 소유자
③ 정비사   ④ 제작자

시행규칙 제108조(항공일지)제1항 항공기의 소유자등은 항공기를 항공에 사용하거나 개조 또는 정비한 경우에는 지체 없이 항공일지에 적어야 한다.

135 탑재용 항공일지에 기록해야 하는 사항이 <u>아닌</u> 것은?

① 승무원의 성명 및 업무
② 비행목적 또는 편명
③ 기장의 성명
④ 비행시간

시행규칙 제108조(항공일지)제2항제1호 기장의 성명이 아니고 기장의 서명이다.

---

136 탑재용 항공일지의 내용 중 비행에 관한 기록에 해당되지 <u>않은</u> 것은?

① 비행연월일
② 승무원의 서명
③ 출발지 및 출발시각
④ 도착지 및 도착시각

시행규칙 제108(항공일지)조제2항제1호 승무원의 성명 및 업무는 항공일지 기록 대상이다.

137 지상 비치용 발동기 항공일지에 기록해야 할 사항이 <u>아닌</u> 것은?

① 발동기 형식
② 발동기 감항증명 분류 및 증명번호
③ 발동기 사용에 관한 기록
④ 발동기 장비교환에 관한 기록

시행규칙 제108조(항공일지)제2항제3호 감항증명 분류 및 증명번호는 탑재용 항공일지 기록 대상이다.

지상 비치용 발동기 항공일지 및 비상 비치용 프로펠러 항공일지 기록 사항(시행규칙 108조제2항제3호)		
번호	기록 내용	세부 내용
1	발동기 또는 프로펠러의 형식	
2	발동기 또는 프로펠러의 장비교환에 관한 기록	장비교환의 연월일 및 장소, 장비가 교환된 항공기의 형식·등록부호 및 등록증번호, 장비교환 이유
3	발동기 또는 프로펠러의 수리·개조 또는 정비의 실시에 관한 다음의 기록	실시 연월일 및 장소, 실시 이유, 수리·개조 또는 정비의 위치 및 교환 부품명, 확인 연월일 및 확인자의 서명 또는 날인
4	발동기 또는 프로펠러의 사용에 관한 기록	사용 연월일 및 시간, 제작 후의 총 사용시간 및 최근의 오버홀 후의 총 사용시간

138 탑재용 항공일지에서 수리·개조 또는 정비의 실시에 관한 기록 사항으로 거리가 먼 것은?

① 실시 연월일 및 장소
② 실시 시간
③ 실시 이유
④ 수리·개조 또는 정비의 위치 및 교환 부품명

시행규칙 제108조(항공일지)제2항제1호 항공기 소유자 등은 수리·개조 또는 정비의 실시에 관한 다음의 기록을 탑재용 항공일지에 지체 없이 적어야 한다. 실시 연월일 및 장소, 실시 이유, 수리·개조 또는 정비의 위치 및 교환 부품명, 확인 연월일 및 확인자의 서명 또는 날인

139 다음 중 항공운송사업에 사용되는 모든 비행기에 장착하여야 하는 사고예방장치는 무엇인가?

① 공중충돌경고장치
② 지상접근경고장치
③ 비행기록장치
④ 조종실 내 음성기록장치

시행규칙 제109조(사고예방장치 등)제1항제1호 항공운송사업에 사용되는 모든 비행기는 공중충돌경고장치를 갖춰야 한다.

공중충돌경고장치(ACAS II) 1기 이상 (시행규칙 제109조제1항제1호)	
번호	구비해야 하는 항공기
1	항공운송사업에 사용되는 모든 비행기
2	2007년 1월 1일 이후에 최초로 감항증명을 받는 비행기로서 최대이륙중량이 15,000kg을 초과하거나 승객 30명을 초과하여 수송할 수 있는 터빈발동기를 장착한 항공운송사업 외의 용도로 사용되는 모든 비행기
3	2008년 1월 1일 이후에 최초로 감항증명을 받는 비행기로서 최대이륙중량이 5,700kg을 초과하거나 승객 19명을 초과하여 수송할 수 있는 터빈발동기를 장착한 항공운송사업 외의 용도로 사용되는 모든 비행기
예외	소형항공운송사업에 사용되는 최대이륙중량이 5,700kg 이하인 비행기로서 그 비행기에 적합한 공중충돌경고장치가 개발되지 아니하거나 공중충돌경고장치를 장착하기 위하여 필요한 비행기 개조 등의 기술이 그 비행기의 제작자 등에 의하여 개발되지 아니한 경우

140 다음 중 탑재용 항공일지에 기록해야 하는 발동기 및 프로펠러의 장비교환에 관한 내용에 해당되지 <u>않는</u> 것은?

① 장비교환 연월일
② 장비교환 장소
③ 발동기 및 프로펠러의 부품번호 및 제작일련번호
④ 확인 연월일 및 확인자의 서명 또는 날인

141 다음 중 공중충돌경고장치(ACAS Ⅱ)를 구비해야 하는 항공기에 대한 설명으로 틀린 것은?

① 2007년 1월 1일 이후에 최초로 감항증명을 받는 비행기로서 최대이륙중량이 15,000kg을 초과하여 수송할 수 있는 터빈발동기를 장착한 항공운송사업 외의 용도로 사용되는 모든 비행기

② 2007년 1월 1일 이후에 최초로 감항증명을 받는 비행기로서 승객 30명을 초과하여 수송할 수 있는 터빈발동기를 장착한 항공운송사업 외의 용도로 사용되는 모든 비행기

③ 2008년 1월 1일 이후에 최초로 감항증명을 받는 비행기로서 최대이륙중량이 5,700kg을 초과하여 수송할 수 있는 터빈발동기를 장착한 항공운송사업 외의 용도로 사용되는 모든 비행기

④ 2008년 1월 1일 이후에 최초로 감항증명을 받는 비행기로서 승객 10명을 초과하여 수송할 수 있는 터빈발동기를 장착한 항공운송사업 외의 용도로 사용되는 모든 비행기

142 다음 중 공중충돌경고장치(ACAS Ⅱ)를 구비하지 않아도 되는 경우는?

① 항공운송사업에 사용되는 경우

② 2007년 1월 1일 이후에 최초로 감항증명을 받는 비행기가 최대이륙중량이 15,000kg을 초과하여 수송할 수 있는 터빈발동기를 장착하고 항공운송사업 외의 용도로 사용되는 경우

③ 2007년 1월 1일 이후에 최초로 감항증명을 받는 비행기가 승객 30명을 초과하여 수송할 수 있는 터빈발동기를 장착하고 항공운송사업 외의 용도로 사용되는 경우

④ 소형항공운송사업에 사용되는 최대이륙중량이 5,700kg 이하인 비행기가 그 비행기에 적합한 공중충돌경고장치가 개발되지 아니한 경우

143 다음 중 지상접근경고장치(Ground Proximity Warning System)를 장착해야 하는 항공기에 해당되지 <u>않는</u> 것은?

① 최대이륙중량이 5,700kg을 초과하는 터빈발동기를 장착한 비행기

② 최대이륙중량이 5,700kg을 초과하는 왕복발동기를 장착한 모든 비행기

③ 최대이륙중량이 5,700kg 이하이고 승객 5명 이하를 수송할 수 있는 터빈발동기를 장착한 비행기

④ 승객 9명을 초과하여 수송할 수 있는 헬리콥터로서 계기비행방식에 따라 운항하는 헬리콥터

시행규칙 제109조(사고예방장치 등)제1항제2호나목 최대이륙중량이 5,700kg 이하이고 승객 5명 초과 9명 이하를 수송할 수 있는 터빈발동기를 장착한 비행기는 지상접근경고장치를 장착하여야 한다.

지상접근경고장치(GPWS) 1기 이상 (시행규칙 제109조제1항제2호)	
번호	구비해야 하는 항공기
1	최대이륙중량이 5,700kg을 초과하거나 승객 9명을 초과하여 수송할 수 있는 터빈발동기를 장착한 비행기
2	최대이륙중량이 5,700kg 이하이고 승객 5명 초과 9명 이하를 수송할 수 있는 터빈발동기를 장착한 비행기
3	최대이륙중량이 5,700kg을 초과하거나 승객 9명을 초과하여 수송할 수 있는 왕복발동기를 장착한 모든 비행기
4	최대이륙중량이 3,175kg을 초과하거나 승객 9명을 초과하여 수송할 수 있는 헬리콥터로서 계기비행방식에 따라 운항하는 헬리콥터
예외	국제항공노선을 운항하지 않는 헬리콥터의 경우

144 다음 중 지상접근경고장치(Ground Proximity Warning System)를 장착하지 않아도 되는 항공기는?

① 승객 9명을 초과하여 수송할 수 있는 터빈발동기를 장착한 비행기
② 승객 9명을 초과하여 수송할 수 있는 왕복발동기를 장착한 모든 비행기
③ 최대이륙중량이 5,700kg을 초과하는 터빈발동기를 장착한 비행기
④ 국제항공노선을 운항하지 않는 최대이륙중량 3,175kg을 초과하는 헬리콥터

시행규칙 제109조(사고예방장치 등)제1항제2호본문 국제항공노선을 운항하지 않는 헬리콥터의 경우에는 지상접근경고장치를 갖추지 않을 수 있다.

145 비행자료 및 조종실 내 음성을 기록할 수 있는 비행기록장치를 갖춰야 하는 항공기가 아닌 것은?

① 항공운송사업 외의 용도에 사용되는 터빈발동기를 장착한 모든 비행기
② 최대이륙중량이 27,000kg을 초과하는 비행기
③ 승객 5명을 초과하여 수송할 수 있고 최대이륙중량이 5,700kg을 초과하는 비행기 중에서 항공운송사업 외의 용도로 사용되는 터빈발동기를 장착한 비행기

④ 헬리콥터

시행규칙 제109조(사고예방장치 등)제1항제3호

비행자료 및 음성 비행기록장치 1기 이상 (시행규칙 제109조제1항제3호)	
번호	구비해야 하는 항공기
1	항공운송사업에 사용되는 터빈발동기를 장착한 비행기
2	최대이륙중량이 27,000kg을 초과하는 비행기
3	승객 5명을 초과하여 수송할 수 있고 최대이륙중량이 5,700kg을 초과하는 비행기 중에서 항공운송사업 외의 용도로 사용되는 터빈발동기를 장착한 비행기
4	헬리콥터

146 전방돌풍경고장치를 장착하여야 하는 항공기는?

① 최대이륙중량이 5,700kg을 초과하는 터빈발동기를 장착한 항공운송사업에 사용되는 비행기
② 승객 9명을 초과하여 수송할 수 있는 터보프롭발동기를 장착한 항공운송사업에 사용되는 비행기
③ 최대이륙중량이 5,700kg을 초과하는 터빈발동기를 장착한 항공운송사업 외의 용도에 사용되는 비행기
④ 승객 9명을 초과하여 수송할 수 있는 터보프롭발동기를 장착한 항공운송사업 외의 용도에 사용되는 비행기

시행규칙 제109조(사고예방장치 등)제1항제4호

전방돌풍경고장치 및 위치추적장치 각 1기 이상 (시행규칙 제109조제1항제4호, 제5호)	
구분	구비해야 하는 항공기
전방돌풍경고장치	최대이륙중량이 5,700kg을 초과하거나 승객 9명을 초과하여 수송할 수 있는 터빈발동기(터보프롭발동기는 제외)를 장착한 항공운송사업에 사용되는 비행기
위치추적장치	최대이륙중량 27,000kg을 초과하고 승객 19명을 초과하여 수송할 수 있는 항공운송사업에 사용되는 비행기로서 15분 이상 해당 항공교통관제기관의 감시가 곤란한 지역을 비행하는 하는 경우

147 최대이륙중량 5,700kg을 초과하는 터빈발동기를 장착한 비행기의 지상접근경고장치가 경고를 제공해야 하는 경우로 볼 수 없는 것은?

① 과도한 강하율이 발생되는 경우
② 지형지물에 대한 과도한 접근율이 발생하는 경우
③ 이륙 또는 복행 후 과도한 고도의 손실이 있는 경우
④ 비행기의 착륙바퀴가 착륙위치로 고정된 상태로 지형지물과의 안전거리를 유지하지 못하는 경우

시행규칙 제109조(사고예방장치 등)제2항제1호

지상접근경고장치(GPWS)의 요구 성능 (시행규칙 제109조제2항제1호)	
구분	경고를 제공해야 하는 경우
최대이륙중량이 5,700kg을 초과하거나 승객 9명을 초과하여 수송할 수 있는 터빈발동기를 장착한 비행기	가. 과도한 강하율이 발생하는 경우 나. 지형지물에 대한 과도한 접근율이 발생하는 경우 다. 이륙 또는 복행 후 과도한 고도의 손실이 있는 경우 라. 비행기가 다음의 착륙형태를 갖추지 아니한 상태에서 지형지물과의 안전거리를 유지하지 못하는 경우 1) 착륙바퀴가 착륙위치로 고정 2) 플랩의 착륙위치 마. 계기활공로 아래로의 과도한 강하가 이루어진 경우
그 외	가. 과도한 강하율이 발생되는 경우 나. 이륙 또는 복행 후에 과도한 고도의 손실이 있는 경우 다. 지형지물과의 안전거리를 유지하지 못하는 경우

148 다음 중 지상접근경고장치(Ground Proximity Warning System)가 경고를 제공해야 하는 경우로 볼 수 없는 것은?

① 과도한 강하율이 발생되는 경우
② 과도한 선회율이 발생한 경우
③ 지형지물과의 안전거리를 유지하지 못하는 경우
④ 이륙 또는 복행 후 과도한 고도의 손실이 있는 경우

시행규칙 제109조(사고예방장치 등)제2항제1호 참조

149 다음 중 수색구조가 특별히 어려운 산악지역, 외딴지역 및 국토교통부장관이 정한 해상 등을 횡단 비행하는 비행기가 갖춰야 할 구급용구로만 짝지어진 것은?

① 구명동의, 음성신호발생기
② 구명동의, 구명보트
③ 불꽃조난신호장비, 구명장비
④ 해상용 닻, 육상용 닻

시행규칙 110조(구급용구 등), 별표 15

구급용구(시행규칙 별표 15)					
종류	수상비행기	육상비행기	장거리 해상비행기	산악지역 등 횡단비행기	헬리콥터
구명동의	인당 1개	인당 1개	인당 1개		인당 1개
음성신호발생기	1기				
구명보트			적정 척수		적정 척수
불꽃조난신호장비			1기	1기 이상	1기
구명장비				1기 이상	
해상용 닻	1개				
일상용 닻	1개				
헬리콥터 부양장치					1조

150 다음 중 장거리 해상을 비행하는 비행기가 갖춰야 할 구급용구들로만 이루어진 것은?

① 구명동의, 구명장비
② 구명동의, 구명보트
③ 구명장비, 음성신호발생기
④ 구명장비, 구명보트

시행규칙 110조(구급용구 등), 별표 15 참조

151 다음 중 수상비행기가 갖춰야 할 구급용구들로만 이루어진 것은?

① 구명동의, 음성신호발생기
② 구명보트, 해상용 닻
③ 구명보트, 일상용 닻
④ 구명장비, 불꽃조난신호장비

시행규칙 110조(구급용구 등), 별표 15 참조

152 승객 180명을 탑승시킬 수 있는 항공기의 객실에 갖춰야 할 소화기의 수는?

① 3개　　② 4개
③ 5개　　④ 6개

시행규칙 110조(구급용구 등), 별표 15

객실 내 구비 해야 할 소화기의 수량(시행규칙 별표 15)			
승객 좌석 수	소화기의 수량	승객 좌석 수	소화기의 수량
6 ~ 30	1	301 ~ 400	5
31 ~ 60	2	401 ~ 500	6
61 ~ 200	3	501 ~ 600	7
201 ~ 300	4	601 ~	8

153 항공운송사업용 및 항공기사용사업용 항공기가 갖춰야 할 사고 시 사용할 도끼의 수는?

① 1개　　② 2개
③ 3개　　④ 4개

시행규칙 110조(구급용구 등), 별표 15. 항공운송사업용 및 항공기사용사업용 항공기에는 사고 시 사용할 도끼 1개를 갖춰 두어야 한다.

154 좌석 수가 300석인 항공기가 갖춰야 할 손확성기 수는?

① 1개　　② 2개
③ 3개　　④ 4개

시행규칙 110조(구급용구 등), 별표 15

손확성기의 수량(시행규칙 별표 15)	
승객 좌석 수	손확성기의 수량
61 ~ 99	1
100 ~ 199	2
200 ~	3

155 항공운송사업용 항공기가 방사선투사량계기를 갖춰야만 하는 조건은?

① 비행기가 평균해면으로부터 15,000m를 초과하는 고도로 운항하려는 경우
② 비행기가 평균해면으로부터 25,000m를 초과하는 고도로 운항하려는 경우
③ 비행기가 평균해면으로부터 25,000ft를 초과하는 고도로 운항하려는 경우
④ 비행기가 평균해면으로부터 49,000m를 초과하는 고도로 운항하려는 경우

시행규칙 116조(방사선투사량계기). 항공운송사업용 항공기 또는 국외를 운항하는 비행기가 평균해면으로부터 15,000m(49,000ft)를 초과하는 고도로 운항하려는 경우에는 방사선투사량계기(Radiation Indicator) 1기를 갖추어야 한다.

156 항공기가 갖춰야 할 구급용구에 대한 설명으로 틀린 것은?

① 항공운송사업용 및 항공기사용사업용 항공기에는 도끼 1개
② 승객 좌석 수가 10석일 때 소화기 1개
③ 승객 좌석 수가 500석일 때 소화기 7개
④ 승객 좌석 수가 150석일 때 손확성기 2대

시행규칙 110조(구급용구 등), 별표 15 참조

157 다음 중 항공기에 탑재해야 하는 서류가 아닌 것은?

① 항공기등록증명서
② 감항증명서
③ 형식증명 및 화물적재분포도
④ 소음기준적합증명서

시행규칙 113조(항공기에 탑재하는 서류)

항공기 탑재 서류(시행규칙 제113조)	
번호	탑재하는 서류
1	항공기등록증명서
2	감항증명서
3	탑재용 항공일지
4	운용한계 지정서 및 비행교범
5	운항규정
6	항공운송사업의 운항증명서 사본 및 운영기준 사본
7	소음기준적합증명서
8	각 운항승무원의 유효한 자격증명서 및 조종사의 비행기록에 관한 자료
9	무선국 허가증명서
10	탑승한 여객의 성명, 탑승지 및 목적지가 표시된 명부
11	해당 항공운송사업자가 발행하는 수송화물의 화물목록과 화물운송장에 명시되어 있는 세부 화물신고서류
12	해당 국가의 항공당국 간에 체결한 항공기 등의 감독 의무에 관한 이전협정서 요약서 사본
13	비행 전 및 각 비행단계에서 운항승무원이 사용해야 할 점검표

158 항공기에 탑재해야 하는 서류에 해당되지 않은 것은?

① 운용한계 지정서 및 정비교범
② 항공운송사업의 운항증명서 사본 및 운영기준 사본
③ 무선국 허가증명서
④ 탑승한 여객의 성명, 탑승지, 목적지가 표시된 명부

시행규칙 113조(항공기에 탑재하는 서류) 참조

159 시계비행방식으로 비행하는 모든 항공기가 반드시 갖춰야 하는 항공계기는?

① 나침반　　　② 정밀기압고도계
③ 경사지시계　④ 외기온도계

시행규칙 제117조(항공계기장치 등)제1항, 별표 16(항공계기 등의 기준)

비행구분	계기명	수량			
		비행기		헬리콥터	
		항공운송사업용	항공운송사업용 외	항공운송사업용	항공운송사업용 외
시계비행방식	나침반	1	1	1	1
	시계(시, 분, 초 표시)	1	1	1	1
	정밀기압고도계	1	–	1	1
	기압고도계	–	1	–	–
	속도계	1	1	1	1
계기비행방식	나침반	1	1	1	1
	시계(시, 분, 초 표시)	1	1	1	1
	정밀기압고도계	2	1	2	1
	기압고도계	–	1	–	–
	동결방지장치 속도계	1	1	1	1
	선회 및 경사지시계	1	1	–	–
	경사지시계	–	–	1	1
	인공수평자세지시계	1	1	조종석당 1개, 여분 1개	
	자이로식 기수방향지시계	1	1	1	1
	외기온도계	1	1	1	1
	승강계	1	1	1	1
	안정성유지시스템	–	–	1	1

160 다음 중 시계비행을 하는 항공운송사업용 항공기가 갖춰야 할 항공계기는?

① 경사지시계
② 선회계
③ 정밀기압고도계
④ 승강계

시행규칙 제117조(항공계기장치 등)제1항, 별표 16(항공계기 등의 기준) 참조

정답　151. ①　152. ①　153. ①　154. ③　155. ①　156. ③　157. ③　158. ①　159. ①　160. ③

161 항공안전법상 항공기에 탑재해야 하는 서류로 볼 수 <u>없는</u> 것은?

① 운항승무원이 사용해야 할 점검표
② 화물목록과 세부 화물신고서류
③ 조종사의 비행기록에 관한 자료
④ 운항관리사의 운항기록에 관한 자료

시행규칙 113조(항공기에 탑재하는 서류) 참조

162 항공운송사업용 비행기가 계기비행방식으로 비행할 때 갖춰야 할 정밀기압고도계는 몇 개인가?

① 1개   ② 2개
③ 3개   ④ 4개

시행규칙 제117조(항공계기장치 등)제1항, 별표 16(항공계기 등의 기준) 참조

163 항공안전법상 시계비행방식으로 비행하는 항공기가 갖출 필요가 <u>없는</u> 항공계기는?

① 나침반   ② 시계
③ 속도계   ④ 승강계

시행규칙 제117조(항공계기장치 등)제1항, 별표 16(항공계기 등의 기준) 참조

164 항공운송사업용 항공기가 계기비행방식으로 비행할 때 갖추지 않아도 되는 항공계기는?

① 외기온도계
② 승강계
③ 인공수평자세지시계
④ 안정성유지시스템

시행규칙 제117조(항공계기장치 등)제1항, 별표 16(항공계기 등의 기준) 참조

165 항공기가 야간에 비행하거나 지상 이동을 할 때 당해 항공기의 위치를 나타내기 위해 필요한 항공기의 등불은 무엇인가?

① 착륙등, 충돌방지등, 미등
② 충돌방지등, 미등, 우현동
③ 우현등, 좌현등, 미등
④ 우현등, 좌현등, 충돌방지등

시행규칙 제117조(항공계기장치 등)제2항

야간비행 항공기가 갖추어야 할 조명설비 등 (시행규칙 제117조제2항)				
	비행기		헬리콥터	
조명설비 명	항공 운송 사업 용	항공 운송 사업 용 외	항공 운송 사업 용	항공운송 사업용 외
착륙등	2기 이상	1기 이상	2기 이상	1기 이상
충돌방지등	1	1	1	1
항공기의 위치를 나타내는 우현등, 좌현등, 미등	1	1	1	1
항공계기 및 장치 식별 조명설비	1	1	1	1
객실 조명설비	1	1	1	1
손전등	1	1	1	1

비고:
1. 착륙등과 충돌방지등은 주간 비행하는 항공기에도 갖추어야 한다.
2. 헬리콥터의 최소한 1기의 착륙등은 수직면으로 방향 전환이 가능한 것이어야 한다.
3. 마하 수(Mach number) 단위로 속도제한을 나타내는 항공기에는 마하 수 지시계(Mach number Indicator)를 장착하여야 한다.

166 항공기가 야간에 비행하려는 경우 갖추어야 할 조명설비에 해당되지 <u>않는</u> 것은?

① 착륙등   ② 충돌방지등
③ 전조등   ④ 손전등

시행규칙 제117조(항공계기장치 등)제2항 참조

167 항공운송사업용 왕복발동기 장착 비행기가 계기비행으로 교체비행장이 요구되는 경우 최초 착륙예정 비행장까지 필요한 연료의 양에 추가로 더해야 하는 연료의 양은?

① 해당 교체비행장까지 비행을 마친 후 순항속도 및 순항고도로 30분간 더 비행할 수 있는 연료

② 해당 교체비행장까지 비행을 마친 후 순항속도 및 순항고도로 45분간 더 비행할 수 있는 연료

③ 해당 교체비행장까지 비행을 마친 후 순항속도 및 순항고도로 1시간간 더 비행할 수 있는 연료

④ 해당 교체비행장까지 비행을 마친 후 순항속도 및 순항고도로 2시간 더 비행할 수 있는 연료

시행규칙 제119조(항공기의 연료와 오일), 별표 17	
항공기에 실어야 할 연료와 오일의 양(시행규칙 제119조, 별표 17)	
항공운송사업용 및 항공기사용사업용 비행기	
계기비행으로 교체비행장이 요구될 경우	
왕복발동기 장착 항공기(다음을 더한 양)	터빈발동기 장착 항공기(다음을 더한 양)
1. 이륙 전에 소모가 예상되는 연료의 양 2. 이륙부터 최초 착륙예정 비행장에 착륙할 때까지 필요한 연료의 양 3. 이상 사태 발생 시 연료 소모가 증가할 것에 대비하기 위한 것으로서 운항기술기준에서 정한 연료의 양 4. 다음 각 목의 어느 하나에 해당하는 연료의 양 가. 1개의 교체비행장이 요구되는 경우: (최초 착륙 예정 비행장에서 한 번의 실패접근에 필요한 양 + 교체비행장까지 상승비행, 순항비행, 강하비행, 접근비행 및 착륙에 필요한 양) 5. 교체비행장에 도착 시 예상되는 비행기의 중량 상태에서 순항속도 및 순항고도로 45분간 더 비행할 수 있는 연료의 양	1. 이륙 전에 소모가 예상되는 연료의 양 2. 이륙부터 최초 착륙예정 비행장에 착륙할 때까지 필요한 연료의 양 3. 이상 사태 발생 시 연료 소모가 증가할 것에 대비하기 위한 것으로서 운항기술기준에서 정한 연료의 양 4. 다음 각 목의 어느 하나에 해당하는 연료의 양 가. 1개의 교체비행장이 요구되는 경우: (최초 착륙 예정 비행장에서 한 번의 실패접근에 필요한 양 + 교체비행장까지 상승비행, 순항비행, 강하비행, 접근비행 및 착륙에 필요한 양) 나. 2개 이상의 교체비행장이 요구되는 경우: 각각의 교체비행장에 대하여 가목에 따라 산정된 양 중 가장 많은 양 5. 교체비행장에 도착 시 예상되는 비행기의 중량 상태에서 표준대기 상태에서의 체공 속도로 교체비행장의 450m(1,500ft)의 상공에서 30분간 더 비행할 수 있는 연료의 양

항공기에 실어야 할 연료와 오일의 양(시행규칙 제119조, 별표 17)	
항공운송사업용 및 항공기사용사업용 비행기	
계기비행으로 교체비행장이 요구될 경우	
왕복발동기 장착 항공기(다음을 더한 양)	터빈발동기 장착 항공기(다음을 더한 양)
시계비행을 할 경우(다음을 더한 양)	
1. 최초 착륙 예정 비행장까지 비행에 필요한 양 2. 순항속도로 45분간 더 비행할 수 있는 양	

168 항공운송사업에 사용하는 비행기가 시계비행방식으로 비행할 때 최초 착륙 예정 비행장까지 비행에 필요한 연료의 양에 추가로 얼마의 연료를 준비해야 하는가?

① 순항속도로 30분간 더 비행할 수 있는 양

② 순항속도로 45분간 더 비행할 수 있는 양

③ 순항고도로 30분간 더 비행할 수 있는 양

④ 순항고도로 45분간 더 비행할 수 있는 양

시행규칙 제119조(항공기의 연료와 오일), 별표 17 참조

169 항공기사용사업에 사용되는 터빈발동기 장착 비행기가 계기비행으로 교체비행장이 요구될 경우, 교체비행장에 도착 시 교체비행장의 450m(1,500ft)의 상공에서 얼마간 더 비행할 수 있는 연료의 양을 추가해야 하는가?

① 30분　　② 45분
③ 1시간　　④ 2시간

시행규칙 제119조, 별표 17

170 항공운송사업에 사용되는 터빈발동기 장착 비행기가 계기비행으로 교체비행장이 요구될 경우, 교체비행장에 도착 시 체공할 연료량을 계산하는 고도는?

① 300m(1,000ft)

② 450m(1,500ft)

③ 600m(2,000ft)

④ 750m(2,500ft)

시행규칙 제119조(항공기의 연료와 오일), 별표 17 참조

171 항공운송사업 및 항공기사용사업 외의 비행기가 주간에 시계비행을 할 경우, 최초 착륙 예정 비행장까지 필요한 연료의 양 외에 추가로 실어야 할 연료의 양은?

① 순항속도로 30분간 더 비행할 수 있는 양

② 순항속도로 45분간 더 비행할 수 있는 양

③ 순항고도로 30분간 더 비행할 수 있는 양

④ 순항고도로 45분간 더 비행할 수 있는 양

시행규칙 제119조(항공기의 연료와 오일), 별표 17

항공기에 실어야 할 연료와 오일의 양(시행규칙 제119조, 별표 17)
항공운송사업용 및 항공기사용사업용 외의 비행기에 실어야 할 연료와 오일의 양
계기비행으로 교체비행장이 요구될 경우(다음을 더한 양)
1. 최초 착륙 예정 비행장까지 비행에 필요한 양
2. 그 교체비행장까지 비행을 마친 후 순항고도로 45분간 더 비행할 수 있는 양
계기비행으로 교체비행장이 요구되지 않을 경우(다음을 더한 양)
1. 최초 착륙 예정 비행장까지 비행에 필요한 양
2. 순항고도로 45분간 더 비행할 수 있는 양
주간에 시계비행을 할 경우(다음을 더한 양)
1. 최초 착륙 예정 비행장까지 비행에 필요한 양
2. 순항고도로 30분간 더 비행할 수 있는 양
야간에 시계비행을 할 경우(다음을 더한 양)
1. 최초 착륙 예정 비행장까지 비행에 필요한 양
2. 순항고도로 45분간 더 비행할 수 있는 양

172 공운송사업 및 항공기사용사업 외의 비행기가 야간에 시계비행을 할 경우, 최초 착륙 예정 비행장까지 필요한 연료의 양 외에 추가로 실어야 할 연료의 양은?

① 순항속도로 30분간 더 비행할 수 있는 양

② 순항속도로 45분간 더 비행할 수 있는 양

③ 순항고도로 30분간 더 비행할 수 있는 양

④ 순항고도로 45분간 더 비행할 수 있는 양

시행규칙 제119조(항공기의 연료와 오일), 별표 17 참조

173 항공안전법상 항공기를 운항하거나 야간에 주기 또는 정박시키는 사람은 등불로 항공기의 위치를 나타내야 하는데 여기서 야간은 언제를 뜻하는가?

① 일몰 30분 후부터 일출 30분 전까지

② 일몰 30분 전부터 일출 30분 후까지

③ 일몰 1시간 후부터 일출 30분 전까지

④ 일몰 시부터 일출 시까지

법 제54조(항공기의 등불) 항공기를 운항하거나 야간(해가 진 뒤부터 해가 뜨기 전까지를 말한다)에 비행장에 주기 또는 정박시키는 사람은 국토교통부령으로 정하는 바에 따라 등불로 항공기의 위치를 나타내야 한다.

174 항공기의 항행등을 나열한 것으로 맞는 것은?

① 우현등, 좌현등, 미등

② 우현등, 좌현등, 전조등

③ 우현등, 좌현등, 착륙등

④ 우현등, 좌현등, 충돌방지등

시행규칙 제120조(항공기의 등불) 항공기가 야간에 공중·지상 또는 수상을 항행하는 경우와 비행장의 이동지역 안에서 이동하거나 엔진이 작동 중인 경우에는 우현등, 좌현등 및 미등(항행등이라 한다)과 충돌방지등에 의하여 그 항공기의 위치를 나타내야 한다.

175 항공기가 야간에 항행하는 경우 그 항공기의 위치를 나타내는 등으로만 짝지어진 것은?

① 우현등, 좌현등, 섬광등
② 우현등, 좌현등, 전조등
③ 우현등, 좌현등, 착륙등
④ 우현등, 좌현등, 충돌방지등

시행규칙 제120조(항공기의 등불) 참조

176 항공기를 야간에 조명시설이 없는 비행장에 주기 또는 정박시키는 경우 무엇으로 그 위치를 나타내야 하는가?

① 정박등   ② 착륙등
③ 항행등   ④ 충돌방지등

시행규칙 제120조(항공기의 등불) 참조

177 항공기의 등불에 대한 설명으로 타당하지 <u>않은</u> 것은?

① 항공기의 엔진이 작동 중인 경우 항행등과 충돌방지등에 의하여 그 항공기의 위치를 나타내야 한다.
② 항공기를 야간에 사용되는 비행장에 주기(駐機) 시키는 경우 항행등을 이용하여 항공기의 위치를 나타내야 한다.
③ 항공기는 위치를 나타내는 항행등으로 잘못 인식될 수 있는 다른 등불을 켜서는 아니 된다.
④ 조종사는 섬광등이 업무를 수행하는 데 장애를 주는 경우 섬광등을 끄거나 빛의 강도를 줄일 수 있다.

시행규칙 제120조(항공기의 등불) 참조

178 항공기가 야간에 공중 · 지상 또는 수상을 항행하는 경우 그 위치를 나타내야 하는데 그 방법을 모두 나열한 것으로 맞는 것은?

① 우현등, 좌현등, 미등, 충돌방지등
② 우현등, 좌현등, 전조등, 착륙등
③ 충돌방지등, 착륙등, 전조등, 미등
④ 충돌방지등, 착륙등, 우현등, 좌현등

시행규칙 제120조(항공기의 등불) 참조

179 다음 중 항공안전법상 승무시간(Flight Time)에 대한 정의로 맞는 것은?

① 비행기의 경우 이륙을 목적으로 비행기가 최초로 움직이기 시작한 때부터 비행이 종료되어 최종적으로 비행기가 정지한 때까지의 총 시간을 말한다.
② 헬리콥터의 경우 발동기의 시동이 걸린 때부터 발동기의 시동이 정지된 때까지의 총 시간을 말한다.
③ 비행기의 경우 발동기의 시동이 걸린 때부터 비행이 종료되어 최종적으로 비행기가 정지한 때까지의 총 시간을 말한다.
④ 헬리콥터의 경우 이륙한 때부터 착륙한 때까지의 총 시간을 말한다.

시행규칙 제127조(운항승무원의 승무시간 기준 등) 별표 18 승무시간(Flight Time)이란 비행기의 경우 이륙을 목적으로 비행기가 최초로 움직이기 시작한 때부터 비행이 종료되어 최종적으로 비행기가 정지한 때까지의 총 시간을 말하며, 헬리콥터의 경우 주회전익이 회전하기 시작한 때부터 주회전익이 정지된 때까지의 총 시간을 말한다.

정답 170. ② 171. ③ 172. ④ 173. ④ 174. ① 175. ④ 176. ③ 177. ④ 178. ① 179. ①

180 항공안전법상 기장 1명, 기장외 조종사 2명으로 편성된 운항승무원의 연속 24시간 동안 최대 승무시간과 최대 비행근무시간은?

① 8시간, 13시간
② 12시간, 15시간
③ 12시간, 16시간
④ 16시간, 20시간

시행규칙 제127조(운항승무원의 승무시간 기준 등), 별표 18

운항승무원의 승무시간·근무시간 (시행규칙 127조, 별표 18) (단위: 시간)				
운항승무원 편성	최대승무시간			최대비행 근무시간
	연속 24시간	연속 28일	연속 365일	연속 24시간
기장 1명	8	100	1,000	13
기장 1명, 기장 외의 조종사 1명	8	100	1,000	13
기장 1명, 기장 외의 조종사 1명, 항공기관사 1명	12	120	1,000	15
기장 1명, 기장 외의 조종사 2명	12	120	1,000	16
기장 2명, 기장 외의 조종사 1명	13	120	1,000	16.5
기장 2명, 기장 외의 조종사 2명	16	120	1,000	20
기장 2명, 기장 외의 조종사 2명, 항공기관사 2명	16	120	1,000	20

181 항공안전법상 운항승무원의 비행근무시간(Flight Duty Period)에 대한 설명으로 타당한 것은?

① 운항승무원이 1개 구간 또는 연속되는 2개 구간 이상의 비행이 포함된 근무의 시작을 보고한 때부터 마지막 비행이 종료되어 최종적으로 항공기의 발동기가 정지된 때까지의 총 시간을 말한다.
② 비행임무를 수행하기 위하여 지정한 장소에 출두한 시각부터 비행을 종료한 후 디브리핑 시각까지의 총시간을 말한다.
③ 비행임무를 수행하기 위하여 지정한 장소에 출두한 시각부터 비행을 종료한 후 항공기가 정지된 때까지의 총 시간을 말한다.
④ 운항승무원이 비행을 목적으로 항공기에 탑승한 순간부터 비행이 종료되어 하기한 때까지의 총 시간을 말한다.

시행규칙 제127조(운항승무원의 승무시간 기준 등), 별표 18 참조

182 항공안전법상 기장 1명, 기장외 조종사 1명으로 편성된 운항승무원의 연속 28일과 연속 365일의 최대 승무시간을 나열한 것으로 맞는 것은?

① 100시간, 1,000시간
② 100시간, 1,500시간
③ 120시간, 1,000시간
④ 120시간, 1,500시간

시행규칙 제127조(운항승무원의 승무시간 기준 등), 별표 18 참조

183 운항승무원이 항공기 운영자의 요구에 따라 근무보고를 하거나 근무를 시작한 때부터 모든 근무가 끝난 때까지의 시간을 무엇이라 하는가?

① 비행시간   ② 근무시간
③ 승무시간   ④ 비행근무시간

시행규칙 제127조(운항승무원의 승무시간 기준 등), 별표 18 근무시간이란 운항승무원이 항공기 운영자의 요구에 따라 근무보고를 하거나 근무를 시작한 때부터 모든 근무가 끝난 때까지의 시간을 말한다.

184 항공운송사업에 종사하는 운항승무원의 연속 24시간 동안 최대 승무시간과 최대 비행근무시간에 대한 기준을 바르게 설명한 것은?

① 기장 1명, 기장 외의 조종사 1명으로 편성됐을 때 각각 8시간, 12시간

② 기장 1명, 기장 외의 조종사 2명으로 편성됐을 때 각각 8시간, 16시간

③ 기장 2명, 기장 외의 조종사 1명으로 편성됐을 때 각각 13시간, 16시간

④ 기장 2명, 기장 외의 조종사 2명으로 편성됐을 때 각각 16시간, 20시간

시행규칙 제127조(운항승무원의 승무시간 기준 등), 별표 18

185 항공운송사업용 항공기의 객실승무원의 은 연간 최대 승무시간은?

① 1,000시간   ② 1,200시간
③ 1,500시간   ④ 2,000시간

시행규칙 제128조(객실승무원의 승무시간 기준 등)제1항 항공운송사업자는 객실승무원이 비행피로로 인하여 항공기 안전운항에 지장을 초래하지 아니하도록 월간, 3개월간 및 연간 단위의 승무시간 기준을 운항규정에 정하여야 한다. 이 경우 연간 승무시간은 1,200시간을 초과해서는 아니 된다.

186 항공안전법상 주류등의 영향으로 항공종사자 및 객실승무원이 항공업무 또는 객실승무원의 업무를 정상적으로 수행할 수 없는 경우가 <u>아닌</u> 것은?

① 주정성분이 있는 음료의 섭취로 혈중 알코올농도가 0.02% 이상인 경우
② 마약류를 사용한 경우
③ 환각물질을 사용한 경우
④ 감기약을 섭취한 경우

법 제57조(주류등의 섭취·사용 제한)제5항 주류등의 영향으로 항공업무 또는 객실승무원의 업무를 정상적으로 수행할 수 없는 상태의 기준은 다음과 같다.
1. 주정성분이 있는 음료의 섭취로 혈중알코올농도가 0.02퍼센트 이상인 경우
2. 마약류를 사용한 경우
3. 환각물질을 사용한 경우

187 항공안전법상 항공종사자 또는 객실승무원이 주정성분이 있는 음료를 섭취하고 정상적으로 업무를 수행할 수 <u>없는</u> 혈중알코올농도는?

① 0.01%   ② 0.02%
③ 0.05%   ④ 0.1%

법 제57조(주류등의 섭취·사용 제한)제5항 참조

188 항공종사자 및 객실승무원에 대한 주류등의 섭취·사용과 관련하여 다음 내용 중 타당하지 <u>않은</u> 것은?

① 항공종사자 및 객실승무원은 항공업무 또는 객실승무원의 업무에 종사하는 동안에는 주류등을 섭취하거나 사용해서는 아니 된다.
② 국토교통부장관은 주류등의 섭취 및 사용 여부를 호흡측정기 검사 등의 방법으로 측정할 수 있다.
③ 소변 검사 등의 방법으로 주류등의 섭취 및 사용 여부를 측정할 수 있다.
④ 혈액 채취로 주류등의 섭취 및 사용 여부를 측정하는 것은 금지되어 있다.

법 제57조(주류등의 섭취·사용 제한)제4항 국토교통부장관은 항공종사자 또는 객실승무원이 제3항에 따른 측정 결과에 불복하면 그 항공종사자 또는 객실승무원의 동의를 받아 혈액 채취 또는 소변 검사 등의 방법으로 주류등의 섭취 및 사용 여부를 다시 측정할 수 있다.

189 항공안전법상 소속 공무원으로 하여금 항공종사자의 주류등의 섭취 · 사용여부에 대해 측정을 지시할 수 있는 사람은?

① 항공안전본부장
② 한국교통안전공단이사장
③ 항공교통본부장
④ 지방항공청장

> 시행규칙 제129조(주류등의 종류 및 측정 등)제1항 국토교통부장관 또는 지방항공청장은 소속 공무원으로 하여금 항공종사자 및 객실승무원의 주류등의 섭취 또는 사용 여부를 측정하게 할 수 있다.

190 항공안전법상 국토교통부장관이 고시해야하는 항공안전프로그램에 포함되는 사항에 해당되지 <u>않는</u> 것은?

① 항공안전에 관한 정책
② 항공안전 위험도의 관리
③ 항공안전지침
④ 항공안전보증

> 법 제58조(국가 항공안전프로그램 등)제1항 국토교통부장관은 다음의 사항이 포함된 항공안전프로그램을 마련하여 고시하여야 한다.
> 1. 항공안전에 관한 정책, 달성목표 및 조직체계
> 2. 항공안전 위험도의 관리
> 3. 항공안전보증
> 4. 항공안전증진

191 항공기준사고가 발생한 경우에 기장은 누구에게 그 사실을 보고해야 하는가?

① 국토교통부장관
② 항공교통본부장
③ 항공철도사고위원회위원장
④ 한국교통안전공단이사장

> 법 제59조(항공안전 의무보고)제1항 항공기사고, 항공기준사고 또는 항공안전장애 중 국토교통부령으로 정하는 사항(의무보고 대상 항공안전장애라 한다)을 발생시켰거나 항공기사고, 항공기준사고 또는 의무보고 대상 항공안전장애가 발생한 것을 알게 된 항공종사자 등 관계인은 국토교통부장관에게 그 사실을 보고하여야 한다

192 항공기사고를 보고해야 할 의무가 있는 사람에 해당되지 <u>않는</u> 사람은?

① 항공기 기장
② 항공교통관제사
③ 위험물취급자
④ 항공기관사

> 시행규칙 제134조(항공안전 의무보고의 절차 등)제3항 의무보고 대상 항공안전장애를 보고해야 하는 항공종사자등 관계인의 범위는 다음과 같다.
> 1. 항공기 기장(항공기 기장이 보고할 수 없는 경우에는 그 항공기의 소유자등을 말한다)
> 2. 항공정비사(항공정비사가 보고할 수 없는 경우에는 그 항공정비사가 소속된 기관 · 법인 등의 대표자를 말한다)
> 3. 항공교통관제사(항공교통관제사가 보고할 수 없는 경우 그 관제사가 소속된 항공교통관제기관의 장을 말한다)
> 4. 공항시설을 관리 · 유지하는 자
> 4. 공항시설을 관리 · 유지하는 자
> 5. 항행안전시설을 설치 · 관리하는 자
> 6. 위험물취급자
> 7. 항공기 중량 및 균형관리를 위한 화물 등의 탑재관리, 지상에서 항공기에 대한 동력지원 업무를 수행하는 자
> 8. 지상에서 항공기의 안전한 이동을 위한 항공기 유도 업무를 수행하는 자

193 항공안전장애를 발생시키거나 발생한 것을 알게 된 경우에 보고해야 할 의무가 있는 사람에 해당되지 <u>않는</u> 사람은?

① 항공기 조종사
② 항공기 소유자
③ 항공정비사
④ 공항시설을 관리 · 유지하는 자

> 시행규칙 제134조(항공안전 의무보고의 절차 등)제3항 참조

194 항공안전법상 항공안전 자율보고에 대한 내용으로 타당하지 <u>않은</u> 것은?

① 누구든지 자율보고대상 항공안전장애를 발생시켰거나 발생한 것을 알게 된 경우에는 국토교통부령으로 정하는 바에 따라 그 사실을 국토교통부장관에게 보고할 수 있다.

② 국토교통부장관은 항공안전 자율보고를 통하여 접수한 내용을 이 법에 따른 경우를 제외하고는 제3자에게 제공하거나 일반에게 공개해서는 아니 된다.

③ 국토교통부장관은 자율보고대상 항공안전장애를 발생시킨 사람이 그 발생일부터 10일 이내에 항공안전 자율보고를 한 경우에는 고의 또는 중대한 과실로 발생시킨 경우에 해당하지 아니하면 이 법 및 공항시설법에 따른 처분을 하여서는 아니 된다.

④ 항공안전 자율보고를 하려는 사람은 항공안전 자율보고서 또는 국토교통부장관이 정하여 고시하는 전자적인 보고방법에 따라 국토교통부장관에게 보고할 수 있다.

> 법 제61조(항공안전 자율보고), 시행규칙 제135조(항공안전 자율보고의 절차 등) 항공안전 자율보고의 내용과 절차는 다음과 같다.
> 1. 누구든지 의무보고 대상 항공안전장애 외의 항공안전장애(자율보고대상 항공안전장애)를 발생시켰거나 발생한 것을 알게 된 경우 또는 항공안전위해요인이 발생한 것을 알게 되거나 발생이 의심되는 경우에는 국토교통부령으로 정하는 바에 따라 그 사실을 국토교통부장관에게 보고할 수 있다(임의적 규정).
> 2. 국토교통부장관은 항공안전 자율보고를 통하여 접수한 내용을 이 법에 따른 경우를 제외하고는 제3자에게 제공하거나 일반에게 공개해서는 아니 된다.
> 3. 누구든지 항공안전 자율보고를 한 사람에 대하여 이를 이유로 해고·전보·징계·부당한 대우 또는 그 밖에 신분이나 처우와 관련하여 불이익한 조치를 해서는 아니 된다.

4. 국토교통부장관은 자율보고대상 항공안전장애 또는 항공안전위해요인을 발생시킨 사람이 그 발생일부터 10일 이내에 항공안전 자율보고를 한 경우에는 고의 또는 중대한 과실로 발생시킨 경우에 해당하지 아니하면 이 법 및 공항시설법에 따른 처분을 하여서는 아니 된다.

5. 항공안전 자율보고를 하려는 사람은 항공안전 자율보고서 또는 국토교통부장관이 정하여 고시하는 전자적인 보고방법에 따라 한국교통안전공단의 이사장에게 보고할 수 있다(임의적 규정).

195 항공안전 의무보고서 제출 시기로 타당하지 <u>않은</u> 것은?

① 항공기 사고: 즉시
② 항공기 준사고: 즉시
③ 항공등화 운영 및 유지관리 수준에 미달한 경우: 즉시
④ 항공등화시설의 운영이 중단되어 항공기 운항에 지장을 주는 경우: 72시간 이내

> 시행규칙 제134조(항공안전 의무보고의 절차 등)제4항, 별표 20의2 항공안전 의무보고서를 즉시 제출해야 하는 경우는 다음과 같다.
> 1. 항공기사고
> 2. 항공기준사고
> 3. 항공등화 운영 및 유지관리 수준에 미달한 경우
> 4. 항공등화시설의 운영이 중단되어 항공기 운항에 지장을 주는 경우
> 5. 활주로, 유도로 및 계류장이 항공기 운항에 지장을 줄 정도로 중대한 손상을 입었거나 화재가 발생한 경우

196 항공안전장애 또는 항공안전위해요인을 발생시킨 경우, 발생시킨 사람이 발생일로부터 며칠 이내에 보고하면 그 처분을 아니할 수 있는가?

① 7일   ② 10일
③ 30일 ④ 60일

> 법 제61조(항공안전 자율보고)제4항 참조

정답   **189.** ④   **190.** ③   **191.** ①   **192.** ④   **193.** ①   **194.** ④   **195.** ④   **196.** ②

PART 03 교통법규 **363**

197 다음 중 기장의 권한에 해당되지 <u>않는</u> 것은?

① 항공기의 승무원을 지휘·감독한다.
② 항공기에 위난이 발생하였을 때에는 항공기에 있는 여객에게 피난방법을 명할 수 있다.
③ 위난이 발생하였을 때에는 여객과 그 밖에 항공기에 있는 사람을 그 항공기에서 나가게 한 후가 아니면 항공기를 떠나서는 아니 된다.
④ 여객에게 위난이 발생할 우려가 있다고 인정될 때에는 항공기에 있는 여객에게 피난방법을 명할 수 있다.

법 제62조(기장의 권한 등)제1항, 제3항. 기장의 권한은 다음과 같다.
1. 항공기의 운항 안전에 대하여 책임을 지고 그 항공기의 승무원을 지휘·감독한다.
2. 기장은 항공기나 여객에 위난이 발생하였거나 발생할 우려가 있다고 인정될 때에는 항공기에 있는 여객에게 피난방법과 그 밖에 안전에 관하여 필요한 사항을 명할 수 있다.
보기 ③은 기장의 권한이 아니라 기장의 의무이다.

198 다음 중 기장의 의무에 해당되지 <u>않는</u> 것은?

① 기장은 항공기의 운항에 필요한 준비가 끝난 것을 확인한 후가 아니면 항공기를 출발시켜서는 아니 된다.
② 기장은 운항 중 그 항공기에 위난이 발생하였을 때에는 신속하게 탈출하여 여객과 그 밖에 항공기에 있는 사람을 그 항공기에서 나가게 해야 한다.
③ 기장은 항공기사고 또는 항공기준사고가발생하였을 때에는 국토교통부장관에게 그 사실을 보고하여야 한다.
④ 기장은 다른 항공기에서 의무보고 대상 항공안전장애가 발생한 것을 알았을 때에는 국토교통부장관에게 그 사실을 보고하여야 한다.

법 제62조(기장의 권한 등)제2항, 제4항, 제5항, 제6항. 기장의 의무는 다음과 같다.
1. 기장은 항공기의 운항에 필요한 준비가 끝난 것을 확인한 후가 아니면 항공기를 출발시켜서는 아니 된다.
2. 기장은 운항 중 그 항공기에 위난이 발생하였을 때에는 여객을 구조하고, 지상 또는 수상에 있는 사람이나 물건에 대한 위난 방지에 필요한 수단을 마련하여야 하며, 여객과 그 밖에 항공기에 있는 사람을 그 항공기에서 나가게 한 후가 아니면 항공기를 떠나서는 아니 된다.
3. 기장은 항공기사고, 항공기준사고 또는 의무보고 대상 항공안전장애가 발생하였을 때에는 국토교통부장관에게 그 사실을 보고하여야 한다. 다만, 기장이 보고할 수 없는 경우에는 그 항공기의 소유자등이 보고를 하여야 한다.
4. 기장은 다른 항공기에서 항공기사고, 항공기준사고 또는 의무보고 대상 항공안전장애가 발생한 것을 알았을 때에는 국토교통부장관에게 그 사실을 보고하여야 한. 다만, 무선설비를 통하여 그 사실을 안 경우에는 그러하지 아니하다.

199 항공기 기장의 권한과 의무에 대한 설명으로 타당하지 <u>않은</u> 것은?

① 해당 항공기의 승무원을 지휘·감독한다.
② 항공기에 위난이 발생하였을 때에는 항공기에 있는 여객에게 피난방법을 명할 수 있다.
③ 기장은 항공기사고 또는 항공기준사고가발생하였을 때에는 국토교통부장관에게 그 사실을 보고하여야 한다.
④ 운항 중 항공기 내에서 발생한 범죄에 대해서는 일체의 사법권을 가진다.

법 제62조(기장의 권한 등) 참조

200 기장은 항공기 사고 또는 항공기 준사고가 발생한 경우 그 사실을 국토교통부장관에게 보고해야 한다. 만약 기장이 보고할 수 없는 경우에는 누가 보고해야 하는가?

① 부조종사
② 운항관리사
③ 항공기 소유자등
④ 항공정비사

법 제62조(기장의 권한 등) 참조

201 다음 중 항공기 출발 전 기장이 확인해야 할 사항에 해당되지 <u>않는</u> 것은?

① 해당 항공기의 감항성 및 등록 여부와 감항증명서 및 등록증명서의 탑재
② 해당 항공기의 운항을 고려한 이륙중량, 착륙중량, 중심위치 및 중량분포
③ 해당 항공기의 승객명단 및 음식물 탑재 현황
④ 연료 및 오일의 탑재량과 그 품질

시행규칙 136조(출발 전의 확인)제1항

	기장의 출발 전 확인 사항(시행규칙 제136조제1항)
1	해당 항공기의 감항성 및 등록 여부와 감항증명서 및 등록증명서의 탑재
2	해당 항공기의 운항을 고려한 이륙중량, 착륙중량, 중심위치 및 중량분포
3	예상되는 비행조건을 고려한 의무무선설비 및 항공계기 등의 장착
4	해당 항공기의 운항에 필요한 기상정보 및 항공정보
5	연료 및 오일의 탑재량과 그 품질
6	위험물을 포함한 적재물의 적절한 분배 여부 및 안정성
7	해당 항공기와 그 장비품의 정비 및 정비 결과

202 다음 중 항공기 출발 전 기장이 점검해야 할 사항에 해당되지 <u>않는</u> 것은?

① 항공일지에 관한 기록이 점검
② 정비에 관한 기록의 점검
③ 항공기의 내부 점검
④ 발동기의 지상 시운전 점검

시행규칙 136조(출발 전의 확인)제2항

	기장의 정비 및 정비결과 확인 시 점검 사항 (시행규칙 제136조제2항)
1	항공일지 및 정비에 관한 기록의 점검
2	항공기의 외부 점검
3	발동기의 지상 시운전 점검
4	그 밖에 항공기의 작동사항 점검

203 다음 중 운항관리사를 두어야 하는 경우는?

① 정기항공운송사업자와 국제항공운송사업자
② 항공운송사업자와 국외운항항공기 소유자
③ 항공운송사업자와 항공사용사업자
④ 항공사용사업자와 정기항공운송사업자

법 제65조(운항관리사)제1항 항공운송사업자와 국외운항항공기 소유자등은 국토교통부령으로 정하는 바에 따라 운항관리사를 두어야 한다.

204 항공안전법상 운항관리사가 연속 몇 개월 이상 근무하지 않으면 업무에 종사할 수 없는가?

① 12개월   ② 24개월
③ 36개월   ④ 60개월

시행규칙 제158조(운항관리사) 운항관리사를 두어야 하는 자는 운항관리사가 연속하여 12개월 이상의 기간 동안 운항관리사의 업무에 종사하지 아니한 경우에는 그

시행규칙 제158조(운항관리사) 운항관리사를 두어야 하는 자는 운항관리사가 연속하여 12개월 이상의 기간 동안 운항관리사의 업무에 종사하지 아니한 경우에는 그 운항관리사가 시행규칙 제159조에 따른 지식과 경험을 갖추고 있는지의 여부를 확인한 후가 아니면 그 운항관리사를 운항관리사의 업무에 종사하게 해서는 아니 된다.

205 비행장 이외의 장소에서 이륙하거나 착륙하기 위해서는 누구의 허가를 받아야 하는가?

① 항공교통본부장
② 한국공항공사사장
③ 국토교통부장관
④ 항공교통안전관리자

법 제66조(항공기 이륙·착륙의 장소), 시행령 제9조(항공기 이륙·착륙 장소 외에서의 이륙·착륙 허가 등), 시행규칙 제160조(이륙·착륙 장소 외에서의 이륙·착륙 허가신청)누구든지 항공기(활공기와 비행선은 제외한다)를 비행장이 아닌 곳(해당 항공기에 요구되는 비행장 기준에 맞지 아니하는 비행장을 포함한다)에서 이륙하거나 착륙하여서는 아니 된다. 다만, 안전과 관련한 비상상황 등 불가피한 사유가 있는 경우로서 국토교통부장관의 허가를 받은 경우는 가능하다.

206 다음 중 비행장이 아닌 곳에서 이륙하거나 착륙할 수 있는 항공기는?

① 비행기   ② 헬리콥터
③ 경량항공기   ④ 활공기

법 제66조(항공기 이륙·착륙의 장소) 참조

207 항공안전법상 항공기의 비행규칙에 대한 설명으로 타당하지 않는 것은?

① 항공교통관제업무의 효율성에 관한 규칙
② 시계비행에 관한 규칙
③ 계기비행에 관한 규칙
④ 비행계획의 작성·제출·접수 및 통보 등에 관한 규칙

법 제67조(항공기의 비행규칙)

비행규칙의 구분(법 제67조제2항)	
1	재산 및 인명을 보호하기 위한 비행절차 등 일반적인 사항에 관한 규칙
2	시계비행에 관한 규칙
3	계기비행에 관한 규칙
4	비행계획의 작성·제출·접수 및 통보 등에 관한 규칙
5	그 밖에 비행안전을 위하여 필요한 사항에 관한 규칙

208 기장의 비행규칙 준수의무와 관련한 설명으로 바르지 않은 것은?

① 기장은 비행을 하기 전에 현재의 기상관측보고, 기상예보, 소요 연료량, 대체 비행경로 및 그 밖에 비행에 필요한 정보를 숙지하여야 한다.
② 기장은 인명이나 재산에 피해가 발생하지 아니하도록 주의하여 비행하여야 한다.
③ 기장은 다른 항공기 또는 그 밖의 물체와 충돌하지 아니하도록 비행하여야 하며, 공중충돌경고장치의 회피지시가 발생한 경우에는 그 지시에 따라 회피기동을 하는 등 충돌을 예방하기 위한 조치를 하여야 한다.
④ 기장은 안전을 위하여 불가피한 경우에도 반드시 비행규칙에 따라 비행하여야 한다.

시행규칙 제161조(비행규칙의 준수)
기장은 비행규칙에 따라 비행하여야 한다. 다만, 안전을 위하여 불가피한 경우에는 그러하지 아니하다.
기장은 비행을 하기 전에 현재의 기상관측보고, 기상예보, 소요 연료량, 대체 비행경로 및 그 밖에 비행에 필요한 정보를 숙지하여야 한다.
기장은 인명이나 재산에 피해가 발생하지 아니하도록 주의하여 비행하여야 한다.
기장은 다른 항공기 또는 그 밖의 물체와 충돌하지 아니하도록 비행하여야 하며, 공중충돌경고장치의 회피지시가 발생한 경우에는 그 지시에 따라 회피기동을 하는 등 충돌을 예방하기 위한 조치를 하여야 한다.

209 항공안접법상 항공기가 지상 이동할 때 준수해야 할 사항으로 바르지 않은 것은?

① 정면으로 접근하는 항공기 상호간에는 모두 정지하거나 가능한 경우에는 충분한 간격이 유지되도록 각각 오른쪽으로 진로를 바꿔야 한다.

② 교차하는 항공기 상호간에는 다른 항공기를 좌측으로 보는 항공기가 진로를 양보해야 한다.

③ 앞지르기하는 항공기는 다른 항공기의 통행에 지장을 주지 않도록 충분한 분리 간격을 유지할 것

④ 기동지역에서 지상이동하는 항공기는 정지선등(Stop Bar Lights)이 꺼져있을 때에 이동해야 한다.

> 시행규칙 제162조(항공기의 지상이동) 비행장 안의 이동지역에서 이동하는 항공기는 충돌예방을 위하여 다음의 기준에 따라야 한다.
> 1. 정면 또는 이와 유사하게 접근하는 항공기 상호간에는 모두 정지하거나 가능한 경우에는 충분한 간격이 유지되도록 각각 오른쪽으로 진로를 바꿀 것
> 2. 교차하거나 이와 유사하게 접근하는 항공기 상호간에는 다른 항공기를 우측으로 보는 항공기가 진로를 양보할 것
> 3. 앞지르기하는 항공기는 다른 항공기의 통행에 지장을 주지 않도록 충분한 분리 간격을 유지할 것
> 4. 기동지역에서 지상이동 하는 항공기는 관제탑의 지시가 없는 경우에는 활주로진입전대기지점(Runway Holding Position)에서 정지 · 대기할 것
> 5. 기동지역에서 지상이동하는 항공기는 정지선등(Stop Bar Lights)이 켜져 있는 경우에는 정지 · 대기하고, 정지선등이 꺼질 때에 이동할 것

210 항공기가 지상 이동할 때 관제탑의 지시가 없는 경우 기장이 해야 할 행동으로 바른 것은?

① 선착순으로 진입한다.

② 활주로 진입 전 대기 지점(Runway Holding Position)에서 정지 · 대기해야 한다.

③ 다른 항공기를 우측으로 보는 항공기가 먼저 진입한다.

④ 원래 위치로 돌아간다.

> 시행규칙 제162조(항공기의 지상이동) 참조

211 항공기가 29,000ft 미만의 고도에서 자방위 100°방향으로 시계비행방식으로 비행하는 경우 순항고도는?

① 1,000ft의 홀수배 고도

② 1,000ft의 짝수배 고도

③ 1,000ft의 홀수배 고도 + 500ft

④ 1,000ft의 짝수배 고도 + 500ft

시행규칙 제164조(순항고도), 별표 21

순항고도(시행규칙 164조, 별표 21)			
비행 방향	비행 방식	29,000ft 미만	29,000ft 이상
000° ~ 179°	계기 비행	홀수배 × 1,000ft (예: 3,000ft, 5,000ft)	29,000ft + (4,000 × n)ft (예: 29,000ft, 33,000ft, 37,000ft...)
	시계 비행	위 값 + 500ft (예: 3,500ft, 5,500ft...)	30,000ft + (4,000 × n)ft (예: 30,000ft, 34,000ft, 38,000ft...)
180° ~ 359°	계기 비행	짝수배 × 1,000ft (예: 4,000ft, 6,000ft...)	31,000ft + (4,000 × n)ft (예: 31,000ft, 35,000ft, 39,000ft...)
	시계 비행	위 값 + 500ft (예: 4,500ft, 6,500ft...)	32,000ft + (4,000 × n)ft (예: 32,000ft, 36,000ft, 41,000ft...)

비고: 국토교통부장관이 수직분리축소공역(RVSM)으로 정하여 고시한 공역의 경우에는 별표 21 제2호에서 정한 순항고도

212 다음 중 항공기가 29,000ft 이상의 고도에서 자방위 270°방향으로 계기비행방식으로 비행할 때 비행 가능한 순항고도는?

① 29,000ft ② 30,000ft

③ 31,000ft ④ 32,000ft

> 시행규칙 제164조(순항고도), 별표 21 참조

213 다음 중 자방위 300°방향으로 시계비행중인 항공기가 비행 가능한 순항고도는?

① 6,000ft   ② 6,500ft
③ 7,000ft   ④ 7,500ft

시행규칙 제164조(순항고도), 별표 21 참조

214 다음 중 자방위 100°방향으로 시계비행중인 항공기가 비행 가능한 순항고도는?

① 6,000ft   ② 6,500ft
③ 7,000ft   ④ 7,500ft

시행규칙 제164조(순항고도), 별표 21 참조

215 다음 중 항공기가 29,000ft 이상의 고도에서 자방위 000°～ 179° 방향으로 시계비행방식으로 비행할 때 관제사의 지시 이외에 비행 가능한 최저 순항고도는?

① 29,000ft   ② 30,000ft
③ 31,000ft   ④ 32,000ft

시행규칙 제164조(순항고도), 별표 21 참조

216 전이고도 이하로 비행 시 기압고도계의 수정에 대한 설명으로 맞는 것은?

① 표준기압치인 1,013.2 hPa로 수정할 것
② 185km(100해리) 이내에 있는 항공교통관제기관으로부터 통보받은 QNH로 수정할 것
③ 185km(100해리) 이내에 있는 항공교통관제기관으로부터 통보받은 QFE로 수정할 것
④ 185km(100해리) 이내에 있는 항공교통관제기관으로부터 통보받은 QNE로 수정할 것

시행규칙 제165조(기압고도계의 수정)
비행을 하는 항공기의 기압고도계는 다음의 기준에 따라 수정해야 한다.
1. 전이고도 이하의 고도로 비행하는 경우에는 비행로를 따라 185km(100해리) 이내에 있는 항공교통관제기관으로부터 통보받은 QNH[185km(100해리) 이내에 항공교통관제기관이 없는 경우에는 비행정보기관 등으로부터 받은 최신 QNH를 말한다]로 수정할 것
2. 전이고도를 초과한 고도로 비행하는 경우에는 표준기압치(1,013.2 hPa)로 수정할 것

217 항공기가 전이고도를 초과하여 비행할 때 기압고도계 수정은 어떻게 하는가?

① 표준기압치인 1,013.2 hPa로 수정할 것
② 185km(100해리) 이내에 있는 비행정보기관으로부터 통보받은 QNH로 수정할 것
③ 185km(100해리) 이내에 있는 비행정보기관으로부터 통보받은 QFE로 수정할 것
④ 185km(100해리) 이내에 있는 항공교통관제기관으로부터 통보받은 QNH로 수정할 것

시행규칙 제165조(기압고도계의 수정) 참조

218 항공기가 전이고도 이하의 고도를 비행할 때 기압고도계 수정을 위해서는 항공교통관제기관으로부터 통보받은 QNH로 수정해야 한다. 이때 항공교통관제기관은 항공기로부터 몇 해리 이내에 있어야 하는가?

① 50NM   ② 100NM
③ 185NM   ④ 1,013NM

시행규칙 제165조(기압고도계의 수정) 참조

219 교차하거나 그와 유사하게 접근하는 고도의 항공기 상호 간에 통행의 우선순위로 바르게 나열한 것은?

① 기구류 – 활공기 – 비행선 – 비행기
② 기구류 – 비행선 – 활공기 – 비행기
③ 비행선 – 활공기 – 헬리콥터 – 비행기
④ 비행기 – 헬티콥터 – 비행선 – 활공기

시행규칙 제166조(통행의 우선순위)
법 제67조에 따라 교차하거나 그와 유사하게 접근하는 고도의 항공기 상호간에는 다음 각 호에 따라 진로를 양보해야 한다.
1. 비행기·헬리콥터는 비행선, 활공기 및 기구류에 진로를 양보할 것
2. 비행기·헬리콥터·비행선은 항공기 또는 그 밖의 물건을 예항(끌고 비행하는 것을 말한다)하는 다른 항공기에 진로를 양보할 것
3. 비행선은 활공기 및 기구류에 진로를 양보할 것
4. 활공기는 기구류에 진로를 양보할 것
5. 제1호부터 제4호까지의 경우를 제외하고는 다른 항공기를 우측으로 보는 항공기가 진로를 양보할 것
  ② 비행 중이거나 지상 또는 수상에서 운항 중인 항공기는 착륙 중이거나 착륙하기 위하여 최종접근 중인 항공기에 진로를 양보하여야 한다.
  ③ 착륙을 위하여 비행장에 접근하는 항공기 상호간에는 높은 고도에 있는 항공기가 낮은 고도에 있는 항공기에 진로를 양보해야 한다. 이 경우 낮은 고도에 있는 항공기는 최종 접근단계에 있는 다른 항공기의 전방에 끼어들거나 그 항공기를 앞지르기 해서는 안 된다.
  ④ 제3항에도 불구하고 비행기, 헬리콥터 또는 비행선은 활공기에 진로를 양보하여야 한다.
  ⑤ 비상착륙하는 항공기를 인지한 항공기는 그 항공기에 진로를 양보하여야 한다.
  ⑥ 비행장 안의 기동지역에서 운항하는 항공기는 이륙 중이거나 이륙하려는 항공기에 진로를 양보하여야 한다.

220 비행중인 항공기 상호간에 진로의 양보에 대한 설명으로 타당한 것은?

① 다른 항공기를 우측으로 보는 항공기가 진로를 양보할 것
② 다른 항공기를 좌측으로 보는 항공기가 진로를 양보할 것
③ 낮은 고도에 있는 항공기가 높은 고도에 있는 항공기에 진로를 양보할 것
④ 기구류는 활공기에 진로를 양보할 것

시행규칙 제166조(통행의 우선순위) 참조

221 다음 중 항공기 상호간에 진로의 양보에 대한 설명으로 **틀린** 것은?

① 비행 중인 항공기는 착륙 중인 항공기에 진로를 양보하여야 한다.
② 지상에서 운항 중인 항공기는 착륙하기 위해 최종 접근 중인 항공기에 진로를 양보하여야 한다.
③ 비상착륙하는 항공기를 인지한 항공기는 그 항공기에 진로를 양보하여야 한다.
④ 비상착륙하는 항공기는 이륙하려는 항공기에 진로를 양보하여야 한다.

시행규칙 제166조(통행의 우선순위) 참조

222 다음 중 통행의 우선순위기 가장 높은 항공기는?

① 비상착륙하는 항공기
② 선회중인 항공기
③ 지상 운항중인 항공기
④ 추월 중인 항공기

시행규칙 제166조(통행의 우선순위) 참조

223 두 항공기가 충돌할 위험이 있을 정도로 정면 또는 이와 유사하게 접근하는 경우에 진로의 선택은?

① 먼저 본 항공기가 기수를 오른쪽으로 돌린다.
② 먼저 본 항공기가 기수를 왼쪽으로 돌린다.
③ 두 항공기 모두 기수를 오른쪽으로 돌린다.
④ 두 항공기 모두 기수를 왼쪽으로 돌린다.

시행규칙 제167조(진로와 속도 등)
1. 통행의 우선순위를 가진 항공기는 그 진로와 속도를 유지하여야 한다.
2. 다른 항공기에 진로를 양보하는 항공기는 그 다른 항공기의 상하 또는 전방을 통과해서는 아니 된다. 다만, 충분한 거리 및 항적난기류(航跡亂氣流)의 영향을 고려하여 통과하는 경우에는 그러하지 아니하다.
3. 두 항공기가 충돌할 위험이 있을 정도로 정면 또는 이와 유사하게 접근하는 경우에는 서로 기수(機首)를 오른쪽으로 돌려야 한다.
4. 다른 항공기의 후방 좌·우 70도 미만의 각도에서 그 항공기를 앞지르기(상승 또는 강하에 의한 앞지르기를 포함한다)하려는 항공기는 앞지르기당하는 항공기의 오른쪽을 통과해야 한다. 이 경우 앞지르기하는 항공기는 앞지르기당하는 항공기와 간격을 유지하며, 앞지르기당하는 항공기의 진로를 방해해서는 안 된다.

224 다른 항공기를 앞지르기 하려는 경우 올바른 앞지르기 방법은?

① 앞지르기 당하는 항공기의 오른쪽을 통과해야 한다.
② 앞지르기 당하는 항공기의 왼쪽을 통과해야 한다.
③ 앞지르기 당하는 항공기의 상방을 통과해야 한다.
④ 앞지르기 당하는 항공기의 하방을 통과해야 한다.

시행규칙 제167조(진로와 속도 등) 참조

225 항공기는 지표면으로부터 750m(2,500ft)를 초과하고, 평균해면으로부터 3,050m(10,000ft) 미만인 고도에서는 비행하여야 하는 속도는?

① 지시대기속도 250노트 이하
② 수정대기속도 250노트 이하
③ 진대기속도 250노트 이하
④ 대지속도 250노트 이하

시행규칙 제169조(비행속도의 유지 등)

비행속도의 유지(시행규칙 제169조)		
번호	고도	비행속도
1	지표면으로부터 750m(2,500ft) 초과 평균해면으로부터 3,050m(10,000ft) 미만	지시대기속도 250노트 이하
2	C 또는 D등급 공역 내 공항으로부터 반지름 7.4km(4해리) 내의 지표면으로부터 750m(2,500ft) 이하	지시대기속도 200노트 이하
3	B등급 공역 중 공항별로 국토교통부장관이 고시하는 범위와 고도의 구역 또는 B등급 공역을 통과하는 시계비행로	지시대기속도 200노트 이하
4	최저안전속도가 상기 규정에 따른 최대속도보다 빠른 항공기는 그 항공기의 최저안전속도로 비행하여야 한다	

226 항공기가 C 또는 D등급 공역에서 공항으로부터 반지름 7.4km(4NM) 내의 지표면으로부터 750m(2,500ft)의 고도 이하에서 비행하여야 하는 속도는?

① 지시대기속도 200노트 이하
② 지시대기속도 250노트 이하
③ 대지속도 200노트 이하
④ 대지속도 250노트 이하

시행규칙 제169조(비행속도의 유지 등)

227 항공기를 이용하여 활공기를 예항하는 경우 올바른 방법은?

① 항공기와 활공기 간에 무선통신으로 연락이 가능한 경우 반드시 항공기에 연락원을 탑승시킬 것
② 예항줄의 길이는 80m 이상 100m 이하로 할 것

③ 예항줄 길이의 80%에 상당하는 고도 이하의 고도에서 예항줄을 이탈시킬 것

④ 구름 속에서나 야간에 예항할 경우에는 지방항공청장의 허가를 받을 것

시행규칙 제171조(활공기 등의 예항) 항공기가 활공기를 예항하는 경우에는 다음의 기준에 따라야 한다.
1. 활공기를 예항하는 경우
 ① 항공기에 연락원을 탑승시킬 것(조종자를 포함하여 2명 이상이 탈 수 있는 항공기의 경우만 해당하며, 그 항공기와 활공기 간에 무선통신으로 연락이 가능한 경우는 제외한다)
 ② 예항하기 전에 항공기와 활공기의 탑승자 사이에 다음에 관하여 상의할 것
  ⓐ 출발 및 예항의 방법
  ⓑ 예항줄 이탈의 시기 · 장소 및 방법
  ⓒ 연락신호 및 그 의미
  ⓓ 그 밖에 안전을 위하여 필요한 사항
 ③ 예항줄의 길이는 40m 이상 80m 이하로 할 것
 ④ 지상연락원을 배치할 것
 ⑤ 예항줄 길이의 80%에 상당하는 고도 이상의 고도에서 예항줄을 이탈시킬 것
 ⑥ 구름 속에서나 야간에는 예항을 하지 말 것(지방항공청장의 허가를 받은 경우는 제외한다)
2. 활공기 외의 물건을 예항하는 경우
 ① 예항줄에는 20미터 간격으로 붉은색과 흰색의 표지를 번갈아 붙일 것
 ② 지상연락원을 배치할 것

228 항공기가 활공기를 예항하는 경우에 예항하기 전에 항공기와 활공기 탑승자 사이에 상호 상의해야 할 사항이 <u>아닌</u> 것은?

① 출발 및 예항의 방법
② 예항줄 이탈의 시기 · 장소 및 방법
③ 연락신호 및 그 의미
④ 연락원의 연락처

시행규칙 제171조(활공기 등의 예항) 참조

229 항공기가 활공기 외의 물건을 예항하는 경우에 준수해야 할 기준으로 타당한 것은?

① 항공기에 연락원을 탑승시킬 것
② 예항줄의 길이는 60m 이상 80m 이하로 할 것
③ 예항줄에는 20미터 간격으로 붉은색과 흰색의 표지를 번갈아 붙일 것
④ 예항줄 길이의 60퍼센트에 상당하는 고도 이상의 고도에서 예항줄을 이탈시킬 것

시행규칙 제171조(활공기 등의 예항) 참조

230 항공기가 활공기를 예항하는 경우 예항줄의 길이는?

① 20m 이상 40m 이하
② 20m 이상 60m 이하
③ 40m 이상 60m 이하
④ 40m 이상 80m 이하

시행규칙 제171조(활공기 등의 예항) 참조

231 항공기가 활공기 외의 물건을 예항하는 경우 몇 미터(m) 간격으로 붉은색과 흰색의 표지를 번갈아 붙이는가?

① 20m   ② 40m
③ 60m   ④ 80m

시행규칙 제171조(활공기 등의 예항) 참조

232 시계비행방식으로 비행하는 항공기가 관제권 안으로 진입할 수 없는 기상 한계는?

① 운고가 300m(1,000ft) 미만 또는 지상시정이 5km 미만인 경우

② 운고가 300m(1,000ft) 미만 또는 지상시정이 8km 미만인 경우

③ 운고가 450m(1,500ft) 미만 또는 지상시정이 5km 미만인 경우

④ 운고가 450m(1,500ft) 미만 또는 지상시정이 8km 미만인 경우

시행규칙 제172조(시계비행의 금지)
1. 운고와 시정에 따른 시계비행 금지
   시계비행방식으로 비행하는 항공기는 해당 비행장의 운고가 450m(1,500ft) 미만 또는 지상시정이 5km 미만인 경우에는 관제권 안의 비행장에서 이륙 또는 착륙을 하거나 관제권 안으로 진입할 수 없다. 다만, 관할 항공교통관제기관의 허가를 받은 경우에는 그렇지 않다.
2. 의무적 계기비행
   항공기는 다음의 어느 하나에 해당되는 경우에는 기상상태에 관계없이 계기비행방식에 따라 비행해야 한다. 다만, 관할 항공교통관제기관의 허가를 받은 경우에는 그렇지 않다.
   ① 평균해면으로부터 6,100m(20,000ft)를 초과하는 고도로 비행하는 경우
   ② 천음속 또는 초음속으로 비행하는 경우
3. 300m(1,000ft) 수직분리최저치가 적용되는 8,850m(29,000ft) 이상 12,500m(41,000ft) 이하의 수직분리축소공역 시계비행금지
4. 시계비행방식으로 비행하는 항공기는 최저비행고도 미만의 고도로 비행하여서는 아니 된다. 다만, 다음의 어느 하나에 해당하는 경우에는 그러하지 아니하다.
   ① 이륙하거나 착륙하는 경우
   ② 항공교통업무기관의 허가를 받은 경우
   ③ 비상상황의 경우로서 지상의 사람이나 재산에 위해를 주지 아니하고 착륙할 수 있는 고도인 경우

233 다음 중 시계비행이 금지되는 경우가 아닌 것은?

① 평균해면으로부터 6,100m(20,000ft)를 초과하는 고도로 비행하는 경우

② 천음속또는 초음속(超音速)으로 비행하는 경우

③ 수직분리최저치가 적용되는 8,850m(29,000ft) 이상 12,500m(41,000ft) 이하의 수직분리축소공역 시계비행금지

④ 최저비행고도 미만의 고도로 이륙하거나 착륙하는 경우

시행규칙 제172조(시계비행의 금지) 참조

234 시계비행방식으로 비행하는 항공기는 예외적으로 최저비행고도로 비행하는 것이 허용되는데 이에 해당되지 <u>않는</u> 것은?

① 이륙하는 경우

② 착륙하는 경우

③ 항공교통업무기관의 허가를 받은 경우

④ 비상상황의 경우로서 지상의 사람이나 재산에 위해를 주며 착륙할 수 있는 고도인 경우

시행규칙 제172조(시계비행의 금지) 참조

235 시계비행방식으로 비행하는 항공기가 기상상태와 무관하게 무조건 계기비행방식으로 비행해야 하는 경우는?

① 평균해면으로부터 1,525m(5,000ft)를 초과하는 고도로 비행하는 경우

② 평균해면으로부터 3,050m(10,000ft)를 초과하는 고도로 비행하는 경우

③ 평균해면으로부터 4,570m(15,000ft)를 초과하는 고도로 비행하는 경우

④ 평균해면으로부터 6,100m(20,000ft)를 초과하는 고도로 비행하는 경우

시행규칙 제172조(시계비행의 금지) 참조

236 다음은 시계비행방식으로 비행하는 항공기가 준수해야 할 사항을 설명한 것이다. 이 중 바르지 않은 것은?

① 지표면 또는 수면상공 900m(3,000ft) 이상을 비행할 경우에는 순항고도에 따라 비행하여야 한다.
② B, C 또는 D등급의 공역 내에서 비행하는 경우에는 항공교통관제기관의 지시에 따라야 한다.
③ 관제비행장의 부근 또는 기동지역에서 운항하는 경우에는 항공교통관제기관의 지시에 따라야 한다.
④ 특별시계비행방식에 따라 비행하는 경우는 항공교통관제기관의 지시에 따를 필요가 없다.

> 시행규칙 제173조(시계비행방식에 의한 비행)
> 1. 순항고도 준수
> 2. 시계비행방식으로 비행하는 항공기는 지표면 또는 수면상공 900m(3,000ft) 이상을 비행할 경우에는 별표 21에 따른 순항고도에 따라 비행하여야 한다. 다만, 관할 항공교통업무기관의 허가를 받은 경우에는 그러하지 아니하다.
> 3. 항공교통관제기관 지시 복종
> 4. 시계비행방식으로 비행하는 항공기는 다음 각 호의 어느 하나에 해당하는 경우에는 항공교통관제기관의 지시에 따라 비행하여야 한다.
>   ① 별표 23 제1호에 따른 B, C 또는 D등급의 공역 내에서 비행하는 경우
>   ② 관제비행장의 부근 또는 기동지역에서 운항하는 경우
>   ③ 특별시계비행방식에 따라 비행하는 경우

237 다음 중 특별시계비행과 관련한 설명으로 타당하지 않은 것은?

① 구름을 피하여 비행하여야 한다.
② 비행시정을 1,500m 이상 유지하며 비행하여야 한다.
③ 지표 또는 수면을 계속 볼 수 있는 상태로 비행하여야 한다.
④ 조종사가 계기비행자격 자격이 없더라도 주야간 비행이 가능하다.

> 시행규칙 제174조(특별비행승인)
> 1. 특별시계비행의 기준
> 예측할 수 없는 급격한 기상의 악화 등 부득이한 사유로 관할 항공교통관제기관으로부터 특별시계비행허가를 받은 항공기의 조종사는 다음의 기준에 따라 비행하여야 한다.
>   ① 허가받은 관제권 안을 비행할 것
>   ② 구름을 피하여 비행할 것
>   ③ 비행시정을 1,500m 이상 유지하며 비행할 것
>   ④ 지표 또는 수면을 계속하여 볼 수 있는 상태로 비행할 것
>   ⑤ 조종사가 계기비행을 할 수 있는 자격이 없거나 항공계기를 갖추지 아니한 항공기로 비행하는 경우에는 주간에만 비행할 것. 다만, 헬리콥터는 야간에도 비행할 수 있다.
> 2. 특별시계비행 시 이륙 및 착륙 가능 시정
> 특별시계비행을 하는 경우에는 다음의 조건에서만 이륙하거나 착륙할 수 있다.
>   ① 지상시정이 1,500m 이상일 것
>   ② 지상시정이 보고되지 아니한 경우에는 비행시정이 1,500m 이상일 것

238 다음 중 특별시계비행 허가를 받고 이륙하거나 착륙할 때 지상시정이 보고되지 아니한 경우 허용되는 비행시정은?

① 1,000m   ② 1,500m
③ 2,000m   ④ 2,500m

> 시행규칙 제174조(특별비행승인) 참조

239 다음 중 해발 3,050m(10,000ft) 이상의 고도에서 시계비행방식으로 비행하는 항공기가 비행할 수 있는 기상 상태로 바른 것은?

① 비행시정 3,000m 이상일 때
② 비행시정 5,000m 이상일 때
③ 비행시정 8,000m 이상일 때
④ 비행시정 10,000m 이상일 때

시행규칙 제175조(비행시정 및 구름으로부터의 거리)
시계비행방식으로 비행하는 항공기는 별표 24에 따른 비행시정 및 구름으로부터의 거리 미만인 기상상태에서 비행하여서는 아니 된다. 다만, 특별시계비행방식에 따라 비행하는 항공기는 그러하지 아니하다.

시계상의 양호한 기상상태(시행규칙 제175조, 별표 24)			
고도	공역 (등급)	비행 시정	구름으로부터의 거리
해발 3,050m(10,000ft) 이상	B, C, D, E, F, G	8,000m	수평으로 1,500m 수직으로 300m(1,000ft)
해발 900m(3,000ft) 또는 장애물 상공 300m(1,000ft) 초과 ~ 해발 3,050m(10,000ft) 미만	B, C, D, E, F, G	5,000m	수평으로 1,500m 수직으로 300m(1,000ft)
해발 900m(3,000ft) 또는 장애물 상공 300m(1,000ft) 중 높은 고도 이하	B, C, D, E	5,000m	수평으로 1,500m 수직으로 300m(1,000ft)
	F, G	5,000m	지표면 육안 식별 및 구름을 피할 수 있는 거리

240 두 나라 이상을 운항하는 자가 출항하는 경우 항공기 입출항 신고서는 언제까지 제출해야 하는가?

① 출항 준비가 끝나기 전
② 출항 준비가 끝나는 즉시
③ 국내 목적공항 도착 예정 시간 2시간 전
④ 출발국에서 출항 후 20분

시행규칙 제182조(비행계획의 제출 등)제2항 참조

241 다음 중 해발 900m(3,000ft) 이상 3,050m(10,000ft) 미만의 고도에서 시계비행방식으로 비행하는 항공기가 비행할 수 있는 기상 상태로 바른 것은?

① 구름으로부터의 거리가 수평으로 1,000m, 수직으로 300m(1,000ft) 이상일 때
② 구름으로부터의 거리가 수평으로 1,500m, 수직으로 300m(1,000ft) 이상일 때
③ 구름으로부터의 거리가 수평으로 1,000m, 수직으로 900m(3,000ft) 이상일 때
④ 구름으로부터의 거리가 수평으로 1,500m, 수직으로 900m(3,000ft) 이상일 때

시행규칙 제175조(비행시정 및 구름으로부터의 거리)

242 다음 중 비행계획서에 포함되지 <u>않는</u> 사항은?

① 항공기의 식별부호
② 연료의 종류와 시간당 연료소모량
③ 교체비행장
④ 순항속도 및 순항고도

시행규칙 제183조(비행계획에 포함되어야 할 사항)

비행계획에 포함되어야 할 사항(시행규칙 제183조)	
필수적 포함사항	항공기의 식별부호
	비행의 방식 및 종류
	항공기의 대수·형식 및 최대이륙중량 등급
	탑재장비
	출발비행장 및 출발예정시간
	순항속도, 순항고도 및 예정항공로
	최초 착륙예정 비행장 및 총 예상 소요 비행시간
	교체비행장
임의적 포함사항 (지방항공청장 또는 항공교통본부장이 요청하거나 비행계획을 제출하는 자가 필요하다고 판단하는 경우)	시간으로 표시한 연료탑재량
	변경될 목적비행장 및 비행경로에 관한 사항
	탑승 총 인원
	비상무선주파수 및 구조장비
	기장의 성명(편대비행의 경우 편대 책임기장의 성명)
	낙하산 강하의 경우에는 그에 관한 사항
그 밖에 항공교통관제와 수색 및 구조에 참고가 될 수 있는 사항	

243 비행계획서에 포함되는 사항으로서 지방항공청장 또는 항공교통본부장이 요청하거나 비행계획을 제출하는 자가 필요하다고 판단하는 경우에만 제출하는 것은?

① 예정항공로
② 교체비행장

③ 출발비행장
④ 변경될 목적비행장

시행규칙 제183조(비행계획에 포함되어야 할 사항) 참조

244 두 나라 이상을 운항하는 자가 입항하는 경우 항공기 입출항 신고서는 언제까지 제출해야 하는가?

① 출항 준비가 끝나기 전
② 출항 준비가 끝나는 즉시
③ 입항 준비가 끝나는 즉시
④ 국내 목적공항 도착 예정 시간 2시간 전

시행규칙 제182조(비행계획의 제출 등)제2항 참조

245 항공기가 도착비행장에 착륙하면 즉시 관할항공교통업무기관에 도착보고를 하여야 하는데 이때 도착보고에 포함되는 사항이 아닌 것은?

① 항공기의 식별부호
② 출발비행장
③ 도착비행장
④ 도착시간

시행규칙 제188조(비행계획의 종료)
1. 항공기는 도착비행장에 착륙하는 즉시 관할 항공교통업무기관(관할 항공교통업무기관이 없는 경우에는 가장 가까운 항공교통업무기관)에 다음의 사항을 포함하는 도착보고를 하여야 한다
① 항공기의 식별부호
② 출발비행장
③ 도착비행장
④ 목적비행장(목적비행장이 따로 있는 경우만 해당한다)
⑤ 착륙시간

246 항공기가 도착비행장에 착륙한 후 도착보고를 할 수 없는 때에는 어디에 도착보고를 하여야 하는가?

① 출발비행장의 관할 항공교통업무기관
② 교체비행장의 관할 항공교통업무기관
③ 목적비행장의 관할 항공교통업무기관
④ 가장 가까운 관할 항공교통업무기관

시행규칙 제188조(비행계획의 종료) 참조

247 외국정부가 관할하는 지역에서 항공기가 요격에 응하는 경우 어떤 절차와 방식을 따라야 하는가?

① ICAO가 정한 절차와 방식
② FAA가 정한 절차와 방식
③ 우리나라 항공안전법이 정한 절차와 방식
④ 해당 국가가 정한 절차와 방식

시행규칙 제196조(요격)
1. 민간항공기를 요격하는 항공기의 기장은 별표 26 제3호에 따른 시각신호 및 요격절차와 요격방식에 따라야 한다.
2. 피요격항공기의 기장은 별표 26 제3호에 따른 시각신호를 이해하고 응답하여야 하며, 요격절차와 요격방식 등을 준수하여 요격에 응하여야 한다. 다만, 대한민국이 아닌 외국정부가 관할하는 지역을 비행하는 경우에는 해당 국가가 정한 절차와 방식으로 그 국가의 요격에 응하여야 한다.

248 요격항공기의 요격 신호에 반응하는 피요격항공기의 응신으로 적당하지 않은 것은?

① 날개를 흔들고, 항행등을 불규칙적으로 점멸시킨 후 요격항공기의 뒤를 따라간다.
② 날개를 흔든다.
③ 바퀴다리를 내리고, 고정착륙등을 켠 상태로 요격항공기를 따라서 활주로나 헬리콥터착륙구역 상공을 통과한 후 안전하게 착륙할 수 있다고 판단되면 착륙한
④ 바퀴다리를 올린 후 날개를 흔들고, 항행등을 불규칙적으로 점멸시킨 후 요격항공기의 뒤를 따라간다.

시행규칙 제196조(요격), 별표 26

요격 항공기의 신호 및 피요격항공기의 응신 (시행규칙 제194조, 별표 26)			
요격항공기의 신호	의미	피요격항공기의 응신	의미
피요격항공기의 약간 위쪽 전방 좌측(또는 피요격항공기가 헬리콥터인 경우에는 우측)에서 날개를 흔들고 항행등을 불규칙적으로 점멸시킨 후 응답을 확인하고, 통상 좌측(헬리콥터인 경우에는 우측)으로 완만하게 선회하여 원하는 방향으로 향한다.	당신은 요격을 당하고 있으니 나를 따라오라	날개를 흔들고, 항행등을 불규칙적으로 점멸시킨 후 요격항공기의 뒤를 따라간다.	알았다. 지시를 따르겠다.
피요격항공기의 진로를 가로지르지 않고 90° 이상의 상승선회를 하며, 피요격항공기로부터 급속히 이탈한다.	그냥 가도 좋다.	날개를 흔든다.	알았다. 지시를 따르겠다.
바퀴다리를 내리고 고정착륙등을 켠 상태로 착륙방향으로 활주로 상공을 통과하며, 피요격항공기가 헬리콥터인 경우에는 헬리콥터착륙구역 상공을 통과한다. 헬리콥터의 경우, 요격헬리콥터는 착륙접근을 하고 착륙장 부근에 공중에서 저고도비행을 한다.	이 비행장에 착륙하라.	바퀴다리를 내리고, 고정착륙등을 켠 상태로 요격항공기를 따라서 활주로나 헬리콥터착륙구역 상공을 통과한 후 안전하게 착륙할 수 있다고 판단되면 착륙한다.	알았다. 지시를 따르겠다.

249 피요격항공기의 진로를 가로지르지 않고 90° 이상의 상승선회를 하며, 피요격항공기로부터 급속히 이탈하는 것은 무슨 의미인가?

① 알았다. 지시를 따르겠다.
② 나를 따라오라.
③ 그냥 가도 좋다.
④ 이 비행장에 착륙하라.

시행규칙 제196조(요격), 별표 26

250 항공기와 관제탑과의 사이에 무선통신이 두절된 경우 관제탑에서 발신하는 빛총신호에 대한 설명으로 틀린 것은?

① 비행 중인 항공기에 보내는 연속되는 녹색 신호: 착륙을 허가함
② 비행 중인 항공기에 보내는 연속되는 붉은색 신호: 비행장이 불안하니 착륙하지 말 것
③ 지상에 있는 항공기에 보내는 연속되는 녹색 신호: 이륙을 허가함
④ 지상에 있는 항공기에 보내는 연속되는 붉은색 신호: 정지할 것

시행규칙 제196조(요격), 별표 26 제5호

빛총신호(시행규칙 제194조, 별표 26)			
신호의 종류	의미		
	비행중인 항공기	지상에있는 항공기	차량·장비·사람
연속되는 녹색	착륙을 허가함	이륙을 허가함	
연속되는 붉은색	다른 항공기에 진로를 양보하고 계속 선회할 것	정지할 것	정지할 것
깜박이는 녹색	착륙을 준비할 것	지상 이동을 허가함	통과하거나 진행할 것
깜박이는 붉은색	비행장이 불안하니 착륙하지 말 것	사용 중인 착륙지역으로부터 벗어날 것	활주로 또는 유도로에서 벗어날 것
깜박이는 흰색	착륙하여 계류장으로 갈 것	비행장 안의 출발지점으로 돌아갈 것	비행장 안의 출발지점으로 돌아갈 것

251 지상에 있는 항공기에 대한 깜박이는 흰색 빛총신호의 의미는 무엇인가?

① 비행장 안의 출발지점으로 돌아갈 것
② 신속하게 통과하거나 진행할 것
③ 활주로 또는 유도에서 벗어날 것
④ 정지선에서 대기할 것

시행규칙 제196조(요격), 별표 26 제5호 참조

252 빛총신호에 대한 항공기의 응신으로 바르지 않은 것은?

① 주간에 비행중인 항공기는 날개를 흔든다.
② 주간에 지상에 있는 항공기는 항공기의 보조익을 움직인다.
③ 야간에 비행중인 항공기는 착륙등을 2회 점멸한다.
④ 야간에 지상에 있는 항공기는 항공기의 방향타를 움직인다.

시행규칙 제196조(요격), 별표 26 제5호

빛총신호에 대한 항공기의 응신(시행규칙 제194조, 별표 26)	
비행 중인 경우	지상에 있는 경우
주간 날개를 흔든다. 다만, 최종 선회구간(base leg) 또는 최종 접근구간(final leg)에 있는 항공기의 경우에는 그러하지 아니하다.	항공기의 보조익 또는 방향타를 움직인다.
야간 착륙등이 장착된 경우에는 착륙등을 2회 점멸하고, 착륙등이 장착되지 않은 경우에는 항행등을 2회 점멸한다.	착륙등이 장착된 경우에는 착륙등을 2회 점멸하고, 착륙등이 장착되지 않은 경우에는 항행등을 2회 점멸한다.

253 항공기가 비행고도 3,050m(10,000ft) 미만인 구역에서 곡예비행을 하려고 할 때 비행시정은?

① 3,000m 이상
② 5,000m 이상
② 8,000m 이상
④ 10,000m 이상

시행규칙 제197조(곡예비행 등을 할 수 있는 비행시정)
곡예비행을 할 수 있는 비행시정은 다음의 구분과 같다.
1. 비행고도 3,050m(10,000ft) 미만인 구역: 5,000m 이상
2. 비행고도 3,050m(10,000ft) 이상인 구역: 8,000m 이상

254 비행 중인 항공기에 대한 깜박이는 녹색 빛총신호의 의미는 무엇인가?

① 착륙을 준비할 것
② 비행장이 불안하니 착륙하지 말 것
③ 착륙하여 계류장으로 갈 것
④ 착륙을 허가함

시행규칙 제196조(요격), 별표 26 제5호 참조

255 시계비행방식으로 비행하는 항공기의 최저비행고도에 대한 설명으로 타당한 것은?

① 사람 또는 건축물이 밀집된 지역의 상공에서는 해당 항공기를 중심으로 수평거리 300m 범위 안의 지역에 있는 가장 높은 장애물의 상단에서 300m(1,000ft)의 고도
② 사람 또는 건축물이 밀집된 지역의 상공에서는 해당 항공기를 중심으로 수평거리 600m 범위 안의 지역에 있는 가장 높은 장애물의 상단에서 300m(1,000ft)의 고도
③ 산악지역에서는 항공기를 중심으로 반지름 8km 이내에 위치한 가장 높은 장애물로부터 300m(1,000ft)의 고도
④ 산악지역에서는 항공기를 중심으로 반지름 8km 이내에 위치한 가장 높은 장애물로부터 600m(2,000ft)의 고도

시행규칙 제199조(최저비행고도)

최저비행고도(시행규칙 제199조)		
구분	지역	최저비행고도
시계비행방식	사람 또는 건물이 밀집된 지역의 상공	해당 항공기를 중심으로 수평거리 600m 범위 안의 지역에 있는 가장 높은 장애물의 상단에서 300m(1,000ft)의 고도
	그 외 지역	지표면·수면 또는 물건의 상단에서 150m(500ft)의 고도
계기비행방식	산악지역	항공기를 중심으로 반지름 8km 이내에 위치한 가장 높은 장애물로부터 600m의 고도
	그 외 지역	항공기를 중심으로 반지름 8km 이내에 위치한 가장 높은 장애물로부터 300m의 고도

256 다음 중 항공기의 곡예비행 금지구역에 해당되지 않는 곳은?

① 사람 또는 건축물이 밀집한 지역의 상공
② 관제권 및 관제구
③ 지표로부터 450m(1,500ft) 미만의 고도
④ 해당 항공기를 중심으로 반경 300m 범위 내에서 가장 높은 장애물의 상단으로부터 300m 이하의 고도

시행규칙 제204조(곡예비행 금지구역)

곡예비행 금지구역(시행규칙 제204조)	
1	사람 또는 건축물이 밀집한 지역의 상공
2	관제구 및 관제권
3	지표로부터 450m(1,500ft) 미만의 고도
4	해당 항공기(활공기 제외)를 중심으로 반지름 500m 범위 안의 지역에 있는 가장 높은 장애물의 상단으로부터 500m 이하의 고도
5	해당 활공기를 중심으로 반지름 300m 범위 안의 지역에 있는 가장 높은 장애물의 상단으로부터 300m 이하의 고도

257 긴급항공기는 긴급한 업무를 수행하기 위하여 운항하는 경우에는 예외적 규정이 적용되는데 이에 해당되지 않는 것은?

① 낙하산 강하
② 최저비행고도 아래에서의 비행
③ 물건의 투하 또는 살포
④ 항공기 이륙·착륙의 장소

법 제69조(긴급항공기의 지정)제2항 국토교통부장관의 지정을 받은 항공기(긴급항공기라 한다)를 제1항에 따른 긴급한 업무의 수행을 위하여 운항하는 경우에는 제66조(항공기 이륙·착륙의 장소) 및 제68조제1호(최저비행고도 아래에서의 비행)·제2호(물건의 투하 또는 살포)를 적용하지 아니한다.

258 긴급항공기가 수행하는 긴급한 업무에 해당되지 않는 것은?

① 응급환자의 수송 등 구조·구급활동
② 화재의 진화
③ 화재의 예방을 위한 감시활동
④ 긴급구호물자 수송

시행규칙 제207조(긴급항공기의 지정) 응급환자의 수송 등 국토교통부령으로 정하는 긴급한 업무란 다음의 어느 하나에 해당하는 업무를 말한다.
1. 재난·재해 등으로 인한 수색·구조
2. 응급환자의 수송 등 구조·구급활동
3. 화재의 진화
4. 화재의 예방을 위한 감시활동
5. 응급환자를 위한 장기 이송
6. 그 밖에 자연재해 발생 시의 긴급복구

259 긴급항공기의 지정을 받은 자가 긴급항공기를 운항하려는 경우에는 사전에 지방항공청장에게 통지하여야 하는데 언제 통지하는가?

① 운항 시작 48시간 전
② 운항 시작 24시간 전
③ 운항 시작 전
④ 운항 종료 24시간 후

시행규칙 제208조(긴급항공기의 운항절차)제1항 긴급항공기의 지정을 받은 자가 긴급항공기를 운항하려는 경우에는 그 운항을 시작하기 전에 다음의 사항을 지방항공청장에게 구술 또는 서면 등으로 통지하여야 한다.
1. 항공기의 형식·등록부호 및 식별부호
2. 긴급한 업무의 종류
3. 긴급항공기의 운항을 의뢰한 자의 성명 또는 명칭 및 주소
4. 비행일시, 출발비행장, 비행구간 및 착륙장소
5. 시간으로 표시한 연료탑재량
6. 그 밖에 긴급항공기 운항에 필요한 사항

260 긴급항공기의 지정을 받은 자가 긴급항공기를 운항하려는 경우에는 사전에 지방항공청장에게 통지하여야 할 내용에 해당되지 <u>않는</u> 것은?

① 항공기의 형식 · 등록부호 및 식별부호
② 긴급한 업무의 종류
③ 긴급항공기의 운항을 의뢰한 자의 성명 또는 명칭 및 주소
④ 조종사의 성명과 자격

시행규칙 제208조(긴급항공기의 운항절차) 조종사의 성명과 자격은 운항 종료 후 제출하는 운항결과보고서의 내용이다. 긴급항공기를 운항한 자는 운항이 끝난 후 24시간 이내에 다음의 사항을 적은 긴급항공기 운항결과보고서를 지방항공청장에게 제출하여야 한다.
1. 성명 및 주소
2. 항공기의 형식 및 등록부호
3. 운항 개요(이륙 · 착륙 일시 및 장소, 비행목적, 비행경로 등)
4. 조종사의 성명과 자격
5. 조종사 외의 탑승자의 인적사항
6. 응급환자를 수송한 사실을 증명하는 서류(응급환자를 수송한 경우만 해당한다)
7. 그 밖에 참고가 될 사항

261 항공기 운항 중에 사용할 수 있는 전자기기에 해당되지 <u>않는</u> 것은?

① 휴대용 음성녹음기
② 보청기
③ 심장박동기
④ 스마트폰

법 제73조(전자기기의 사용제한), 시행규칙 제214조(전자기기의 사용제한)
국토교통부장관은 운항 중인 항공기의 항행 및 통신장비에 대한 전자파 간섭 등의 영향을 방지하기 위하여 국토교통부령으로 정하는 바에 따라 여객이 지닌 전자기기의 사용을 제한할 수 있다. 운항 중에 전자기기의 사용을 제한할 수 있는 항공기와 사용이 제한되는 전자기기의 품목은 다음과 같다.

1. 다음 각 목의 어느 하나에 해당하는 항공기
   가. 항공운송사업용으로 비행 중인 항공기
   나. 계기비행방식으로 비행 중인 항공기
2. 다음 각 목 외의 전자기기
   가. 휴대용 음성녹음기
   나. 보청기
   다. 심장박동기
   라. 전기면도기
   마. 그 밖에 항공운송사업자 또는 기장이 항공기 제작회사의 권고 등에 따라 해당항공기에 전자파 영향을 주지 아니한다고 인정한 휴대용 전자기기

262 항공운송사업용 비행기의 회항시간 연장운항의 승인과 관련한 설명으로 타당하지 <u>않은</u> 것은?

① 2개의 발동기를 가진 비행기는 회항시간 연장운항을 할 수 없다.
② 3개의 발동기를 가진 비행기는 회항시간 연장운항 신청을 할 수 있다.
③ 항공운송사업자는 운항기술기준에 적합함을 증명하는 서류를 첨부하여 신청해야 한다.
④ 항공운송사업자는 회항시간 연장운항 신청서를 국토교통부장관 또는 지방항공청장에게 제출해야 한다.

법 제74조(회항시간 연장운항의 승인), 시행규칙 제215조(회항시간 연장운항의 승인)
1. 회항시간 연장운항의 승인
   항공운송사업자가 2개 이상의 발동기를 가진 비행기로서 국토교통부령으로 정하는 비행기를 다음의 구분에 따른 순항속도로 가장 가까운 공항까지 비행하여 착륙할 수 있는 시간이 국토교통부령으로 정하는 시간을 초과하는 지점이 있는 노선을 운항하려면 국토교통부령으로 정하는 바에 따라 국토교통부장관의 승인을 받아야 한다.
   ① 2개의 발동기를 가진 비행기: 1개의 발동기가 작동하지 아니할 때의 순항속도
   ② 3개 이상의 발동기를 가진 비행기: 모든 발동기가 작동할 때의 순항속도

263 다음 중 국토교통부장관의 승인 없이 수
직분리축소공역에서 비행할 수 있는 경우
에 해당되지 <u>않는</u> 것은?

① 항공기의 사고·재난이나 그 밖의 사
고로 인하여 사람 등의 수색·구조 등
을 위하여 긴급하게 항공기를 운항하
는 경우
② 우리나라에 신규로 도입하는 항공기
를 운항하는 경우
③ 수직분리축소공역에서의 운항승인을
받은 항공기에 고장 등이 발생하여 그
항공기를 정비 등을 위한 장소까지 운
항하는 경우
④ 정비, 수리, 또는 개조 후 시험비행을
하는 경우

264 항공안전법상 항공기에 승무원 등의 탑승
에 관한 사항으로 바르지 <u>않은</u> 것은?

① 항공기를 운항하려는 자는 그 항공기
에 운항의 안전에 필요한 승무원을 태
워야 한다.
② 운항승무원이 항공업무를 수행하는
경우에는 항공종사자 자격증명서 및
항공신체검사증명서를 소지하여야 한
다.
③ 항공교통관제사가 항공업무를 수행하
는 경우에는 항공종사자 자격증명서
만 소지하면 된다.
④ 항공운송사업자 및 항공기사용사업자
는 항공기에 태우는 승무원에게 해당
업무 수행에 필요한 교육훈련을 하여
야 한다.

265 비행교범에 따라 항공기 운항을 위하여 2
명 이상의 조종사가 필요한 경우 항공기
에 태워야 할 운항승무원은 누구인가?

① 기장과 기장 외 조종사
② 조종사와 항공기관사
③ 조종사와 항공사
④ 조종사와 운항관리사

시행규칙 제218조(승무원의 탑승 등)제1호

항공기에 태워야 할 운항승무원(시행규칙 제218조제1호)	
항공기	탑승시켜야 할 운항승무원
비행교범에 따라 항공기 운항을 위하여 2명 이상의 조종사가 필요한 경우	조종사 (기장과 기장 외 조종사)
여객운송에 사용되는 항공기	
인명구조, 산불진화 등 특수임무를 수행하는 쌍발 헬리콥터	
구조상 단독으로 발동기 및 기체를 완전히 취급할 수 없는 항공기	조종사 및 항공기관사
법 제51조(무선설비의 설치·운용 의무)에 따라 무선설비를 갖추고 비행하는 항공기	전파법에 따른 무선설비를 조작할 수 있는 무선종사자 기술자격증을 가진 조종사 1명
착륙하지 아니하고 550km 이상의 구간을 비행하는 항공기	조종사 및 항공사

266 착륙하지 아니하고 550km 이상의 구간을 비행하는 항공기에 태워야 할 운항승무원은?

① 기장과 기장 외 조종사
② 조종사와 항공기관사
③ 조종사와 항공사
④ 조종사와 운항관리사

시행규칙 제218조(승무원의 탑승 등)제1호 참조

267 기장과 기장 외 조종사를 탑승시켜야 하는 항공기가 <u>아닌</u> 것은?

① 비행교범에 따라 항공기 운항을 위하여 2명 이상의 조종사가 필요한 경우
② 여객운송에 사용되는 항공기
③ 인명구조, 산불진화 등 특수임무를 수행하는 쌍발 헬리콥터
④ 착륙하지 아니하고 550km 이상의 구간을 비행하는 항공기

시행규칙 제218조(승무원의 탑승 등)제1호 참조

268 좌석 수가 30석인 여객 운송용 항공기에 태워야 할 객실승무원 수는?

① 1명　　　　② 2명
③ 3명　　　　④ 4명

시행규칙 제218조(승무원의 탑승 등)제2호

항공기에 태워야 할 객실승무원(시행규칙 제218조제2호)	
장착된 좌석 수	객실승무원 수(이상)
20석 ~ 50석	1명
51석 ~ 100석	2명
101석 ~ 150석	3명
151석 ~ 200석	4명
201석 이상	5명(추가 승객 50명당 객실승무원 1명씩 추가)

269 좌석 수가 270석인 여객 운송용 항공기에 태워야 할 객실승무원 수는?

① 5명　　　　② 6명
③ 7명　　　　④ 8명

시행규칙 제218조(승무원의 탑승 등)제2호 참조

270 다음 중 항공기의 안전운항을 위한 운항기술기준의 내용에 해당되지 <u>않은</u> 것은?

① 자격증명
② 항공기 감항성
③ 정비방법 및 절차
④ 항공기 운항

법 제77조(항공기의 안전운항을 위한 운항기술기준) 국토교통부장관은 항공기 안전운항을 확보하기 위하여 이 법과 국제민간항공협약 및 같은 협약 부속서에서 정한 범위에서 다음의 사항이 포함된 운항기술기준을 정하여 고시할 수 있다.
1. 자격증명
2. 항공훈련기관
3. 항공기 등록 및 등록부호 표시
4. 항공기 감항성
5. 정비조직인증기준
6. 항공기 계기 및 장비
7. 항공기 운항
8. 항공운송사업의 운항증명 및 관리
9. 그 밖에 안전운항을 위하여 필요한 사항으로서 국토교통부령으로 정하는 사항

271 다음 중 항공기 운항기술기준에 포함된 사항이 **아닌** 것은?

① 항공훈련기관
② 항공기 등록 및 등록부호 표시
③ 항공종사자 훈련기준
④ 항공기 계기 및 장비

법 제77조(항공기의 안전운항을 위한 운항기술기준) 참조

272 항공교통의 안전을 위하여 항공기의 비행 순서·시기 및 방법 등에 대하여 국토교통부장관 또는 항공교통업무증명을 받은 자의 지시를 받아야 할 필요가 있는 공역은?

① 관제공역   ② 통제공역
③ 비행금지구역 ④ 비행제한구역

공역의 구분(법 제78조)	
구분	내용
관제 공역	항공교통의 안전을 위하여 항공기의 비행 순서·시기 및 방법 등에 관하여 국토교통부장관 또는 항공교통업무증명을 받은 자의 지시를 받아야 할 필요가 있는 공역으로서 관제권 및 관제구를 포함하는 공역
비관제 공역	관제공역 외의 공역으로서 항공기의 조종사에게 비행에 관한 조언·비행정보 등을 제공할 필요가 있는 공역
통제 공역	항공교통의 안전을 위하여 항공기의 비행을 금지하거나 제한할 필요가 있는 공역
주의 공역	항공기의 조종사가 비행 시 특별한 주의·경계·식별 등이 필요한 공역

273 항공교통의 안전을 위하여 항공기의 비행을 금지하거나 제한할 필요가 있는 공역은?

① 관제공역   ② 통제공역
③ 비행금지구역 ④ 비행제한구역

법 제78조(공역 등의 지정 등) 참조

274 다음 중 주의공역에 포함되지 **않는** 것은?

① 훈련구역
② 군작전구역
③ 초경량비행장치 비행제한구역
④ 초경량비행장치 비행구역

시행규칙 제221조(공역의 구분·관리 등)제1항, 별표 23 공역의 사용목적에 따른 구분

사용목적에 따른 공역의 구분(시행규칙 제221조제1항, 별표 23 제2호)		
구분		내용
관제 공역	관제권	항공안전법 제2조제25호에 따른 공역으로서 비행정보구역 내의 B, C 또는 D등급 공역 중에서 시계 및 계기비행을 하는 항공기에 대하여 항공교통관제업무를 제공하는 공역
	관제구	항공안전법 제2조제26호에 따른 공역(항공로 및 접근관제구역을 포함한다)으로서 비행정보구역 내의 A, B, C, D 및 E등급 공역에서 시계 및 계기비행을 하는 항공기에 대하여 항공교통관제업무를 제공하는 공역
	비행장 교통 구역	항공안전법 제2조제25호에 따른 공역 외의 공역으로서 비행정보구역 내의 D등급에서 시계비행을 하는 항공기 간에 교통정보를 제공하는 공역
비관제 공역	조언 구역	항공교통조언업무가 제공되도록 지정된 비관제공역
	정보 구역	비행정보업무가 제공되도록 지정된 비관제공역
통제 공역	비행금지 구역	안전, 국방상, 그 밖의 이유로 항공기의 비행을 금지하는 공역
	비행제한 구역	항공사격·대공사격 등으로 인한 위험으로부터 항공기의 안전을 보호하거나 그 밖의 이유로 비행허가를 받지 않은 항공기의 비행을 제한하는 공역
	초경량 비행장치 비행제한 구역	초경량비행장치의 비행안전을 확보하기 위하여 초경량비행장치의 비행활동에 대한 제한이 필요한 공역
주의 공역	훈련 구역	민간항공기의 훈련공역으로서 계기비행항공기로부터 분리를 유지할 필요가 있는 공역
	군작 전구역	군사작전을 위하여 설정된 공역으로서 계기비행항공기로부터 분리를 유지할 필요가 있는 공역
	위험 구역	항공기의 비행시 항공기 또는 지상시설물에 대한 위험이 예상되는 공역
	경계 구역	대규모 조종사의 훈련이나 비정상 형태의 항공활동이 수행되는 공역
	초경량 비행장치 비행구역	초경량비행장치의 비행활동이 수행되는 공역으로 그 주변을 비행하는 자의 주의가 필요한 공역

275 항공기의 조종사가 비행 시 특별한 주의 · 경계 · 식별 등이 필요한 공역은?

① 경계공역　　② 식별공역
③ 주의공역　　④ 특별공역

법 제78조(공역 등의 지정 등) 참조

276 대규모 조종사의 훈련이나 비정상 형태의 항공활동이 수행되는 공역은?

① 경계구역　　② 군작전구역
③ 위험구역　　④ 훈련구역

시행규칙 [별표 23] 제2호 참조

277 민간항공기의 훈련공역으로서 계기비행 항공기로부터 분리를 유지할 필요가 있는 공역은?

① 훈련구역　　② 위험구역
③ 분리구역　　④ 군작전구역

시행규칙 [별표 23] 제2호 참조

278 다음 중 통제공역이 <u>아닌</u> 곳은?

① 비행금지구역
② 비행제한구역
③ 군작전구역
④ 초경량비행장치 비행제한구역

시행규칙 [별표 23] 제2호 참조

279 다음 중 비행제한구역을 설명한 것으로 타당한 것은?

① 대규모 조종사의 훈련이나 비정상 형태의 항공활동이 수행되는 공역
② 안전, 국방상, 그 밖의 이유로 항공기의 비행을 금지하는 공역
③ 항공사격 · 대공사격 등으로 인한 위험으로부터 항공기의 안전을 보호하거나 그 밖의 이유로 비행허가를 받지 않은 항공기의 비행을 제한하는 공역
④ 민간항공기의 훈련공역으로서 계기비행항공기로부터 분리를 유지할 필요가 있는 공역

시행규칙 [별표 23] 제2호 참조

280 다음 중 관제공역에 해당되지 <u>않는</u> 것은?

① A등급 공역　　② C등급 공역
③ E등급 공역　　④ G등급 공역

시행규칙 [별표 23] 제1호

제공하는 항공교통업무에 따른 공역의 구분 (시행규칙 제221조제1항, 별표 23 제1호)		
구분		내용
관제 공역	A등급 공역	모든 항공기가 계기비행을 해야 하는 공역
	B등급 공역	계기비행 및 시계비행을 하는 항공기가 비행 가능하고, 모든 항공기에 분리를 포함한 항공교통관제업무가 제공되는 공역
	C등급 공역	모든 항공기에 항공교통관제업무가 제공되나, 시계비행을 하는 항공기 간에는 교통정보만 제공되는 공역
	D등급 공역	모든 항공기에 항공교통관제업무가 제공되나, 계기비행을 하는 항공기와 시계비행을 하는 항공기 및 시계비행을 하는 항공기 간에는 교통정보만 제공되는 공역
	E등급 공역	계기비행을 하는 항공기에 항공교통관제업무가 제공되고, 시계비행을 하는 항공기에 교통정보가 제공되는 공역
비관제 공역	F등급 공역	계기비행을 하는 항공기에 비행정보업무와 항공교통조언업무가 제공되고, 시계비행항공기에 비행정보업무가 제공되는 공역
	G등급 공역	모든 항공기에 비행정보업무만 제공되는 공역

281 모든 항공기가 계기비행을 해야 하는 공역은?

① A등급 공역　② B등급 공역
③ C등급 공역　④ G 등급 공역

시행규칙 [별표 23] 제1호 참조

282 계기비행 및 시계비행을 하는 항공기가 비행 가능하고, 모든 항공기에 분리를 포함한 항공교통관제업무가 제공되는 공역은?

① A등급 공역　② B등급 공역
③ C등급 공역　④ G 등급 공역

시행규칙 [별표 23] 제1호 참조

283 모든 항공기에 항공교통관제업무가 제공되나 시계비행을 하는 항공기 간에는 교통정보만 제공되는 공역은?

① A등급 공역　② B등급 공역
③ C등급 공역　④ G 등급 공역

시행규칙 [별표 23] 제1호 참조

284 계기비행을 하는 항공기에 항공교통관제업무가 제공되는 공역을 모두 나열한 것은?

① A, B등급 공역
② A, B, C등급 공역
③ A, B, C, D등급공역
④ A, B, C, D, E등급 공역

시행규칙 [별표 23] 제1호 참조

285 모든 항공기에 비행정보업무만 제공되는 공역은?

① D등급 공역　② E등급 공역
③ F등급공역　④ G등급 공역

시행규칙 [별표 23] 제1호 참조

286 다음 중 공역의 설정기준에 해당되지 않는 것은?

① 국가안전보장과 항공안전을 고려할 것
② 항공교통에 관한 서비스의 제공 여부를 고려할 것
③ 항공종사자의 편의에 적합하게 공역을 구분할 것
④ 공역이 효율적이고 경제적으로 활용될 수 있을 것

시행규칙 제221조(공역의 구분·관리 등)
공역의 설정기준은 다음 각 호와 같다.
1. 국가안전보장과 항공안전을 고려할 것
2. 항공교통에 관한 서비스의 제공 여부를 고려할 것
3. 이용자의 편의에 적합하게 공역을 구분할 것
4. 공역이 효율적이고 경제적으로 활용될 수 있을 것

287 다음 중 계기비행절차의 설정기준에 해당되지 않는 것은?

① 국가안전보장과 항공안전을 고려할 것
② 정확성 및 완전성이 확인된 자료를 기반으로 설정할 것
③ 비행 중 장애물과의 충돌 가능성을 고려할 것
④ 명확하고 이해하기 쉽도록 설정할 것

시행규칙 제221조의2(계기비행절차의 설정·공고 등) 계기비행절차의 설정·공고기준은 다음과 같다.
1. 정확성 및 완전성이 확인된 자료를 기반으로 설정할 것
2. 비행 중 장애물과의 충돌 가능성을 고려할 것
3. 명확하고 이해하기 쉽도록 설정할 것

4. 그 밖에 국토교통부장관이 정하여 고시하는 기준을 고려할 것

288 국토교통부장관 소속으로서 공역의 설정 및 관리에 필요한 사항을 심의하는 곳은 어디인가?

① 항공교통본부
② 한국교통안전공단
③ 공역위원회
④ 항공교통관리위원회

법 제80조(공역위원회의 설치) 공역의 설정 및 관리에 필요한 사항을 심의하기 위하여 국토교통부장관 소속으로 공역위원회를 둔다.

289 다음은 항공교통업무에 대한 설명이다. 바르지 않은 것은?

① 국토교통부장관은 비행장, 공항, 관제권 또는 관제구에서 항공기 또는 경량항공기 등에 항공교통관제 업무를 제공할 수 있다.
② 국토교통부장관은 비행장, 공항 및 항행안전시설의 운용 상태 등 정보를 조종사 또는 관련 기관 등에 제공할 수 있다.
③ 항공교통업무증명을 받은 자는 항공기 또는 경량항공기의 운항과 관련된 조언 및 정보를 조종사 또는 관련 기관 등에 제공할 수 있다.
④ 항공교통본부장은 수색·구조가 필요한 항공기 또는 경량항공기에 관한 정보를 조종사 또는 관련 기관 등에 제공할 수 있다.

법 제83조(항공교통업무의 제공 등)
1. 국토교통부장관 또는 항공교통업무증명을 받은 자는 비행장, 공항, 관제권 또는 관제구에서 항공기 또는 경량항공기 등에 항공교통관제 업무를 제공할 수 있다.

2. 국토교통부장관 또는 항공교통업무증명을 받은 자는 비행정보구역에서 항공기 또는 경량항공기의 안전하고 효율적인 운항을 위하여 비행장, 공항 및 항행안전시설의 운용 상태 등 항공기 또는 경량항공기의 운항과 관련된 조언 및 정보를 조종사 또는 관련 기관 등에 제공할 수 있다.
3. 국토교통부장관 또는 항공교통업무증명을 받은 자는 비행정보구역에서 수색·구조가 필요한 항공기 또는 경량항공기에 관한 정보를 조종사 또는 관련 기관 등에 제공할 수 있다.

290 항공교통관제업무의 대상에 해당되지 않는 것은?

① A, B, C, D 또는 E등급 공역 내를 계기비행방식으로 비행하는 항공기
② F 또는 G등급 공역 내를 시계비행방식으로 비행하는 항공기
③ 특별시계비행방식으로 비행하는 항공기
④ 관제비행장의 주변과 이동지역에서 비행하는 항공기

시행규칙 제226조(항공교통업무의 대상 등) 항공교통관제 업무의 대상이 되는 항공기는 다음과 같다.
별표 23 제1호에 따른 A, B, C, D 또는 E등급 공역 내를 계기비행방식으로 비행하는 항공기
1. 별표 23 제1호에 따른 B, C 또는 D등급 공역 내를 시계비행방식으로 비행하는 항공기
2. 특별시계비행방식으로 비행하는 항공기
3. 관제비행장의 주변과 이동지역에서 비행하는 항공기

291 항공교통업무의 목적에 해당되지 않은 것은?

① 항공기 간의 충돌 방지
② 기동지역 안에서 항공기와 장애물 간의 충돌 방지
③ 무선전파를 이용한 항공기의 안전한 접근과 착륙 지원
④ 항공기의 안전하고 효율적인 운항을 위하여 필요한 조언 및 정보의 제공

292 다음 중 항공교통업무에 포함되지 <u>않는</u> 것은?

① 항공교통관제업무
② 항공교통정보업무
③ 비행정보업무
④ 경보업무

항공교통업무의 구분(시행규칙 제228조제2항)		
항공교통 관제업무	접근 관제업무	관제공역 안에서 이륙이나 착륙으로 연결되는 관제비행을 하는 항공기에 제공하는 항공교통 관제업무
	비행장 관제업무	비행장 안의 기동지역 및 비행장 주위에서 비행하는 항공기에 제공하는 항공교통관제업무로서 접근관제업무 외의 항공교통관제업무(이동지역 내의 계류장에서 항공기에 대한 지상유도를 담당하는 계류장관제업무를 포함한다)
	지역 관제업무	관제공역 안에서 관제비행을 하는 항공기에 제공하는 항공교통관제업무로서 접근관제업무 및 비행장관제업무 외의 항공교통관제업무
비행 정보업무		비행정보구역 안에서 비행하는 항공기에 대하여 시행규칙 제228조제1항제4호(항공기의 안전하고 효율적인 운항을 위하여 필요한 조언 및 정보의 제공)의 목적을 수행하기 위하여 제공하는 업무
경보업무		시행규칙 제228조제1항제5호(수색·구조를 필요로 하는 항공기에 대한 관계기관의 정보 제공 및 협조)의 목적을 수행하기 위하여 제공하는 업무

293 항공교통업무 중 수색·구조를 필요로 하는 항공기에 대한 관계기관에의 정보 제공 및 협조 목적을 수행하기 위하여 제공하는 업무는?

① 접근관제업무
② 항공교통관제업무
③ 비행정보업무
④ 경보업무

294 다음 중 항공교통업무의 목적에 포함되지 <u>않는</u> 것은?

① 관제구 안에서 항공기와 장애물 간의 충돌 방지
② 항공교통흐름의 질서유지 및 촉진
③ 항공기의 안전하고 효율적인 운항을 위하여 필요한 조언 및 정보의 제공
④ 수색·구조를 필요로 하는 항공기에 대한 관계기관에의 정보 제공 및 협조

295 항공교통업무 중 비행장 안의 기동지역 및 비행장 주위에서 비행하는 항공기에 제공하는 항공교통관제업무로서 접근관제업무 외의 항공교통관제업무는?

① 접근관제업무 ② 비행장관제업무
③ 비행정보업무 ④ 경보업무

296 항공교통업무 중 비행정보업무에 대한 설명으로 타당한 것은?

① 관제공역 안에서 이륙이나 착륙으로 연결되는 관제비행을 하는 항공기에 제공하는 항공교통관제업무
② 관제공역 안에서 관제비행을 하는 항공기에 제공하는 항공교통관제업무로서 접근관제업무 및 비행장관제업무 외의 항공교통관제업무
③ 비행정보구역 안에서 비행하는 항공기에 대하여 항공기의 안전하고 효율적인 운항을 위하여 필요한 조언 및 정보의 제공 목적을 수행하기 위하여 제공하는 업무

④ 수색 · 구조를 필요로 하는 항공기에 대한 관계기관에의 정보 제공 및 협조 목적을 수행하기 위하여 제공하는 업무

시행규칙 제228조(항공교통업무의 목적 등)제2항 참조

297 다음 중 항공교통관제업무가 <u>아닌</u> 것은?

① 접근관제업무
② 관제탑관제업무
③ 비행장관제업무
④ 지역관제업무

시행규칙 제228조(항공교통업무의 목적 등)제2항 참조

298 다음 중 항공교통업무기관에서 항공기에 제공하는 비행정보가 <u>아닌</u> 것은?

① 중요기상정보(SIGMET) 및 저고도항 공기상정보(AIRMET)
② 무인자유기구에 관한 정보
③ 시계비행방식으로 비행 중인 항공기 가 시계비행방식의 비행을 유지할 수 있을 때 해당 비행경로 주변의 교통정 보 및 기상상태에 관한 정보
④ 입수한 수면을 항해 중인 선박의 호 출부호, 위치, 진행방향, 속도 등에 관한 정보

시행규칙 제241조(비행정보의 제공) 항공교통업무기관 에서 항공기에 제공하는 비행정보는 다음과 같다.
1. 중요기상정보(SIGMET) 및 저고도항공기상정보 (AIRMET)
2. 화산활동 · 화산폭발 · 화산재에 관한 정보
3. 방사능물질이나 독성화학물질의 대기 중 유포에 관한 사항
4. 항행안전시설의 운영 변경에 관한 정보
5. 이동지역 내의 눈 · 결빙 · 침수에 관한 정보
6. 공항시설법 제2조제8호에 따른 비행장시설의 변경에 관한 정보
7. 무인자유기구에 관한 정보

8. 해당 비행경로 주변의 교통정보 및 기상상태에 관한 정보(시계비행방식으로 비행 중인 항공기가 시계비행 방식의 비행을 유지할 수 없을 경우에 제공)
9. 출발 · 목적 · 교체비행장의 기상상태 또는 그 예보
10. 공역 등급 C, D, E, F 및 G 공역 내에서 비행하는 항 공기에 대한 충돌위험
11. 수면을 항해 중인 선박의 호출부호, 위치, 진행방향, 속도 등에 관한 정보(정보 입수가 가능한 경우만 해당)
12. 그 밖에 항공안전에 영향을 미치는 사항

299 다음 중 항공교통업무기관에서 항공기에 제공하는 비행정보에 해당되지 <u>않는</u> 것은?

① 중요기상정보(SIGMET) 및 저고도항 공기상정보(AIRMET)
② 화산활동 · 화산폭발 · 화산재에 관한 정보
③ 항행안전시설의 운영 변경에 관한 정보
④ 무인항공기에 관한 정보

시행규칙 제241조(비행정보의 제공) 참조

300 다음 중 항공교통업무기관에서 항공기에 제공하는 비행정보에 해당되지 <u>않는</u> 것은?

① 이동지역 내의 눈 · 결빙 · 침수에 관한 정보
② 무인자유기구에 관한 정보
③ 출발 · 목적 · 교체비행장의 기상상태 또는 그 예보
④ A, B등급 공역 내에서 비행하는 항공 기에 대한 충돌위험

시행규칙 제241조(비행정보의 제공) 참조

301 다음은 국토교통부장관의 항공정보의 제공 등에 관한 설명이다. 타당하지 <u>않은</u> 것은?

① 국토교통부장관은 항공정보를 항공조사자에게 제공하여야 한다.

② 국토교통부장관은 항공지도를 발간하여야 한다.

③ 국토교통부장관은 국토교통부령으로 정하는 항공정보 및 항공지도를 유상으로 제공할 수 있다.

④ 항공정보 또는 항공지도의 내용, 제공방법, 측정단위 등에 필요한 사항은 국토교통부령으로 정한다.

법 제89조(항공정보의 제공 등)
1. 국토교통부장관은 항공기 운항의 안전성·정규성 및 효율성을 확보하기 위하여 필요한 정보(항공정보)를 비행정보구역에서 비행하는 사람 등에게 제공하여야 한다.
2. 국토교통부장관은 항공로, 항행안전시설, 비행장, 공항, 관제권 등 항공기 운항에 필요한 정보가 표시된 지도(항공지도)를 발간하여야 한다.
3. 국토교통부장관은 항공정보 및 항공지도 중 국토교통부령으로 정하는 항공정보 및 항공지도는 유상으로 제공할 수 있다. 다만, 관계 행정기관 등 대통령령으로 정하는 기관에는 무상으로 제공하여야 한다.
4. 항공정보 또는 항공지도의 내용, 제공방법, 측정단위 등에 필요한 사항은 국토교통부령으로 정한다.

302 비행정보구역에서 비행하는 사람 등에게 제공하여야 하는 항공정보의 내용에 해당되지 <u>않는</u> 것은?

① 비행장과 항행안전시설의 공용의 개시 및 폐지에 관한 사항

② 비행장과 항행안전시설의 중요한 변경 및 운용에 관한 사항

③ 비행장 이륙·착륙 기상 최저치 등의 설정과 변경에 관한 사항

④ 높이 250m 이상인 공역에서 기상관측용 무인기구의 계류에 관한 사항

시행규칙 제255조(항공정보)제1항. 항공정보의 내용은 다음과 같다.
1. 비행장과 항행안전시설의 공용의 개시, 휴지, 재개 및 폐지에 관한 사항
2. 비행장과 항행안전시설의 중요한 변경 및 운용에 관한 사항
3. 비행장을 이용할 때에 있어 항공기의 운항에 장애가 되는 사항
4. 비행의 방법, 장애물회피고도, 결심고도, 최저강하고도, 비행장 이륙·착륙 기상 최저치 등의 설정과 변경에 관한 사항
5. 항공교통업무에 관한 사항
6. 다음의 공역에서 하는 로켓·불꽃·레이저광선 또는 그 밖의 물건의 발사, 무인기구(기상관측용 및 완구용은 제외한다)의 계류·부양 및 낙하산 강하에 관한 사항
   ▷ 진입표면·수평표면·원추표면 또는 전이표면을 초과하는 높이의 공역
   ▷ 항공로 안의 높이 150m 이상인 공역
   ▷ 그 밖에 높이 250m 이상인 공역

303 국토교통부장관이 항공정보와 항공지도를 무상으로 제공하여야 하는 기관에 해당되지 <u>않는</u> 곳은?

① 경찰청 　　　② 소방청
③ 통계청 　　　④ 외국정부

시행령 제20조의2(항공정보 및 항공지도의 무상 제공) 무상으로 제공해야 하는 관계 행정기관 등 대통령령으로 정하는 기관이란 다음의 기관을 말한다.
1. 외교부 　　2. 경찰청 　　3. 소방청
4. 산림청 　　5. 기상청 　　6. 해양경찰청
7. 외국정부 또는 국제기구
8. 그 밖에 국토교통부장관이 항공정보 및 항공지도를 무상으로 이용하게 할 필요가 있다고 인정하여 고시하는 기관

304 항공안전법상 국토교통부장관이 항공정보를 제공하는 방법에 해당되지 <u>않는</u> 것은?

① 항공정보간행물(AIP)

② 항공고시보(NOTAM)

③ 항공정보관리절차(AIRAC)

④ 비행 전·후 정보(Pre-Flight and Post-Flight Information)를 적은 자료

시행규칙 255조(항공정보)제2항. 항공정보는 다음의 어느 하나의 방법으로 제공한다.
1. 항공정보간행물(AIP)
2. 항공고시보(NOTAM)
3. 항공정보회람(AIC)
4. 비행 전·후 정보(Pre-Flight and Post-Flight Information)를 적은 자료

305 항공정보에 사용되는 측정 단위로 <u>틀린</u> 것은?

① 고도(Altitude): 미터(m) 또는 피트(ft)
② 시정(Visibility): 킬로미터(km) 또는 마일(SM)
③ 속도(Velocity Speed): 초당 미터(%)
④ 온도(Temperature): 화씨도(℉)

시행규칙 제255조(항공정보)제4항. 항공정보에 사용되는 측정 단위는 다음의 어느 하나의 방법에 따라 사용한다.
1. 고도(Altitude): 미터(m) 또는 피트(ft)
2. 시정(Visibility): 킬로미터(km) 또는 마일(SM). 이 경우 5km 미만의 시정은 미터(m) 단위를 사용한다.
3. 주파수(Frequency): 헤르쯔(Hz)
4. 속도(Velocity Speed): 초당 미터(%)
5. 온도(Temperature): 섭씨도(℃)

306 항공운송사업자는 운항 시작 전에 인력, 장비, 시설, 운항관리지원 및 정비관리지원 등 안전운항체계에 대한 증명을 받아야 하는데 이것을 무엇이라 하는가?

① 항공운송사업증명
② 항공사용사업증명
③ 안전운항증명
④ 운항증명

법 제90조(항공운송사업자의 운항증명)제1항
항공운송사업자는 운항을 시작하기 전까지 국토교통부령으로 정하는 기준에 따라 인력, 장비, 시설, 운항관리지원 및 정비관리지원 등 안전운항체계에 대하여 국토교통부장관의 검사를 받은 후 운항증명을 받아야 한다.

307 운항증명의 신청은 언제까지 해야 하는가?

① 운항 개시 예정일 30일 전
② 운항 개시 예정일 60일 전
③ 운항 개시 예정일 90일 전
④ 운항 개시 예정일 120일 전

시행규칙 제257조(운항증명의 신청 등) 운항증명을 받으려는 자는 별지 제89호서식의 운항증명 신청서에 별표 32의 서류를 첨부하여 운항 개시 예정일 90일 전까지 국토교통부장관 또는 지방항공청장에게 제출하여야 한다.

308 운항증명의 신청은 누구에게 해야 하는가?

① 항공안전본부장
② 항공안전기술원장
③ 한국교통안전공단이사장
④ 지방항공청장

시행규칙 제257조(운항증명의 신청 등) 운항증명을 받으려는 자는 별지 제89호서식의 운항증명 신청서에 별표 32의 서류를 첨부하여 운항 개시 예정일 90일 전까지 국토교통부장관 또는 지방항공청장에게 제출하여야 한다.

309 항공운송사업자가 운항증명을 신청한 경우 국토교통부장관이 실시하는 검사의 종류는?

① 서류검사, 현장검사
② 성능검사, 현장검사
③ 서류검사, 상태검사
④ 성능검사, 상태검사

시행규칙 제258조(운항증명을 위한 검사기준) 항공운송사업자의 운항증명을 하기 위한 검사는 서류검사와 현장검사로 구분하여 실시하며, 그 검사기준은 별표 33과 같다.

310 외국항공기가 국토교통부장관의 항행 허가를 받아야 하는 경우가 <u>아닌</u> 것은?

① 영공 밖에서 이륙하여 대한민국에 착륙하는 항행

② 대한민국에서 이륙하여 영공 밖에 착륙하는 항행

③ 영공 밖에서 이륙하여 대한민국에 착륙하지 아니하고 영공을 통과하여 영공 밖에 착륙하는 항행

④ 영공 안에서 이륙하여 영공 안에서 착륙하는 항행

> 법 제100조(외국항공기의 항행) 외국 국적을 가진 항공기의 사용자(외국, 외국의 공공단체 또는 이에 준하는 자를 포함한다)는 다음 각 호의 어느 하나에 해당하는 항행을 하려면 국토교통부장관의 허가를 받아야 한다. 다만, 항공사업법 제54조 및 제55조에 따른 허가를 받은 자는 그러하지 아니하다.
> 1. 영공 밖에서 이륙하여 대한민국에 착륙하는 항행
> 2. 대한민국에서 이륙하여 영공 밖에 착륙하는 항행
> 3. 영공 밖에서 이륙하여 대한민국에 착륙하지 아니하고 영공을 통과하여 영공 밖에 착륙하는 항행

311 항행을 하려는 외국 국적을 가진 항공기의 사용자는 언제까지 외국항공기 항행허가 신청서를 제출해야 하는가?

① 운항 예정일 2일 전

② 운항 예정일 7일 전

③ 운항 예정일 14일 전

④ 운항 예정일 30일 전

> 시행규칙 제274조(외국항공기의 항행허가 신청) 법 제100조제1항제1호 및 제2호에 따른 항행을 하려는 자는 그 운항 예정일 2일 전까지 별지 제100호서식의 외국항공기 항행허가 신청서를 지방항공청장에게 제출하여야 하고, 법 제100조제1항제3호에 따른 통과항행을 하려는 자는 별지 제101호서식의 영공통과 허가신청서를 항공교통본부장에게 제출하여야 한다.

312 항행을 하려는 외국 국적을 가진 항공기의 사용자는 누구에게 외국항공기 항행허가 신청서를 제출해야 하는가?

① 항공교통본부장

② 지방항공청장

③ 국토교통부장관

④ 항공항행본부장

> 시행규칙 제274조(외국항공기의 항행허가 신청) 참조

313 우리나라 영공을 통과하려는 외국 국적을 가진 항공기의 사용자는 누구에게 영공통과 허가 신청서를 제출해야 하는가?

① 항공교통본부장

② 지방항공청장

③ 국토교통부장관

④ 항공항행본부장

> 시행규칙 제274조(외국항공기의 항행허가 신청) 참조

314 항공안전법상 국제민간항공협약 체결국 외국정부가 한 일부의 증명·면허는 대한민국 국토교통부 장관이 한 것으로 간주하는데 이에 해당되지 <u>않는</u> 것은?

① 항공기 등록증명

② 항공기 형식증명

③ 항공종사자의 자격증명

④ 항공영어구술능력증명

> 시행규칙 제278조(증명서 등의 인정) 국제민간항공협약의 부속서로서 채택된 표준방식 및 절차를 채용하는 협약 체결국 외국정부가 한 다음의 증명·면허와 그 밖의 행위는 국토교통부장관이 한 것으로 본다.
> 1. 법 제12조에 따른 항공기 등록증명
> 2. 법 제23조제1항에 따른 감항증명
> 3. 법 제34조제1항에 따른 항공종사자의 자격증명
> 4. 법 제40조제1항에 따른 항공신체검사증명
> 5. 법 제44조제1항에 따른 계기비행증명
> 6. 법 제45조제1항에 따른 항공영어구술능력증명

315 경량항공기의 시험비행 등을 하려는 사람은 누구에게 시험비행 등의 허가신청서를 제출하여야 하는가?

① 국토교통부장관
② 지방항공청장
③ 항공교통본부장
④ 항공안전기술원장

시행규칙 제289조(경량항공기 시험비행 등의 허가) 법 제110조 단서에 따라 경량항공기의 시험비행 등을 하려는 사람은 별지 제25호서식의 시험비행 등의 허가신청서를 지방항공청장에게 제출하여야 한다.

316 경량항공기가 완제기 형태로 제작되었으나 경량항공기 제작자로부터 경량항공기 기술기준에 적합함을 입증하는 서류를 발급받지 못한 경량항공기는 몇 종인가?

① 제1종   ② 제2종
③ 제3종   ④ 제4종

시행규칙 제284조(경량항공기의 시험비행등 허가 및 안전성인증 등)제5항. 법 제108조제2항에 따른 안전성인증 등급은 다음과 같이 구분하고, 각 등급에 따른 운용범위는 별표 40과 같다.
1 제1종: 법 제108조제1항 전단에 따라 국토교통부장관이 정하여 고시하는 비행안전을 위한 기술상의 기준(경량항공기 기술기준이라 한다)에 적합하게 완제기 형태로 제작된 경량항공기
2 제2종: 경량항공기 기술기준에 적합하게 조립형태로 제작된 경량항공기
3 제3종: 경량항공기가 완제기 형태로 제작되었으나 경량항공기 제작자로부터 경량항공기 기술기준에 적합함을 입증하는 서류를 발급받지 못한 경량항공기
4 제4종: 다음 각 목의 어느 하나에 해당하는 경량항공기
  가 경량항공기 제작자가 제공한 수리 · 개조지침을 따르지 아니하고 수리 또는 개조하여 원형이 변경된 경량항공기로서 제한된 범위에서 비행이 가능한 경량항공기
  나 제1호부터 제3호까지에 해당하지 아니하는 경량항공기로서 제한된 범위에서 비행이 가능한 경량항공기

317 다음 중 제2종 경량항공기를 설명한 것으로 바른 것은?

① 경량항공기 기술기준에 적합하게 완제기 형태로 제작된 경량항공기
② 경량항공기 기술기준에 적합하게 조립(組立)형태로 제작된 경량항공기
③ 경량항공기 제작자가 제공한 수리 · 개조지침을 따르지 아니하고 수리 또는 개조하여 원형이 변경된 경량항공기로서 제한된 범위에서 비행이 가능한 경량항공기
④ 경량항공기가 완제기 형태로 제작되었으나 경량항공기 제작자로부터 경량항공기 기술기준에 적합함을 입증하는 서류를 발급받지 못한 경량항공기

시행규칙 제284조(경량항공기의 시험비행등 허가 및 안전성인증 등)제5항 참조

318 경량항공기의 종류를 한정하는 경우에 그 종류에 포함되지 <u>않는</u> 것은?

① 조종형 비행기
② 체중이동형 비행기
③ 자이로플레인
④ 패러글라이더

시행규칙 제290조(경량항공기 조종사 자격증명의 한정) 국토교통부장관은 법 제111조제3항에 따라 경량항공기의 종류를 한정하는 경우에는 자격증명을 받으려는 사람이 실기심사에 사용하는 다음의 어느 하나에 해당하는 경량항공기의 종류로 한정해야 한다.
1. 조종형비행기   2. 체중이동형비행기
3. 경량헬리콥터   4. 자이로플레인
5. 동력패러슈트

319 경량항공기 조종사 자격증명 시험 및 심사의 전부 또는 일부를 면제할 수 있는 대상이 <u>아닌</u> 것은?

① 운송용 조종사
② 외국정부로부터 경량항공기 조종사 자격증명을 받은 사람
③ 경량항공기 전문교육기관의 교육과정을 이수한 사람
④ 초경량비행기 조종자 자격증명을 취득한 후 5년이 경과한 사람

법 제112조(경량항공기 조종사 자격증명 시험의 실시 및 면제)제3항 국토교통부장관은 다음의 어느 하나에 해당하는 사람에게는 국토교통부령으로 정하는 바에 따라 제1항 및 제2항에 따른 시험 및 심사의 전부 또는 일부를 면제할 수 있다.
1. 운송용 조종사, 사업용 조종사, 자가용 조종사, 부조종사 자격증명 또는 외국정부로부터 경량항공기 조종사 자격증명을 받은 사람
2. 경량항공기 전문교육기관의 교육과정을 이수한 사람
3. 해당 분야에 관한 실무경험이 있는 사람

320 의무무선설비를 설치·운용해야 하는 경량항공기가 <u>아닌</u> 것은?

① 경량항공기 기술기준에 적합하게 완제기 형태로 제작된 경량항공기
② 경량항공기 기술기준에 적합하게 조립형태로 제작된 경량항공기
③ 경량항공기가 완제기 형태로 제작되었으나 경량항공기 제작자로부터 경량항공기 기술기준에 적합함을 입증하는 서류를 발급받지 못한 경량항공기
④ 경량항공기 제작자가 제공한 수리·개조지침을 따르지 아니하고 수리 또는 개조하여 원형이 변경된 경량항공기로서 제한된 범위에서 비행이 가능한 경량항공기

시행규칙 제297조(경량항공기의 의무무선설비)제1항 의무무선설비를 설치·운용해야 하는 경량항공기는 제1종부터 제3종까지의 경량항공기를 말한다.

321 경량항공기가 의무적으로 설치·운용해야 하는 무선설비가 <u>아닌</u> 것은?

① 비상위치지시용 무선표지설비 1대
② 초단파(VHF) 무선전화 송수신기 1대
③ 극초단파(UHF) 무선전화 송수신기 1대
④ 2차 감시 항공교통관제 레이더용 트랜스폰더 1대

시행규칙 제297조(경량항공기의 의무무선설비)제2항. 경량항공기에 설치·운용 하여야 하는 무선설비는 다음과 같다.
1. 비행 중 항공교통관제기관과 교신할 수 있는 초단파(VHF) 또는 극초단파(UHF) 무선전화 송수신기 1대
2. 기압고도에 관한 정보를 제공하는 2차 감시 항공교통관제 레이더용 트랜스폰더(Mode 3/A 및 Mode C SSR transponder) 1대

322 다음 중 신고를 필요로 하지 않는 초경량비행장치가 <u>아닌</u> 것은?

① 초경량비행장치사용사업에 사용되지 아니하는 행글라이더
② 초경량비행장치사용사업에 사용되지 아니하는 계류식 무인비행장치
③ 초경량비행장치사용사업에 사용되지 아니하는 낙하산류
④ 초경량비행장치사용사업에 사용되지 아니하는 무인동력비행장치 중에서 최대이륙중량이 12kg인 것

시행령 제24조(신고를 필요로 하지 않는 초경량비행장치) 신고를 필요로 하지 않는 초경량비행장치란 다음의 어느 하나에 해당하는 것으로서 항공사업법에 따른 항공기대여업·항공레저스포츠사업 또는 초경량비행장치사용사업에 사용되지 아니하는 것은 신고할 필요가 없는 초경량비행장치를 말한다.
1. 행글라이더, 패러글라이더 등 동력을 이용하지 아니하는 비행장치
2. 기구류(사람이 탑승하는 것은 제외한다)
3. 계류식 무인비행장치
4. 낙하산류
5. 무인동력비행장치 중에서 최대이륙중량이 2kg 이하인 것
6. 무인비행선 중에서 연료의 무게를 제외한 자체무게가 12kg 이하이고, 길이가 7m 이하인 것

7. 연구기관 등이 시험 · 조사 · 연구 또는 개발을 위하여 제작한 초경량비행장치
8. 제작자 등이 판매를 목적으로 제작하였으나 판매되지 아니한 것으로서 비행에 사용되지 아니하는 초경량비행장치
9. 군사목적으로 사용되는 초경량비행장치

1. 초경량비행장치를 소유하거나 사용할 수 있는 권리가 있음을 증명하는 서류
2. 초경량비행장치의 제원 및 성능표
3. 가로 15cm, 세로 10cm의 초경량비행장치 측면사진(무인비행장치의 경우에는 기체 제작번호 전체를 촬영한 사진을 포함한다)

323 다음 중 신고해야 하는 초경량비행장치는?

① 군사목적으로 사용되는 초경량비행장치
② 연구기관 등이 시험 · 조사 · 연구 또는 개발을 위하여 제작한 초경량비행장치
③ 제작자 등이 판매를 목적으로 제작하였으나 판매되지 아니한 것으로서 비행에 사용되지 아니하는 초경량비행장치
④ 수색 · 구조목적으로 제작한 최대이륙중량 12kg인 초경량비행장치

시행령 제24조(신고를 필요로 하지 않는 초경량비행장치) 참조

324 초경량비행장치 신고 시 첨부해야 할 서류에 해당되지 <u>않는</u> 것은?

① 초경량비행장치 형식증명서
② 초경량비행장치를 소유하거나 사용할 수 있는 권리가 있음을 증명하는 서류
③ 초경량비행장치의 제원 및 성능표
④ 가로 15cm, 세로 10cm의 초경량비행장치 측면사진

시행규칙 제301조(초경량비행장치 신고) 초경량비행장치소유자등은 안전성인증을 받기 전(안전성인증 대상이 아닌 초경량비행장치인 경우에는 초경량비행장치를 소유하거나 사용할 수 있는 권리가 있는 날부터 30일 이내를 말한다)까지 초경량비행장치 신고서에 다음의 서류를 첨부하여 한국교통안전공단 이사장에게 제출하여야 한다.

325 신고한 초경량비행장치의 용도, 소유자의 성명 등이 변경됐을 경우 초경량비행장치 변경 · 이전신고서를 누구에게 제출해야 하는가?

① 항공안전기술원장
② 국토교통부장관
③ 지방항공청장
④ 한국교통안전공단이사장

시행규칙 제302조(초경량비행장치 변경신고)제2항. 초경량비행장치소유자등이 변경신고를 하려는 경우에는 그 사유가 있는 날부터 30일 이내에 초경량비행장치 변경 · 이전신고서를 한국교통안전공단 이사장에게 제출하여야 한다.

326 초경량비행장치 변경신고는 변경 사유가 있는 날부터 며칠 이내에 하여야 하는가?

① 7일   ② 10일
③ 30일   ④ 60일

시행규칙 제302조(초경량비행장치 변경신고)제2항 참조

327 초경량비행장치 말소신고 기한은?

① 7일   ② 10일
③ 15일   ④ 30일

시행규칙 제303조(초경량비행장치 변경신고)제1항. 말소신고를 하려는 초경량비행장치 소유자등은 그 사유가 발생한 날부터 15일 이내에 초경량비행장치 말소신고서를 한국교통안전공단 이사장에게 제출하여야 한다.

328 다음 중 초경량비행장치 안전성인증 대상이 아닌 것은?

① 동력비행장치
② 최대이륙중량이 35kg인 무인동력비행장치
③ 회전익비행장치
자체중량이 10kg 이하이고 길이가 5m인 무인비행선

> 시행규칙 제305조(초경량비행장치 안전성인증 대상 등) 다음의 초경량비행장치는 안전성인증을 받지 아니하고는 비행하여서는 아니된다.
> 1. 동력비행장치
> 2. 행글라이더, 패러글라이더 및 낙하산류(항공레저스포츠사업에 사용되는 것만 해당한다)
> 3. 기구류(사람이 탑승하는 것만 해당한다)
> 4. 무인동력비행장치 중에서 최대이륙중량이 25kg을 초과하는 것
> 5. 무인비행선 중에서 연료의 중량을 제외한 자체중량이 12kg을 초과하거나 길이가 7m를 초과하는 것
> 6. 회전익비행장치
> 7. 동력패러글라이더

329 다음 중 안전성인증을 받아야 하는 초경량비행장치가 아닌 것은?

① 무인기구류
② 동력비행장치
③ 회전익비행장치
④ 패러글라이더

> 시행규칙 제305조(초경량비행장치 안전성인증 대상 등) 참조

330 비행승인을 받지 않아도 되는 초경량비행장치가 아닌 것은?

① 초경량비행장치 사용사업에 사용되지 아니하는 행글라이더
② 최저비행고도(150m) 미만의 고도에서 운영하는 계류식 기구
③ 관제권에서 농업 지원에 사용하는 비행장치

④ 최대이륙중량이 25kg 이하인 무인동력비행장치

> 시행규칙 제308조(초경량비행장치의 비행승인) 다음의 어느 하나에 해당하는 초경량비행장치는 비행승인을 받을 필요가 없다.
> 1. 항공기대여업, 항공레저스포츠사업 또는 초경량비행장치사용사업에 사용되지 아니하는 행글라이더, 패러글라이더 등 동력을 이용하지 아니하는 비행장치, 무인기구류, 계류식 무인비행장치, 낙하산류
> 2. 최저비행고도(150m) 미만의 고도에서 운영하는 계류식 기구
> 3. 관제권, 비행금지구역 및 비행제한구역 외의 공역에서 비료 또는 농약 살포, 씨앗 뿌리기 등 농업 지원에 사용하는 비행장치, 가축전염병 또는 수산생물전염병의 예방 또는 확산 방지를 위하여 소독·방역 업무 등에 긴급하게 사용하는 무인비행장치
> 4. 최대이륙중량이 25kg 이하인 무인동력비행장치
> 5. 연료의 중량을 제외한 자체중량이 12kg 이하이고 길이가 7m 이하인 무인비행선

331 다음 중 비행승인을 받아야 하는 초경량비행장치는?

① 초경량비행장치 사용사업에 사용되는 무인기구류
② 자체중량이 12kg 이하이고 길이가 7m 이하인 무인비행선
③ 관제권, 비행금지구역 및 비행제한구역 외의 공역에서 농업 지원에 사용하는 최대이륙중량이 30kg인 무인동력비행장치
④ 최대이륙중량이 20k인 무인동력비행장치

> 시행규칙 제308조(초경량비행장치의 비행승인) 참조

332 초경량비행장치 비행승인신청서를 제출해야 하는 자에 포함되지 않는 것은?

① 지방항공청장
② 국방부장관
③ 항공교통업무증명을 받은 자
④ 항공교통본부장

시행규칙 제308조(초경량비행장치의 비행승인)제2항. 초경량비행장치를 사용하여 비행제한공역을 비행하려는 사람은 법 제127조제2항 본문에 따라 별지 제122호서식의 초경량비행장치 비행승인신청서를 지방항공청장·국방부장관 또는 법 제85조제1항에 따라 항공교통업무증명을 받은 자에게 제출하여야 한다.

333 동일 지역에서 반복적으로 이루어지는 무인비행장치의 비행에 대해서는 최대 얼마까지 비행 기간을 명시하여 승인할 수 있는가?

① 1개월   ② 3개월
③ 6개월   ④ 12개월

시행규칙 제308조(초경량비행장치의 비행승인)제3항. 지방항공청장·국방부장관 또는 법 제85조제1항에 따라 항공교통업무증명을 받은 자는 제출된 신청서를 검토한 결과 비행안전에 지장을 주지 않는다고 판단되는 경우에는 이를 승인해야 한다. 이 경우 동일지역에서 반복적으로 이루어지는 비행에 대해서는 다음의 구분에 따른 범위에서 비행기간을 명시하여 승인할 수 있다.
1. 무인비행장치를 사용하여 비행하는 경우: 12개월
2. 무인비행장치 외의 초경량비행장치를 사용하여 비행하는 경우: 6개월

334 다음 중 구조지원장비를 장착 또는 휴대하지 않아도 되는 초경량비행장치가 <u>아닌</u> 것은?

① 동력비행장치
② 계류식 기구
③ 동력패러글라이더
④ 무인비행장치

시행규칙 제309조(초경량비행장치의 구조지원 장비 등) 제2항 다음의 초경량비행장치는 구조지원장비를 장착 또는 휴대하지 않아도 된다.
1. 동력을 이용하지 아니하는 비행장치
2. 계류식 기구
3. 동력패러글라이더
4. 무인비행장치

335 다음 중 초경량비행장치에 장착해야 하는 구조지원장비에 해당되지 <u>않는</u> 것은?

① 위치추적이 가능한 표시기
② 위치추적이 가능한 단말기
③ 조난구조용 장비
④ 2차감시 항공교통관제 레이더용 트랜스폰더

시행규칙 제309조(초경량비행장치의 구조지원 장비 등) 제1항. 초경량비행장치에 장착해야 하는 구조지원장비의 종류는 다음과 같다.
1. 위치추적이 가능한 표시기 또는 단말기
2. 조난구조용 장비(위치추적이 가능한 표시기 또는 단말기를 갖출 수 없는 경우)
3. 구급의료용품
4. 기상정보를 확인할 수 있는 장비
5. 휴대용 소화기
6. 항공교통관제기관과 무선통신을 할 수 있는 장비

336 다음 중 항공안전법상 초경량비행장치 조종자가 하지 말아야 할 사항이 <u>아닌</u> 것은?

① 인명이나 재산에 위험을 초래할 우려가 있는 낙하물을 투하(投下)하는 행위
② 관제공역·통제공역·주의공역에서 비행하는 행위
③ 특별비행승인을 받고 일몰 후부터 일출 전까지의 야간에 비행하는 행위
④ 무인비행장치를 육안으로 확인할 수 있는 범위에서 조종하는 행위

시행규칙 제310조(초경량비행장치 조종자의 준수사항) 초경량비행장치 조종자는 다음의 어느 하나에 해당하는 행위를 해서는 안된다.
1. 인명이나 재산에 위험을 초래할 우려가 있는 낙하물을 투하하는 행위
2. 주거지역, 상업지역 등 인구가 밀집된 지역이나 그 밖에 사람이 많이 모인 장소의 상공에서 인명 또는 재산에 위험을 초래할 우려가 있는 방법으로 비행하는 행위
3. 사람 또는 건축물이 밀집된 지역의 상공에서 건축물과 충돌할 우려가 있는 방법으로 근접하여 비행하는 행위

3. 사람 또는 건축물이 밀집된 지역의 상공에서 건축물과 충돌할 우려가 있는 방법으로 근접하여 비행하는 행위
4. 관제공역·통제공역·주의공역에서 비행하는 행위
5. 안개 등으로 인하여 지상목표물을 육안으로 식별할 수 없는 상태에서 비행하는 행위
6. 비행시정 및 구름으로부터의 거리기준을 위반하여 비행하는 행위
7. 일몰 후부터 일출 전까지의 야간에 비행하는 행위
8. 주류, 마약류 또는 환각물질 등(주류등)의 영향으로 조종업무를 정상적으로 수행할 수 없는 상태에서 조종하는 행위 또는 비행 중 주류등을 섭취하거나 사용하는 행위
9. 무인비행장치를 육안으로 확인할 수 있는 범위에서 조종하는 행위
10. 지표면 또는 장애물과 가까운 상공에서 360도 선회하는 등 조종자의 인명에 위험을 초래할 우려가 있는 방법으로 패러글라이더를 비행하는 행위

337 다음 중 초경량비행장치 조종자 준수사항이 아닌 것은?

① 비행시정 및 구름으로부터의 거리기준을 위반하여 비행하는 행위 금지
② 사람 또는 건축물이 밀집된 지역의 상공에서 건축물과 충돌할 우려가 있는 방법으로 근접하여 비행하는 행위 금지
③ 안개 등으로 인하여 지상목표물을 육안으로 식별할 수 없는 상태에서 비행하는 행위 금지
④ 비행제한구역 외 공역에서 최대이륙중량 25kg 이하의 무인동력비행장치를 비행승인 없이 비행하는 행위 금지

시행규칙 제310조(초경량비행장치 조종자의 준수사항) 참조

338 항공안전법상 항공안전전문가로 위촉이 가능한 사람이 아닌 것은?

① 항공종사자 자격증명을 가진 사람으로서 해당 분야에서 10년 이상의 실무경력을 갖춘 사람
② 항공종사자 양성 전문교육기관의 해당 분야에서 5년 이상 교육훈련업무에 종사한 사람
③ 5급 이상의 공무원이었던 사람으로서 항공분야에서 5년 이상의 실무경력을 갖춘 사람
④ 대학 또는 전문대학에서 해당 분야의 전임강사 이상으로 3년 이상 재직한 경력이 있는 사람

시행규칙 제314조(항공안전전문가) 항공안전에 관한 전문가로 위촉받을 수 있는 사람은 다음의 어느 하나에 해당하는 사람으로 한다.
1. 항공종사자 자격증명을 가진 사람으로서 해당 분야에서 10년 이상의 실무경력을 갖춘 사람
2. 항공종사자 양성 전문교육기관의 해당 분야에서 5년 이상 교육훈련업무에 종사한 사람
3. 5급 이상의 공무원이었던 사람으로서 항공분야에서 5년(6급의 경우 10년) 이상의 실무경력을 갖춘 사람
4. 대학 또는 전문대학에서 해당 분야의 전임강사 이상으로 5년 이상 재직한 경력이 있는 사람

339 항공운송사업자가 취항하는 공항에 대한 정기안전성검사는 누가 하는가?

① 지방항공청장
② 항공교통본부장
③ 항공안전기술원장
④ 한국공항공사사장

시행규칙 제315조(정기안전성검사) 국토교통부장관 또는 지방항공청장은 다음의 사항에 관하여 항공운송사업자가 취항하는 공항에 대하여 정기적인 안전성검사를 하여야 한다.
1. 항공기 운항·정비 및 지원에 관련된 업무·조직 및 교육훈련
2. 항공기 부품과 예비품의 보관 및 급유시설
3. 비상계획 및 항공보안사항
4. 항공기 운항허가 및 비상지원절차
5. 지상조업과 위험물의 취급 및 처리
6. 공항시설

7. 그 밖에 국토교통부장관이 항공기 안전운항에 필요하다고 인정하는 사항

340 항공운송사업자가 취항하는 공항에 대한 국토교통부장관 또는 지방항공청장의 정기안전성검사의 대상이 <u>아닌</u> 것은?

① 항공기 운항·정비 및 지원에 관련된 업무·조직 및 교육훈련
② 항공기 부품과 예비품의 보관 및 급유시설
③ 출입국 심사와 절차
④ 공항시설

시행규칙 제315조(정기안전성검사) 참조

341 항공안전법상 일정한 처분에 대하여는 청문을 하여야 한다. 이때 청문의 실시권자는 누구인가?

① 대통령
② 국토교통부장관
③ 지방항공청장
④ 시·도지사

법 제134조(청문) 국토교통부장관은 다음의 어느 하나에 해당하는 처분을 하려면 청문을 하여야 한다.
1. 제20조제7항에 따른 형식증명 또는 부가형식증명의 취소
2. 제21조제7항에 따른 형식증명승인 또는 부가형식증명 승인의 취소
3. 제22조제5항에 따른 제작증명의 취소
4. 제23조제7항에 따른 감항증명의 취소
5. 제24조제3항에 따른 감항승인의 취소
6. 제25조제3항에 따른 소음기준적합증명의 취소
7. 제27조제4항에 따른 기술표준품형식승인의 취소
8. 제28조제5항에 따른 부품등제작자증명의 취소
   8의2 제39조의2제5항에 따른 모의비행훈련장치에 대한 지정의 취소 또는 효력정지
9. 제43조제1항 또는 제3항에 따른 자격증명등 또는 항공신체검사증명의 취소 또는 효력정지
10. 제44조제4항에서 준용하는 제43조제1항에 따른 계기비행증명 또는 조종교육증명의 취소

11. 제45조제6항에서 준용하는 제43조제1항에 따른 항공영어구술능력증명의 취소
    11의2 제47조의2에 따른 연습허가 또는 항공신체검사증명의 취소 또는 효력정지
12. 제48조의2에 따른 전문교육기관 지정의 취소
13. 제50조제1항에 따른 항공전문의사 지정의 취소 또는 효력정지(같은 항 제8호의 경우는 제외한다)
14. 제63조제3항에 따른 자격인정의 취소
15. 제71조제5항에 따른 포장·용기검사기관 지정의 취소
16. 제72조제5항에 따른 위험물전문교육기관 지정의 취소
17. 제86조제1항에 따른 항공교통업무증명의 취소
18. 제91조제1항 또는 제95조제1항에 따른 운항증명의 취소
19. 제98조제1항에 따른 정비조직인증의 취소
20. 제105조제1항 단서에 따른 운항증명승인의 취소
21. 제114조제1항 또는 제2항에 따른 자격증명등 또는 항공신체검사증명의 취소
22. 제115조제3항에서 준용하는 제114조제1항에 따른 조종교육증명의 취소
23. 제117조제4항에 따른 경량항공기 전문교육기관 지정의 취소
24. 제125조제5항에 따른 초경량비행장치 조종자 증명의 취소
25. 제126조제4항에 따른 초경량비행장치 전문교육기관 지정의 취소

342 다음 중 항공안전법상의 처분을 하고자 할 때 청문을 하지 않아도 되는 경우는?

① 항공영어구술능력증명의 취소
② 항공교통업무증명의 취소
③ 부품등제작자증명의 취소
④ 공항시설운영사업 등록의 취소

법 제134조(청문) 참조

343 국토교통부장관이 항공안전법상의 처분을 하고자 할 때 청문을 하지 않아도 되는 경우는?

① 제작증명의 취소
② 감항증명의 취소
③ 소음기준적합증명의 취소
④ 본인의 요청에 의한 항공전문의사 지정의 취소

법 제134조(청문) 참조

344 사람이 현존하는 항공기, 경량항공기 또는 초경량비행장치를 항행 중에 추락 또는 전복(顚覆)시키거나 파괴한 사람에 대한 처벌은?

① 사형 또는 무기징역
② 사형, 무기징역 또는 5년 이상의 징역
③ 사형, 무기징역 또는 7년 이상의 징역
④ 사형, 무기징역 또는 10년 이상의 징역

법 제138조(항행 중 항공기 위험 발생의 죄)제1항 사람이 현존하는 항공기, 경량항공기 또는 초경량비행장치를 항행 중에 추락 또는 전복시키거나 파괴한 사람은 사형, 무기징역 또는 5년 이상의 징역에 처한다.

345 비행장, 이착륙장, 공항시설 또는 항행안전시설을 파손하거나 그 밖의 방법으로 항공상의 위험을 발생시킨 사람에 대한 처벌은?

① 1년 이상 10년 이하의 징역
② 10년 이하의 징역
③ 3년 이상 15년 이하의 징역
④ 5년 이하의 징역

법 제140조(항공상 위험 발생 등의 죄) 비행장, 이착륙장, 공항시설 또는 항행안전시설을 파손하거나 그 밖의 방법으로 항공상의 위험을 발생시킨 사람은 10년 이하의 징역에 처한다.

346 직권을 남용하여 항공기에 있는 사람에게 그의 의무가 아닌 일을 시키거나 그의 권리행사를 방해한 기장 또는 조종사에 대한 처벌은?

① 1년 이상 10년 이하의 징역
② 10년 이하의 징역
③ 3년 이상 15년 이하의 징역
④ 5년 이하의 징역

법 제142조(기장 등의 탑승자 권리행사 방해의 죄)제1항 직권을 남용하여 항공기에 있는 사람에게 그의 의무가 아닌 일을 시키거나 그의 권리행사를 방해한 기장 또는 조종사는 1년 이상 10년 이하의 징역에 처한다.

347 기장은 운항 중 그 항공기에 위난이 발생하였을 때에는 여객과 그 밖에 항공기에 있는 사람을 그 항공기에서 나가게 한 후가 아니면 항공기를 떠나서는 아니 된다. 이 의무를 위반한 기장에 대한 처벌은?

① 1년 이상 10년 이하의 징역
② 10년 이하의 징역
③ 3년 이상 15년 이하의 징역
④ 5년 이하의 징역

법 제143조(기장의 항공기 이탈의 죄) 법 제62조제4항을 위반하여 항공기를 떠난 기장(기장의 임무를 수행할 사람을 포함한다)은 5년 이하의 징역에 처한다.

348 감항증명 또는 소음기준적합증명을 받지 아니하거나 감항증명 또는 소음기준적합증명이 취소 또는 정지된 항공기를 운항한 자에 대한 처벌은?

① 3년 이하의 징역 또는 3천만원 이하의 벌금
② 3년 이하의 징역 또는 5천만원 이하의 벌금
③ 2년 이하의 징역 또는 2천만원 이하의 벌금
④ 1년 이하의 징역 또는 1천만원 이하의 벌금

법 제144조(감항증명을 받지 아니한 항공기 사용 등의 죄) 다음의 어느 하나에 해당하는 자는 3년 이하의 징역 또는 5천만원 이하의 벌금에 처한다.
1. 감항증명 또는 소음기준적합증명을 받지 아니하거나 감항증명 또는 소음기준적합증명이 취소 또는 정지된 항공기를 운항한 자
2. 기술표준품형식승인을 받지 아니한 기술표준품을 제작·판매하거나 항공기등에 사용한 자

3. 부품등제작자증명을 받지 아니한 장비품 또는 부품을 제작·판매하거나 항공기등 또는 장비품에 사용한 자
4. 수리·개조승인을 받지 아니한 항공기등, 장비품 또는 부품을 운항 또는 항공기등에 사용한 자
5. 정비등을 한 항공기등, 장비품 또는 부품에 대하여 감항성을 확인받지 아니하고 운항 또는 항공기등에 사용한 자

349 주류등의 영향으로 항공업무를 정상적으로 수행할 수 없는 상태에서 그 업무에 종사한 항공종사자에 대한 처벌은?

① 3년 이하의 징역 또는 3천만원 이하의 벌금

② 3년 이하의 징역 또는 5천만원 이하의 벌금

③ 2년 이하의 징역 또는 2천만원 이하의 벌금

④ 1년 이하의 징역 또는 1천만원 이하의 벌금

법 제146조(주류등의 섭취·사용 등의 죄) 다음의 어느 하나에 해당하는 사람은 3년 이하의 징역 또는 3천만원 이하의 벌금에 처한다.
1. 주류등의 영향으로 항공업무 또는 객실승무원의 업무를 정상적으로 수행할 수 없는 상태에서 그 업무에 종사한 항공종사자 또는 객실승무원
2. 주류등을 섭취하거나 사용한 항공종사자 또는 객실승무원
3. 국토교통부장관의 측정에 따르지 아니한 항공종사자 또는 객실승무원

350 항공교통업무증명을 받지 아니하고 항공교통업무를 제공한 자에 대한 처벌은?

① 1년 이하의 징역 또는 1천만원 이하의 벌금

② 2년 이하의 징역 또는 2천만원 이하의 벌금

③ 3년 이하의 징역 또는 3천만원 이하의 벌금

④ 3년 이하의 징역 또는 5천만원 이하의 벌금

법 제147조(항공교통업무증명 위반에 관한 죄) 항공교통업무증명을 받지 아니하고 항공교통업무를 제공한 자는 3년 이하의 징역 또는 3천만원 이하의 벌금에 처한다.

351 다른 사람에게 자기의 성명을 사용하여 항공업무를 수행하게 하거나 항공종사자 자격증명서를 빌려 준 사람에 대한 처벌은?

① 1년 이하의 징역 또는 1천만원 이하의 벌금

② 2년 이하의 징역 또는 2천만원 이하의 벌금

③ 3년 이하의 징역 또는 3천만원 이하의 벌금

④ 3년 이하의 징역 또는 5천만원 이하의 벌금

법 제148조(무자격자의 항공업무 종사 등의 죄) 다음의 어느 하나에 해당하는 사람은 2년 이하의 징역 또는 2천만원 이하의 벌금에 처한다.
1. 자격증명을 받지 아니하고 항공업무에 종사한 사람
2. 그가 받은 자격증명의 종류에 따른 업무범위 외의 업무에 종사한 사람
3. 다른 사람에게 자기의 성명을 사용하여 항공업무를 수행하게 하거나 항공종사자 자격증명서를 빌려 준 사람
4. 다른 사람의 성명을 사용하여 항공업무를 수행하거나 다른 사람의 항공종사자 자격증명서를 빌린 사람
5. 자격증명의 대여 행위를 알선한 사람

352 항공종사자의 자격증명이 없는 사람을 항공기에 승무시키거나 항공안전법에 따라 항공기에 승무시켜야 할 승무원을 승무시키지 아니한 소유자등에 대한 처벌은?

① 1년 이하의 징역 또는 1천만원 이하의 벌금

② 2년 이하의 징역 또는 2천만원 이하의 벌금

③ 3년 이하의 징역 또는 3천만원 이하의 벌금

④ 3년 이하의 징역 또는 5천만원 이하의 벌금

법 제151조(승무원을 승무시키지 아니한 죄) 항공종사자의 자격증명이 없는 사람을 항공기에 승무시키거나 이 법에 따라 항공기에 승무시켜야 할 승무원을 승무시키지 아니한 소유자등은 1년 이하의 징역 또는 1천만원 이하의 벌금에 처한다.

353 기장이 항공기사고·항공기준사고 또는 의무보고 대상 항공안전장애에 관한 보고를 하지 아니하거나 거짓으로 보고를 한 경우의 처벌은?

① 2년 이하의 징역 또는 2천만원 이하의 벌금

② 1년 이하의 징역 또는 1천만원 이하의 벌금

③ 1천만원 이하의 벌금

④ 5백만원 이하의 벌금

법 제158조(기장 등의 보고의무 등의 위반에 관한 죄) 다음의 어느 하나에 해당하는 자는 500만원 이하의 벌금에 처한다.
1. 제62조(기장의 권한)제5항 또는 제6항을 위반하여 항공기사고·항공기준사고 또는 의무보고 대상 항공안전장애에 관한 보고를 하지 아니하거나 거짓으로 한 자
2. 제65조제2항에 따른 운항관리사의 승인을 받지 아니하고 항공기를 출발시키거나 비행계획을 변경한 자

정답 **352.** ① **353.** ④

03
P·A·R·T

교통법규 예상문제 [교통보안법]

01 공항시설, 항행안전시설 내에서의 불법행위를 방지하고 민간항공의 보안을 확보하기 위한 기준·절차 및 의무사항 등을 규정함을 목적으로 하는 것은?

① 공항시설법
② 국제민간항공협약
③ 항공안전법
④ 항공보안법

> 법 제1조(목적) 이 법은 국제민간항공협약 등 국제협약에 따라 공항시설, 항행안전시설 및 항공기 내에서의 불법행위를 방지하고 민간항공의 보안을 확보하기 위한 기준·절차 및 의무사항 등을 규정함을 목적으로 한다.

02 항공보안법상의 "운항중"이란 용어가 뜻하는 바로 맞는 것은?

① 비행을 목적으로 항공기에 탑승하였을 때부터 항공기에서 내릴 때까지
② 발동기가 시동되는 순간부터 비행이 종료되어 발동기가 정지되는 순간까지
③ 비행을 목적으로 이륙하는 순간부터 착륙하는 순간까지
④ 승객이 탑승한 후 항공기의 모든 문이 닫힌 때부터 내리기 위하여 문을 열 때까지

> 법 제2조(정의)제1호 "운항중"이란 승객이 탑승한 후 항공기의 모든 문이 닫힌 때부터 내리기 위하여 문을 열 때까지를 말한다.

03 항공기 내의 불법방해행위를 방지하는 직무를 담당하는 사법경찰관리 또는 그 직무를 위하여 항공운송사업자가 지명하는 사람을 무엇이라 하는가?

① 사복경찰관
② 사법경찰관
③ 항공기내보안요원
④ 항공보안검색요원

> 법 제2조(정의)제7호 "항공기내보안요원"이란 항공기 내의 불법방해행위를 방지하는 직무를 담당하는 사법경찰관리 또는 그 직무를 위하여 항공운송사업자가 지명하는 사람을 말한다.

04 항공보안법상의 '불법방해행위'에 해당되지 않는 것은?

① 지상에 있거나 운항중인 항공기를 납치하거나 납치를 시도하는 행위
② 항행안전시설에서 사람을 인질로 삼는 행위
③ 항공기를 파괴하거나 손상시키는 행위
④ 항공기, 항행안전시설에 무단 침입하거나 운영을 방해하는 행위

> 법 제2조(정의)제8호 불법방해행위란 항공기의 안전운항을 저해할 우려가 있거나 운항을 불가능하게 하는 행위로서 다음의 행위를 말한다.
> 1. 지상에 있거나 운항중인 항공기를 납치하거나 납치를 시도하는 행위
> 2. 항공기 또는 공항에서 사람을 인질로 삼는 행위

정답 **01.** ④ **02.** ④ **03.** ③ **04.** ②

3. 항공기, 공항 및 항행안전시설을 파괴하거나 손상시키는 행위
4. 항공기, 항행안전시설 및 항공보안법 제12조에 따른 보호구역(보호구역이라 한다)에 무단 침입하거나 운영을 방해하는 행위
5. 범죄의 목적으로 항공기 또는 보호구역 내로 제21조에 따른 무기 등 위해물품을 반입하는 행위
6. 지상에 있거나 운항중인 항공기의 안전을 위협하는 거짓 정보를 제공하는 행위 또는 공항 및 공항시설 내에 있는 승객, 승무원, 지상근무자의 안전을 위협하는 거짓 정보를 제공하는 행위
7. 사람을 사상에 이르게 하거나 재산 또는 환경에 심각한 손상을 입힐 목적으로 항공기를 이용하는 행위
8. 그 밖에 이 법에 따라 처벌받는 행위

05 항공보안법상의 "불법방해행위"로 볼 수 없는 것은?

① 항공기, 항행안전시설 및 공항시설 보호구역에 무단 침입하거나 운영을 방해하는 행위
② 범죄의 예방을 목적으로 항공기 또는 보호구역 내로 무기 등 위해물품을 반입하는 행위
③ 지상에 있거나 운항중인 항공기의 안전을 위협하는 거짓 정보를 제공하는 행위
④ 공항 및 공항시설 내에 있는 승객, 승무원, 지상근무자의 안전을 위협하는 거짓 정보를 제공하는 행위

법 제2조(정의)제8호 참조

06 항공안전법상 항공기의 안전운항을 저해할 우려가 있거나 운항을 불가능하게 하는 행위로 보기 어려운 것은?

① 제작 중인 항공기를 납치하거나 납치를 시도하는 행위
② 항공기 또는 공항에서 사람을 인질로 삼는 행위
③ 항공기, 공항 및 항행안전시설을 파괴하거나 손상시키는 행위

④ 사람을 사상에 이르게 하거나 재산 또는 환경에 심각한 손상을 입힐 목적으로 항공기를 이용하는 행위

법 제2조(정의)제8호 참조

07 민간항공의 보안을 위하여 우리나라 항공보안법이 따르는 국제협약에 대한 설명으로 바르지 않은 것은?

① 항공기 내에서 범한 범죄 및 기타 행위에 관한 협약
② 항공기의 불법납치 억제를 위한 협약
③ 민간항공의 안전에 대한 불법적 행위의 억제를 위한 협약
④ 항공보안법에 열거된 민간항공 보안 관련 국제협약 외의 다른 협약은 따르지 않는다.

법 제3조(국제협약의 준수)
1. 민간항공의 보안을 위하여 이 법에서 규정하는 사항 외에는 다음의 국제협약에 따른다.
   ① 항공기 내에서 범한 범죄 및 기타 행위에 관한 협약
   ② 항공기의 불법납치 억제를 위한 협약
   ③ 민간항공의 안전에 대한 불법적 행위의 억제를 위한 협약
   ④ 민간항공의 안전에 대한 불법적 행위의 억제를 위한 협약을 보충하는 국제민간항공에 사용되는 공항에서의 불법적 폭력행위의 억제를 위한 의정서
   ⑤ 가소성 폭약의 탐지를 위한 식별조치에 관한 협약
2. 상기 국제협약 외에 항공보안에 관련된 다른 국제협약이 있는 경우에는 그 협약에 따른다.

08 우리나라 항공보안법이 따르는 민간항공 보안을 위한 국제협약으로 보기 어려운 것은?

① 항공기 내에서 범한 범죄 및 기타 행위에 관한 협약
② 항공기의 불법납치 억제를 위한 협약
③ 민간항공의 안전에 대한 불법적 행위의 억제를 위한 협약
④ 유럽항공안전청(EASA)에서 채택한 공항 내 불법방해해위 금지를 위한 의정서

법 제3조(국제협약의 준수) 참조

09 민간항공의 보안을 위하여 제정한 국제협약에 해당되지 <u>않는</u> 것은?

① 민간항공의 안전에 대한 불법적 행위의 억제를 위한 협약

② 민간항공의 안전에 대한 불법적 행위의 억제를 위한 협약을 보충하는 국제민간항공에 사용되는 공항에서의 불법적 폭력행위의 억제를 위한 의정서

③ 가소성 폭약의 탐지를 위한 식별조치에 관한 협약

④ 항공기 내 범죄인 인도에 관한 협약

법 제3조(국제협약의 준수) 참조

10 민간항공의 보안을 확보하기 위하여 민간항공의 보안에 관한 계획을 수립하는 사람은 누구인가?

① 국토교통부장관
② 지방항공청장
③ 항공교통본부장
④ 한국공항공사사장

법 제4조(국가의 책무) 국토교통부장관은 민간항공의 보안에 관한 계획 수립, 관계 행정기관 간 업무 협조체제 유지, 공항운영자ㆍ항공운송사업자ㆍ항공기취급업체ㆍ항공기정비업체ㆍ공항상주업체 및 항공여객ㆍ화물터미널운영자 등의 자체 보안계획에 대한 승인 및 실행 점검, 항공보안 교육훈련계획의 개발 등의 업무를 수행한다.

11 항공보안을 위한 국가의 시책에 협조해야 하는 의무가 <u>없는</u> 자는?

① 공항운영자 ② 항공운송사업자
③ 항공기취급업제 ④ 항공보안협의회

법 제5조(공항운영자 등의 협조의무), 시행규칙 제2조(협조의무자) 항공보안을 위한 국가의 시책에 협조하여야 하는 자는 다음과 같다.
1. 공항운영자, 항공운송사업자, 항공기취급업체, 항공기정비업체, 공항상주업체, 항공여객ㆍ화물터미널운영자, 공항이용자
2. 국토교통부장관의 허가를 받아 비행장 또는 항행안전시설을 설치한 자
3. 도심공항터미널업자

12 다음 중 항공보안을 위한 국가의 시책에 협조하여야 하는 자가 <u>아닌</u> 자는?

① 항공기제작업체
② 항공기정비업체
③ 항공기취급업제
④ 도심공항터미널업자

법 제5조(공항운영자 등의 협조의무), 시행규칙 제2조(협조의무자) 참조

13 항공보안에 관한 사항 등을 협의하기 위하여 국토교통부에 두어야 할 조직은?

① 항공보안회의
② 항공안보회의
③ 항공보안협의회
④ 항공안보협의회

법 제7조(항공보안협의회)제1항 항공보안에 관련되는 다음의 사항을 협의하기 위하여 국토교통부에 항공보안협의회를 둔다.

14 다음 중 국토교통부의 항공보안협의회가 협의할 대상이 아닌 것은?

① 항공보안에 관한 계획의 협의
② 관계 행정기관 간 업무 협조
③ 공항운영자등의 자체 보안계획의 승인을 위한 협의
④ 국가정보원법 제4조에 따른 대테러에 관한 사항 협의

> 법 제7조(항공보안협의회)제1항 항공보안에 관련되는 다음의 사항을 협의하기 위하여 국토교통부에 항공보안협의회를 둔다.
> 1. 항공보안에 관한 계획의 협의
> 2. 관계 행정기관 간 업무 협조
> 3. 공항운영자등의 자체 보안계획의 승인을 위한 협의
> 4. 그 밖에 항공보안을 위하여 항공보안협의회의 장이 필요하다고 인정하는 사항 다만, 국가정보원법 제4조에 따른 대테러에 관한 사항은 제외한다.

15 항공보안협의회는 위원장을 포함하여 몇 명 이내의 위원으로 구성되는가?

① 7명   ② 10명
③ 15명   ④ 20명

> 시행령 제2조(항공보안협의회의 구성 등) 항공보안협의회는 위원장 1명을 포함한 20명 이내의 위원으로 구성한다.

16 다음 중 항공보안협의회의 위원에 포함되지 않는 사람은?

① 국토교통부 항공정책실장
② 외교부장관이 지명한 고위공무원
③ 한국공항공사 사장이 국토교통부장관과 협의하여 지명한 항공보안업무 담당자
④ 행정안전부장관이 지명한 고위공무원

> 시행령 제2조(항공보안협의회의 구성 등)제2항 보안협의회의 위원장은 국토교통부 항공정책실장이 되고, 위원은 다음의 사람으로 한다.

1. 외교부 · 법무부 · 국방부 · 문화체육관광부 · 농림축산식품부 · 보건복지부 · 국토교통부 · 국가정보원 · 관세청 · 경찰청 및 해양경찰청의 고위공무원단 또는 이에 상당하는 직급의 공무원 중 소속 기관의 장이 지명하는 사람 각 1명
2. 한국공항공사 및 인천국제공항공사의 항공보안 업무를 담당하는 임직원 중 해당 공사의 장이 국토교통부장관과 협의하여 지명하는 사람 각 1명

17 항공보안협의회의 위원장은 누가 되는가?

① 국토교통부장관
② 국토교통부 항공정책실장
③ 지방항공청장
④ 한국공항공사 사장

> 시행령 제2조(항공보안협의회의 구성 등)제2항 참조

18 항공보안협의회 위원을 지명한 소속 기관의 장이 위원에 대한 지명을 철회할 수 있는 사유에 해당되지 않는 것은?

① 위원이 심신장애로 인하여 직무를 수행할 수 없게 된 경우
② 위원이 직무와 관련된 비위사실이 있는 경우
③ 위원이 직무태만, 품위손상이나 그 밖의 사유로 인하여 위원으로 적합하지 아니하다고 인정되는 경우
④ 위원이 직무를 수행하는 것이 곤란하다고 소속 기관의 장이 판단할 때

> 시행령 제2조의3(보안협의회 위원의 지명 철회) 항공보안협의회의 위원을 지명한 자는 위원이 다음의 어느 하나에 해당하는 경우에는 그 지명을 철회할 수 있다.
> 1. 심신장애로 인하여 직무를 수행할 수 없게 된 경우
> 2. 직무와 관련된 비위사실이 있는 경우
> 3. 직무태만, 품위손상이나 그 밖의 사유로 인하여 위원으로 적합하지 아니하다고 인정되는 경우
> 4. 위원이 제척사유에 해당하는 데에도 불구하고 회피하지 아니한 경우
> 5. 위원 스스로 직무를 수행하는 것이 곤란하다고 의사를 밝히는 경우

19 지방항공보안협의회는 어디에 설치하고 설치권자는 누구인가?

① 관할 공항, 지방항공청장
② 지방항공청, 지방항공청장
③ 관할 공항, 국토교통부장관
④ 지방항공청, 국토교통부장관

> 법 제8조(지방항공보안협의회) 지방항공청장은 관할 공항별로 항공보안에 관한 사항을 협의하기 위하여 지방항공보안협의회를 둔다.

20 다음 중 지방항공보안협의회의 위원장이 될 수 있는 사람은?

① 관할 공항 사장
② 지방항공청장
③ 국토교통부 항공정책실장
④ 국토교통부 항공교통본부장

> 시행령 제3조(지방항공보안협의회의 구성 등)제3조 지방항공보안협의회의 위원장은 해당 공항을 관할하는 지방항공청장 또는 지방항공청장이 소속 공무원 중에서 지명하는 사람이 된다.

21 지방항공보안협의회의 위원이 될 수 있는 사람이 <u>아닌</u> 자는?

① 해당 공항에 상주하는 정부기관의 소속 직원 각 1명
② 해당 공항운영자가 추천하는 소속 직원 1명
③ 해당 공항에 상주하는 항공운송사업자가 추천하는 소속 직원 각 1명
④ 해당 공항에 상주하는 항공기사용사업자가 추천하는 소속 직원 각 1명

> 시행령 제3조(지방항공보안협의회의 구성 등)제2항 지방보안협의회의 위원은 다음의 사람으로 한다.
> 1. 해당 공항에 상주하는 정부기관의 소속 직원 각 1명
> 2. 해당 공항운영자가 추천하는 소속 직원 1명

> 3. 해당 공항에 상주하는 항공운송사업자가 추천하는 소속 직원 각 1명
> 4. 상기 사람 외에 항공보안을 위하여 위원장이 위촉하는 사람

22 지방항공보안협의회 위촉위원의 임기는 몇 년인가?

① 1년 　　② 2년
③ 3년 　　④ 4년

> 시행령 제3조(지방항공보안협의회의 구성 등)제4항 지방보안협의회의 위촉위촉의 임기는 2년으로 한다.

23 지방항공보안협의회가 협의해야 하는 사항에 해당되지 <u>않는</u> 것은?

① 공항운영자등의 자체 보안계획의 수립 및 변경에 관한 사항
② 공항운영자등의 자체 우발계획의 수립·시행에 관한 사항
③ 항행안전시설의 보안에 관한 사항
④ 항공기의 보안에 관한 사항

> 시행령 제4조(지방보안협의회의 임무 등) 지방항공보안협의회는 다음 사항을 협의한다.
> 1. 공항운영자등의 자체 보안계획의 수립 및 변경에 관한 사항
> 2. 공항시설의 보안에 관한 사항
> 3. 항공기의 보안에 관한 사항
> 4. 공항운영자등의 자체 우발계획의 수립·시행에 관한 사항
> 5. 상기 규정한 사항 외에 공항 및 항공기의 보안에 관한 사항

24 항공보안 기본계획의 수립 의무는 누구에게 있는가?

① 항공보안협의회 위원장
② 지방항공청장
③ 국토교통부장관
④ 국토교통부 항공정책실장

정답　14. ④　15. ④　16. ④　17. ②　18. ④　19. ①　20. ②　21. ④　22. ②　23. ③　24. ③

25 항공보안 기본계획의 수립 주기는 몇 년인
가?

① 1년   ② 2년
③ 5년   ④ 10년

26 국토교통부장관이 항공보안 기본계획을 수
립한 후 그 내용을 통보하여야 할 대상이
아닌 것은?

① 항공기취급업체
② 항공기정비업체
③ 항공기수리업체
④ 도심공항터미널업자

27 국토교통부장관이 항공보안 기본계획을 수
립한 후 그 내용을 통보하여야 할 대상이
아닌 것은?

① 화물터미널운영자
② 지정된 보호구역 밖에 상주하는 항공기
사용사업자
③ 상용화주
④ 공항운영자

28 국가항공보안계획에 대한 설명으로 타당하
지 않은 것은?

① 국토교통부장관은 항공보안 업무를 수
행하기 위하여 국가항공보안계획을 수
립·시행하여야 한다.
② 공항운영자등은 국토교통부장관의 승
인을 받아 국가항공보안계획을 수립할
수 있다.
③ 공항운영자등이 수립된 자체 보안계획
을 변경하려면 국토교통부장관의 승인
을 받아야 한다.
④ 공항운영자등이 국토교통부령으로 정
한 경미한 사항에 대하여 자체 보안계획
을 변경하는 경우에는 국토교통부장관
의 승인이나 통보할 필요가 없다.

29 국가항공보안계획을 수립하고 시행하여야 할 사람은 누구인가?

① 대통령
② 국토교통부장관
③ 지방항공청장
④ 국토교통부 항공정책실장

법 제10조(국가항공보안계획 등의 수립)제1항 국토교통부장관은 항공보안 업무를 수행하기 위하여 국가항공보안계획을 수립·시행하여야 한다.

30 다음 중 항공보안 기본계획에 포함되어야 할 사항에 해당되지 않는 것은?

① 국내외 항공보안 환경의 변화 및 전망
② 국외 항공보안 현황 및 경쟁력 강화에 관한 사항
③ 국가 항공보안정책의 목표, 추진방향 및 단계별 추진계획
④ 항공보안 전문인력의 양성 및 항공보안 기술의 개발에 관한 사항

시행령 제5조(기본계획의 수립·변경 등) 항공보안에 관한 기본계획에는 다음의 내용이 포함되어야 한다.
1. 국내외 항공보안 환경의 변화 및 전망
2. 국내 항공보안 현황 및 경쟁력 강화에 관한 사항
3. 국가 항공보안정책의 목표, 추진방향 및 단계별 추진계획
4. 항공보안 전문인력의 양성 및 항공보안 기술의 개발에 관한 사항
5. 그 밖에 항공보안 발전을 위하여 필요한 사항

31 다음 중 국가항공보안계획을 수립할 때 포함하여야 할 내용에 해당되지 않는 것은?

① 공항운영자등의 항공보안에 대한 임무
② 공항검색장비의 관리
③ 국가항공보안 우발계획
④ 항공보안에 관한 국제협력

시행규칙 제3조의2(국가항공보안계획의 내용 등) 국가항공보안계획에는 다음의 내용이 포함되어야 한다.
1. 공항운영자등의 항공보안에 대한 임무
2. 항공보안장비의 관리
3. 보안검색 업무 관련 교육훈련
4. 국가항공보안 우발계획
5. 항공보안 감독관을 통한 점검업무 등
6. 항공보안에 관한 국제협력
7. 그 밖에 항공보안에 관하여 필요한 사항

32 국토교통부장관이 항공보안 업무를 수행하기 위하여 국가항공보안계획을 수립할 때 포함하여야 할 내용이 아닌 것은?

① 항공보안장비의 관리
② 보안검색 업무 관련 교육훈련
③ 항공보안 감독관을 통한 점검업무 등
④ 항공보안협의회 구성에 관한 국제협력

시행규칙 제3조의2(국가항공보안계획의 내용 등)

33 공항운영자등이 수립된 자체 보안계획을 변경하고자 할 때 국토교통부장관의 승인을 받지 않아도 되는 경우가 아닌 것은?

① 기관 운영에 관한 일반현황의 변경
② 기관 및 부서의 명칭 변경
③ 항공보안에 관한 교육훈련 변경
④ 항공보안에 관한 법령, 고시 및 지침 등의 변경사항 반영

시행규칙 제3조의7(자체 보안계획의 변경 등) 국토교통부령으로 정하는 다음의 경미한 사항의 변경은 국토교통부장관의 승인이 필요 없다. 다만, 이때에는 국토교통부장관 또는 지방항공청장에게 그 사실을 즉시 통보하여야 한다.
1. 기관 운영에 관한 일반현황의 변경
2. 기관 및 부서의 명칭 변경
3. 항공보안에 관한 법령, 고시 및 지침 등의 변경사항 반영

34 공항운영자의 자체 보안계획에 포함되어야 할 사항이 <u>아닌</u> 것은?

① 항공보안에 관한 교육훈련
② 항공보안에 관한 정보의 전달 및 보고 절차
③ 항공기에 대한 경비대책
④ 보호구역 지정 및 출입통제

법 제73조(전자기기의 사용제한), 시행규칙 제214조(전자기기의 사용제한)
국토교통부장관은 운항 중인 항공기의 항행 및 통신장비에 대한 전자파 간섭 등의 영향을 방지하기 위하여 국토교통부령으로 정하는 바에 따라 여객이 지닌 전자기기의 사용을 제한할 수 있다. 운항 중에 전자기기의 사용을 제한할 수 있는 항공기와 사용이 제한되는 전자기기의 품목은 다음과 같다.
1. 다음 각 목의 어느 하나에 해당하는 항공기
　가. 항공운송사업용으로 비행 중인 항공기
　나. 계기비행방식으로 비행 중인 항공기
2. 다음 각 목 외의 전자기기
　가. 휴대용 음성녹음기
　나. 보청기
　다. 심장박동기
　라. 전기면도기
　마. 그 밖에 항공운송사업자 또는 기장이 항공기 제작 회사의 권고 등에 따라 해당항공기에 전자파 영향을 주지 아니한다고 인정한 휴대용 전자기기

35 다음 중 국가항행계획에 포함되는 사항이 <u>아닌</u> 것은?

① 항공교통정책의 목표 및 전략
② 항공교통 안전관리에 대한 사항
③ 항공교통의 정보, 운영 및 기술에 관한 사항
④ 항공교통관리의 운영 효율성·안전성 등의 평가에 관한 사항

법 제77조의2(국가항행계획의 수립·시행) 제2항
국가항행계획에는 다음의 사항이 포함되어야 한다.
1. 항공교통정책의 목표 및 전략
2. 항공교통의 정보, 운영 및 기술에 관한 사항
3. 항공교통관리의 운영 효율성·안전성 등의 평가에 관한 사항
4. 그 밖에 항공교통의 안전성·경제성·효율성 향상을 위하여 필요한 사항

36 항공안전법상 공항운영자의 자체 보안계획에 포함되어야 할 사항으로 바르지 <u>않은</u> 것은?

① 승객·휴대물품 및 위탁수하물에 대한 보안검색
② 승객의 일치여부 확인 절차
③ 항공기에 대한 위협 증가 시 항공보안대책
④ 보호구역 밖에 있는 공항상주업체의 항공보안관리 대책

시행규칙 제3조의4(공항운영자의 자체 보안계획) 참조

37 항공운송사업자의 자체 보안계획에 포함되어야 할 내용이 <u>아닌</u> 것은?

① 항공기에 대한 경비대책
② 비행 전·후 항공기에 대한 보안점검
③ 계류항공기에 대한 탑승계단, 탑승교, 출입문, 경비요원 배치에 관한 보안 및 통제 절차
④ 보호구역 지정 및 출입통제

시행규칙 제3조의5(항공운송사업자의 자체 보안계획)
항공운송사업자가 수립하는 자체 보안계획에는 다음의 사항이 포함되어야 하며, 외국국적 항공운송사업자가 수립하는 자체 보안계획은 영문 및 국문으로 작성되어야 한다. 보호구역 지정 및 출입통제는 공항운영자의 자체 보안계획 포함사항이다.
1 항공보안업무 담당 조직의 구성·세부업무 및 보안책임자의 지정
2 항공보안에 관한 교육훈련
3 항공보안에 관한 정보의 전달 및 보고 절차
4 항공기 정비시설 등 항공운송사업자가 관리·운영하는 시설에 대한 보안대책
5 항공기 보안에 관한 다음의 사항
　① 항공기에 대한 경비대책
　② 비행 전·후 항공기에 대한 보안점검
　③ 계류항공기에 대한 탑승계단, 탑승교, 출입문, 경비요원 배치에 관한 보안 및 통제 절차
　④ 항공기 운항중 보안대책
　⑤ 승객의 협조의무를 위반한 사람에 대한 처리절차
　⑥ 수감 중인 사람 등의 호송 절차
　⑦ 범인의 인도·인수 절차
　⑧ 항공기내보안요원의 운영 및 무기운용 절차
　⑨ 국외취항 항공기에 대한 보안대책

⑩ 항공기에 대한 위협 증가 시 항공보안대책
⑪ 조종실 출입절차 및 조종실 출입문 보안강화대책
⑫ 기장의 권한 및 그 권한의 위임절차
⑬ 기내 보안장비 운용절차
6 기내식 및 저장품에 대한 보안대책
7 항공보안검색요원 운영계획
8 보안검색 실패 대책보고
9 항공화물 보안검색 방법
10 보안검색기록의 작성 · 유지
11 항공보안장비의 관리 및 운용
12 화물터미널 보안대책(화물터미널을 관리 운영하는 항공운송사업자만 해당한다)
13 통과 승객이나 환승 승객에 대한 운송정보의 제공 절차
14 위해물품 탑재 및 운송절차
15 보안검색이 완료된 위탁수하물에 대한 항공기에 탑재되기 전까지의 보호조치 절차
16 승객 및 위탁수하물에 대한 일치여부 확인 절차
17 승객 일치 확인을 위해 공항운영자에게 승객 정보제공
18 항공기 탑승 거절절차
19 항공기 이륙 전 항공기에서 내리는 탑승객 발생 시 처리절차
20 비행서류의 보안관리 대책
21 보호구역 출입증 관리대책
22 그 밖에 항공보안에 관하여 필요한 사항

38 항공운송사업자의 자체 보안계획에 포함되어야 할 사항으로 바르지 <u>않은</u> 것은?

① 항공기내 보안요원의 운영 및 무기운영 절차
② 국외취항 항공기에 대한 보안대책
③ 기장의 권한 및 그 권한의 위임절차
④ 승객 · 휴대물품 및 위탁수하물에 대한 보안검색

시행규칙 제3조의5(항공운송사업자의 자체 보안계획) 참조 승객 · 휴대물품 및 위탁수하물에 대한 보안검색은 공항운영자의 자체 보안계획 포함사항이다.

39 항공운송사업자의 자체 보안계획에 포함되어야 할 사항으로 바르지 <u>않은</u> 것은?

① 조종실 출입절차 및 조종실 출입문 보안강화대책
② 기내식 및 저장품에 대한 보안대책
③ 위해물품 탑재 및 운송절차
④ 국내 취항 항공기에 대한 보안대책

시행규칙 제3조의5(항공운송사업자의 자체 보안계획) 참조 항공운송업자의 자체 보안계획에 포함되어야 할 사항은 국외 취항 항공기에 대한 보안대책이다.

40 공항시설과 항행안전시설에 대하여 보안에 필요한 조치를 하여야 하는 사람은?

① 국토교통부장관
② 지방항공청장
③ 항공교통본부장
④ 공항운영자

법 제11조(공항시설 등의 보안)
1. 공항운영자는 공항시설과 항행안전시설에 대하여 보안에 필요한 조치를 하여야 한다.
2. 공항운영자는 보안검색이 완료된 승객과 완료되지 못한 승객 간의 접촉을 방지하기 위한 대책을 수립 · 시행하여야 한다.
3. 공항운영자는 보안검색을 거부하거나 무기 · 폭발물 또는 그 밖에 항공보안에 위협이 되는 물건을 휴대한 승객 등이 보안검색이 완료된 구역으로 진입하는 것을 방지하기 위한 대책을 수립 · 시행하여야 한다.
4. 공항을 건설하거나 유지 · 보수를 하는 경우에 불법방해행위로부터 사람 및 시설 등을 보호하기 위하여 준수하여야 할 세부 기준은 국토교통부장관이 정한다.

41 항공보안법상 공항시설 등의 보안에 관한 설명으로 타당하지 않은 것은?

① 공항운영자는 공항시설에 대하여 보안에 필요한 조치를 하여야 한다.

② 공항운영자는 항행안전시설에 대하여 보안에 필요한 조치를 하여야 한다.

③ 공항운영자는 항공기에 대하여 보안에 필요한 조치를 하여야 한다.

④ 공항운영자는 보안검색이 완료된 승객과 완료되지 못한 승객 간의 접촉을 방지하기 위한 대책을 수립·시행하여야 한다.

42 다음 중 활주로, 계류장 등 공항시설 보호구역을 지정하는 자는 누구인가?

① 국토교통부장관
② 지방항공청장
③ 항공정책실장
④ 공항운영자

43 공항운영자가 활주로, 계류장 등 공항시설 보호구역을 지정하려고 하는 경우 누구의 승인을 받아야 하는가?

① 국토교통부장관
② 지방항공청장
③ 항공정책실장
④ 공항운영자

44 다음 중 공항시설의 보호구역 지정에 반드시 포함되어야 할 지역이 아닌 곳은?

① 보안검색이 완료된 구역
② 출입국심사장
③ 세관검사장
④ 항공운송사업자가 관리·운영하는 정비시설에 부대하여 설치된 계류장

45 다음 중 항공보안법상 공항시설의 보호구역으로 볼 수 없는 곳은?

① 활주로   ② 계류장
③ 화물청사   ④ 공항터미널

46 공항운영자가 공항시설의 보호구역 지정승인을 받으려는 경우에 첨부해야 하는 서류가 아닌 것은?

① 보호구역등의 지정목적
② 보호구역등의 도면
③ 보호구역등의 출입통제 대책
④ 지정기간

47 공항운영자가 공항시설의 보호구역 지정승인을 받으려는 경우에 첨부해야 하는 서류를 누구에게 제출해야 하는가?

① 국토교통부장관
② 지방항공청장
③ 항공정책실장
④ 공항운영자

> 시행규칙 제5조(보호구역등의 지정승인·변경 및 취소) 제1항 참조

48 공항운영자의 허가를 받아 보호구역에 출입할 수 있는 사람이 <u>아닌</u> 것은?

① 보호구역의 공항시설 등에서 상시적으로 업무를 수행하는 사람
② 공항 건설이나 공항시설의 유지·보수 등을 위하여 보호구역에서 업무를 수행할 필요가 있는 사람
③ 보호구역 관련 업무수행을 위하여 보호구역에 출입이 필요하다고 인정되는 사람
④ 해외여행 목적으로 공항을 방문하는 사람

> 법 제13조(보호구역에의 출입허가) 다음의 어느 하나에 해당하는 사람은 공항운영자의 허가를 받아 보호구역에 출입할 수 있다.
> 1. 보호구역의 공항시설 등에서 상시적으로 업무를 수행하는 사람
> 2. 공항 건설이나 공항시설의 유지·보수 등을 위하여 보호구역에서 업무를 수행할 필요가 있는 사람
> 3. 그 밖에 업무수행을 위하여 보호구역에 출입이 필요하다고 인정되는 사람

49 항공안전법상 승객의 안전 및 항공기의 보안에 관한 조치를 하여야 하는 사람은?

① 국토교통부장관
② 지방항공청장
③ 공항운영자
④ 항공운송사업자

> 법 제14조(승객의 안전 및 항공기의 보안)제1항 항공운송사업자는 승객의 안전 및 항공기의 보안을 위하여 필요한 조치를 하여야 한다.

50 항공기의 승객의 안전 및 항공기의 보안에 관한 조치에 대한 설명으로 타당하지 <u>않은</u> 것은?

① 항공운송사업자는 승객이 탑승한 항공기를 운항하는 경우 항공기내보안요원을 탑승시켜야 한다.
② 항공기취급업체등은 액체, 겔(gel)류 등 항공기 내 반입금지 물질이 보안검색이 완료된 구역과 항공기 내에 반입되지 아니하도록 조치하여야 한다.
③ 항공운송사업자는 조종실 출입문의 보안을 강화하고 운항중에는 허가받지 아니한 사람의 조종실 출입을 통제하는 등 항공기에 대한 보안조치를 하여야 한다.
④ 항공운송사업자는 매 비행 전에 항공기에 대한 보안점검을 하여야 한다.

> 법 제14조(승객의 안전 및 항공기의 보안)
> 1. 항공운송사업자는 승객의 안전 및 항공기의 보안을 위하여 필요한 조치를 하여야 한다.
> 2. 항공운송사업자는 승객이 탑승한 항공기를 운항하는 경우 항공기내보안요원을 탑승시켜야 한다.
> 3. 항공운송사업자는 국토교통부령으로 정하는 바에 따라 조종실 출입문의 보안을 강화하고 운항중에는 허가받지 아니한 사람의 조종실 출입을 통제하는 등 항공기에 대한 보안조치를 하여야 한다.
> 4. 항공운송사업자는 매 비행 전에 항공기에 대한 보안점검을 하여야 한다. 이 경우 보안점검에 관한 세부 사항은 국토교통부령으로 정한다.

5. 공항운영자 및 항공운송사업자는 액체, 겔(gel)류 등 국토교통부장관이 정하여 고시하는 항공기 내 반입금지 물질이 보안검색이 완료된 구역과 항공기 내에 반입되지 아니하도록 조치하여야 한다.
6. 항공운송사업자 또는 항공기 소유자는 항공기의 보안을 위하여 필요한 경우에는 청원경찰법에 따른 청원경찰이나 경비업법에 따른 특수경비원으로 하여금 항공기의 경비를 담당하게 할 수 있다.

51 항공기의 보안을 위하여 필요한 경우에 청원경찰이나 특수경비원으로 하여금 항공기의 경비를 담당하게 할 수 있는 자는?

① 기장
② 항공운송사업자
③ 항공종사자
④ 국토교통부 항공안전정책관

법 제14조(승객의 안전 및 항공기의 보안)제6항 참조

52 여객기의 보안강화 등을 위하여 항공운송사업자가 하여야 하는 조종실 출입문에 대한 보안조치에 해당되지 <u>않는</u> 것은?

① 조종실 출입통제 절차를 마련할 것
② 객실에서 조종실 출입문을 임의로 열 수 없는 견고한 잠금장치를 설치할 것
③ 조종실 출입문열쇠 보관방법을 정할 것
④ 운항중에는 조종실 출입문을 잠그지 말 것

시행규칙 제7조(항공기 보안조치)제1항 항공운송사업자는 여객기의 보안강화 등을 위하여 조종실 출입문에 다음의 보안조치를 하여야 한다.
1. 조종실 출입통제 절차를 마련할 것
2. 객실에서 조종실 출입문을 임의로 열 수 없는 견고한 잠금장치를 설치할 것
3. 조종실 출입문열쇠 보관방법을 정할 것
4. 운항중에는 조종실 출입문을 잠글 것
5. 국토교통부장관이 보안조치한 항공보안시설을 설치할 것

53 항공운송사업자가 항공기의 보안을 위하여 매 비행 전에 실시하여야 하는 보안점검 사항에 해당되지 <u>않는</u> 것은?

① 항공기의 외부 점검
② 객실, 좌석, 화장실, 조종실 및 승무원 휴게실 등에 대한 점검
③ 항공기의 정비 및 서비스 업무 감독
④ 승객명단의 확인

시행규칙 제7조(항공기 보안조치)제2항 항공운송사업자는 항공기의 보안을 위하여 매 비행 전에 다음의 보안점검을 하여야 한다.
1. 항공기의 외부 점검
2. 객실, 좌석, 화장실, 조종실 및 승무원 휴게실 등에 대한 점검
3. 항공기의 정비 및 서비스 업무 감독
4. 항공기에 대한 출입 통제
5. 위탁수하물, 화물 및 물품 등의 선적 감독
6. 승무원 휴대물품에 대한 보안조치
7. 특정 직무수행자 및 항공기내보안요원의 좌석 확인 및 보안조치
8. 보안 통신신호 절차 및 방법
9. 유효 탑승권의 확인 및 항공기 탑승까지의 탑승과정에 있는 승객에 대한 감독
10. 기장의 객실승무원에 대한 통제, 명령 절차 및 확인

54 항공운송사업자가 항공기의 보안을 위하여 매 비행 전에 실시하여야 하는 보안점검 사항에 해당되지 <u>않는</u> 것은?

① 승객 휴대물품에 대한 보안조치
② 항공기내보안요원의 좌석 확인
③ 보안 통신신호 절차 및 방법
④ 유효 탑승원의 확인

시행규칙(항공기 보안조치)제2항 참조

55 항공기에 대한 출입통제를 위하여 항공운송사업자가 수립하여야 하는 대책에 포함되지 <u>않는</u> 것은?

① 탑승계단의 관리
② 탑승교 출입통제
③ 항공기 출입문 보안조치
④ 항공기내보안요원의 배치

56 사람이 항공기에 탑승할 때 공항운영자가 하는 보안검색 대상이 <u>아닌</u> 것은?

① 화물
② 승객의 신체
③ 승객의 휴대물품
④ 승객의 위탁수하물

57 항공화물에 대한 보안검색은 누가 하는가?

① 공항운영자
② 항공운송사업자
③ 항공화물취급업자
④ 화물터미널운영자

58 항공운송사업자는 항공기에 탑승하는 승객의 운송정보를 공항운영자에게 제공하여야 한다. 이때 제공하는 운송정보에 해당되지 <u>않는</u> 것은?

① 승객의 성명
② 승객의 국적 및 여권번호
③ 승객의 탑승 항공편명 및 운항일시
④ 승객의 탑승 좌석번호

59 다음 중 보안검색을 면제받을 수 있는 사람이 <u>아닌</u> 자는?

① 공무로 여행을 하는 대통령 및 그 배우자
② 외국의 국가원수 및 그 배우자
③ 국제협약 등에 따라 보안검색을 면제받도록 되어 있는 사람
④ 국내공항에서 출발하여 국내공항에 도착하는 사람

60 허가를 받아 공항시설 보호구역으로 들어가는 사람 또는 물품에 대한 보안검색을 실시하는 사람은 누구인가?

① 공항운영자
② 항공운송사업자
③ 화물터미널운송사업자
④ 항공안전정책관

법 제16조(승객이 아닌 사람 등에 대한 검색)
1. 공항운영자는 허가를 받아 보호구역으로 들어가는 사람 또는 물품에 대하여도 보안검색을 하여야 한다.
2. 화물터미널 내에 지정된 보호구역으로 들어가는 사람 또는 물품에 대한 보안검색은 화물터미널운영자가 하여야 한다.

61 공항에 도착한 항공기의 통과 승객 또는 환승 승객에 대한 보안검색을 설명한 내용으로 타당하지 <u>않은</u> 것은?

① 항공운송사업자는 항공기가 공항에 도착하면 통과 승객이나 환승 승객으로 하여금 휴대물품을 가지고 내리도록 하여야 한다.
② 공항운영자는 항공기에서 내린 통과 승객, 환승 승객, 휴대물품 및 위탁수하물에 대하여 보안검색을 하여야 한다.
③ 보안검색에 드는 비용은 항공운송사업자가 부담한다.
④ 항공운송사업자는 통과 승객이나 환승 승객에 대한 운송정보를 공항운영자에게 제공하여야 한다.

법제17조(통과 승객 또는 환승 승객에 대한 보안검색 등)
보안검색에 드는 비용은 공항운영자가 부담한다.

62 보안검색을 위한 검색장비, 항공보안검색요원 등 국토교통부령으로 정하는 기준을 갖춘 화주 또는 항공화물을 포장하여 보관 및 운송하는 자로서 항공화물 및 우편물에 대하여 보안검색을 실시하게 할 목적으로 국토교통부장관이 지정한 자는?

① 공항운영자
② 항공운송사업자
③ 상용화주(常用貨主)
④ 화물터미널운영자

법 제17조의2(상용화주)제1항 국토교통부장관은 검색장비, 항공보안검색요원 등 국토교통부령으로 정하는 기준을 갖춘 화주(貨主) 또는 항공화물을 포장하여 보관 및 운송하는 자를 지정하여 항공화물 및 우편물에 대하여 보안검색을 실시하게 할 수 있다.

63 상용화주(常用貨主)의 지정기준으로 바르지 <u>않은</u> 것은?

① 여객기에 탑재하는 화물의 보안검색을 위한 엑스선 검색장비를 갖춰야 한다.
② 화물기에 탑재하는 화물의 보안검색을 검색장비로 하는 경우에는 엑스선 검색장비, 폭발물 탐지장비 또는 폭발물 흔적탐지장비를 갖춰야 한다.
③ 항공보안검색요원을 2명 이상 확보해야 한다.
④ 경비업법에 따른 경비업자에게 항공화물의 보안검색을 위탁하여 실시하는 경우에는 엑스선 검색장비만 갖춰도 된다.

시행규칙 제9조의2(상용화주의 지정기준)
1. 상용화주의 지정기준은 다음과 같다.
① 여객기에 탑재하는 화물의 보안검색을 위한 엑스선 검색장비를 갖출 것
② 화물기에 탑재하는 화물의 보안검색을 검색장비로 하는 경우에는 엑스선 검색장비, 폭발물 탐지장비 또는 폭발물 흔적탐지장비를 갖출 것
③ 항공보안검색요원을 2명 이상 확보할 것

④ 화물을 포장 또는 보관할 수 있는 시설로서 일반구역과 분리되어 항공화물에 대한 보안통제가 이루어질 수 있는 시설을 갖출 것
⑤ 보안검색이 완료된 항공화물이 완료되지 않은 항공화물과 섞이지 않도록 분리할 수 있는 시설을 갖출 것
⑥ 상용화주 지정 신청일 이전 6개월 이내의 기간 중 총 24회 이상 항공화물을 운송 의뢰한 실적이 있을 것
⑦ 그 밖에 국토교통부장관이 정하여 고시하는 항공화물 보안기준에 적합할 것
2. 예외
경비업법에 따른 경비업자에게 항공화물의 보안검색을 위탁하여 실시하는 경우에는 검색장비와 항공보안검색요원은 갖추지 아니할 수 있다.

64 상용화주(常用貨主)의 지정기준으로 바르지 않은 것은?

① 화물을 포장 또는 보관할 수 있는 시설로서 일반구역과 분리되어 항공화물에 대한 보안통제가 이루어질 수 있는 시설을 갖춰야 한다.
② 보안검색이 완료된 항공화물이 완료되지 않은 항공화물과 섞이지 않도록 분리할 수 있는 시설을 갖춰야 한다.
③ 상용화주 지정 신청일 이전 6개월 이내의 기간 중 총 24회 이상 항공화물을 운송 의뢰한 실적이 있어야 한다.
④ 경비업법에 따른 경비업자에게 항공화물의 보안검색을 위탁하여 실시하는 경우에는 항공보안검색요원 2명 이상 확보해야 한다.

시행규칙 제9조의2(상용화주의 지정기준) 참조

65 상용화주가 보안검색을 한 항공화물 및 우편물에 대하여 항공운송사업자가 보안검색을 실시하여야 하는 경우가 아닌 것은?

① 접수 · 보안검색 · 운송 등 취급과정에서 상용화주 및 항공운송사업자의 통제를 벗어난 경우

② 훼손 흔적이 있는 경우
③ 여객기에서 화물전용기로 옮겨지는 경우
④ 허가받지 아니한 자의 접촉이 발생하였거나 접촉이 의심되는 경우

법 제17조의2(상용화주)제3항 항공운송사업자는 상용화주가 보안검색을 한 항공화물 및 우편물에 대하여는 보안검색을 하지 아니한다. 다만, 다음에서 정하는 항공화물 및 우편물에 대하여는 보안검색을 실시하여야 한다.
1. 상용화주로부터 접수하였으나 상용화주가 아닌 자가 취급한 경우
2. 접수 · 보안검색 · 운송 등 취급과정에서 상용화주 및 항공운송사업자의 통제를 벗어난 경우
3. 훼손 흔적이 있는 경우
4. 허가받지 아니한 자의 접촉이 발생하였거나 접촉이 의심되는 경우
5. 화물전용기에서 여객기로 옮겨지는 경우
6. 무작위 표본검색 등 국토교통부장관이 정하여 고시한 사항에 해당하는 경우
7. 관할 국가경찰관서의 장이 필요한 조치를 요구한 경우
8. 그 밖에 위협정보의 입수 등 항공운송사업자가 보안검색이 필요하다고 인정할 만한 상당한 사유가 있는 경우

66 위해물품이 기내식이나 기내저장품등을 통해 항공기 내로 유입되는 것을 방지하기 위한 보안대책은 누가 수립하는가?

① 기장
② 공항운영자
③ 항공운송사업자
④ 객실승무원

시행규칙 제10조(기내식 등의 통제)제1항 항공운송사업자는 법 제18조에 따라 위해물품이 기내식 또는 기내저장품을 이용하여 기내로 유입되지 아니하도록 기내식 또는 기내저장품을 운반하는 사람 · 차량 및 기내식 제조시설에 대하여 보안대책을 수립하여야 한다.

67 상용화주가 보안검색을 한 항공화물 및 우편물에 대하여 항공운송사업자가 보안검색을 실시하여야 하는 경우가 <u>아닌</u> 것은?

① 상용화주로부터 접수하였으나 상용화주가 아닌 자가 취급한 경우
② 화물전용기에서 여객기로 옮겨지는 경우
③ 무작위 표본검색 등 국토교통부장관이 정하여 고시한 사항에 해당하는 경우
④ 관할 지방항공청장이 필요한 조치를 요구한 경우

68 항공운송사업자가 기내식 또는 기내저장품 등이 기내로 유입되는 것을 금지하는 경우에 해당되지 <u>않는</u> 것은?

① 외부의 침입흔적이 있는 경우
② 항공운송사업자가 지정한 사람에 의하여 검사 · 확인되지 아니한 경우
③ 기내식 용기 등에 위해물품이 들어있다고 의심이 되는 경우
④ 기내식 또는 기내저장품을 운반하는 사람 또는 차량이 변경된 경우

69 다음 중 보안검색 실패의 사유가 발생한 경우 즉시 국토교통부장관에게 보고해야 할 의무자가 <u>아닌</u> 자는?

① 공항운영자
② 항공운송사업자
③ 화물터미널운영자
④ 상용화주

70 공항운영자, 항공운송사업자 및 화물터미널운영자가 즉시 국토교통부장관에게 보고하여야 할 보안검색 실패의 경우에 해당되지 <u>않는</u> 것은?

① 검색장비가 정상적으로 작동되지 아니한 상태로 검색을 하였을 경우
② 검색이 미흡한 사실을 알게 된 경우
③ 허가받지 아니한 사람이 항공기 안으로 들어간 경우
④ 허가받지 아니한 물품이 검색 중에 발견된 경우

71 공항운영자, 항공운송사업자 및 화물터미널운영자가 지방항공청장에게 보고하여야 할 보안검색 실패의 경우에 해당되지 <u>않는</u> 것은?

① 불법방해행위가 발생한 경우
② 항공보안법 시행령상의 보안검색방법에 따라 보안검색이 이루어진 경우

③ 교육훈련을 이수하지 아니한 사람에 의하여 보안검색이 이루어진 경우

④ 무기 · 폭발물 등에 의하여 항공기에 대한 위협이 증가하는 경우

시행규칙 제11조(보안검색 실패 등에 대한 보고) 공항운영자 · 항공운송사업자 · 화물터미널운영자는 다음의 어느 하나에 해당하는 경우 지방항공청장에게 보고하여야 하며, 불법방해행위가 발생한 경우에는 관련 행정기관에 지체없이 통보하여야 한다.
1. 불법방해행위가 발생한 경우
2. 항공보안법 시행령상의 보안검색방법에 따라 보안검색이 이루어지지 아니한 경우
3. 교육훈련을 이수하지 아니한 사람에 의하여 보안검색이 이루어진 경우
4. 무기 · 폭발물 등에 의하여 항공기에 대한 위협이 증가하는 경우

72 국토교통부장관이 보안검색 실패 등에 대한 보고를 받은 경우에 취하여야 하는 항공보안을 위한 필요 조치에 대한 설명으로 틀린 것은?

① 항공기가 출발하기 전에 보고를 받은 경우에는 해당 항공기에 대한 보안검색 등의 보안조치를 하여야 한다.

② 다른 국가로부터 보안검색 실패에 해당하는 사항을 통보받은 경우에는 해당 항공기에 대한 착륙을 거부하는 조치를 하여야 한다.

③ 항공기가 출발한 후 보고를 받은 경우에는 해당 항공기가 도착하는 국가의 관련 기관에 통보하여야 한다.

④ 다른 국가로부터 보안검색 실패에 해당하는 사항을 통보받은 경우에는 해당 항공기를 격리계류장으로 유도하여 보안검색 등 보안조치를 하여야 한다.

법 제19조(보안검색 실패 등에 대한 대책)제2항 및 제3항 국토교통부장관은 보안검색 실패 등에 대한 보고를 받은 경우에는 다음의 구분에 따라 항공보안을 위한 필요한 조치를 하여야 한다.
1. 항공기가 출발하기 전에 보고를 받은 경우에는 해당 항공기에 대한 보안검색 등의 보안조치를 하여야 한다.
2. 항공기가 출발한 후 보고를 받은 경우에는 해당 항공기가 도착하는 국가의 관련 기관에 통보하여야 한다.
3. 다른 국가로부터 보안검색 실패에 해당하는 사항이 발생했다는 통보를 받은 경우에는 해당 항공기를 격리계류장으로 유도하여 보안검색 등 보안조치를 하여야 한다.

73 탑승권, 수하물꼬리표 등 비행 서류에 대한 보안관리 대책을 수립 · 시행하여야 하는 자는?

① 항공운송사업자
② 국토교통부장관
③ 지방항공청장
④ 공항운영자

법 제20조(비행 서류의 보안관리 절차 등) 항공운송사업자는 탑승권, 수하물 꼬리표 등 비행 서류에 대한 보안관리 대책을 수립 · 시행하여야 한다.

74 항공운송사업자의 비행 서류 보안관리 대책으로 타당하지 <u>않는</u> 것은?

① 비행 서류의 취급절차 등 보안관리를 위한 지침을 마련할 것

② 비행 서류의 보안관리를 위한 보관담당자를 지정할 것

③ 비행 서류의 취급자를 지정할 것

④ 비행 서류의 보관장소를 지정할 것

시행규칙 제12조(비행 서류의 보안관리)제1항 항공운송사업자는 비행 서류를 다음과 같이 관리하여야 한다.
1. 비행 서류의 취급절차 등 보안관리를 위한 지침을 마련할 것
2. 비행 서류의 보안관리를 위한 보안담당자 및 취급자를 지정할 것
3. 비행 서류의 보관장소를 지정할 것

정답 67. ④ 68. ④ 69. ④ 70. ④ 71. ② 72. ② 73. ① 74. ②

75 항공운송사업자가 관리하여야 하는 비행서류에 해당되지 <u>않는</u> 것은?

① 탑승권
② 수하물꼬리표
③ 무기운송 보고서
④ 범죄인호송 보고서

시행규칙 제12조(비행 서류의 보안관리)제2항 항공운송사업자는 탑승권 · 수하물꼬리표 · 승객탑승명세서 · 화물탑재명세서 · 위험물보고서 · 무기운송 보고서 등 비행서류를 작성한 날부터 1년 이상 보존하여야 한다.

76 항공운송사업자는 탑승권 등 비행 서류를 작성한 날로부터 몇 년 이상 보관해야 하는가?

① 1년　　　　② 2년
③ 5년　　　　④ 10년

시행규칙 제12조(비행 서류의 보안관리)제2항 참조

77 항공보안법상 항공기에 휴대 · 반입이 금지되는 물품에 해당되지 <u>않는</u> 것은?

① 무기
② 도검류
③ 폭발물
④ 의료용 전자충격기

법 제21조(위해물품 휴대 금지 및 검색시스템 구축 · 운영) 누구든지 항공기에 무기(탄저균, 천연두균 등의 생화학무기를 포함한다), 도검류, 폭발물, 독극물 또는 연소성이 높은 물건 등 국토교통부장관이 정하여 고시하는 위해물품을 가지고 들어가서는 아니 된다.

78 경호업무, 범죄인 호송업무를 수행하기 위하여 무기를 반입하려고 하는 경우 누구의 허가를 받아야 하는가?

① 대통령
② 기장
③ 국토교통부장관
④ 항공운송사업자

시행령 제18조의2(특정 직무의 수행) 경호업무, 범죄인 호송업무 등 다음의 특정한 직무를 수행하기 위하여 대통령령으로 정하는 무기의 경우에는 국토교통부장관의 허가를 받아 항공기에 가지고 들어갈 수 있다.

79 항공기에 무기를 휴대 · 반입할 수 있는 업무로 볼 수 <u>없는</u> 것은?

① 대통령 등의 경호에 관한 법률에 따른 경호업무
② 경찰관 직무집행법에 따른 주요 인사 경호업무
③ 정부의 중요 인물을 경호하는 경호업무
④ 수감 중인 사람 등 호송대상자에 대한 호송업무

시행령 제18조의2(특정 직무의 수행) 경호업무, 범죄인 호송업무 등 다음의 특정한 직무를 수행하기 위하여 대통령령으로 정하는 무기의 경우에는 국토교통부장관의 허가를 받아 항공기에 가지고 들어갈 수 있다.
1. 대통령 등의 경호에 관한 법률에 따른 경호업무
2. 경찰관 직무집행법에 따른 주요 인사 경호업무
3. 외국정부의 중요 인물을 경호하는 해당 정부의 경호업무
4. 수감 중인 사람 등 호송대상자에 대한 호송업무
5. 항공기 내의 불법방해행위를 방지하는 항공기내보안요원의 업무

80 국토교통부장관의 허가를 받아 항공기에 휴대 · 반입할 수 있는 무기에 해당되지 <u>않</u>는 것은?

① 총포화약법 시행령 제3조에 따른 소총
② 총포화약법 시행령 제6조의2에 따른 분사기
③ 총포화약법 시행령 제6조의3에 따른 전자충격기
④ 국제협약 또는 외국정부와의 합의서에 의하여 휴대가 허용되는 무기

시행령 제19조(기내 반입무기) 다음의 무기의 경우에는 국토교통부장관의 허가를 받아 항공기에 가지고 들어갈 수 있다.
1. 총포화약법 시행령 제3조에 따른 권총
2. 총포화약법 시행령 제6조의2에 따른 분사기(살균·살 충용 및 산업용 분사기는 제외)
3.
4. 총포화약법 시행령 제6조의3에 따른 전자충격기(산업 용 및 의료용 전자충격기는 제외)
5. 국제협약 또는 외국정부와의 합의서에 의하여 휴대가 허용되는 무기

81 항공보안법상 항공기에 무기를 가지고 들어가려는 사람은 탑승 전에 이를 해당 항공기의 기장에게 보관하게 하고 목적지에 도착한 후 반환받아야 하는데 이에 해당되지 <u>않는</u> 사람은?

① 경찰
② 대통령경호원
③ 항공기내보안요원
④ 공항경비대대원

법 제21조(위해물품 휴대 금지 및 검색시스템 구축·운 영)제4항 항공기에 무기를 가지고 들어가려는 사람은 탑 승 전에 이를 해당 항공기의 기장에게 보관하게 하고 목 적지에 도착한 후 반환받아야 한다. 다만, 항공기 내에 탑승한 항공기내보안요원은 그러하지 아니하다.

82 항공기 내에 무기를 반입하려고 하는 경우 언제까지 누구에게 신청하여야 하는가?

① 탑승 3일 전까지, 지방항공청장
② 탑승 3일 전까지, 항공운송사업자
③ 탑승 7일 전까지, 지방항공청장
④ 탑승 7일 전까지, 항공운송사업자

시행규칙 제12조의2(기내 무기 반입 허가절차) 항공기 내에 무기를 가지고 들어가려는 사람은 항공기 탑승 최 소 3일 전 지방항공청장에게 신청하여야 한다. 다만, 긴 급한 경호업무 및 범죄인 호송업무는 탑승 전까지 그 사 실을 유선 등으로 미리 통보하여야 하고, 항공기 탑승 후 3일 이내에 서면으로 제출하여야 한다.

83 기내 무기 반입을 신청하는 경우 신청서에 포함되어야 하는 사항이 <u>아닌</u> 것은?

① 무기 반입자의 성명
② 무기 반입자의 생년월일
③ 항공기의 탑승권
④ 무기 반입 사유

시행규칙 제12조의2(기내 무기 반입 허가절차)제1항 항 공기 내에 무기를 가지고 들어가려는 사람은 항공기 탑 승 최소 3일 전에 다음의 사항을 지방항공청장에게 신청 하여야 한다.
1. 무기 반입자의 성명
2. 무기 반입자의 생년월일
3. 무기 반입자의 여권번호(외국인만 해당한다)
4. 항공기의 탑승일자 및 편명
5. 무기 반입 사유
6. 무기의 종류 및 수량
7. 그 밖에 기내 무기반입에 필요한 사항

84 항공보안법상 기장이나 기장으로부터 권한 을 위임받은 승무원은 항공기 내에서 질서 를 어지럽히는 자에게 필요한 조치를 할 수 있다. 이러한 조치가 필요한 행위에 해당되 지 <u>않는</u> 것은?

① 항공기의 보안을 해치는 행위
② 인명이나 재산에 위해를 주는 행위
③ 항공기 내의 질서를 어지럽히거나 규율 을 위반하는 행위
④ 항공기 사용 안전 수칙 설명 시간에 잠 을 자는 행위

법 제22조(기장 등의 권한)제1조 기장이나 기장으로부터 권한을 위임받은 승무원(기장등이라 한다) 또는 승객의 항공기 탑승 관련 업무를 지원하는 항공운송사업자 소속 직원 중 기장의 지원요청을 받은 사람은 다음의 어느 하 나에 해당하는 행위를 하려는 사람에 대하여 그 행위를 저지하기 위한 필요한 조치를 할 수 있다.
1. 항공기의 보안을 해치는 행위
2. 인명이나 재산에 위해를 주는 행위
3. 항공기 내의 질서를 어지럽히거나 규율을 위반하는 행 위

85 항공보안법상 항공기의 보안을 해치는 행위를 하는 자에게는 필요한 조치를 할 수 있다. 이때 이러한 조치를 할 수 있는 사람에 해당되지 <u>않는</u> 자는?

① 기장
② 공항경비대 소속 경찰관
③ 기장으로부터 권한을 위임받은 승무원
④ 항공운송사업자 소속 직원 중 기장의 지원요청을 받은 사람

법 제22조(기장 등의 권한)제1조 참조

86 항공보안법상 항공기 내에 있는 승객에게 금지된 행위에 해당되지 <u>않는</u> 것은?

① 폭언, 고성방가 등 소란행위
② 흡연
③ 음주
④ 기장의 승낙 없이 조종실 출입을 기도하는 행위

법 제23조(승객의 협조의무) 항공기 내에 있는 승객은 항공기와 승객의 안전한 운항과 여행을 위하여 다음의 어느 하나에 해당하는 행위를 하여서는 아니 된다.
1. 폭언, 고성방가 등 소란행위
2. 흡연
3. 술을 마시거나 약물을 복용하고 다른 사람에게 위해를 주는 행위
4. 다른 사람에게 성적(性的) 수치심을 일으키는 행위
5. 항공안전법 제73조를 위반하여 전자기기를 사용하는 행위
6. 기장의 승낙 없이 조종실 출입을 기도하는 행위
7. 기장등의 업무를 위계 또는 위력으로써 방해하는 행위
8. 다른 사람을 폭행하는 행위
9. 항공기의 보안이나 운항을 저해하는 폭행 · 협박 · 위계행위
10. 항공기의 보안이나 운항을 저해하는 출입문 · 탈출구 · 기기의 조작
11. 항공기가 착륙한 후 항공기에서 내리지 아니하고 항공기를 점거하거나 항공기 내에서 농성하는 행위

87 항공보안법상 항공기 내에 있는 승객이 하지 말아야 할 행위가 <u>아닌</u> 것은?

① 다른 사람에게 성적 수치심을 일으키는 행위
② 기장등의 업무를 위계 또는 위력으로써 방해하는 행위
③ 계기비행방식으로 비행하는 항공기에서 전자기기를 사용하는 행위
④ 기장의 승낙을 받고 조종실에 출입하는 행위

법 제23조(승객의 협조의무) 참조

88 항공보안법상 항공기 내에 있는 승객에게 금지되는 행위가 <u>아닌</u> 것은?

① 다른 사람의 업무를 위계 또는 위력으로써 방해하는 행위
② 항공기의 보안이나 운항을 저해하는 폭행 · 협박 · 위계행위
③ 항공기의 보안이나 운항을 저해하는 출입문 · 탈출구 · 기기의 조작
④ 항공기가 착륙한 후 항공기에서 내리지 아니하고 항공기를 점거하거나 항공기 내에서 농성하는 행위

법 제23조(승객의 협조의무) 참조

89 항공운송사업자는 일정 요건에 해당하는 사람에 대하여는 항공기 탑승을 거절할 수 있다. 이때 탑승거절 대상자에 해당되지 <u>않는</u> 사람은?

① 술 또는 약물을 복용하고 승객 및 승무원 등에게 위해를 가할 우려가 있는 사람
② 항공기의 보안이나 운항을 저해하는 폭행 · 협박 · 위계행위를 한 사람
③ 항공기의 보안이나 운항을 저해하는 행위를 금지하는 기장 등의 정당한 직무상 지시를 따르지 아니한 사람

④ 욕설 또는 모욕을 주는 행위 등을 하는 사람으로서 다른 승객의 안전 및 항공기의 안전 운항을 해칠 우려가 없는 사람

> 시행규칙 제13조(탑승거절 대상자) 항공운송사업자는 다음의 어느 하나에 해당하는 사람에 대하여 탑승을 거절할 수 있다.
> 1. 항공운송사업자의 승객의 안전 및 항공기의 보안을 위하여 필요한 조치를 거부한 사람
> 2. 술 또는 약물을 복용하고 승객 및 승무원 등에게 위해를 가할 우려가 있는 사람
> 3. 다른 사람을 폭행하거나 항공기의 보안이나 운항을 저해하는 폭행·협박·위계행위 또는 출입문·탈출구·기기의 조작행위를 한 사람
> 4. 항공기의 보안이나 운항을 저해하는 행위를 금지하는 기장 등의 정당한 직무상 지시를 따르지 아니한 사람
> 5. 탑승권 발권 등 탑승수속 시 위협적인 행동, 공격적인 행동, 욕설 또는 모욕을 주는 행위 등을 하는 사람으로서 다른 승객의 안전 및 항공기의 안전 운항을 해칠 우려가 있는 사람

90 항공보안법상 사법경찰관리가 항공기를 이용하여 호송대상자를 호송하는 경우 미리 해당 항공운송사업자에게 통보하여야 할 내용에 포함되는 사항이 <u>아닌</u> 것은?

① 호송대상자의 인적사항
② 호송 방법
③ 호송 안전조치
④ 호송대상자의 죄목

> 법 제24조(수감 중인 사람 등의 호송)제2항 호송대상자를 호송할 경우에 해당 항공운송사업자에게 하는 통보사항에는 호송대상자의 인적사항, 호송 이유, 호송방법 및 호송 안전조치 등에 관한 사항이 포함되어야 한다.

91 호송대상자를 호송하는 경우 항공기에 탑승하는 승객의 안전을 위하여 항공운송사업자가 취해야 하는 필요 조치에 해당되지 <u>않는</u> 것은?

① 호송대상자의 탑승절차를 별도로 마련할 것
② 호송대상자의 좌석은 승객의 안전에 위협이 되지 아니하도록 배치할 것
③ 호송대상자에게 음식을 제공하지 아니할 것
④ 호송대상자에게 철제 식기류를 제공하지 아니할 것

> 시행규칙 제14조(수감 중인 사람 등에 대한 호송방법 등) 제2항 항공운송사업자는 호송대상자가 항공기에 탑승하는 경우 승객의 안전을 위하여 다음의 필요한 조치를 하여야 한다.
> 1. 호송대상자의 탑승절차를 별도로 마련할 것
> 2. 호송대상자의 좌석은 승객의 안전에 위협이 되지 아니하도록 배치할 것
> 3. 호송대상자에게 술을 제공하지 아니할 것
> 4. 호송대상자에게 철제 식기류를 제공하지 아니할 것

92 기장등이 항공기 내에서 항공보안법에 따른 죄를 범한 범인을 공항 도착 후 직접 인도해야 하는 경우 누구에게 인도하여야 하는가?

① 공항운영자
② 항공운송사업자
③ 해당 공항 관할 국가경찰관서
④ 국토교통부 항공보안정책과

> 법 제25조(범인의 인도·인수)제1항 기장등은 항공기 내에서 항공보안법에 따른 죄를 범한 범인을 직접 또는 해당 관계 기관 공무원을 통하여 해당 공항을 관할하는 국가경찰관서에 통보한 후 인도하여야 한다.

93 항공보안장비의 성능 인증을 위한 기준으로 바르지 <u>않은</u> 것은?

① 국토교통부장관이 정해서 고시하는 항공보안장비의 기능을 갖출 것
② 국토교통부장관이 정해서 고시하는 항공보안장비의 성능 기준에 적합할 것
③ 항공보안장비의 활용 편의성 및 안전성을 갖출 것
④ 항공보안장비의 구조가 간단하고 가격이 저렴할 것

> 시행규칙 제14조의3(항공보안장비의 성능 인증 등)제1항제1호 인증기관이 항공보안장비의 성능 인증을 하려면 다음의 기준을 따라야 한다.
> 1. 국토교통부장관이 정해서 고시하는 항공보안장비의 기능과 성능 기준에 적합한 보안장비일 것
> 2. 항공보안장비의 활용 편의성, 안전성 및 내구성 등을 갖춘 보안장비일 것

94 항공보안장비의 성능 인증을 위한 절차로 바르지 <u>않은</u> 것은?

① 항공보안장비에 대한 설계도를 제출할 것
② 성능평가 시험기관이 실시하는 성능평가시험을 받을 것
③ 성능평가 시험기관의 성능평가시험서와 성능 인증 신청자가 제출한 성능 제원표 등을 비교·검토할 것
④ 성능 인증 품질시스템을 확인할 것

> 시행규칙 제14조의3(항공보안장비의 성능 인증 등)제1항제1호 인증기관이 항공보안장비의 성능 인증을 하려면 다음의 절차를 따라야 한다.
> 1. 성능평가 시험기관이 실시하는 성능평가시험을 받을 것
> 2. 성능평가 시험기관의 성능평가시험서와 성능 인증 신청자가 제출한 성능 제원표 등을 비교·검토할 것
> 3. 성능 인증 품질시스템을 확인할 것

95 항공보안법상 국토교통부장관은 인증업무의 전문성과 신뢰성을 확보하기 위하여 항공보안장비의 성능 인증 및 점검업무를 어디에 위탁할 수 있는가?

① 항공안전기술원
② 항공보안협의회
③ 한국항공우주기술협회
④ 한국항공우주연구원

> 법 제27조의3(성능 인증업무의 위탁), 시행령 19조의2(인증업무의 위탁) 국토교통부장관은 인증업무의 전문성과 신뢰성을 확보하기 위하여 항공보안장비의 성능 인증 및 점검 업무를 항공안전기술원에 위탁할 수 있다.

96 성능 인증을 받은 항공보안장비에 대하여 국토교통부장관은 그 인증을 반드시 취소하여야 하는 경우는?

① 거짓이나 그 밖의 부정한 방법으로 인증을 받은 경우
② 항공보안장비가 항공보안법에 따른 성능 기준에 적합하지 아니하게 된 경우
③ 항공보안장비에 대한 점검을 정당한 사유 없이 받지 아니한 경우
④ 항공보안장비에 대한 점검을 실시한 결과 중대한 결함이 있다고 판단될 경우

> 법 제27조의2(항공보안장비 성능 인증의 취소) 국토교통부장관은 성능 인증을 받은 항공보안장비가 다음의 어느 하나에 해당하는 경우에는 그 인증을 취소할 수 있다. 다만, 제1호에 해당하는 때에는 그 인증을 취소하여야 한다.
> 1. 거짓이나 그 밖의 부정한 방법으로 인증을 받은 경우
> 2. 항공보안장비가 항공보안법 제27조제2항에 따른 성능 기준에 적합하지 아니하게 된 경우
> 3. 항공보안법 제27조제4항에 따른 점검을 정당한 사유 없이 받지 아니한 경우
> 4. 항공보안법 제27조제4항에 따른 점검을 실시한 결과 중대한 결함이 있다고 판단될 경우

97 항공보안장비 성능평가 시험기관으로 지정을 받으려는 자는 신청서 등 제반 서류를 누구에게 제출해야 하는가?

① 국토교통부장관
② 지방항공청장
③ 항공안전기술원장
④ 국토교통부 항공정책실장

시행규칙 제14조의7(시험기관의 지정 등)제2항 항공보안장비 성능평가 시험기관으로 지정을 받으려는 법인이나 단체는 항공보안장비 시험기관 지정 신청서에 다음의 서류를 첨부해서 국토교통부장관에게 제출해야 한다.
1. 성능평가시험을 위한 조직, 인력 및 시험 설비 현황 등을 적은 사업계획서
2. 성능평가시험을 수행하기 위한 절차 및 방법 등을 적은 업무규정
3. 법인의 정관 또는 단체의 규약
4. 사업자등록증 및 인감증명서(법인인 경우에 한한다)
5. 시험기관 지정기준을 갖추었음을 증명하는 서류

98 항공보안장비 성능평가 시험기관으로 신청할 때 첨부해야 하는 서류가 <u>아닌</u> 것은?

① 성능평가시험을 위한 조직, 인력 및 시험 설비 현황 등을 적은 사업계획서
② 성능평가시험을 수행하기 위한 절차 및 방법 등을 적은 업무규정
③ 성능평가시험을 수행하기 위한 항목 등을 적은 업무규정
④ 사업자등록증 및 인감증명서(법인인 경우에 한한다)

시행규칙 제14조의7(시험기관의 지정 등)제2항 참조

99 항공보안장비 성능평가 시험기관의 지정취소 사유 중 반드시 취소해야 하는 경우는?

① 업무정지 명령을 받은 후 그 업무정지 기간에 성능평가시험을 실시한 경우
② 정당한 사유 없이 성능평가시험을 실시하지 아니한 경우

③ 항공보안장비 성능평가시험의 기준·방법·절차 등을 위반하여 성능평가시험을 실시한 경우
④ 성능평가시험 결과를 거짓으로 조작하여 수행한 경우

법 제27조의5(시험기관의 지정취소 등) 국토교통부장관은 시험기관으로 지정받은 법인이나 단체가 다음의 어느 하나에 해당하는 경우에는 그 지정을 취소하거나 1년 이내의 기간을 정하여 그 업무의 전부 또는 일부의 정지를 명할 수 있다.
1. 거짓이나 그 밖의 부정한 방법을 사용하여 시험기관으로 지정을 받은 경우(필요적 취소)
2. 업무정지 명령을 받은 후 그 업무정지 기간에 성능평가시험을 실시한 경우(필요적 취소)
3. 정당한 사유 없이 성능평가시험을 실시하지 아니한 경우
4. 항공보안장비 성능평가시험의 기준·방법·절차 등을 위반하여 성능평가시험을 실시한 경우
5. 항공보안장비 성능평가 시험기관 지정기준을 충족하지 못하게 된 경우
6. 성능평가시험 결과를 거짓으로 조작하여 수행한 경우

100 다음 중 보안검색교육기관으로 지정받으려고 할 때 제출해야 하는 교육계획서에 포함되어야 할 내용에 해당되지 <u>않는</u> 것은?

① 교육과정 및 교육내용
② 교육원장의 자격·경력에 관한 사항
③ 교육시설 및 교육장비의 현황
④ 연간 교육계획

제15조(보안검색교육기관의 지정 등) 보안검색교육기관으로 지정받으려는 자는 보안검색교육기관 지정신청서에 다음의 사항이 포함된 교육계획서를 첨부하여 국토교통부장관에게 제출하여야 한다.
1. 교육과정 및 교육내용
2. 교관의 자격·경력 및 정원 등의 현황
3. 교육시설 및 교육장비의 현황
4. 교육평가방법
5. 연간 교육계획
6. 교육규정

101 다음 중 보안검색교육기관으로 지정취소 사유에 해당되지 <u>않는</u> 것은?

① 거짓으로 교육기관의 지정을 받은 경우
② 부정한 방법으로 교육기관의 지정을 받은 경우
③ 보안검색교육기관 지정기준에 미달하게 된 경우
④ 교육의 전 과정을 1년 이상 운영하지 아니한 경우

> 법 제28조(교육훈련 등)제4조 국토교통부장관은 교육기관으로 지정받은 자가 다음의 어느 하나에 해당하는 경우에는 그 지정을 취소할 수 있다.
> 1. 거짓이나 그 밖의 부정한 방법으로 교육기관의 지정을 받은 경우(필요적 취소)
> 2. 보안검색교육기관 지정기준에 미달하게 된 경우 다만, 일시적으로 지정기준에 미달하게 되어 3개월 내에 지정기준을 다시 갖춘 경우에는 그러하지 아니하다.
> 3. 교육의 전 과정을 2년 이상 운영하지 아니한 경우

102 다음 중 보안검색기록에 포함되어야 하는 사항이 <u>아닌</u> 것은?

① 보안검색업무를 수행한 항공보안검색요원 · 감독자의 성명 및 근무시간
② 항공보안장비의 점검 및 운용에 관한 사항
③ 호송한 호송대상자의 인적사항, 호송이유, 호송방법 등에 관한 사항
④ 항공보안검색요원에 대한 현장교육훈련 기록

> 시행규칙 제16조(보안검색기록의 작성 등) 공항운영자 · 항공운송사업자 또는 보안검색을위탁받은검색업체는 다음의 사항이 포함된 보안검색에 관한 기록을 작성하여 1년 이상 보존하여야 한다.
> 1. 보안검색업무를 수행한 항공보안검색요원 · 감독자의 성명 및 근무시간
> 2. 항공보안장비의 점검 및 운용에 관한 사항
> 3. 무기 등 위해물품 적발 현황 및 적발된 위해물품의 처리 결과
> 4. 항공보안검색요원에 대한 현장교육훈련 기록
> 5. 그 밖에 보안검색업무 수행 중에 발생한 특이사항

103 다음 중 보안검색기록을 보존하여야 하는 자에 해당되지 <u>않는</u> 자는?

① 공항운영자
② 항공운송사업자
③ 항공보안검색요원
④ 보안검색을 위탁받은 검색업체

> 시행규칙 제16조(보안검색기록의 작성 등) 참조

104 다음 중 보안검색기록은 몇 년 이상 보존하여야 하는가?

① 1년   ② 2년
③ 5년   ④ 10년

> 시행규칙 제16조(보안검색기록의 작성 등) 참조

105 국토교통부장관이 항공보안을 해치는 정보를 알게되었을 때에 그 정보를 제공하여야 할 대상이 <u>아닌</u> 곳은?

① 해당 항공기 등록국가 및 운영국가의 관련 기관
② 항공기 승객이 외국인인 경우 해당 국가의 관련 기관
③ 국제민간항공기구(ICAO)
④ 미연방항공청(FAA)

> 시행규칙 제17조(정보의 제공) 국토교통부장관이 정보를 제공하여야 할 대상은 다음과 같다.
> 1. 외교부 · 법무부 · 국방부 · 문화체육관광부 · 농림축산식품부 · 보건복지부 · 국토교통부 · 국가정보원 · 관세청 · 경찰청 및 해양경찰청
> 2. 해당 항공기 등록국가 및 운영국가의 관련 기관
> 3. 항공기 승객이 외국인인 경우 해당 국가의 관련 기관
> 4. 국제민간항공기구(ICAO)

106 항공보안을 해치는 정보를 국토교통부장관이 알게 된 경우 그 정보를 제공하여야 할 곳이 아닌 곳은?

① 외교부
② 경찰청
③ 과학기술정보통신부
④ 국제민간항공기구(ICAO)

시행규칙 제17조(정보의 제공) 참조

107 국가항공보안 우발계획에 포함되어야 할 사항이 <u>아닌</u> 것은?

① 외교부 · 법무부 · 국방부 · 문화체육관광부 · 농림축산식품부 · 보건복지부 · 국토교통부 · 국가정보원 · 관세청 · 경찰청 및 해양경찰청의 역할
② 항공보안등급 발령 및 등급별 조치사항
③ 불법방해행위 대응에 관한 세부시책
④ 불법방해행위 유형별 대응대책

시행규칙 제18조(국가항공보안 우발계획 등의 내용)제1항 국가항공보안 우발계획에는 다음의 사항이 포함되어야 한다.
1. 외교부 · 법무부 · 국방부 · 문화체육관광부 · 농림축산식품부 · 보건복지부 · 국토교통부 · 국가정보원 · 관세청 · 경찰청 및 해양경찰청의 역할
2. 항공보안등급 발령 및 등급별 조치사항
3. 불법방해행위 대응에 관한 기본대책
4. 불법방해행위 유형별 대응대책
5. 위협평가 및 위험관리에 관한 사항
6. 그 밖에 항공보안에 관하여 필요한 사항

108 다음 중 공항운영자의 자체 우발계획의 내용에 해당하는 것은?

① 외교부 · 법무부 · 국방부 · 문화체육관광부 · 농림축산식품부 · 보건복지부 · 국토교통부 · 국가정보원 · 관세청 · 경찰청 및 해양경찰청의 역할

② 공항시설 위협시의 대응대책
③ 항공기 납치 방지대책
④ 폭발물 또는 생화학무기 위협시의 대응대책

시행규칙 제18조(국가항공보안 우발계획 등의 내용)제2항제1호 공항운영자의 자체 우발계획에는 다음의 사항이 포함되어야 한다.
1. 외교부 · 법무부 · 국방부 · 문화체육관광부 · 농림축산식품부 · 보건복지부 · 국토교통부 · 국가정보원 · 관세청 · 경찰청 및 해양경찰청의 역할
2. 공항시설 위협시의 대응대책
3. 항공기 납치시의 대응대책
4. 폭발물 또는 생화학무기 위협시의 대응대책

109 다음 중 공항운영자의 자체 우발계획의 내용에 포함되어야 할 사항이 <u>아닌</u> 것은?

① 폭발물 또는 생화학무기 위협시의 대응대책
② 항공보안등급 발령 및 등급별 조치사항
③ 불법방해행위 유형별 대응대책
④ 위협평가 및 위험관리에 관한 사항

시행규칙 제18조(국가항공보안 우발계획 등의 내용)제2항제2호 항공운송사업자의 자체 우발계획에는 다음의 사항이 포함되어야 한다.
1. 공항시설 위협시의 대응대책
2. 항공기납치 방지대책
3. 폭발물 또는 생화학무기 위협시의 대응대책

110 다음 중 공항운영자등이 자체 우발계획을 변경하려는 경우 국토교통부장관의 승인을 필요한 경우는?

① 기관 운영에 관한 일반현황의 변경
② 기관 및 부서의 명칭 변경
③ 항공보안에 관한 법령, 고시 및 지침 등의 변경사항 반영
④ 공항시설 위협시의 대응대책의 변경

111 다음 중 공항운영자등이 자체 우발계획을 변경하려는 경우 국토교통부장관의 승인을 필요로 하지 <u>않는</u> 경우는?

① 공항시설 위협시의 대응대책의 변경사항 반영

② 항공보안에 관한 법령, 고시 및 지침 등의 변경사항 반영

③ 폭발물 위협시의 대응대책의 변경사항 반영

④ 생화학무기 위협시의 대응대책의 변경사항 반영

112 국토교통부장관 또는 지방항공청장은 공항운영자등의 자체 우발계획을 승인하려는 경우 검토하여야 할 사항에 해당되지 <u>않는</u> 것은?

① 국가항공보안 우발계획과의 적합성

② 항공기의 불법납치 억제를 위한 협약과의 적합성

③ 민간항공의 안전에 대한 불법적 행위의 억제를 위한 협약과의 적합성

④ 국제민간항공협약 부속서 19와의 적합성

113 국토교통부장관이 관계 행정기관과 합동으로 공항 및 항공기의 보안실태에 대하여 현장점검을 할 수 있는 경우가 <u>아닌</u> 것은?

① 국가원수 또는 국제기구의 대표 등이 참석하는 국제회의가 개최되는 경우

② 국내 중요인사가 참석하는 전국행사가 개최되는 경우

③ 올림픽경기대회 또는 국제박람회 등 국제행사가 개최되는 경우

④ 국내외 정보수사기관으로부터 구체적 테러 첩보 또는 보안위협 정보를 알게 된 경우

114 국토교통부장관이 소속공무원으로 하여금 항공보안점검을 실시하려고 할 때 점검 며칠 전까지 점검에 관한 통지를 하여야 하는가?

① 7일   ② 10일

③ 14일   ④ 30일

법 제33조(항공보안 감독)
1. 국토교통부장관은 소속 공무원을 항공보안 감독관으로 지정하여 항공보안에 관한 점검업무를 수행하게 하여야 한다.
2. 국토교통부장관은 대통령령으로 정하는 바에 따라 관계 행정기관과 합동으로 공항 및 항공기의 보안실태에 대하여 현장점검을 할 수 있다
3. 국토교통부장관은 점검업무의 수행에 필요하다고 인정하는 경우에는 공항운영자등에게 필요한 서류 및 자료를 제출하게 할 수 있다.
4. 국토교통부장관은 점검 결과 그 개선이나 보완이 필요하다고 인정하는 경우에는 공항운영자등에게 시정조치 또는 그 밖의 보안대책 수립을 명할 수 있다.
5. 항공보안 점검을 하는 경우에는 점검 7일 전까지 점검 일시, 점검이유 및 점검내용 등에 대한 점검계획을 점검 대상자에게 통지하여야 한다. 다만, 긴급한 경우 또는 사전에 통지하면 증거인멸 등으로 점검 목적을 달성할 수 없다고 인정하는 경우에는 그러하지 아니하다.
6. 항공보안 감독관은 항공보안에 관한 점검업무 수행을 위하여 필요한 경우에는 항공기 및 공항시설에 출입하여 검사할 수 있다.
7. 항공보안 점검을 하는 공무원은 그 권한을 표시하는 증표를 지니고 이를 관계인에게 보여주어야 한다.

법 제33조(항공보안 감독) 긴급한 경우 또는 사전에 통지하면 증거인멸 등으로 점검 목적을 달성할 수 없다고 인정하는 경우에는 점검 7일 전까지의 통지는 안 해도 된다.

116 항공보안법상 반드시 청문을 실시하여야 하는 경우가 <u>아닌</u> 것은?

① 항공운송사업자 지정의 취소
② 상용화주 지정의 취소
③ 항공보안장비 성능평가 시험기관 지정의 취소
④ 항공보안검색 교육기관 지정의 취소

법 제37조(청문) 국토교통부장관은 다음의 어느 하나에 해당하는 취소처분을 하려면 청문을 하여야 한다.
1. 법 제15조제8항에 따른 항공보안검색 위탁업체 지정의 취소
2. 법 제17조의3제1항에 따른 상용화주 지정의 취소
3. 법 제27조의5에 따른 항공보안장비 성능평가 시험기관 지정의 취소
4. 법 제28조제4항에 따른 항공보안검색 교육기관 지정의 취소

115 항공보안법상 항공보안점검에 대한 설명으로 바르지 <u>않은</u> 것은?

① 국토교통부장관은 점검업무의 수행에 필요하다고 인정하는 경우에는 공항운영자등에게 필요한 서류 및 자료를 제출하게 할 수 있다.
② 국토교통부장관은 점검 결과 그 개선이나 보완이 필요하다고 인정하는 경우에는 공항운영자등에게 시정조치 또는 그 밖의 보안대책 수립을 명할 수 있다.
③ 사전에 통지하면 증거인멸 등으로 점검 목적을 달성할 수 없다고 인정하는 경우 점검 7일 전까지 점검계획을 점검 대상자에게 통지하여야 한다
④ 항공보안 점검을 하는 공무원은 그 권한을 표시하는 증표를 지니고 이를 관계인에게 보여주어야 한다.

117 운항중인 항공기의 안전을 해칠 정도로 항공기를 파손한 사람에 대한 처벌은?

① 사형, 무기징역 또는 5년 이상의 징역
② 무기 또는 7년 이상의 징역
③ 1년 이상 10년 이하의 징역
④ 10년 이하의 징역

법 제39조(항공기 파손죄) 운항중인 항공기의 안전을 해칠 정도로 항공기를 파손한 사람(항공안전법 제138조제1항에 해당하는 사람은 제외한다)은 사형, 무기징역 또는 5년 이상의 징역에 처한다.

118 폭행, 협박 또는 그 밖의 방법으로 항공기를 강탈하거나 그 운항을 강제한 사람에 대한 처벌은?

① 사형, 무기징역 또는 5년 이상의 징역
② 무기 또는 7년 이상의 징역
③ 1년 이상 10년 이하의 징역
④ 10년 이하의 징역

법 제40조(항공기 납치죄 등)제1항 폭행, 협박 또는 그 밖의 방법으로 항공기를 강탈하거나 그 운항을 강제한 사람은 무기 또는 7년 이상의 징역에 처한다.

119 항공기 운항과 관련된 항공시설을 파손하거나 조작을 방해함으로써 항공기의 안전 운항을 해친 사람에 대한 처벌은?

① 사형, 무기징역 또는 5년 이상의 징역
② 무기 또는 7년 이상의 징역
③ 1년 이상 10년 이하의 징역
④ 10년 이하의 징역

법 제41조(항공시설 파손죄) 항공기 운항과 관련된 항공시설을 파손하거나 조작을 방해함으로써 항공기의 안전 운항을 해친 사람(항공안전법 제140조에 해당하는 사람은 제외한다)은 10년 이하의 징역에 처한다.

120 위계 또는 위력으로써 운항중인 항공기의 항로를 변경하게 하여 정상 운항을 방해한 사람에 대한 처벌은?

① 사형, 무기징역 또는 5년 이상의 징역
② 무기 또는 7년 이상의 징역
③ 1년 이상 10년 이하의 징역
④ 10년 이하의 징역

법 제42조(항공기 항로 변경죄) 위계 또는 위력으로써 운항중인 항공기의 항로를 변경하게 하여 정상 운항을 방해한 사람은 1년 이상 10년 이하의 징역에 처한다.

121 폭행·협박 또는 위계로써 기장등의 정당한 직무집행을 방해하여 항공기와 승객의 안전을 해친 사람에 대한 처벌은?

① 사형, 무기징역 또는 5년 이상의 징역
② 무기 또는 7년 이상의 징역
③ 1년 이상 10년 이하의 징역
④ 10년 이하의 징역

법 제43조(직무집행방해죄) 폭행·협박 또는 위계로써 기장등의 정당한 직무집행을 방해하여 항공기와 승객의 안전을 해친 사람은 10년 이하의 징역에 처한다.

122 거짓된 사실의 유포, 폭행, 협박 및 위계로써 공항운영을 방해한 사람에 대한 처벌은?

① 10년 이하의 징역
② 5년 이하의 징역
③ 5년 이하의 징역 또는 5천만원 이하의 벌금
④ 3년 이하의 징역 또는 3천만원 이하의 벌금

법 제45조(공항운영 방해죄) 거짓된 사실의 유포, 폭행, 협박 및 위계로써 공항운영을 방해한 사람은 5년 이하의 징역 또는 5천만원 이하의 벌금에 처한다.

123 항공기의 보안이나 운항을 저해하는 폭행·협박·위계행위 또는 출입문·탈출구·기기의 조작을 한 사람에 대한 처벌은?

① 10년 이하의 징역
② 5년 이하의 징역
③ 5년 이하의 징역 또는 5천만원 이하의 벌금
④ 3년 이하의 징역 또는 3천만원 이하의 벌금

법 제46조(항공기 내 폭행죄 등)제1항 법 제23조제2항을 위반하여 항공기의 보안이나 운항을 저해하는 폭행·협박·위계행위 또는 출입문·탈출구·기기의 조작을 한 사람은 10년 이하의 징역에 처한다.

124 항공기를 점거하거나 항공기 내에서 농성한 사람에 대한 처벌은?

① 10년 이하의 징역
② 5년 이하의 징역
③ 5년 이하의 징역 또는 5천만원 이하의 벌금
④ 3년 이하의 징역 또는 3천만원 이하의 벌금

법 제47조(항공기 점거 및 농성죄) 법 제23조제3항을 위반하여 항공기를 점거하거나 항공기 내에서 농성한 사람은 3년 이하의 징역 또는 3천만원 이하의 벌금에 처한다.

125 항공운항을 방해할 목적으로 거짓된 정보를 제공한 사람에 대한 처벌은?

① 10년 이하의 징역
② 5년 이하의 징역
③ 5년 이하의 징역 또는 5천만원 이하의 벌금
④ 3년 이하의 징역 또는 3천만원 이하의 벌금

법 제48조(운항 방해정보 제공죄) 항공운항을 방해할 목적으로 거짓된 정보를 제공한 사람은 3년 이하의 징역 또는 3천만원 이하의 벌금에 처한다.

126 기장등의 업무를 위계 또는 위력으로 방해한 사람에 대한 처벌은?

① 10년 이하의 징역 또는 1억원 이하의 벌금
② 5년 이하의 징역 또는 5천만원 이하의 벌금
③ 3년 이하의 징역 또는 3천만원 이하의 벌금
④ 1년 이하의 징역 또는 1천만원 이하의 벌금

법 제49조(벌칙)제1항 법 제23조제1항제7호를 위반하여 기장등의 업무를 위계 또는 위력으로 방해한 사람은 10년 이하의 징역 또는 1억원 이하의 벌금에 처한다.

127 기장의 승낙없이 조종실 출입을 기도한 사람에 대한 처벌은?

① 10년 이하의 징역 또는 1억원 이하의 벌금
② 5년 이하의 징역 또는 5천만원 이하의 벌금
③ 3년 이하의 징역 또는 3천만원 이하의 벌금
④ 1년 이하의 징역 또는 1천만원 이하의 벌금

법 제49조(벌칙)제2항제1호 법 제23조제1항제6호를 위반하여 조종실 출입을 기도한 사람은 3년 이하의 징역 또는 3천만원 이하의 벌금에 처한다.

128 공항운영자 및 항공운송사업자의 신분증명서 제시 요구에 다른 사람의 신분증명서를 부정하게 사용하여 본인 일치 여부 확인을 받으려 한 사람에 대한 처벌은?

① 10년 이하의 징역 또는 1억원 이하의 벌금
② 5년 이하의 징역 또는 5천만원 이하의 벌금
③ 3년 이하의 징역 또는 3천만원 이하의 벌금
④ 1년 이하의 징역 또는 1천만원 이하의 벌금

법 제50조(벌칙)제3항제1호 법 제15조의2제2항 본문에 따라 신분증명서 제시를 요구받은 경우 다른 사람의 신분증명서를 부정하게 사용하여 본인 일치 여부 확인을 받으려 한 사람 3년 이하의 징역 또는 3천만원 이하의 벌금에 처한다.

129 항공보안법상 1천만원 이하의 과태료 부과 대상자가 <u>아닌</u> 자는?

① 항공기내보안요원을 탑승시키지 아니한 항공운송사업자
② 항공기에 대한 보안점검을 실시하지 아니한 항공운송사업자
③ 국토교통부장관의 성능 인증을 받은 항공보안장비를 사용하지 아니한 자
④ 보안검색에 관한 기록을 작성 · 유지하지 아니한 자

> 법 제51조(과태료)제2항 보안검색에 관한 기록을 작성 · 유지하지 아니한 자는 500만원 이하의 과태료 부과 대상자이다.

번호	1천만원 이하의 과태료 부과 대상자(법 제51조제1항)
1	공항운영자등이 승인받은 자체 보안계획을 이행하지 아니한 자(국가항공보안계획과 관련되는 부분만 해당한다)
2	항공기내보안요원을 탑승시키지 아니한 항공운송사업자
3	항공기에 대한 보안점검을 실시하지 아니한 항공운송사업자
4	본인 여부가 확인된 사람의 생체정보를 파기하지 아니한 자
5	통과 승객이나 환승 승객에게 휴대물품을 가지고 내리도록 조치하지 아니한 항공운송사업자
6	보안검색에 실패하고 국토교통부장관에게 보고하지 아니한 자
7	항공기 내에서 죄를 범한 범인을 관할 국가경찰관서에 인도하지 아니한 기장등이 소속된 항공운송사업자
8	국토교통부장관의 성능 인증을 받은 항공보안장비를 사용하지 아니한 자
9	항공보안장비 성능 인증을 위한 기준과 절차 등을 위반한 인증기관 및 시험기관
10	승인받은 자체 우발계획을 이행하지 아니한 자(국가항공보안 우발계획과 관련되는 부분만 해당한다)
11	민간항공에 대한 위협에 신속한 대응이 필요한 경우에 취하는 국토교통부장관의 보안조치를 이행하지 아니한 자
12	항공보안 점검 결과 그 개선이나 보완이 필요하다고 인정하는 경우에 명하는 국토교통부장관의 시정조치 또는 명령을 이행하지 아니한 자
13	항공보안 자율신고를 한 소속 임직원에게 그 신고를 이유로 해고, 전보, 징계, 그 밖에 신분이나 처우와 관련하여 불이익한 조치를 한 자
14	국토교통부장관이 감독상 행하는 시정명령 등 필요한 조치를 이행하지 아니한 자

130 항공보안법상 500만원 이하의 과태료 부과 대상자는?

① 본인 여부가 확인된 사람의 생체정보를 파기하지 아니한 자
② 항공기 내에서 죄를 범한 범인을 관할 국가경찰관서에 인도하지 아니한 기장등이 소속된 항공운송사업자
③ 항공보안장비 성능 인증을 위한 기준과 절차 등을 위반한 인증기관 및 시험기관
④ 항공보안에 관한 점검업무의 수행에 필요한 서류 및 자료를 제출하지 아니하거나 거짓의 자료를 제출한 자

> 법 제51조(과태료)제2항 항공보안에 관한 점검업무의 수행에 필요한 서류 및 자료를 제출하지 아니하거나 거짓의 자료를 제출한 자는 500만원 이하의 과태료 부과 대상자이다.

131 항공보안법상 100만원 이하의 과태료 부과 대상자는?

① 통과 승객이나 환승 승객에게 휴대물품을 가지고 내리도록 조치하지 아니한 항공운송사업자
② 민간항공에 대한 위협에 신속한 대응이 필요한 경우에 취하는 국토교통부장관의 보안조치를 이행하지 아니한 자
③ 항공운송 사업자의 지시에도 불구하고 휴대물품을 가지고 내리지 아니한 사람
④ 항공보안 자율신고를 한 소속 임직원에게 그 신고를 이유로 해고, 전보, 징계, 그 밖에 신분이나 처우와 관련하여 불이익한 조치를 한 자

> 법 제51조(과태료)제3항 항공운송사업자의 지시에도 불구하고 휴대물품을 가지고 내리지 아니한 사람은 100만원 이하의 과태료 부과 대상자이다.

PART 04

항공기상

선택과목

지구과학

01 지구

1. 태양계와 지구의 운동

(1) 태양계

1) 행성

태양을 중심으로 8개의 행성이 공전, 태양의 인력에 의해서 주위를 회전한다. 태양으로부터 수성 – 금성 – 지구 – 화성 – 목성 – 토성 – 천왕성 – 해왕성이다.

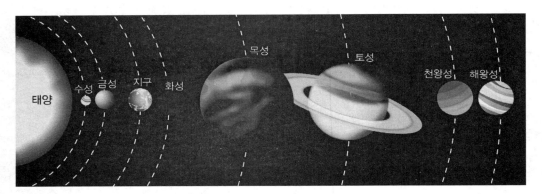

그림 ▶ 태양을 중심으로 8개의 행성

(2) 지구

1) 지구의 모양

원형이 아닌 타원체(중앙: 적도, 북극/남극, 북반구/남반구)로서 적도 직경은 12,756,270km, 극의 직경은 12,713,500km(태양 : 지구의 약 109배)이다. 가로, 세로 비는 약 0.996, 타원율은 0.003이다.

2) 지구와 태양의 거리

지구에서 태양까지의 거리는 150,000,000km이다. 태양을 5mm원으로 가정 시 지구는 0.05mm(눈에 보이지 않을 정도의 점이며, 위치는 태양원에서 약 50cm의 먼지 같은 점) 정도이다. 거리가 매우 중요하며, 가까운 별은 물도 없고, 비도 내리지 않고 멀리 있는 별은 기온이 낮아서 극한의 별이다.

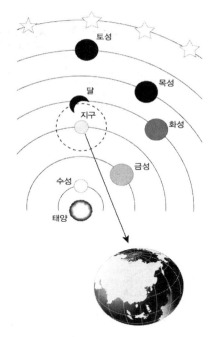

그림 ▶ 지구

(3) 지구의 자전(Rotation)과 공전(Revolution)

지구는 태양계의 한 행성으로서 태양의 인력에 의한 회전운동으로 자전과 공전을 한다.

1) 지구의 자전(Rotation)

자축을 중심으로 회전하는 운동이며, 자전의 결과는 밤과 낮이다. 지구 중심을 통과하고 북극과 남극을 연하는 가상 축으로 이 축을 중심으로 회전한다. 자전 속도는 초당 약 465.11m/sec이다.

2) 지구의 공전(Revolution)

지구가 행성의 일원으로 태양 주위를 일정한 궤도를 그리면서 회전하는 운동으로 그 결과는 4계절의 연속적인 변화이다. 지구가 자전을 하면서 궤도의 한 위치에 서 원래의 위치로 정확히 돌아오는 데는 365.25일이 소요된다. 공전 속도는 초당 약 29.783km/sec로 지구 자전속도보다 빠르다.

3) 자전축 기울기

지구를 중심으로 지축이 오른 쪽으로 23.5°기울어져 있다. 태양으로부터 받아들일 수 있는 태양 복사열의 변화를 초래하는 요인이다.

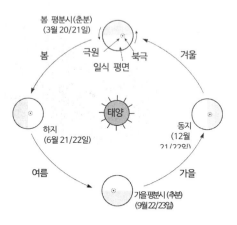

그림 ▶ 지구의 공전

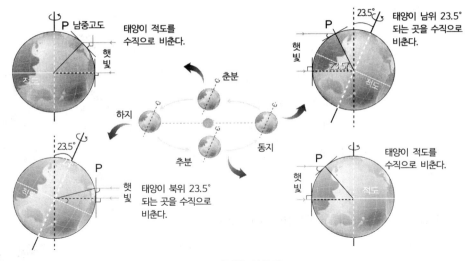

태양이 적도를
수직으로 비춘다.

태양이 남위 23.5°
되는 곳을 수직으로
비춘다.

태양이 북위 23.5°
되는 곳을 수직으로
비춘다.

태양이 적도를
수직으로 비춘다.

그림 ▶ 자전축 기울기

4) 지구의 구성물질

지구는 29.2%가 육지(land), 70.8%는 물(water)로 구성되어 있으며, 5대양 6대주이다.

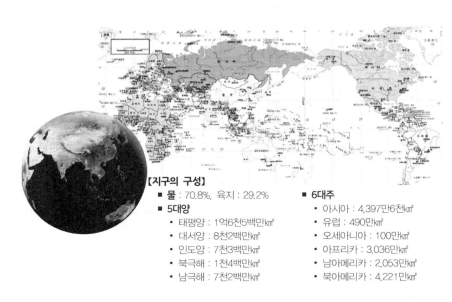

【지구의 구성】
■ 물 : 70.8%, 육지 : 29.2%
■ 5대양
 • 태평양 : 1억6천5백만㎢
 • 대서양 : 8천2백만㎢
 • 인도양 : 7천3백만㎢
 • 북극해 : 1천4백만㎢
 • 남극해 : 7천2백만㎢

■ 6대주
 • 아시아 : 4,397만6천㎢
 • 유럽 : 490만㎢
 • 오세아니아 : 100만㎢
 • 아프리카 : 3,036만㎢
 • 남아메리카 : 2,053만㎢
 • 북아메리카 : 4,221만㎢

그림 ▶ 지구의 모습

(4) 해수면과 방위

1) 해수면

해수면의 높이는 "0"으로 선정하나 어느 지역에서나 똑 같을 수는 없다. 각 나라에서는 해수면의 기준을 선정하여 활용하며, 우리나라는 인천만의 평균 해수면 높이를 "0"으로 선정, 활용한다. 인천 인하대학교 구내에 수준 원점 높이를 26.6871m로 지정, 활용하고 있다.

2) 방위

방향 결정수단은 나침반이다. 항공기에 사용되는 나침반은 아래 그림을 참조하고, 나침반 문자판이 주축에 자유롭게 매달려 있으며, 작동시키기 위한 외부의 전원이 필요치 않는 방향지시계이다.

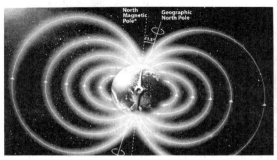

그림 ▶ 방향 지시계

3) 자북(Magnetic north)과 진북(True north)

ㄱ 자북

지구 자기장에 의한 방위각으로 나침반의 방위 지시침이 지시하는 방위이다. 항공기에 사용되는 모든 나침반은 자북을 지시하고 자북 방위를 따라 비행했을 때 항공기는 자기 북극(magnetic north pole)에 도달하게 될 것이다.

ㄴ 진북

지구 자전축이 지나는 북쪽으로 북극성이 향하는 실제 북쪽이다.

02 태양

1. 개요

태양(Sun)은 지구에서 가장 가까이 있는 항성이며, 지구 기상과 생명체의 주요 에너지 원이다. 지구의 109 배 정도의 반경과 33만 배의 질량을 가진 항성으로 지구에서 약 1억 5,000만 Km거리에 위치하고 있다. 지구가 태양으로부터 받는 에너지는 막대하다.

태양으로부터는 마이크로웨이브 (Microwave), 적외선(Infra-red), 가시선(Visible), 자외선(Ultraviolet), 광선(X-ray), 무선파형태의 전자기 에너지(Electromagnetic)가 방사된다. 태양에서 방사된 에너지가 지구에 전달되고 이들 에너지에 의해서 주요 기상현상이 초래된다.

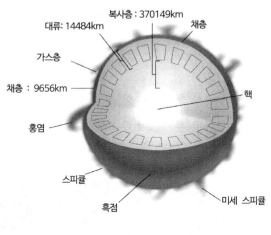

그림 ▶ 태양의 모습

태양에서 방사된 에너지가 지구에 전달되고 이들 에너지에 의해서 주요 기상현상이 초래된다. 태양광으로부터 열에너지는 복사(Radiation), 전도(Conduction), 대류(Convection) 현상에 의해서 지구까지 전달되고 대기에서 재분배된다.

2. 열에너지 전달방법

(1) 복사(Radiation)

복사는 절대영도(Absolute zero: −273.15℃) 이상의 모든 물체가 주변 환경에 광속으로 이동하는 전자기 파장의 형태로 에너지를 배출하는 것을 말한다. 가시광의 파장 길이는 0.40~0.71마이크로미터이다.

(2) 전도(Conduction)

물체의 직접 접촉에 의해서 열에너지가 전달되는 과정으로 철로 된 물체는 열전도가 매우 잘 진행된다.

(3) 대류(Convection)

가열된 공기와 냉각된 공기의 수직 순환 형태를 말하며, 지구상에서 대류현상이 없을 시 극지방은 매우 추울 것이고, 적도지방에서는 매우 뜨거울 것이나 수직과 수평적 대류에 의해서 상방된 공기가 순환되어 적절한 기온을 유지할 수 있다.

대기의 수직적 이동(Vertical movement)을 대류(Convection), 수평적 이동(Horizontal movement)을 이류(Advection)라 한다.

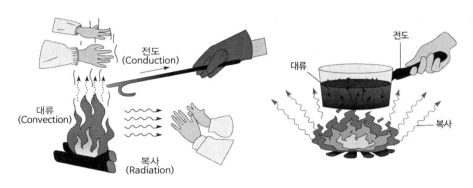

그림 ▶ 대기의 기체 성분

---

03 대기

1. 개요

대기(Atmosphere)란 지구 중력에 의해 지구를 둘러싸고 있는 기체이다. 이 기체는 어느 한 물질만으로 구성된 것이 아니라 다양한 기체로 구성되어 있다. 대기의 성분은 여러 가지로 구성되어 있으며 질소(N_2)가 약 78%, 산소(O_2)가 약 21% 그리고 약 1%는 미량의 물질들로 구성되어 있다. 여기 1%에는 아르곤, 네온, 헬륨, 수소, 크세논, 수증기, 이산화탄소, 메탄, 산화질소, 오존 등이다.

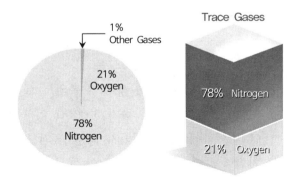

그림 ▶ 대류, 전도, 복사

2. 구성물질

(1) 질소

질소는 지구 대기 중에 가장 많은 양으로 존재하는 원소로 식물의 성장에 필수적인 에너지 공급원이다.

(2) 산소

산소는 공기를 구성하는 물질 중 두 번째로 많이 존재하는 요소로 인간의 생존과 항공기 동력원을 제공하는 연료의 연소(Burning)와 밀접한 관계가 있다. 대부분 중, 소형 항공기의 엔진은 왕복 엔진을 장착하고 있으며 이들의 원리는 실린더 내부에 공기와 혼합가스를 분사하고 피스톤이 이를 압축하여 폭발하는 힘을 원동력으로 하고 있다. 왕복엔진에는 공기와 연료의 혼합비를 인위적으로 조정하는 장치를 갖추고 있다. 이는 고도가 높아짐에 따라 산소량의 절대량에 변화가 발생할 수 있기 때문이다.

또한 산소가 인체에 미치는 영향은 치명적이다. 인간은 호흡을 통하여 공기를 폐로 흡입하고 흡입된 산소는 혈액 에서 산소를 운반하는 역할을 하다. 인체 내의 산소 부족현상을 저산소증(hypoxia)라고 한다. 공기 중에 산소의 양이 16%이하가 되면 생명체에는 상당한 위험에 처할 수 있다. 고고도 비행이 일상화되어 있는 현실에서 조종사나 승객은 언제든지 이 같은 저산소증에 노출될 수 있다. 따라서 고고도에 노출되어 있는 조종사 및 승객이 유지할 수 있는 유용의식 시간은 매우 필요하다.

산소는 상대적으로 무거워서 낮은 고도의 표면에 분포하고 있으며 지표면으로부터 35,000ft 정도까지 존재한다.

3. 저산소증(hypoxia)

저산소증은 두뇌와 다른 기관의 기능 저하를 일으킬 수 있는 체내의 산소 결핍상태이다. 고도가 증가함에 따라 기압고도는 점차 감소된다. 기압고도의 감소는 상대적인 공기의 밀도가 감소하는 원인이 된다. 실제 대기 속의 산소 밀도는 지상에서 성층권까지 약 21%로 일정하게 존재한다. 야간시력의 악화가 5,000ft 이하에서도 발생하지만 정상적으로 건강한 조종사는 12,000ft이하에서는 발생하지 않는다. 저산소증이 발생하면 고도에 따라 상이하지만 판단력과 기억력의 감소, 수족 불일치와 계산능력 저하, 두통, 현기증, 어지러움, 동공축소, 손톱과 입술의 검푸른 착색 등의 현상이 일어날 수 있다.

4. 감압(decompression)

고도의 증가로 인하여 기압의 감소 역시 저산소증을 일으키는 요인이기 때문에 고성능 항공기의 기내는 기압이 약 4,000ft 정도가 될 수 있도록 실내 기압을 상승시킨다. 때문에 항공기가 고도 30,000ft 상공을 비행하고 있어도 조종사나 승객은 지상에 있는 것과 동일한 상태에서 편안한 여행을 할 수 있는 것이다. 그러나 조종실 기압이 떨어진다면 조종실 공기 역시 빠져나가 저산소증에 노출될 있기 때문에 보충산소를 공급 받아야 한다. 따라서 감압현상이 발생 하였을 때 조종사는 물론 탑승객들은 즉시 보충산소를 공급 받아야 한다.

5. 항공기상의 7대 요소

항공기상의 7대 요소는 기온, 기압, 습도, 구름, 강수, 시정, 바람이며 세부적인 내용은 해당 부분에서 확인하기 바란다.

04 대기권

1. 개요

대기는 지구를 둘러싸고 있는 기체로서 수십 km에서 수백 km까지 동일하지는 않다. 대류권, 성층권, 중간권, 열권으로 분류하고 그 이상의 높이는 극외 권으로 명명한다. 또한 각 권별 사이의 층을 대류권계면, 성층권계면, 중간권계면으로 분류한다. 이는 높이에 따른 분류방법이며 대부분의 일반항공기는 대류권에서 운항되고 보다 고성능항공기는 성층권 하단의 높이에서 운항될 수 있기 때문에 항공기 조종사 및 운용자는 대류권과 성층권을 집중적으로 연구한다.

2. 대류권(Troposphere)

대류권(Troposphere)은 지구 표면으로부터 형성된 공기의 층으로 그 높이는 대략적으로 10~15km 정도이고, 평균 높이는 약 12km이다. 이 같은 대류권의 높이는 지구의 위치에 따라 다르다. 적도의 대류권 높이는 약 15km인 반면 극지방의 대류권 높이는 약 8km 정도로 차이가 있다.

또한 동일 지역에서도 계절에 따라 여름철에는 겨울철보다 높게 형성된다. 높이가 다르게 형성되는 주요 원인은 기온에 따른 공기밀도의 분포가 다르기 때문이다. 적도를 포함한 중위도 지역에서는 매우 높은 기온 현상으로 인하여 강한 대류(Convection) 현상이 발생하여 대류권계면이 상승하고, 극지방에서는 태양복사 에너지보다 지표면에서의 복사 에너지가 더 많기 때문에 대류 현상이 상대적으로 작아 대류권계면이 낮아지는 원인이 된다. 대류권에서는 지표면에서 발생하는 모든 기상현상이 발생하기 때문에 항공뿐만 아니라 일상생활과 매우 밀접한 관계가 있다.

3. 대류권(Troposphere) 계면

대류권과 성층권 사이의 경계층이고 기온변화가 거의 없으며, 평균높이는 17km이다. 제트기류, 청천난기류 또는 뇌우를 일으키는 기상현상이 존재하므로 조종사에게 매우 중요하다.

4. 성층권(Stratosphere)

대류권 위의 공간으로 지표면으로부터 약 50km까지의 층이다. 성층권 하단은 매우 안정되어 있어 기상변화를 일으킬 수 있는 대류현상이 없다. 특히 성층권은 지구의 생물에 매우 유해한 강한 자외선을 흡수하는 오존층이 형성된다. 오존층은 대략 25km상공에 존재한다. 성층권의 하단은 기온 변화가 거의 없이 일정한 반면 일정 높이에 도달해서는 증가하기 시작하여 상부에 도달 시 최대로 기온이 증가한다. 이는 성층권 상부에서 오존층이 자외선을 흡수하기 때문이다.

5. 성층권(stratosphere) 계면

성층권 계면은 성층권과 중간권 사이의 층으로 지표면으로부터 약 50km의 층이다. 성층권에서는 오존층이 존재하기 때문에 기온역전 현상이 최고에 도달하여 거의 0℃까지 증가한 후 중간권부터는 기온이 다시 감소하기 시작한다.

6. 중간권(Mesosphere)

중간권은 성층권과 열권 사이의 층으로 지표면으로부터는 50~80km 사이의 높은 층이다. 성층권 계면에서 기온이 최대로 증가하여 중간권에 접어들면서 고도가 증가함에 따라 기온은 다시 감소하기 시작한다. 중간권에서 기온이 감소하는 원인은 태양으로부터 태양 에너지를 거의 받을 수 없을 뿐만 아니라 지표면으로부터 복사열을 받을 수 없는 높이에 있기 때문이다.

중간권 상부의 기온은 −90℃ 정도이나 때로는 −130℃까지 감소한다. 중간권에서는 유성과 야광운이 나타난다.

7. 열권(Thermosphere)

열권은 중간권 계면 위의 층으로 지표면으로부터 약 90~100km 사이의 공간이다. 중간권 계면 상부에서 기온의 변화가 거의 없다가 열권에 진입해서부터는 비교적 급격히 상승하는 경향이 나타난다. 일정고도 이상에서는 완만하게 증가하는 현상이 발생하고 있음을 알 수 있다. 기온 상승 원인은 열권에는 공기 밀도가 매우 희박하기 때문에 공기 분자끼리 충돌하는 현상이 발생하지 않는 것으로 알려져 있다. 열권하부에서는 태양의 자외선과 X−선에 의해서 대기가 강하게 전리되는데 이층을 전리층이라 한다.

8. 외기권(Exosphere)

극외권 또는 외기권이라하며 지표면으로부터 약 500km높이의 층으로 안에는 열권과 접해 있고 밖으로는 밴앨런복사대로 구성된다. 이층에서는 인공위성이나 극광이 나타난다.

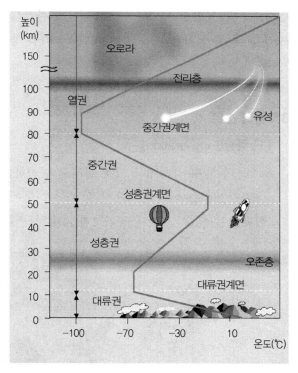

그림 ▶ 대기권의 종류

05 물

1. 물의 형태

물은 세 가지의 형태로 변화하며, 액체상태는 물, 고체상태는 얼음, 기체상태는 수증기이며, 이러한 상태로 존재할 수 있는 유일한 물질이다. 물 분자의 상태를 변화시킬 수 있는 것은 열로서 흡수와 방출로 된다. 지구의 약 70%는 물, 구름이나 안개를 구성하는 것은 물방울이다.

2. 물의 특성

첫째, 높은 비열로 물질의 온도를 변화시키는데 필요한 에너지양이 매우 높다.(비열은 물질 1g을 1℃ 올리는데 필요한 열량) 둘째, 열전도이다. 물은 수은 다음으로 양호한 열전도성을 가지고 있다. 셋째, 표면장력으로 물을 확대하여 관찰해 보면 물은 접착력을 가지고 있다. 물을 떨어뜨렸을 때 물이 얇은 막과 같이 퍼지기보다는 둥그런 모양으로 응집된다. 이를 표면장력이라 한다.

3. 물의 순환

(1) 증발(Evaporation)

물이 액체 상태에서 기체 상태로 변화하는 것을 말한다. 모든 증발은 해양에서 80%, 나머지 20%는 내륙의 호수나 강 또는 식물에서 일어나며 기온이 높을수록 더 많은 수분을 함유할 수 있고, 수분은 공기보다 가벼워 공중의 비행체에 성능을 저하시킨다.

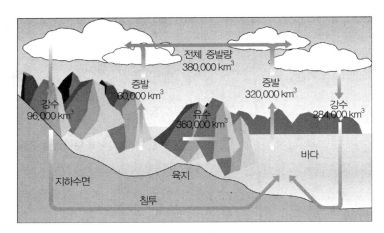

그림 ▶ 물의 순환

(2) 응결(Condensation)

기체상태의 물이 액체로 변화하는 것을 말한다. 지표면 공기가 태양 복사열에 의해서 가열된 온난 공기가 상승하면서 공기는 냉각되며 응결현상은 불안정 대기 속에서 대류과 정을 통해서 활발하게 수행된다.

(3) 대류(Convection)

대기의 수직방향 운동으로 지표면의 공기와 상층의 공기를 상호 교류시키는 역할을 한다.

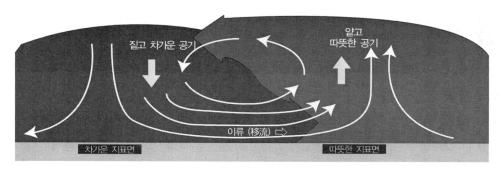

그림 ▶ 대류의 흐름

(4) 사이클론에 의한 수렴

태풍이나 허리케인과 같은 열대성 사이클론은 거대한 상승 공기가 동원력이다.

(5) 전선에 의한 순환

두 개의 기단(온난전선과 한랭전선)의 대치로 응결되어 구름과 강수를 만든다.

(6) 지형적 상승

이동 중인 공기가 높은 산맥에 도달하여 공기는 산의 경사를 따라 자연적으로 상승한 다. 큰 산맥의 정상에는 지형성 구름을 형성한다.

(7) 이류(Advection)

바람, 습기, 열 등이 수평으로 어느 한 위치에서 다른 위치로 운반하는 현상을 말한다. 대류에 비해 적절한 이류는 지구 기상의 유지를 시켜준다.

(8) 강수

대기에서 지표면으로 물을 운반하는 매체로 비, 눈, 우박, 진눈개비, 어는 비 등이 있 다. 강수의 형태를 결정하는 것은 지역의 기온이며, 강수의 양을 결정하는 것은 대륙, 해 양, 우림지대, 사막지대 등이다.

02
CHAPTER

기온과 습도

01 기온

1. 온도와 열

온도(Temperature)란 공기분자의 평균 운동 에너지의 속도를 측정한 값으로, 물체의 뜨 거운 정도 또는 강도를 측정한 것으로 온도가 높을수록 물질분자의 입자들이 빨리 움직인다.

열(Heat)이란 물체에 존재하는 열에너지의 양을 측정한 값으로 모든 원자의 운동은 $-273℃$ 에서 정지되며 이 온도를 절대온도라고 한다.

2. 온도와 열에 사용되는 용어

- **열량**(Heat capacity): 물질의 온도가 증가함에 따라 열에 너지를 흡수할 수 있는 양
- **비열**(Specific heat): 물질 1g의 온도를 1℃ 올리 는데 요 구되는 열
- **현열**(Sensible heat): 일반적으로 온도계에 의해서 측정 된 온도, 섭씨, 화씨, 켈빈
- **잠열**(Atent heat): 물질의 상위 상태로 변화시키는데 요 구되는 열에너지
- **비등점**: 액체 내부에서 증기 기포가 생겨 기화하 는 현 상, 그때 온도를 비등점 즉 끓는 점 (1기압의 순수 물은 100℃)
- **빙점**: 액체를 냉각시키고 고체를 상태변화가 일 어나 기 시작할 때의 온도. 즉 어는 점(순수 물은 0℃)

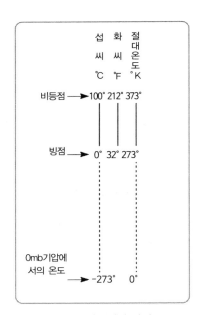

	섭씨 ℃	화씨 ℉	절대온도 ˚K
비등점 →	100˚	212˚	373˚
빙점 →	0˚	32˚	273˚
0mb기압에 서의 온도 →	-273˚	0˚	

그림 ▶ 비등점과 빙점

3. 기온

(1) 기온이란?

태양열을 받아 가열된 대기(공기)의 온도이며, 햇빛이 가려진 상태에서 10분간 통풍을 통하여 얻어진 온도이다. 1.25~2m높이(통상 우리나라 1.5m)에서 관측된 공기의 온도이며, 해상에서는 선박 높이 고려 10m 높이에서 측정한다. 공기도 예외 없이 가열되면서 온도의 변화를 초래한다. 지구는 태양으로 부터 태양 복사(solar radiation) 형태의 에너지를 받는다. 이 복사 에너지 중 지구와 대류권에서 55%를 반사시키고 약 45%의 복사 에너지를 열로 전환하여 흡수한다. 흡수된 복 사열에 의한 대기의 열을 기온이라 하고 대기 변화의 중요한 매체가 된다.

(2) 기온의 단위

1) 섭씨(Celsius : ℃)

표준 대기압에서 순수한 물의 빙점(어는 온도)을 0℃로 하고 비등점 (끓는 온도)을 100℃로 하며, 아시아 국가에서 사용하고 절대영도는 −273℃이다.

2) 화씨(Fahrenheit : ℉)

표준대기압에서 순수한 물의 빙점(어는 온도)을 32℉로 하고, 비등점을 212℉로 하며, 미국 등지에서 사용하고 절대영도는 −460℉이다.

3) 켈빈은 주로 과학자들이 사용하는 것으로 절대영도에서부터 시작된다. 얼음의 빙점을 273K로 하고 비등점을 373K로 하며, 절대영도는 0K이다.

[표] 기온의 단위

단위	비등점	빙점	절대온도
섭씨	100	0	−273
화씨	212	32	−460
켈빈	373	273	0

(3) 기온의 측정법

지표면 기온(surface air temperature)의 측정은 지상으로부터 약 1.5m(5feet) 높이에 설치된 표준 기온 측정대인 백엽상에서 측정된다. 백엽상은 직사광선을 피하고 통풍이 될 수 있도록 고려되어야 한다. 주로 항공에서 활용되고 있는 상층 기온(upper air temperature)은 기상 관측 기구(sounding balloons)를 띄워 직접 측정하거나 기상 관측 기구에 레디오미터 (radiometer)를 설치하여 원격 조정에 의해서 상층부의 기온을 측정한다.

잠열(숨은 열)은 뇌우, 태풍, 폭풍의 주요 에너지원이다.

- 증발 잠열은 증발 – 냉각과정 – 방출한다.
- 응결 잠열은 응결 – 승온과정 – 흡수한다.

기온의 일교차란 일일 최고기온과 최저기온의 차이를 의미하고 사막지역에서 일교차는 크고 습윤 지역에서 일교차는 작다.

- 일평균기온은 하루 중(24시간) 최고기온과 최저기온의 평균치이다.
- 연평균기온은 1년 동안 측정된 특정 지역의 평균 기온이다.
- 화씨온도 변환의 공식은 $°F = (1.8 \times °C) + 32$이다.
- 켈빈온도 변환은 $°K = 273 + °C$이다.

그림 ▶ 백엽상

(4) 기온의 변화

1) 일일변화

밤낮의 기온차를 의미하며 주 원인은 지구의 일일 자전현상 때문이다. 지구는 24시간을 주기로 정확하게 한 바퀴씩 회전한다. 태양을 마주하는 쪽(일식평면)은 주간이고, 반대쪽에서는 야간(night)이 된다. 주간에는 승온 즉 태양열을 많이 받아 기온이 상승하고 밤이 되면 냉각 즉 태양열을 받지 못하므로 기온이 떨어져 기온 변화의 요인이다.

일일 기온이 최고점에 도달한 후 계속해서 떨어지기 시작한다. 이같은 기온 강하의 주 원인은 다음과 같다. 첫째, 일몰 후부터 지표면에서 지구 복사의 균형이 음성으로 변화하기 시작 한다. 이로 인하여 지표면은 태양 복사를 더 이상 흡수할 수 없기 때문에 지표면은 더 이상 가열되지 않는다. 둘째, 지표면의 가열된 공기는 전도와 대류 현상에 의해서 위로 올라가면서 지표면은 찬 공기로 대치된다. 이와같은 이유로 기온은 지속적으로 떨어져 일출 시점에서 최저가 된 후 순 복사 총량이 양성으로 전환되면서 기온은 다시 상승하기 시작한다.

2) 지형에 따른 변화

지표면은 약 70%의 물과 육지로 구성되어 있다. 동일한 지역의 태양 복사열이라 할지라 도 지형의 형태에 따라 기온 변화의 요인이 된다. 태양 알베도의 분포에서 지표면에 흡수 되는 복사 총량은 약 51%이고 약 4%정도는 반사된다. 여기서 태양 복사 에너지를 반사 및 흡수할 수 있는 차이가 존재하고 이로 인한 기온 변화의 하나의 요인이 된다.

물은 육지에 비해 기온변화가 그리 크지 않다(비열차이 때문). 깊고 넓은 수면은 육지에 비해 기온 변화가 그리 심하지 않는 이유이다. 내륙에서의 호수, 큰 강 또는 댐이 있는 지역에서 기온의 변화는 국지적으로 기압의 변화를 초래하여 산들바람(Breeze)이 많이 발생하고 아침저녁으로 안개가 잘 발생할 수 있는 조건을 갖추고 있다.

불모지는 기온변화가 매우 크다. 기온변화 조절 가능한 최소한의 수분 부족하다.

눈 덮인 지역은 기온의 변화는 심하지 않다. 눈은 태양열을 95% 반사시킨다.

초목지역은 동식물의 생존에 필요한 충분한 물과 수분이 존재하여 변화가 최소화된다.

3) 계절적 변화

지구는 1년 주기로 태양 주기를 회전하는 공전으로 인하여 태양으로부터 받아들이는 태양 복사열의 변화에 따라 기온이 변화하는 또 하나의 주 원인이 된다. 태양과 지구의 상대 적인 위치에 따라서 태양 복사 총량의 강도가 연중 다르기 때문에 계절적 기온 변화의 요인이 된다. 복사 총량이 변할 수 있는 것은 주로 낮의 길이와 입사각에 따른 태양 복사 총량 의 강도와 지속시간의 변화에 의해서 조절된다. 지구표면이 태양에 더 많이 노출될 수 있는 각도에 있을 때 더 많은 태양 복사를 받아들이고 이는 사계절을 형성하는 요인이 된다.

4) 위도(latitude)에 의한 변화

지구의 형태는 구면체로 되어 있기 때문에 태양 복사를 받아들이는 각도에 따라 기온의 변화를 일으킨다. 따라서 적도 지방은 극지방에 비해 상대적으로 많은 복사 에너지를 받아 들여 더욱 가열되고 극지방은 상대적으로 적은 양의 복사 에너지에 의해 기온 변화의 요인이 된다. 지구도의 경사져 있는 상태에서 가장 많은 태양 복사를 받는 지역은 적도 지역을 중심으로 한 열대 지역이 될 것이고 북반구에 비해서 남반구는 보다 더 경사진 각으로 태 양 복사를 받아들이고 있기 때문에 계절적으로 겨울이 되고 북반구는 여름이 된다.

(5) 기온 감률

기온감률이란 고도가 증가함에 따라 기온이 감소하는 비율이다. 예를 들어 등산을 할 때 산 정상으로 올라갈수록 기온이 낮아지는 것을 알 수 있는데 이것이 기온감률의 한 현상이다.

1) 환경 기온감률(ELR: Environmental Lapse Rate)

환경 기온감률은 대기의 변화가 거의 없는 특정한 시간과 장소에서 고도의 증가에 따른 실제 기온의 감소 비율이다. 일반적으로 고도가 올라감에 따라 기온이 감소하는 비율에 적용된다. 예를 들어 서울에서 제주 노선을 비행하는 항공기의 순항고도가 약 30,000ft 로 비행한다고 가정할 때 지표면의 기온이 0℃라면 고도 30,000ft에서는 약 −60℃감소한다는 것이다. 때문에 고고도에서 운항하는 항공기는 상당히 낮은 기온에 노출될 수 있다는 것이다. 이같이 저온에 노출된 항공기는 연료의 결빙, 착빙 등에 봉착할 수 있다.

ICAO에서 규정한 환경 기온감률은 해수면에서 11km까지 평균기온감률은 6.5℃/km(3.57°F 또는 1.99(약 2)℃/1,000ft)이다. (통상 기온감률 적용은 ICAO에서 규정한 환경 기온감률을 적용한다.)

2) 단열 기온감률(Adiabatic Lapse Rate)

단열 기온감률이란 공기가 외부로부터 열을 얻거나 상실(Gain Or Loss)함이 없는 상태에서의 기온감률이다. 이러한 기온감률은 공기의 포화 및 불포화 상태에 따라 건조단열기온감률과 습윤단열기 온감률의 두 가지로 나누어진다.

건조단열기 온감률(Dry Adiabatic Lapse Rate)은 불포화 공기 덩어리가 상승할 때 기온이 감소하는 비율이다. 불포화 공기는 상대습도가 100%미만이고 공기의 기온은 노점보다는 높다. 건조단열기 온감률은 9.78℃/km(5.37°F 또는 3℃/1,000ft)이다.

습윤단열기 온감률(Moisture Adiabatic Lapse Rate)은 공기가 노점에서 수증기로 포화되었을 때 습윤단열기 온감률이 적용된다. 습윤단열기 온감률은 공기가 함유한 습도에 따라 변화가 심하다. 습윤단열기 온감률은 3℃에서부터 9.78℃/km(매우 낮은 기온) 정도가 된다.

(6) 기온 역전

대기의 기온은 기온감률에 의해 고도가 올라감에 따라 1,000ft 당 평균 2℃(6.5℃/km)씩 감소한다. 그러나 어느 지역에서나 일정하게 기온이 감소하는 것은 아니며 어느 지역에서는 고도의 상승에 따라 기온이 상승하는 현상이 발생한다. 이러한 현상을 기온역전

(Temperature Inversion)이라 한다. 역전현상은 지표면 근처에서 미풍이 있는 맑고 서늘한 밤에 자주 발생한다.

02 습도(Humidity)

1. 습도란

대기 중에 함유된 수증기의 양을 나타내는 척도이다. 한여름 특히 장마철이나 우기와 같은 대기 조건일 때 습도는 매우 높다. 몸이 끈적끈적하고 불쾌감을 느낄 수 있다.

단순히 습도라고 하면 부피 1m³의 공기가 함유하고 있는 수증기의 양을 절대 습도(Absolute Humidity)라 할 수 있다. 그렇다면 상대습도는 현재의 기온에서 최대 가용한 수증기에 대비해서 실제 공기 중에 존재하는 수증기량을 백분율로 표시한 것으로 절대습도와는 다르다.

포화란 공기 중의 수증기량이 상대습도가 100%가 되었을 때를 말하며, 불포화란 공기 중의 수증기량이 상대습도가 100% 이하의 상태를 말하고, 과포화란 공기 중의 수증기량이 상대습도가 100% 이상인 상태를 말한다.

2. 수증기의 상태변화

대기 중의 수증기는 기온변화에 따라 고체, 액체, 기체로 변한다. 외부의 기온이 변화함에 따라 증발(액체 → 기체), 응결(기체 → 액체), 액체의 응결(액체 → 고체), 용해(고체 → 액체) 등 일련의 과정을 거쳐서 변한다.

3. 응결핵

대기는 가스의 혼합물과 함께 소금, 먼지, 연소 부산물과 같은 미세한 입자들로 구성된다. 이들 미세 입자를 응결핵이라 한다. 일부의 응결핵은 물과 친화력을 갖고 공기가 거의 포화 되었다 할지라도 응결 또는 승화를 유도할 수 있다. 수증기가 응결핵과 응결 또는 승화할 때 액체 또는 얼음 입자는 크기가 커지기 시작한다. 이때에 입자는 액체 또는 얼음에 관계없이 오로지 기온에 달려 있다.

4. 과냉각수

액체 물방울이 섭씨 0℃ 이하의 기온에서 응결되거나 액체 상태로 지속되어 남아 있는 물방울을 말한다. 과냉각수가 노출된 표면에 부딪칠 때 충격으로 인하여 결빙되며 항공기나 드론의 착빙(Icing)현상을 초래하는 원인이 된다.

과냉각수는 0℃∼−15℃사이의 기온에서 구름 속에 풍부하게 있으며, 구름과 안개는 대부분과 냉각수를 포함 한 빙정의 상태로 존재한다.

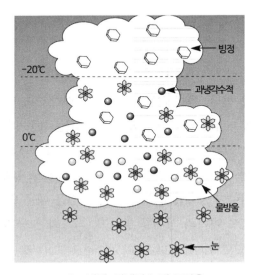

그림 ▶ 빙정, 과냉각수 및 물방울

5. 이슬과 서리

이슬(Dew)은 바람이 없거나 미풍이 존재하는 맑은 야간에 복사 냉각에 의해서 주변 공기의 노점 또는 그 이하에서 냉각되는 경우에 발생되며, 찬물을 담은 주전자를 따스한 곳에 두면 표면에 맺히는 습기와 같다. 노점이란 수증기를 포함하는 기체의 온도를 그대로 떨어 뜨렸을 때 상대 습도가 100%로 되어 이슬이 맺히기 시작할 때의 온도를 말한다.

서리(Frost)는 이슬과 유사한 현상에 의해 형성되며, 다른 점은 주변 공기의 노점이 결빙 기온보다 낮아야 한다.

대기압

01 기압과 1기압

기압이란? 진동하는 기체분자에 의해 단위 면적당 미치는 힘 또는 주어진 단위 면적당 그 위에 쌓인 공기 기둥의 무게이다. 즉, 단위 면적 위에서 연직으로 취한 공기 기둥안의 공기 무게를 말한다. 이는 정해진 기준은 없고 주위와 상대적인 비교에 의한다.

1기압은 760mm의 수은(Hg) 기둥의 높이로서 10m정도의 물기둥의 무게가 주는 압력과 동일하다. 즉 10m 깊이 정도의 물속에 사는 셈이다. 또한 1cm당 1kg의 압력으로 사람 전체는 20,000kg의 압력을 받는다.

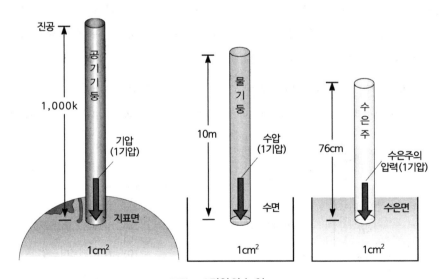

그림 ▶ 1기압의 높이

02 대기압

대기압(Atmospheric Pressure)이란 물체 위의 공기에 작용하는 단위 면적(Per Unit Area)당 공기의 무게 즉 1평방 인치의 수직공기가 지표면을 누르는 압력으로서 대기중에 존재하는 기압은 어느 지역 또는 공역에서나 동일한 것은 아니다. 기압의 일변화 중 최고는 9시와 21시이며, 최소는 4시와 16시이다. 평균 일교차는 적도지방이 3~4mb, 중위도는 2mb, 극지방은 0.3~0.4mb이며, 대륙지역이 해양 지역보다 열용량의 차이로 크다. 대기에서 대기압의 변화는 주요 기상 현상을 초래하는 바람을 유발하는 원인이 되며, 이는 수증기 순환과 항공기에 양력을 제공한다.

03 기압의 측정

1. 수은 기압계

아래 그림과 같이 용기에 수은을 반쯤 채우고 끝이 열린 빈 유리관을 용기 속에 넣으면 주변 대기압에 의해 수은이 유리관을 따라서 올라가게 된다. 표준대기의 해수면에서 수은의 상승이 정지되고 이때 수은이 지시하는 눈금은 29.92inch · Hg 또는 760밀리미터이다.

1atm = 760mmHg = 29.92inHg = 760Torr(토르) = 1013mbar = 1.013bar

= 101,300Pa(= N/㎡) = 1013hPa(헥토파스칼) = 14.7lb/in²(Psi) = 1.033kg/cm²

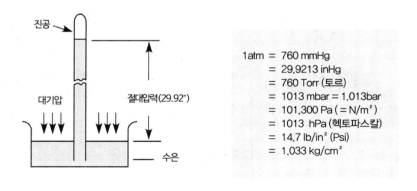

그림 ▶ 수은 기압계와 1기압

2. 아네로이드 기압계

아네로이드(연성 금속) Cell과 기록장치로 구성되어 있으며 아네로이드 셀이 기압변화에 따라 수축과 팽창을 하고 연결된 셀이 끝이 기록 장치를 작동시킨다. 즉, 진공상태의 금속상자가 외부 기압에 의해 찌그러지는 정도를 이용하는 것이다. 수은보다 정확성이 떨어지나 변화에 강하고 부피가 작아 휴대에 편하다.

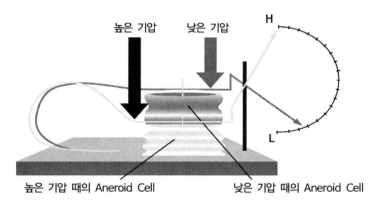

그림 ▶ 아네로이드 기압계 원리

04 기압의 변화

1. 고도(Altitude)와 기압

항공기는 다양한 고도 층에서 운항되기 때문에 고도의 변화에 따른 기압은 큰 차이가 날 수 있다. 기압은 고도가 증가함에 따라 감소한다. 공기의 밀도는 단위 체적에 존재하는 공기분자의 수이다. 공기의 밀도가 높다는 것은 단위 체적당 공기 분자의 수가 많이 존재한다는 것을 의미한다. 대부분의 공기 분자는 중력이 가장 크게 작용하는 지표면 근처에 밀집되어 있다는 것을 고려할 때 지표면의 기압은 높고 고도가 증가할수록 초기에는 급격히 증가하다가 어느 정도 고도에 도달해서는 서서히 감소한다. 이같은 이유로 인해 고도가 높아질수록 초기에는 급격히 증가하다가 어느 정도 고도에 도달해서는 서서히 감소하는 것으로 파악 되었다.

이는 공기 분자의 대부분은 약 5.5km(18,000ft) 이하에 집중되어 있어 기압감소는 약 50%까지 급격히 감소한 후 50km까지는 기압 감소율이 비교적 완만하게 된다. 따라서 항공에서 고도 18,000ft는 고도계를 작동하는 기점으로 활용된다. 고도 18,000ft 이하에서 운항하는 항공기는 국지 고도 변화에 따른 변화를 적용하여야 정확한 항공기의 수직분리를 달성할 수 있다. 고도 18,000ft이하에서 조종사 및 관제사는 관제기관으로부터 국지공역의 고도계 수정 값을 받아 이를 적용해야 한다. 이것을 고도계 수정치라고 한다.

2. 기온(Temperature)과 기압

기온의 변화는 기압의 변화를 초래한다. 공기도 다른 물질과 마찬가지로 기온에 따라 수축 또는 팽창한다. 가열된 공기는 공기분자의 활발한 운동으로 단위 부피가 팽창하게 되고 반대로 공기의 냉각은 공기분자의 운동을 위축시켜 단위 부피가 수축되게 하는 원인이 된다. 예를 들어 동등한 기압하에서 기온변화에 따른 기압고도의 변화는 하부지역은 동등한 기압을 유지하고 있으나 기온의 변화에 따라 상부에서 동등한 기압을 지시하는 고도층은 다르다. 기온이 낮은 지역, 표준 지역, 더운 지역으로 구분되었을 때 기온에 따라 공기가 수축 및 팽창하여 진고도(True Altitude)의 차이가 발생한다. 표준 기온 조건하에서 기압계 지시에 의한 고도와 진고도가 일치한다. 그러나 기온이 낮은 곳에서는 공기가 수축되므로 표준 기온시보다 기압고도는 낮아진다. 반대로 기온이 높은 지역에서는 공기의 팽창으로 기압고도는 표준기온 지역보다 높아진다. 항공기에 사용되는 고도계는 기압고도를 이용하므로 기온에 따라 지시고도와 진고도는 차이가 발생될 수 있다.

05 해수면의 기압

대기압은 고도, 밀도, 기온 등 기상상태에 따라 변화한다. 이에 따라 일정한 기준 기압이 필요하고 평균해수면(Mean Sea Level : MSL) 고도를 기준으로 하여 기타 지역의 기압을 측정하게 되는데 이를 표준 해수면 기압(Standard Sea Level Pressure)라고 한다. 표준 해수면 기압은 1013.2mbar, 29.92″Hg(Inches of Mercury), 760mm이며 평균 1,000ft 당 1인치의 기압이 감소한다.

06 국제 민간항공기구(ICAO)의 표준 대기조건과 가정사항

1. 대기조건

- 해수면 표준 기압: 29.92inch.Hg(1013.2mb)
- 해수면 표준기온: 15℃(59℉)
- 음속: 340m/sec(1,116ft/sec)
- 기온 감률: 2℃/1,000ft(지표 :~36,000ft), 그 이상은 −56.5℃로 일정
  : 고도 36,000피트까지는 고도 1,000피트 당 약 2℃씩 감소하고 그 이상 고도에서는
  −56.5℃로 일정하다.

2. 가정사항

- 대기는 수증기가 포함되어 있지 않은 건조한 공기
- 대기의 온도는 따뜻한 온대지방의 해면상의 15℃를 기준
- 해면상의 대기 압력은 수은주의 높이 760mm를 기준
- 해면상의 대기밀도는 12,250kg/㎥를 기준
- 고도에 따른 온도강하는 −56.5℃(−69.7℉)가 될 때까지는 − 0.0065℃/m이고, 그 이상 고도에서는 변함없이 일정(−56.5℃)하다.

07 일기도

1. 일기도란?

어떤 특정한 시각에 각 지역의 기상상태를 한꺼번에 볼 수 있도록 지도위에 표시한것으로 날씨의 몽타주와 같다. 이는 일기예보나 일기 분석에 사용하며, 지표상에 풍향, 풍력, 일기, 기온, 기압, 동일기압의 장소, 고기압이나 저기압의 위치, 전선이 있는 장소 등을 숫자, 기호, 등치선으로 기호화, 수량화하여 기입한다.

기압, 기온 등 공간적 연속표시는 등압선과 등온선으로 표시하고, 많은 곡선들은 기압이 같은 지점을 연결한 등압선이다. H(고기압), L(저기압)은 등압선 형식으로 표시한 기압의 중심이다. 톱니 모양의 기호는 전선을 표시한 것이며 종합적으로 볼 때 일기도는 현 지상 대기상태를

알 수 있으며, 일정시간 간격으로 연속하여 작성하면 날씨의 시간적 변화를 잘 알 수 있다.

고기압은 주변보다 기압이 상대적으로 높은 지역이며, 저기압은 주변보다 기압이 상대적으로 낮은 지역이다.

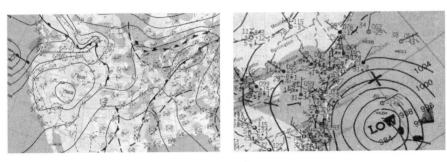

그림 ▶ 일기도

기압골은 기압을 등압선으로 그렸을 때 골짜기에 해당하는 부분이며 주로 저기압의 가늘고 긴축을 말한다. 기압 마루는 고기압이 길게 연장된 부분이다.

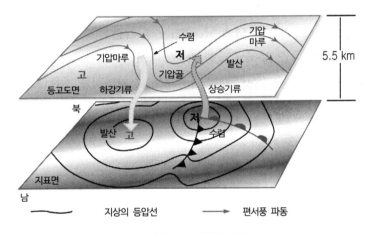

그림 ▶ 고기압과 저기압 일기도

2. 고기압과 저기압

(1) 고기압

① 기압이 높은 곳으로 주변의 기압이 낮은 곳으로 시계방향으로 불어감
② 중심부근은 하강기류가 존재, 단열승온으로 대기 중 물방울은 증발
③ 구름이 사라지고 날씨가 좋아지며, 중심은 기압경도가 낮아 바람이 약함
④ 지상에서 부는 공기보다 상공에서 수렴되는 공기량이 많으면 하강

(2) 저기압

① 주변보다 상대적으로 기압이 낮은 부분(1기압이라도 낮으면 저기압이 됨)

② 거의 원형 또는 타원형으로 몇 개의 등압선으로 둘러싸여 중심으로 갈수록 기압이 낮다.

③ 상승기류에 의해 구름과 강수현상이 있고 바람도 강하게 분다.

④ 저기압은 전선의 파동에 의해 생긴다.

⑤ 저기압 내에서는 주위보다 기압이 낮으므로 사방에서 바람이 불어 들어옴.

⑥ 일반적으로 저기압은 날씨가 나쁘고 비바람이 강하다.

[표] 고기압과 저기압의 비교

구분	고기압	저기압
모습 (북반구)	하강 기류 / 시계 방향 / 하강 기류 고	상승 기류 / 반시계 방향 / 상승 기류 저
정의	주변보다 기압이 높은곳	주변보다 기압이 낮은 곳
바람	시계 방향으로 불어 나감	반시계 방향으로 불어 들어옴
기류, 날씨	중심부에 하강 기류 → 구름 소멸 → 날씨 맑음	중심부에 상승 기류 → 구름 생성 → 날씨 흐림

(3) 등압선

일기도상에 해수면 기압 또는 동일한 기압대를 형성하는 지역을 연결하여 그어진 선을 말한다. 저기압과 고기압 지역의 위치와 기압경도에 대한 정보를 제공하고 동일한 기압지역을 연결한 것으로 거의 곡선 모양이다. 조밀하게 형성된 지역은 기압경도가 매우 큰 지역으로 강풍이 존재한다.

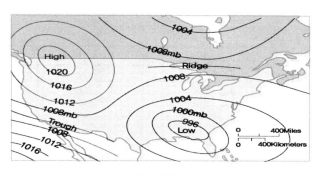

그림 ▶ 등압선

(4) 기압경도

　모든 지역에서 기압이 동등하지 않으며 지역별 기압의 차이가 나타난다. 기압경도는 주어진 단위거리 사이의 기압 차이를 말한다. 수평면 위의 두 지점에서 기압 차로 인하여 생기는 힘이라고도 하며 공기의 이동을 촉발하는 원인이다. 바람은 기압경도에 직각으로 가까운 각도로 불고, 속도는 경도에 비례한다. 기압은 높은 곳에서 낮은 곳으로 자연스럽게 이동하려는 경향이 있기 때문에 기압 경도는 고기압에서 저기압 쪽으로 이동하며, 등압선이 조밀한 지역은 기압경도력이 강하다. 또한, 기압 경도는 한 등압선과 인접한 등압선 사이를 측정한 거리에서 기압이 변화한 비율이다.

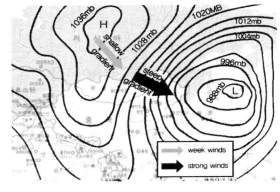

그림 ▶ 기압경도

(5) 일기도 보는 법

1) 보는 방법

　먼저 일기도 상에서 작은 원으로 표시된 각 지점의 날씨는 기호로 표시되어 있어 먼저 날씨 기호를 파악한다.

　둘째, 각 지점에서 그어진 직선과 끝 날개 선을 보고 바람 방향과 풍속을 파악한다. 예를 들어 풍향선이 북쪽에 있으면 북풍이다.

기호	◎	—	╲	╲	╲	╲	╲	╲	╲	4╱
풍속 (m/s)	고요	1	2	5	7	10	12	25	27	북서풍 12m/s

　셋째, 지상의 바람은 고기압에서 불어 나가고, 저기압에서 불어 들어오므로 등압선만 보면 개략적인 풍향을 알 수 있다.

　넷째, 등압선이 밀집되어 있는 곳일수록 기압 경도가 크며, 바람이 강하다.

　다섯째, 일기도의 기호를 붙인 전선 부근은 일반적으로 날씨가 나쁘다.

2) 일기 기호

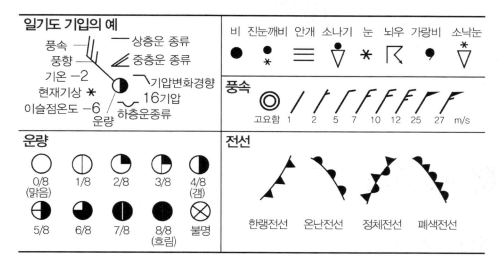

그림 ▶ 일기 기호

08 고도의 종류

1. 기압고도 : 표준 기지면 위의 표고이고 표준대기 조건에서 측정된 고도이다. 기압고도계는 아네로이드 기압계를 이용하여 기압을 고도로 환산해 나타낸 것으로 항공기에 사용되는 고도계이다.

2. 지시고도(Indicate Altitude) : 고도계의 창에 수정치 값을 입력하여 얻은 고도계의 지시 숫자를 말한다.

3. 진고도(True Altimeter) : 평균 해수면으로부터 항공기까지의 수직 높이(Msl로 표기)이다.

4. 절대고도(Absolute Altimeter) : 지표면으로부터 항공기까지의 높이(Agl로 표시)이다.

5. 밀도고도(Density Altimeter) : 기압고도에서 비표준기온을 적용하여 얻은 고도이다. 표준대기 조건하에서만 밀도고도는 기압고도와 일치한다.

04 CHAPTER

바람

01 바람의 원인

1. 바람과 바람의 측정

바람은 공기의 흐름, 즉 운동하고 있는 공기이다. 수평방향의 흐름을 지칭하며 고도가 높아지면 지표면 마찰이 적어 강해진다. 공기흐름을 유발하는 근본적인 원인은 태양에너지에 의한 지표면의 불균형 가열에 의한 기압 차이로 발생한다. 기온이 상대적으로 높은 지역에서는 저기압이 발생하고, 기온이 상대적으로 낮은 지역에서는 고기압이 발생한다.

바람의 측정은 공항이나 기상 관측소에 설치된 풍속계(Anemometer)와 풍향계(Wind Direction Indication)에 의해서 측정된다. 종류는 바람주머니, T형 풍향지시기, Aerovane 등이 있으며, 지표면 10m 높이에서 관측된 것을 기준으로 하며, 풍향, 풍속을 표기한다. 상층의 바람은 기구, 도플러 레이더, 항공기 항법시스템, 인공위성 등으로 측정 한다.

바람의 속도(Velocity)와 속력(Speed)은 차이가 있다. 속도는 벡터량으로 방향과 크기를 가지는 반면 속력은 스칼라량으로 크기만 갖는다. 풍속의 단위는 NM/H(kt), SM/H(MPH), km/h, m/s이다. 1kt = 1,852m(Notical Mile)(State mile 1 mile = 0.869해리이다.)이다.

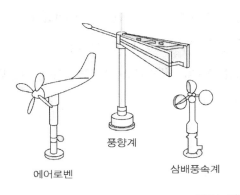

에어로벤   풍향계   삼배풍속계

그림 ▶ 바람의 측정 기구

2. 바람의 방향

바람의 방향은 우측 그림과 같으며, 바람의 방향이 북풍이라는 것은 북에서 남으로 부는 바람을 말한다. 즉 북쪽을 향하는 바람이 아니고 북쪽에서 나에게로 불어오는 바람을 말한다. 그러나 조류, 해류 등 물 흐름의 방향은 향해서 가능 방향을 의미한다. 방위를 붙여서 표현하고 풍향은 동서남북의 중간방위를 더 해서 16방위로 표기한다.

그림 ▶ 바람의 방향

3. 바람의 측정

풍향, 풍속의 측정방법은 1분간, 2분간, 또는 10분간의 평균치를 측정하여 지속풍속을 제공한다. 평균풍속은 10분간의 평균치로 공기가 1초 동안 움직이는 거리를 m/s, 1시간에 움직인 거리를 마일(mile)로 표시한 노트(kt)를 말한다. 순간풍속은 어느 특정 순간에 측정한 속도를 말하며 최대풍속은 관측기간 중 10분 간격의 평균풍속 가운데 최대치를 말한다. 순간최대 풍속은 관측기간 중 순간 풍속의 최대치 즉 가장 큰 풍속을 말한다.

풍향 풍속계를 사용하지 않고 바람의 속도를 판단하는 데에는 17세기 경 영국 해군제독 보퍼트에 의해서 바람의 세기를 표준화하려는 시도에서 시작되어 수차례 수정을 통하여 현재에 이르렀다. 아래 표는 보퍼트 풍력계수이다. 최근에는 다양한 형태의 풍향풍속계가 개발되어 비교적 정확한 풍향풍속 정보를 얻을 수 있다. 그러나 항공레저가 일반화 되면서 주변의 자연현상을 이용하여 대략적인 풍향풍속 판단을 할 수 있어야 한다.

[표] 보퍼트 풍력계수

등급		풍속			자연현상
		m/s	knots	km/h	
0	Calm(고요)	0.0~1.2	0~1	0~1	연기 수직상승
1	Light Air (실바람)	1.3~1.5	1~3	1~5	연기가 약간 흩날리지만 풍향계에는 감지되지 않음
2	Light Breeze (남실바람)	1.6~3.3	4~6	6~11	나뭇잎이 흔들림. 얼굴에 바람이 스침을 감지, 풍향계가 돌기 시작함
3	Gentle Breeze (산들바람)	3.4~5.4	7~10	12~19	나뭇잎과 작은 나무 가지가 흔들림 깃발이 날리기 시작함

등급		풍속			자연현상
		m/s	knots	km/h	
5	Fresh Breeze	8.0~10.7	17~21	30~38	작은 나무가 흔들리고 깃발이 펄럭임
6	Strong Breeze (된바람)	10.8~13.8	22~27	39~50	큰나무 가지가 흔들리고, 전선에서 바람소리가 울림
7	Near Gale (센바람)	13.9~17.1	28~33	51~61	큰나무가 흔들리고 바람을 향하여 걷기가 곤란함
8	Gale(큰바람)	17.2~20.7	34~40	62~74	나뭇가지가 꺾어지고 보행이 불가함
9	Strong Gale (큰센바람)	20.7~24.4	41~47	75~86	나무가 부러지고, 지붕의 기와가 날아감
10	Whole Gale (노대바람)	24.5~28.4	48~55	87~101	나무뿌리가 통째로 뽑히고, 건물의 구조물이 파손됨
11	Storm(왕바람)	28.5~32.6	56~64	102~120	건물과 나무의 광범위한 파괴
12	Hurricane (싹쓸바람)	≥32.7	≥65	≥120	건물과 나무의 심각한 파괴, 황폐화

4. 항공에서 바람 방향의 활용

항공기를 운용하는 조종사 및 운용자는 바람의 영향에 매우 민감하며 중요하다. 항공기의 성능에 상당한 영향을 미치고 있다. 항공기가 아니더라도 하늘을 나는 새들의 행태를 보더라도 바람을 적절히 활용하고 있음을 알 수 있다. 새들이 나뭇가지에 앉거나 날아 갈 때도 반드시 맞바람을 적절히 이용하고 있는 것을 볼 수 있다. 따라서 항공기를 운용하는 관계자들은 맞바람을 활용할 수 있도록 하여야 한다.

(1) 맞바람(Head Wind)

맞바람(head wind)은 사람의 앞부분이나 항공기의 기수(nose) 방향을 향하여 정면으로 불어오는 바람이다. 맞바람은 항공기의 이착륙 성능을 현저히 증가시키고 바람이 부는 상황에서 이·착륙 시 맞바람을 적절히 이용하면 안전하게 운용할 수 있다.

(2) 뒷바람(Tail Wind)

뒷바람(tail wind)은 항공기의 꼬리(tail)방향을 향하여 불어오는 바람이다. 뒷바람은 항공기 이착륙 시 성능을 현저히 감소시키거나 이착륙 자체를 불가능하게 한다.

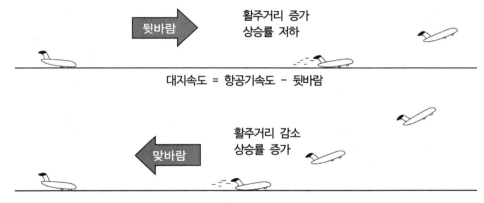

대지속도 = 항공기속도 - 뒷바람

활주거리 증가
상승률 저하

뒷바람

활주거리 감소
상승률 증가

맞바람

그림 ▶ 맞바람과 뒷바람

(3) 측풍

측풍은 항공기 등 비행체의 왼쪽 또는 오른쪽에서 부는 바람이다. 측풍 역시 항공기운용에 많은 영향을 미치는 요인으로 작용한다. 항공기 등 공중에서의 비행체를 운용하는 요원들은 정풍, 배풍이라는 용어를 많이 사용하고 접하고 있다. 이는 맞바람과 뒷바람을 연계하여 사용하여도 무방하다.

02 바람을 일으키는 힘

1. 바람에 작용하는 법칙

관성의 법칙으로 바람도 기압이 같아지거나 마찰에 의해서 약해질 때까지 계속 불어 관성의 법칙이 적용되며, 가속도의 법칙(f=ma)은 기압 차이(힘)가 클수록 바람 속도가 증가 한다.

2. 공기의 움직임에 영향을 주는 힘

(1) 기압 경도력

기압경도(Pressure Gradient)는 공기의 기압 변화율로 지표면의 불균형 가열로 발생하며, 기압 경도력은 기압경도의 크기 즉 힘을 말한다. 고기압 쪽에서 저기압 쪽으로 등압선에 직각 방향으로 작용한다. 등압선이 조밀한 지역에서는 기압 경도력이 강해 강풍이 발생한다.

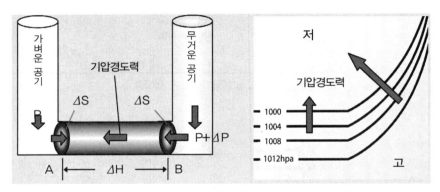

그림 ▶ 기압 경도력

(2) 전향력

전향력은 회전하는 운동계에서 운동하는 물체를 관측하였을 때 나타나는 겉보기의 힘이라고 한다. 즉, 물체를 던진 방향에 대해 북반구에서는 오른쪽으로 남반구에서는 왼쪽으로 힘이 작용하는 것처럼 운동하게 되는데 이때의 가상적인 힘이 전향력이다. 전향력은 1828년 프랑스의 G.G. 코리올리가 이론적으로 유도하여 '코리올리의 힘'이라고도 한다.

전향력의 크기는 극지방에서 최대이고 적도지방에서는 최소이다. 전향력 $f = 2w\sin\varphi \cdot V$이다.

w는 지구자전각속도$(=7.29 \times 10^{-5})$, φ는 위도, V는 입자의 속도이다.

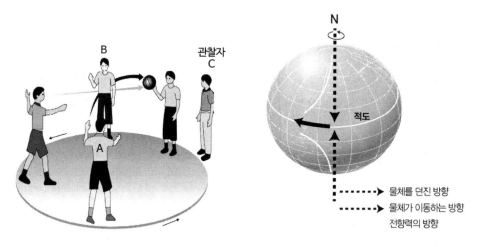

그림 ▶ 기압 경도력

전향력의 특징은 첫째, 북반구에서는 항상 바람의 오른쪽 직각(90°) 방향으로 작용하고 남반구에서는 왼쪽 직각(90°) 방향으로 작용한다. 둘째, 풍속에는 영향력을 미치지 않고 풍향에만 영향을 미친다. 셋째, 크기는 풍속의 크기에 좌우한다. 즉 풍속이 0이면 전향력도 0이고 풍속이 커지면 전향력도 커진다. 넷째, 위도에 따라 다르다. 적도에서 0이고 극에서 최대이다. 다섯째, 모든 규모의 공기 움직임에 영향을 미치지만 작은 규모의 순환에는 극히 작아 무시할 수 있고, 큰 규모의 바람시스템에는 매우 중요하다. 예를 들어 소용돌이는 북반구에서는 시계반대 방향으로, 남반구에서는 시계 방향으로 발생한다.

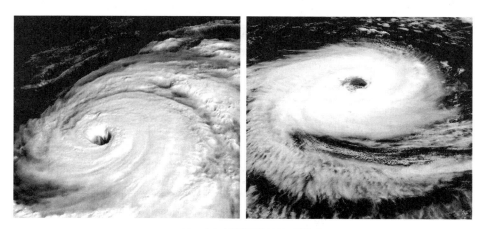

그림 ▶ 남, 북반구에서의 전향력

(3) 마찰력

지표면과 공기의 마찰에 의해 생기는 힘으로 공기가 마찰을 받는 높이는 지상 1km이내(대기 경계층)이며, 그 이상의 대기를 자유 대기라 한다. 마찰력의 방향은 풍향과 반대 방향이며 크기는 지표면의 성질에 따라 다르다.

1. 지균풍(geostrophic wind)

지표면의 마찰 영향이 없는 지상 약 1km이상의 상공에서 기압 경도력과 전향력이 균형을 이루어 부는 바람이다. 지균풍의 특징은 첫째, 지균평형 상태에서의 바람으로 등압선(등고선)에 평행한다. 둘째, 바람의 오른쪽은 고기압, 왼쪽은 저기압이다. 즉 북반구에서는 바람을 등지고 서면 저기압이 왼쪽에 위치한다. 셋째, 기압경도가 클수록 풍속은 강하다. 넷째, 북반구의 저기압 중심 주위에서는 반시계 방향(저기압성 흐름)으로 고기압 중심에서는 시계방향(고기압성 흐름)으로 분다.

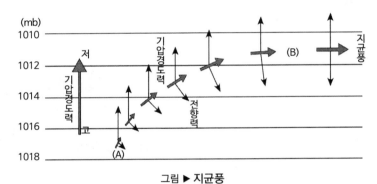

그림 ▶ 지균풍

2. 경도풍(gradient wind)

지상 1km 이상에서 등압선이 곡선일 때 부는 바람으로 기압 경도력, 전향력, 원심력이 평행을 이룬다. 지상 약 1km이상의 상공은 지표면과 바람 사이에 마찰력이 없다. 경도풍은 지균풍과 달리 등압선이 곡선이면 원심력이 작용한다. 고기압과 저기압에서 기압 경도력이 같은 경우 고기압은 기압 경도력이 바깥으로 작용하고 저기압은 안쪽으로 작용한다. 풍속에 비례하는 전향력의 크기가 고기압은 더해져서 바람이 강하고 저기압은 약해진다.

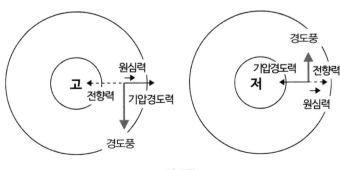

그림 ▶ 경도풍

3. 지상풍(surface wind)

지상 1km 이하의 지상에서 마찰력의 영향을 받는 바람으로 전향력과 마찰력의 합력이 기압 경도력과 평행을 이루어 등압선과 각을 이루며 저기압쪽으로 부는 바람으로 마찰풍이라고도 한다. 지표면 가까이서 부는 것으로 지상풍, 지표 가까이에서 마찰의 존재로 마찰풍이라고 한다. 특징은 첫째, 지상풍에 작용하는 힘은 기압경도력,

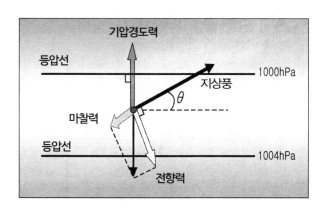

그림 ▶ 지상풍

전향력, 마찰력이다. 둘째, 바람은 마찰력의 영향으로 등압선을 비스듬히 가로질러 저기압으로 분다. 셋째, 등압선과 풍향이 이루는 각도는 해상 15~30°, 육상 30~40°정도이다. 넷째, 바람이 숲, 건물, 산 등에 부딪혀 마찰이 생기므로 속도는 상공보다 느리다.

4. 국지풍(local wind)

지구의 불균형 가열에 의한 가열은 적도지역과 극지역으로 형성되는 대순환을 형성하는 반면 해륙풍, 산바람과 골바람 등과 같이 규모가 작은 순환에 의해 발생하는 바람을 국지풍이라고 구분한다. 이러한 고도 2,000ft 이하에서 바람의 형태는 어떻게 발생하고 항공기 운항에는 어떠한 영향을 줄 수 있는지 알아보자.

(1) 열적 순환(thermal circulation)

바람의 규모에 관계없이 바람이 형성되기 위해서는 기압경도력이 발생해야 한다. 태양의 복사열은 지구 전체의 표면에 고르게 전달되지 못한다는 것은 알고 있는 바와 같다. 지구의 자전과 공전에 의해서 끊임없이 낮과 밤이 바뀌고 계절적으로 태양 복사열의 강도와 위도에 따라 태양 에너지의 양이 다르다는 것이다. 이같은 가열과 냉각이 끊임없이 반복되면서 순환형태를 이루게 되는데 이 바람을 열적바람 즉 열적순환이라고 한다.

(2) 산바람과 골바람

산곡풍(산들바람, Mountain Breezes, Valley Breezes)은 산바람과 골바람으로 나누어진다. 산바람은 산 정상에서 산 아래로 불어오는 바람(야간에 붐)이고, 골바람은 산 아래에서 산 정상으로 불어오는 바람(주간)으로 적운이 발생하여 분다. 산 경사면의 태양 복사 차이로

수평적 기압 경도력이 발생하며, 비행기로 계곡 통과 시 순간적인 상승, 강하 현상이 발생하는 것을 볼 수 있다.

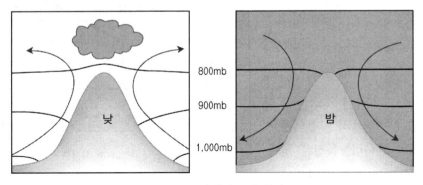

그림 ▶ 골바람(좌)과 산바람(우)

(3) 해륙풍

해륙풍(Land Breezes, Sea Breezes)은 주간(해풍)에는 태양 복사열에 의한 가열 속도차로 기압경도력이 발생한다. 즉 육지에서의 가열이 높아지면 기압이 낮아지고 수평기압경도가 형성된다. 오후 중반 10~20kts 속도로 발생되나 그 이후 점차 소멸되며, 1,500~3,000ft 높이까지 발달한다. 야간(육풍)에는 지표면과 해수면의 복사냉각차로 기압 경도력이 발생한다. 해풍(주간)보다 육풍(야간)이 적은 것은 야간의 기온 감율이 느리기 때문이다.

육풍은 육지에서 해양으로 이동하는

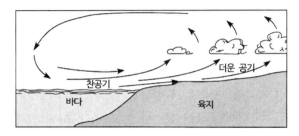

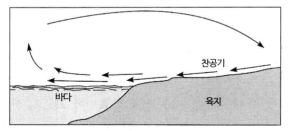

그림 ▶ 해풍(위)과 육풍(아래)

하층기류로서 최대풍속은 약 5kts이다. 단, 한랭공기가 해안을 따라 위치한 산악지역의 경사면 아래로 움직이는 배출풍(Drainage Wind)인 경우 센바람이 발생한다. 호수풍 및 육풍은 큰 호수 주변에서 부는 바람으로 풍속은 수면의 넓이, 육지와 물의 온도차에 비례하며, 여름철에 강하고 빈번하게 발생한다.

5. 기타 바람

(1) 편서풍

중위도(30~60°) 지방의 서쪽에서 동쪽으로 부는 바람으로 저위도 지방의 무역풍과 반대 방향의 바람이다. 연중 발생하며 온대지방의 일기가 서쪽으로부터 변화하는 원인이다. 여름철 태풍이 남서 해상에서 우리나라 쪽으로 이동해 오는 것도 편서풍 때문이며, 여객기를 탑승하여 미국을 왕복할 때 언제 소요시간이 더 소요되는가? 라는 질문에 답은 미국에서 한국으로 올 때가 더 소요된다는 것이다. 왜냐하면 여객기가 지나가는 상공에 편서풍 속의 강한 흐름인 제트기류 때문이다. 또한 우리나라의 일기가 서에서 동으로 변화하는 이유도 유사한 것이다.

(2) 계절풍(monsoon)

1년을 주기로 대륙과 해양 사이에서 여름과 겨울에 풍향이 바뀌는 바람으로 겨울은 대륙에서 해양으로, 여름은 해양에서 대륙을 향해 부는 바람이다. 발생하는 원인은 첫째, 육지와 해양의 비열의 차 혹은 계절에 따라 대륙과 바다 사이 기압배치 차이이며, 둘째, 겨울은 대륙이 현저히 냉각되어 한랭하고 무거운 공기가 퇴적되어 고기압으로 상대적으로 기압이 낮은 해양을 향해 바람이 되어 불게 된다. 셋째, 여름은 대륙이 가열되어 저압부가 되고 상대적으로 찬 해양의 고기압에서 대륙을 향해 바람이 분다. 계절풍이 현저한 지역은 인도, 일본, 동남아시아와 우리나라이다.

우리나라의 계절풍은 겨울에 북서 계절풍, 여름에 남동 계절풍이 분다. 겨울에 시베리아 내륙에 찬 공기가 쌓이면서 고기압이 발달하고, 태평양에 저기압이 발달하여 차고 건조한 북서 계절풍이 분다. 3~4일 주기로 고기압 세력이 약해지고 또 저기압이 몽고 일대를 지나갈 때 우리나라 부근의 기온은 올라간다. 이처럼 춥고 포근한 날이 반복되는 것이 우리나라 주변의 삼한사온 현상이다.

여름철은 바다에 고기압이 형성되고 대륙 내부에 저기압이 발달하여 남동~남서 계절풍이 분다. 따뜻한 바다에서 증발한 수증기가 많이 포함되어 기온이 높고 습기가 많다. 이는 여름철을 무덥게 하여 불쾌지수를 높인다. 4월에 시작하여 8월에 끝나며 6월 중순~7월 중순에 강하다. 우리나라의 계절풍은 건기와 우기를 결정하며 한반도 기후에 큰 영향을 미치는 계절풍이다.

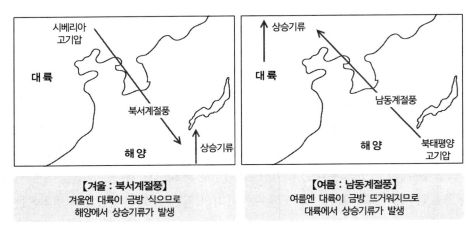

(3) 돌풍(gust)과 스콜(squall)

돌풍(gust)은 바람이 항상 일정하게 불지 않고 강약을 반복하는 바람을 말하며, 숨이 클 경우 갑자기 10m/sec, 때로는 30m/sec를 넘는 강풍이 불기 시작하여 수 분, 혹은 수 십 분 내에 급히 약해진다. 발생원인은 첫째, 지표면이 불규칙하게 요철을 이루고 있어 바람이 교란되어 작은 와류(회오리)가 많이 생길 때, 북서 계절풍이 강할 때 발생하며, 둘째, 태풍 중심 부근의 강풍 대에서 저기압이 급속히 발달할 때 발생한다. 셋째, 지표면이 불규칙하게 가열되어 열대류가 일어날 때 발생하며, 넷째 뇌우의 하강기류에서 고지대의 한기가 해안지방으로 급강하할 때, 다섯째, 한랭전선 전방의 불안정선이나 한랭전선 후방의 2차 전선이 통과할 때 발생한다.

근본적인 원인은 한랭한 하강기류가 온난한 공기와 마주치는 곳, 즉 한랭 기단이 따뜻한 기단의 아래로 급하게 침입하여 따뜻한 공기를 급상승시켜 일어나게 된다. 특징은 풍향이 급하게 변하고 큰비 혹은 싸락눈이 쏟아지며 우박을 동반할 수 도 있다. 기온은 급강하하고 상대습도는 급상승한다.

스콜(squall)은 관측하고 있는 10분 동안의 1분 지속풍속이 10kts이상일 때 이러한 지속풍속으로부터 갑작스럽게 15kts이상 풍속이 증가되어 2분 이상 지속되는 강한 바람을 말한다.

(4) 높새바람(푄현상)

푄(fohn)현상에 의해서 발생하는 바람을 푄 바람 또는 높새바람이라고 한다. 이는 습하고 찬 공기가 지형적 상승 과정을 통해서 고온 건조한 바람으로 변화되는 현상이다. 푄 현상의 조건은 지형적 상승과 습한 공기의 이동 그리고 건조 단열기온 감률 및 습윤 단열기온률이다.

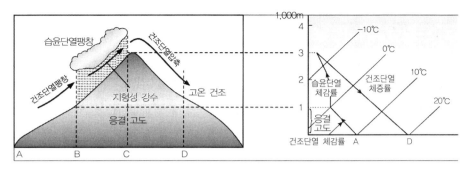

그림 ▶ 푄현상의 원리

　우리나라에서의 높새바람은 늦봄에서 초여름에 걸쳐 동해안에서 태백산맥을 넘어 서쪽 사면으로 부는 북동 계열의 바람이다. 동쪽에서 서쪽으로 공기가 불어 올라갈 때에 수증기가 응결되어 비나 눈이 내리면서 상승한다. 고도가 높아지면서 기온은 고도 100m당 약 0.5℃ 정도 하강한다. 그러나 동쪽의 산에서 비를 내리게 한 뒤 건조해진 공기가 태백산맥의 서쪽인 영서지방 쪽으로 불어 내리는 공기는 비열이 높은 수증기를 거의 비로 내린 상태이므로 비열이 낮아져서 100m당 약 1℃정도로 기온이 상승한다.

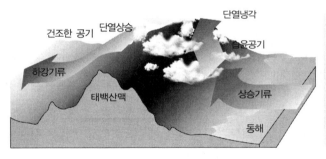

• 지역별
　– 유고 북부 아드리아 해안으로부터
　　러시아 내습 Rhone 계곡
　　: 미스트랄[Mistral]
　– 미국 캘리포니아 서해안으로부터
　　로키산맥 : 치눅[Chinook]
　– 유럽의 알프스 산맥 : 푄[Föhn]

그림 ▶ 푄 현상

제트기류는 주로 대류권 상층부와 성층권 하부에 존재하는 강하고 폭이 좁은 공기의 수평적인 이동을 말한다. 전형적인 제트기류는 깊이 1NM, 폭 100NM, 길이 1,200NM 정도의 크기에 중심부의 바람속도는 최소한 50노트를 초과한다.

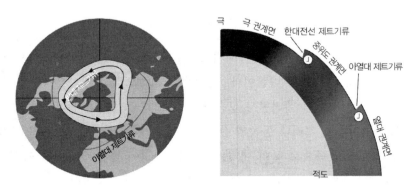

그림 ▶ 제트기류

극 제트기류는 고도 약 10km 상공에서 전향력의 가속에 의해서 상층바람이 변형되면서 발행한다. 극 제트기류는 주우이도 지방과 극지방의 사이에서 발생한다. 이 지역에서 발생한 제트기류는 극지방의 찬 공기와 열대 지방의 더운 공기가 합류되었을 때 발달하는 강한 기온과 기압경도에 의해서 더욱 강화된다. 극 제트기류의 중심부에서의 바람은 최대 시속 300km/h에 도달할 수 있을 정도로 강풍이 존재한다. 제트기류의 중심에 이같은 강풍의 존재는 중심부를 주변으로 흐르는 바람 역시 상당한 풍속을 나타내고 있다.

아열대 제트기류는 고도 13km 상공의 아열대 고기압 지대에서 전향력 가속에 의한 상층바람의 변형에 의해서 발생한다. 극 제트기류와 크게 다를 바 없으나 그 강도가 다소 약한 면이 있다. 극 제트기류와 달리 기온 및 기압 경도력이 약하게 발생하기 때문이다.

제트기류의 활용측면을 보면 북반구에서 제트기류는 겨울에는 남쪽으로 이동하고 강도는 더욱 증가한다. 반대로 여름에는 북쪽으로 이동하고 강도도 약해진다. 제트기류와 관련된 청천 난기류는 고층에 형성된 길게 뻗은 권운으로 식별할 수 있다. 제트기류는 약 5,000ft의 두께와 대류권계면 근처의 상층부 대기 속에 위치한 깊은 저기압 골과 관계가 있고 수천 마일에 거처 마치 부메랑과 같은 형태로 서쪽에서 동쪽으로 흐른다. 서쪽에서 동쪽으로 비행하고자 할 때 제트기류의 중심을 이용한 항로를 선정했을 때 비행기는 60kts이상의 추가적인 뒷바람을 받을 수 있다.

구름과 강수

05

CHAPTER

01 구름

1. 구름이란?

눈으로 볼 수 있는 공기 중의 수분 즉, 대기 중에 떠 있는 작은 수적 또는 빙정, 물방울의 결합체이다. 대기 중에 있는 수분의 양은 약 40조 갤런이다. 1일 10%가 비 또는 눈으로 변화되어 지면으로 내려온다. 대기 중에 떠 있는 구름은 수많은 미세한 물방울과 다양한 입자들로 구성되어 있다.

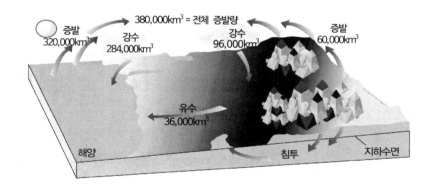

그림 ▶ 구름

2. 구름의 형성조건

먼저, 풍부한 수증기로서 상승하는 공기 덩어리에 충분한 수증기가 있어야 미세한 물방울 또는 빙정의 변화가 가능하다.

둘째는 응결핵으로서 수증기가 응결할 수 있는 표면을 제공하는 미세먼지, 소금입자, 화산입자 등이 수증기의 응결 표면을 제공한다. 소금과 같은 흡습성 응결핵은 주위의 수증기를 빨아들임으로써 구름입자를 생성한다.

셋째, 냉각작용이다. 찬 지표면의 냉각이나 단열 팽창으로 공기 덩어리 내에 들어 있는 수증기 가 단열 냉각되어 포화상태에 도달하게 된다.

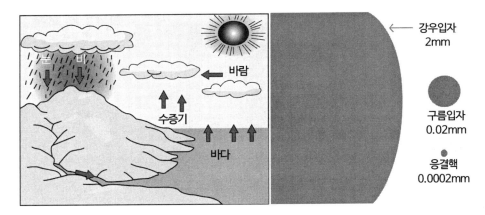

그림 ▶ 구름의 형성조건

3. 구름이 형성되는 이유

기류의 상승과 단열 팽창으로 대기의 수평적 이동은 바람(지균풍, 경도풍, 지상 풍)을 일으키고, 대기의 수직적 이동은 공기의 단열 팽창과 구름을 생성한다. 저기압에서는 대기의 상승으로 구름이 생성되거나 강수가 되고 고기압에서는 대기의 하강으로 맑고 구름이 소산된다.

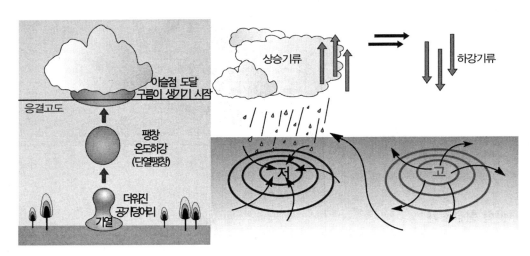

그림 ▶ 구름이 형성되는 이유

4. 구름의 관측

(1) 운고(Cloud Height)

구름층은 관측자 기준으로 보는 구름층의 하단을 의미한다. 운고는 지표면(AGL)에서 구름층 하단까지의 높이이고 구름이 50ft이하 또는 그 이하에서 발생했을 때는 안개(fog)로 분류한다.

(2) 운량(Cloud Amount)

운량은 관측자를 기준으로 하늘을 10등분하여 판단하며 Clear는 운량이 1/8(1/(10)이하일 때를 말하며, Scattered는 운량이 1/8(1/(10)~5/8(5/(10) 일 때를 말하고, Broken은 운량이 5/8(5/(10)~7/8(9/(10)일 때이다. 마지막으로 Overcast는 운량이 8/8(10/(10)일 때이다.

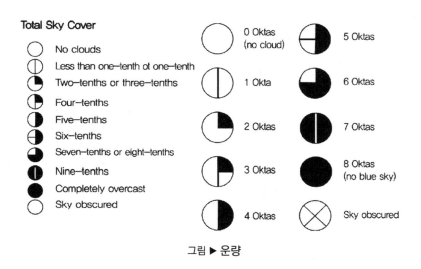

그림 ▶ 운량

(3) 차폐(Obscured)와 실링(Ceilings)

차폐(Obscured)는 하늘이 안개, 연기, 먼지, 강우 등으로 우시정이 7마일 이하로 감소시키는 정도로 지표면으로 부터 하늘이 가려질 때를 말하며, 부분적으로 가려질 때 부분 차례라고 한다.

실링(Ceilings)은 운량이 최소 5/8이상 덮인 하늘의 가장 낮은 구름의 높이를 말한다.

5. 구름의 종류

(1) 개요

구름은 공중의 물방울로서 전체로 보면 수백만톤의 물이 공중에 떠 있는 것과 같다. 구름은 공기의 이동에 따라 항상 유동적이기 때문에 그 모양이 하나도 같은 것이 없고 매우 다양하다. 구름은 형성되는 모양과 형태를 기준으로 분류하여 권운형, 층운형, 적운형으로 나누어진다. 권운형은 갈라져 있고 섬유가 늘어난 형태이고, 층운형은 뚜렷한 층(Layer)을 형성한 구름 형태이고, 적운형은 대류성 구름이 쌓인 형태이다. 높이에 의한 범주는 상층운, 중층운, 하층운, 수직운으로 나누어진다.

(2) 구름의 종류(기본 운형 10종)

구름의 명칭에 사용되는 용어 중 형성되는 모양과 높이에 따라 국제적으로 통일된 10개의 구름은 다음과 같다.

[표] 구름의 기본 운형 10종

운저고도	온도	이름	기호	특징
상층운 6~15km	-25℃ 이하	권운(Cirrus)	Ci	연달아 있는 새털모양
		권적운 (Cirrocumulus)	Cc	작은 잔물결과 연기 모양
		권층운 (Cirrostratus)	Cs	반투명한 베일
중층운 2~6km	0~-25℃	고적운 (Altocumulus)	Ac	흰색부터 암회색의 연기 잔물결
		고층운 (Altostratus)	As	흰색부터 회색까지 고르게 하늘을 덮음
하층운 2km 미만	-5℃ 이상	층적운 (Stratocumulus)	Sc	부드러운 회색의 조각모양
		층운(Status)	St	흐린 회색빛으로 하늘을 고르게 덮음
		난층운 (Nimbostratus)	Ns	회색, 운량이 많음 강수가 있음
수직운 3km이내	-50℃ (운정)	적운(Cumulus)	Cu	편평한 밑바닥을 가지 꽃양배추 모양
		적란운 (Cumulonimbus)	Cb	거대하게 부풀어 있으며, 흰색, 회색, 검정색, 종종 모루형태

층운(Status)은 수평으로 발달한 형태이고 안정된 공기(Stable Air)가 존재한다. 여기에는 권층운(Cirrostratus), 고층운(Altostratus)이 포함된다.

적운(Cumulus)은 수직으로 발달한 구름이고 불안정한 공기가 존재한다. 권적운(Cirrocumulus), 고적운(Altocumulus), 층적운(Stratocumulus)이 포함된다.

비(Nimbus)를 포함한 구름은 난층운(Nimbostratus), 적란운(Cumulonimbus)이 포함된다.

권운(Cirro)은 상층운(High-Level Cloud)을 나타내며 권운(Cirrus), 권층운(Cirrostratus), 권적운(Cirrocumulus)이 포함된다.

고운(Alto)은 중층운(Middle-Level Cloud)을 나타내며 고층운(Altostratus), 고적운(Altocumulus)이 포함된다.

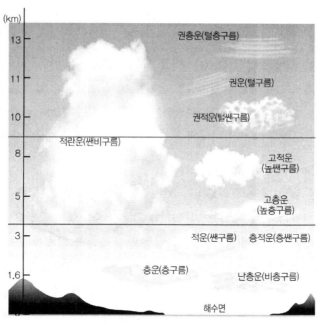

그림 ▶ 구름의 분류와 형태

(3) 구름의 분류

1) 상층운(High Clouds)

상층운은 지상으로부터 약 16,500ft(5,000m) 이상의 상공에 형성되는 구름이다. 그러나 극지방에서는 이보다 더 낮은 10,000(약3,000m) 상공에 형성되기도 한다. 상층운은 매우 높은 고도에 형성되는 구름으로 새털이나 띠와 같은 형태로 형성되는 것을 관찰할 수 있으며 쉽게 구분할 수 있다. 이들 높이에서는 물방울의 형태보다는 기온이 낮아 쉽게 얼 수 있음으로 빙정으로 이루어져 있으며 음영이 없고 일반적으로 흰색 또는 밝은 재색을 띠고 있다. 권운(cirrus cloud : Ci), 권적운, 권층운의 형태로 발달한다.

㉠ 권운(Cirrus Cloud : Ci)

상층운에서 가장 높은 고도에 형성되는 구름으로 가늘고 긴 섬유, 하얀 조각이나 좁은 띠로, 때로는 잔디밭과 같은 모양으로 관측된다. 권운은 26,000ft(8,000m) 상공에서 형성되고 얇은 층의 빙정으로 구성된다. 강수는 함유하고 있지 않고 대부분 빙정으로 구성되어 있다. 일반적으로 권운을 관측할 수 있다는 것은 전선(front)의 접근이나 난기류와 같은 거친 기류가 접근하고 있다고 것을 판단할 수 있다.

㉡ 권층운(Cirrostratus cloud : Cs)

권층운의 하단은 약 20,000ft(6,000m) 이상에 형성되는 구름으로 층운 구름의 일종이다. 권층운은 얇고 하얀 색의 부드러운 외형으로 발달하고, 긴 띠(Band) 모양으로 관측되기도 한다. 때로는 하늘 전체를 덮기도 하는데 이 때는 태양 주위에 원형의 띠를 형성하는 것을 쉽게 관찰할 수 있고 이를 햇무리 현상이라 한다. 비록 이들 구름이 수천 피트의 두께로 형성되었다 할지라도 습기를 많이 포함하고 있지 않기 때문에 고고도에서 운항하는 항공기의 착빙(Icing)의 위험은 적다. 일반적으로 권층운이 발달하고 있다는 것은 앞으로 12~24시간 이내에 강수가 내릴 수 있다는 기상현상을 예측할 수 있다.

ⓒ 권적운(Cirrocumulus Cloud : Cc)

권적운은 20,000~40,000ft(6,000~12,000m) 높이에서 형성된다. 다른 권운과는 달리 대류성 기류가 존재하고 빙정과 과냉각 상태의 액체 물방울이 공존한다는 점이 다르다. 구름 속에서 빙정은 과냉각 물방울을 급속히 얼게 하므로서 눈과 같은 꼬리구름 형태의 강수로 변화시키는 역할을 한다. 권적운의 외형은 하얀 모직 조각으로 이루어진 작은 구름조각과 같다. 대부분의 권적운은 오래 지속되지 않는 것으로 관측될 수 있는데 이것은 급속한 결빙과정을 거치면서 권층운으로 변하기 때문이다.

2) 중층운(Middle Clouds)

중층운은 대부분 수분가 빙정 그리고 과냉각된 물방울로 구성되어 있으며, 회색 또는 흰색의 줄무늬형태로 발달된다. 중층운의 대략적인 형성 고도는 6,500~20,000ft이고 구름의 분류에서 대표적으로 고층운(altostratus cloud: As), 고적운(altocumulus cloud: Ac)의 형태를 보여주고 있다. 이들 구름은 중간 난기류와 심한 잠재적 착빙을 포함하고 있다.

㉠ 고층운(Altostratus Cloud: As)

고층운은 밀려오는 전선에서 다량의 공기군이 상승하여 고층에서 응결되면서 형성된 것으로 재색 또는 밝은 재색을 띠고 광범위한 지역으로 형성된다. 고층운은 고도 6,500~20,000ft에서 층운형으로 형성되고 수분의 밀도가 비교적 높은 구름으로 난기류와 중간정도의 착빙 가능성이 존재한다.

㉡ 고적운(Altocumulus Cloud: Ac)

고적운은 재색과 흰색이 조화된 색을 띠고 마치 고기비늘이나 둥글 둥글한 구름조각들로 이루어진 것을 알 수 있다. 고적운은 다른 적운형 구름과 같이 대류현상이 존재하기 때문에 이들 구름 속에서는 약한 난기류와 착빙 가능성을 예측할 수 있다. 때로는 고적운이 발생했다는 것은 한랭전선의 전조를 나타내거나 무덥고 습한 여름날 아침에 고적운이 발달하는 것은 오후에 뇌우가 발달 가능성이 있음을 나타내는 징후로 판단되기도 한다.

3) 하층운(Low Clouds)

하층운(Low Clouds)은 주로 물방울과 과냉각된 미세한 물방울로 형성되어 있으며 재색을 띠고 상대적으로 저고도 에 발달되어 있다. 지표면으로부터 약 6,500ft(AGL)에서 발달된다. 구름이 지상 50ft이내에서 형성되면 안개로 분류하고 강수와 같이 발달되었을 때는 시계비행항공기에 상당한 지장을 줄 수 있다. 하층운은 층운(Stratus Cloud: St), 층적운(Stratocumulus Cloud: Sc), 난층운(Nimbostratus Cloud: Ns) 등의 형태로 발달한다.

㉠ 층운(Stratus Cloud: St)

층운(Status)은 6,000ft 미만에 형성된 구름으로 안개가 상승하여 형성되기도 한다. 강수가 없으나 하부로부터 냉각으로 안개, 가랑비, 박무가 생기기도 한다.

그림 ▶ 층운

㉡ 층적운(Stratocumulus Cloud: Sc)

주로 8,000ft이하에 형성되며 재색이나 밝은 재색을 띠고, 둥근 형태나 말린 모양의 구름과 같으며, 가랑비, 약한 비(눈)의 가능성이 있다. 또한 돌풍형태의 폭풍의 전조가 되기도 한다.

그림 ▶ 층적운

ⓒ 난층운(Nimbostratus Cloud : Ns)

특별한 외형이 없고 전반적으로 어두운 재색을 띠고 있고 8,000ft 이하의 층운형 구름에서 비를 동반한 구름이다. 밀도가 높아 태양을 완전히 차단할 수 있다.

그림 ▶ 난층운

4) 수직운(Vertical Clouds)

수직으로 발달한 구름은 통상 결빙층 이상에서 과냉각된 물방울을 포함하고 있으며, 대기의 불안정 때문에 구름은 수직으로 발달하고 많은 강수를 포함하고 있다. 이 구름 주위에는 난기류 등 기상변화 요인이 많아 수직운 주위를 비행할 때는 기상의 영향을 충분히 고려해야 한다. 수직운의 높이는 1,000ft에서 10,000ft(MSL)까지 형성되고 최대 상층부 구름은 60,000ft(MSL)까지 달하는 경우도 있다. 수직운은 적란운(cumulonimbus cloud : Cb), 적운(cumulus cloud : Cu)이 있다.

ⓐ 적란운(Cumulonimbus Cloud: Cb)

수직으로 발달하는 전형적인 구름으로 항공기 운항에 상당한 위험요소를 갖추고 있다. 적란운은 많은 강수를 동반하고 있을 뿐만 아니라 상승기류와 하강기류가 동시에 존재하는 심한 난기류는 항공기 운항에 치명적인 영향을 미칠 수 있다. 초기 적운형 구름으로부터 발달하고 풍부한 습기, 무덥고 불안정한 공기군, 역학적 상승기류가 존재할 때 적란운이 활발하게 발달할 수 있다.

ⓑ 적운(Cumulus Cloud: Cu)

적운은 마치 돔 모양과 같이 구름 하단은 비교적 평평하고 상층부는 둥그런 형태로 집단으로 형성된다. 태양 빛을 받는 면은 매우 밝고 하단은 상대적으로 어둡다.

5) 비행기 구름

높은 하늘을 볼 때 비행기가 지나가면서 하얀 항적을 그려낸다. 즉 비행기 구름이 형성된다. 어떻게 만들어 질까? 높은 하늘의 공기는 기압과 기온이 낮기 때문에 수증기를 많이 포함하지 못한다. 상공에 구름이 없을 때 공기 중의 수증기는 과포화 상태가 많다. 따라서 수증기는 물방울이 될 기회가 되지 못하게 된다. 즉 핵이 되는 먼지가 높은 상공에 아주 적어 응결, 승화되지 못하고 수증기로 존재할 경우가 많아진다. 이때 그 상공을 배기가스와 물방울을 분산하는 한대의 비행기가 날아가며 배기가스 속의 먼지나 미립자가 과포화 상태인 수증기에게 기회를 주게 된다. 따라서 비행기 뒤에 선을 끌어당기는 것 같은 비행기구름이 생성된다.

그림 ▶ 비행기 구름

6) 구름의 높이 계산

주변의 기상정보 즉 기온과 노점을 이용하여 대략적인 구름의 높이를 예측할 수 있다.

- 구름 하단의 높이 1 = {(기온−노점)} ÷ 2.5(℃)
- 구름 하단의 높이 2 = {(기온−노점)} ÷ 4.4(℉)

상승중인 불포화 공기는 1,000ft당 3℃의 건조단열감률로 냉각된다. 따라서 기온이 노점 기온에 가까울수록 구름을 형성하는 응결 층이 더 낮아진다. 노점은 1,000ft당 0.5℃(1℉) 씩 감소하기 때문에 기온과 노점 기온의 분포는 1,000ft당 약 2.5℃(4.4℉)씩 감소한다는 것을 의미한다. 따라서 구름의 하단 높이는 기온과 노점 기온분포를 기온이 노점 기온과 일치하는 비율로 나누어 얻을 수 있다.

02 강수

1. 강수(precipitation)의 정의

강수(precipitation)란 대기로부터 떨어져서 지상에 도달하는 액체상태의 물방울이나 고체상태의 얼음조각으로 비(rain), 눈(snow), 가랑비(drizzle), 우박(hail), 빙정(ice crystal) 등 모두를 포함하는 용어이다. 강수는 이들 입자가 공기의 상승 작용에 의해서 크기와 무게가 증가하여 더 이상 대기 중에 떠 있을 수 없을 때 지상으로 떨어진다. 강수의 필요 충분 조건은 구름이다.

2. 물의 상태 변화

물은 액체상태에서는 물이지만 고체상태에서는 얼음이 되고 기체상태에서는 수증기가 된다. 물은 운동에너지 증가로 분자 결합이 느슨해져 유동성을 가지고, 얼음은 낮은 운동에너지와 상호간의 분자 인력에 의한 결합체이다. 수증기는 높은 운동 에너지로 분자 결합이 깨져 불규칙적인 운동을 한다.

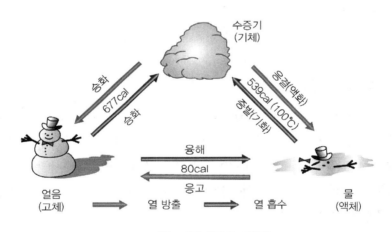

그림 ▶ 어는 비와 활주로 비행기

3. 강수의 구분

강수는 액체상태의 강수와 어는 강수 그리고 언 강수로 구분된다. 먼저 액체상태의 강수 는 비, 이슬비, 소나기 등이고 어는 강수는 어는 비, 어는 이슬비이며, 언 강수는 눈, 소낙눈, 눈싸라기, 쌀알 눈, 얼음싸라기, 우박, 빙정 등이다.

이슬비(Drizzle)는 구름에서 떨어진 직경 0.5mm 이하의 아주 작은 입자가 밀집되어 천천히 떨어지는 현상을 말한다.

안개비(Drizzle Fog)는 안개가 짙어져서 안개와 함께 나타나는 이슬비 현상으로 안개나 낮은 층운과 밀접한 관계가 있다.

비(Rain)는 0.5mm 이상의 입자로 구성되어 있으며 상대적으로 일정하고 빠른 낙하 속도로 떨어진다.

소나기(Rain Shower)는 액체 강수지만 갑자기 시작한 후 강도가 크게 변화하고 그칠 때도 갑자기 그친다. 큰 물방울(0.5mm이상), 그리고 단시간의 강수는 적란운이나 뇌우와 관련된 소낙성 강수에서 발생한다.

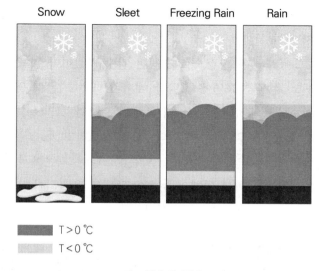

| Snow | Sleet | Freezing Rain | Rain |

■ T > 0 ℃
■ T < 0 ℃

그림 ▶ 강수의 구분

어는 이슬비(Freezing Drizzle), 어는 비(Freezing Rain)는 구름 하단에서 눈이 내릴 때 중간 대기층이 0℃ 이상이 되어 반쯤 녹거나 완전히 녹은 상태로 내리는 액체 강수를 말한다. 어는 비가 찬 물체에 부딪혀 발생하는 착빙현상을 우빙(Graze Ice)이라한다. 활주로에 우빙이 있으면 비행기 이착륙에 치명적이다.

그림 ▶ 물의 상태변화

비가 내리는 이유는 공기 중에는 수증기가 있고, 공기는 상승기류가 생겨 수증기를 포함한다. 상공으로 상승하면 주변 기압이 낮아지므로 상승한 공기는 단열 팽창한다. 공기의 부피가 늘어나면 기온이 낮아지게 되는데(보일, 샤를의 법칙) 기온이 이슬점(노점온도) 아래로 떨어지면 공기 중의 수증기가 응결되어 작은 물방울이 된다.(작은 물방울의 집합체가 구름이다.) 이때 바람, 태양복사, 기단과 전선의 영향 등으로 수증기가 과다 유입되거나 기온이 내려가면 크고 작은 물방울들이 충돌하거나 구름 꼭대기 부분(기온이 내려감)의 과포화 상태가 심해져 일시에 많은 양의 응결이 일어나 물방울이 커진다. 커진 물방울은 무게를 이기지 못하고 지상으로 떨어져 비가 된다.

눈(Snow)은 빙정으로 구성된 강수 즉, 이미 얼어버린 강수이다. 구름 하단이 눈으로 구성되고 눈이 지표면에 도달할 때까지 대기 기온이 0℃이하여야 한다.(눈은 시정을 악화시키는 주요 요인 중의 하나이다.) 눈의 종류는 눈보라, 소낙눈, 눈 싸라기, 쌀알 눈, 땅 눈보라, 눈 스콜, 눈 폭풍, 뇌우 눈 등이 있다. 이중 눈보라(Blizzard)는 강한 바람(초속 15m)과 많은 눈가루가 지속적으로 내리는 것이다. 소낙눈(Flurry)은 적운에서 내리는 소나기 형태의 눈이다. 눈 싸라기(Graupel)는 어는 안개가 눈송이 형태로 응결되어 내리는 얼음 알갱이다. 쌀알 눈(Snow Grain)은 작고 투명한 얼음 알갱이다.

그림 ▶ 눈보라와 눈싸라기

땅 눈보라(Ground Blizzard)는 내린 눈이 강한 바람으로 흩날리는 것이다. 눈 스콜(Snow Squall)은 소나기 형태의 강한 눈을 동반하지만 비교적 수명이 짧다. 눈 폭풍 (Snow Storm)은 폭설을 동반한 폭풍의 형태로 비교적 수명이 길다. 뇌우 눈(Thunder Snow)은 주요 강수가 눈의 형태를 이루는 뇌우이다.

진눈깨비(Sleet)는 언 빗방울(Frozen Raindrop)로서 지표면에 떨어질 때 튀어 오르고 지상 물체에 부딪혔을 때 급속 결빙된다. 부분적으로 얼음싸라기 형태이며, 눈이 내리다가 중간 온난층에서 부분적으로 녹은 눈송이가 다시 찬 공기층을 지나면서 언 빗방울로 변한 것이다.

우박은 온도가 영상인 여름에 작은 얼음 덩어리가 내리는 것으로 크기가 큰 싸락눈이 우박이고, 작은 얼음 알갱이는 싸락눈이다. 보통 싸락눈은 직경 2~5mm의 반투명이고 우박은 5~50mm로 투명, 반 투명층이 번갈아 나타난다. 싸락눈과 우박은 대류가 강한 적운형(적운, 적란운) 구름에서 내린다.

다음은 싸락눈으로 적운형 구름은 두께가 두꺼워 구름 꼭대기 부분의 높이가 5,000m이상이다. 고도가 높은 곳은 기온이 매우 낮아 작은 얼음 알갱이(빙정)로 되어 있고, 그 아래에는 과냉각 물방울이 있다. 빙정이 낙하하면 과냉각 물방울과 충돌하여 얼고, 이 얼음 알갱이가 지상

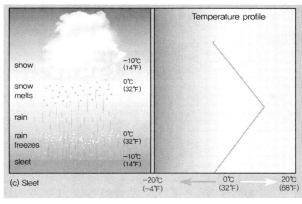

그림 ▶ 진눈깨비

에 낙하하는 것이 싸락눈이다.(대체로 투명한 얼음이다.)

다음 표는 물의 액체와 고체상태의 종류를 비교한 것이다.

[표] 물의 액체 및 고체상태의 종류비교

종류	대략 크기	물의상태	설명
박무(mist)	0.005-0.05mm	액체	공기가 이동할 때 얼굴에 느낄 수 있는 크기
이슬비(DZ)	0.5mm미만		층운에서 지속적으로 내리는 작은 물방울
비(RA)	0.5-5mm		난층운/적란운에서 내려오며 다양함
진눈깨비(Sleet)	0.5-5mm	고체	작고 구형의 얼음 입자
비얼음(Glaze)	1mm-2cm층		과냉각된 물이 고체와 접촉할때 생성
상고대(Rime)	다양함		바람부는쪽에 형성된 얼음 깃털형태 침전물
눈(Snow)	1mm-2cm		육면체, 판/비늘모양의 결정성
우박(Hail)	5mm-50cm		딱딱하고 둥근 모양의 얼음덩이
싸락눈(Graupel)	2-5mm		연한 우박으로 불림, 눈결정이 얼음결정화

4. 강수량과 강우량

일정 장소에 일정기간 동안 내린 비의 양을 강우량이라고 한다. 강수량은 비/눈, 우박 등과 같이 일정기간 일정한 곳에 내린 물의 총량을 말하며, 일정기간 동안 내린 강수가 땅 위를 흘러가거나 스며들지 않고 땅 표면에 괴어 있다는 가정 아래 그 괸 물의 깊이를 측정 한다.

- 매우 약한 비(Very Light Rain): 시간당 0.25Mm 미만
- 약한 비(Light Rain): 시간당 0.25~1.0Mm 미만

- 보통 비(Moderate Rain): 시간당 1~4Mm 미만

- 많은 비(Heavy Rain): 시간당 4~16Mm 미만

- 매우 많은 비(Very Heavy Rain): 시간당 16~50Mm 미만

- 폭우(Extreme Rain): 시간당 50Mm 이상

5. 비가 내릴 수 있는 조건

(1) 지형성 비(orographic rain)

풍부한 습기를 가진 바람이 산과 장애물을 만나 냉각과 증발과정을 거쳐 풍상쪽에 형성 된 비구름에서 내리는 비로 풍하쪽 지역에 비 그림자 구역이 생성되고, 하와이, 남아메리카 서해안 지역에서 발생한다. 예를 들어 우리나라에서는 제주도 지역에 한라산으로 인해 남제주 지역에는 비가 내리고 있으나 북제주 일대는 비가 내리지 않는 현상과 계룡산으로 인해 논산과 공주지역에는 비가 내리고 있으나 계룡, 대전일대는 비가 내리지 않는 것을 말한다.

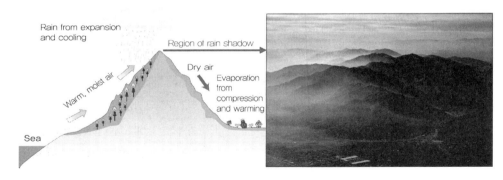

그림 ▶ 지형성 비

(2) 대류성 비(convective rain)

열대지방에서 강한 복사열로 증발과 대기 불안정으로 야기된 급속응결로 만들어진 강한 비구름에서 내리는 비로 적운에서 만들어진 폭우, 번개, 뇌우를 동반한다. 열대 및 아열대 지방에서 많다.

(3) 전선성 또는 사이클론 비(frontal or cyclonic rain)

한랭전선과 온난전선 사이에서 냉각과 응결로 인해 구름 강수가 발생하며 한랭전선 전면에서는 소나기, 뇌우가 발생하고, 온난전선 전면에서는 지속성 비와 눈이 내린다. 주로

중위도 지방에서 많다.

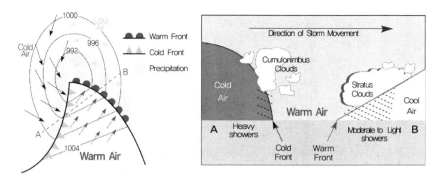

그림 ▶ 전선성 또는 사이클론 비

6. 인공강우

인위적으로 구름방울을 응결 또는 빙정 응결핵(condense nuclei)으로 작용할 수 있는 물질을 공중에 살포하여 강수의 종류 또는 양을 변화시키려는 시도이다.

시도되는 주요 목적은 가뭄으로 인한 피해를 줄이기 위해서 비를 내리게 하는데 있지만 항공기 운항 및 농작물에 심각한 피해를 입히는 우박(hail)을 억제하기 위해서도 활용한다.

인공강우에 가장 많이 활용되는 화학물질은 옥화은(Silver iodide)과 드라이아이스(dry ice)이고, 공기 중의 습기를 흡수하기 위해서는 소금이 활용된다.

물질을 액화 프로판 가스에 주입하여 크기를 줄여 항공기에 탑재한 후 공중에서 살포하거나 강우 발생기를 이용하여 지상에서 살포한다.

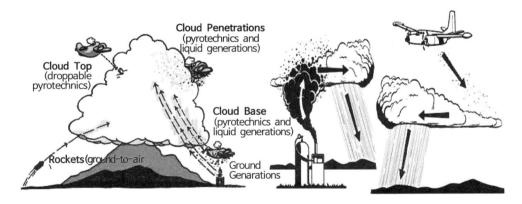

그림 ▶ Methods of Seeding Clouds

7. 항공기 운항과 강수

수막현상(hydroplaning)은 활주로 또는 노면이 젖어 타이어와 지표면 사이에 형성된 수막 위에서 타이어가 미끄러지는 현상을 말하며, 수막위에서는 조향 및 제동 성능이 현저히 감소한다. 수막현상 시 유의점은 첫째, 좌, 우측 2개의 바퀴가 젖은 구역에 동시에 접지를 하여야 한다. 만일 어느 한쪽 바퀴가 먼저 활주로 표면에 닿아 수막현상을 일으키면 불균형으로 지상루프 또는 급회전 현상 등의 위험에 직면하게 된다. 둘째, 동력사용이 제한된다. 셋째, 제동거리가 급격히 늘어나게 된다.

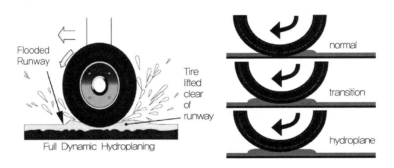

그림 ▶ 수막현상

다음은 무 특색 지형(figureless terrain)으로서 눈이 덮여 지형 형태가 없어 지형확인이 곤란하거나 조종사의 시각적 착각유발과 낮은 고도로 접근하는 상황이 발생할 수 있다. 대기 현상에 의한 착시는 비나 눈으로 시야가 가려 정상보다 높게 착각하거나 안개 등으로 고도 처리를 못해 깊은 각으로 착륙을 접근하는 등의 현상을 말한다.

이러한 현상은 비단 공중의 항공기 조종사만이 일으키는 것이 아니고 지상에서 공중의 비행체를 운용하는 자도 무 특색 지형이나 대기현상에 의해 착시를 일으킬 수 있음을 명심해야 할 것이다.

안개와 시정

01 안개

1. 안개의 발생

안개(fog)는 아주 작은 물방울이나 빙정들이 대기 중에 떠 있는 현상이며, 수평 시정거리가 1km 미만이고 습도가 거의 100%이다. 따뜻한 수면이 증발되어 얇은 하층의 찬 공기 중에 들어가 공기를 포화시켜서 안개를 형성하는 증기안개와 눈높이의 수평시정이 1km미만이나 하늘이 보일 정도로 두께가 얇은 안개인 땅안개(ground fog) 그리고 눈높이 보다 낮은 곳에 끼어 있고, 눈높이의 수평시정이 1km이상인 얕은안개(shallow fog)가 있다.

연무는 안개와 같으나 1km이상 10km미만의 시정이고, 습도는 70~90%이다. 매연, 작은 먼지, 염분 등이 무수히 떠 있어, 배경이 어두우면 푸른 느낌이 들고 밝을 때는 황색 느낌이 든다.

박무는 안개 입자보다 작은 수적이 무수히 떠 있어, 시정이 나쁘게 된 상태를 말하며, 안개보다 다소 건조하고 보통 습도가 97%이하일 때 많고 회색이 특징이다. 박무와 연무는 시정거리 1km이상으로 대기 중 물방울의 존재를 인식한다. 안개와 연무(박무)와의 구별은 관측자가 볼 수 있는 범위의 차이에서 구별된다.

안개의 생성원인은 대기 속에서 수증기가 응결하여 아주 작은 물방울이 되어 대기 밑층을 떠도는 현상으로 기온이 0℃이하가 되면 승화하여 작은 얼음 덩어리인 빙무가 된다. 안개가 발생될 수 있는 조건 즉 수증기가 응결되려면 첫째, 공기 중에 수증기가 다량 함유되어 있어야 하며, 둘째, 공기가 노점온도 이하로 냉각되어야 하고, 셋째, 공기 중 흡습성 미립자, 즉 응결핵이 많아야 한다. 넷째, 바깥에서 공기 속으로 많은 수증기가 유입되어야 하고 다섯째, 바람이 약하고 상공에 기온의 역전이 있어야 한다.

안개가 사라질 조건은 첫째, 지표면이 따뜻해져 지표면 부근의 기온이 역전이 해소 될 때이다. 둘째, 지표면 부근 바람이 강해져 난류에 의한 수직 방향 혼합으로 상승 시와 셋째, 공기가 사면을 따라 하강하여 기온이 올라감에 따라 입자가 증발시와 넷째, 신선하고 무거운 공기가 안개 구역으로 유입되어 안개가 상승하거나 차가운 공기가 건조하여 안개가 증발 할 때 등이다.

구름과 안개는 어떻게 구별하는가? 구름, 안개, 연무는 모두 같으며, 0.002mm전후의 작은 물방울로 공기 중에 떠다니고 있다. 차이를 알아보면 우선 구름은 지면에 붙어 있지 않은 작은 물방울이 상공을 표류하고 있는 것이고, 안개는 작은 물방울이 지면 부근에 떠다니고 있는 것이다. 구름과 안개의 구별은 관측하는 관측자의 위치에 의해 결정되는데 멀리 떨어진 곳에서 관측한 경우 정상부근에 구름이 걸려 있지만 높은 산에 올라 정상에 서 있는 사람은 안개이다. 물방울의 크기, 지면에서 떨어져 있는 정도에 의해 구분되며 물방울이 지면 가까이 떨어지면 안개이다.

2. 안개의 종류

첫째, 복사안개이다. 복사안개는 야간에 지형적인 복사가 표면을 냉각시키고 표면 위의 공기를 노점까지 냉각될 때 응결에 의해 형성되는 안개를 말하며 가을에서 겨울에 걸쳐 빈번히 발생한다. 이른 아침에 발생하여 일출 전 후 가장 짙었다가 오전 10시경 소멸된다. 낮 동안 비 내린 후와 밤 동안 맑았을 때 짙은 복사안개가 발생한다. 안개형성의 좋은 지수는 기온과 이슬점 온도의 차이이다. 즉, 낮에 대체로 기온과 이슬점 온도의 차이기 약 8℃(15℉) 이상 시 안개가 발생한다. 주변의 공기 기온이 결빙 기온이상이면 이슬이 맺히고 결빙기온 이하이면 서리가 되어 표면에 형성될 수 있다. 새벽녘에는 공기로부터 습기를 제거함으로써 이슬이 증발되고 복사안개가 형성될 수 있는 조건이 된다. 반대로 약 7노트 이상의 바람이 존재하면 지표면에 복사안개를 형성하기 보다는 지표면 상공에 층운형 구름으로 형성된다.

그림 ▶ 복사안개와 증기안개

둘째, 증기안개(steam fog)로 차가운 공기가 따뜻한 수면으로 이동하면서 충분한 양의 수분이 증발하여 수면 바로 위의 공기층을 포화시켜 발생하는 안개를 말한다. 기온과 수온의 차가

7℃ 이상인 경우 호수 및 강 근처에서 광범위하게 형성되기 때문에 악시정을 유발한다.

셋째, 이류안개(warm advection fog)는 습윤하고 온난한 공기가 한랭한 육지나 수면으로 이동해오면 하층부터 냉각되어 공기속의 수증기가 응결되어 생기는 안개를 말한다. 풍속 7m/sec 정도이면 안개의 두께가 증가하고 7m/sec 이상이 되면 안개가 소멸하고, 층운이 생긴다. 해상에서 생기는 이류안개는 해무 즉 바다안개라 한다. 고위도 해면에서 해무가 발생하는 원인은 표면 수온이 연중 변화 없이 차갑고, 여름에는 고온다습한 기단이 고위도로 침입하기 때문이다.

그림 ▶ 이류안개와 활승안개

넷째, 활승안개(Upslope Fog)는 습한 공기가 산 경사면을 타고 상승하면서 팽창함에 따라 공기가 노점 이하로 단열 냉각되면서 발생하는 안개이다. 기온과 이슬점 온도의 차이가 적을수록 안개의 발생 가능성이 커진다. 주로 산악지대에서 관찰되며 구름의 존재에 관계없이 형성된다.

다섯째, 스모그(Smog)는 물방울, 공장에서 배출되는 매연 등의 대기오염물질에 의해서 시계가 가로막히는 경우를 말하며, 영어인 smoke+fog의 합성어이다. 1905년 영국에서 처음 사용하였으며, 기상용어가 아니고 연기가 길게 늘어져 있거나 연기로 인한 안개나 연무가 발생하여 앞이 희미하게 보이는 현상이다. 안개 형성 조건하에서 안정된 공기가 대기 오염물질과 혼합 시 발생한다.

여섯째, 전선안개(Frontal Fog)는 전선부근에 발생하는 안개로 온난전선, 한랭전선, 정체전선 중 어느 것에 수반되느냐에 따라 안개의 발생과정이 조금씩 다르게 나타난다.

일곱째, 얼음안개(Ice Fog)는 안개를 구성하는 입자가 작은 얼음의 결정인 경우 발생하며, 수평시정이 1km이상인 경우 발생하는 세빙(Ice Prism)이 있다. 기온이 −29℃이하의 낮은 온도에서 발생한다. 상고대 안개(Rime Fog)는 안개를 구성하는 물방울이 과냉각수적인 경우 지물이나 기체에 충돌하면서 생기는 착빙이다.

02 시정(Visibility)

1. 시정이란?

시정(visibility)이란 정상적인 사람의 눈으로 먼 곳의 목표물을 볼 때, 인식 될 수 있는 최대의 거리 즉 지상의 특정지점에서 계기 또는 관측자에 의해서 수평으로 측정된 지표면의 가시거리를 말한다.

어느 정도 먼 곳의 물체를 바라볼 때 똑똑하게 보일 때와 그렇지 못할 경우가 있는데, 이는 지표면 부근의 대기 중을 떠다니는 작은 먼지, 수증기가 응결한 아주 작은 물방울들 과 밀도가 다른 공기 덩어리들이 불규칙하게 접해 있기 때문이다. 이를 대기의 투명도(혼탁 도)라하며 눈으로 물체를 보아 잘 보이면 시정이 좋고 잘 보이지 않을 때는 시정이 나쁘다고 한다.

시정을 나타내는 단위는 mile이다. 즉 statute mile로서 이는 NM(Nautical Mile)과는 달리 1mile에 약 1.6093km이다. 우리가 사용하는 meter단위로의 환산을 하면 1/2mile=800m, 1mile=1,600m, 2mile=3,200m, 3mile=4,800m, 4mile=6,000m, 5mile=7,000m, 6mile=8,000m, 7mile=9,999m 이상이다. 그 이상의 시정의 단위는 없다.(이유는 인간의 눈으로 확인 가능한 최대의 거리가 10km이기 때문이다.) 4mile은 6,400m, 6mile은 9,600m이나 4mile부터는 1,000m단위로 끊어서 사용한다.

시정은 한랭 기단 속에서는 시정이 좋고, 온난 기단에서는 나쁘다. 시정이 가장 나쁜 날은 안개 낀 날과 습도가 70% 넘으면 급격히 나빠진다. 쾌청하게 맑은 날은 40~45km, 흐린 날은 30km 전후, 비가 올 때는 6~10km, 눈이 올 때는 2~15km, 안개 낄 경우에는 0.6km정도이다.

그림 ▶ 활주로에서 본 시정

2. 시정의 종류

첫째, 수직 시정은 관측자로부터 수직으로 측정, 보고된 시정을 말한다.

둘째, 우시정이란 방향에 따라 보이는 시정이 다를 때 가장 큰 값으로부터 그 값이 차지하는 부분의 각도를 더해가서 합친 각도의 합계가 180도 이상이 될 때의 가장 낮은 시정 값을 말한다. 쉽게 표현하자면 적어도 공항 면적의 50%이상에서 보이는 "거리의 최저 치"를 말하는 것이다. 이의 측정을 위해 공항 곳곳에 관측장비를 설치되어 있다. 우리나라에서는 2004년부터 우시정 제도를 채택하여 사용하고 있다.

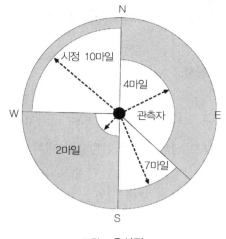

그림 ▶ 우시정

03 차폐와 실링(Obscuration and Ceiling)

차폐는 하늘이 안개, 연기, 먼지, 강우 등으로 우시정이 7마일 이하로 감소시키는 정도 로 지표면으로부터 하늘이 가려질 때를 말한다. 부분적으로 가려질 때는 부분차폐로 표현한다. 실링은 운량이 최소 5/8이상 덥힌 하늘의 가장 낮은 구름의 높이를 말한다.

그림 ▶ 실링

04 시정 장애물 들

1. 황사

황사는 미세한 모래입자로 구성된 먼지폭풍이다. 바람에 의하여 하늘 높이 불어 올라간 미세한 모래먼지가 대기 중에 퍼져서 하늘을 덮었다가 서서히 떨어지는 현상이다. 구성물질은 대규모 산업지역에서 발생한 대기오염 물질과 혼합되어 있다. 모래폭풍이 발생할 수 있는 있는 기상상태는 지표면이 수목 등이 없는 황량한 황토 또는 모래사막에서 큰 저기압이 발달하여 지표면의 모래 입자를 수렴하여 이들을 상층으로 운반하는 상승기류를 형성하여야 한다. 커다란 상승기류가 이들 모래먼지를 운반하고 상층부의 공기는 편서풍을 타고 이동하면서 주변에 확산시킨다.

황사는 공중에서 운항하는 항공기에게 직접적인 영향을 미치며 시정 장애물로 간주된다. 우리나라에 영향을 미치는 황사는 중국 황하유역 및 타클라마칸 사막, 몽고 고비사막으로 알려져 있다. 중국의 산업화와 산림개발로 토양 유실과 사막화가 급속히 진행되어 황사의 농도와 발생빈도가 증가되고 있다.

그림 ▶ 황사 발생지역과 영향권

그림 ▶ 황사

황사가 밀려오고 있을 때 하늘은 엷은 황토색을 띠거나 한낮에도 불구하고 어둡기까지 한다. 상층으로 모래먼지는 태양 빛을 차단하거나 산란시켜 심각한 저 시정을 초래한다. 황사는 공중에 운용하는 항공기의 엔진 등에 흡입되어 엔진고장의 원인이 되고, 지상으로 내려앉을 경우 생활에 불편과 각종 장비에 흡입되어 장비 고장의 원인이 되기도 한다.

2. 연무

연무(haze)는 안정된 공기 속에 산재되어 있는 미세한 소금입자 또는 기타 건조한 입자 가 제한된 층에 집중되어 시정에 장애를 주는 요소이다. 이는 수천 혹은 15,000ft까지 형성되기도 한다. 연무는 한정된 높이가 있으며 이 높이 이상의 수평 시정은 양호하나 하향 시정은 불량하고 경사시정은 더욱 불량한 것이 특징이다.

3. 연기, 먼지 및 화산재

연기(smoke)는 공기가 안정되었을 때 주로 공장 지대에서 집중적으로 발생하며, 연기는 기온역전 하에서 야간이나 아침에 주로 발생한다.

먼지(dust)는 공기 속에 떠 있는 미세한 흙 입자들이다. 먼지는 태양을 흐릿하게 보이게 하거나 노란색 색조를 띠고 멀리 있는 물체를 황갈색 또는 재색 색조를 띠게 한다. 먼지는 불안정한 대기에서 흙 입자가 분산되고 바람이 강할 때 수백 마일까지 불어간다.

화산재는 화산 폭발 시 분출되는 가스, 먼지, 그리고 재 등이 혼합된 것으로 지구 주변에 분산되고 때로는 성층권에 수개월 동안 남아 있는 경우도 있다. 화산재가 대류권계면까지 확장될 경우 구름과 혼합되어 식별이 불가하여 항공기 운항에 치명적인 위험을 줄 수 있다.

07
CHAPTER

기단과 전선

01 기단

1. 기단의 발생

기단(airmass)이란 수평방향으로 우리나라 몇 배의 크기를 가진 수증기 양이나 기온과 같은 물리적 성질이 거의 같은 공기 덩어리 즉 유사한 기온과 습도 특성을 지닌 거대한 공기 군으로 수백 평방킬로미터에서부터 수천 평방킬로미터에 분포되는 공기 덩어리이다.

기단의 특징은 첫째, 기단형성을 위한 동일한 성질의 넓은 지표면 혹은 해수면, 태양 복사열을 필요로 한다. 둘째, 대륙에서 발생 시 건조하고 해상에서 발생 시 습하다. 셋째, 이동하면 지표면, 지리적 성질에 따라 변질한다. 넷째, 난류, 대류가 왕성해져 적란운, 적운 등의 대류형 구름 및 뇌우를 발생시킨다. 다섯째, 대기 중의 먼지는 상공으로 운반되어 시정은 좋아진다. 여섯째, 냉각되면 기온의 수직 감률이 감소해 층운과 안개가 발생하며, 시정은 나쁘다. 일곱째, 발생지는 고기압권역 내이며, 대기 순환에서 볼 때 아열대 고기압, 극고기압, 겨울철 대륙 고기압지역이다.

2. 우리나라 주변의 기단

우리나라를 중심으로 한 기단은 대략 5개 기단으로 볼 수 있다. 첫째, 시베리아 기단은 대륙성 한랭기단으로 발원지의 특성이 얼음이나 눈으로 덮여 있는 대륙인 점을 고려했을 때 지표면의 기온이 매우 낮고 건조하기 때문에 지표면 위는 매우 차고 건조한 공기가 존재한다. 겨울철 긴 밤과 강한 복사냉각이 연속적으로 반복되어 기온은 급강하 하고 대기는 매우 안정된다. 하부의 찬 공기는 대기의 안정성에 기여하는 면이 크기 때문에 대기는 비교적 안정되어 있고 날씨는 맑은 편이다.

그림 ▶ 우리나라 주변 기단

둘째, 오호츠크해 기단으로 해양성 한랭기단이다. 한반도 북동쪽에 있는 오호츠크해로부터 발달하였으며 해양의 특성인 많은 습기를 함유하고 비교적 찬 공기 특성을 지니고 있다. 습하고 찬 공기의 특성은 쉽게 냉각과 응결이 발생할 수 있어 해양성 한랭기단의 세력이 확장하는 시기에는 안개의 형성하거나 지속적인 비가 내린다.

셋째, 북태평양 기단은 해양성 열대기단으로 적도지방으로 부터의 뜨거운 공기와 해양의 많은 습기를 포함한 기단이다. 우리나라에서는 남태평양에서 발생하는 기단으로 여름철의 주요 기상현상을 초래한다. 하층의 고온 다습한 공기는 활발한 대류 현상을 초래하여 대기는 불안정하고 많은 구름과 비가 내린다. 급격한 기온의 상승으로 유발된 상승기류와 습한 공기는 짧은 시간에 적운형 구름을 형성하고 뇌우가 발생하기도 한다.

넷째, 양쯔강 기단은 대륙성 열대기단으로 온난 건조하고 주로 봄과 가을에 이동성 고기압과 함께 동진한다.

다섯째, 적도기단은 적도 해상에서 발달한 해양성 기단으로 매우 습하고 덥다. 주로 7~8월에 태풍과 함께 한반도 상공으로 이동한다.

3. 우리나라 영향을 미치는 기단의 특성

기단	기호	발달시기	특성
시베리아 기단	cP (대륙성 한대)	주로 겨울	한랭하다. 겨울의 혹한을 일으키고 겨울 계절풍과 더불어 삼한사온 현상을 유발한다.
오호츠크해 기단	mP (해양성 한대)	주로 장마기	한랭 다습하다. 동해안 지역을 흐리게 하고 비를 내리게 한다.
북태평양 기단	mT (해양성 열대)	주로 여름	고온 다습하다. 여름철 더위, 폭염을 가져온다.
양쯔강 기단	cT (대륙성 열대)	봄과 가을	온난 건조하다. 이동성 고기압과 함께 동진해 와서 따뜻하고 건조한 일기를 나타낸다.

4. 기단의 변형(Airmass modification)

기단 변형이란 어느 한 지역에 머물고 있던 기단이 주위를 둘러싸고 있는 외부 기상의 영향을 받아 서서히 이동하면서 최초에 지녔던 기단의 특성이 사라지고 새로 이동한 지역의 기상 특성에 맞게 기단이 변화하는 현상이다. 기단 변형은 기단의 이동속도, 새로운 지역의 기상특성 및 기온에 달려 있으며 기단이 변형되는 주요 요인은 다음과 같다.

첫째, 기단하부의 가열이다. 기단하부가 가열되었을 때 찬 공기는 더운 공기를 위로 밀어 올리면서 대기는 불안정하게 된다. 이같은 기단 하부의 가열은 소나기성 강수를 예측할 수 있다. 둘째, 기단하부의 냉각이다. 찬 지표면에 더운 공기가 유입되었을 때 찬 공기는 하층부에 그리고 더운 공기는 상층부에 위치하여 대기는 안정된다. 이때 공기가 노점기온까지 냉각되면 층운 구름과 안개가 형성되는 조건이 된다. 셋째, 수증기량의 증가 및 감소이다. 수면에서의 증발현상이나 강수는 공기 중에 수증기를 더해준다. 수증기가 공기보다 더울 때 증발은 공기를 포화시키기에 충분한 노점까지 상승시킬 수 있고 안개나 층운형 구름이 형성된다. 수증기는 응결이나 강수에 의해서 감소된다.

02 전선

1. 전선이란?

공기는 장애물이나 차고 무거운 공기와 따뜻하고 가벼운 공기 즉, 성질이 서로 다른 공기와 부딪힐 때 상승운동이 일어난다. 차고 무거운 공기가 머물러 있는 곳에 따뜻하고 가벼운 공기가 불어오면 이 가벼운 공기는 찬 공기 위를 산을 타고 올라가듯이 상승한다. 그 사이에 경계면이 생기는데 이 경계면을 불연속선, 전선이라 한다.

전선이 발생하는 것은 공기는 혼합되기 어려워 기단과 기단이 부딪치면 경계가 생기게 되어 전선이 발생하게 된다.

전선 부근에서 강한 바람, 구름 등 날씨가 나빠지는 원인은 첫째, 두 기단의 안정된 상태는 처음에 이웃해 있을 때 보다 위치에너지가 감소하게 되어 위치에너지의 감소부분이 운동에너지로 바뀌어 강한 바람이 분다. 즉, 공기가 쐐기처럼 파고들거나 공기가 위로 타고 오를 때 공기의 이동이 생기고, 이것이 바람이 된다. 둘째, 찬 기단이 밑으로 들어가면 따뜻한 기단은 계속 찬 기단 위로 올라간다. 셋째, 단열 냉각이 일어나 수증기가 응결되고 구름이 발생하여 비가 내린다. 넷째, 응결에 의한 잠열이 방출되면서 주위의 기온을 높이기 때문에 공기는 계속 상승이 촉진되어 온난 기단 내의 바람은 점점 강해진다.

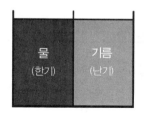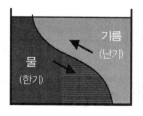

그림 ▶ 전선의 발생

2. 전선의 위치 찾는 일반적인 방법

첫째, 갑자기 발생, 소멸하지 않으므로 전 시각의 일기도로부터 연속 추적한다. 둘째, 기압 경도가 불연속을 이루므로 등압선이 급격히 굽어지는 곳이나, 등압선은 평행하여도 그 간격이 급격한 변화를 이루는 지역에 위치한다. 셋째, 기압이 변화하는 경향이 불연속이므로 기압의 상승과 하강지역의 경계선 부근에 있을 가능성이 크다. 넷째, 성질이 서로 다른 기단의 경계이므로 기온, 노점온도가 불연속을 이루어 그 등치선(지도상에서 동일한 값을 가진 점을 연결한 선)이 밀집되는 지역, 풍향은 불연속 및 급변지역에 나타난다. 다섯째, 일반적으로 일기가 악화, 강수 등 나쁜 일기가 줄지어 나타나는 지역에 전선이 있을 가능성이 크다.

3. 전선의 종류

(1) 온난전선(Warm Front)

온난전선은 남쪽 따뜻한 공기가 우세하여 북쪽의 찬 공기를 밀면서 진행하게 할 때, 따뜻한 공기가 찬 공기 위를 타고 오르면서 생기는 전선이다. 층운형 구름이 발생하고 넓은 지역에 걸쳐 적은 양의 따뜻한 비가 오랫동안 내리며, 찬 공기가 밀리는 방향으로 기상변화가 진행된다.

온난전선에 동반되는 전형적인 기상상태는 다음과 같다.

구분	통과 전	통과 중	통과 후
기압	점차 하강	하강 멈춤	약간 상승 후 하강
풍향	남풍 또는 남동풍	계속 변함	남풍 또는 남서풍
풍속	증가	감소	거의 일정
온도	서늘하다 서서히 따뜻해짐	서서히 상승	따뜻하게된 후 일정
노점 온도	일정(강수 중 증가)	증가	일정
구름	권운, 권층운, 고층운, 난층운, 층운 순으로 나타남	낮은 난층운, 층운	맑으나 가끔 층적운 또는 적란운(여름)
날씨	계속적 비 또는 눈	비슬비	보통 강수 없음
시정	좋음(강수 중 약화)	나쁨(실안개, 안개)	대체로 나쁨(실안개, 안개)

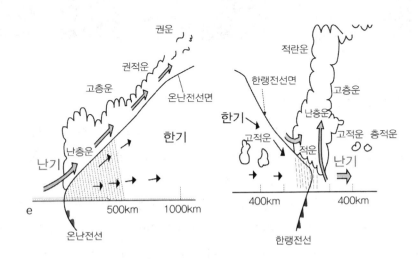

그림 ▶ 온난전선과 한랭전선

(2) 한랭전선(Cold Fronts)

한랭전선은 북쪽 찬 공기 힘이 우세하여 찬 공기가 남쪽의 따뜻한 공기를 밀어내고 찬 공기가 따뜻한 공기 아래로 들어가려고 할 때 생기는 전선이다. 적운형 구름이 발생하고 좁은 범위에 많은 비가 한꺼번에 쏟아지거나 뇌우를 동반하고 북쪽에서 돌풍이 불 때가 있으며, 기온이 급격히 떨어진다. 봄철 천둥과 돌풍을 동반한 강한 비와 우박이 내렸다가 화창하고 기온이 강하하는 현상을 나타낸다.

한랭전선에 동반되는 전형적인 기상상태는 다음과 같다.

구분	통과 전	통과 중	통과 후
기압	서서히 하강	갑자기 상승	서서히 계속 상승
풍향	남풍 또는 남서풍	돌풍	서풍 또는 북서풍
풍속	증가, 돌풍화	돌풍화	돌풍 후 일정
온도	온난(일정)	갑자기 하강	낮은 상태로 거의 일정
노점 온도	거의 일정	갑자기 하강	낮은 상태로 거의 일정
구름	권운, 권층운 증가 후 층적운, 고적운, 고층운이 적란운으로 변함	적란운 또는 낮은 난층운	소나기 강도 약화 후 곧 개임
날씨	단기간 소나기(가끔 뇌우)	호우(가끔 뇌우, 우박)	단기간 호우 후 개임
시정	중~약화(안개)	일시 나빠지나 곧 회복	좋음

(3) 폐색전선(Occluded Front)

폐색전선은 한랭전선과 온난전선이 동반될 시 한랭전선이 온난전선보다 빠르기 때문에 온난전선을 한랭전선이 추월하게 되는데 이때 폐색전선이 만들어지며, 한랭전선과 온난전선의 합쳐진 것이다.

폐색전선에 동반되는 전형적인 기상상태는 다음과 같다.

구분		통과 전	통과 중	통과 후
기압		하강	저압점	보통상승
풍향		동풍, 남동풍 또는 남풍	계속 변함	서풍 또는 북서풍
풍속		증가, 돌풍화	돌풍화	돌풍 후 일정
온도	한랭형	차거나 서늘	하강	한랭
	온난형	한랭	상승	온화
노점온도		일정	한랭형이면 약간 하강	약간 하강, 온난형이면 상승

구분	통과 전	통과 중	통과 후
구름	권운, 권층운, 고층운, 난층운 순으로 나타남	낮은 난층운, 층운	맑으나 가끔 층적운 또는 적란운(여름)
날씨	약한, 보통 또는 강한 비	약한, 보통 강한 연속 강수 또는 소나기	약~보통 강수 후 갬
시정	강수로 악화	강수로 악화	회복

(4) 정체전선(stationary front)

한랭전선은 찬 공기가 따뜻한 공기보다 세력이 강한 것이고 온난전선은 따뜻한 공기가 찬 공기보다 강한 것을 말한다. 그러나 찬 공기가 따뜻한 공기의 세력 과 비슷할 때는 전선이 이동하지 않고 오랫동안 같은 장소에 정체하는 것을 정체전선, 장마철 장마전선이라 한다.

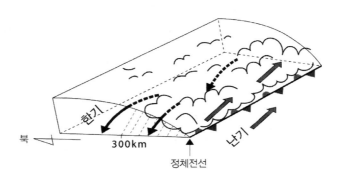

그림 ▶ 정체 전선

---

01 착빙이란?

착빙(icing)은 물체의 표면에 얼음이 달라붙거나 덮여지는 현상이다. 즉, 항공기 착빙은 0℃ 이하에서 대기에 노출된 항공기 날개나 동체 등에 과냉각 수적이나 구름 입자가 충돌하여 얼음의 막을 형성하는 것이다. 계류장에 주기 중이거나 공중에서 비행중에 발생한다. 수증기량이나 물방울의 크기, 항공기나 바람의 속도, 항공기 날개 단면(airfoil)의 크기나 형태 등에 영향을 받는다. 항공기 날개, 로터 끝에 착빙이 발생하면 날개 표면이 울퉁불퉁하여 날개 주위의 공기 흐름이 흐트러지게 되고 이러한 결과는 항공기(헬기, 드론 등 포함) 항력이 증가하고 양력이 감소하고, 엔진이나 안테나의 기능을 저하시켜 항공기 조작에 영향을 미친다. 착빙을 방지하기 위해 항공기는 방빙장치를 이용한다.

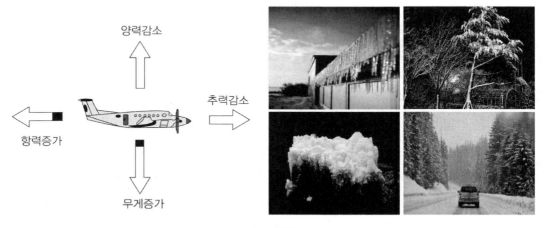

그림 ▶ 착빙

02 착빙의 종류

1. 유도 착빙(Induction Icing)

유도 착빙은 항공기 엔진으로 공기가 유입되는 공기 흡입구와 기화기에서 생기는 착빙이다. 공기 흡입구 착빙과 기화기 착빙으로 나누어진다.

공기 흡입구 착빙은 주로 엔진으로 들어가는 공기를 차단시켜 동력을 감소시키며 공기흡입구에서 얼음이 누적되어 발생한다.

기화기 착빙은 외부 온도에 관계없이 기화기 안으로 유입된 습윤 공기가 단열팽창과 연료의 기화로 인한 냉각으로 인해 기화기 내부가 영하의 온도로 냉각되어 발생한다. 기화기 내의 얼음은 공기와 연료 혼합의 흐름을 완전히 또는 부분적으로 차단시켜 엔진을 정지 시킬 수도 있다.

2. 서리 착빙(Frost Icing)

서리의 발생은 포화 공기가 이슬점 온도까지 냉각되고 그 이슬점 온도가 0℃ 이하 일 때 수증기가 직접 빙결, 축적되어 서리가 발생한다. 서리는 다른 물체에 생성될 때와 같이 항공기에도 생성될 수 있다. 따라서 항공기 표면에 서리가 부착될 때 서리 착빙이라 하며 부착된 서리는 항공기 표면을 거칠게 하여 항력을 증가시켜 양력을 감소시킬 수 있다. 항공기 표면에 서리가 단단하게 발생하면 실속을 약 5~10% 증가 시킬 수 있다. 또한 서리가 생성된 항공기가 저고도에서 난류나 윈드시어를 만나면 저속운항이나 선회 시 위험하다. 항공기에 서리가 발생할 시는 구름은 없고 상대 습도가 높은 온난한 지역으로 상승 또는 하강할 때 발생할 수 있다.

3. Structural icing(구조물)

(1) 맑은 착빙(Clear icing)

맑은 착빙은 투명하고 견고하며 매끄럽다. 온난전선의 역전 아래 적운이나 얼음비에서 발견되는 비교적 큰 물방울이 항공기 기체 위를 흐르면서 천천히 얼 때 생성된다. 착빙 중 가장 위험하다.(가장 빠른 축적 율 및 Rime Icing보다 떼어내기 곤란) → 0~-10℃, 적운형 구름에서 주로 발생한다. 무겁고 단단하여 항공기 표면에 단단하게 붙어 있어 항공기 날개 형태를 크게 변형시키므로 구조착빙 중 가장 위험하다.

(2) 거친 착빙(Rime icing)

거친 착빙은 백색, 우유 빛이며 불투명하고 부서지기 쉽다. 층운에서 형성된 작은 물방울이 날개표면에 부딪혀 형성되며, −10~−20℃, 층운 형이나 안개비 같은 미소수적의 과냉각 수적 속을 비행할 때 발생한다. 거친 착빙은 항공기의 주 날개 가장자리나 버팀목 부분에서 발생하며 항공기 날개의 공기 역학에 심각한 영향을 미칠 수 있다.

(3) 혼합 착빙 (Mixed icing)

맑은 착빙과 거친 착빙의 결합된 형태로 눈 또는 얼음입자가 맑은 착빙 속에 묻혀서 울퉁불퉁하게 쌓여 생성된다.

03 제빙 및 방빙액의 적용

제빙은 뜨거운 물 또는 결빙점 억제제와 뜨거운 물의 혼합액으로 수행하게 된다. 제빙 용액의 종류를 결정하는 데 주변 기상상태와 항공기로부터 제거되어야 하는 축적의 종류를 고려해야 한다.

방빙은 항공기의 중요한 표면에 물과 SAE 또는 ISO Type 2의 혼합액을 적용하는 것이 포함된다. SAE 또는 ISO Type 1 용액에 글리콜 용액은 최저 80% 포함되어야 하고 상대적으로 점도가 낮기 때문에 비농화로 고려된다. SAE 또는 ISO Type 2 용액은 최저 50%의 글리콜 용액을 함유하고 있는 진한 용액이다. 따라서 도포된 두꺼운 막을 형성하고 있어 항공기가 이륙할 때까지 표면에 남아 있다.

09
CHAPTER

뇌우(Thunderstorm)

01 뇌우

1. 뇌우란?

뇌우(thunderstorm)는 번개와 천둥을 동반한 적란운 구름에 의해서 발생한 폭풍이다. 적운의 구름이 대기의 변화에 따라 폭풍으로 변한 것으로 통상 악기상 요소인 폭우, 우박, 번개, 눈, 천둥, 다운버스트 그리고 토네이도 등을 동반한 거대한 폭풍이다. 급격한 상승기류에 의해 발생한 적란운 또는 그러한 구름의 집합체에서 내리는 비로 천둥과 번개를 동반하는 점에서 보통 소나기와 다르다. 또한 국지적인 폭풍우이며, 강한 돌풍과 소나기성 강우 그리고 때때로 우박과 벼락을 치기도 한다. 수명은 짧아 2시간 이상은 드물다.

뇌우는 강수와 방전의 2가지 현상에 의해 발생한다. 심한 상승기류가 생기면 응결이 왕성하여 적란운이 발생하고 이 적란운 속에서 강수와 방전이 일어난다. 방전은 적란운 속에서 전기 분리가 일어나 구름과 구름사이, 구름과 대지 사이에서 일어난다. 방전에 의한 천둥과 번개는 다량의 액체상 수적과 고체상의 얼음들이 −28℃보다 낮은 온도의 높이까지 운반될 경우에만 나타난다.

2. 뇌우의 생성조건

뇌우의 생성조건은 첫째, 온난 다습한 공기가 하층에 있어야 한다. 둘째, 강한 상승기류 가 있어야 한다. 셋째, 높은 고도까지 기층의 기온감률이 커야 한다.

3. 뇌우의 종류

뇌우는 기단성 뇌우 즉 열 뇌우와 전선성 뇌우로 나누어 볼 수 있다. 먼저 기단성 뇌우는 국지적 가열에 의한 대류로 일어나는 것으로 여름철 고온 다습한 북태평양 기단에 덮혀 있을 때

기압경로가 완만하고 일사가 강하면 지상의 기온은 오후에 많이 상승한다. 열을 받은 공기가 상승하여 구름을 생성하며 이것이 발달하여 뇌우가 된다. 좁은 범위에서 급속히 발달하고 지속시간도 짧다. 강한 비바람과 방전이 일어나나 밤이면 소멸한다.

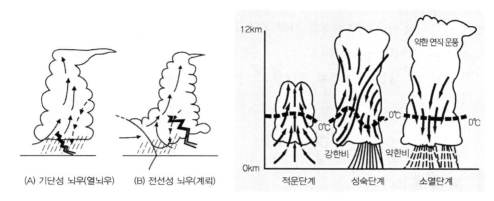

그림 ▶ 뇌우의 종류와 단계

전선성 뇌우는 온난 다습한 공기가 전선면을 올라갈 때 생기며, 이른 봄, 늦가을에 발생하는 뇌우를 말한다. 온난전선보다 한랭전선에서 더 자주 발생하며 해상은 늦가을에서 봄에 발생한다. 뇌우가 다가오면 돌풍이 불기 시작하고 하늘이 갑자기 어두워지며 번개가 치고 우박을 동반한 비가 내린다.

4. 뇌우 회피 권장사항
- 접근해 오는 뇌우의 정면으로 이착륙을 하지 말 것
- 뇌우의 하단으로 비행 금지(폭풍하단의 난기류와 전단풍은 파괴적 임)
- 소산되어 있는 은폐 뇌우를 내포한 구름 속으로 비행 금지
- 뇌우 속에서 난기류의 존재를 지시하는 시각적인 외형을 신뢰하지 말 것
- 뇌우의 강도가 심하거나 강한 레이더 반사파로 식별된 뇌우에 대해서는 최소 20마일 이상 우회할 것
- 예보되거나 의심이 가는 악 뇌우 운정으로 통과시 10kts당 1000 피트의 거리를 두고 통과하라
- 뇌우 영향범위가 6/10 이상이라면 전 지역을 우회할 것
- 불빛이 선명하고 빈번한 번개는 강한 뇌우일 가능성이 크다
- 운정이 35000fts 이상이면 극도로 위험한 것으로 간주 할 것
- 좌석벨트와 어깨끈을 단단히 조이고 느슨한 물건이 없도록 할 것

- 최소한의 시간에 뇌우를 통과토록 계획하고 항로를 유지
- 결빙층 이하 또는 −15℃ 고도층 이상으로 통과고도를 설정하여 착빙회피
- 피토관 등 방빙 및 제빙장치 작동을 점검할 것
- 항공기 운용지침서에 명시된 뇌우 통과 속도를 위한 동력을 세팅 할 것
- 번개로 인한 일시적 실명방지를 위해 조종실 조명을 최대로 밝게 할 것
- Auto pilot 장치는 해제할 것
- 탑재 기상 레이다를 위 아래로 돌려서 또 다른 뇌우 활동을 탐지할 것

02 천둥과 번개

1. 천둥과 번개의 발생

천둥과 번개(thunder and lightning)는 뇌우가 동반하는 악기상의 하나로서 현대과학으로는 명확하게 그 발생원인을 규명하지 못하고 있다.

천둥과 번개는 동시에 발생한다. 천둥소리는 구름 속에서 다량의 전기가 순간적으로 흐르면서 열과 빛을 발생한다. 공기는 열 때문에 급격히 팽창하여 주위의 공기를 순간적으로 압축하고, 압축된 공기는 되돌아간다. 따라서 이때 공기 진동이 발생하고 그 진동이 소리가 되어 들리는 것이 천둥소리이다. 즉 전기가 방전될 때 순간적으로 가열된 공기 분자가 팽창하면서 찬 공기와 부딪치게 되고 이때 공기 중 강한 충격이 발생하면 소리가 난다. 천둥소리는 번개 치고 난 뒤 들리는 이유는 음은 대기 중 약 340m/sec의 속도로 전달되나 빛은 약 30만 km/sec의 속도로 소리가 빛보다 느리기 때문이다. 번개 발생 장소까지 거리는 번개 불을 보고 난 후 소리까지 시간을 계산한다.

번개의 발생은 공기 중에서 발생하는 불꽃 방전, 구름 사이 혹은 구름과 대지에서 발생한다. 큰 소리를 내는 천둥을 동반하며, 번개를 일으키는 구름은 적란운이다. 적란운을 구성하는 물방울이 대기 중을 하강할 때 상승 기류로 인해 부서지며 이 물방울들은 양전기를 띠고 주위의 공기는 음전기를 띠게 된다. 즉, 물방울이 분열되면 물 분자 바깥의 가벼운 음전자가 떨어져 나가 물방울은 양전자를 띠고 주변 공기는 음전기를 띠게 된다. 한편, 양전기를 가진 물방울은 상승기류에 의해 구름위로 올라가고 음전기는 아래쪽에 머무른다. 구름의 상부와 하부에서 전압이 점차 높아지면 구름 사이에 방전이 일어나면서 번개가 치게 된다. 구름과 지표면 사

이에 방전이 일어나면 낙뢰 혹은 벼락이 발생한다.

　낙뢰가 생기는 과정은 먼저 구름 속의 양전기가 구름 밑 대부분을 이루는 음전기 쪽으로 방전된다. 이는 전기가 공기 속을 잘 흐르게 하는 길을 만드는 역할을 한다. 구름 밑 부분의 음전기에 의해 지상에 양전기가 유도되고 구름속의 음전기가 지상의 양전기와 합쳐진다. 이때 위에서 만들어진 길을 따라 구름 위의 양전기가 대량으로 지상위의 물체로 이동한다. 이 과정에서 구름 밑에서 지상으로 수없이 전기가 이동하여 마침내 지상에 도달 했을 때 큰 전류가 흐르고 다시 구름으로 돌아온다. 이것이 낙뢰이다. 규모가 큰 적란운에서는 5~10초 간격으로 번개가 치며, 3~4개의 번개 중 한번은 낙뢰가 된다고 한다. 40,000~50,000암페어의 전류를 가진 에너지 덩어리이다. 이는 100W의 전구 14,000개를 8시간 동안 켤 수 있으며, 1/1,000초로 흐르는 순간적인 전류이다.

그림 ▶ 낙뢰

　참고로 낙뢰를 예방하기 위해 설치된 피뢰침은 낙뢰를 피하게 하는 장치가 아니라 끌어 들이는 역할을 하여 예방한다. 또한 맑은 하늘에 날벼락을 볼 수 있는데 이것은 관측자가 위치한 곳의 날씨는 맑지만 주위의 적란운에서 관측자가 있은 곳으로 비스듬히 번개가 치는 경우에 발생하는 경우로 확률은 대단히 낮다.

03 토네이도

1. 토네이도란?

  태풍 이외의 강한 바람으로 토네이도와 돌풍이 있으며, 토네이도는 용오름, 회오리바람이라고 한다. 태풍은 수평방향으로 확대되나 토네이도는 수직방향으로 커진다. 태풍과 비교 시 규모, 수명, 이동거리가 극단적으로 짧다. 바람규모는 훨씬 작지만 유사한 돌풍이 있다. 교정, 운동장 등의 넓은 지면이 태양열로 가열되어 작은 상승기류가 발생하면 주변 공기가 기압이 낮아진 곳으로 불어 들어가 소용돌이를 만든다. 이것이 돌풍이며, 나뭇잎이나 낙엽을 감아서 올린다. 토네이도는 대부분 미국 중서부 캔자스, 미주리, 오클라호마, 텍사스 주 등지에서 발생하고 연 평균 200명의 사망자가 발생한다.

2. 토네이도 현상

  연 평균 기온 10~20℃의 온대 지방에서 발생하는 경우가 많으며, 열대 지방에서 발생할 확률은 적다. 바다나 넓은 평지에서 발생하는 매우 강하게 돌아가는 깔때기 모양의 회오리바람이다. 대기의 소용돌이 현상으로 거대한 적란운의 아래층이 깔때기 모양으로 지상에 드리워져 집이나 가축, 바닷물 등을 감아올리는 바람기둥이다. 발생조건은 갑자기 생긴 저기압 때문에 일어나고, 뇌우 등과 유사하다고 알려져 있다.

그림 ▶ 토네이도

3. 토네이도 발생

강한 상승기류 내부의 기압이 낮아져 지표면의 공기가 하늘로 말려 올라가는 돌풍의 일종이다. 강한 상승기류가 나타나기 위해서는 대기 하층에 고기압이 정체하여 토네이도가 생성되기 전까지 대기가 매우 안정되어 있어야 한다. 산맥이나 지형이 복잡한 곳은 높낮이에 따른 기압 차가 커 상승기류가 흐트러지므로 강한 상승기류가 쉽게 발생하지 않는다. 평지가 있는 곳에서 잘 발생하며, 산이 많은 우리나라는 육지보다 해상의 용오름 현상이 더 자주 발생한다. 바람기둥의 직경은 200m정도, 2km넘기도 하며 내부의 기압은 매우 낮으며, 풍속은 태풍보다 강하여 순간 풍속이 150m/sec가 넘기도 한다. 주변에서 빨려 들어 온 공기는 기압 하강에 따른 단열냉각으로 코끼리 코 모양의 깔때기 구름이 만들어진다. 미국에서는 봄, 여름에 발생하고 속도는 시간당 30~50km이고 수명은 짧다.

---

04 우박(Hail)

1. 우박이란?

우박(hail)은 온도가 영상인 여름에 작은 얼음 덩어리가 내리는 것으로 크기가 큰 싸락눈이 우박이고 작은 얼음 알갱이는 싸락눈이다. 보통 싸락눈은 직경 2~5mm의 반투명이고 우박은 5~50mm로 투명과 반투명이 번갈아 나타난다. 싸락눈과 우박은 대류가 강한 적운 형(적운, 적란운) 구름에서 내려온다.

그림 ▶ 우박

2. 우박의 생성

우박은 적란운 중 천둥, 번개가 치는 뇌운에서 내린다. 뇌운 속에는 강한 상승기류가 발생하며, 상승기류가 강하면 구름 속의 빙정은 낙하하다 온도가 높은 과냉각 물방울과 만나 언 다음 다시 더 높은 곳으로 상승한다. 다소 높은 곳의 과냉각 물방울은 온도가 −20℃ 정도로 매우 낮아진다. 이때 형성되는 얼음 층은 불투명하다. 이런 과정을 반복하면 우박의 표면은 투명과 반투명의 얼음 층이 만들어지면서 성장한다. 상승기류보다 더 무거워지면 우박은 작은 얼음덩어리 형태로 떨어진다. 지상에 도착할 때까지 공기 마찰열에 의해 녹는 정도는 매우 작으나 기온의 영향을 많이 받는다.

기타 악 기상

01 난류(Turbulence)

1. 난류의 발생

난류는 지표면의 불균등한 가열과 기복, 수목, 건물 등에 의하여 생긴 회전기류와 바람 급변의 결과로 불규칙한 변동을 하는 대기의 흐름이다. 즉, 비행 중인 항공기나 드론 등 비행체에 동요를 주는 악기류를 말한다. 이러한 난류는 상승기류나 하강기류에 의해 발생 한다.

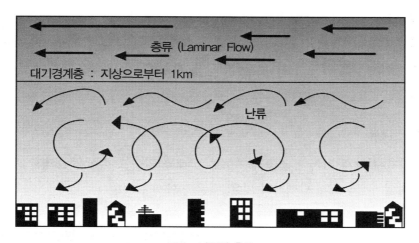

그림 ▶ 난류와 층류

난류는 소용돌이가 섞인 매우 불규칙한 공기의 흐름이다. 대부분의 난류는 지표면의 기복에 의한 마찰 때문에 일어나므로 높이 1km 이하의 대기 경계층에서 발생한다. 난류가 강하게 일어날 조건은 지표면의 기복이 커야하고, 풍속이 강해야 한다. 층류는 1km이상의 상공에서 비교적 규칙적인 공기의 흐름을 말한다. 난류의 원인은 지형의 효과, 고도에 따른 풍속변화 그리고 지표 온도차이다.

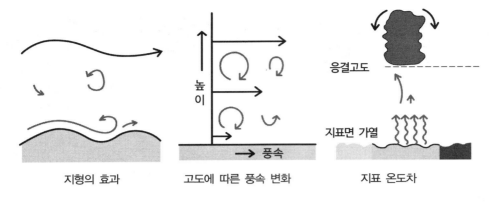

지형의 효과　　　　　고도에 따른 풍속 변화　　　　　지표 온도차

응결고도

높이

풍속

지표면 가열

그림 ▶ 비행난기류

2. 난류의 종류

(1) 약한 난류

　항공기 조종에는 크게 영향을 미치지 않으며, 비행방향유지에 지장이 없는 상태의 요란을 의미하나 소형 드론에는 영향을 미칠 수 있다. 25kts미만의 지상풍에 존재한다.

(2) 심한 난류

　항공기 고도 및 속도가 급격히 변화되고 순간적으로 조종 불능상태가 되는 요란기류이다. 항공기는 조종이 곤란하고 좌석벨트를 착용해도 정자세유지가 곤란하다. 풍속이 50kts이상이다.

(3) 극심한 난류

　항공기가 심하게 튀거나 조종 불가능한 상태를 말하고 손상을 초래할 수 있다. 풍속 50kts이상의 산악파에서 발생하며 뇌우, 폭우 속에서 존재한다.

3. 비행 난기류

　비행기 날개 끝에서 발생하는 와류에 의해 난기류가 발생하는 것이다. 강도는 항공기 무게, 속도, 형태에 따라 다르다. 이륙 시 난기류는 활주로에서 부양하기 시작하면 난기류가 형성되고, 착륙 시는 항공기 접지 후 난기류가 소멸된다.

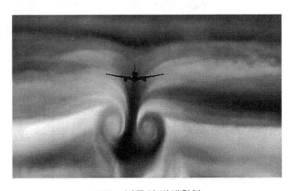

그림 ▶ 난류의 발생원인

02 저고도 윈드시어 (Wind Shear)

1. 윈드시어의 발생

짧은 거리 내에서 순간적으로 풍향과 풍속이 급변하는 현상을 의미한다. 윈드시어는 모든 고도에서 나타날 수 있으나 통상 2,000ft 범위 내에서의 윈드시어는 항공기 운용에 지대한 위험을 초래할 수 있다. 풍속의 급변현상은 항공기의 상승력 및 양력을 상실케 하여 항공기를 추락시킬 수도 있다.

저고도 윈드시어의 기상적 요인으로 뇌우, 전선, 복사 역전형 상부의 하층 제트, 깔때기 형태의 바람, 산악파 등에 의해 형성된다. 기타 요인은 지속적으로 강한 바람이 활주로 부근의 건물이나 다른 구조물을 통해 볼 때 10kts 이상의 국지적인 윈드시어 현상이 발생한다.

2. 깔때기 바람

산악이나 좁은 협곡으로 둘러싸인 지형에서는 계곡으로 부터 압축되어 불어오는 깔때기 바람으로 인해 풍속의 급변현상이 일어나는데 산악주위나 좁은 협곡을 비행 시에는 이러한 깔때기 바람에 주의를 해야 한다.

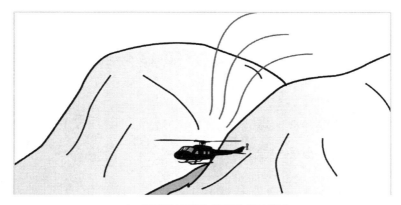

그림 ▶ 깔때기 바람과 산악파 윈드시어

03 산악파(Mountain Wave)

1. 산악파란?

대기 중에서 발생하는 정체파 중에서 가장 일반적인 형태의 내부 중력파로서 안정한 상태의 공기가 산이나 산맥을 통과할 때 형성되는 파동, 풍하 측에 형성되어 풍하파라고도 하기도 하며 종종 풍하파의 마루에 고적운이나 렌즈형 구름이 형성되는데, 이를 산악파 구름이라 한다.

산악파는 연직 변화에 의해 기류의 기압, 기온, 고도가 주기적으로 변하게 만든다. 바람이 산이나 산맥을 넘을 때 지형효과에 의해 상승하여 발생하거나, 지표면 바람이 분지를 넘을 때, 또는 상층의 바람이 강한 상승류나 클라우드 스트리트(cloud street)에 의해 굴절되어 발생하기도 한다.

상승 운동에 의해 기류 내의 공기의 속도와 방향을 주기적으로 변하게 만든다. 항상 상승류를 유발하는 지형의 풍하 측에서 그룹으로 발생한다. 가끔은 산악파에 의해 풍하 측에 서의 강우량을 증가시키기도 한다. 일반적으로 난류와도(회전축은 산맥의 방향과 평행) 첫 번째 골 부근에서 만들어지며 이를 로토(rotor)라 부른다. 가장 강한 산악파는 장애물 상공에 대류 안정층이 형성되고, 그 위와 아래에 불안정 층이 존재할 경우에 나타난다.

2. 산악파와 구름들

대기 중의 수증기량이 충분하고 이를 포화시킬 정도로 상승 운동이 충분할 경우에는 산악파 및 로토의 존재가 이에 해당하는 특정한 산악 구름의 형태로 나타난다. 물론 수증기량이 충분하지 않거나 상승운동이 약할 경우에는 구름 발생 없이 산악파가 존재한다(여전히 난류는 발생하므로 항공운항의 위험요소가 됨). 보통의 구름들이 바람을 따라 이동하는 반

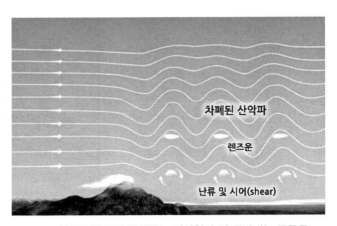

그림 ▶ 산악파에 의해 발생하는 기상현상 및 동반되는 구름들

면 산악파에서 형성된 구름들은 풍하측으로 이동하는 대신 고정된 지점에 머무는 특성이 있다.

산악파 구름들은 모자 구름, 말린 구름, 렌즈구름 등이 있다.

04 다운버스트

뇌우를 동반한 강한 하강기류를 말한다. 뇌우 발달과정에서 성숙단계의 하강기류는 지표면에 도달하자마자 빠르게 퍼져 유출 기류를 만들며, 유출 기류의 직경은 유출된 후에 경과된 시간에 따라 거의 선형적으로 증가하여 10~15분 안에 최대로 유출되고 발산된다.

05 마이크로 버스트

1. 마이크로 버스트란?

대류활동에 연관되어 나타나는 특수한 바람시어이다. 강력한 폭풍우(severe storm) 밑에서 발생하는 하강기류는 국지적으로 지상에 도달하여 수평으로 퍼지는데, 마치 수도꼭지에서 물이 쏟아져 싱크대로 떨어져 내리는 것처럼 급격한 바람의 폭발이 일어난다. 이와 같이 2~5분 정도 지속되면서 최고조의 풍속으로 4km×4km 미만의 영역을 덮는 하강버스트(downburst)를 마이크로버스트라고 한다.

2. 발생과정

바람이 4km 범위 이내에 영향을 미치는 하강버스트를 마이크로버스트라 하고, 4 km 범위 이상으로 확장되는 하강기류를 매크로버스트(macroburst)라 한다. 마이크로버스트 중에서는 시속 270 km의 강풍을 동반하는 경우도 있다. 그리고 마이크로버스트는 강력한 하강기류이기 때문에 그 전면은 지상에서 돌풍전선으로 발달할 수도 있다.

아울러 마이크로버스트는 강력한 폭풍우와 연계하여 강력하고 파괴적인 바람을 일으키기도 한다. 그러나 연구 결과에 의하면, 마이크버스트는 천둥과 번개를 동반하지 않고 국지적 소나기 정도 일으키는 일반세포 뇌우에서도 발생한다.

06 해무(Ocean Fog)

1. 해무란?

해수면 위에 매우 작은 수적(물방울)들이 많이 부유해 있고 시정 거리가 1km 이내인 안개를 해무(ocean fog)라고 한다. 일반적인 육상 안개의 상대습도는 약 100%이지만 해양에서는 해수면 위의 대기에 부유하는 미세한 염류 입자가 많아서 응결핵의 역할을 하기 때문에, 상대습도가 90%인 불포화상태에서도 해무가 발생할 수 있다.

2. 발생 조건

- 광범위한 고기압권에 위치할 때
- 저기압이나 전선 영향이 없을 때
- 해수면의 온도가 20℃보다 낮을 때
- 온도와 노점온도차가 0~2℃ 정도일 때
- 해수면 온도와 노점온도차가 0~1℃ 정도일 때
- 바람이 거의 없을 때
- 지상 역전층 현상이 관찰될 때
- 4,000~5,000ft 대기에서 역전층 현상이 관찰 시

3. 종류와 발생과정

해무의 대표적인 예가 이류무(Advection Fog)이다. 고온 다습한 공기가 상대적으로 온도가 낮은 해수면 위로 이동하면 공기가 냉각되어 기온이 노점에 도달하고, 포화되면서 응결하여 수적 형태로 공기중에 부유한 상태로 있게 되는 해무가 발생한다. 이류가 원인이 된 해무는 발생하는 범위가 상당히 넓으며 육상의 복사안개보다 안개의 수직 층이 두꺼운 편이다. 또한 육상과 달리 해무 발생 후 상대적으로 오래 머무르는데 대략 수 일정도 지속하는 경향이 있다.

이류 과정과 관련된 해무는 고기압의 중심 부근에 위치하며 바람도 상대적으로 강하게 불면서 해수면 온도도 낮을 때 잘 발생하는 편이다. 이류 해무는 해양 – 대기 온도 차가 클수록 풍속이 강할수록 잘 발달하는 경향이 있다.

일반적으로 해무는 고온 다습한 공기가 찬 해수면을 이류하면서 발생하지만 해수면 온도와 기온의 크기가 서로 반대일 경우도 발생할 수 있다. 차가운 공기가 따뜻한 해수면 위로 이동할 때 해수면에서 증발이 일어나 대기로 수증기가 공급되고 해수면과 접촉한 대기가 부분적으로

기온이 상승하면서 증기무 형태의 해무가 발생할 수 있다. 또한 대기의 전선이 바다 위를 통과하기 전과 후에 강수 현상에 동반하여 해수면 가까이 해무가 출현하기도 한다.

육상에서 발생하는 복사무는 지표면의 야간 냉각으로 수증기가 냉각되어 하루 중 새벽이나 이른 아침에 잘 발생한다. 반면에 해양은 하루 중 시간에 크게 의존하지 않고 해수면 온도와 대기 온도의 차이나 해면 위 습도 조건 등의 해상 조건에 따라 변할 수 있기 때문에 아침시간 외에 낮에도 발생할 수 있다.

07 태풍/허리케인

1. 태풍/허리케인이란?

(1) 개요

태풍, 허리케인은 여름과 초가을 일상생활에서 자주 접하는 기상용어 중 하나이다. 시설물에 막대한 피해를 입히는 악 기상 현상으로 "저위도 해역에서 발생하는 저기압 중심 부근의 최대풍속이 17m/sec 이상 강한 폭풍우를 동반하고 있는 것으로 중위도의 온대 저기압과 구별해서 열대 저기압"이라고 한다.

초강력 바람과 엄청난 양의 홍수, 천둥 번개를 동반한 폭풍으로 태풍에 따라 강력한 바람, 폭우 영향이 다르게 나타나며, 태풍주변에 형성된 기단과 기압배치에 영향을 받는다.

우리나라에 영향을 미치는 태풍은 서부 북태평양에서 발생하는 것으로 1년에 약 30개 발생 중 3~4개 정도 직접적으로 영향을 미친다. 세계적으로 평균 80개 정도 열대 저기압이 발생하면 약 50% 정도는 태풍이다.

태풍, 허리케인, 사이클론이라는 용어는 국제협약에 따라 북태평양 서부에서는 태풍 (typhoon)이라 하며, 북대서양과 북태평양 동부에서는 허리케인 (hurricane), 인도양, 아라비아해 등에서 생기는 것은 사이클론(cyclone), 호주 부근 남태평양에서 발생하는 것은 윌리윌리(willy-

그림 ▶ 태풍의 명칭

willy), 필리핀에서는 바귀오라고 한다.

(2) 열대저기압의 발달과 분류

고온 다습한 열대 해양으로 해수면 온도가 26.5℃ 이상 지역에서 발달한다. 발달 단계는 열대 요란 → 열대 저기압 → 열대 폭풍 → 태풍으로 발달한다.

[표] 열대 저기압 분류

총칭	한국, 일본명칭	국제명칭(약호)	중심부근 최대풍속
열대 저기압 (Tropical cyclone)	약한 열대저기압	Tropical Depression (열대저기압 : T.D)	17m/s(34kts)미만
	태풍 : 풍속 17m/s이상	Tropical Storm (열대폭풍 : T.S)	17~24m/s (34~47kts)
		Severe Tropical Storm (강한 열대폭풍:S.T.S)	25~32m/s (48~63kts)
		Typhoon (태풍 : T)	33m/s (64kts) 이상

(3) 열대저기압의 구조와 날씨

태풍의 눈(eye)은 원형으로 태풍 중심에 형성된 20~50km구역으로 공기가 침강하는 구역에는 바람이 없으며, 해면 기압이 낮고, 구름이 없고 맑다. 눈 벽(eye wall)은 눈 주위에 형성된 회전성 적란운 구름영역으로 폭풍의 중심을 향해 회전하면서 치올리는 구름이며, 가장 강한 바람(초속 50m이상)과 가장 많은 강수를 발생시킨다. 태풍의 나선형 구름 대에는 적란운으로서 소나기가 발생하는 수렴선이다.

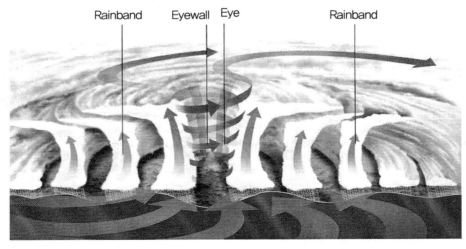

그림 ▶ 태풍의 단면도

태풍의 진로와 피해지역을 볼 때 태풍의 오른쪽(가항 반원) 지역은 태풍의 바람과 이동속도가 합쳐져 피해가 크고, 왼쪽(반향 반원) 지역은 태풍의 바람이 이동속도가 감해져 피해가 상대적으로 적다.

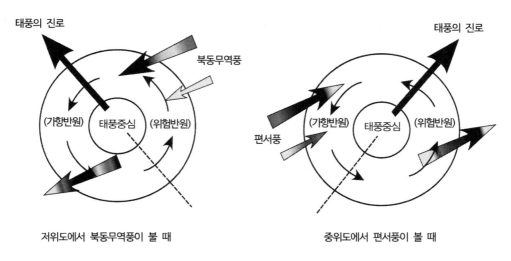

그림 ▶ 북반구 태풍의 진로와 피해지역

2. 태풍에 수반되는 현상

(1) 풍랑

해상에서 바람에 의해 일어나는 파도로서 태풍으로 바람이 불기 시작한 약 12시간 후 최고 파고에 도달한다. 이 파고는 대체로 풍속의 제곱에 비례하나, 바람이 부는 거리와도 관계된다.

(2) 너울

직접적으로 일어난 파도가 아닌 바람에 의해서 일어난 물결이다. 태풍에 의한 너울은 진행방향 오른쪽에서 잘 발달되며 파장이 길면 빨리 전해진다. 진행 속도는 태풍 진행속도보다 보통 2~4배 빠르다.

(3) 고조

폭풍 또는 저기압에 의한 해일이다. 바람에 의해 해안에 해수가 밀려와 해면이 높아지는 것으로 높이는 풍속의 제곱에 비례한다. 저기압 통과로 인한 기압하강 효과(역 수은주 현상)로 기압 1hPa 하강에 해수면은 1cm 상승한다.

3. 태풍의 일생

(1) 수명은 발생부터 소멸 시까지 약 1주일에서 1개월 정도이다.

(2) 형성기- 성장(발달)기- 최성기- 쇠약기로 구분

형성기는 저위도 지방에 약한 저기압성 순환으로 발생하여 태풍강도에 달할 때까지의 기간이다.

성장기는 태풍이 된 후 한층 더 발달하여 중심기압이 최저가 되어 가장 강해질 때까지의 기간이다.

다음은 최성기로서 등압선은 점차 주위로 넓어지고 폭풍을 동반하는 반지름은 최대가 된다. 따라서 확장기라고도 한다.

쇠약기는 온대 저기압으로 탈바꿈하거나 소멸되는 기간이다. 태풍의 소멸은 태풍에 지속적인 에너지 공급이 되지 않을 시 열대 저기압으로 소멸된다. 육지에 상륙하면 습기 공급이 차단되고 자연 장애물과의 마찰로 바람이 약해진다.

항공기상업무

01 개요

조종사는 기상현상의 원인을 분석하고 기상현상을 관측 및 측정하는 기상 전문가라기보다 항공기 운항에 필요한 정보를 받아서 이를 판독할 수 있고 활용할 수 있는 능력과 항공기 운항에 어떠한 영향을 줄 수 있는가를 판단할 수 있어야 한다. 조종사, 운항관리사, 항공교통안전관리자 그리고 특히 기장으로서 항공기 운항에 필수적인 기상정보를 스스로 획득하고 판단하여 결심을 내려야 하는 필수 요소로 등장하고 있다.

기상 보고(Weather report)에는 항공정기 기상보고(Aviation routine Weather report : METAR), 조종사 기상보고(Pilot Weather report : PIREP), 레이더기상보고(Radar Weather report : SD) 등이 있다.

기상예보(Weather Forecast)는 터미널 공항예보(Terminal aerodrome Forecast : TAF), 항공지역예보(Aviation area Forecast : FA), 상층풍 및 기온예보(Wind and temperature aloft : FD), 악기상보고와 예보(Severe weather report andForecast)가 있으며 악기상보고와 예보는 다시 허리케인 조언(Hurricane advisory : WH), 대류성 전망(Convective outlook : AC), 악기상 주의회보(Severe weather watch bulletin : WW)가, 악기상 주의경보(Alert Severe weather watch : AWW)가 등이 있다.

그래픽 일기도(Graphic report or charts)는 지상 분석도(surface analysis charts), 기상 묘사도(weather depiction charts), 레이더 일기도(radar summary chart), 위성 기상 사진(satellite weather picture), 합성 습도 안정도(composite moisture stability chart), 등 기압 분석도(constant pressure analysis chart), 상층 바람과 기온 관측도(observed wind and temperature aloft chart) 등이 있다.

그래픽 예보(Graphic forecasts)에는 저고도 중요기상예보도(low-level significant weather prog chart), 고고도 중요기상예보도(high-level significant weather prog chart), 악기상 전망도(severe weather outlook chart), 상층풍과 기온 예보도(forecast wind and temperature aloft chart), 대류권계면 일기도(tropopause data chart), 화산재 이동 및 분포 예보도(volcanic ash forecast transport and dispersion chart : VAFTAD)가 있다.

기상정보제공 기관으로 비행 전에는 비행업무기관(flight service station : FSS), 비행 전 기상 브리핑(preflight weather briefing), 전화 정보 기상업무(telephone information briefing service), 사용자 직접 접속 시스템(direct user access terminal system), 사설기상 제공업체(private industry sources), 인터넷(the world wide web) 등이 있다. 비행 중에는 비행중 기상조언(in-flight weather advisories)으로 에어멧(AIRMET), 시그멧(SIGMET), 대류 시그멧(convective SIGMET)이 있고, 순항항로 비행조언업무(enroute flight advisory service : EFAS), 중앙기상조언(center weather advisories), 비행 중 위험기상조언업무(hazardous in-flight weather advisory service), 녹음기상방송(transcribed weather broadcasts) 등이 있다.

자동지상기상보고체계는 자동지상관측시스템(automated surface observation system : ASOS)과 자동기상관측시스템(automated weather observation system : AWOS)이 있다.

공중탑재 기상장비(airborne weather equipment)는 공중탑재 기상레이더(airborne weather radar), 번개탐지장비(lighting detection equipment) 등이 있다.

02 기상보고

1. 항공정기기상보고(METAR : aviation routine weather report)

METAR	KLAX	201040Z	AUTO	26015KT 290V360	1/2SM	R21/2500FT
(1)	(2)	(3)	(4)	(5)	(6)	(7)

+SN BLSN	FG VV008	00/M03	A2991 RMK	RAE42SNB42
(8)	(9)	(10)	(11)	(12)

(1) 보고 종류(Type Of Report)는 항공정기기상보고(METAR)

(2) ICAO 관측자 식별문자로서 ICAO 식별문자는 "KLAX"이다.

(3) 보고일자 및 시간은 관측일자와 시간이 6개의 숫자로 기입된다.

(4) 변경수단으로서 AUTO는 METAR/SPECI가 전적으로 자동기상관측소로부터 획득된 정보이고,

(5) 바람정보(wind information)는 풍향 260도, 풍속 15노트 뜻이다.

(6) 시정(visibility)은 우시정이 육상 마일로 표기된다.

(7) 활주로 가시거리(runway visual range)

(8) 현재 기상(present weather)

첫째, 강수의 강도, 약함(light)은 ' − '로 중간(moderate)은 표기가 없고, 강함(heavy)은 '+'로 표기한다.

둘째, 근접도,

셋째, 서술자(descriptor)

※ 서술자 부호와 기상현상 부호는 다음과 같다.

① 서술자 부호

TS : 뇌우(thunderstorm)　DR : 낮은 편류(low drifting)

SH :소나기(shower)　　　FZ : 결빙(freezing)　　　BL : 강풍(blowing)

② 강수부호 RA : 비(rain)

MI: 얕음(shallow)　　　BC: 작은구역(patches)　　　PR: 부분적(partial)

GR: 우박(hail), DZ : 가랑비(drizzle)

GS: 작은 우박 또는 싸라기(small hail/snow pellets)

E : 얼음싸라기(icepellet), SN : 눈(snow)

SG : 싸락눈(snow grains)IC : 빙정(ice crystals), UP : 알려지지 않는 강수

③ 시정 장애물 부호

FG (fog − 시정 5/8마일 이하),

PY : 스프레이(spray),

BR : 박무(mist − 시정 5/8마일에서 6마일),SA : 모래(sand),

FU : 연기(smoke),

DU : 광범위한 먼지(dust),

④ 기타 기상현황

SQ : 스콜(squall)

DS : 먼지폭풍(duststorm)

FC : 깔때기 구름(funnel cloud),

HZ : 연무(haze),

VA : 화산재(volcanic ash) SS : 모래폭풍(sandstorm)

PO : 먼지/모래 회오리바람(dust/sand whirls)

+FC : 토네이도 또는 용오름(tornado or waterspout) 예를 들어서 TSRA는 뇌우와 비이다.

(9) 하늘 상태(sky condition)

(10) 기온/노점(temperature / dew point)

(11) 고도계(altimeter)

(12) 비고란

비고란은 가능한 한 모든 관측 사항을 포함하고 약어 'RMK'로 표기된다. 관측 또는 보고된 주요 기상현상의 지점이 관측 지점으로부터 5SM이내 일 때는 관측소에서 보고된 것으로 한다. 그러나 관측 또는 보고된 주요 기상현상이 5~10SM에서 관측되었을 때는 근접지역을 나타내는 "VC"로 표기되고 10SM 이상에서 관측되었을 때는 원거리를 나타내는 "DSNT"로 표기하여 구분한다.

2. 파이랩(PIREP)

조종사는 비행 전에 목적지까지의 기상에 대하여 상세한 브리핑을 받은 후 이륙하였을 것이나 비행 중 이들 기상이 국지적으로 예보된 기상과 다를 수 있다. 비행 중 예보된 기상과 다른 기상에 조우했을 때 이들 기상을 인근 관제기관 또는 FFS에 보고함으로써 이들 기상은 즉각적으로 수정되고 동일한 지역에서 운항 중인 다른 항공기 조종사들에게 즉시 전파 될 수 있다. 파이랩은 비행 중 기상 관측소 사이의 최근 착빙과 난기류와 같은 기상정보를 얻을 수 있는 가장 확실한 방법이다.

PIREP FORM
Pilot Weather Report　　　　　　　　　→ = Space Symbol
3-Letter SA Identifier　　　　1. UA → _____　UUA→ _____ ___ ___ →　　　　　Routine　　　　Urgent 　　　　　　　　Report　　　　Report
2. /OV → Location : 　　　In relation to a NAVAD
3. /TM → Time : 　　　Coordinated Universal Time
4. /FL → Altitude/flight Level : 　　　Essential for turbulence and icing reports
5. /TP → Aircraft Type " 　　　Essential for turbulence and icing reports
Items 1 throught 5 are mandatory for all PIREPs
6. /SK → Sky cover : 　　　Clouds height and coverage(scattered, broken, or overcast)
7. /WX → Flight Visibility, precipitation, restrictions to visibility, etc.
8. /TA → Temperature : 　　　Essential for icing reports

9./WV → Wind   Direction in degrees and speed in knots

10./TB → Turbulence :
     Turbulence intensity, weather the turbulence occurred in or near
     clouds, and duration of turbulence.

11./IC → Icing :   Intensity and type
12./RM → Remarks :   For reporting elements not included or to clarify previously reported items

① /UA: 일상(routine) 기상보고, /UUA : 긴급(urgent) 기상보고

② /OV(location): 현재 조종사가 위치해 있는 지점을 가장 가까운 항법보조시설의 식별문자를 이용하여 보고 한다.

   /OV ABC: ABC VOR 상공

   /OV OKC 320012 OKC VOR의 320도 레디얼로부터 12NM지점

③ /TA(time): 네 숫자로 시간과 분을 UTC로 기입한다.

   /TM 0920 : 9시 20분

   /TM 1750 : 17시 50분

④ /FL(altitude/flight level): 세 숫자로 현재의 고도 또는 비행고도(FL)를 기입한다.

   /FL100 : 고도 10,000피트, 비행고도(FL) 100

   /FL UNKN : 정확한 고도 또는 비행고도를 모를 때

⑤ /TP(type of aircraft): 최대 네 숫자로 항공기의 기종 명을 기입한다.

   /TP B747, /TP C172

   /TP UNKN: 정확한 기종을 모를 때

⑥ /SK(sky cover): 운저층 및 운고층의 높이를 백 피트 단위로 기입한다.

   /SK 024 BKN 032/042 BKN−OVC

   (첫번째 운저층은 2,400피트에 브로큰 운고층은 3,200피트이고 두 번째 구름은 4,200피트에 브로큰 때 대로 오버캐스트의 구름이고 운고층은 보고되지 않았다.)

⑦ /WX(weather): 비행시정과 시정장애물을 기입한다.

   /WX FV02 R H(비행 시정은 비와 연무로 인하여 2SM)

⑧ /TA(air temperature): 기온은 섭씨로 보고하고 영하일 때는 "−"를 붙인다.

   /TA10(섭씨 10도), /TA −15 (섭씨 영하 15도)

⑨ /WV(wind): 바람방향과 속도를 노트로 기입한다.

   /WV24020(바람은 240도 방향에서 20노트로 불어 옴)

   /WV18025(풍향 180, 풍속 25노트)

⑩ /TB(turbulence): 난기류의 강도를 나타내는 표준 약어를 사용하여 기입한다.

앞의 "/FL" 고도와 다를 때는 고도도 함께 기입한다.

/TB EXTREME, TB LGT-MDT BLO 090

⑪ /IC(icing): 착빙의 강도와 형태를 표준 약어를 사용하여 보고한다.

앞에서 보고된 /FL과 다를 때는 고도도 함께 보고한다.

/IC LGT-MDT RIME

/IC SVR CLR O28-045

⑫ /RM(remarks): 우선적으로 보고 내용과 위험 요소들을 명확하게 전달하기 위해서 양약없이 기입된다.

/RM HVY RAIN

03 기상예보

1. 터미널 공항예보(TAF)

TAF는 특정시간(일반적으로 24시간 동안) 동안의 공항의 예측된 기상상태를 요약한 것으로 목적지 공항에 대한 기상정보를 얻을 수 있는 주요 기상정보 매체이다. TAF는 METER 전문에서 사용된 부호를 동일하게 사용하고 일반적으로 일일 네 차례(0000Z, 0600Z, 1200Z, 1800Z) 보고된다. 형식은 다음과 같다.

① 보고의 형태

② ICAO 식별문자

③ 보고 일시

④ 유효시간

⑤ 예보기상 조건

* TAF의 예문은 다음과 같다.

```
AF
KOKC 051130Z 051212 35012G20KT 1/2SM BR SCT008 BKN20 OVC100
PROB40 2102 1/2SM +TSRA OVC005CB SCT030
TEMPO 1923 BKN030 3SM BR OVC012
BECMG 1416 5SM HZ BKN020 =
```

항공기상 예상문제

01 다음 지역 중 우리나라 평균해수면 높이를 0m로 선정하여 평균해수면의 기준이 되는 지역은?

① 영일만 　　　② 순천만
③ 인천만 　　　④ 강화만

인천만의 평균 해수면의 높이를 '0m'로 선정 하였고, 실제 높이를 확인하기 위하여 인천 인하대 학교 구내에 수준원점의 높이를 26.6871m로 지정 하여 활용하고 있다.

02 지구의 기상에서 일어나는 변화의 가장 근본적인 원인은?

① 해수면의 온도 상승
② 구름의 량
③ 구름의 대이동
④ 지구 표면에 받아들이는 태양 에너지의 변화

03 모든 기상의 물리적 과정을 일으키는 주요 원인은 무엇인가?

① 공기의 이동
② 압력의 차이
③ 열의 교환
④ 습기

04 가열된 공기와 냉각된 공기의 수직순환 형태를 무엇이라고 하는가?

① 복사 　　　② 대류
③ 전도 　　　④ 이류

05 태양에너지가 지표면에 전달되는 과정에서 지표면에 흡수되는 비율은 어느 정도인가?

① 19% 　　　② 80%
③ 65% 　　　④ 51%

06 하부의 가열로 인하여 온난한 공기는 상승하고 상부의 찬 공기가 아래로 이동하는 공기의 수직이동 현상은 무엇인가?

① 복사 　　　②전도
③ 대류 　　　④이류

07 유체의 수평적 이동현상으로 맞는 것은?

① 복사 　　　② 이류
③ 대류 　　　④ 전도

대기의 수평이동과 마찬가지 수평적 이동은 이류임.

08 다음 중 복사에 관한 내용으로 가장 잘 설명하고 있는 것은?

① 복사는 절대온도 이하의 모든 물체에서 방사하는 전자기 파장으로 눈에 보이지 않는다.
② 복사는 절대온도 이상의 모든 물체에서 방사하는 전자기 파장 형태의 에너지다.
③ 물체의 복사 능력이 양호하면 흡수하는 능력은 떨어진다
④ 물체 온도가 높으면 복사 능력은 절대온도에 비례한다.

정답　**01.** ③　**02.** ④　**03.** ③　**04.** ②　**05.** ④　**06.**③　**07.** ②　**08.** ②

09 대기 중에서 가장 많은 기체는 무엇인가?

① 산소
② 질소
③ 이산화탄소
④ 수소

10 다음 대기권의 분류 중 지구표면으로부터 형성된 공기층으로 평균 12km높이로 지표면에서 발생하는 대부분의 기상현상이 발생하는 지역은?

① 대류권
② 대류권계면
③ 성층권
④ 전리층

11 다음 중 대기권을 높이 별로 나열한 것으로 맞는 것은?

① 대류권-성층권-열권-중간권
② 대류권-성층권-중간권-열권
③ 대류권-열권-성층권-중간권
④ 대류권-중간권-성층권-열권

12 다음 중 대기권에 관한 내용으로 맞는 것은 무엇인가?

① 대류권의 평균 높이는 극지방이 더 높다.
② 대류권은 지표면으로부터 형성된 층이다
③ 대류권은 겨울철이 더 높게 형성된다.
④ 대류권의 높이가 다른 것은 위도의 차이 때문이다.

13 다음 중 대류권의 높이가 다른 이유에 대하여 설명이 옳은 것은?

① 지표면의 상태에 따른 차이 때문이다.
② 육지와 수면의 비열 차이 때문이다.
③ 기온에 따른 공기밀도의 분포가 다르기 때문이다.
④ 지구의 자전에 따른 계절적 요인 때문이다.

14 다음 지구대기권에 대한 설명 중 옳지 않은 것은?

① 지구대기권은 물리적 특성에 따라 극외권, 열권, 중간권, 성층권, 대류권으로 나뉜다.
② 대류권은 평균높이 11km까지이며, 대류 및 기상현상이 발생되는 구역이다.
③ 성층권은 약 11~50km까지이며, 상승할수록 온도는 강하하는 특성이 있다.
④ 중간권은 약 50~80km까지이며, 상승할수록 온도가 강하하는 특성이 있다.

성층권은 상승(고도가 올라가면)하면 온도가 상승(오존층이 태양의 자외선을 흡수하기 때문), 중간권은 상승(고도가 올라가면)하면 온도가 감소함(태양으로부터 태양에너지를 거의 받을 수 없고 지표면으로부터 복사열을 받을 수 없는 높이이기 때문)

15 대기권 중 기상 변화가 층으로 상승할수록 온도가 강하되는 층은 다음 중 어느 것인가?

① 성층권
② 중간권
③ 열권
④ 대류권

16 대기권과 성층권 사이의 층으로 제트기류, 청천난기류 또는 뇌우가 발달하는 구역으로 고고도 운항에 주의해야 하는 층은?

① 대류권계면
② 성층권계면
③ 성층권
④ 중간권

17 기상현상이 가장 많이 일어나는 대기권은 어느 것인가?

① 열권
② 대류권
③ 성층권
④ 중간권

대기권은 대류권(지표면~12km), 대류권계면(평균 17km), 성층권, 중간권, 열권 등으로 나누어지며 대류권은 대기권 질량의 80%에 해당하는 기체가 모여 있다.

18 다음 중 성층권의 특성에 대하여 잘 설명한 것은?

① 고도 증가와 함께 전반적으로 기온이 감소한다.
② 상대적으로 약 35,000피트의 하단 기온이다.
③ 기온의 변화가 매우 극심하여 고고도 비행 시 특히 주의해야 한다.
④ 고도의 증가와 함께 상대적으로 기온 변하가 낮다.

19 대기권에서 기상변화를 일으킬 수 있는 대류 현상이 발생하지 않고 오존층이 존재하는 층은 무엇인가?

① 성층권   ② 중간권
③ 열권   ④ 극외권

20 안정대기 상태란 무엇인가?

① 불안정한 시정
② 지속적 강수
③ 불안정 난류
④ 안정된 기류

21 다음 중 공기가 포화되어 수증기가 작은 물방울로 응결할 때의 온도는 무엇인가?

① 노점 온도   ② 포화온도
③ 응결온도   ④ 안정온도

노점(이슬점)온도는 공기가 포화되어 수증기가 작은 물방울로 응결될 때 온도이다.

22 대류의 기온이 상승하여 공기가 위로 향하고 기압이 낮아져 응결될 때 공기가 아래로 향하는 현상은?

① 역전현상   ② 대류현상
③ 이류현상   ④ 푄현상

가열된 공기와 냉각된 공기의 수직 순환형태를 대류현상이라 한다.

23 비행방향을 10°로 나타냈을 때의 의미는 무엇인가?

① 진북을 기준으로 반올림하여 2단위로 표현
② 진북을 기준으로 반올림하여 3단위로 표현
③ 자북을 기준으로 반올림하여 2단위로 표현
④ 자북을 기준으로 반올림하여 3단위로 표현

풍향은 진북기준 10°단위로 반올림한 3단위 숫자로 표기해야 하며, 바로 뒤에 풍속을 표기해야 한다. 풍속의 단위는 knot 또는 초당 m로 한다. 예) 24008KT
*관련근거 : 정시 및 특별관측보고(METAR/SPECI) 전문양식

24 물질 1g의 온도를 1℃ 올리는데 요구되는 열은?

① 잠열   ② 열량
③ 비열   ④ 현열

• 잠열: 물질의 상위 상태로 변화시키는데 요구되는 열에너지
• 열량: 물질의 온도가 증가함에 따라 열에너지를 흡수할 수 있는 양
• 비열: 물질 1g의 온도를 1℃ 올리는데 요구되는 열
• 현열: 일반적으로 온도계에 의해서 측정된 온도

25 다음 중 고도가 위로 올라감에 따라 기온이 감소하는 비율을 무엇이라 하는가?

① 기온 증가율   ② 기온 감률
③ 고도 기온 비율   ④ 고도 기온 증감

기온감률이란 고도가 증가함에 따라 기온이 감소하는 비율을 말한다.

정답 **09.** ② **10.** ① **11.** ② **12.** ② **13.** ③ **14.** ③ **15.** ④ **16.** ① **17.** ② **18.** ④ **19.** ① **20.** ④ **21.** ① **22.** ② **23.** ② **24.** ③ **25.** ②

PART 04 항공기상 | **531**

26 다음 중 온도와 열의 차이에 관한 내용으로 맞는 것은?

① 온도는 공기분자의 평균 운동에너지의 속도를 측정한 값이다.
② 온도는 열에너지의 양을 측정한 값이다.
③ 열은 공기분자의 평균 운동에너지의 속도를 측정한 값이다.
④ 온도와 열은 모두 물체의 열에너지를 측정한 값으로 동일 용어이다.

27 다음 중 열량에 대한 내용으로 맞는 것은?

① 물질의 온도가 증가함에 따라 열에너지를 흡수할 수 있는 양
② 물질 10g의 온도를 10℃올리는데 요구되는 열
③ 온도계로 측정한 온도
④ 물질의 하위 상태로 변화시키는데 요구되는 열에너지

28 액체 내부에서 증기 기포가 생겨 기화할 때의 온도는 무엇인가?

① 현열   ② 비열
③ 빙점   ④ 비등점

① 현열 : 일반적으로 온도계에 의해서 측정된 온도
② 비열 : 물질 1g의 온도를 1℃ 올리는데 요구되는 열
③ 빙점 : 액체를 냉각시켜 고체로 상태 변화가 일어나기 시작할 때의 온도

29 고도 10,000 피트에서 표준기온은 얼마인가?

① −5℃   ② −15℃
③ +5℃   ④ −10℃

해수면에서 표준기온이 15℃이고, 기온감률이 고도 1,000피트 당 2℃이다. 고도 10,000피트에서의 기온 감률은 −20℃이다. 따라서 10,000피트에서의 표준기온은 −5℃(15−20)이다.

30 해수면의 기온과 표준기압은?

① 15℃와 29.92 inch.Hg
② 15℃와 29.92 inch.mb
③ 15℉와 1013.2 inch.Hg
④ 15℉와 1013.2 inch.mb

31 다음 중 기온에 관한 설명 중 **틀린** 것은?

① 태양열을 받아 가열된 대기(공기)의 온도이며, 햇빛이 잘 비치는 상태에서의 얻어진 온도이다.
② 1.25~2m 높이에서 관측된 공기의 온도를 말한다.
③ 해상에서 측정 시는 선박의 높이를 고려하여 약 10m의 높이에서 측정한 온도를 사용한다.
④ 흡수된 복사열에 의한 대기의 열을 기온이라 하고 대기 변화의 중요한 매체가 된다.

태양열을 받아 가열된 대기(공기)의 온도이며, 햇빛이 가려진 상태에서 10분간의 통풍을 하여 얻어진 온도이다.

32 다음 중 (환경 또는 표준) 기온감률에 관한 내용으로 맞는 것은?

① 공기가 외부로부터 열을 얻거나 상실되지 않는 상태에서의 기온감률
② 표준대기 조건에서 공기가 일정 비율로 열을 상실하는 비율
③ 대기의 변화가 특정 시간과 장소에서 고도 증가에 따른 기온의 감소 비율
④ 불포화 공기덩이가 상승할 때 기온이 감소하는 비율

33 현재의 지상기온이 31℃일 때 3,000피트 상공의 기온은?(단 조건은 ISA 조건이다.)

① 25℃   ② 37℃
③ 29℃   ④ 34℃

기온감률은 1,000ft 당 2℃ 감소한다.

34 다음 중 기온감률에 대한 설명이다. 맞는 것은?

① 지표면에서 기온감률이 발생하지 않고 일정 고도 이상에서만 발생한다.
② 표준 대기조건에서만 고려되는 요소이다
③ 기온감률은 고도가 증가함에 따라 기온이 일정 비율로 감소하는 비율이다
④ 기온감률은 어느 조건에서나 1,000피트당 약 2℃이다.

35 다음 중 ICAO에서 지정한 표준대기의 조건은?

① 기온: 15℃, 기압 29.92 inch.Hg, 기온감률 2℃
② 기온: 0℃, 기압 760mm, 기온감률 2℃
③ 기온: 15℃, 기압 29.92 inch.Hg, 기온감률 3℃
④ 기온: 0℃, 기압 1013.2 mb, 기온감률 3℃

36 다음 중 기온역전에 관한 내용으로 맞는 것은?

① 기온역전은 지표면 근처에서만 발생하는 현상이다.
② 기온역전은 항상 서늘한 밤에만 발생한다.
③ 지표면에서 정상 기온감률이 적용되다가 일정 고도에 도달하여 기온역전이 발생할 수 있다.
④ 기온역전이 발생할 수 있는 조건은 항상 일정 고도 이상에 도달한 후에만 예측할 수 있다.

37 해수면에서 1,000ft 상공의 기온은 얼마 인가?(단 국제표준대기 조건 하)

① 9℃   ② 11℃
③ 13℃   ④ 15℃

38 대기의 기온은 상승하면서 감소하는 것이 일반적이다. 그러나 특정 조건에서 기온이 상승하는 현상을 무엇이라 하는가?

① 기온 감률   ② 기온 역전
③ 기온 정률   ④ 기온 상승

39 다음 중 상대습도에 대한 설명으로 가장 적절한 것은?

① 단위 체적 당 공기가 함유한 수증기의 양
② 현재의 기온에서 최대 가용한 수증기의 양에 대비한 실제 공기 중에 존재하는 수증기의 양
③ 불포화 상태에서 단위 체적 당 존재하는 수증기의 양
④ 현재의 기온에서 단위 체적 당 최대 가용한 수증기의 양

40 공기의 상대습도가 100%라는 것에 대하여 가장 잘 설명한 것은?

① 단위 체적 당 더 이상 수증기를 수용할 수 없는 상태가 되었다.
② 현재 기온에서 수용 가능한 수증기의 양이 포화상태가 되어 응축 현상이 발생할 수 있다.
③ 기온과 관계없이 공기 1g당 함유한 수증기의 양이 포화상태에 이르렀다.
④ 현재 기온에서 최대 수용 가능한 수증기의 양이 100% 되었다.

41 대기 중에서 수증기의 양을 나타내는 것은?

① 습도
② 기온
③ 밀도
④ 기압

> 습도는 대기 중에 함유된 수증기의 양을 나타내는 척도이다.

42 다음 중 공기가 받아들일 수 있는 수증기의 양을 결정하는 것은 무엇인가?

① 상대습도
② 기온
③ 공기의 안정성
④ 공기 밀도

43 다음 중 구름, 안개 또는 이슬이 형성될 수 있는 상태는 어느 것인가?

① 수증기가 응축될 때
② 수증기가 존재할 때
③ 기온과 이슬점이 같을 때
④ 기온과 이슬점의 차이가 클 때

44 다음 중 "이슬점"은 어떠한 기상상태로 간주하는가?

① 포화되기 위해서 냉각되는 기온
② 응축과 증발이 동일한 기온
③ 항상 이슬이 형성될 기온
④ 상대습도와 대기 기온이 동일할 때

45 다음 중 구름이 형성되는 과정에서 발생할 수 있는 열의 변화는 무엇인가?

① 구름 내부에서는 열은 어떠한 변화도 발생하지 않고 외부에서만 기온의 변화가 발생한다.
② 구름 내부에서는 상승 및 하강기류에 의해서만 상층으로 올라간다.
③ 구름 내부에서 막대한 양의 열이 방출되어 기온이 올라간다.
④ 구름 내부에서 막대한 양의 열에너지가 증가하여 기온이 올라간다.

46 액체 물방울이 섭씨 0℃ 이하의 기온에서 응결되거나 액체상태로 지속되어 남아 있는 물방울을 무엇이라 하는가?

① 물방울
② 과냉각수
③ 빙정
④ 이슬

> 과냉각수는 항공기나 드론 등 비행체에 붙어서 결빙되면 착빙이 된다.

47 항공기의 운항에서 과냉각수가 비행에 영향을 줄 수 있는 요인에 대하여 가장 잘 설명하고 있는 것은?

① 과냉각수의 존재는 영상과 영하의 기온이 동시에 존재한다는 것으로 기온의 급강하 가능성 때문이다.
② 비행 중인 항공기의 표면에 부딪히는 순간 얼음으로 변할 수 있기 때문이다.
③ 비행 중인 항공기 조종사의 시정에 큰 지장을 초래할 수 있기 때문이다.
④ 언제든지 응축괴어 급속한 구름으로 형성할 수 있기 때문이다.

48 다음 중 과냉각수에 대한 설명으로 <u>틀린</u> 것은?

① 과냉각수는 10℃ ~ 0℃ 사이의 기온에서 풍부하게 존재한다.
② 0℃ 이하의 기온에서 액체 물방울이 응결되거나 액체 상태로 남아 있는 물방울이다.
③ 과냉각수가 노출된 표면에 부딪칠 때 충격으로 인하여 결빙될 수 있다.
④ 과냉각수는 항공기나 드론의 착빙 현상을 초래하는 원인이다.

> 과 냉각수는 0℃~-15℃ 사이의 기온에서 풍부하게 존재한다.

49 1기압에 대한 설명 중 **틀린** 것은?

① 폭 1cm2, 높이 76cm의 수은주 기둥
② 폭 1cm2, 높이 1,000km의 공기기둥
③ 760mmHg = 29.92inHg
④ 1015mbar = 1.015bar

50 다음 중 공기밀도가 높아지면 나타나는 현상으로 맞는 것은?

① 입자가 증가하고 양력이 증가한다.
② 입자가 증가하고 양력이 감소한다
③ 입자가 감소하고 양력이 증가한다
④ 입자가 감소하고 양력이 감소한다.

51 대기압이 높아지면 양력과 항력은 어떻게 변하는가?

① 양력 증가, 항력 감소
② 양력 증가, 항력 증가
③ 양력 감소, 항력 증가
④ 양력 감소, 항력 감소

대기압이란 물체 위의 공기에 작용하는 단위 면적당 공기의 무게로서 대기 중에 존재하는 기압은 지역과 공역마다 다르다. 대기압의 변화는 바람을 유발하는 원인이 되고 이는 곧 수증기 순환과 항공기 양력과 항력에 영향을 미친다. 따라서 대기압이 높아지면 양력증가하고 양력증가에 따른 항력도 증가한다.

52 공기밀도에 관한 설명으로 **틀린** 것은?

① 온도가 높아질수록 공기밀도도 증가한다.
② 일반적으로 공기밀도는 하층보다 상층이 낮다.
③ 수증기가 많이 포함될수록 공기밀도는 감소한다.
④ 국제표준대기(ISA)의 밀도는 건조공기로 가정했을 때의 밀도이다.

온도가 높으면 공기밀도가 희박하여 감소한다.

53 다음 중 항공기 양력발생에 영향을 미치지 **않는** 것은?

① 기온 　　　　② 습도
③ 뇌우 　　　　④ 바람

54 다음 중 국제민간항공기구(ICAO)의 표준대기 조건이 **잘못된** 것은?

① 대기는 수증기가 포함되어 있지 않은 건조한 공기이다.
② 대기의 온도는 통상적인 0℃를 기준으로 하였다.
③ 해면상의 대기압력은 수은주의 높이 760mm를 기준으로 하였다.
④ 고도에 따른 온도강하는 −56.5℃ (−69.7℉)가 될 때까지는 −2℃/1,000ft이다.

대기의 온도는 따뜻한 온대지방의 해면상의 15℃를 기준으로 하였다.

55 다음 중 고기압에 대한 설명 중 **잘못된** 것은?

① 고기압은 주변기압보다 상대적으로 기압이 높은 곳에서 주변의 낮은 곳으로 시계방향으로 불어간다.
② 주변에는 상승기류가 있고 단열승온으로 대기 중 물방울은 증발한다.
③ 구름이 사라지고 날씨가 좋아진다
④ 중심부근은 기압경도가 비교적 작아 바람은 약하다.

주변에는 하강기류가 있고 단열승온으로 대기 중 물방울은 증발한다.

정답 **41**. ① **42**. ② **43**. ① **44**. ① **45**. ③ **46**. ② **47**. ② **48**. ① **49**. ④ **50**. ① **51**. ② **52**. ① **53**. ③ **54**. ② **55**. ②

PART 04 항공기상 | 535

56 다음 중 저기압에 대한 설명 중 <u>잘못된</u> 것은?

① 저기압은 주변보다 상대적으로 기압이 낮은 부분이다. 1기압이라도 주변상태에 의해 저기압이 될 수 있고, 고기압이 될 수 있다.
② 하강기류에 의해 구름과 강수현상이 있고 바람도 강하다.
③ 저기압 내에서는 주위보다 기압이 낮으므로 사방으로부터 바람이 불어 들어온다.
④ 일반적으로 저기압 내에서는 날씨가 나쁘고 비바람이 강하다.

상승기류에 의해 구름과 강수현상이 있고 바람도 강하다.

57 고기압과 저기압에 대한 설명으로 맞는 것은?

① 고기압: 북반구에서 시계방향으로, 남반구에서는 반시계방향으로 회전한다.
  저기압: 북반구에서 반시계방향으로, 남반구에서는 시계방향으로 회전한다.
② 고기압: 북반구에서 반 시계방향으로, 남반구에서는 시계방향으로 회전한다.
  저기압: 북반구에서 시계방향으로, 남반구에서는 반 시계방향으로 회전한다.
③ 고기압: 북반구에서 시계방향으로, 남반구에서는 시계방향으로 회전한다.
  저기압: 북반구에서 반시계방향으로, 남반구에서는 시계방향으로 회전한다.
④ 고기압: 북반구에서 반시계방향으로, 남반구에서는 시계방향으로 회전한다.
  저기압: 북반구에서 반시계방향으로, 남반구에서는 시계방향으로 회전한다.

58 고기압에 대한 설명 중 <u>틀린</u> 것은?

① 중심부근에는 하강기류가 있다.
② 북반구에서의 바람은 시계방향으로 회전한다.
③ 구름이 사라지고 날씨가 좋아진다
④ 고기압권내에서는 전선형성이 쉽게 된다.

고기압권내에서는 전선형성이 어렵다.

59 다음은 고기압권에서 발생할 수 있는 공기흐름에 관한 내용으로 가장 잘 설명한 것은?

① 고기압은 표준기압보다 높은 상대의 기압이다.
② 고기압은 주변 대기압보다 상대적으로 높은 기압의 중심이다.
③ 고기압에서 공기흐름은 시계반대방향(북반구)으로 흐른다.
④ 고기압 중심에서 공기는 상승하는 경향이 있다.

60 다음 중 고기압과 저기압 구역에서 발생하는 공기흐름에 관한 설명 중 맞는 것은?

① 고기압 구역에서 공기는 침하하는 경향이 강하기 때문에 날씨는 대체로 맑다.
② 고기압 구역에서 공기는 시계반대방향으로 흐르는 경향이 강하다.(북반구)
③ 저기압 구역에서 공기는 시계방향으로 흐르는 경향이 강하다.(북반구)
④ 저기압 구역에서 공기는 침하하는 경향이 강하기 때문에 날씨는 대체로 맑다.

61 다음 중 고기압 또는 저기압 시스템에 관해서 맞는 것은?

① 고기압 지역 또는 마루에서 공기는 정체한다.
② 저기압 지역 또는 골에서 공기는 정체한다.
③ 저기압 지역 또는 골에서 공기는 하강한다.
④ 고기압 지역 또는 마루에서 공기는 하강한다.

62 저기압에 대한 설명 중 틀린 것은?

① 주변보다 상대적으로 기압이 낮은 부분이다.
② 하강기류에 의해 구름과 강수현상이 있다.
③ 저기압은 전선의 파동에 의해 생긴다.
④ 저기압 내에서는 주위보다 기압이 낮으므로 사방으로부터 바람이 불어 들어온다.

> 저기압 지역의 기류는 상승기류이다.

63 다음 중 기압에 대한 설명으로 틀린 것은?

① 일반적으로 고기압권에서는 날씨가 맑고 저기압권에서는 날씨가 흐린 경향을 보인다.
② 북반구 고기압 지역에서 공기흐름은 시계방향으로 회전하면서 확산된다.
③ 등압선의 간격이 클수록 바람이 약하다.
④ 해수면 기압 또는 동일한 기압대를 형성하는 지역을 따라서 그은 선을 등고선이라 한다.

> 등고선이 아니라 등압선이라 한다.

64 기상용어 중 "안장부"의 뜻은 무엇인가?

① 사이클론의 곡선을 따라 저기압 부분이 확장된 구역
② 두 고기압과 저기압 사이의 중립지역
③ 비정상적으로 발달한 고기압 중심으로 향하는 등압선의 사이클론 반대 곡선
④ 두 저기압골의 교차점

65 일기도 상에서 등압선의 설명 중 맞는 것은?

① 조밀하면 바람이 강하다.
② 조밀하면 바람이 약하다.
③ 서로 다른 기압지역을 연결한 선이다.
④ 조밀한 지역은 기압경도력이 매우 작은 지역이다.

66 일기도에 그려진 등압선에 관한 내용으로 맞는 것은?

① 등압선은 오직 기압이 높은 쪽에서 낮은 쪽으로만 그려진다.
② 등압선은 단지 일정 고도 층에 존재하는 기압만을 지시하기 때문에 기압차를 판단할 수 없다.
③ 등압선은 기압이 동일 기압대를 형성하는 지역을 연결한 선이다.
④ 등압선이 조밀한 곳은 기압경도가 낮다.

67 다음 중 기압고도에 대한 설명으로 맞는 것은?

① 공중의 항공기와 지표면과의 거리
② 고도계 수정치를 해수면에 맞춘 높이
③ 지표면으로부터 표준온도와 기압을 수정한 높이
④ 표준대기압 해면으로부터 공중의 항공기까지의 높이

---

68 해수면으로부터 항공기까지의 높이를 측정한 고도는 무엇인가?

① 지시고도　　② 진고도
③ 밀도고도　　④ 절대고도

69 지구의 표준기지면으로부터 항공기까지의 높이를 측정한 고도는 무엇인가?

① 지시고도　　② 진고도
③ 기압고도　　④ 절대고도

70 고도계를 기압고도에 맞춤으로써 고도계가 지시하고 있는 고도가 의미하는 것은?

① 비행장 표고의 진고도를 나타낸다.
② 비행장 표고의 압력고도를 나타낸다.
③ 비행장 표고의 밀도고도를 나타낸다.
④ 해수면상에서의 압력고도를 나타낸다.

71 다음의 고도 중에서 밀도고도에 대하여 가장잘 설명하고 있는 것은?

① 밀도고도는 진고도에서 비표준기온을 수정하여 얻은 값이다.
② 밀도고도는 기온이 높아지면 공기밀도가 증가하기 때문에 밀도고도도 증가한다.
③ 밀도고도는 기압고도에서 비표준기온을 수정하여 얻은 고도이다.
④ 밀도고도는 지시고도에서 비표준기온을 수정하여 얻은 고도이다.

72 다음 중 고도계가 실제고도보다 낮게 지시하는 경우는 언제인가?

① 기온이 표준보다 낮을 때
② 대기압이 표준보다 낮을 때
③ 지시고도가 기압고도와 같을 때
④ 기온이 표준보다 높을 때

73 다음 중 진고도(True altitude)에 대한 설명으로 올바른 것은?

① 평균 해면고도로부터 항공기까지의 실제 높이이다.
② 고도계 창에 수정치를 표준 대기압(29.92inHg)에 맞춘 상태에서 고도계가 지시하는 고도.
③ 항공기와 지표면의 실측 높이이며 AGL단위를 사용한다.
④ 표준 기지면 위의 표고이고 표준 대기 조건에서 측정된 고도

> ② 지시고도, ③ 절대고도, ④ 기압고도의 설명이다.

74 기압 고도계의 수정치를 29.92inch.Hg에 맞추었을 때 고도계가 지시하는 고도는 무엇인가?

① 기압고도　　② 진고도
③ 표준고도　　④ 절대고도

75 국제민간항공협약 부속서의 항공기상 특보의 종류가 아닌 것은?

① SIGMET 정보
② AIRMET 정보
③ 뇌우경보(Thunderstorm Warning)
④ 공항경보(Aerodrome Warning)

76 다음 기압고도계 설정방식에 대한 설명 중 관제탑에서 제공하는 고도 압력으로 항공기의 기압고도계를 맞추는 방식으로 옳은 것은?

① QNH　　② QNE
③ QFH　　④ QFE

> QNH는 활주로에 착지한 항공기 기압고도계의 눈금 숫자가 공항의 공식표고를 나타내도록 맞춘 고도계 수정치
> QFE는 활주로 공식표고 위에 착지한 항공기의 기압고도계의 눈금을 고도 '0'으로 하는 고도계 수정치
> QNE는 기압고도계의 고도계 눈금 0점을 표준대기 1013.25hPa로 맞추는 고도계 수정치

77 다음 기압고도계 설정 방식에 대한 설명 중 옳지 <u>않은</u> 것은?

① 관제에 사용되는 전이고도 설정 기준은 대한민국은 18,000ft, 미국은 14,000ft임
② QNH: 관제탑에서 제공하는 고도압력으로 조종사가 항공기의 기압고도계를 맞추는 방식
③ QNE: 조종사가 항공기의 고도계를 표준 대기압(29.92in-Hg 또는 1013.25mb)에 맞추는 방식
④ QFE: 활주로 표고나 착지지점 고도를 표시하도록 기압고도계를 현지기압으로 맞추는 방식

QFE는 활주로 공식표고 위에 착지한 항공기의 기압고도계의 눈금을 고도'0'으로 하는 고도계 수정치

78 바람이 존재하는 근본적인 원인은?

① 기압차이   ② 고도차이
③ 공기밀도 차이   ④ 자전과 공전현상

바람의 근본원인은 지표면에서 발생하는 불균형적인 가열에 의해 발생한 기압차이며, 바람은 고기압 지역에서 저기압 지역으로 흐르는 공기 군의 흐름에 의해 발생한다.

79 바람에 관한 설명 중 <u>틀린</u> 것은?

① 풍향은 관측자를 기준으로 불어오는 방향이다.
② 풍향은 관측자를 기준으로 불어가는 방향이다.
③ 바람은 공기의 흐름이다. 즉 운동하고 있는 공기이다.
④ 바람은 수평방향의 흐름을 지칭하며, 고도가 높아지면 지표면 마찰이 적어 강해진다.

80 바람이 생성되는 근본적인 원인은 무엇인가?

① 지구의 자전
② 태양의 복사에너지 불균형
③ 구름의 흐름
④ 대류와 이류 현상

81 태양의 복사에너지의 불균형으로 발생하는 것은 무엇인가?

① 바람   ② 안개
③ 구름   ④ 태풍

82 바람에 대한 설명으로 <u>틀린</u> 것은?

① 풍속의 단위는 m/s, Knot 등을 사용한다.
② 풍향은 지리학상의 진북을 기준으로 한다.
③ 풍속은 공기가 이동한 거리와 이에 소요되는 시간의 비(比)이다.
④ 바람은 기압이 낮은 곳에서 높은 곳으로 흘러가는 공기의 흐름이다.

기압은 높은 곳에서 낮은 곳으로 이동하는 특성이 있다

83 다음 중 바람에 작용하는 힘 중 전향력에 관한 내용으로 맞는 것은?

① 전향력은 바람의 속도와 관계없이 지구상에서 일정하게 작용한다.
② 전향력은 지구의 어느 곳에서도 관찰할 수 있는 힘이다.
③ 전향력은 위도가 증가할수록 증가한다.
④ 전향력은 최대로 발휘되는 곳은 적도이다.

정답   **68.** ②   **69.** ③   **70.** ①   **71.** ③   **72.** ④   **73.** ①   **74.** ①   **75.** ③   **76.** ①   **77.** ④   **78.** ①   **79.** ②   **80.** ②
81. ①   **82.** ④   **83.** ③

84 바람을 느끼고 나뭇잎이 흔들리기 시작할 때의 풍속은 어느 정도인가?

① 0.3~1.5m/sec
② 1.6~3.3m/sec
③ 3.4~5.4m/sec
④ 5.5~7.9m/sec

85 공기가 고기압 지역에서 저기압 지역으로 직접 흐르려는 것을 방해하는 힘은 무엇인가?

① 전향력 ② 지면마찰
③ 기압경도력 ④ 원심력

86 바람이 고기압에서 저기압으로 수직으로 작용하는 힘은 무엇이고, 이를 휘어지게 하는 힘은 무엇인가?

① 구심력은 수직으로 작용하고, 기압경도력은 이를 휘어지게 한다.
② 기압경도력은 수직으로 작용하고, 전향력은 이를 휘어지게 한다.
③ 마찰력은 수직으로 작용하고, 구심력은 이를 휘어지게 한다.
④ 전향력은 수직으로 작용하고, 기압경도력은 이를 휘어지게 한다.

87 공기의 이동을 정의하는데 있어서 대류와 이류의 차이점은 무엇인가?

① 대류는 공기의 수평적 이동이고, 이류는 수직적 이동이다.
② 대류는 전향력에 의한 힘이고, 이류는 구심력에 의한 힘이다.
③ 대류는 공기의 수직적 이동이고, 이류는 수평적 이동이다.
④ 대류와 이류는 공기의 이동을 촉발하는 근원지에 따른 분류이다.

88 경도풍에서 공기의 고기압에서 저기압으로의 직접적인 흐름을 방해하는 힘은?

① 구심력 ② 원심력
③ 전향력 ④ 마찰력

전향력은 지표면을 횡단하는 공기의 방향이 전환되는 현상을 말한다.

89 지상풍이 등압선에 평행하게 흐르기보다 등압선을 횡단하여 흐르게 하는 원인은?

① 전향력
② 기온의 차이
③ 지표면에서 공기의 큰 밀도
④ 지표면 마찰

90 맞바람과 뒷바람의 항공기에 미치는 영향 설명 중 틀린 것은?

① 맞바람은 항공기의 활주거리를 감소시킨다.
② 뒷바람은 항공기의 활주거리를 감소시킨다.
③ 뒷바람은 상승률을 저하시킨다
④ 맞바람은 상승률을 증가시킨다.

91 기압경도란 무엇인가?

① 일기도상에 해수면 기압 또는 동일한 기압대를 형성하는 지역을 연결하여 그은 선
② 주어진 단위 거리 사이의 기압차이
③ 어떤 특정한 시각에 각지의 기상상태를 한꺼번에 볼 수 있도록 지도 위에 표시한 것
④ 물체 위의 공기에 작용하는 단위 면적당 공기의 무게

① 등압선에 대한 설명 ③ 일기도에 대한 설명 ④ 대기압에 대한 설명

92 다음 중 지균풍에 대한 설명으로 맞는 것은?

① 기압경도력과 전향력은 크기와 방향이 모두 같다.
② 기압경도력이 전향력보다 크다.
③ 지표면의 영향을 받지 않은 고도에서 지균풍은 등압선과 평행하게 흐른다.
④ 지균풍은 어떠한 형태의 순환에서도 발생한다.

93 이륙 시 비행거리를 가장 길게 영향을 미치는 바람은?

① 배풍　　　② 정풍
③ 측풍　　　④ 바람과 관계없다.

> 배풍(뒷바람)을 받을 시 이륙거리가 늘어난다.

94 공기의 고기압에서 저기압으로의 직접적인 흐름을 방해하는 힘은?

① 구심력　　　② 전향력
③ 원심력　　　④ 마찰력

> 전향력은 바람을 일으키는 힘으로 지표면을 횡단하는 공기의 방향이 전환되는 현상이다. 전향력의 크기는 극지방에서 최대이고, 적도 지방에서 최소이다.

95 산바람에 관한 설명 중 맞는 것은?

① 산바람은 주간에 형성되는 바람이다.
② 동일한 지역에서 산의 경사도에 따라 발생하는 바람이다.
③ 산바람은 산 정상쪽으로 부는 바람이다.
④ 산바람은 낮과 밤의 열적순환에 의한 바람이다.

96 산바람과 골바람에 대한 설명 중 맞는 것은?

① 산악지역에서 낮에 형성되는 바람은 골바람으로 산 아래에서 산 위(정상)로 부는 바람이다.
② 산바람은 산 정상부분으로 불고 골바람은 산 정상에서 아래로 부는 바람이다.
③ 산바람과 골바람 모두 산의 경사 정도에 따라 가열되는 정도에 따른 바람이다.
④ 산바람은 낮에 그리고 골바람은 밤에 형성된다.

97 다음 중 해륙풍에 관한 설명으로 맞는 것은?

① 해륙풍의 근본적인 차이는 전향력이다.
② 해륙풍의 원인은 태양 복사열과 지표면 복사냉각이다.
③ 해풍은 야간에 그리고 육풍은 주간에 형성되는 국지풍이다.
④ 육풍이 해풍에 비해 강하다.

98 해륙풍과 산곡풍에 대한 설명 중 잘못 연결된 것은?

① 낮에 바다에서 육지로 공기 이동하는 것을 해풍이라 한다.
② 밤에 육지에서 바다로 공기 이동하는 것을 육풍이라 한다.
③ 낮에 골짜기에서 산 정상으로 공기 이동하는 것을 곡풍이라 한다.
④ 밤에 산 정상에서 산 아래로 공기 이동하는 것을 곡풍이라 한다.

정답 **84.** ② **85.** ① **86.** ② **87.** ③ **88.** ③ **89.** ④ **90.** ② **91.** ② **92.** ③ **93.** ① **94.** ③ **95.** ④ **96.** ①
97. ② **98.** ④

PART 04 항공기상 | 541

99 다음 중 푄현상에 관한 내용을 가장 잘 설명하고 있는 것은?

① 습하고 찬 공기가 지형적 상승을 통해서 고온 건조한 바람으로 변하는 현상이다.
② 해양의 습한 공기가 상대적으로 온난한 지역을 통과하면서 건조한 바람으로 변하는 현상이다.
③ 대륙의 차고 건조한 공기가 지형적 상승을 통해서 고온 건조한 바람으로 변하는 현상이다.
④ 대륙의 차고 건조한 공기가 해양의 습한 공기와 만났을 때 형성되는 현상이다.

100 대순환과정에서 상층에서 부는 바람은 어느 한 방향으로 뚜렷하고 우세하게 형성된다. 어느 방향인가?

① 편동풍　　② 편서풍
③ 편북풍　　④ 편남풍

101 풍향이 동쪽일 경우의 설명으로 맞는 것은?

① 서쪽에서 동쪽을 향해 부는 바람
② 북쪽에서 남쪽을 향해 부는 바람
③ 동쪽에서 서쪽을 향해 부는 바람
④ 남쪽에서 북쪽을 향해 부는 바람

102 다음 바람 용어에 대한 설명 중 옳지 <u>않은</u> 것은?

① 풍향은 바람이 불어오는 방향을 말한다.
② 풍속은 공기가 이동한 거리와 이에 소요된 시간의 비이다.
③ 바람속도는 스칼라 양인 풍속과 같은 개념이다.
④ 바람시어는 바람 진행방향에 대해 수직 또는 수평방향의 풍속 변화이다.

바람의 속도는 벡터 량의 개념이다.(속력은 스칼라량이다.)

103 일반적으로 제트기류에 관한 내용으로 맞는 것은?

① 극 제트기류는 약 13km에서 발생하는 것으로 아열대 제트기류보다 높다.
② 극 제트기류는 해들리 셀과 페럴 셀이 만나는 지점에서 발생한다.
③ 아열대 제트기류가 극 제트기류보다 비교적 강하다.
④ 극 제트기류는 극지방에서 찬 공기가 유입되고 적도에서는 더운 공기가 합류되어 아열대 제트기류보다 강하다.

104 다음 중 계절에 따른 제트기류의 강도와 위치에 관한 서술로 맞는 것은?

① 겨울에 더 강하고 북상
② 여름에 더 약하고 북상
③ 여름에 더 강하고 북상
④ 겨울에 더 약하고 북상

105 다음 저층 바람시어의 강도에 대한 연결 설명 중 옳은 것은?

① 약함 − 〈 4.1(knot/100feet)
② 보통 − 4.1~8.0(knot/100feet)
③ 강함 − 8.1~11.9(knot/100feet)
④ 아주 강함 − 〉 12(knot/100feet)

① 약함 − 〈 4.0(knot/100feet)
② 보통 − 4.0~7.9(knot/100feet)
③ 강함 − 8.0~11.9(knot/100feet)
④ 아주 강함 − 〉 12(knot/100feet)

106 구름의 형성조건이 <u>아닌</u> 것은?

① 풍부한 수증기　② 냉각작용
③ 응결핵　　　　　④ 시정

107 운량의 구분 시 하늘의 상태가 5/8~7/8 인 경우를 무엇이라 하는가?

① Sky Clear(Skc/Clr)
② Scattered(Sct)
③ Broken(Bkn)
④ Overcast(OVC)

구름의 양을 나타내는 용어로서 하늘을 8등분 한다고 하여 옥타(Octa) 분류법이라고도 하는데 다음과 같이 말한다. (Sky) clear는 0/8~1/8 scattered는 1/8~5/8 이하 broken은 5/8~7/8이하 overcast는 8/8일 때를 말한다.

108 구름의 형성요인으로 적당하지 <u>못한</u> 것은?

① 고기압에서 대기의 하강
② 대기의 수직적 이동
③ 단열 팽창
④ 저기압에서 대기의 상승

고기압에서 대기가 하강하며 구름이 소산되고 없어진다.

109 구름이 형성되기 위한 조건이 <u>아닌</u> 것은?

① 수증기
② 과냉각수
③ 응결핵
④ 냉각작용

구름이 형성되기 위해서는 대기 속에 풍부한 수증기, 응결핵, 냉각작용에 의한다.

110 다음 중 구름을 잘 구분한 것은 어느 것인가?

① 높이에 따른 상층운, 중층운, 하층운, 수직으로 발달한 구름
② 층운, 적운, 난운, 권운
③ 층운, 적란운, 권운
④ 운량에 따라 작은 구름, 중간 구름, 큰 구름 그리고 수직으로 발달한 구름

111 다음 구름의 종류 중 하층운(2km 미만) 구름이 <u>아닌</u> 것은?

① 층적운
② 층운
③ 난층운
④ 권층운

112 다음 구름의 종류 중 수직 운(3km 미만) 구름은?

① 적란운
② 난층운
③ 층운
④ 층적운

수직운은 적운과 적란운이다.

113 다음 구름의 종류 중 비가 내리는 구름은?

① Ac
② Ns
③ St
④ Sc

114 cumulonimbus clouds와 nimbostratus cloud의 공통적인 것은?

① Rain(비)
② 수평으로 발달한 형태이고 안정된 공기
③ 수직으로 발달한 형태이고 불안정한 공기
④ 수직으로 발달한 형태이고 안정된 공기

115 강수의 필요 충분조건은 무엇인가?

① 이류현상
② 수증기
③ 구름
④ 바람

116 구름의 분류에서 상층운에 속하고 항공기 운항에 착빙의 위험이 없는 구름층은?

① Ci, Cc, Cs
② As, Ac
③ Cu, Cb
④ St, Sc

 정답

99. ①	100. ②	101. ③	102. ③	103. ④	104. ②	105. ④	106. ④	107. ③	108. ①	109. ②
110. ①	111. ④	112. ①	113. ②	114. ①	115. ③	116. ①				

117 다음 구름의 분류에 대한 설명 중 옳지 않는 것은?

① 구름은 상층운, 중층운, 하층운, 수직운으로 분류하며 운형은 10종류가 있다.

② 상층운은 운저고도가 보통 6km이상으로 권운, 권적운, 권층운이 있다.

③ 중층운은 중위도 지방 기준 구름높이가 2~6km이고 고적운, 고층운이 있다.

④ 하층운은 운저고도가 보통 2km이하이며 적운, 적란운이 있다.

> 하층운의 구름은 층적운, 층운, 난층운이 있다. 적운, 적란운은 수직운에 속함.

118 다음 구름의 분류에 대한 설명 중 옳지 않는 것은?

① 상층운: 운저고도가 보통 6km이상이고 권운, 권적운, 권층운이 있다.

② 중층운: 중위도 지방에서는 구름 저면의 높이가 2~6km정도이고, 층적운, 중층운

③ 하층운: 중위도 지방에서는 운저고도가 2km이하이고 층운, 난층운, 층적운이 있다.

④ 수직운: 보통 하층운 고도로부터 상층운 고도에 까지 확장하는 수직으로 발달하는 구름이며 적운, 적란운이 있다.

> ① 상층운 : 권운, 권층운, 권적운,
> ② 중층운 : 고적운, 고층운
> ③ 하층운 : 층운, 층적운, 난층운,
> ④ 수직운 : 적란운, 적운

119 전형적인 수직운으로 항공기 운항에 치명적인 난기류를 동반하고 있는 구름은?

① 권적운　　② 난층운
③ 적운　　　④ 적란운

120 다음 중 적운형의 구름, 양호한 시정과 소나기성 비를 형성하는 기상상태로 적절한 것은?

① 안정되고 습한 공기와 지형성 상승
② 불안정하고 습한 공기와 지형성 상승
③ 불안정하고 습한 공기와 상승작용이 없음
④ 안정되고 습한 공기와 상승작용

121 다음 중 찬 기단이 따뜻한 표면으로 이동할 때 나타나는 현상은 무엇인가?

① 적운, 난기류, 불량한 시정
② 적운, 난기류, 시정 양호
③ 층운, 안정한 공기
④ 층운, 난기류, 양호한 시정

122 다음 중 구름의 명칭에 사용하는 접미사 "nimbus"는 무엇을 의미하는가?

① 비구름
② 광범위하게 수직으로 발달한 구름
③ 어두운 구름군, 솟구치는 구름
④ 짙은 안개의 형성

123 다음 중 산악지형에서 정체된 렌즈형 구름이 나타내는 것은 무엇을 의미하는가?

① 역전
② 불안정 공기
③ 강한 비구름의 존재
④ 난기류

124 정체되어 있는 렌즈형 고적운의 존재로 알 수 있는 기상현상은 무엇인가?

① 제트기류
② 매우 강한 난기류
③ 맑은 착빙조건
④ 항공기 구조적 착빙

안정된 공기가 산악지형을 통과할 때 공기는 층으로 흐르는 경향이 있다. 산악 장애물은 바람이 이들 층 속을 빠르게 통과하는 동안 정체되어 남아 있는 이들 층에서 파장을 형성한다. 파장의 장점은 가장 높은 산 정상까지 확장된다. 각 파장 정점 아래른 매우 강한 난기류를 발생할 수 있는 회전 순환이다.

125 다음 중 항공기상보고에서 구름의 하단은 어느 지점을 기준으로 결정하는가?

① 관측소 지표면으로부터 높이
② 관측소의 평균 해면으로부터 높이
③ 관측시간에 관측소의 압력고도
④ 관측소의 반경 5마일 이내에 가장 높은 지형으로부터 고도

126 다음 중 실링의 정의로 가장 적당한 것은?

① 하늘이 6/10이상에 해당하는 가장 낮은 층의 구름
② 오버 캐스트에 해당하는 가장 낮은 층의 구름
③ 가장 엷게 오버캐스트 되는 가장 낮은 층의 구름
④ 브로큰 또는 오버캐스트라고 보고되는 구름 또는 차폐 현상의 가장 낮은 층

127 다음 중 불안정한 공기의 일반적인 특성은 무엇인가?

① 양호한 시정, 소나기성 강수, 적운형 구름
② 양호한 시정, 지속성 강수, 층운형 구름
③ 불량한 시정, 간헐적 강수, 적운형 구름
④ 불량한 시정, 지속성 강수, 층운형 구름

128 층운형 구름을 형성하는 필수 조건으로 맞는 것은?

① 불안정하고 건조공기
② 안정되고 습한공기
③ 불안정하고 습한공기
④ 안정되고 건조공기

129 다음 중 안정된 공기의 특성은 무엇인가?

① 양호한 시정, 지속적 강수, 층운형 구름
② 불량한 시정, 간헐적인 강수, 적운형 구름
③ 불량한 시정, 지속적 강수, 층운형 구름
④ 양호한 시정, 지속적 강수, 적운형 구름

안정된 공기는 정체되어 있고, 수평으로 흐르며, 수직이동이 없다. 결국 오염물질들이 공기 중에 남아 있어 시정은 좋지 않다. 또한 안정된 공기는 층운형 구름을 형성하며, 지속성 강수가 내리게 된다.

130 안개가 발생하기 적합한 조건이 <u>아닌</u> 것은?

① 대기의 성층이 안정할 것
② 냉각작용이 있을 것
③ 강한 난류가 존재할 것
④ 바람이 없을 것

• 안개의 발생조건 : 공기 중 수증기 다량 함유, 공기가 노점온도 이하로 냉각, 공기 중에 응결핵 많아야하고, 공기 속으로 많은 수증기 유입, 바람이 약하고 상공에 기온이 역전.
• 안개의 사라질 조건 : 지표면이 따뜻해져 지표면 부근의 기온역전, 지표면 부근 바람이 강해져 난류에 의한 수직 방향으로 상승 시, 공기가 사면을 따라 하강하여 기온이 올라감에 따라 입자가 증발 시, 신선하고 무거운 공기가 안개 구역으로 유입되어 안개가 상승하거나 차가운 공기가 건조하여 안개가 증발 할 때 등

131 다음 중 아주 작은 물방울이나 빙정들이 대기 중에 떠 있는 현상은 무엇인가?

① 안개
② 습기
③ 박무
④ 연무

132 대기의 안정화(Atmospheric stabilty)가 나타날 때 현상은 무엇인가?

① 소나기성 강우가 나타난다.
② 시정이 어느 정도 잘 보인다.
③ 난류가 생긴다.
④ 안개가 생성된다

133 안개의 기준이 되는 시정은 몇 m이하일 때를 말하는가?

① 100m
② 1,000m
③ 1,500m
④ 2,000m

134 이류안개가 가장 많이 발생하는 지역은 어디인가?

① 산 경사지
② 해안지역
③ 수평 내륙지역
④ 산간 내륙지역

> 전형적인 이류안개는 해안지역에서 발생하는 해무라고 한다.

135 다음 중 연무에 관한 설명 중 틀린 것은?

① 연무는 안개와 달리 미세한 소금입자 혹은 건조한 입자들이 집중된 층이다.
② 연무가 낀 지역에서는 하향 시정보다는 경사 시정이 더 불량하다.
③ 연무가 예보된 곳에서 접근 중 활주로는 더 멀리 있는 듯한 착각을 일으킨다.
④ 연무를 등지고 착륙 접근하는 항공기 조종사는 상당한 시정 장애를 경험할 수 있다.

136 다음 중 안개에 관한 설명 중 틀린 것은?

① 적당한 바람만 있으면 높은 층으로 발달해 간다.
② 공중에 떠돌아다니는 작은 물방울 집단으로 지표면 가까이에서 발생한다.
③ 수평가시거리가 3km이하가 되었을 때 안개라고 한다.
④ 공기가 냉각되고 포화상태에 도달하고 응결하기 위한 핵이 필요하다.

137 기온과 이슬점 기온의 분포가 5% 이하일 때 예측 대기현상은?

① 서리
② 이슬비
③ 강수
④ 안개

138 가을에서 겨울에 걸쳐 개활지 일대에 빈번히 발생하고 야간에 지형적인 복사가 표면을 냉각시키고 표면 위의 공기를 노점까지 냉각될 때 응결에 의해 형성되는 안개는?

① 활승안개
② 이류안개
③ 증기안개
④ 복사안개

139 차가운 공기가 따뜻한 수면으로 이동하면서 수분이 증발하여 수면 바로위의 공기층을 포화시켜 발생하는 안개는 무슨 안개인가?

① 증기 안개
② 이류 안개
③ 복사 안개
④ 땅 안개

140 다음의 내용을 보고 어떤 종류의 안개인지 옳은 것을 고르시오?

─── 보기 ───
바람이 없거나 미풍 맑은 하늘 상대 습도가 높을 때 낮거나 평평한 지형에서 쉽게 형성된다. 이 같은 안개는 주로 야간 혹은 새벽에 형성 된다.

① 활승안개
② 이류안개
③ 증기안개
④ 복사안개

141 다음 냉각에 의해 형성된 안개의 종류가 <u>아닌</u> 것은?

① 전선안개   ② 복사안개
③ 이류안개   ④ 활승안개

142 습한 공기가 산 경사면을 타고 상승하면서 팽창함에 따라 공기가 노점이하로 단열 냉각되면서 발생하며, 주로 산악지대에서 관찰되고 구름의 존재에 관계없이 형성되는 안개는?

① 활승안개   ② 이류안개
③ 증기안개   ④ 복사안개

143 다음 중 우 시정에 대한 내용 중 <u>틀린</u> 것은?

① 항공기상 분야에서는 국제적으로 최단 시정(Minimum Visibility)이 쓰이고 있다.
② 우리나라, 일본, 미국 등 일부 나라에서는 우시정(Prevailing Visibility)을 사용하고 있다.
③ 우시정이란 방향에 따라 보이는 시정이 다를 때 가장 큰값으로부터 그 값이 차지하는 부분의 각도를 더해가서 합친 각도의 합계가 180도 이상이 될 때의 가장 낮은 시정 값을 말한다.
④ 공항면적의 60% 이상에서 보이는 '거리의 최저치'를 말하는 것이다.

144 시정에 관한 설명으로 <u>틀린</u> 것은?

① 시정이란 정상적인 눈으로 먼 곳의 목표물을 볼 때 인식 될 수 있는 최대 거리이다.
② 시정을 나타내는 단위는 mile이다
③ 시정은 한랭 기단 속에서는 시정이 나쁘고 온난 기단에서는 시정이 좋다.
④ 시정이 가장 나쁜 날은 안개 낀 날과 습도가 70% 넘으면 급격히 나빠진다.

145 다음 중 시정에 관한 설명 중 가장 적절한 것은?

① 하늘이 맑은 상태에서 관측자가 수평으로 가장 멀리 볼 수 있는 가시거리
② 지정된 지점에서 관측자 또는 계기를 이용하여 수평으로 측정된 가시거리
③ 운량이 브로큰 이상에서 관측자 또는 계기를 이용하여 가장 멀리 측정된 가시거리
④ 지정된 지점에서 계기를 이용하여 수직으로 측정된 가시거리

146 수면이나 어두운 지역 또는 눈으로 덮힌 지형에서 발생할 수 있는 착시현상은?

① 높이 있는 듯한 착각
② 멀리 있는 듯한 착각
③ 가까이 있는 듯한 착각
④ 낮게 있는 듯한 착각

147 복사안개의 발생 조건이 <u>아닌</u> 것은?

① 습도가 높음
② 안개
③ 기온이 낮음
④ 지면 온도가 높음

148 복사안개의 발생 조건에 가장 맞는 것은?

① 찬 지면 또는 수면위로 습한 공기의 이동
② 구름 낀 하늘과 미풍이 서늘한 표면 위로 포화된 더운 공기 이동
③ 대체적으로 기온/이슬점 분포가 높은 대기 조건
④ 맑은 하늘, 미풍 또는 무풍, 낮은 기온/이슬점 분포 그리고 지표면 위

149 다음 중 복사안개에 관한 내용으로 <u>부적절한</u> 것은?

① 바람이 약 7노트 정도가 존재할 때 지면 근처까지 더욱 짙어질 수 있다.
② 새벽녘에 공기에서 습기가 제거됨으로써 이슬이 증발하면서 안개가 형성될 수 있다.
③ 야간에 두꺼운 복사안개는 마치 담요와 같은 역할을 하여 태양 빛을 차단할 수 있다.
④ 일부 지형에서는 안개가 상승하여 층운 구름을 형성하기도 한다.

150 온난전선의 특징 중 <u>틀린</u> 것은?

① 층운형 구름이 발생한다.
② 넓은 지역에 걸쳐 적은 양의 따뜻한 비가 오랫동안 내린다.
③ 찬 공기가 밀리는 방향으로 기상변화가 진행한다.
④ 천둥과 번개 그리고 돌풍을 동반한 강한 비가 내린다.

151 습하고 온난한 공기가 상대적으로 찬 지역으로 이동하면서 이슬점까지 냉각되어 형성되는 안개는 무엇인가?

① 강수안개
② 활승안개
③ 이류안개
④ 얼음안개

152 다음 기단의 설명 중 가장 적절한 것은?

① 공기 군에 관련된 유사한 구름 종류이다.
② 공기 군이 지표면을 횡단하여 이동할 때 바람 변화가 발생한다.
③ 광범위한 지역을 덮고 기온과 습도의 독특한 특성을 갖는다.
④ 공기 군은 어느 특정 지역에서 다양한 기상 특성을 갖는다.

153 주로 봄과 가을에 이동성 고기압과 함께 동진해 와서 따뜻하고 건조한 일기를 나타내는 기단은?

① 오호츠크해기단
② 양쯔강기단
③ 북태평양기단
④ 적도기단

154 한랭전선과 온난전선의 특성을 비교한 것으로 맞는 것은 ?

① 한랭전선은 지속성 강수를 예측할 수 있고, 온난전선에서는 소나기성 강수를 예측할 수 있다.
② 한랭전선에서 기온은 떨어지고, 온난전선에서 기온은 상승한다.
③ 한랭전선에서는 기압이 하강하는 반면, 온난전선에서는 기압이 상승한다.
④ 한랭전선의 경사는 온난전선의 경사보다 깊지 않다.

155 우리나라에 영향을 미치는 기단 중 초여름 장마기에 해양성 한대기단으로 불연속선의 장마전선을 이루어 영향을 미치는 기단은?

① 시베리아 기단　② 양쯔강 기단
③ 오호츠크 기단　④ 북태평양 기단

156 다음 중 한랭전선에 관한 설명으로 가장 옳은 것은?

① 일반적으로 발생하는 구름은 층운 형이다.
② 전선의 경사가 비교적 얕다.
③ 전선의 형태가 마치 쐐기 모양이다.
④ 찬 공기 밑으로 깔려 대기는 비교적 불안정하다.

157 다음 중 전선에 관한 설명으로 가장 옳은 것은?

① 전선은 두 기단이 합쳐서 형성되는 구역이다.
② 전선은 항상 한랭전선 쪽으로 경사진다.
③ 온난전선의 경사가 한랭전선보다 깊다.
④ 전선은 항상 수직으로 형성되기 때문에 지상이나 상층의 전선지대는 동일하다.

158 다음 중 온난전선이 지나가고 난 뒤 일어나는 현상은?

① 기온이 올라간다.
② 기온이 내려간다.
③ 바람이 강하다.
④ 기압은 내려간다.

> 온난전선이 지나간 후 기온이 올라가고, 바람은 약하고, 기압은 일정하다.

159 다음 중 전선지대를 횡단하여 비행할 때 항상 발생하는 하나의 기상현상은?

① 바람 방향
② 강수 형태
③ 공기 군의 안정성
④ 구름의 형성과 이동

160 '한랭기단의 찬 공기가 온난기단의 따뜻한 공기 쪽으로 파고 들 때 형성되며 전선 부근에 소나기나 뇌우, 우박 등 궂은 날씨를 동반하는 전선'을 무슨 전선인가?

① 패색전선　　② 온난전선
③ 정체전선　　④ 한랭전선

161 한랭전선의 특징 중 틀린 것은?

① 적운형 구름이 발생한다.
② 좁은 범위에 많은 비가 한꺼번에 쏟아지거나 뇌우를 동반한다.
③ 기온이 급격히 떨어지고, 천둥과 번개 그리고 돌풍을 동반한 강한 비가 내린다.
④ 층운형 구름이 발생하고 안개가 형성된다.

162 남쪽 따뜻한 공기가 우세하여 북쪽의 찬 공기를 밀면서 진행할 때, 따뜻한 공기가 찬 공기 위를 타고 오르면서 생기는 전선은?

① 온난전선　　② 한랭전선
③ 폐색전　　　④ 정체전선

163 다음 착빙의 종류 중 투명하고, 견고하며, 고르게 매끄럽고, 가장 위험한 착빙은?

① 서리 착빙　　② 거친 착빙
③ 맑은 착빙　　④ Intake착빙

정답　**147.** ③　**148.** ④　**149.** ①　**150.** ④　**151.** ③　**152.** ③　**153.** ②　**154.** ②　**155.** ③　**156.** ④　**157.** ②
158. ①　**159.** ①　**160.** ④　**161.** ④　**162.** ①　**163.** ③

PART 04 항공기상 | **549**

164 전선의 종류 중 북쪽의 찬 공기 힘이 우세하여 남쪽의 따뜻한 공기를 밀어내고 아래로 들어가려고 할 때 생기는 전선은 무엇인가?

① 온난전선　　② 폐색전선
③ 한랭전선　　④ 정체전선

165 정체전선에 대한 설명으로 가장 타당한 것은?

① 찬 공기와 따뜻한 공기의 세력이 비슷한 것이다.
② 남쪽의 공기가 북쪽의 공기 위를 타고 오르는 것이다.
③ 북쪽의 공기가 남쪽의 공기 아래로 들어가는 것이다.
④ 두 전선이 동반되다가 추월하는 것이다.

166 다음 중 뇌우 발생 시 함께 동반하지 <u>않는</u> 것은?

① 폭우　　② 우박
③ 소나기　　④ 번개

167 일반적으로 커다란 우박이나 파괴적인 바람과 같은 가장 심한 기상 조건에는 어떤 뇌우가 발생하는가?

① 온난전선　　② 스콜라인
③ 공기　　④ 한랭전선

168 뇌우 발생 시 항상 함께 동반되는 기상현상은?

① 강한 소나기　　② 스콜라인
③ 과냉각 물방울　④ 번개

169 다음 중 토네이도와 심한 강풍이 관련된 뇌우는 무엇인가?

① 뇌우의 밑 부분이 지면 가지 접근했을 때
② 지상의 온도가 상층보다 따뜻한 곳에서 대형 뇌우가 발달할 때
③ 한랭전선이나 스콜라인과 관련된 지속적인 강수
④ 많은 비를 동반하는 전선의 형태와 관련된 뇌우

170 단시간에 많은 비를 내릴 수 있는 거대한 비구름을 포함한 일반 뇌우는?

① 스콜라인　　② 뇌우선
③ 단세포 뇌우　④ 다세포 뇌우

171 다음 중 뇌우와 번개에 관한 내용으로 <u>틀린</u> 것은?

① 번개가 강할수록 강한 뇌우이다.
② 번개의 발생 빈도가 높으면 뇌우가 계속 성장하고 있음을 나타낸다.
③ 야간에 멀리서 수평으로 형성되는 번개는 스콜라인이 발달하고 있음을 나타낸다.
④ 번개와 뇌우의 강도와 무관하다.

172 항공기 착빙에 대한 설명으로 <u>틀린</u> 것은?

① 양력감소　　② 항력증가
③ 추진력감소　④ 실속속도 감소

173 다음 중 우박을 만난 가능성이 가장 큰 구역은?

① 거대한 적운 형 구름의 모루 하단
② 적운 형 구름의 소멸단계
③ 결빙 층으로부터 고고도 적란운 구름 위
④ 수평으로 발달한 거대한 층운형 구름

174 다음 중 마이크로버스트에 관한 사항 중 틀린 것은?

① 평균 반경 2~3마일
② 분당 6,000피트의 하강풍
③ 지속적인 2~3시간
④ 형태는 건조 마이크로버스트와 습윤 마이크로버스트

175 다음 중 건조 마이크로버스트의 생성 조건은?

① 얇은 건조 층
② 높은 상대습도
③ 건조단열기온감률
④ 습윤단열기온감률

176 착빙(Icing)에 대한 설명 중 틀린 것은?

① 양력과 무게를 증가시켜 추진력을 감소시키고 항력은 증가시킨다.
② 거친 착빙도 항공기 날개의 공기 역학에 심각한 영향을 줄 수 있다.
③ 착빙은 날개뿐만 아니라 Carburetor, Pitot관 등에도 발생한다.
④ 습한 공기가 기체 표면에 부딪치면서 결빙이 발생하는 현상이다.

양력 감소, 무게 증가, 추력 감소 그리고 항력 증가이다.

177 물방울이 항공기 표면에 부딪히면서 표면을 덮은 수막이 그대로 얼어붙어 투명하고 단단한 착빙은 무엇인가?

① 맑은 착빙　　② 거친 착빙
③ 혼합 착빙　　④ 서리

178 다음 중 착빙 발생 시의 영향으로 틀린 것은?

① 주요 장비의 기능 저하
② 항력 증가
③ 양력 감소
④ 양력 증가

179 물방울이 비행기의 표면에 부딪치면서 표면을 덮은 수막이 천천히 얼어붙고 투명하고 단단한 착빙은 무엇인가?

① 싸락눈　　② 거친 착빙
③ 서리　　④ 맑은 착빙

싸락눈(snow pellets) : 2~5mm 정도의 크기를 가지며 백색의 불투명한 얼음 입자의 강수 현상으로 구형 또는 원추형의 눈

180 태풍의 세력이 약해져서 소멸되기 직전 또는 소멸되어 무엇으로 변하는가?

① 열대성 고기압
② 열대성 저기압
③ 열대성 폭풍
④ 편서풍

181 항공정기기상보고에서 바람 방향, 즉 풍향의 기준은 무엇인가?

① 자북　　② 진북
③ 도북　　④ 자북과 도북

정답　164. ③　165. ①　166. ③　167. ②　168. ④　169. ③　170. ④　171. ④　172. ④　173. ①　174. ③
175. ③　176. ①　177. ①　178. ④　179. ④　180. ②　181. ②

PART 04 항공기상 | 551

182 태풍이 육지에 상륙했을 때 약해지는 원인으로 볼 수 없는 것은?

① 인공 및 자연장애물과의 마찰
② 육지에서는 바람이 중심부를 향함으로써 기압 상승
③ 풍부한 습기 공급의 차단
④ 해수의 상승과 증발잠열의 공급

183 다음 중 지상 구조물이나 지표면과 마찰에 의한 난기류는 무엇인가?

① 역학적(지형성) 난기류
② 열적 난기류
③ 윈드시어
④ 회오리 바람

184 다음 중 난기류에 대한 내용으로 가장 적절한 내용은?

① 난기류는 층운 구름에서 발생할 수 있는 기상현상이다.
② 난기류의 강도가 가장 강한 기상현상은 난층운이다.
③ 열적 난기류는 대기 하부의 냉각으로 인해서 발생한다.
④ 가장 심한 난기류의 존재를 예측할 수 있는 구름은 적란운이다.

185 다음 중 산악파에 관한 내용으로 가장 적절한 것은?

① 산악파는 항상 풍상 쪽에서 예측하여야 한다.
② 산악파는 산 정상 수백 피트 상공에만 존재한다.
③ 풍속이 10노트로 보고 되었을 때 산악파를 예상하여야 한다.
④ 때로는 산 정상에 정체된 아몬드 모양의 구름으로 식별할 수 있다.

186 다음 중 난류의 역할로서 올바르지 않은 것은?

① 공기의 운동량을 수송한다.
② 지표면에서 증발을 촉진한다.
③ 지표면의 열을 수송한다.
④ 대기의 오염물질을 응집시킨다.

> 난류는 대기의 오염물질을 수송하는 역할을 한다.

187 난기류의 설명으로 옳은 것은 어느 것인가?

① 보통 난기류: 요동이 심하고 조종을 할 수 없을 정도로 심하다.
② 강한 난기류: 비행기가 하늘로 튕겨 올라가면서 조종을 할 수 없을 정도로 심하다.
③ 약한 난기류: 요동은 있지만 조종을 할 수 있다.
④ 심한 난기류: 요동이 심하고 조종자가 조종을 하기 힘들 정도로 심하다.

188 난류의 강도 종류 중 맞지 않는 것은?

① 약한난류(LGT)는 항공기 조종에 크게 영향을 미치지 않으며, 비행방향과 고도유지에 지장이 없다.
② 보통난류(MOD)는 상당한 동요를 느끼고 몸이 들썩할 정도로 순간적으로 조종 불능 상태가 될 수도 있다.
③ 심한난류(SVR)는 항공기 고도 및 속도가 급속히 변화되고 순간적으로 조종 불능 상태가 되는 정도이다.
④ 극심한 난류(XTRM)는 항공기가 심하게 튀거나 조종 불가능한 상태를 말하고 항공기 손상을 초래할 수 있다.

> 난류의 강도종류는 약한 난류, 심한 난류, 극심한 난류가 있다.

189 다음 중 비행난기류에 관한 내용으로 가장 잘 설명하고 있는 것은?

① 비행난기류는 비행 중인 항공기에서만 관찰할 수 있다.
② 비행난기류의 주요 원인은 엔진에서 발생한 후류이다.
③ 비행난기류는 중량이고 고속으로 비행할수록 적게 발생한다.
④ 헬리콥터의 비행난기류는 원형으로 발생한다.

190 다음 중 윈드시어가 주로 발생할 수 있는 대기 조건은 어디인가?

① 특히 뇌우 속
② 기압 또는 기온의 급격한 변화가 있는 곳
③ 대기 내 어느 층에서나 풍향 전환 혹은 풍속 경도와 함께
④ 한랭전선의 통과 지역

191 짧은 거리 내에서 순간적으로 풍향과 풍속이 급변하는 현상으로 뇌우, 전선, 깔때기 형태의 바람, 산악파 등에 의해 형성되는 것은?

① 윈드시어　　② 돌풍
③ 회오리바람　　④ 토네이도

192 다음 중 저고도 윈드시어는 주로 언제 발생하는가?

① 지상풍이 약하거나 가변일 때
② 역전층 위의 강한 바람과 함께 저고도 기온 역전이 존재할 때
③ 지상풍이 15노트 이상이고 고도와 함께 바람방향과 속도가 변함이 없을 때
④ 지상풍과 상층풍이 모두 상대적으로 강할 때

> 바람이 역전층 바로 위에 있을 때 상대저급로 강하고 윈드시어 지대가 무풍과 강풍 사이에서 발생한다.

193 다음 중 바람시어에 대한 설명이다. **틀린** 것은?

① 바람시어는 갑자기 바람의 방향이나 세기가 바뀌는 현상을 말한다.
② 바람시어는 어떠한 고도에서나 발생할 수 있기 때문에 항공기 이, 착륙간 주의를 요한다.
③ 바람시어가 가장 위험한 것은 2,000ft 내에서 항공기가 이, 착륙할 때 짧은 시간에 발생하게 된다는 것이다.
④ 바람시어는 바람이 수직이나 수평방향으로 나타날 수 있으며 수직방향은 안전하다.

194 다음 중 윈드시어에 관한 설명을 가장 잘 기술한 것은?

① 뇌우에 의해서 발생하는 횡적 와류와 주로 관련 있다.
② 일반적으로 뇌우 내부에 존재하지만 강한 기온 역전 근처에서 발견될 수 있다.
③ 윈드시어는 제트기류 또는 전선지대와 관련이 있다.
④ 대기의 어느 층에서든지 풍향 전환이나 풍속 경도와 관련되어 있다.

195 다음 중 METAR(항공정기기상보고)에서 VRB는 무엇을 의미하는가?

① 바람이 없는 상태이다.
② 시정이 무한임을 나타낸다.
③ 풍향이 가변 상태이다.
④ 구름이 없는 상태이다.

196 METAR(항공정기기상보고)에서 +RA FG
는 무슨 뜻인가?

① 보통비와 안개가 낌
② 강한 비와 강한 안개
③ 보통비와 강한 안개
④ 강한 비 이후 안개

+RA : 강한 비(+ : 강함, − : 약함, 중간은 없음), FG : 안개

197 다음 중 METAR(항공정기기상보고)에서
바람방향(풍향)은 어느 것을 기준하는가?

① 도북　　② 자북
③ 진북　　④ 자북 혹은 진북

198 다음 중 METAR(항공정기기상보고)에서
....08525G30KT....일 때 풍향 풍속은?

① 풍향 08도, 풍속 25노트, 돌풍 30노트
② 풍향 85도, 풍속 25노트, 가변 30노트
③ 풍향 08도, 풍속 25노트, 가변 30노트
④ 풍향 85도, 풍속 25노트, 돌풍 30노트

199 다음 중 METAR(항공정기기상보고)에서
운량이 약 5/8~7/8 정도일 때 기호는?

① FEW　　② SCT
③ BKN　　④ OVC

200 다음 중 METAR(항공정기기상보고)에서
보고되는 시정 보고로 맞는 것은?

① 시정은 우시정을 육상마일로 보고된다.
② 시정은 활주로 시정을 해상마일로 보고된다.
③ 시정은 수직시정으로 해상 마일로 보고된다.
④ 시정은 경사시정으로 육상 마일로 보고된다.

P·A·R·T **05**

모의고사

01 교통안전관리 단계 중 안전관리자가 최고 경영진에게 가장 효과적인 안전관리 방안을 제시해 주어야 하는 단계는?

① 조사단계
② 확인단계
③ 설득단계
④ 계획단계

02 교통안전 증진을 위한 방법으로 교통수단과 사람이 안전하게 통행할 수 있도록 통제하는 것을 무엇이라 하는가?

① education
② enforcement
③ enhanced safety vehicle
④ engineering

03 교통사고 발생으로 인한 공공적 지출에 해당되지 않는 것은?

① 경찰관서의 사고처리 비용
② 재판비용
③ 긴급구호 및 보험기관 사고처리 비용
④ 문병을 위한 시간, 교통비용

04 다음 중 음주운전 교통사고의 특징으로 틀린 것은?

① 주차 중에 있는 다른 자동차 등에 충돌한다.
② 도로를 잘못 보고 도로 밖으로 추락한다.
③ 야간보다 낮에 많은 사고를 유발한다.
④ 정지물체, 즉 안전지대나 전신주 등에 충돌한다.

05 다음에서 어린이의 교통행동특성에 대한 설명으로 옳지 않은 것은?

① 감정에 따라 행동의 변화가심하다.
② 추상적인 말을 잘 이해한다.
③ 신기한 일에 호기심을 가진다.
④ 사물을 이해하는 방법이 단순하다.

06 교통사고 예방원칙에 대한 설명으로 틀린 것은?

① 무리한 행동 배제의 원칙은 과속, 기어들기 등 무리한 행동을 하지 말라는 원칙이다.
② 욕조곡선은 중기에 부품 내재 결함으로 고장률이 점차 증가한다.
③ 욕조곡선의 원리는 고장률과 시간의 관계에서 욕조의 모양이 나타난다.
④ 하인리히 법칙의 1:29:300이라는 수치는 재해를 사전에 예방하는 노력의 중요성을 나타낸다.

07 바람직한 교통참가자를 형성시키기 위한 교통안전의 교통 내용에 해당되지 않는 것은?

① 준법정신
② 타자 적응성
③ 사고처리 기준
④ 안전운전 태도

08 Piaget의 인지발달이론에 따른 어린이의 일반적 특성과 행동능력에 대한 설명으로 옳지 <u>않</u>는 것은?

① 전 조작단계: 직접 존재하는 것에 대해서만 사고하며, 이사고도 고지식하고 자기중심적 이어서 한 가지 사물에만 집착한다.
② 구체적 조작단계: 교통장면을 충분히 인식하면 교통규칙을 이해할 수 있는 수준에 도달하게 된다.
③ 감각적 운동단계: 자신과 외부세계를 구별하는 능력이 전혀 없다.
④ 형식적 조작단계: 논리적 사고가 발달하나, 성인수준의 능력을 갖는 보행자로서 교통에 참여할 수 없다.

09 다음 중 교통사고의 3대 요인으로 볼 수 <u>없</u>는 것은?

① 인적요인
② 환경적 요인
③ 차량적 요인
④ 문화적 요인

10 하인리히(Heinrich) 법칙에 대한 설명 중 옳지 <u>않</u>는 것은?

① 불안전한 행위가 교통사고를 유발하는 과정에서 중상 : 경상 : 위험한 상태의 발생가능성은 1 : 29 : 300이다.
② 사고를 일으켰으나 손실이 없거나 사고를 일으킬 뻔 했던 무 손실사고를 무시하게 되면 더 큰 사고가 일어난다는 사실을 강조한 것이다.
③ 교통사고의 주된 원인은 운전자의 불안전한 행위에 있음을 강조한 것이다.
④ 실제 일어난 사고만을 분석하여 대책을 세우는 것이 효율적이라는 주장이다.

11 안전벨트의 기능으로 옳지 <u>않</u>은 것은?

① 사망률의 감소
② 운전자세 교정
③ 충격력 증가
④ 피로감 감소

12 자동차 운행 중 원심력에 관한 설명이다. <u>틀린</u> 것은?

① 커브의 반경이 커질수록 커진다.
② 커브길 운행 시 원심력이 적용된다.
③ 중량에 비례해서 커진다.
④ 원심력은 속도의 제곱에 비례한다.

13 조명은 작업자, 직장, 생산에 영향을 미친다. 다음 중 조명이 미비한 경우 직장에 미치는 영향으로 가장 거리가 <u>먼</u> 것은?

① 직장의 분위기가 어둡다.
② 근로의욕이 저하된다.
③ 정리, 정돈이 좋지 못하다.
④ 심적으로 안정감을 준다.

14 산재를 몇 개의 범주로 나누어 각 범주별 평균비용을 산출하여 사고를 분류하는 방식을 제시한 사람은?

① 하인리히
② 시몬즈
③ 그리말디
④ 월릭

15 교통사고 요인 중 인적요인에 해당되지 <u>않</u>는 것은?

① 운전자의 적성과 자질
② 운전자 또는 보행자의 신체적, 생리적 조건
③ 위험의 인지와 회피에 대한 판단
④ 운전면허소지자수의 증가

정답 **01.** ③ **02.** ② **03.** ④ **04.** ③ **05.** ② **06.** ② **07.** ③ **08.** ④ **09.** ④ **10.** ④ **11.** ④ **12.** ① **13.** ④
14. ② **15.** ④

16 관리에 대한 설명으로 옳지 <u>않는</u> 것은?

① 공동의 목표를 위해서 협동집단의 행동을 지시하는 과정이다.
② 관리는 구성원 집단을 위해서 명령을 하고 의사결정을 하는 과정이다.
③ 설정된 목표를 달성하기 위해 인관과 다른 자원에 대한 통제를 수행하여서는 안 된다.
④ 관리는 행하여지는 기능이다.

17 회사에서 교통안전 교육계획 수립 시 고려할 사항으로 옳지 <u>않는</u> 것은?

① 법정 교육은 반드시 자체교육 우선 실시를 검토한다.
② 안전교육 기관의 교육운영과 교육과정을 검토한다.
③ 현장의 의견을 충분히 검토, 반영한다.
④ 전문가와 관계자의 의견을 청취하고 수렴한다.

18 관리기능에 따른 직무수행 방법 중 조정방법으로 틀린 것은?

① 회의, 위원회의 활용
② 목표와 권한, 책임의 명확화
③ 조정기구의 설치
④ 절차의 비정형화

19 하인리히 법칙에 대한 설명으로 옳지 <u>않는</u> 것은?

① 노동재해 사례를 분석하여 제시하였다.
② 일반적으로 1:29:300의 수치를 나타낸다.
③ 도로교통사고 방지를 위한 부분에도 적용되고 있다.
④ 사고가 발행한 후 사고방지대책을 강구하는데 중점을 두고 있다.

20 교통안전관리의 설명으로 옳지 <u>않는</u> 것은?

① 교통안전관리는 노무 및 인사관리와는 관계성이 없다.
② 사람과 물자의 이동과정에서 발생하는 위험요인이 없도록 하는 과정이다.
③ 운전자 관리, 차량관리, 교통시설과 환경관리가 효율적으로 이루어져야 한다.
④ 교통안전과 관련한 모든 자원을 계획, 조직, 통제, 배분, 조정 및 통합하는 과정이다.

21 교통안전을 증진시키기 위한 방법인 "3E"에 해당하지 <u>않는</u> 것은?

① 교육(education)
② 공학(engineering)
③ 단속(enforcement)
④ 협력(effort)

22 다음 중 사고다발자의 일반적인 특성으로 볼 수 <u>없는</u> 것은?

① 충동을 제어하지 못하여 조기 반응을 나타낸다.
② 자극에 민감한 경향을 보이고 흥분을 잘한다.
③ 호탕하고 개방적이어서 인간관계에 있어서 협조적 태도를 보인다.
④ 정서적으로 충동적이다.

23 다음 중 10명 내외의 소집단 교육기법에 해당하지 <u>않는</u> 것은?

① 사례연구법　　② 분할 연기법
③ 밀봉 토의법　　④ 카운슬링

24 안전관리활동 중 현장안전회의(tool box meeting) 의 순서로 옳은 것은?

① 도입-위험예지-점검정비-확인-운행지시
② 위험예지-도입-점검정비-운행지시-확인
③ 도입-점검정비-운행지시-위험예지-확인
④ 도입-점검정비-위험예지-확인-운행지시

25 집단 활동의 타성화에 대한 대책으로 **틀린** 것은?

① 성과를 도표화
② 표어, 포스타의 모집
③ 문제의식 억제
④ 타 집단과 상호교류

01 다음 중 항공기 날개 구조에서 "리브"에 대한 설명이 가장 올바른 것은?

① 날개에 걸리는 하중을 스킨에 분산시킨다.
② 날개를 곡면상태로 만들어 날개의 표면에 걸리는 하중을 날개 보에 전달한다.
③ 날개의 스팬을 늘리기 위해 사용되는 연장부분이다.
④ 날개의 집중응력을 담당하는 주요 골격이다.

02 다음 중 동체 구조 중 세로대에 수평부재와 수직부재 및 대각선 부재 등으로 이루어진 구조가 하중의 대부분을 담당하는 형식은 무엇인가?

① 세미 모노코크 형
② 트러스트 형
③ 응력 외피 형
④ 모노코크 형

03 다음 중 항공기의 연료의 특성으로 잘못된 것은?

① 발화점-액체인 연료가 기화한 상태에서 점화 플러그에 의해 점화될 수 있는 온도이다.
② 어는 점-탄화수소계의 화합물로 구성되고 연료에 따라 어는점은 다르다.
③ 수분-공중에서 분출시켜야 한다.
④ 증기압-휘발성과 밀접한 관계가 있다.

04 다음 중 벌크헤드의 설명과 관련이 없는 것은?

① 날개, 착륙장치 등의 장착부를 마련해 주는 역할을 한다.
② 동체가 비틀림에 의해 변형되는 것을 막아준다.
③ 프레임, 링 등과 함께 집중 하중을 받는 부분으로부터 동체의 외피로 응력을 확산시킨다.
④ 동체 앞에서부터 뒤쪽으로 15~50cm 간격으로 배치한다.

05 다음 중 샌드위치 구조형식에서 코어(Core)의 형식이 아닌 것은?

① 발사 형
② 파동 형
③ 이중 형
④ 거품 형

06 다음 중 고정용 볼트의 종류가 아닌 것은?

① 블라인드 형
② 풀 형
③ 스텀트 형
④ 동 형

07 다음 중 복합재료의 장점이 아닌 것은?

① 무게 당 강도비율이 높다.
② 복잡하고 다양한 모양의 곡선형태로도 제작이 가능하다.
③ 유연성이 크며 진동에 강하고 금속보다 수명이 길다.
④ 수리를 할 필요성은 없다.

08 다음 금속의 성질 중 원래 형태대로 돌아가려는 성질을 가진 것은 무엇인가?

① 인성　　　　② 연성
③ 취성　　　　④ 탄성

09 다음 중 항공기 꼬리 날개의 구성요소가 아닌 것은?

① Vertical Stabilizer
② Horizontal Stabilizer
③ Elevator
④ Spoiler

10 다음 중 나셀의 설명으로 옳은 것은?

① 기체에 장착된 엔진을 둘러싼 부분이다.
② 기체의 연장된 하중을 담당한다.
③ 기체의 가운데 위치하여 날개구조를 보완하는 기능을 한다.
④ 엔진을 장착하여 하중을 담당하는 구조물이다.

11 다음 중 합금강이란 무엇인가?

① 철과 탄소의 합금
② 탄소강과 특수원소의 합금
③ 망간과 인의 합금
④ 비철금속과 특수원소의 합금

12 다음 중 좌굴을 방지하며, 외피를 금속으로부터 부착하기 좋게하여 강도를 증가시키는 부재는 무엇인가?

① Stringer　　　② Skin
③ Longeron　　　④ Bulkhead

13 다음 중 항공기 엔진 마운트에 대한 설명으로 올바른 것은?

① 기관에서 발생한 추력을 기체에 전달하는 역할을 한다.
② 기관을 보호하고 있는 모든 기체 구조물이다.
③ 착륙장치의 일부분이다.
④ 착륙장치의 충격을 흡수하여 전달한다.

14 다음은 어떤 재료의 설명인가?

┌─────── 보기 ───────┐
플라스틱 가운데 투명도가 가장 높으며, 광학적 성질이 우수하여 항공기용 창문유리로 사용되는 재료
└──────────────────┘

① 에폭시 수지
② 폴리염화 비닐
③ 페놀 수지
④ 폴리메타크릴산메틸

15 다음 중 정하중 시험의 순서를 올바르게 나열한 것은?

┌─────── 보기 ───────┐
㉮ 한계하중시험　　　㉯ 극한하중시험
㉰ 파괴시험　　　　　㉱ 강성시험
└──────────────────┘

① ㉮-㉯-㉰-㉱
② ㉱-㉮-㉯-㉰
③ ㉮-㉰-㉱-㉯
④ ㉰-㉱-㉮-㉯

16 다음 항공기 날개에 기관(엔진)을 장착하기 위해 어떤 구조물이 필요한가?

① 카울링　　　　② 벌크헤드
③ 스쿠프　　　　④ 파일론

정답
01. ②　**02.** ②　**03.** ③　**04.** ④　**05.** ③　**06.** ④　**07.** ④　**08.** ④　**09.** ④　**10.** ①　**11.** ②　**12.** ①　**13.** ①
14. ④　**15.** ②　**16.** ④

17 항공기 날개에 엔진을 장착할 경우 가장 큰 단점은 무엇인가?

① 날개의 공기 역학적 성능을 저하시킨다.
② 날개 보에 파일론을 설치하므로 구조물이 부수적으로 필요 없다.
③ 방화벽이 있어서 화재 위험을 감소시킬 수 있다.
④ 유선형으로 되어 공기 역학적으로 저항을 적게하기 위함이다.

18 다음 중 SAE 강의 분류로 4130은 무엇을 의미하는가?

① 몰리브덴 1%에 탄소 0.30%를 함유한 몰리브덴강
② 몰리브덴 1%에 탄소 30%를 함유한 몰리브덴강
③ 몰리브덴 1%에 탄소 30%를 함유한 크롬강
④ 몰리브덴 1%에 탄소 0.30%를 함유한 탄소강

19 다음 중 항공기의 착륙장치의 구조 재료로 사용되는 강은?

① 스테인리스강
② 알루미늄 합금강
③ 티탄합금
④ 니켈+크롬+몰리브덴강

20 다음 중 열을 가하면 잘 연화하지 않는 합성수지로 한번 가열하여 성형하면 다시 가열하여도 연해지거나 용융되지 않는 성질의 것으로 잘못된 것은?

① 합성수지　　　② 페놀수지
③ 실리콘수지　　④ 멜라민수지

21 다음 중 FRP의 설명으로 옳지 않는 것은?

① Fiber Reinforced Plastic: 섬유강화 플라스틱이다.
② 단열성이 뛰어나고 녹슬지 않는데다 가공이 쉽다.
③ 강도비가 크고 내식성, 전파 투과성이 좋다.
④ 진동에 대한 감쇠성이 적다.

22 다음 중 알루미늄 합금이 강철에 비해서 항공기에 일반적인 재료로 많이 사용하는 이유는?

① 부식이 잘되기 때문
② 경화 율이 우수하기 때문
③ 전기가 잘 통하기 때문
④ 변태점이 제일 낮기 때문

23 다음 중 세라믹 코팅을 하는 목적은 무엇인가?

① 내열성을 좋게 하기위해
② 내마모성을 좋게 하기위해
③ 내열성과 내마모성을 좋게 하기위해
④ 내열성과 내식성을 좋게 하기위해

24 다음 중 담금질이 좋아서 크랭크 축, 기어, 와셔, 피스톤 등에 사용되는 특수강은?

① 니켈+크롬강
② 니켈강
③ 크롬강
④ 니켈+몰리브덴강

25 알루미늄 합금 판을 순수한 알루미늄으로 입혀 내식성을 강하게 한 것은 무엇인가?

① 파카라이징　　② 알로다인
③ 메타라이징　　④ 알크래드

정답　**17.** ①　**18.** ①　**19.** ④　**20.** ①　**21.** ④　**22.** ②　**23.** ①　**24.** ①　**25.** ④

01 다음 중 교통안전법의 목적에 해당하지 <u>않는</u> 것은?

① 교통안전 증진에 이바지

② 교통안전에 관한 국가의 의무·추진체계 및 시책 등을 규정

③ 교통안전에 관한 지방자치단체의 의무·추진체계 및 시책 등을 종합적·계획적으로 추진

④ 항공기, 경량항공기 또는 초경량비행장치의 안전하고 효율적인 항행을 위한 방법을 규정

02 교통안전법상 국가교통안전기본계획을 수립하여야 하는 사람은?

① 대통령

② 국토교통부장관

③ 시·도지사

④ 한국교통안전공단이사장

03 다음 중 항공안전법의 목적과 관계 없는 것은?

① 항공기가 안전하게 항행하기 위한 방법을 정함

② 항공기가 효율적인 항행을 하기위한 방법을 정함

③ 국가, 항공사업자 및 항공종사자 등의 의무 등에 관한 사항을 규정함

④ 국내 항공산업의 발전을 도모하고 국민의 복리증진을 위함

04 국토교통부장관은 국가교통안전기본계획의 수립 또는 변경을 위한 지침을 언제까지 지정행정기관의 장에게 통보하여야 하는가?

① 계획연도 시작 전전년도 2월말

② 계획연도 시작 전전년도 6월말

③ 계획연도 시작 전년도 2월말

④ 계획연도 시작 전년도 6월말

05 교통안전법상 다음 연도의 소관별 교통안전시행계획안을 수립하는 자는 누구인가?

① 국토교통부장관

② 시·도지사

③ 지정행정기관의 장

④ 한국교통안전공단이사장

06 다음 중 교통안전법상 교통안전에 관한 기본시책에 해당하지 <u>않는</u> 것은?

① 교통시설의 정비 등

② 교통안전지식의 보급 등

③ 교통안전에 관한 정보의 수집·전파

④ 교통수단의 안전 점검

07 항공기사고로 승객이 행방불명이 되었을 경우 얼마간 생사가 분명하지 않아야 행방불명으로 보는가?

① 1개월   ② 3개월

③ 6개월   ④ 1년

정답   **01.** ④   **02.** ②   **03.** ④   **04.** ②   **05.** ③   **06.** ④   **07.** ④

08 다음 중 항공기 말소등록의 사유로 보기 어려운 것은?

① 장기간 보관하기 위하여 항공기를 해체한 경우
② 항공기의 존재 여부를 1개월 이상 확인할 수 없는 경우
③ 외국인에게 항공기를 양도하는 경우
④ 임차기간의 만료 등으로 항공기를 사용할 수 있는 권리가 상실된 경우

09 항공기 소유자등이 항공기를 등록하려고 할 때 첨부해야 할 서류에 해당하지 않는 것은?

① 소유자등이 항공안전법 제10조제1항에 따른 등록의 제한 대상에 해당하지 아니함을 증명하는 서류
② 해당 항공기의 소유권 또는 임차권이 있음을 증명하는 서류
③ 해당 항공기의 안전한 운항을 위해 필요한 정비 인력을 갖추고 있음을 증명하는 서류
④ 해당 항공기가 감항증명을 득했다는 서류

10 항공기 또는 활공기 주날개에 등록부호를 표시할 때의 방법으로 옳지 않은 것은?

① 오른쪽 날개 윗면과 왼쪽 날개 아랫면에 표시한다.
② 주날개의 앞 끝과 뒷 끝에서 같은 거리에 위치하도록 표시하여야 한다.
③ 등록부호의 윗부분이 주날개의 앞 끝을 향하게 표시하여야 한다.
④ 보조날개와 플랩에 걸쳐서 잘 보이도록 표시하여야 한다.

11 항공기등의 형식증명승인 신청 시 첨부하는 서류가 아닌 것은?

① 외국정부의 형식증명서
② 설계 개요서
③ 항공기기술기준에 적합함을 입증하는 자료
④ 비행방식을 적은 서류

12 다음 중 특별감항증명의 대상이 되는 경우가 아닌 것은?

① 항공기 제작자 및 항공기 관련 연구기관 등이 연구·개발 중인 경우
② 판매·홍보·전시·시장조사 등에 활용하는 경우
③ 조종사 양성을 위하여 조종연습에 사용하는 경우
④ 정비등을 위한 장소까지 승객·화물을 싣고 비행하는 경우

13 다음 중 항공안전법상 항공기의 종류에 대한 구분으로 맞는 것은?

① 상급항공기, 중급항공기
② 육상단발항공기, 육상다발항공기
③ B-747, A-350
④ 비행기, 헬리콥터, 비행선, 활공기, 항공우주선

14 항공안전법상 5등급의 항공영어구술능력증명의 유효기간은 얼마인가?

① 4년
② 5년
③ 6년
④ 영구

15 사람이 항공기에 탑승할 때 공항운영자가 하는 보안검색 대상이 <u>아닌</u> 것은?

① 승객의 신체
② 승객의 휴대물품
③ 승객의 위탁수하물
④ 화물

16 비행기 사업용 조종사 자격증명시험에 응시하기 위한 기장으로서의 비행경력은?

① 100시간   ② 150시간
③ 200시간   ④ 250시간

17 전방돌풍경고장치를 장착하여야 하는 항공기는?

① 최대이륙중량이 5,700kg을 초과하는 터빈발동기를 장착한 항공운송사업에 사용되는 비행기
② 승객 9명을 초과하여 수송할 수 있는 터보프롭발동기를 장착한 항공운송사업에 사용되는 비행기
③ 최대이륙중량이 5,700kg을 초과하는 터빈발동기를 장착한 항공운송사업 외의 용도에 사용되는 비행기
④ 승객 9명을 초과하여 수송할 수 있는 터보프롭발동기를 장착한 항공운송사업 외의 용도에 사용되는 비행기

18 승객 180명을 탑승시킬 수 있는 항공기의 객실에 갖춰야 할 소화기의 수는?

① 3개   ② 4개
③ 5개   ④ 6개

19 항공운송사업용 항공기의 객실승무원의은 연간 최대 승무시간은?

① 1,000시간   ② 1,200시간
③ 1,500시간   ④ 2,000시간

20 다음 중 항공보안법상 공항시설의 보호구역으로 볼 수 <u>없는</u> 곳은?

① 활주로   ② 계류장
③ 화물청사   ④ 공항터미널

21 다음 중 항공기 진로와 속도에 관한 설명으로 타당하지 <u>않은</u> 것은?

① 통행의 우선순위를 가진 항공기는 그 진로와 속도를 유지하여야 한다.
② 다른 항공기에 진로를 양보하는 항공기는 그 다른 항공기의 상하 또는 전방을 통과해서는 아니 된다
③ 두 항공기가 충돌할 위험이 있을 정도로 정면 또는 이와 유사하게 접근하는 경우에는 서로 기수(機首)를 오른쪽으로 돌려야 한다.
④ 다른 항공기의 후방 좌·우 70도 미만의 각도에서 그 항공기를 앞지르기하려는 항공기는 앞지르기당하는 항공기의 왼쪽을 통과해야 한다.

22 공항시설, 항행안전시설 내에서의 불법행위를 방지하고 민간항공의 보안을 확보하기 위한 기준·절차 및 의무사항 등을 규정함을 목적으로 하는 것은?

① 공항시설법
② 국제민간항공협약
③ 항공안전법
④ 항공보안법

23 다음 중 항공운송사업 외의 항공기가 시계비행방식으로 비행을 하는 경우에 반드시 설치해야 하는 무선설비는?

① 트랜스폰더(Mode 3/A 및 Mode C SSR transponder)
② 계기착륙시설(ILS) 수신기 1대
③ 전방향표지시설(VOR) 수신기 1대
④ 거리측정시설(DME) 수신기 1대

24 공항운영자의 자체 보안계획에 포함되어야 할 사항이 아닌 것은?

① 항공보안에 관한 교육훈련
② 항공보안에 관한 정보의 전달 및 보고 절차
③ 항공기에 대한 경비대책
④ 보호구역 지정 및 출입통제

25 항공보안법상 항공기에 휴대·반입이 금지되는 물품에 해당하지 않는 것은?

① 무기
② 도검류
③ 폭발물
④ 의료용 전자충격기

정답 **23.** ① **24.** ③ **25.** ④

01 다음 지역 중 우리나라 평균해수면 높이를 0m로 선정하여 평균해수면의 기준이 되는 지역은?

① 영일만　　　② 순천만
③ 인천만　　　④ 강화만

02 가열된 공기와 냉각된 공기의 수직순환 형태를 무엇이라고 하는가?

① 복사　　　② 전도
③ 대류　　　④ 이류

03 다음 중 복사에 관한 내용으로 가장 잘 설명하고 있는 것은?

① 복사는 절대온도 이하의 모든 물체에서 방사하는 전자기 파장으로 눈에 보이지 않는다.
② 복사는 절대온도 이상의 모든 물체에서 방사하는 전자기 파장 형태의 에너지다.
③ 물체의 복사 능력이 양호하면 흡수하는 능력은 떨어진다.
④ 물체 온도가 높으면 복사 능력은 절대온도에 비례한다.

04 해수면에서 1,000ft 상공의 기온은 얼마 인가?(단 국제표준대기 조건 하)

① 9℃　　　② 11℃
③ 13℃　　　④ 15℃

05 다음 지구대기권에 대한 설명 중 옳지 <u>않는</u> 것은?

① 지구대기권은 물리적 특성에 따라 극외권, 열권, 중간권, 성층권, 대류권으로 나뉜다.
② 대류권은 평균높이11km까지이며, 대류 및 기상현상이 발생되는 구역이다.
③ 성층권은 약 11~50km까지이며, 상승할수록 온도는 강하하는 특성이 있다.
④ 중간권은 약 50~80km까지이며, 상승할수록 온도가 강하하는 특성이 있다.

06 비행방향을 10°로 나타냈을 때의 의미는 무엇인가?

① 진북을 기준으로 반올림하여 2단위로 표현
② 진북을 기준으로 반올림하여 3단위로 표현
③ 자북을 기준으로 반올림하여 2단위로 표현
④ 자북을 기준으로 반올림하여 3단위로 표현

07 운량의 구분 시 하늘의 상태가 5/8~7/8인 경우를 무엇이라 하는가?

① Sky Clear(SKC/CLR)
② scattered(SCT)
③ broken(BKN)
④ overcast(OVC)

정답　**01.** ③　**02.** ③　**03.** ②　**04.** ③　**05.** ③　**06.** ②　**07.** ③

08 다음 중 기온에 관한 설명 중 <u>틀린</u> 것은?

① 태양열을 받아 가열된 대기(공기)의 온도이며, 햇빛이 잘 비치는 상태에서의 얻어진 온도이다.
② 1.25~2m 높이에서 관측된 공기의 온도를 말한다.
③ 해상에서 측정 시는 선박의 높이를 고려하여 약 10m의 높이에서 측정한 온도를 사용한다.
④ 흡수된 복사열에 의한 대기의 열을 기온이라 하고 대기 변화의 중요한 매체가 된다.

09 다음 중 공기가 받아들일 수 있는 수증기의 양을 결정하는 것은 무엇인가?

① 상대습도　　② 기온
③ 공기의 안정성　④ 공기 밀도

10 다음 중 과 냉각수에 대한 설명으로 <u>틀린</u> 것은?

① 과냉각수는 10℃ ~ 0℃ 사이의 기온에서 풍부하게 존재한다.
② 0℃이하의 기온에서 액체 물방울이 응결되거나 액체 상태로 남아 있는 물방울이다.
③ 과냉각수가 노출된 표면에 부딪칠 때 충격으로 인하여 결빙될 수 있다.
④ 과냉각수는 항공기나 드론의 착빙 현상을 초래하는 원인이다.

11 다음 중 기압고도에 대한 설명으로 맞는 것은?

① 공중의 항공기와 지표면과의 거리
② 고도계 수정치를 해수면에 맞춘 높이
③ 지표면으로부터 표준온도와 기압을 수정한 높이
④ 표준대기압 해면으로부터 공중의 항공기까지의 높이

12 다음 중 저기압에 대한 설명 중 <u>잘못된</u> 것은?

① 저기압은 주변보다 상대적으로 기압이 낮은 부분이다. 1기압이라도 주변상태에 의해 저기압이 될 수 있고, 고기압이 될 수 있다.
② 하강기류에 의해 구름과 강수현상이 있고 바람도 강하다.
③ 저기압 내에서는 주위보다 기압이 낮으므로 사방으로부터 바람이 불어 들어온다.
④ 일반적으로 저기압 내에서는 날씨가 나쁘고 비바람이 강하다.

13 다음 중 진고도(True altitude)에 대한 설명으로 올바른 것은?

① 평균 해면고도로부터 항공기까지의 실제 높이이다.
② 고도계 창에 수정치를 표준 대기압(29.92inHg)에 맞춘 상태에서 고도계가 지시하는 고도
③ 항공기와 지표면의 실측 높이이며 AGL단위를 사용한다.
④ 표준 기지면 위의 표고이고 표준 대기 조건에서 측정된 고도

14 바람에 대한 설명으로 <u>틀린</u> 것은?

① 풍속의 단위는 m/s, Knot 등을 사용한다.
② 풍향은 지리학상의 진북을 기준으로 한다.
③ 풍속은 공기가 이동한 거리와 이에 소요되는 시간의 비(比)이다.
④ 바람은 기압이 낮은 곳에서 높은 곳으로 흘러가는 공기의 흐름이다.

15 공기의 이동을 정의하는데 있어서 대류와 이류의 차이점은 무엇인가?

① 대류는 공기의 수평적 이동이고, 이류는 수직적 이동이다.
② 대류는 전향력에 의한 힘이고, 이류는 구심력에 의한 힘이다.
③ 대류는 공기의 수직적 이동이고, 이류는 수평적 이동이다.
④ 대류와 이류는 공기의 이동을 촉발하는 근원지에 따른 분류이다.

16 다음 바람 용어에 대한 설명 중 옳지 <u>않는</u> 것은?

① 풍향은 바람이 불어오는 방향을 말한다.
② 풍속은 공기가 이동한 거리와 이에 소요된 시간의 비이다.
③ 바람속도는 스칼라 양인 풍속과 같은 개념이다.
④ 바람시어는 바람 진행방향에 대해 수직 또는 수평방향의 풍속 변화이다.

17 다음 구름의 분류에 대한 설명 중 옳지 <u>않는</u> 것은?

① 상층운: 운저고도가 보통 6km이상이고 권운, 권적운, 권층운이 있다.
② 중층운: 중위도 지방에서는 구름 저면의 높이가2~6km정도이고, 층적운, 중층운
③ 하층운: 중위도 지방에서는 운저고도가 2km이하이고 층운, 난층운, 층적운이 있다.
④ 수직운: 보통 하층운 고도로부터 상층운 고도에 까지 확장하는 수직으로 발달하는 구름이며 적운, 적란운이 있다.

18 구름의 분류에서 상층운에 속하고 항공기 운항에 착빙의 위험이 <u>없는</u> 구름층은?

① Ci, Cc, Cs
② As, Ac
③ Cu, Cb
④ St, Sc

19 다음 중 항공기상보고에서 구름의 하단은 어느 지점을 기준으로 결정하는가?

① 관측소 지표면으로부터 높이
② 관측소의 평균 해면으로부터 높이
③ 관측시간에 관측소의 압력고도
④ 관측소의 반경 5마일 이내에 가장 높은 지형으로부터 고도

20 대기의 안정화(Atmospheric stabilty)가 나타날 때 현상은 무엇인가?

① 소나기성 강우가 나타난다.
② 시정이 어느 정도 잘 보인다.
③ 난류가 생긴다.
④ 안개가 생성된다.

21 차가운 공기가 따뜻한 수면으로 이동하면서 수분이 증발하여 수면 바로위의 공기층을 포화시켜 발생하는 안개는 무슨 안개인가?

① 증기 안개   ② 이류 안개
③ 복사 안개   ④ 땅 안개

22 물방울이 항공기 표면에 부딪히면서 표면을 덮은 수막이 그대로 얼어붙어 투명하고 단단한 착빙은 무엇인가 ?

① 맑은 착빙   ② 거친 착빙
③ 혼합 착빙   ④ 서리

23 다음 중 우시정에 대한 내용 중 <u>틀린</u> 것은?

① 항공기상 분야에서는 국제적으로 최단 시정(minimumvisibility)이 쓰이고 있다.
② 우리나라, 일본, 미국 등 일부 나라에서는 우시정(PrevailingVisibility)을 사용하고 있다.
③ 우시정이란 방향에 따라 보이는 시정이 다를 때 가장 큰값으로부터 그 값이 차지하는 부분의 각도를 더해가서 합친 각도의 합계가 180도 이상이 될 때의 가장 낮은 시정 값을 말한다.
④ 공항면적의 60% 이상에서 보이는 '거리의 최저치'를 말하는 것이다.

24 다음 중 METAR(항공정기기상보고)에서 운량이 약 5/8~7/8 정도일 때 기호는?

① FEW   ② SCT
③ BKN   ④ OVC

25 다음 중 전선에 관한 설명으로 가장 옳은 것은?

① 전선은 두 기단이 합쳐서 형성되는 구역이다.
② 전선은 항상 한랭전선 쪽으로 경사진다.
③ 온난전선의 경사가 한랭전선보다 깊다.
④ 전선은 항상 수직으로 형성되기 때문에 지상이나 상층의 전선지대는 동일하다.

참고문헌

〈교통안전관리론〉

- 김치현, 박장우, 한창평, 「도로교통안전관리론」, ㈜골든벨, 2022
- 교통안전공단 교통안전교육원, 「교통안전관리론」, 2015
- 교통안전법제34조, 제37조
- Nicholas John Ward, Barry Watson, 「Traffic Safety Culture: Definition, Foundation, and Application」 Emerald Publishing Limited, 2019
- 国際交通安全学会, 「交通安全学」 公益財団法人, 2024
- Nicholas John Ward, Barry Watson, 「Traffic Safety Culture: Definition, Foundation, and Application」 Emerald Publishing Limited, 2019

〈항공기체〉

- Damage tolerance and fatigue durability of GLARE laminates for aircraft structures, Hyoungseock Seo. UNIVERSITY OF CALIFORNIA.
- 한창환, 「항공기 날개 하중 해석」, 한국항공우주연구원, 2002
- David J. Peery, 「Aircraft Structures」, Dover Publications, Inc., 2014
- Paul E Eden, 「Aircraft Anatomy」, Amber Books Ltd, 2018
- 東野和幸, 「飛行機メカニズムの基礎知識」, 日刊工業新聞社, 2024
- 原野康義, ジェット旅客機の秘密に迫る「安全」「高速」「快適」を支える機体と運航のメカニズム, SBcreative, 2024
- 구글 검색(항공 계기)
- 美국제자동차기술자협회홈페이지

〈교총 및 항공 안전 · 보안법〉

- 국토교통부, 「교통안전법 · 시행령 · 시행규칙」, 2024
- 국토교통부, 「항공안전법 · 시행령 · 시행규칙」, 2024
- 국토교통부, 「항공보안법 · 시행령 · 시행규칙」, 2024

〈항공기상〉

- 국토교통부 , 「초경량비행장치 표준교재」, 진한M&B 2019
- 네이버 지식백과 산악파(기상학 백과사전)
- Federal Aviation Administration, 「Aviation Weather Handbook」, Indie publisher, 2024
- Ismail Gultepe, 「Aviation Meteorology: Observations and Models」, Birkhaeuser, 2019
- 財部俊彦, 「実践航空気象テキスト」, 秀和システム, 2022

〈기타〉

- Chat GPT or SNS 참조

저자 약력

류영기

(現) 공주대학교 국가사회안전대학원 항공안전관리학과 교수

〈전문 경력〉
육군제3사관학교(19기) 졸업
육군대령 예편
공주대학교 대학원 군사과학정보학과 졸업(이학박사)
초경량 무인회전익비행장치 실기평가 조종자(교통안전공단)

〈저서〉
무인항공드론 안전관리론
무인 멀티콥터 요점&필기시험
무인 멀티헬리콥터 드론조종 자격증
초경량 비행장치 드론실기 및 구술시험
무인항공기 드론 운용 총론
농업용 방제 드론
드론 축구 가이드북
드론정비학원론
드론기초(고등학교 교과서)

민수홍

세종사이버대학교 드론로봇융합학과 교수
경량항공기조종사
무인멀티콥터 실기평가조종자
무인비행기 조종자
항공교통안전관리자
항공무선통신사
한국국방연구원 평가위원
인천테크노파크 항공산업센터 평가위원
경기도 경기기술닥터
(사)한국드론학회 이사
(사)한국무인기시스템협회 전문위원
(사)한국무인방제방역협회 고문
(사)대한드론농구협회 자문위원

〈저서〉
무인항공기[드론] 운용총론, (주) 골든벨, 2019,
드론정비학원론, (주) 골든벨, 2021.

감수자 약력

강현철

공군 대위 예편(조종)
한양대학교 행정대학원 졸업
(전) 한국교통안전공단
　　- 항공안전처장
　　- 자동차검사본부장/이사
　　- 자동차안전연구원/원장

PASS 시험 2주 작전

항공교통안전관리자1200제

초 판 인 쇄 | 2025년 2월 3일
초 판 발 행 | 2025년 2월 10일

감 수 자 | 강현철
저　　자 | 류영기 · 민수홍
발 행 인 | 김길현
발 행 처 | (주) 골든벨
등　　록 | 제 1987-000018호
I S B N | 979-11-5806-759-5
가　　격 | 27,000원

표지 및 디자인 | 조경미 · 박은경 · 권정숙　　　**제작 진행** | 최병석
웹매니지먼트 | 안재명 · 양대모 · 김경희　　　　**오프 마케팅** | 우병춘 · 이대권 · 이강연
공급관리 | 오민석 · 정복순 · 김봉식　　　　　　**회계관리** | 김경아

(우)04316 서울특별시 용산구 원효로 245(원효로 1가 53-1) 골든벨 빌딩 6F
● TEL : 도서 주문 및 발송 02-713-4135 / 회계 경리 02-713-4137
　　　　편집·디자인 02-713-7452 / 해외 오퍼 및 광고 02-713-7453
● FAX : 02-718-5510　● http : //www.gbbook.co.kr　● E-mail : 7134135@naver.com